U0144928

Philosophical Principles of Life Science

生命科學的哲學原理

董新民／張清源 著

中文版簡短說明

我們首先推出這個中文版，目的是要廣泛地徵求社會各界的意見，為其他語言的版本起到「投石問路」的作用。由於兩位作者的母語都是中文，所以本書中文版的論述最為準確，內容最為豐富，建議所有其他語言的版本都要以中文版為參照。

其次，我們期待著與讀者討論各種形式的問題，希望這些討論能夠給新科學的普及和推廣帶來莫大的幫助；而以本書理論為基礎在不同學科領域的各種新觀點、新思想和具體應用，更是我們喜聞樂見的。但由於時間有限，我們將只選擇性地回答積極和正面的問題。

儘管我們在寫作的過程中力求盡善盡美，希望能讓讀者感受到物超所值，但仍然有可能會出現論述不夠確切、邏輯不很嚴密、言辭不甚恰當、容易產生歧義的地方，或甚至是錯別字和文獻錯誤。如果讀者發現這些問題甚至能提供更好的觀點，希望能儘快與我們聯繫，敬請註明聯繫方式等相關信息。

此外，為了加快新科學、新理論普及和推廣的速度，我們還將應用本書提出的新思想、新原理在各個不同的領域發表大批的論文，力爭每篇論文都能解決當前科學上一個重大的認識論問題，敬請讀者留意這些論文。我們還非常樂意主辦各種形式的宣傳活動，並期待閣下的踴躍參與。熱烈歡迎各高等院校、科研機構、學術團體和雜誌社發出演講的邀請。

所有上述事項，敬請通過電子郵件 iics2008@gmail.com 與我們聯繫。在不久的將來，讀者還可以通過訪問 www.iics.ca 下載相關的部分內容、提出您的意見和疑問；我們還將通過這個網站及時地回答您感興趣的問題。該網站目前正在建設中。

最後，我們在此提前向廣大的讀者、所有新科學建設的熱心參與者和支持者表示衷心的感謝和誠摯的敬意。

董新民 張晴源

2011 年 10 月於加拿大溫哥華

內容提要

　　本書是為了充分地揭示現代科學在理論和實踐上的局限性，並初步地勾劃出一個全新的未來科學體系——思維科學的理論輪廓，從而使 21 世紀的人類科學能夠真正邁入人體和生命科學的新時代而寫作的。全書共計六個部分：第一部分簡單地論述了現代科學的成就與現狀，並概括性地介紹了全書的基本思想和重要內容。第二部分通過圓滿地解釋消化性潰瘍病所有 15 個主要的特徵和全部 72 種不同的現象，其中包括胃潰瘍的形態學、反覆發作和多發、好發部位、年齡段分組現象，以及與幽門螺旋桿菌相關的所有 32 種現象等等，來舉例說明思維科學理論體系的有效性；並明確地指出：獲得 2005 年諾貝爾生理和醫學獎的結論「幽門螺旋桿菌與消化性潰瘍有因果關係」是完全錯誤的。第三部分提出了 15 條不同於現代科學基礎理論的哲學原理，以及 200 多個不同於現代科學認識的新觀念，用來對第二部分的內容進行深入的解說，從而清楚地揭示了現代科學理論根基上的缺陷，是它在人體和生命科學領域不能取得成功最深刻的原因；不僅如此，這一部分還從 120 多個不同的方面剖析了現代科學的局限性，從 50 多個不同的角度反覆論證了「幽門螺旋桿菌與消化性潰瘍之間的因果關係」的確是不存在的；並以這些新原理、新觀念為基礎，簡略地解釋了癌症、愛滋病等疾病的發生機理。第四部分通過對前三個部分的總結，得出「現代科學僅僅是人類科學的初級階段，目前尚未真正踏入人體和生命科學的大門」的重要結論，從而提出了建立全新的思想體系——思維科學的倡議；並指出只有以「物質和意識相統一」的「新二元論」取代現代科學的哲學基礎——唯物主義的一元論，以多維的思維方式取代現代科學相對簡單的線性的思維方式，強調抽象思維和整體觀在科學研究中的重要作用，走哲學的道路，人類科學才能真正邁入人體和生命科學的大門；而思維科學理論體系的誕生，還是科學、哲學、宗教、藝術等人類文明所有方面的分水嶺，並再一次給整個人類的面貌帶來翻天覆地的變化。第五、六兩個部分先行回答了一些常見的問題，並對部分內容進行了匯總和索引。本書的內容淺顯易懂，所提出的基本原理不僅適用於人體和生命科學領域的研究，而且還能普遍地應用於社會和自然科學等各個領域的探討，它更屬於人文科學，尤其是哲學的範疇。因此，本書不僅適合消化性潰瘍領域的專家和學者閱讀，同時也廣泛地適合於人體和生命科學、社會科學、自然科學和人文科學等各個不同領域的專家和學者閱讀。

基本結構

　　全書共計 6 個部分，其中核心的第一到第四部分共計 18 章。第一部分的「導論」簡略地論述了當前科學發展的現狀，並概括性地介紹了全書的基本思想和重要內容。第二部分的「黏膜下結節論」為應用舉例，約占全書10%的內容。第三部分「生命科學的哲學原理」是本書的主體，利用 15 章的篇幅分別論述了 15 條基本的哲學原理，對第二部分進行了深入的解說，並以此為基礎提出了 200 多個不同於現代科學認識的全新觀念，約占 80%的內容。第四部分「思維科學是人類科學未來發展的必由之路」是前面三個部分主要思想的進一步概括和延伸，側重於人類科學發展的未來方向，約占10%的內容。本書最主要的三個部分所占比重如下圖所示：

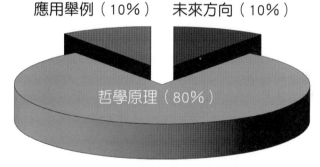

應用舉例（10%）　　未來方向（10%）

哲學原理（80%）

圖 0.1　　本書內容的基本結構

　　本書提出的哲學思想和思維方式不僅可以圓滿地解釋消化性潰瘍病的發生機理，而且還可以廣泛地應用於包括所有人體疾病和生命現象在內的各種複雜領域。我們是為了將本書提出的全新思想體系的有效性直接展現在人們面前，所以才選擇了相對簡單的常見多發病「消化性潰瘍」為落腳點來展開論述的。實際上，哲學本身就具有的普遍適用性，決定了本書的內容實際上還可以廣泛地用來解決各個不同領域的問題；而消化性潰瘍不過是我們從當前成千上萬種不同的科學難題中挑選出來、用以證明本書理論體系正確性的一個典型代表而已。不僅如此，本書所倡導的思維科學理論體系的誕生和確立，不僅可以使人類的認識真正地邁入人體和生命科學的大門，而且還非常有可能標誌著人類科學一個舊時代的結束和一個嶄新時代的開始，進而再一次給整個人類的文明帶來新的巨大飛躍。本書對多種機制和現象的解釋都很淺顯易懂，只需高中文化程度即可理解絕大部分的內容，尤其能啟迪各個不同領域青年大學生的智慧。

自序一：搭建一座通向人類未來科學的橋樑

20 世紀 80 年代末期，當我還是一個高中生的時候，我的生理和心理都經歷過一次脫胎換骨的變化。正是這一神奇的經歷，使我對人體和生命科學產生了極其濃厚的興趣，並迅速改變了我的人生方向—— 我毅然決定學習醫學。1990 年秋，我終於踏進了西醫學院的大門。但非常奇怪的是：在大學本科五年的學習期間，「思維科學」、「生命科學」、「抽象思維」等一系列詞語無時無刻不在我的腦海裡轉悠，雖然當時我並不知道它們的具體含義。

上醫學院時我的學習還算是很努力的。對於課本上的每一個詞、每一句話、每一段、每一頁，我都進行了仔細的斟酌，就連教學大綱以外的內容也不放過；同時，我還在課外涉獵了中醫基礎理論的部分內容。然而，讓我倍感失望的是，雖然現代西方醫學早就已經進入到了原子分子的高科技時代，對許多問題的回答都還是「需要更多的研究」、「目前尚不清楚」，這與我最初對現代西方醫學的期望的確是相去之甚遠。大約是在 1993 年一次《內科學》的課堂上，當授課的教授在「消化性潰瘍」這一章的開場白中講到「過去 100 多年來，沒有人能清楚地闡明消化性潰瘍的發生機理，估計今後幾十年內也不會有人能將它講清楚」的時候，我的腦袋裡突然閃過一個念頭：胃潰瘍不是胃黏膜局部的損害因素造成的，而是人體自身內在的因素造成胃黏膜下預先存在的病變所導致的局部組織缺損。這一思想居然能很好地解釋胃潰瘍所有主要的特徵，到 1994 年的 7、8 月份我第一次以書面的形式將它寫了下來；1999~2000 年我在廣州工作期間又進行了進一步的完善。本書第二部分提出的消化性潰瘍的發病機理，與我在 1993 年時悟出的核心思想仍然是完全一致的。

2002 年來到溫哥華以後，我的人生再次發生了重大的轉折。一個偶然的機會，我接觸到了一些現代科學未能覆蓋的思想和內容，並很好地解答了長久以來一直都埋藏在我心中的迷惑，同時也喚醒了大學本科期間一直都在我的腦海裡轉悠的那幾個詞。我深刻地體會到在現代科學的理論體系之外，還有一片更為廣闊的天空有待我們去開發和探索：現代科學離人類對科學的要求還有很大的差距；我們必須建立一個全新的思想體系，並且完全可以將它命名為「思維科學」；如果我們認為愛因斯坦的「相對論」是「物理學中的抽象思維」的話，那麼「思維科學」則是「生命科學中的抽象思維」，只不過後者在程度上要比「相對論」複雜很多倍而已。

　　從 2004 年 9 月到 2006 年 12 月，我在渥太華大學東安大略兒童醫院從事了兩年多的基礎醫學研究。這是我一生中遭遇最大挫折，但同時又是悟出最多科學哲理的時期。我的確是全身心地投入到學業之中的，但仍然是非常的不順利。為了提高獲取獎學金的機會，2005 年 6~7 月間，我決定重新寫作「黏膜下結節論——消化性潰瘍的發生機理」一文，並計劃在西方的雜誌上發表。十分巧合的是，2005 年 10 月我在網上看到諾貝爾生理和醫學獎正是關於消化性潰瘍的，並且代表了現代科學的最高水平、獲得了諾貝爾獎的研究結論，也不能圓滿地解釋這一疾病的發生機理；這就更加堅定了我寫作此文的決心。非常奇怪的是，我在 2006 年 3 月底完成了「黏膜下結節論」之後，才發現現代科學所有相關的研究結果基本上都支持了我在 1993 年就已經悟出來的基本思想，因而本書提出的發生機理實際上還是「理論先於實踐」的。這也就是說：本書的核心思想並不是在現代科學實驗研究的基礎上發展出來的，而是像愛因斯坦的「相對論」那樣先提出理論，然後再來解釋現代科學已經觀察到的各種現象。

　　更有趣的是，在解釋消化性潰瘍的發生機理時，「黏膜下結節論」並不是採用現代科學的基礎理論和方法，而是在很多方面走上了與現代科學完全相反的道路才取得了圓滿成功的。例如，現代科學總是將人體的各個部分分割開來研究，而「黏膜下結節論」則將人體的各個部分綜合起來考慮；現代科學總是從具體的物質結構的角度來探討各種疾病的發生機理，而「黏膜下結節論」則十分強調人體抽象的非物質結構方面的特點，如人體社會和情感的屬性等在疾病發生發展過程中的重要作用；現代科學認為宗教理論沒有科學依據、是不科學的，而黏膜下結節論則充分地吸取了宗教的部分思想和方法，……。不僅如此，「黏膜下結節論」實際上還應用了現代科學未曾涉及到的許多原理，遠遠超出了現代科學所涉及的範圍；其理論基礎、思維方式和研究方法，實際上還可以廣泛地應用於所有人體疾病和生命現象等各個複雜領域的研究之中。

　　大約是在 2006 年 5 月，張清源女士建議我將隱藏在「黏膜下結節論」背後的基本思想儘快寫下來，或許可以使目前科學上的許多研究早日走出誤區，從而能更早地造福世人；我也認為寫作此書的條件基本成熟了。更令人想不通的是，自從作出寫書的決定以後，我便時常心生智慧，腦海中每天都自動地閃現出許許多多的內容，我將其中的一部分匆匆記了下來，作為寫作的基本框架。這說明在提出「黏膜下結節論」之前，我的大腦中並沒有像第三部分「生命科學的哲學原理」那麼多的條條框框，而是將一些難以用言語表達的思想運用在了「黏膜下結節論」中；而本書的第三部分是為了讓現代科學家們接受，才不得不採取「定理、定律、公式」等現代科學通常採用

的形式，將這些思想編列成 15 條哲學原理來論述的。另一個令人驚訝的現象是，在完成了第三部分的寫作之後，我還發現它自動地總結了人類歷史上 3000 多年來多個不同時期、不同地域的思想和文化，並且第一次在歷史上各種零碎的哲學觀念之間建立了牢固的必然聯繫；我的思想也再一次發生了「脫胎換骨」的變化。

至此，我明顯地感覺到人類未來科學的新概念已經是呼之欲出了，從而在本書的第四部分提議將這一全新的思想體系命名為「思維科學」，並認為要揭示人體與生命科學領域中的客觀規律，必須給予哲學探討或抽象思維更多的重視。然而，這裡要重點強調的是：思維科學所涉及的範圍實在是太廣大了，而現代科學與思維科學之間的差距也的確是大得不可思議，至少需要我們改變成千上萬個已有的現代科學觀念，才能真正觸及思維科學的基本內涵；限於篇幅，本書只能涉及到很少的 200 個左右。這說明現代科學與未來科學之間存在著一條又寬又深的鴻溝；本書的內容最多只能算得上是現代科學與未來科學之間的一座橋樑，而橋樑另一端更為豐富多彩的內容本書實際上還並沒有真正地涉及到。這就需要很多人的共同努力才能打造好這座橋，並使思維科學在人類的生存和發展方面所具有的種種神奇效應，最終能一覽無餘地展現在人們的眼前。

既往人類科學發展的歷史表明：所有的新思想、新科學所走過的道路總是很艱難、很曲折的。思維科學的未來發展可能也不例外——它首先就必須面對以現代科學為基礎的許多舊觀念的頑強阻擊。然而，只要科學界和社會上的每一個人都能秉持實事求是、堅持真理、團結奮進的精神，再大的鴻溝也阻擋不了人類科學前進的腳步。我衷心地希望本書能有助於人們充分地理解現代科學與未來科學之間的關係，並為新世紀全新科學理論體系的建立起到拋磚引玉的作用；同時也期盼著在不久的將來，能有更多的科學同仁加入到思維科學這座宏偉大廈的建設中來，共同將這一涉及人類美好未來的科學事業進行到底。

董新民

2011 年 10 月於加拿大溫哥華

自序二：為往聖繼絕學，為萬世開太平

　　很多人都有這樣的生活體驗：消化性潰瘍的發生與突發的社會或家庭事件密切相關。然而，現代科學卻認為「消化性潰瘍是幽門螺旋桿菌引起的傳染病」，並且這一認識居然還獲得了 2005 年諾貝爾生理和醫學獎。此外，部分癌症、愛滋病人在得知自己身患絕症的確切消息以後，病情往往會急劇惡化，現代科學的物質決定論又如何解釋這一現象呢？很明顯，現代科學在人體和生命科學領域的許多研究已經與現實生活有些脫節了。而本書提出的發生機理，十分清楚地闡明了幽門螺旋桿菌在消化性潰瘍發生過程中的作用，對其他多種現象的解釋也與人們在日常生活中的實際體驗完全吻合；它所蘊含的哲學道理，尤其是「新二元論」的內容，更是不同於現代科學理論的全新思想，完全可以在將來成為各不同學科共同的認識論基礎，並導致人類的科學和文明再次翻開新的一頁。考慮到人們對新理論新思想的消化吸收通常需要很長的時間，所以我極力主張將隱藏在這篇文章背後的哲學原理儘快寫下來，使之能更早地造福世人。

　　21 世紀將是人體和生命科學的世紀。然而，人體和生命現象高度複雜的基本特點，決定了繼續像牛頓和愛因斯坦的時代那樣，僅僅通過一兩條定理、定律、公式或幾個新觀念，是遠遠不足以解決任何問題的；只有同時提出很多的新原理並改變數以百計的現代科學觀念，才能使當前的人體和生命科學從困境中走出來。而要在很短的時間內完成內容如此豐富的一本著作，沒有嘔心瀝血、夜以繼日、廢寢忘食的精神是不可能辦到的；如何將如此大量的新理論、新觀念有機地組織在一起，並且易於被人們理解、接受和運用，也是我們在寫作過程中必須克服的難題之一。我認為圖表能高度概括各種機制和關係，有助於加深理解和快速閱讀，從而大大加快本書理論普及和推廣的速度。不僅如此，本書的許多思想也與一些傳統的兒童故事在道理上完全相通，通過與這些代代相傳、富有寓意的小故事進行類比，可以使本書的內容更加淺顯易懂，因此我還提議採取「從小故事中學大道理」的形式來寫作。這些措施都使得本書提出的哲學原理在淺顯易懂的同時，卻又能圓滿地解決數以百計高度複雜的科學問題。

　　在全書的寫作過程中，我們還一次又一次地印證了「理論先於實踐」的神奇效果。例如，第二部分的「黏膜下結節論」，我們的確是先寫下理論上的大框架和數十個不同的結論，然後再到已發表、浩如煙海的科研文獻中去

查找支持性證據；結果是現代科學已有的成果基本上都支持了「黏膜下結節論」推導出來的結論。更有趣的是：雖然我們從來都未曾專門學習過哲學和哲學史，但是後來文獻查閱的結果卻表明：在我們動筆之前就已經羅列出來的第三部分的十五條哲學原理，竟然在 3000 多年來人類漫長的思想史上不同地域的文明中都能找到一絲痕跡；而這些古聖先賢們的偉大思想在現代科學的理論體系中卻基本上得不到體現。不僅如此，本書還在歷史上這些零碎的哲學概念之間建立了牢固的必然聯繫，並靈活地應用它們解決了當前科學上正面臨的數以百計的重大認識論問題；但是現代科學恐怕還必須經歷漫長而曲折的摸索，才能逐步領悟到部分問題的答案。因而這一部分的內容實際上還收到了「為往聖繼絕學」的良好效果。

更重要的是，本書的核心思想還在個體的日常行為與疾病的發生發展之間建立了因果關係，明確地指出了長期以來科學上一直都難以克服的癌症、愛滋病和抗衰老等重大課題的解決，都是與個體內心的調整和整個社會的大和諧分不開的。因而人類社會未來的長遠福祉，在大力提倡物質文明建設的同時，還必須十分強調全社會道德水準的共同提高；而各項科研目標的真正實現，也有賴於物質文明和精神文明建設的同步進行。這些都說明了本書所倡導的全新思想體系，將能很好地彌補現代科學在精神、道德等抽象領域的明顯不足之處，從而對人類新文明的誕生起到重要的支柱作用、滋生作用、滋養作用和哺化作用，並有效地消除戰爭、經濟危機和環境污染等長期以來一直都在威脅著人類生存和發展的不利因素。由此可見，本書思想的普及和推廣，不僅能極大地促進人類科學技術的全面進步，而且還非常有助於實現「為萬世開太平」的宏偉目標。

然而，歷史上各個不同時期的新思想、新理論在誕生之初，無不面臨著極大的阻力；正是這個原因，所以才出現了火燒布魯諾、囚禁伽利略等人為的科學悲劇。這些歷史事實都說明了要改變人們心目中一兩個舊有的觀念就已經是非常的不容易，而要像本書這樣同時改變數以百計現有的舊觀念更是難上加難。好在當前是一個科學昌明的時代，人們已經充分地認識到真理是不因任何人的意志而轉移的；只要社會上的每一個人都能以一種尊重事實、勇於探索的客觀態度來全面而深入地了解本書提出的新思想新觀念，或許就能從當前科學的困境中看到一片嶄新的天地。這是我對廣大讀者所寄予的深切厚望。

張清源

2011 年 10 月於加拿大溫哥華

目　錄

第一部分：導論　001

第二部分：黏膜下結節論——消化性潰瘍的發生機理　019

圖片目錄

表格目錄

寓言、科學史、實例目錄

第一部分：導論

本部分首先簡略地回顧了現代科學的成就與現狀，通過一系列的事實來說明現代科學的確存在著很大的局限性，從而在第二節明確了建立全新的未來科學體系的必要性。接著，第三到第五節主要介紹本書內容和結構上的基本思路，第六、七兩節闡述了建立思維科學理論體系的重要意義與必然性，最後一節概括了在閱讀本書時必須注意的六個特點。

第一節：現代科學的成就與現狀

自 1543 年波蘭天文學家尼古拉·哥白尼（Nicolaus Copernicus, 1473~1543）在《天體運行論》中提出「日心說」，導致近代自然科學的誕生 [1] 以來，人類科學已經走過了近 500 年的光輝歷程。在這期間，日心說經過布魯諾（Giordano Bruno, 1548~1600，義大利思想家、自然科學家、哲學家和文學家）、第谷（Tycho Brahe, 1546~1601，丹麥天文學家）、開普勒（Johannes Kepler, 1571~1630，德國天文學家）、伽利略（Galileo Galilei, 1564~1642；義大利物理學家、天文學家和哲學家，近代實驗科學的先驅）等人近 150 年的發展，到英國物理學家艾薩克·牛頓（Isaac Newton, 1643~1727）集其大成，並在 1687 年發表的《自然哲學的數學原理》中系統地闡述了物體運動的三大定律和萬有引力定律，成為近代自然科學體系完全確立的標誌 [1]。此後，自然科學又歷經了 200 多年的大發展，到 1900 年德國物理學家馬克斯·普朗克（Max Planck, 1858~1947）提出「量子論」、1905 年德國物理學家阿爾伯特·愛因斯坦（Albert Einstein, 1879~1955）提出「相對論」，從而使人類認識的眼界實現了從宏觀科學到微觀理論的歷史性大跨越。而自然科學的迅猛發展，又有力地推動了其他各領域的快速進步，目前已形成了由自然科學、人體與生命科學、社會科學和人文科學四大分支組成的龐大的現代科學體系，並且每一分支科學又包含了成千上萬的小學科。

毫無疑問，現代科學的建立與運用，極大地加快、加深了人們對自然界和自身的認識：相應地，人類認識、改造周圍世界和自身的手段也發生了翻天覆地的變化。尤其是近百十年來，現代科學的飛速發展更是使人類的文明邁進了一個輝煌的時代：人們已經對構成自然界的 100 多種元素有了較為深入的認識，對地球上各種生物的種類和特點也有比較詳盡的了解；2001 年人類基因組草圖的公布，更是使人們對自身結構和功能的認識發生了質的飛躍；電視、電話、電腦等電器的大量普及，已經使人們在一瞬間就能了解到

發生在地球上任何一個角落裡的事情；衛星上天，原子能的開發和利用、材料與建築等學科的飛速進步，都極大地方便了人們的生活。不僅如此，現代科學技術的具體應用還使人類的生產水平得以空前的提高，人們應對各種疾病和自然災害的能力全面增強，人均壽命顯著延長，人類在生活質量等多方面均有了大幅的改善。這些事實無不說明了現代科學在促進人類進步的各個方面都取得了前所未有的輝煌成就。

然而，這些輝煌的成就，是否就說明了現代科學的理論基礎和思維方式就一定十分的完美無缺，從而無懈可擊呢？現代科學是否就已經完全掌握了自然界與生命科學中的客觀真理、代表了人類認識的全部和最高水平呢？我們必須注意到這樣的一些事實：以現代科學的理論、技術和方法為基礎的現代醫學，至今仍然不能圓滿地解釋任何一種疾病的發生機理；即使是相對簡單的消化性潰瘍病，現代醫學至今仍然不能明確其真正的病因，更不能清楚地解釋其絕大部分的現象和特徵；而許多類似癌症、愛滋病這樣更為複雜的疾病，在現代醫學看來仍然都是不治之症。此外，還有很多像「生物進化」、古埃及金字塔裡的「木乃伊千年不腐」、中國西藏的「伏藏之迷 [2]」那樣廣為人知、千真萬確的現象，卻又是目前公認的未解之謎。這一切都說明了現代科學還遠遠未能窮盡自然界、人體和生命的奧秘，它對周圍世界的認識的確還是很有限的，並因此而導致現代科學一直都無法有效地解決無數類似蛋白質結晶、多基因調控、深空探測這樣的難題。所有這些都說明了人類科學還有著極為廣闊的未來發展空間。

現代科學的發展給人類帶來了現代文明。然而，現代文明的多個方面仍然存在著十分明顯的缺陷：唯物論與唯心論的爭論至今無休無止；宗教與科學之間仍然存在著一定程度的對抗；哲學探討與科學研究之間的對立也是很明顯的；現代科學理論也一直都無法消除東西方文化、中西醫學之間的顯著差異；現代科學的許多研究結果（如認為消化性潰瘍是傳染病）與人們在日常生活中的主觀感受和經驗（認為消化性潰瘍是家庭、社會事件引起的）完全脫節。德國哲學家艾德蒙頓・胡塞爾（Edmund Husserl, 1859~1938）認為：**在現代西方社會中，科學技術的發展固然滿足了人們的物質需求，但是卻把人「物化」了，造成了精神空虛、道德淪喪** [3]；更有甚者，原子能的開發與利用，並不是使我們賴以生存的世界更加安全、繁榮了，而是使整個人類社會籠罩在被滅絕的恐怖陰影之中。由此可見，現代文明還僅僅是物質文明，沒有做到與精神文明建設的同步進行，並因此而導致了戰爭、經濟危機、環境污染等一系列嚴重影響人類生存與發展的社會問題和生態災難。這些都說明了在現代科學指導下的現代文明並不是十分的完美無缺，在諸多的方面的確還有待進一步的發展和完善。

第二節：建立一個全新未來科學體系的必要性

上述人類科學和文明發展的現狀表明：以現代科學的理論、技術和方法為基礎的現代醫學和生命科學，實際上還沒有真正踏入人體和生命科學的大門；現代科學尚不能真正有效地解決擺在人們面前的各項難題，它所提供的各項認識還有待進一步的擴展和深化。然而，人類科學的未來發展，是繼續沿著現代科學的老路走下去，還是從根本上拋棄現代科學的理論基礎和思維方式，另闢新途呢？

為了圓滿地回答這個問題，本書第二部分提出了一個全新的理論──黏膜下結節論，首次圓滿地解釋了消化性潰瘍（包括胃潰瘍和十二指腸潰瘍）所有十五個主要的特徵和當前文獻中所能收集到的全部 72 種不同的現象（索引 1），其中絕大部分的特徵和現象都是現代科學從來都未曾很好地解釋過的，如：胃潰瘍與胃酸分泌的關係，胃潰瘍的形態學，反覆發作和多發的特性，好發部位，年齡段分組現象（Birth-cohort Phenomenon）[4] 等等。不僅如此，黏膜下結節論還十分清楚地解釋了幽門螺旋桿菌與消化性潰瘍相關的所有 32 種現象，並一針見血地指出：目前科學上認為的消化性潰瘍的主要病因──幽門螺旋桿菌，僅僅在該疾病發生發展的後期才起到一定程度上的次要作用；因而代表了現代科學的最高水平、獲得 2005 年諾貝爾生理與醫學獎的研究結論「**幽門螺旋桿菌與消化性潰瘍有因果關係** [5]」有可能是完全錯誤的。不僅如此，黏膜下結節論還可以清楚地解釋為什麼「**雖然胃潰瘍和十二指腸潰瘍有很多的共同點，但是卻被認為是兩種不同的疾病** [6, 7]」，並將歷史上關於消化性潰瘍發生機理的所有主要學說有機地統一起來，清楚地指出了現代科學史上所有的這些相關學說都只是考慮了該疾病多個特徵和現象中的某幾個方面，因而都在擁有部分正確性的同時卻包含著一定程度上的謬誤。非常有趣的是，只要將黏膜下結節論的核心思想略作修改，還可以初步圓滿地解釋其他多種疾病的發生機理。這些前所未有的諸多優點，無不證明了黏膜下結節論的提出的確有可能是科學理論上一大新的突破，它在解釋消化性潰瘍的發病機理時的有效性，的確不是以現代科學為基礎的任何學說所能比擬的。

但遺憾的是，黏膜下結節論並不是以現代科學的理論、觀念和思維方式為基礎的：正相反，它在很多個方面（索引 2、索引 3）都走上了與現代科學完全相反的道路，所以才圓滿地解釋了消化性潰瘍的發生機理。例如：**多數（現代）科學家都不自覺地懷抱一種樸素的唯物主義** [8]；一個典型的現代科學家通常會認為唯心論、宗教和中醫學是不科學的，並認為古人對自然

界和人體的認識深度是一定不如現代人的；而黏膜下結節論則充分地借鑒了唯心論、宗教和中醫學乃至古代文明的部分認識。現代科學將人體看成是一個由原子、分子構成的物質堆，現代醫學也的確總是以人體的物質結構為根本出發點來查找各種疾病發生的原因；而黏膜下結節論則認為人體自然、社會、整體、歷史和情感等抽象的屬性才是導致各種疾病的根本原因。在現代科學的知識體系中，哲學探討和科學研究是分家的，**大部分科學家唾棄哲學達 100 多年之久** [8]，現代科學所走的也的確是實證主義的研究路線 [9]，人們普遍只重視實驗研究，而基本忽略了哲學思辨在科學研究中的指導性作用；而黏膜下結節論則是在 15 條哲學原理的基礎上發展起來的。現代科學主要採用還原論分割研究的方法，而黏膜下結節論則十分強調整體觀綜合指導對科學探索的重要性。不僅如此，黏膜下結節論還認為生命科學領域中的因果關係遠比現代科學家們想像的（**生命現象最終都可以用物理和化學理論來解釋** [9]）要複雜得多，因而只有採用全新的、多維的思維方式，才能圓滿地解釋各種人體疾病和生命現象的發生機理。

由此可見，黏膜下結節論的成功說明了現代科學不能窮盡自然界、人體和生命的奧秘、不能行之有效地解釋多種自然現象的根本原因，與其哲學基礎——唯物主義的一元論密切相關：它將人類科學的視野局限在具體的物質領域，從而忽視了唯心論、宗教、中醫學和古代文明的部分認識也帶有一定的科學性，也就談不上從中吸取有益於自身發展的營養了。唯物主義一元論的哲學基礎還決定了現代科學僅僅是物質科學、具體科學、現象科學，遠遠沒有真實而全面地反映出周圍世界、人體和生命的全貌，並因此而導致了它對周圍世界和人體的基本看法、科學研究的基本路線、手段和方法、思維方式等都與真實情況並不十分吻合，為數眾多的方面（索引 5）都有待進一步的補充和完善；而建立在現代科學基礎上的許多觀念也存在著一定程度上的偏差。這些都說明了只有從根本上拋棄現代科學的哲學基礎、思維方式、絕大部分的理論和認識等，才能有效地解決擺在人們面前的各項難題。

因此，黏膜下結節論的成功清楚地說明了人類科學的未來發展不能繼續沿著現代科學的老路走下去，而是必須建立一個全新的思想體系。只有這樣，人類的科學才能發生新一輪質的飛躍，並再一次拓寬和加深人類認識的視野。有鑒於此，我們在本書的第四部分提出了建立一個全新的思想體系——思維科學的倡議；而這一全新的未來科學體系，也必然是以克服現代科學多方面的局限性、有效地擺脫當前的現代科學正面臨的各種困境為根本目標的。

第三節：第二部分首次實現了現代科學與未來科學的直接對話

既然思維科學是全新的未來科學體系，那麼，它必須能夠解決現代科學所面臨的絕大部分難題，並且擁有現代科學無可比擬的諸多優點。本書第二部分提出的「黏膜下結節論」，正是這一全新的未來科學體系在實踐中首次應用的結果。我們正是通過圓滿地解釋消化性潰瘍的發生機理，來舉例說明思維科學的理論體系在應用上的有效性，在認識上的全面性、廣大性和深入性，的確都不是現代科學所能比擬的；消化性潰瘍也因此而成為人類歷史上首個得到了圓滿解釋的疾病。這裡要強調的是：本書建立的理論體系並不是僅僅適用於消化性潰瘍病，而是可以廣泛地應用於所有人體疾病與生命現象的解釋之中的；消化性潰瘍病僅僅是這一全新理論體系在實踐中的一個具體應用而已。然而，人體疾病、各種自然和生命現象的種類有千千萬萬，本書為什麼要選擇消化性潰瘍的發生機理來進行解釋呢？這主要是由以下五個方面的原因決定的：

第一，消化性潰瘍的發生機理，遠比癌症、愛滋病以及各種慢性病簡單，同時它在人群中的發生率也很高，達到了 10% 以上，是典型的常見多發病。對相對簡單的問題的深入探討，可以比較容易地反映出現代科學的根本問題。歷史上，牛頓在醞釀「萬有引力定律」時，首先並不是直接利用這一定律來解釋那些複雜的問題，而是先選擇簡簡單單、一般人都可以看得到的「蘋果落地」來進行解釋，然後再推廣應用於「地月關係」、「潮汐漲落」等這樣一些相對複雜的現象。很明顯，牛頓通過簡單、常見的「蘋果落地」現象，來揭示非生命界裡的萬事萬物都共有的「萬有引力」這一抽象本質；然後再利用這一抽象本質來解釋多種複雜的自然現象。本書也採用了基本相同的思路：先通過簡單而常見的消化性潰瘍病來揭示人體和生命固有、卻遭到現代科學忽略的抽象本質，然後再利用這一抽象本質來解釋癌症、愛滋病、各種慢性病以及其他各種高度複雜的人體和生命現象。不過，人體和生命現象高度複雜的基本特點，決定了揭示人體和生命科學領域中的抽象本質，的確要比當年牛頓揭示物理學領域中的抽象本質難得多；相應地，圓滿地解釋消化性潰瘍的發生機理的難度，至少也是圓滿地解釋「蘋果落地」難度的萬倍以上：「蘋果落地」的發生機理所涉及到的是「單因單果」，牛頓只需要考慮一個原因（萬有引力）、一個結果（蘋果落地）、解釋一種現象就可以了；而「消化性潰瘍」的發生機理則涉及到了千變萬化的致病因素，並且這些因素還會隨著時間的推移而不斷地變化發展；黏膜下結節論還必須同時圓滿解釋全部 72 種不同的現象，相互之間沒有任何的矛盾，才算是獲得了成功。

　　第二，現代科學對消化性潰瘍的研究已有上百年的歷史，從而積累了豐富的流行病學、臨床觀察以及實驗室資料。這些零散的研究結果歸納起來基本上能反映出該疾病的全貌，目前已經取得的科研成果也基本上能夠直接證明黏膜下結節論所提出的發生機理是正確的。更重要的是：歷史上關於消化性潰瘍病的十多個學說，包括當前的研究熱點「幽門螺旋桿菌」在內，可以清楚地反映出現代科學的理論根基和思維方式等多方面的特點，便於與未來科學進行充分的比較，從而十分有助於勾劃出人類未來科學理論的基本輪廓，進而為將來成功地解釋更為複雜的癌症、愛滋病、各種慢性病奠定理論上的基礎。此外，基於完全不同於現代科學的基礎理論和思維方式，首次圓滿地解釋了一種常見多發病的發生機理，很容易就能體現出建立全新的未來科學體系的必要性。

　　第三，消化性潰瘍與社會因素、思維意識和情感的關係比其他多數疾病更加明顯，非常直接地反映了未來科學對人體的基本看法是完全不同於現代科學的。現代科學所認識到的僅僅是「物質人體」，而思維科學則強調必須將每一個活生生的個體，都看成是一個社會的、自然的和有情感的人，看成是一個歷史的、整體的、與周圍世界有著複雜的普遍聯繫和不斷變化發展的人，也就是除了要考慮人體的物質結構以外，還非常重視人體社會和情感等抽象的屬性。只有在這一全新認識的指引下，才能清楚地闡明消化性潰瘍的發生機理，才能圓滿地解釋這一疾病所表現出來的所有特徵和現象。例如：雖然 Mervyn Susser 等人早在 1962 年就已經報導了消化性潰瘍發生的流行特點——年齡段分組現象 [4]，並且這一現象實際上還是很多種不同的人體疾病所共有的流行病學特點，但是過去近 50 年來人們一直都未能圓滿地解釋這一現象；這正是現代科學忽略人體的社會和情感等抽象屬性所導致的必然結果。而黏膜下結節論十分強調人體抽象的屬性在消化性潰瘍病發生發展過程中的決定性作用，因而它輕而易舉、簡簡單單地解釋了這一現象。僅此一點就足以說明：現代科學還沒有認識到、不具備或不太重視的某些人體的固有屬性，都是我們在研究各種人體疾病和生命現象時都必須考慮的重要因素；現代科學的理論體系和技術方法等等，的確還遠遠未能真實而全面地反映出人體和生命、社會和自然等的部分重要特徵。實際上，現代科學在忽略人體抽象的「普遍聯繫」的情況下來探討各種疾病和生命現象的發生機理，就好像牛頓時代以前的人們在忽略抽象的「萬有引力」的情況下來探討「蘋果落地」的發生機理一樣，是永遠也不可能取得成功的；而圓滿地解釋「年齡段分組現象」的理論和實踐意義，完全有可能比牛頓圓滿地解釋「蘋果落地現象」的理論和實踐意義還要大得多。

第四，諾貝爾獎代表了現代科學的最高水平；但獲得 2005 年諾貝爾生理和醫學獎的現代科學理論卻根本就不能闡明消化性潰瘍病的發生機理，更談不上清楚地解釋該疾病所表現出來的絕大部分現象。與此相反的是：在本書提出的、與現代科學的基礎理論有著本質上的不同的全新哲學體系和思維方式基礎上發展出來的發病機理——黏膜下結節論卻完美地解釋了這一疾病的所有 15 個主要特徵和全部 72 種不同的現象。更能說明問題的是：在這些新思想、新理論的指引下，獲得 2005 年諾貝爾獎的「**幽門螺旋桿菌與消化性潰瘍有因果關係** [5]」這一論斷中所存在的謬誤卻是顯而易見的；黏膜下結節論還輕而易舉地解釋了幽門螺旋桿菌在消化性潰瘍的發生發展過程中表現出來的所有 32 種現象（索引 1）。這些都反襯了本書提出的思想體系、思維方式和基本觀念的有效性和超前性，同時還說明了建立全新未來科學體系的必要性，從而引領人類科學邁向一個全新的時代。

第五，更重要的是，通過探討消化性潰瘍的發生機理，還可以直接實現現代科學與未來科學的首次對話。黏膜下結節論在解釋消化性潰瘍的發生機理時的成功，清楚地說明了本書建立的全新未來科學體系對自然界、人體和生命的認識的確要比現代科學更深入更全面，在解釋各種疾病和現象時的有效性也不是現代科學所能比的。通過探討消化性潰瘍病的發生機理，本書深刻地揭示了現代科學哲學根基上的致命缺陷，及其思維方式與人體和生命高度複雜的特點並不是十分的吻合，因此而導致了它對各種自然和社會、人體和生命現象的基本認識都有可能是不完整，甚至是完全錯誤的。因而現代科學在解釋各種人體疾病、生命現象和自然之謎時面臨難以克服的困難是必然的。不僅如此，黏膜下結節論的成功還表明一旦人們的思想突破了現代科學的哲學根基——唯物主義一元論的局限，將本書提出的物質與意識相統一的「新二元論」作為探索各種問題的新起點，當前人們所面臨的絕大多數難題都有可能迎刃而解。這就通過實踐具體地說明了人類科學的未來發展必須拋棄現代科學的哲學根基、思維方式、部分觀念和認識，並建立一個完全不同於現代科學的全新思想體系，才能進一步地拓展和深化人類認識的視野，再一次大幅提高人類的生活質量。

由此可見，通過探討消化性潰瘍的發生機理，本書清楚地說明了現代科學的思想體系的確是存在著根本缺陷的，並充分地反映了建立全新的科學體系這一不可阻擋的未來趨勢；而黏膜下結節論成功地解釋了消化性潰瘍的發生機理，就好像 300 多年前牛頓成功地解釋了「蘋果落地」一樣，直接標誌著人類科學一個舊時代的結束，和一個嶄新時代的開始。因此，當前科學發展的現狀和其他多方面的原因，都決定了人類新的科學革命完全可以選擇從探討消化性潰瘍的發生機理開始。

第四節：第三部分是對第二部分內容的進一步解說和拓展

　　雖然黏膜下結節論圓滿地解釋了消化性潰瘍的發生機理，但是這一全新的發病機制並沒有清楚地交代它的理論基礎，而是直接使用了結論性的語言。因此，本書的第三部分「生命科學的哲學原理」對黏膜下結節論進行了詳細的解說，目的是要表明這一全新發病機制中的每一個論點都是「持之有據，所以才言之成理」的。此外，為了讓現代科學家們都能夠接受，本書還模仿了現代科學慣用的定理、定律、法則的形式，在這一部分將隱藏在黏膜下結節論背後的基本思想以 15 條哲學原理的形式表達出來，並將它們應用於當前科學和認識上的許多重大難題，從而提出了 200 多個完全不同於現代科學認識的新觀念。根據各哲學原理之間相互關係的密切程度，本書又將這它們分成三個大塊分別進行論述（見圖 III.23）：

　　第一到第四章是圍繞著萬事萬物變化發展的機制展開論述的。第一章通過對一個看似荒謬的哲學問題的深入思考，提出了「同一性」是任何兩個不同的事物之間產生各種聯繫、發生相互作用的必要條件。第二章從整體和歷史的角度進一步考察了宇宙萬物之間的相互作用，提出了「普遍聯繫是萬事萬物固有的抽象屬性」這一重要的觀念，並認為忽略萬事萬物「普遍聯繫」的屬性正是現代科學在人體和生命科學領域不能取得成功的根本原因；因而這一章是本書思想的重要核心之一。第三章提出了「抽象的普遍聯繫是推動宇宙萬物變化發展的決定性動力」，認為必須用變化發展的觀點來看待現代科學及其定理、定律、法則等等，不能將相對簡單的物理、化學領域的理論和方法生搬硬套到高度複雜的人體和生命科學領域。同樣基於「同一性」，類比的方法非常有助於將複雜的問題簡單化，從而有助於解決 90％以上的科學難題，因此，第四章單獨討論了「類比的方法」，並得出了一些非常有價值的重要結論。由此可見，這幾章在「同一性」、「普遍聯繫」、「變化發展」和「類比的方法」這四個零碎的哲學觀念之間建立了密切的聯繫。

　　第五章提出的「疊加機制」，是圓滿地解釋多種疾病共同的流行病學特點——年齡段分組現象和十二指腸潰瘍發生機理的關鍵，並提出了「時間、空間結構和功能上的有序化是生命存在的基本條件」、「現代科學還原論分割研究的方法不足以解釋各種人體與生命現象」等重要論點。第六到十一章都是基於第五章的內容，並圍繞著觀察和處理問題的基本方法展開的：第六章「整體觀」要求我們將宇宙中的萬事萬物看成是一個不可分割的整體，自然界、生命和人體也都具有整體的屬性；這一觀念將能導致現代病因學和治療學的全面革新、引發一場偉大的科學革命，同時也是我們正確理解「思維意

識」的必要前提。第七章「歷史觀」通過追溯人類思想的發展史，挖出了現代科學的哲學根基是「唯物主義的一元論」，並認為這正是現代科學不能有效地解釋多種自然、人體和生命現象的根本原因；同時還明確了思維意識的本質是高度複雜化了的、抽象的普遍聯繫。第八章「透過現象看本質」強調只有充分地發揮「抽象思維」的作用，才能真正實現科學研究的目的；而獲得 2005 年諾貝爾生理和醫學獎的研究結論**「幽門螺旋桿菌與消化性潰瘍有因果關係 [5]」**僅僅是一種假象；相同錯誤的普遍存在，導致現代科學僅僅停留在「現象科學」的水平上。第九章「因果關係」認為忽略高度複雜的人體內因在各種疾病和生命過程中的基礎性作用，是現代科學不足以解釋任何疾病的根本原因。第十章指出人體內因高度複雜的基本特點，決定了人體和生命現象都具有「概率發生」的基本特點，因而通過千篇一律的調查表來確定病因的方法注定了是要失敗的。第十一章強調靈活應用「由點到面、由一般到特殊」的方法，可以使科研工作達到「事半功百倍」的效果，因而這一章的內容是昇華各種認識的重要方法論。

第十二到第十五章是對前十一章的內容進行高度的概括後獲得的認識。第十二章綜合應用了普遍聯繫、整體觀、歷史觀等多個哲學觀點及其分論點，首先在「物質」與「意識」的定義上取得了突破，並以此為基礎提出了不同於歷史上任何時期相關思想的「新二元論」。這一哲學原理不僅是牛頓、愛因斯坦提出的現代科學根本認識的進一步擴大、深化和昇華，而且還一舉攻克了 2500 多年來一直都懸而未決的**「哲學的基本問題 [10, 11]」**的兩個方面，直接動搖了現代科學唯物主義一元論的哲學根基，建立了複雜領域、尤其是人體和生命科學領域中的因果關係，強調個體的日常行為對健康的重要影響，並第一次圓滿地實現了唯物論與唯心論、科學與宗教、科學與哲學、中西醫學、東西方文化、哲學探討與現實生活、科學研究與抽象思維等多對二元關係的高度統一。因而我們完全可以將新二元論看成是一條涵蓋了生命科學和非生命科學領域中一切現象的「萬萬有定律」。第十三章利用中國古人提出的「陰陽學說」來支持新二元論的基本內容，並指出現代科學對人體疾病和生命現象的認識的確存在著多方面的缺陷。第十四章從整體上來把握前面各章節的重要結論，總結出了各種現象發生機制的中心法則，並簡略地解釋了各種癌症和病毒性疾病的發生機理，進一步強調了現代科學僅僅是人類科學的初級階段。最後，第十五章根據人體和生命現象高度複雜的特點提出了「多維的思維方式」，並認為靈活應用這一全新的思維方式是解決當前的現代科學面臨的各項難題、涉足思維意識領域和真正邁入人體和生命科學時代的必要前提。

　　古希臘哲學家亞里斯多德（Aristotle, 384BC～322BC）認為：**為了證明某個定律的正確性，他要考察在他之前究竟有多少學者曾經認為這個定律是正確的，而且同時還要考慮到這些學者的權威性**[12]。因此，第三部分的每一章基本上都有單獨的一節對歷史上相關的權威思想進行簡略的綜述。但是本書提出的這 15 條哲學原理與歷史上的相關觀點之間實際上都是沒有任何的歷史淵源的。我們是根據當前科學發展的現狀，為了便於現代科學家們接受，所以才借用了歷史上這些相近的名詞、概念來表達思想，並且對這些名詞、概念的基本內涵進行了或多或少的調整；而有些名詞，如物質、意識、二元論等等，在本書中則被賦予了全新的內涵；這是本書能在所有這些哲學觀念之間建立起必然聯繫的關鍵。更重要的是：本書是歷史上首次同時將這些哲學觀念靈活地應用於生命科學的實踐之中，並且第一次行之有效地解決了數以百計的科學和認識論問題。因此在閱讀這一部分的內容時，希望讀者以本書給出的定義為準。

　　其次，本部分的 15 條哲學原理和 200 多個新觀念是渾然一體、互相支持的，相互之間形成了一個盤根錯結的複雜網絡；只有將它們聯合起來綜合考慮，才是對本書核心思想較為完整的描述；這是本書的哲學體系有別於歷史上任何時期哲學思想的一個重要特點。此外，第三部分的內容還自動地高度統一了 3000 多年來人類不同歷史時期、不同地域的許多偉大思想，將現代科學、哲學、宗教、中西醫學、東西方文化乃至古代文明中的有益成分有機地整合在一起，促成了人類文明多個不同方面的大統一、大融合，從而使 21 世紀的人類科學能夠真正邁入人體和生命科學的新時代。因此，如果我們認為牛頓總結了自哥白尼到他自己近 150 年的科學成就，建立了物理學領域中的因果關係[1]的話，本書則高度總結了自《周易》以後的 3000 多年來人類歷史上多方面零零碎碎的思想和認識，建立了人體和生命科學領域中高度複雜的因果關係，其意義是不言而喻的。

　　此外，這裡要特別強調的是：本書第三部分提出的 15 條哲學原理實際上是可以應用在無限多個方面的，但限於篇幅，我們只能選擇比較有代表性、與本書的核心思想密切相關的 200 多個主題來展開討論。這 15 條哲學原理和 200 多個新觀念都是科研工作中必須具備的，卻在現代科學的知識體系中都沒有得到應有的重視，或根本就未曾涉及過的；因而，它們必然會成為人類未來科學理論體系的重要組成部分。實際上，深刻揭示現代科學理論的局限性，並初步勾劃出人類未來科學理論體系的基本輪廓，才是我們在第三部分詳細解說「黏膜下結節論」的真正目的。這就決定了只有帶著兩條線索來閱讀這一部分的內容，才能真正地體會到本書所要表達的核心思想。

第五節：第四部分初步勾劃了人類未來科學的基本輪廓

經過第二、三兩個部分的深入分析可以看出：現代科學的理論體系的確存在著多方面的固有缺陷，無法繼續滿足新的歷史時期人們對科學的要求是顯而易見的。有鑒於此，我們在本書的第四部分提出了建立全新的未來科學體系——思維科學的倡議。本書提出的「思維科學」概念，是相對於現代科學是物質科學的基本特點而言的：現代科學最根本的缺陷，就在於它僅僅是物質科學，而忽略了萬事萬物之間抽象的普遍聯繫，因而人類全新的未來科學體系必然要以普遍聯繫作為主要的研究對象；而人體的思維意識則是自然界裡普遍聯繫最高級的形式，是現代科學從來都未曾涉足的領域。因而，我們建議將這一全新的未來科學體系暫時命名為「思維意識科學」，簡稱「思維科學（Consciousness Science）」。

然而，思維科學應當以什麼樣的理論為哲學基礎，又有著什麼樣的理論輪廓呢？鑒於本書第三部分第十二章提出的「新二元論」可以很好地彌補現代科學哲學根基上的明顯不足，並能行之有效地解決當前科學和哲學上許多根本性的重大難題，我們建議暫時將它作為思維科學最主要的哲學基礎；這就決定了思維科學的研究對象不僅涵蓋了現代科學的全部內容，而且還涉及了現代科學至今尚未踏足的思維意識領域。此外，鑒於以本書第三部分的 15 條哲學原理為基礎的思想體系擁有現代科學無可比擬的優點，我們還建議在思維科學的理論體系真正確立以前，暫時將這 15 條哲學原理作為思維科學在科學研究和生活實踐中必須堅持的基本原則。這樣，思維科學便初步擁有了一個完整而系統的理論輪廓。黏膜下結節論正是這些思維科學的理論和方法在人體和生命科學領域中首次應用的結果；而它在解釋消化性潰瘍的發生機理時所取得的成功，則直接體現了這一全新的科學體系的確擁有現代科學無可比擬的巨大優勢。

思維科學與現代科學之間的區別是多方面並且十分明顯的，限於篇幅，本書第四部分（表 IV.4）僅僅羅列了其中最主要的 15 個方面：現代科學唯物主義一元論的哲學根基，決定了其研究範圍相對比較狹窄，主要局限在具體的物質領域，因而現代科學還可以被稱為具體科學、物質科學；而思維科學則涉及到了無比廣大的範圍，其研究不僅涵蓋了現代科學所涉及到的所有領域，而且還能涉及現代科學至今尚未踏足的抽象的思維意識（本質是高度複雜化了的抽象聯繫）領域，因而思維科學還可以被稱為未來科學、抽象科學、聯繫科學。現代科學所考慮到的通常是相對比較簡單的因果關係（單因單果），對周圍世界的認識也僅僅是停留在現象觀察的水平上，因而現代科學還可以被稱為簡單科學、現象科學；而思維科學所涉及到的則是高度複雜

的網絡狀因果（多因多果），並能深入地認識到隱藏在各種現象背後的抽象本質，因而還可以被稱為複雜科學、本質科學。

不僅如此，忽略萬事萬物普遍聯繫的屬性，導致現代科學習慣於將研究對象的不同部分分割開來分別進行研究，其知識體系也被分割成無數的小學科；而思維科學充分地認識到了普遍聯繫使萬事萬物，或同一事物的不同部分之間形成一個不可分割的整體，因而十分強調整體觀的重要性，並認為只有將現代科學的各級分支有機地整合成一個綜合性的大學科，才能形成對事物更加全面的認識。此外，現代科學走的是實證主義路線，片面強調實驗研究的重要性；而思維科學走的是哲學路線，認為只有實驗研究與抽象思維並重，才能算得上是完整的科學研究。現代科學與思維科學對人體的基本看法也存在著很大的差別：現代科學將人體看成一個簡簡單單的原子分子堆，而思維科學則十分強調人體社會、歷史、情感等抽象的屬性在各種疾病和生理過程中的決定性作用。現代科學採用的是線性的思維方式；而思維科學則必須採用多維的思維方式，所考慮到的因素顯然要比現代科學更多、更全面。現代科學的有效性僅僅體現在相對簡單的物理、化學領域，很難解決人體和生命科學領域中的問題；而思維科學則能使 21 世紀的人類科學真正邁入人體和生命科學的大門。

所有這些明顯不同之處，均說明了在思維科學指導下的實踐的確要比現代科學考慮得更多、更周到，所提供的各項認識也必然要比現代科學更全面、更深入；思維科學也不是現代科學思想體系的簡單繼承或延續，而是與現代科學有著完全不同的哲學基礎與內涵、範圍要比現代科學廣大得多、全面得多的全新思想體系，能從多個方面同時滿足新的歷史時期人們對科學的要求，是人類科學的高級階段。

第六節：思維科學的建立將徹頭徹尾地改變人類社會的全貌

上述多方面的比較說明：思維科學的建立將再一次拓寬和加深人類認識的視野，並使人類科學實現從現代科學向未來科學、具體科學向抽象科學、物質科學向思維科學、現象科學向本質科學、簡單科學向複雜科學的歷史性飛躍。事實上，思維科學範圍無比廣大的特點，還決定了它的積極影響並不局限於科學技術的進步，而是涉及到了人類文明的所有方面。

首先，以思維科學為基礎的科學技術將是比現代高科技還要高級得多的「最高科技」，並能有效地解決現代科學所不能解決的絕大部分難題。例如：古埃及金字塔中的木乃伊歷經 5000 年以上而不朽，當今中國河北省「香河老人」的遺體無需任何特殊處理，卻能歷經十八年酷暑和嚴冬的考驗 [13]，

還有西藏的「伏藏之謎 [2]」等，實際上都是人們將思維科學的技術靈活地運用於實踐的結果。其次，思維科學還能圓滿地解釋各種人體疾病和生命現象（包括生物進化）的發生機理；它在合目的性地改變生物體的性狀並能穩定遺傳的同時，還能有效地克服常規的物理、化學誘變方法對人體和環境所造成的危害。此外，雖然思維科學主要的研究對象是抽象的思維意識，但是它對物質領域的認識卻比現代科學更加深入、全面，因而能理想地開發和利用原子能。不僅如此，思維科學將能輕鬆地克服遙遠的星際距離，從而順利實現「深空探測」這一人類長久以來的目標；……。由此可見，思維科學的誕生和確立，將使各領域的科學技術再次進入全面進步的新時代，圓滿實現當前科學界夢寐以求的許多願望。

其次，思維科學的確立還能極度地開發人類的智慧。迄今為止，現代科學還沒有找到主動地開發人類智慧的有效方法，通常意義上的智慧增長，不過是生理性的智力發育而已。而思維科學則不同，它明確地指出了智慧的開發不是通過常規的思維訓練與學習，更不是通過含有某種特定物質的營養補充所能實現的，而是必須經過長期的思維意識鍛鍊。牛頓和愛因斯坦是現代科學史上最有智慧的人，但與應用思維科學的技術開發出來的智慧相比，最多只能算得上是「小智慧」；當思維科學的基本觀念深入人心的時候，整個人類將實現從「小智慧時代」向「大智慧時代」的飛躍。不僅如此，思維科學還能使人類真正邁入人體和生命科學的新世紀，將有能力合目的性地優化自身的生物學性狀，從而使人體的結構和功能都達到最佳的狀態；無疑，這將極大地加快人類自身進化的速度。人們將不再受到各種急、慢性病、傳染病和遺傳病的困擾，人均壽命將會很長很長。因此，思維科學還將為創建更加完美的新興人類奠定理論和技術上的基礎，有助於真正地實現人類追求健康、幸福與快樂的長遠目標。

不僅如此，思維科學的確立，還將徹頭徹尾地改變人類社會的全貌。我們想要開發智慧、身體健康嗎？我們想要延長壽命、人生圓滿嗎？思維科學明確地指出，所有這些目標的實現完全有賴於日常生活中「德行」的培養。因此，當思維科學的基本觀念深入人心的時候，整個人類的精神面貌都將發生翻天覆地的變化，物質文明和精神文明建設的同步進行將不再是一句空話。在這一大前提下，科學技術將不再像現代科學那樣是一把「雙刃劍」，而單純是促進人類快速進步的正面因素，根本就不存在「核子武器滅絕全人類」的問題。此外，思維科學的發展還能使人們不再片面地追求物質和經濟利益，經濟危機、環境污染等問題也將不再是懸在人們頭上揮之不去的陰霾，這就有效地化解了當前威脅人類生存的各種危機。思維科學的基本觀念還能使不同國家、地域和文化的人們都能彼此尊重、和睦相處，因而戰爭將

不再成為人們解決問題的選項。這些都說明了思維科學的未來大發展，將真正地實現「**大道之行也，天下為公** [14]」這一長久以來的美好願望，從而為人類社會長期、穩定、快速的發展奠定基礎。

由此可見，思維科學的未來發展，並不單純是科學技術的全面進步，而且還能極度地開發人類的智慧、大大地加快人類自身的進化，有效地化解當前威脅人類生存的各種社會和環境危機。這一切都說明了思維科學思想體系的確立，將能從根本上糾正現代科學多方面的明顯不足之處，徹頭徹尾地改變人類社會的全貌，從而標誌著人類一個全新文明時代的到來。

第七節：思維科學的誕生是人類科學未來發展的必然趨勢

本書的第四部分還對人類科學的未來發展進行了展望，得出「思維科學是人類未來科學的必由之路」的重要結論。這說明本書提出的倡議愈早得到科學界的普遍回應，當前科研工作中的盲目性和謬誤就愈少，人類科學前進的步伐自然就愈快，能夠從中受益的人也就愈多。思維科學建立的必然性主要體現在如下兩個方面：

首先，思維科學的誕生是人類科學，尤其是現代科學發展到今天的必然產物。義大利人克里斯多夫·哥倫布 1492 年發現美洲新大陸是偶然，還是必然的呢？我們很難想像：在遙感衛星已經上天，人類早已繪出完整的地球三維圖像的今天，美洲大陸仍然可以獨立地存在於人類的視野之外的。這說明：無論有沒有哥倫布這個人，人類遲早都是要發現美洲新大陸的；因而「哥倫布發現新大陸」並不是一個偶然事件，而是人類的造船術和航海術發展到一定階段的必然結果。同理，思維科學的真理就像美洲大陸一樣，千百萬年來也一直都在靜候人類的造訪；一旦人類科學的視野擴展到足以瞭見它的部分輪廓的時候，發現這些真理就只是一個時間問題了。我們同樣也很難想像：在今後幾百年的時間裡，人類一直都將科學的視野禁錮在「具體的物質」這個狹窄的領域內，而對自身固有的社會、整體和情感等抽象的屬性卻長期「視而不見」。因此，在現代科學對物質世界的認識深入到一定程度的今天，在人體和生命科學等複雜領域中的問題長期得不到解決的情況下，一定會有人將現代科學的哲學根基和思維方式刨出來看一看，其必然的結果就是導致全新的思想體系——思維科學的誕生。由此可見，即使本書不提出建立全新科學體系的倡議，在地球上的某個角落裡也一定會有人在適當的時機提出基本相同的主張，只不過在名稱上略有差別罷了。這說明思維科學的誕生和確立，與「哥倫布發現美洲新大陸」一樣也不是偶然的，而是人類科學發展到今天的必然結果。

其次，現代科學多方面的局限性，也決定了思維科學誕生的必然性。我們想要解釋各種人體疾病和生命現象的發生機理嗎？我們想要解釋古埃及金字塔中「木乃伊千年不腐之謎」嗎？黏膜下結節論在解釋消化性潰瘍時所取得的成功清楚地表明：只有突破現代科學的哲學基礎——唯物主義的一元論，或物質觀對我們思想上的限制，才能從根本上擺脫當前科學上所面臨的各種困境；相反，如果繼續沿著現代科學的理論基礎、思維方式和舊有觀念的老路走下去，就好比是在「坐井觀天、以管窺豹」，人們就永遠也無法看到物質世界以外一個更為廣闊的天空了，人類科學就永遠無法圓滿地解釋消化性潰瘍的年齡段分組現象和形態學特點，更不可能在各種複雜的領域，尤其是人體和生命科學領域取得新的突破了。然而，人類是具有高度智慧的生物，一定會採取一些積極、主動的措施來突破舊有觀念的束縛，並努力擴大自身認識的視野：普朗克的量子論、愛因斯坦的相對論，都是突破了舊有的經典力學觀念才獲得了偉大成功的先例。而突破現代科學多方面局限性的必然結果，就是思維科學體系的誕生和確立。

由此可見，思維科學是順應當今時代的需要而必然要誕生的全新思想體系，是不會因為任何人的意志而轉移的。只有順應這一未來趨勢，人類科學才能少走彎路，從而獲得新的大發展。然而，在思維科學完全確立以前，現代科學仍然會有一些新的發展，在某些領域甚至還會有比較大的發展；但長期而言，思維科學才是人類科學未來發展的主要方向。因此在今後相當長的一段時間內，將會出現現代科學和思維科學並存與交替發展的局面，但現代科學的理論、方法和認識逐步被思維科學所取代，卻是人類科學未來發展總的趨勢。

第八節：本書內容與結構上的六個特點

思維科學包羅萬象、人體與生命現象高度複雜的基本特點，以及多方面條件的限制，都給本書內容和結構上的安排帶來一些新的特點，了解這些特點將十分有助於對本書核心思想的理解：

第一，思維科學所涉及的範圍實在是太廣大、太複雜了，因而我們要寫作的內容也實在是太多了；僅僅是第三部分的 15 條哲學原理，就可以寫出上百本書來才能講得比較清楚。但限於篇幅，本書的主題主要限定在人體和生命科學領域，並且只能較為深入地討論一種疾病的發生機理。這就決定了本書的內容實際上只是涉及到了思維科學的皮毛，或甚至連皮毛都還沒有觸及；本書的內容最多也只能被當成思維科學系列作品的一個前言、一個緒論而已；我們也計劃將來能陸續推出更多的書供讀者參考。

　　第二，雖然本書提出的每一條哲學原理都很簡單、很容易理解，我們也的確是按照「外行人能懂、內行人可讀」的原則來寫作的，但是所有這些哲學原理之間卻是盤根錯節、高度複雜的；在實踐中具體應該使用哪些原理、如何運用卻是很難拿捏得好的，完全不像現代科學那樣可以有固定的公式可以遵循，而必須根據實際需要隨機應變才能有效地發揮作用。這就對人類的智慧提出了很高的要求：只有有了多維的思維能力，才能在實踐中同時靈活地應用這些哲學原理。對於多數人而言，通常需要長期的特殊訓練才行。這就在無形中提高了新世紀人類新科學普及和推廣的難度。

　　第三，人體和生命科學領域高度複雜的基本特點，決定了繼續像牛頓、愛因斯坦所處的時代那樣，僅僅依靠 1~2 條定律和幾個新觀念通常是不足以解決任何問題的；21 世紀的人類科學必須同時從多個角度來看問題，才能真正有效地解釋人體和生命科學領域裡的現象。因此，整體觀是理解本書核心思想的關鍵之一：不僅第三部分 15 條哲學原理和 200 多個新觀念是渾然一體的，本書各個不同的部分之間也是渾然一體的；像現代科學研究問題時慣用的方法那樣，將這些原理和觀念分割開來單獨運用，往往會患上「顧此失彼」的毛病，從而很容易得出錯誤的結論。

　　第四，本書的內容是學不到、想不出的，而是「頓悟 [15]」的結果。因而本書提出的哲學原理與歷史上的相關思想是沒有歷史淵源的，而是被賦予了全新、更為豐富的內涵，也涉及到了現代科學的思想和方法一時難以理解的許多因素。實際上，真正的真理是無法用言語表達的，只要用言語表達出來了的就必定有其局限性 [16, 17]。在不久的將來，當思維科學的基本觀念深入人心的時候，也就無所謂「普遍聯繫」、「新二元論」和「思維科學」等概念和條條框框了。因此，這 15 條哲學原理不過是用來表達思想的一種手段而已，希望讀者不要死死抱住它們不放，而要儘量讀出通過文字不能表達出來的內容，才算是真正地領悟了本書的思想。

　　第五，正確對待科學權威，是理解本書思想和內容的又一關鍵。縱觀人類科學發展史上每一次巨大的進步，無不是在打破傳統、挑戰權威的基礎上實現的。哥白尼的日心說、達爾文的進化論、波爾的原子模型、普朗克的量子論、愛因斯坦的相對論等等，都是在打破傳統的基礎上獲得成功最典型的例子。因而死死抱住舊有的權威觀念不放，人類科學就很難取得新的進步。思維科學的未來發展也是如此：它必然要從否定一大批現代科學的權威觀點出發，才能逐步建立起全新的理論體系。這就要求我們不能將現代科學的理論和觀念當成真理的標準來看待本書的思想和內容；當本書的論點和解釋與當前的權威觀點相矛盾時，希望讀者不要盲目否定，而是靜下心來仔細地想一想，做一番追根究柢的研究以後再作定論。

第六，為了避免歧義，對於現代科學的現狀和研究結果，本書儘量避免作出自己的評價，而是直接引用現代科學家們最權威的說法。因而本書在引用參考文獻時，力爭直接使用原文而不作任何形式的改寫，並在使用不同字體的同時還明確地指出了其出處。此外，由於身處海外，我們必須面臨中文參考書十分有限，卻又買不起英文文獻的窘境，同一本參考書通常要被引用很多次，希望能得到讀者的諒解。

最後要強調的是：本書的兩位作者在現代科學領域的造詣都不是很深，也從來未曾專門學習過哲學和哲學史，對西醫、中醫和宗教也僅僅是初步的了解，因而本書的內容必然會有一些論述不準確、考慮不周全的地方，希望科學界、哲學界、中醫界和宗教界的各位前輩和同仁們都能不吝賜教；我們也的確是懷著「聞過則喜」的態度來推出這本書的。而本書提出的消化性潰瘍病的發生機理，以及各哲學原理和基本觀念等等，也絕對不是終極真理，而僅僅代表了一種思想和觀念上的進步，代表著人類科學未來發展的基本方向；真正完善的潰瘍病的發生機理，還有待將來思維科學理論體系的完全確立。我們也希望在日後與科學界和社會各階層的共同探討中，不斷地補充和完善本書的思想與內容。

參考文獻

1 孫方民、陳淩霞、孫繡華主編；科學發展史；鄭州，鄭州大學出版社，2006 年 9 月第 1 版：第 103-117 頁。

2 王堯、陳慶英主編；西藏歷史文化辭典；杭州，西藏人民出版社、浙江人民出版社，1998 年 6 月第 1 版：第 87 頁。

3 夏基松著；現代西方哲學；上海，上海人民出版社，2006 年 9 月第 1 版：第 263 頁。

4 Mervyn Susser, Zena Stein; Civilization and Peptic Ulcer; The Lancet, Jan. 20, 1962; pp 115-119.

5 Barry J. Marshall, J. Robin Warren, Elizabeth D. Blincow, Michael Phillips, C. Stewart Goodwin, Raymond Murray, Stephen J. Blackbourn, Thomas E. Waters, Christopher R. Sanderson; Prospective double-blind trial of duodenal ulcer relapse after eradication of *campylobacter pylori*; The Lancet, December 24/31 1988, pp 1437-1442.

6 Albert Damon and Anthony P. Polednak; Constitution, genetics, and body form in peptic ulcer: A review; J. chron. Dis., 1967, Vol. 20, pp. 787-802.

7 Christie DA, Tansey EM; Peptic Ulcer: Rise and fall, welcome witnesses to twentieth century medicine, 2002; Vol.14, pp 674-675. London: The Welcome Trust Centre for the History of Medicine, 2002; ISBN: 0-85484-084-2.

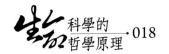

8　W.C. 丹皮爾［英］著，李珩譯，張今校；科學史及其與哲學和宗教的關係；桂林，廣西師範大學出版社，2001 年 6 月第 1 版；第 429 頁。

9　李建會著；生命科學哲學；北京，北京師範大學出版社，2006 年 4 月第 1 版；前言第 1-2，8 頁。

10　童鷹著；哲學概論；北京，人民出版社，2005 年 9 月第 1 版；第 38-71 頁。

11　陳遠霞、馬桂芬主編；馬克思主義哲學原理；北京，化學工業出版社，2003 年 7 月第 1 版；第 4-6 頁。

12　漢斯·約阿西姆·施杜里希［德］著，呂叔君譯；世界哲學史（第 17 版）；濟南，山東畫報出版社，2006 年 11 月第 1 版；第 114 頁。

13　中華網；十年不腐——揭秘「香河老人」肉身不腐之謎，2006 年 4 月 17 日；http://culture.china.com/zh_cn/history/kaogu/11022843/20060417/13250245.html。

14　據中國西漢時期的禮學家戴聖選編的《禮記》之「禮運大同篇」記載，「大道之行也，天下為公」出自 2500 多年前春秋時期的儒家學派創始人孔子（西元前 551 年～西元前 479 年）。

15　黃順基主編，陳其榮曾國屏副主編；自然辯證法概論；北京，高等教育出版社，2004 年 5 月第一版；第 143-145 頁。

16　饒尚寬註譯；老子；北京，中華書局，2006 年 9 月第 1 版；第 1-3 頁。

17　荊三隆註譯；佛教文化叢書，白話楞伽經；西安，三秦出版社，2002 年 10 月第 2 版；第 105-107 頁。

第二部分：黏膜下結節論──消化性潰瘍的發生機理

為了充分地體現本書思想體系的有效性，我們在這一部分提出了一個全新的發病機制──黏膜下結節論，首次圓滿地解釋了消化性潰瘍所有 15 個主要的特徵，以及我們從當前的文獻中所能收集到的全部 72 種不同的現象（索引 1）。例如：雖然早在 1962 年就有人報導了消化性潰瘍的發生在人群中表現為「年齡段分組現象」，但是過去 50 年來現代科學一直都找不到合理的解釋，而黏膜下結節論卻能輕而易舉地將它闡述得一清二楚。此外，黏膜下結節論還一目了然地揭示了代表現代科學的最高水平、獲得 2005 年諾貝爾生理和醫學獎的結論「幽門螺旋桿菌與消化性潰瘍有因果關係」中存在著多方面的謬誤（索引 4）。不僅如此，黏膜下結節論還將歷史上關於消化性潰瘍的主要學說都有機地統一起來，並清楚地說明了這些以現代科學為基礎的學說，都只是考慮了該疾病多個特徵中的某幾個方面，因而在擁有部分正確性的同時卻又包含著一定程度上的謬誤。而基本相同的情況，實際上還廣泛地存在於現代科學對所有人體疾病和生命現象的探討之中。因此，雖然現代科學早已進入到原子、分子的高科技時代，至今仍然不能圓滿地解釋任何一種人體疾病和多種生命現象的發生機理。

由此可見：黏膜下結節論的提出，的確有可能是科學理論上一大新的突破。本書第三部分還提出了 15 條完全不同於現代科學基礎理論的哲學原理，用來對這一全新的發病機制進行深入的解說，從 120 多個不同的方面（索引 5）進一步暴露了現代科學理論和方法的局限性，從 50 個角度（索引4）對「幽門螺旋桿菌與消化性潰瘍有因果關係」這一論點中所存在的謬誤進行了多方面的深入論證。這些都說明了黏膜下結節論中的每一個論點都不是無端的猜想，而是持之有據，所以才言之成理的。不僅如此，第三部分還通過對黏膜下結節論的深入解說，刨出了現代科學的哲學根基來一探究竟，並初步地勾劃出了一個全新的思想體系──思維科學的理論輪廓及其廣泛的應用前景。由此可見，消化性潰瘍雖然是相對比較簡單的疾病，但是對其發病機理的深入探討卻十分有助於解決非常複雜的科學問題。人類科學的未來發展非常有必要在拋棄現代科學的哲學根基、研究方法、思維方式、科研路線以及其他多種認識和觀念的基礎上建立起一個全新的未來科學體系，才能進一步地擴大和加深人們對自然界、人體和生命現象的認識，並逐步闡明當前科學上的許多未解之謎。因此，這一部分在解釋消化性潰瘍的發生機理時所表現出來的有效性，是本書展開所有討論的基石，從而引領人類的科學再次邁向一個全新的時代。

第一節：消化性潰瘍病研究的歷史與現狀

消化性潰瘍（Peptic Ulcer）包括胃潰瘍（Gastric Ulcer）和十二指腸潰瘍（Duodenal Ulcer），是人類的常見多發病，呈世界性分布；大約有 10% 的人口在其一生中的某一時期，罹患過此病 [1]。過去一百多年來，人們曾經提出過十多種學說來解釋其發生機理，比較有代表性的有：平衡學說 [2]、炎症學說、循環學說、機械刺激學說 [3]、神經學說 [4]、皮層 - 內臟學說和心身醫學論 [5] 等等。**儘管每一學說都持之有故，言之成理，但都不是完整無缺的道理** [6]，至今仍然沒有一個學說能圓滿地解釋消化性潰瘍的好發部位、形態學、反覆發作和多發、年齡段分組現象等多方面的特徵和現象。

歷史上曾經有一句「**無酸無潰瘍（*No Acid, No Ulcer*）**[7]」的名言，但實驗研究結果卻表明：胃潰瘍患者中胃酸的分泌通常為正常值，或甚至是低酸 [8]。這說明胃潰瘍的形成機制不能用胃酸的高分泌來解釋，因而這一說法早已在潰瘍病的研究中遭到否決。流行病學調查結果以及動物模型均表明了消化性潰瘍與「精神壓力」密切相關 [9]。然而，在精神壓力學說（Stress Theory）[10-13] 中，**精神因素導致潰瘍形成的機制目前還不甚清楚** [9, 14]，並且與歷史上任何其他的學說一樣，精神壓力學說也不能解釋胃潰瘍的形態學、反覆發作和多發、好發部位等特徵，更不能清楚地說明「**為什麼所有的人都受到了精神壓力的影響，但是只有 20%~29% 的男性和 11%~18% 的女性目前或既往有消化性潰瘍病** [5, 15-17]」。尤其是在**幽門螺旋桿菌被認為是消化性潰瘍的主要病因** [18-21] 以後，這一學說無法闡明幽門螺旋桿菌在消化性潰瘍發病過程中所起的作用 [22]，因而立即遭到了學術界的淘汰。

自 Barry J. Marshall 和 J. Robin Warren 於 1982 年首次分離到幽門螺旋桿菌（*Helicobacter Pylori*, HP）以後，人們普遍認為這是一次革命性的發現 [18, 23, 24]，並認為這一細菌的感染可能是消化性潰瘍病的主要病因 [18-21]；甚至有人認為「**沒有幽門螺旋桿菌，就沒有消化性潰瘍（No HP, No Ulcer）**[7]」，因而這一細菌立即成為消化性潰瘍發病機制研究中的熱點。為了敘述的方便，本書將這一學術觀點稱為「幽門螺旋桿菌學說（Theory of *Helicobacter Pylori*, or Theory of HP）」。然而，與歷史上所有其他的相關學說一樣，幽門螺旋桿菌學說也不能清楚地闡明消化性潰瘍病的諸多特徵和現象：「**幽門螺旋桿菌在消化性潰瘍中的作用是有爭議的** [22, 25-29]」、「**幽門螺旋桿菌和消化性潰瘍的因果關係目前還不清楚** [30-32]」以及「**該細菌如何導致消化性潰瘍的機制目前尚未闡明** [33, 34]」。不僅如此，與歷史上以現代科學為基礎的所有其他學說相比，幽門螺旋桿菌學說實際上還面臨著更多的矛盾：

　　既然幽門螺旋桿菌在胃腔內是無處不在的，胃黏膜的所有部位都應當有相同的機會發生潰瘍；然而，為什麼胃潰瘍的好發部位卻主要局限在幽門部和胃小彎，並且**通常穿越黏膜下層，甚至深達肌層內，邊緣整齊** [1]，**狀如刀割** [6]？此外，幽門螺旋桿菌學說還不能解釋為什麼「潰瘍通常為單個，亦可有多個」？殺滅幽門螺旋桿菌為什麼不能抑制潰瘍病的復發（Relapse）[26~28]呢？不僅如此，這一學說對消化性潰瘍的復發和多發（Multiplicity）的解釋也是極其牽強的，也不能解釋胃潰瘍的穿孔和自癒等特徵 [35~37]，更不能說明為什麼「**儘管幽門螺旋桿菌的感染在世界範圍內廣泛流行，但無論是成人，還是兒童，十二指腸潰瘍的發病率都很低** [37~41]」。非常有趣的是，根據幽門螺旋桿菌學說，消化性潰瘍應當屬於傳染病 [42]，可是這一疾病卻根本就不滿足傳染病必須具備的六個基本條件 [27]。

　　更為重要的是，幽門螺旋桿菌學說不能解釋「消化性潰瘍與社會—心理因素和個性有直接聯繫」這樣的流行病學調查結果 [26~28, 43, 44]。Susser 等人的研究顯示：在好幾個歐洲國家，**消化性潰瘍所導致的死亡率存在著「年齡段分組現象」；他們認為這一現象與第一次世界大戰、經濟危機和城市化高度相關** [45~47]。Feldman 等人的多元對照研究也表明：**消化性潰瘍患者顯著地有較多的情緒障礙，表現為抑鬱或焦慮，以及消化性潰瘍的發生與人生的不幸遭遇和社會—心理因素都有著密切的關係** [48]。然而，幽門螺旋桿菌學說根本就沒有考慮到社會—心理因素和個性（Personality）在消化性潰瘍發病過程中的作用。上述所有這些問題，都說明了幽門螺旋桿菌學說並不比歷史上以現代科學為基礎的所有其他相關學說優越，而是給人們帶來了更多的難題。

　　由此可見：迄今為止，以現代科學的理論和方法為基礎的所有學說，包括精神壓力學說和幽門螺旋桿菌學說在內，都不能圓滿地解釋消化性潰瘍的發生機理。有鑒於此，本部分提出了一個全新的發病機制，首次圓滿地解釋了消化性潰瘍所有 15 個主要的特徵和我們從文獻上所能收集到的全部 72 種不同的現象（索引 1），而且還預見了當前科學上尚未發現的部分特徵。這一全新的發病機制認為消化性潰瘍是一種典型的身心疾病，是社會—心理因素通過神經反射等機制引起的胃、十二指腸局部病變，而與「**胃黏膜的保護因素與損害因素的不平衡** [24, 30]」無關；並認為一種預先存在於胃黏膜下的潰瘍前病變——胃黏膜下結節，才是胃潰瘍發生的基礎，是胃潰瘍發生起始和決定性的步驟，並決定了該疾病所有的臨床特徵。因而這一全新的發病機制被命名為「黏膜下結節論（Theory of Submucous Nodes）」，簡稱「結節論（Theory of Nodes）」。

雖然胃潰瘍和十二指腸潰瘍有很多的共同點，但是卻被認為是兩種不同的疾病 [1, 23]。然而，只要將這裡提出的胃潰瘍的發病機理略作修改，十二指腸潰瘍所有的特徵和現象也能得到圓滿的解釋。限於篇幅，本部分將重點解釋胃潰瘍的主要特徵和現象，但同時也會對十二指腸潰瘍的發病機理和部分特徵進行簡單的論述，並作為黏膜下結節（Submucous Nodes）論的一部分。此外，黏膜下結節論還成功地解釋了臨床實踐和實驗研究中觀察到的幽門螺旋桿菌在消化性潰瘍發生過程中的所有表現，並清楚地闡明了這一細菌在胃潰瘍和十二指腸潰瘍的發生過程中所起的作用既不是始動、也不是決定性的，正相反，它與胃黏膜局部其他的損害因素（胃酸胃蛋白酶等）一樣，僅僅在消化性潰瘍病理發生過程的後期才起到一定程度上的次要作用。不僅如此，結節論還明確地指出：「**幽門螺旋桿菌與消化性潰瘍有因果關係** [33]」這一論斷還沒有考慮到科研工作中必須遵循的多個基本原則。

本部分將首先論述黏膜下結節論的基本內容，然後再利用這一全新的發病機制逐一解釋消化性潰瘍所有主要的特徵，而將消化性潰瘍所表現出來的72 種現象的解釋逐一穿插於其中。緊接著，我們還深入地討論了社會─心理因素和幽門螺旋桿菌在消化性潰瘍的發病過程中所起的作用，並將十二指腸潰瘍的發病機理、病因學特徵及其與幽門螺旋桿菌的關係作為單獨的一節來闡述。進一步的討論還表明，忽略抽象的思維意識在人體生命活動和疾病發生發展過程中的決定性作用，是現代科學不能圓滿地解釋消化性潰瘍的發生機理的主要原因。最後，我們還列舉了黏膜下結節論明顯有別於歷史上任何其他相關學說的 6 個特點。文獻綜述的結果表明，幾乎所有現代科學的研究成果都支持了黏膜下結節論的基本內容。

第二節：胃潰瘍的發生機理

精神因素（Psychic Factors），又稱為社會─心理因素（Psychosocial Factors），包括由個性、家庭、社會和自然災害等能導致精神壓力 [49] 的所有因素，通過病理性的神經反射機制導致的潰瘍前病變──胃黏膜下結節樣無菌性組織壞死，將黏膜下結節論與歷史上所有以現代科學為基礎的相關學說區別開來。**嚴重的精神壓力與胃腸道潰瘍的關係已經很明確了** [25, 50, 51]。在黏膜下結節論中，重大的自然災害、社會和家庭事件、特殊個性等多種情感因素造成的精神壓力導致在胃黏膜下的軟組織中形成了一種球形的、無菌性結節樣的壞死病竈（圖 II.2 之 A、B）。這種黏膜下結節的形成與上消化道局部的保護因素和損害因素（包括胃酸胃蛋白酶、幽門螺旋桿菌等等）完全無關，而單純是由精神因素引起的。

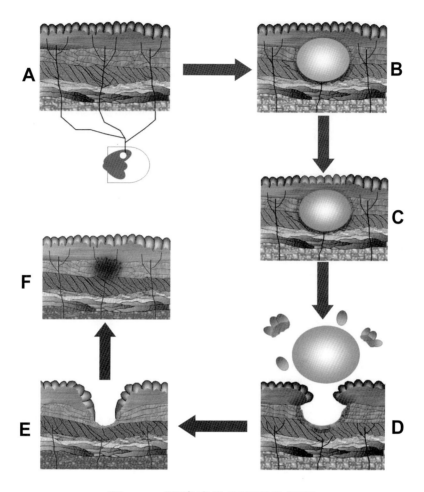

圖 II.2　胃潰瘍的病理發生過程

　　圖 II.2 顯示：A，胃的活動由中樞神經系統和腸道神經系統控制；B，病理性神經衝動導致胃黏膜下組織內形成結節樣壞死竈；C，結節表面的胃黏膜組織由於結節的存在而導致血供減少、分泌功能和抵抗力均顯著降低；D，結節表面的組織在胃酸胃蛋白酶、幽門螺旋桿菌等多種損害因素的攻擊下脫落，結節竈在胃蠕動造成的機械壓力下也從胃壁內排出，胃潰瘍形成；E，局部組織缺損在胃酸胃蛋白酶、幽門螺旋桿菌等進一步的攻擊下形成胃潰瘍的病理解剖學外觀，周圍組織通過再生逐漸修復局部缺損；F，潰瘍造成的局部缺損被修復而在胃壁內留下疤痕，胃黏膜功能逐漸恢復。這一病理發生過程清楚地解釋了胃潰瘍「**通常穿越黏膜下層，甚至深達肌層內，邊緣整齊** [1]，**狀如刀割** [6]」的形態學特徵。

　　胃黏膜下一旦存在著結節樣的壞死病變，其表面組織的血液供應必然會顯著降低（圖 II.2C），結果就是胃黏膜局部細胞的功能（如分泌 HCO_3^-）喪失、抵抗力明顯下降。**胃十二指腸黏膜對胃酸和各種損害因素的抵抗力，有賴於充足的血液供應** [8]。有充分的證據表明：上消化道的血流灌注不足，是胃腸道潰瘍的主要原因 [25]。*Chung* 等人在狗的動物模型中發現：肉眼能觀察到的黏膜潰瘍發生之前就有局部缺血和充血 [25, 52]。而位於結節竈表面的組織在局部損害因素（Local Damage Factors；如機械磨損、胃酸胃蛋白酶、幽門螺旋桿菌等）的作用下出現壞死並從胃壁上脫落；結節樣病竈也在胃蠕動產生的機械擠壓等因素的作用下從胃壁上脫落（圖 II.2C）。接著，在局部損害因素的進一步刺激和腐蝕下，潰瘍周圍組織痙攣、變性、腫脹、壞死，以及周圍組織的再生（Regeneration）和重建（Rehabilitation）等，形成了胃潰瘍的病理解剖學外觀（圖 II.2E）。最後，潰瘍造成的缺損因局部組織的修復而逐漸癒合，並留下疤痕（圖 II.2F）。由此可見，傳統病因學所強調胃黏膜局部的各種損害因子，在黏膜下結節論中都不是消化性潰瘍發病起始和決定性的要素，僅僅在潰瘍形成過程的後期才發揮一定的次要作用。

　　與現代科學的認識完全不同的是：黏膜下結節論認為胃潰瘍是一種全身性疾病（General Diseases），並且患者通常會伴隨失眠、多夢等精神症狀，而潰瘍僅僅是這一全身性疾病在胃局部的表現。上述球形的無菌性結節竈也可以出現在人體的其他部位，從而招致不同種類的疾病。如果這種結節竈出現在體表，則引起一種丘疹（Pimple）樣的皮膚病，壞死組織可以導致皮膚潰破並由於外力的擠壓而排出體外，也能導致微量的出血。這種位於體表的小毛病與胃潰瘍有很多的共同點：二者有著基本相同的病因，都是由於精神壓力、焦慮等因素引起的；二者都有出血、反覆發作和多發的特點，而體表的結節則好發於前額、面頰、後背等部位；病情嚴重或反覆發作者體表的病變還表現出左右對稱發生的顯著特點（詳細請參閱第三部分第五章第一節）；二者可能還有著基本相同的早期病理發生過程，但病變部位的差異卻招致了完全不同的後果：由於胃酸胃蛋白酶、幽門螺旋桿菌、機械磨損等損害因素的存在，發生在胃組織中結節竈表面的胃黏膜由於血供障礙而不能抵抗這些腐蝕因素的攻擊：**與其說潰瘍病的後期是感染性的，倒不如說是腐蝕性的** [8, 53, 54]。因此，胃黏膜下組織內的結節竈導致的後續性損傷的面積通常要比體表的後續性損傷大得多，其症狀和後果也必然要比體表嚴重得多，如胃痛、大出血，甚至是死亡等等。而發生在體表的皮下結節（Subcutaneous Nodes）面臨的損害因素很少，程度上也遠遠沒有胃黏膜局部的劇烈，所以這個小毛病通常不會影響局部組織的功能，而在很大程度上被現代醫學所忽略；然而，體表經常出現這種小毛病的個體，可能比其他人更加容易罹患胃潰瘍。

第三節：對胃潰瘍各種特徵和現象的解釋

3.1　胃潰瘍與胃酸分泌的關係

　　黏膜下結節論認為：胃潰瘍的發生主要取決於結節竈的形成，而與胃酸（Gastric Acid）的分泌無關。因此，與十二指腸潰瘍相比，大部分胃潰瘍病人的胃酸分泌正常，或者是低分泌；這些病人體內胃酸的消化活性降低說明**胃黏膜的保護能力受到了損害** [19, 55]。在結節論中，胃黏膜下預先存在的結節樣病竈清楚地解釋了其「保護能力受到損害」的根本原因。

表 II.1　空腹 24 小時胃酸分泌的平均值 [8]

	分泌量（ml）	游離酸（單位）	HCl 排出量（mg）
正常值	1,072	49	1,900
十二指腸潰瘍	1,950	57	4,020
胃潰瘍	1,048	22	922

表 II.2　夜間 12 小時胃酸分泌的平均值 [8]

	分泌量（ml）	游離酸（單位）	HCl 排出量（mg）
正常值	581	29	661
十二指腸潰瘍	1,004	61	2,242
胃潰瘍	600	21	454

　　表 II.1 和表 II.2 表示：胃潰瘍病人的胃酸分泌水平可以正常，也可以比正常低，直接支持了黏膜下結節論推導出的結論「胃潰瘍不是胃酸的高分泌引起的」。另外，雖然十二指腸潰瘍病人的胃酸分泌遠高於正常值，但是只有 7% 的十二指腸潰瘍病人同時罹患胃潰瘍 [56]，進一步證明了「胃酸的高分泌的確不是胃潰瘍發生的根本原因」。在黏膜下結節論中，胃潰瘍病人的胃酸分泌可以比正常人高、相同，甚至是低得多；黏膜下結節論對「只有 7% 的十二指腸潰瘍病人同時罹患胃潰瘍」的解釋是：這些十二指腸潰瘍通常是高酸分泌型胃潰瘍的併發症（Complication）。

3.2 胃潰瘍的形態學

黏膜下結節論認為在新陳代謝正常的情況下，胃黏膜有足夠的能力來抵抗胃酸胃蛋白酶、幽門螺旋桿菌等局部損害因素的侵蝕，這是生物進化和自然選擇所導致的必然結果。只有在特殊原因（如機械損傷，血供減少等）導致胃黏膜局部組織的抵抗力顯著降低，不能抵擋局部損害因素攻擊的情況下才會發生潰瘍。另外一種情況就是上消化道的低灌注，強有力的證據表明這種情況就是胃腸道發生潰瘍的主要原因 [25]。動物模型表明，黏膜的抵抗力與上消化道組織的微循環密切相關 [25, 57]。這些資料表明只有在結節形成的部位才能發生胃潰瘍，而其他部位的胃黏膜雖然存在著幽門螺旋桿菌等損害因素，卻不會發生潰瘍（圖 II.2 之 B、C）。胃潰瘍的形態和大小取決於結節的形態和大小：結節一般為球形，有清晰的邊界，並可累及黏膜層、黏膜下層和平滑肌層；相應地，當胃黏膜和結節由於各種因素的作用脫落以後，便形成了圓形的潰瘍竈，並且可以累及黏膜層、黏膜下層和平滑肌層的局部組織缺損，邊緣整齊 [1]，狀如刀切 [6]。這就非常清楚地解釋了胃潰瘍的形態學 (Morphology)。

3.3 胃潰瘍的出血和穿孔

胃潰瘍的出血（Bleeding）和穿孔（Perforation）與結節的大小和部位有關。如果結節竈直徑較小、位置表淺，所導致的胃潰瘍的直徑自然也比較小、位置表淺並很少穿孔，症狀也相對較輕。相反，如果結節的直徑較大、深達漿膜層，那麼潰瘍的直徑也會比較大、深達漿膜層，在胃酸胃蛋白酶等的侵蝕下很容易出現穿孔。如果結節竈毗鄰大血管，胃酸胃蛋白酶的侵蝕、機械磨損等就有可能導致血管破裂而引起大出血。潰瘍在胃或十二指腸的部位可能也是潰瘍病出血的相關因素 [58]。黏膜下結節論認為結節的大小和深度與生活事件對個體影響的嚴重程度密切相關。輕度精神壓力將導致較小和較表淺的潰瘍，而嚴重的精神壓力在某些病人體內可能會導致穿孔和大出血 [59]。動物模型也表明：如果讓受到精神緊張因素刺激後的大鼠有機會表達出攻擊行為（從而釋放精神壓力），則能夠大大地減少精神緊張導致胃潰瘍的機會 [60]。因而胃潰瘍的穿孔並不是從黏膜層開始，並逐步擴展到胃、十二指腸壁 [8]，而是由精神因素導致預先存在於胃黏膜下組織中的結節樣病變引起的。

3.4 胃潰瘍的自癒、藥物治療和治療效果

黏膜下結節論認為：無論精神因素的影響是否被消除，一旦形成了胃潰瘍，由於遠程神經末梢的壞死，病理性神經反射對潰瘍部位的影響暫時減輕，局部缺損可以通過周圍組織的再生而自動修復。不過，胃酸胃蛋白酶、

幽門螺旋桿菌等局部損害因素會大大地延緩潰瘍的癒合。**由於胃酸胃蛋白酶的持續侵蝕，胃潰瘍的癒合通常要比皮膚損傷和下消化道的潰瘍慢得多** [61]。

　　胃潰瘍未經治療即可痊癒；動物實驗也證明了實驗性潰瘍可以自癒（*Self-healing*）[5]。屍檢報告顯示：**有 20%-29% 的男性，11%-18% 的女性被發現目前或既往患有消化性潰瘍** [5, 15~17]，這些資料都顯示臨床報導的消化性潰瘍病例數（大約占人群的 10%）實際上只是真實病例數的一小部分，而超出一半以上的患者是亞臨床病人，並且他們都是自癒的。消化性潰瘍在人群中的實際發病率可能應當修正為 20%～30%。正常情況下，如果一段時間以後結節表面的胃黏膜沒有潰破，從而並沒有真正地發展為潰瘍，就會被周圍組織自動吸收而形成疤痕。

　　藥物治療可以抑制胃酸胃蛋白酶的分泌，從而減輕損害因素的攻擊；藥物治療還可以提高胃黏膜的防禦能力，或保護已經受損的胃黏膜，從而有助於局部組織的再生和修復 [8, 61, 62]。**所有的潰瘍，無論是胃潰瘍還是十二指腸潰瘍，是急性還是慢性，都能自然地趨向於自癒。儘管酸性胃內容物的存在，X 射線和屍檢都發現胃潰瘍能夠自發緩解或留下疤痕，許多沒有併發症的損傷能夠自癒；然而，如果損傷的部位能夠受到保護，從而免遭酸性胃液的攻擊，消化性潰瘍的癒合就會快得多** [8]。此外，由於藥物治療能減輕和抑制潰瘍症狀，臨床上通常將其診斷為治癒。然而，除非精神因素的影響被消除，包括殺滅幽門螺旋桿菌在內的所有藥物治療，都阻止不了結節竈的再次形成，相當大比例的一部分病人就表現為復發。

3.5　胃潰瘍的病因學

　　傳統的病因學（Traditional Etiology）認為**消化性潰瘍的發生是上消化道的保護因素和損害因素失去平衡的結果** [20, 21, 24, 30]。黏膜下結節論認為：正是這一傳統的病因學觀念長期以來在人們的心目中占據著統治地位、限制了人們的思維，才導致消化性潰瘍的發病機理自始至終都不能得以清楚地闡明；在探討消化性潰瘍的病因學機制時，我們不應該將研究的焦點都集中在胃黏膜局部，而首先應當放眼於患者的整體狀態；無論是現代科學所強調的保護因素，還是包括幽門螺旋桿菌在內的損害因素，都只是在消化性潰瘍發生後期和癒合過程中才起到一定程度上的次要作用。

　　（20 世紀）50 年代 Franz Gabriel Alexander（1891~1964，美籍匈牙利裔心理學家和內科醫生）就已經強調了心理因素在某些疾病發病中的重要性，並將消化性潰瘍列為心身疾病（*Psychosomatic Diseases*）的範疇 [5]。導致

精神緊張的事件通常發生在剛診斷出的和慢性的潰瘍病人出現潰瘍症狀之前 [59]。Feldman 的多元對照研究也表明：消化性潰瘍患者明顯地有較多的情緒障礙，表現為抑鬱或焦慮。疑病症、對生活事件的負面看法、依賴性與較弱的自信心是最能將潰瘍病人與對照進行區別的四個主要變量。這一對照研究證明了生活事件的壓力和精神因素與潰瘍病有高度的相關性 [48]。在英格蘭和威爾士，消化性潰瘍所致的死亡率在 20 世紀 50 年代達到高峰，然後開始下降 [45]。Susser 將這一發病率的波動定義為「年齡段分組現象」，並認為 19 世紀最後 25 年出生的英國人群由於受到第一次世界大戰和 20 世紀 30 年代經濟危機的影響，因而經歷過令人精神特別緊張的生活事件 [63]。

黏膜下結節論認為：令人精神特別緊張的生活事件被感知以後，通過病理性的神經反射機制導致了胃黏膜下組織內結節竈的形成。大量的研究資料證明了「大腦—內臟軸」對健康和疾病的影響，說明了精神壓力所致的潰瘍可能是「大腦驅動的」[9, 64~66]。生活事件激活了海馬—垂體腎上腺軸，其中的一個結果就是導致腎上腺分泌可的松甾類激素到血液循環中；導致短期精神緊張的生活事件對大腦功能的影響使機體能夠適應環境的影響，但長期的精神壓力可能會導致機體失調並最終導致疾病的發生 [67, 68]。有證據十分支持某些精神緊張所導致的胃損傷是大腦驅動的，這種通過中樞神經系統的致潰瘍機制可能比改變胃內的局部因素更加有效 [9]。因此，胃潰瘍的病因不在患病局部，而是人的大腦（思維意識）對生活事件的反映，因而這一疾病必然會伴隨著一些精神症狀，如失眠、焦慮、食慾不振等等（圖 II.6），但是病理改變卻出現在胃黏膜下的軟組織中。完全相同的機制也可以發生在體表導致丘疹樣的小毛病，從一個側面說明了胃潰瘍是社會—心理因素所導致的一種全身性疾病。

其次，雖然黏膜下結節論強調社會—心理因素在消化性潰瘍發病過程中的關鍵性作用，但是它並不否認包括胃酸胃蛋白酶、機械磨損、幽門螺旋桿菌等在內的各種局部損害因素在病理後期和癒合過程中也起到了一定程度上的次要作用，如加重潰瘍症狀、延遲癒合、顯著升高臨床發病率和死亡率等等；因而發生在胃黏膜下組織內的結節所引起的後果必然要比發生在體表的結節嚴重得多。

臨床上，多種原因都可以導致類似消化性潰瘍的症狀，如胃泌素瘤、胃癌、化學藥物等。這些原因導致的症狀機制通常都比較清楚、簡單，也明顯不同於社會—心理因素導致的潰瘍病，因而它們應當屬於其他種類的疾病，病理解剖學表現也與精神因素所導致的潰瘍病有著明顯的區別。但由於它們通常會被誤診為消化性潰瘍，從而影響到圖 II.3 和 II.4 中所描述的流行病學調查結果，因而必須予以足夠的重視。

3.6 胃潰瘍與遺傳

黏膜下結節論認為：遺傳因素在胃潰瘍的發病過程中起到了背景的作用。生活事件可能導致某些病人患胃潰瘍病，然而其他人則有可能患十二指腸潰瘍、高血壓或者結腸炎[69]等。Doll 和 Kellock 比較了 109 個家庭的疾病與遺傳的關係，他們發現胃潰瘍病人的親戚傾向於患胃潰瘍，十二指腸潰瘍病人的親戚傾向於患十二指腸潰瘍[1, 70]。其次，消化性潰瘍病人可能有潰瘍性格，如不成熟、易衝動、孤立和脫離現實等等[48]；個性與遺傳也是有一定聯繫的[71]。臨床觀察得到的許多研究結果都強調了遺傳因素在潰瘍病發生過程中的作用[9]。遺傳背景部分解釋了為什麼「只有 20%~29% 的男性和 11%~18% 的女性目前或既往有消化性潰瘍病[5, 15~17]」。

然而，黏膜下結節論還認為：相對於遺傳而言，消化性潰瘍在某些家庭中的高發病率更多地取決於社會—心理因素的影響，因為同一家庭的不同成員通常面臨著相同的能導致潰瘍病的生活事件；但並不是每一個成員都會患上潰瘍病。潰瘍病人集中於某些家庭可能並不是遺傳的結果，而主要取決於導致潰瘍病的環境因素在各成員之間的相互影響[1, 72]；在有 102 個男性潰瘍實例的 319 個一起生活的兄弟中，消化性潰瘍的發病率是 520 個年齡相當的男性對照的 1.9 倍[1, 73]。一些家庭調查結果顯示，潰瘍病人親屬的發病率明顯較高，但他們之間顯然沒有相同的遺傳背景[1]。因此黏膜下結節論認為：雖然遺傳在消化性潰瘍的發生過程中起到了背景的作用，但社會—心理因素才是導致潰瘍的決定性原因。

3.7 胃潰瘍的復發和多發

只要社會—心理因素的負面影響還存在，胃黏膜下結節的復發和多發將是難以避免的；而結節復發和多發的特性，又決定了胃潰瘍的復發和多發。此外，黏膜下結節論還充分地認識到生命現象都具有「概率發生」的基本特點，因而結節竈可以表現為單發，也可以表現為多發。本部分第四、六和七節將更詳細地討論消化性潰瘍「概率發生」的特點。

消化性潰瘍的復發不能用某個單一的原因來解釋。最明顯和最重要的因素包括：情感上的壓力，飲食無規律，還可能與上呼吸道的感染有關[8, 74]。Flood 對潰瘍病人的系列研究表明：擔憂、勞累、焦慮、無安全感是最常見的致病因子[8]。保護性的藥物能夠覆蓋在潰瘍表面而發揮一定程度上的保護作用[30]，從而導致潰瘍的面積比較小；即使黏膜下組織中有結節的形成，潰瘍也有可能由於保護性藥物的使用而被抑制，或不表現出症狀。臨床上，這

樣的病例通常被診斷為治癒。正是這些原因，藥物治療可以減輕潰瘍症狀，顯著降低發病率，並在一定程度上抑制復發。但藥物治療不能從根本上去除社會—心理因素的負面影響，所以並不能阻止結節竈的再次形成，因而在藥物治療過程中潰瘍仍然可以復發。**雖然大部分時候是沒有症狀的，但據估計，潰瘍病病人大約每兩年復發一次** [8, 75]。

對於那些有特殊性格的個體而言，即便是生活中的小事件也可能對他們的心理狀態構成巨大的衝擊。由於性格通常是很難改變的，這樣的個體不斷地受到負面生活事件的影響。**那些長期沒有受到致潰瘍的緊張因子影響的病人通常在無症狀的間歇期受到情緒上的傷害和無安全感的影響** [8]。對於很多個體而言，生活事件通常是至關重要的人生經歷，並且對個體的負面影響通常是長期、慢性的，如喪失親人等等，從而導致「**一旦有了潰瘍，便一直有潰瘍（** *Once an ulcer, always an ulcer* **）**[6]」。

此外，黏膜下結節論還認識到消化性潰瘍是思維意識領域裡的現象，而思維意識高度複雜的特點決定了潰瘍病具有復發和多發的特點，並且與現代科學的研究對象——具體的物質有著本質上的不同。而科研工作者們卻完全忽視了思維意識的決定性作用，並企圖繼續運用現代科學的理論和方法來解釋其發病機理，必然的結果就是：**所謂該疾病的緩解和復發從來都未曾被圓滿地解釋過** [8]。本部分第七節將更加深入地討論這個問題。

3.8 胃潰瘍的好發部位

結節竈的好發部位（Predilection Site）決定了胃潰瘍的好發部位。黏膜下結節論認為：社會—心理因素不僅僅是胃潰瘍形成的基礎，而且還決定了這一疾病幾乎所有的特徵；而社會—心理因素則是通過病理性的神經反射機制導致在胃黏膜下的組織中形成結節的。

很多證據表明：當動物受到致潰瘍緊張因子刺激時，其中樞腎上腺素能系統被激活。一般認為腦杏仁核是緊張因素導致胃腐蝕的調節部位 [9, 60, 76]。刺激 [60, 77] 或損壞 [60, 76] 中樞神經系統的杏仁核分別能導致或避免胃潰瘍的發生 [60, 78]。實驗結果證明：（老鼠）受到緊張因子刺激以後，如果能夠表現出攻擊行為，不僅能對中樞腎上腺素能應答產生保護作用，也能對緊張導致的生理性周圍內分泌激活「的致潰瘍效應」產生保護作用 [60]。冷刺激的致胃潰瘍效應能夠在很大程度上被預先腹腔注射 EDTA 和 α- 甲基酪氨酸所抵消，而被 $CaCl_2$ 增強。這些發現表明在老鼠動物實驗中，冷刺激導致的胃潰瘍可能與大腦中鈣／鈣調蛋白依賴的兒茶酚胺合成增加有關 [79]。所有這些研究結果均證明了潰瘍的形成是基於病理性的神經反射（Pathological Neural

Reflex），並且胃潰瘍的發生的確不是局部損害因素造成的，而是由社會—心理因素通過中樞神經系統或思維意識驅動的。

黏膜下結節論還認為：胃局部的神經叢愈發達、功能愈複雜，局部組織能接收到的病理性神經衝動就愈強、愈多。基於這一假設，神經末梢密度最大的部位，形成結節樣病竈的機率就最為頻繁。因而，胃潰瘍的好發部位並不取決於血管分布，而是神經末梢分布的密度。基於這一推理，胃潰瘍的發生頻率由高到低依次為胃竇部，胃小彎，胃大彎，胃底；相應地，胃黏膜下組織內神經末梢的分布密度也應當依次降低。胃腸道的神經分布特點的確支持了這一逆向推理的結果：

胃的活動由交感、副交感神經系統和存在於胃壁內的腸道神經系統（ENS）的神經細胞網控制。交感、副交感神經纖維終止於肌間神經叢和黏膜下層。胃底的肌間神經叢內神經節相對較少，二級和三級神經叢也不發達。但在胃竇部則神經節大而密集，神經網極為發達。這裡的神經叢內有一束分支，來自食管，分布於整個胃上 [80]。黏膜下結節論認為：中樞神經系統在社會—心理因素和胃黏膜下病變之間發揮了極其重要的仲介作用。生命現象都具有「概率發生」的特點，將能更好地解釋胃潰瘍的好發部位，本部分第四、六、七節將對這個問題進行更深入的分析。

概括起來講，社會—心理因素所導致的病理性神經反射機制是結節竈形成的基礎，並且胃潰瘍的好發部位是由局部的神經密度（Nerve Density）決定的。因而，黏膜下結節論很好地解釋了社會—心理（或精神）因素的致潰瘍機制，並清楚地說明了它的確是一種典型的身心疾病。

3.9 胃潰瘍的流行病學

既然胃潰瘍是生活事件通過病理性的神經反射機制導致的社會—心理疾病，其流行必然會隨著重大的社會和自然事件的發生而大幅波動。因此，戰爭、經濟危機、政治運動、社會變革和文明開化、重大的自然災害等，都能顯著地升高該疾病的發生率和死亡率；而一般的社會事件（如家庭和鄰里糾紛等）則能使其發生率和死亡率維持在一個較低的水平上。由於工作環境、生活壓力等多方面的不同，胃潰瘍在男女性別中的發生率也會存在著很大的差異，而精神壓力較小的田園生活，則能大幅降低消化性潰瘍的發病率。

第一次世界大戰與 20 世紀 30 年代的經濟危機，大致上與潰瘍病的流行相符合；消化性潰瘍死亡率最高的年齡組是第一世界大戰的主要受害者。戰爭的直接效應、人群中因戰爭引起的緊張氣氛與消化性潰瘍的穿孔率和死亡

率升高的關係是很明顯的。而該疾病的慢性，則很有可能是這些突如其來的重大事件造成的長期效應 [45]。這一資料反映了重大社會事件對潰瘍病流行的決定性影響。

19 世紀消化性潰瘍很少見，到 20 世紀 50、60 年代才成為一種廣泛流行的疾病。從一些間接指徵來看，在一些西方國家近 20~30 年有下降的傾向。自 50 年代以來，已有不少文獻報導胃、十二指腸潰瘍有逐漸下降的趨勢 [5]。1970~1977 年間，美國人口動態統計報告顯示：消化性潰瘍導致的死亡率下降了 31%，並且與人群的總死亡率、出血率、穿孔率的下降相平行 [81]。Brown 等人觀察到在 1958~1972 的 14 年間在英格蘭、威爾士和蘇格蘭的住院病人下降了 26% [81, 82]。蘇格蘭衛生服務部的資料表明：從 1968 到 1975 年消化性潰瘍的住院率下降了大約 30% [81, 83]。Janet 和 Morton 認為消化性潰瘍的住院率下降可能是因為「某些尚未明確的環境因子 [81]」，並且他們認為發病率如此快速地下降不可能是由於遺傳上的改變導致的 [81]。與此相反的是，香港每 10 萬人中因潰瘍病到政府或政府資助的醫院住院的病人升高了 21%，從 152 升高到 185。同一時期，每 10 萬人中消化性潰瘍的穿孔率上升了 71%，從 9.3 升高到 15.9。60 歲以上人群潰瘍病穿孔的百分數從 18.1 上升到了 24.4。因此，儘管在美國和英國消化性潰瘍病的住院率和穿孔率在過去幾十年中大幅下降，但在香港卻呈現出完全相反的趨勢 [84]。

結節論很好地解釋了上述被觀察到的所有現象。1970~1977 年間的美國，不斷完善的社會福利制度等導致了消化性潰瘍發病率的下降。類似的情況也發生在 1958~1972 年間的英格蘭、威爾士和蘇格蘭。而香港在同一時期的經濟騰飛，周圍國家和地區大量移民的湧入則有可能是潰瘍病入院率升高的兩個原因 [84]。Hui 和 Lam 通過半定量研究調查了 1962~1985 年間在香港有負面影響的社會事件以後發現：潰瘍病和社區範圍內的精神壓力因素有直接的聯繫，表明心理因素在潰瘍病的發生中發揮了一定的作用 [44]。這些資料都體現了現代生活的快節奏對潰瘍病流行的影響。

在 80 歲以上的年齡段中，從 1841 到 1871 的 30 年間出生的連續幾代人（無論男女）都因為胃潰瘍而死亡的危險度升高，而在此年齡以下的人群的危險度則下降或者保持不變。70~79 歲年齡段的死亡率曲線，從 1851 到 1881 年在開始回落之前出現一個平臺。所有其他後續的年齡段都表現為連續下降的趨勢，並且年齡愈小，下降得愈快。這一趨勢說明了潰瘍病所致的死亡率在大約 1871 年或者更早出生的年齡組達到高峰……。高危險度的年齡組可能正好趕上了城市化早期，從而不能像後來出生的年齡段那樣去適應新的環境 [63]。結節論認為，在城市化的早期階段，頻繁的遷移，新環境、生活

方式的改變以及生活壓力導致消化性潰瘍的發生率顯著升高。這些資料都支持了「消化性潰瘍是社會─心理疾病」。

其次，黏膜下結節論認為，即使沒有發生任何重大的社會事件，一般的社會事件，如鄰里或者家庭成員之間的衝突，意外的悲劇、失業、貧窮的經濟狀況、季節變換以及特殊個性等等，也能使胃潰瘍的發生率維持在一個較低的水平上。即便是在受到現代生活方式的影響較小、相對安寧的印第安原居民，心智上的混亂、酗酒以及家庭和婚姻問題也時有發生，使得絕對安寧的生活是不可能存在的 [85, 86]。

黏膜下結節論不僅注意到了遺傳背景對個性的重要影響，而且還充分地認識到了個性在胃潰瘍發生過程中所扮演的重要角色。這些認識也體現在 Feldman 的流行病學調查結果中：潰瘍病人通常更加負面地看待生活事件（P<0.05）。儘管很難確定什麼是「潰瘍個性（*Ulcer Personality*）」，但潰瘍病人通常比對照組更加明顯地容易受到個性的干擾。一些潰瘍病人傾向於疑病症，非常悲觀，依賴性很強。其他個性問題在潰瘍病人當中也更為普遍一些，如不成熟、易衝動、感到很孤立和脫離現實等等。潰瘍病人通常自信心很低、在遇到困難時通常感到只有很少可以依賴的朋友和親戚。最後，潰瘍病人更多地表現為情感上的紊亂，如壓抑和焦慮等等。疑病症、對生活事件的負面看法、依賴性和缺乏自信心是區別潰瘍病人和對照組最重要的四個變量 [48]。這一對照研究證明了生活事件所造成的精神壓力、社會─心理因素與消化性潰瘍之間的緊密聯繫。**潰瘍病人與對照組的不同之處不在於他們所經歷的生活事件的數量，而是在於他們對這些生活事件的看法和所作出的反應** [48]。

在黏膜下結節論中，遺傳背景和環境因素很好地解釋了「**消化性潰瘍的發病率男性高於女性** [45, 87]」的流行病學調查結果。在很多領域，男性的工作環境通常要比女性更加緊張；或面對相同的生活事件，男性通常不能像女性那樣容易放下包袱。因而，**屍檢報告顯示只有 20%~29% 的男性和11%~18% 的女性目前或既往患有消化性潰瘍病** [5, 15~17]。季節變換、過熱或過冷，或因此而繼發的工作變換等事件，都可以影響到人們的心理狀態而導致精神緊張，很好地解釋了消化性潰瘍的發病率隨季節的變化而波動的特點。總結上面所有的論述，基於假設，我們利用條形圖 II.3 來描繪胃潰瘍的發生率與社會事件之間的關係；而線形圖 II.4 則表達了與圖 II.3 完全相同的統計學結果，並圓滿地解釋了 Susser 早在 1962 年就已經報導而現代科學過去 50 年來一直都未能解釋的「**年齡段分組現象**（*Birth-cohort Phenomenon*）[45~47]」。

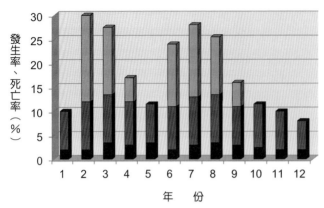

圖 II.3 　某地區胃潰瘍發病率波動的條形圖

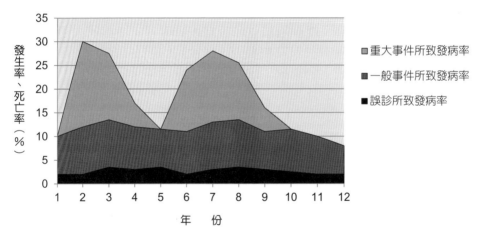

圖 II.4 　某地區胃潰瘍發病率波動的線形圖

　　圖 II.3 表示：胃潰瘍的總發病率被分成誤診、一般事件和重大事件所導致的發病率三部分。第 1 年沒有重大事件的發生，一般事件和誤診使胃潰瘍的發生率維持在一個相對較低的水平上。第 2 年，戰爭導致潰瘍病的發生率有了顯著的升高，全社會心理上的緊張導致一般事件所致的發病率也略有上升。第 3 年戰爭結束，但殘餘影響持續到第 4 年，戰爭導致的發病率顯著降低。第 5 年，戰爭的部分影響消除，但是一般事件和誤診導致的發病率仍然存在。第 6 年，經濟危機爆發，潰瘍病的發生率再次上升，並在第 7 年達到高峰。第 8、9 兩年，經濟逐漸恢復。第 10 年，社會福利制度逐漸建立，一般事件導致的發病率相應地下降。第 10~12 年的情況解釋了發生在1970~1977 年間的美國、1958~1972 年間的英格蘭、威爾士和蘇格蘭消化性潰瘍的發病率逐年下降的趨勢 [81~83]。

　　為了更好地反映出潰瘍病所導致的發病率和死亡率隨時間而波動的趨勢，圖 II.4 用線形圖來表達與圖 II.3 完全相同的統計學結果：誤診導致的胃潰瘍發病率所占的比例很低，波動幅度也不大，但是會影響統計分析的結果；雖然一般的社會和自然事件引起的發病率所占的比例較大，但是波動幅度也很小；二者共同使胃潰瘍的發生率維持在一定的水平上。而重大的社會和自然事件所導致的發病率則可以在 0~20% 之間波動，是胃潰瘍的發病率和死亡率發生波動的主要原因。而年齡愈大的個體，對潰瘍病的抵抗力就愈弱，從而導致了更高的發病率和死亡率。這就成功地解釋了早在 1962 年 Susser 就已經報導、現代科學一直都未能成功解釋的「年齡段分組現象 [45~47]」。

　　另一方面，黏膜下結節論認為胃潰瘍的發病率在生活相對簡單的人類社會中會維持在很低的水平上。**Hesse 對 Pima 地區印第安人一項為期兩年的研究中沒有發現消化性潰瘍病**[85, 88]。在其他西南部的多個部落中，也可以得出相同的結論。儘管目前的調查結果不能夠得到發病率方面的資料，但還是可以（與其他地方的調查）資料進行比較的。由於 8 年中只發現了 3 例十二指腸潰瘍的病人，並且所有這些病人都是不屬於西南部落的，因而仍然可以說明潰瘍病在美國西南部的印第安部落中的發病率的確非常低。這與高加索人群（*Caucasian*）中 10% 的高發病率形成了鮮明的對比[85, 86]。結節論認為：Pima 印第安人胃潰瘍發生率很低的根本原因，是因為他們的生活中幾乎不存在現代社會那樣多方面的鬥爭，生活節奏相對也不是很快，屬於典型的田園式的生活（Rural Life）。**大部分（對印第安）原居地的研究發現，這些地方不存在那些高加索文化中對消化性潰瘍的發生起到重要作用、令人精神緊張的因素**[85, 86]。這一研究結果直接支持了黏膜下結節論提出的消化性潰瘍的病因學。

　　由此可見，只有基於「消化性潰瘍病是一種典型的身心疾病，社會—心理因素是潰瘍形成起始的和決定性的因素」的觀點，才能圓滿地解釋「年齡段分組現象」等所有的流行病學調查結果。而歷史上以現代科學的理論和方法為基礎的所有學說，包括幽門螺旋桿菌學說在內，都不可能圓滿地解釋「年齡段分組現象」等消化性潰瘍病的流行特點。

3.10 胃潰瘍的病因學治療

　　鑒於胃潰瘍發生的主要原因為社會—心理因素，因而針對這一疾病最關鍵的治療措施應該是消除社會—心理因素的負面影響，而不是藥物治療。然而，部分藥物（如：胃分泌抑制劑，抗生素等）可以減輕這一疾病的臨床症狀，並在一定程度上抑制潰瘍的發生並加速癒合。黏膜下結節論提出了兩條根本性的治療措施：

1）患者個人內心的調整（**Mind Adjustment**）：不要過於患得患失，要做到「不以物喜，不以己悲」，要有能容納萬物的豁達胸懷，凡事都不急不躁。Feldman 指出：**潰瘍病人與對照的不同之處不在於他們經歷的生活事件的數量，而是他們看待這些事件的方法和所作出的反應**[48]。甚至有人認為：**在考慮潰瘍病的發病原因時不考慮心理因素的作用是不應該，也是不可能的**。潰瘍病的預後評價和治療都需要精神和心理方面的評價；不僅如此，**缺乏心理調整的治療方案也是不完整的**[89]。這些資料都說明了內心的調整才是避免潰瘍病反覆發作最主要的治療措施。

2）創建和諧的社會與家庭環境：現代社會生活的緊張節奏，以及人與人之間日趨激烈的競爭，乃至社會群體、不同利益集團之間矛盾不可調和而導致的戰爭，往往使現代社會的人們處於高度緊張的精神狀態之中，這就導致了潰瘍病發生的必然性。與此相反的是，更少的社會競爭和利益追求，將能使潰瘍病的發生率大幅降低。由此可見，個體的健康實際上是與整個社會的精神面貌緊密地聯繫在一起的：只有努力地消除各種矛盾，才能創建和諧的社會和家庭環境，而從根本上實現維護個體健康的目標。無疑，這需要全社會的共同努力才能真正實現。

第四節：精神因素在消化性潰瘍發病過程中的決定性作用被忽略

雖然流行病學調查和動物模型均表明了社會—心理因素在消化性潰瘍發生發展過程中的重要作用，並且這一疾病曾經被歸類為身心疾病（**Psycho-somatic Diseases**）的範疇，但在以現代科學為基礎的所有研究中，精神因素的重要作用都被大大低估或甚至是完全忽略了。結果就是：**直到今天，還沒有哪一種因素，無論是人體方面的，還是生物方面的，能夠被確定為消化性潰瘍病的病因，從而不能成功地預測受影響者是否一定會患上潰瘍病**[90]，並且**胃潰瘍的發病機理至今還不是很清楚**[33, 34]。雖然許多學者都認真地分析過現代科學在研究精神因素時所面臨的問題[48, 91, 92]，但是從來沒有人能明確地指出精神因素在消化性潰瘍發生過程中的作用被低估或被忽略的根本原因。而黏膜下結節論之所以能成功地解釋胃潰瘍所有 15 個主要的特徵和全部 72 種不同的現象，是因為它充分地認識到了社會—心理因素在消化性潰瘍發生發展過程中的決定性作用，並認為現代科學的理論、方法和思維方式等多方面的固有缺陷，決定了它一定會忽略精神因素對各項生理活動的重要影響，從而不足以闡明消化性潰瘍的發生機理。

　　首先，現代科學認為宇宙萬物都是原子分子構成的。基於這一觀念，現代科學的研究對象都是看得見、摸得著、測得到，並且有一定的形態的具體物質。很自然，現代科學將人體也看成是由原子分子構成的簡簡單單的物質堆；因而現代科學是典型的「物質科學」。然而，流行病學調查結果卻表明導致潰瘍的關鍵——社會—心理因素（或精神因素），卻是看不見、摸不著、測不到，也沒有任何形態、不能用任何原子分子來進行描述的抽象存在，這與現代科學的研究對象有著十分明顯的差別，因而這一流行病學研究結果不可能得到現代科學理論和方法的支持。正是這個原因，本書將社會—心理因素看成是人體抽象要素的一個方面，而將萬事萬物，尤其是人體和生命所固有的抽象要素統稱為「思維意識（Consciousness）」。因此，黏膜下結節論認為消化性潰瘍的主要病因——社會—心理因素是思維意識領域裡的現象，是現代科學至今尚未踏足的未知領域。這也就是說：消化性潰瘍病是人體思維意識的多種外在表現之一，其遵循的基本規律有可能與現代科學（具體的物質科學）完全不同。然而，現代科學家們仍然企圖利用只適合於具體的物質領域的現代科學理論和方法來探討抽象的思維意識領域裡的現象；現代科學在探索消化性潰瘍或者其他各種人體疾病的病因時，也的確是不考慮社會—心理因素（或精神因素）的影響，或並沒有對精神因素的重要作用予以足夠的重視。結果就是：現代科學要闡明潰瘍病的發生機理是根本就不可能的；現代科學低估或者完全忽略社會—心理因素在各種疾病發生發展過程中的決定性作用也是必然的。

　　其次，社會—心理因素的多樣性、多變性和相互之間關係的複雜性，決定了現代科學根本就無法展開這一領域的研究。我們必須注意到：形形色色的生活事件、個性、經歷和觀念等等，都有可能在潰瘍病的發生過程中起到關鍵性的推動作用，因而這一疾病實際上還是一個長期、慢性累積的過程。此外，同一生活事件對不同個體的影響也是千變萬化的；相應地，它所帶來的後果也是因人而異的；每一因素的影響通常還是多方面並且互相關聯的，對於某一特定的個體而言，能夠導致疾病的危險因素通常難以確定。例如：Feldman 等人調查了 20 種不同的變量，如個性、對生活事件的看法、人際能力、情感狀態等，結果發現這些變量中的多種變量之間互相關聯[48]，並認為生活事件構成的壓力、精神因素與潰瘍病之間的關係目前還不能確切地建立起來，而需要進一步的研究[48]。Ellard 等人提出了 3 個具體的原因來說明為什麼以觀察或實驗為依據的研究通常會得出的「生活事件所造成的壓力與消化性潰瘍病無關」這樣的結論。通過區別急慢性緊張因素和考慮更深層的方面，他們將「自我恐懼（*Personal Threat*）」和「目標挫折（*Goal Frustra-*

tion）」增加到目前對精神因素的認識體系中來 [91]。累積的心理失調的計算方法既與某一特定的時間感覺到的緊張程度，又與感覺到緊張的時間長短密切相關 [93]。所有這些均表明了社會─心理因素的複雜性：絕大部分的生活事件在現代科學的病因學調查中並沒有當成精神因素來考慮，大部分的潰瘍病人都被看成是非精神因素導致的，甚至被當成了對照。這說明通過千篇一律的調查表 [94] 來進行研究的方法在消化性潰瘍的病因學探討中通常是沒有意義的，只能使最終的結果出現明顯的混亂。這是將具體的物質領域的研究方法照搬照套到抽象的思維意識領域導致的又一個必然結果。

第三，現代科學是物質科學的特點，決定了其因果關係通常是「確定的或唯一的」，屬於簡單因果；而思維意識領域中卻是高度複雜的網絡狀因果，各種現象都具有「概率發生（Probability Occurrence）」的基本特點。例如，消化性潰瘍病與個人經歷、知識水平、對生活事件的看法等社會─心理因素密切相關，而其多樣性、多變性和複雜性決定了該疾病的發生僅僅是一種「概率」：即使經歷同一致潰瘍的生活事件，研究對象也有著完全相同的遺傳背景，潰瘍病可以發生，也可以不發生。例如，一對同卵雙生兄弟中的一個已經知道某一生活事件很容易處理，而另外一個卻從來都未曾經歷過此類事件，並認為這件事情的處理超出了他個人的能力之外；後者顯然更容易因此而患上潰瘍病。Overmier 等人認為胃潰瘍的易感性（Vulnerability）受到了心理上的重要經歷的影響 [14]。一般而言，反覆經歷同型的緊張因素，能在一定程度上但也不是絕對地使第二次和第三次的經歷免遭潰瘍之苦 [9]。其次，由於遺傳背景和其他一些因素的作用，即使所有的人都受到致潰瘍因子的影響，只有 20%~29% 的男性和 11%~18% 的女性目前或既往有消化性潰瘍病 [5, 15~17]，群體中 70% 的個體將不會患上消化性潰瘍；但他們是否患上了其他種類的疾病卻沒有被調查。被研究的群體中只有一小部分的人會患病，充分地說明了消化性潰瘍的確具有「概率發生」的特點，而臨床上卻很容易作出「增加精神壓力的生活事件通常不能導致潰瘍病」這樣的錯誤判斷，得出「可感覺到的緊張因素對生理參數的影響方面的調查研究並不是很多，並且結果通常是互相矛盾的 [93]」這樣的結果是不奇怪的。

最後，屍檢報告的結果也顯示：超過一半以上的消化性潰瘍病例是亞臨床的，他們都是未經任何治療而自癒的 [5, 15~17]，也說明社會─心理因素所導致的發病率的確被低估了。由於亞臨床病人都沒有被當成消化性潰瘍患者來統計，而是在流行病學調查中被當成了正常對照；無疑，這會大大低估病患與對照的比例。此外，痛苦經歷通常屬於個人隱私，長期慢性痛苦通常也沒有被歸類為令人緊張的生活事件，因而這些社會─心理因素在流行病學調查過程中通常被隱藏了。不僅如此，某些具有特殊個性的群體，即便是生活中

的小事也可以招致嚴重的潰瘍，因而個性也應當是心理因素的一部分；但這些未被確認的心理因素導致的潰瘍病人都有可能被當成對照來統計。所有這些原因的最終結果，就是使基於現代科學理論和方法設計出來的流行病學調查在消化性潰瘍的病因學探討中完全失去了意義。

總之，多方面的原因導致精神因素在消化性潰瘍發病過程中的決定性作用被完全忽略了；現代科學僅僅是物質科學的基本特點，決定了其理論和方法都不適用於抽象領域的研究，它完全忽略精神因素在消化性潰瘍發生發展過程中的決定性作用是必然的。只有建立一個合乎思維意識高度複雜的基本特點的全新科學體系，重視人體的抽象要素對生理活動的重要影響，才能真正有助於闡明消化性潰瘍和其他各種疾病的發生機制。

第五節：幽門螺旋桿菌不是消化性潰瘍的病因

幽門螺旋桿菌是當前消化性潰瘍病因學研究中的熱點，甚至有人認為「沒有幽門螺旋桿菌，就沒有消化性潰瘍（*No HP, No Ulcer*）[7]」。然而，**幽門螺旋桿菌在消化性潰瘍發生過程中的作用頗有爭議** [22, 25~29]。而黏膜下結節論不僅圓滿地解釋了幽門螺旋桿菌與消化性潰瘍相關的所有現象，而且還簡單明瞭地指出了「**幽門螺旋桿菌與消化性潰瘍有因果關係（*A causal relationship between Helicobacter Pylori and peptic ulcers*）**[30, 33, 90]」這一論斷中存在著諸多的謬誤；本書第三部分還從 50 多個不同的方面進一步論證了「幽門螺旋桿菌與消化性潰瘍之間的因果關係」根本就是不存在的（索引 4）。

5.1 幽門螺旋桿菌與消化性潰瘍沒有因果關係

正如第一節的論述，「**幽門螺旋桿菌與消化性潰瘍有因果關係** [30, 33, 90]」不能解釋胃潰瘍的形態學、流行病學 [26~28, 43]、好發部位、復發和多發、自癒等多方面的特徵。基於這一論點，**消化性潰瘍屬於傳染病** [42]，然而，這一疾病根本就不具備傳染病的基本特點 [27]；殺滅幽門螺旋桿菌不能抑制消化性潰瘍的復發 [26~28, 95]。它不能解釋「**儘管幽門螺旋桿菌的感染在世界範圍內廣泛流行，但無論是成人，還是兒童，十二指腸潰瘍的發病率都很低** [38~41]」；更無法解釋「**刺激** [77] **或者損壞** [76] **中樞神經系統中的杏仁核，分別能導致或者避免胃潰瘍的發生** [60, 78]」，以及 Susser 等人早在 1962 年就已經報導了的「年齡段分組現象」。這一論點還不能解釋為什麼「**雖然胃潰瘍和十二指腸潰瘍有很多的共同點，卻被認為是兩種不同的疾病** [1, 23]」等等。

　　許多學者已經對幽門螺旋桿菌在消化性潰瘍發生過程中的作用提出了質疑 [26~28]。Elitsur 和 Kato 認為：**很多十二指腸和胃潰瘍的發病與幽門螺旋桿菌無關，而是由其他一些尚未確定的因素引起的** [38, 96]。然而，迄今為止還未曾有人能夠清楚地指明除了幽門螺旋桿菌之外，究竟是哪一種危險因子導致了消化性潰瘍，也不能提供強有力的證據來證明幽門螺旋桿菌學說是錯誤的。而黏膜下結節論則清清楚楚地闡明了幽門螺旋桿菌既不是胃潰瘍，也不是十二指腸潰瘍的病因，正相反，它僅僅在潰瘍形成過程的後期才發揮一定程度的次要的作用。只有基於這一基本認識，才能圓滿地解釋消化性潰瘍所有的特徵和現象，以及臨床和實驗室所能觀察到的幽門螺旋桿菌在消化性潰瘍發病過程中的所有表現。不僅如此，黏膜下結節論還明確地指出：「**幽門螺旋桿菌與消化性潰瘍有因果關係** [30, 33, 90]」這一論斷中的確存在著多方面的謬誤：

　　首先，幽門螺旋桿菌學說是建立在一個值得懷疑的傳統假說——**消化性潰瘍病的發生是上消化道的保護因素和損害因素之間失衡的結果** [20, 21, 24, 30] 的基礎上的。這一假說在探索人體現象時，根本就沒有考慮整體和局部的關係，導致人們將所有的注意力幾乎都聚焦在胃黏膜的局部因素上。結果就是，胃局部多種損害因素中的一種——幽門螺旋桿菌被發現、並被認為是**消化性潰瘍的關鍵性病因** [20, 21]，**但是其發病機理至今尚未闡明** [33, 34]。病理改變在胃部，致病因素就一定也在胃部嗎？日常生活中十分常見的感冒，可以表現為頭痛，但是病因根本就不在大腦，卻是在上呼吸道；糖尿病病人眼底出現病變，可是根本病因也不在眼睛，而是在胰腺。同理，雖然消化性潰瘍的病理改變在上消化道，但是根本病因也可以不在上消化道。將消化性潰瘍的病因學研究集中在胃黏膜局部，就與將糖尿病病人失明的病因學研究集中在眼睛一樣，不可避免地要犯大方向上的錯誤。由此可見，**幽門螺旋桿菌與消化性潰瘍有因果關係** [30, 33, 90] 的論點，是建立在一個錯誤的傳統觀念的基礎之上的。而黏膜下結節論則認為消化性潰瘍是社會－心理因素所導致的一種全身性疾病，其根本病因是個體對生活事件的看法，源自於大腦皮層或思維意識，而與包括幽門螺旋桿菌在內的胃黏膜局部因素沒有任何關係。「**刺激** [77] **或損壞** [76] **中樞神經系統中的杏仁核分別能導致或者避免胃潰瘍的發生** [60, 76, 78]」清楚地支持了這一點，也直接證明了「幽門螺旋桿菌與消化性潰瘍有因果關係」的說法是完全錯誤的。由此可見，不重視整體與局部的關係，是傳統的消化性潰瘍病因學觀念發生錯誤的根本原因，現代科學的研究得出「**幽門螺旋桿菌在消化性潰瘍中的作用是有爭議的** [22, 25~29]」、「**幽門螺旋桿菌的致潰瘍機制目前尚未闡明** [33, 34]」這樣的結論就一點也不奇怪了。

其次，「幽門螺旋桿菌與消化性潰瘍有因果關係 [30, 33, 90]」的論斷，不符合 1965 年由 Austin Bradford Hill（1897~1991，英國流行病學家和統計學家）提出、並且已經被人們所廣泛接受的確立疾病因果關係的六大標準 [27]。它不能解釋為什麼「儘管幽門螺旋桿菌的感染在世界範圍內廣泛流行，但無論是成人，還是兒童，十二指腸潰瘍的發病率都很低 [38~41]」。Eric 等人經分析後認為：幽門螺旋桿菌與消化性潰瘍病的關係缺乏特異性 [27]。Kato 等人對 283 個日本兒童的回顧性調查結果表明：胃潰瘍患者幽門螺旋桿菌的感染率低於 50% [96]，並且他們還得出「儘管幽門螺旋桿菌看來好像是胃潰瘍的一個危險因素，但是大多數病人的潰瘍病可能是由其他原因引起的 [96]」這樣的結論。「只有 56%~96% 的病人是幽門螺旋桿菌陽性，所以一定有其他的因素促成了潰瘍病的發生 [27]」，以及消化性潰瘍病被分成「幽門螺旋桿菌引起的潰瘍病、NSAIDs（Non-Steroidal Anti-Inflammatory Drugs，非甾類抗炎藥物）相關的潰瘍病、與幽門螺旋桿菌和 NSAIDs 都無關的潰瘍病 [30]」三種不同類型，都證明了幽門螺旋桿菌與消化性潰瘍的關係的確缺乏特異性。結節論還指出：人們還錯誤地解讀了所有證明幽門螺旋桿菌學說所符合的因果關係的標準。例如：「在一個與外界聯繫相對較少的澳大利亞土著人部落中，確實沒有幽門螺旋桿菌的感染，因而很少見到消化性潰瘍病 [27, 97]」被當成了「幽門螺旋桿菌與消化性潰瘍確實有著很密切的關係 [27]」的證據。但實際上，沒有幽門螺旋桿菌的感染，因而很少見到消化性潰瘍病，並不一定就代表了幽門螺旋桿菌是消化性潰瘍的病因。正如本部分 3.9 分析的那樣，澳大利亞土著人潰瘍病比較罕見是因為他們的生活方式相對簡單，受到現代文明的影響相對較小導致的，而非取決於有沒有受到幽門螺旋桿菌的感染。

第三，正如第四節的論述，幽門螺旋桿菌學說完全忽略了社會—心理因素在消化性潰瘍發生發展過程中的決定性作用，因而與流行病學調查 [44~47, 81~85] 和動物模型 [9, 60, 76, 79] 的研究結果相矛盾。雖然這些研究都證明了消化性潰瘍與社會—心理因素有高度的相關性，但是現代科學對這些無可爭辯的事實視而不見；幽門螺旋桿菌學說正好迎合了現代科學的物質理論，因而被認為是革命性的發現 [19, 23, 24]。這正是現代科學存在著明顯缺陷、現代人體和生命科學完全偏離了正確方向的重要表現之一，並造成了時間、人力、物力等多方面資源的巨大浪費，也給新科學的誕生和發展增添了極大的阻力。結果就是：迄今為止，還沒有哪一種因素，無論是人體方面的，還是生物方面的，能夠被確定為潰瘍病的病因，從而難以成功地預測哪一個受影響的個體一定會患上潰瘍病 [90]，胃潰瘍的發病機理至今還不是很清楚 [33, 34]。相同的情況實際上還廣泛地存在於現代人體和生命科學的各項研究之中。

　　第四，殺滅幽門螺旋桿菌不能抑制潰瘍病的復發 [26~28]，直接證明了「幽門螺旋桿菌與消化性潰瘍有因果關係 [30, 33, 90]」的說法是錯誤的。如果消化性潰瘍真的是傳染病，幽門螺旋桿菌的感染就應該是消化性潰瘍發病的必要條件，然而，**胃潰瘍患者幽門螺旋桿菌的感染率低於 50%** [96]，消化性潰瘍病居然還被分成幽門螺旋桿菌引起的潰瘍病、*NSAIDs* 相關的潰瘍病、與幽門螺旋桿菌和 *NSAIDs* 都無關的潰瘍病 [30] 三種不同的類型。在幽門螺旋桿菌被殺滅以後潰瘍病應該不會復發，但與此相反的是：儘管成功地消除了幽門螺旋桿菌的感染，超過 20% 的潰瘍病人還是會復發，這說明了幽門螺旋桿菌並不是原發潰瘍性的原因；究竟有多少這樣的潰瘍病例被錯誤地認為是幽門螺旋桿菌引起的還不清楚 [29, 98]。儘管成功地消除了幽門螺旋桿菌，9 個病人中的兩個（22.2%）仍然復發了 [99]。如果復發是再感染引起的，但遺憾的是：有資料證明在殺滅幽門螺旋桿菌的治療一個月後的再感染是很罕見的。在歐洲和澳大利亞，長期再感染率每年低於 1%[90, 100, 101]。在美國一項平均為期一年的跟蹤研究中，118 個消除了幽門螺旋桿菌的病人只有 4 個被證明有再感染 [90, 102]。Okimoto 等人在日本的研究也發現：消除幽門螺旋桿菌 6 個月後，274 個病人當中只有 15 個（5.5%）被再感染，每個病人 1~6 年期的年感染率是 2.0% [103]。這些都說明了重複感染的確不是胃潰瘍復發的原因。還有一個比較公認的解釋就是**幽門螺旋桿菌不同株（如 *cag-* 和 *cag+*）之間毒力的差異導致只有一小部分感染者患消化性潰瘍** [35, 43, 104~106]。這就更加荒謬了：世界大戰的槍聲一響 [63]，cag- 就立即突變成了 cag+？或細菌的毒力與經濟危機 [63] 的爆發有關？既然屍檢報告顯示：**20%~29%的男性和 11%~18%的女性目前或既往有消化性潰瘍病** [5, 15~17]，那麼在男人體內細菌的毒力比女人體內的強？幽門螺旋桿菌的毒力會隨著季節的波動而波動？還有，如果潰瘍病的發作真的與幽門螺旋桿菌的毒力有關，那麼「**刺激** [77] **或損壞** [76] **中樞神經系統中的杏仁核** [60, 76, 78]」就可以使幽門螺旋桿菌在 cag- 與 cag+ 之間變來變去，從而分別產生或者避免胃潰瘍 [60, 76, 78]？事實上，**僅僅考慮有沒有 *cagA* 基因看起來是不夠的，因為還沒有人能證明 *cagA* 基因陰性的細菌就一定缺乏 *cagA* 蛋白的致病性區域** [43]。

　　最後，單獨由幽門螺旋桿菌導致消化性潰瘍的動物模型（Animal Model）是不可能建立起來的，也說明了這一細菌根本就不是消化性潰瘍的病因。Li 和 Kalies 報導了他們的研究結果：**雖然人們已經成功地建立了幽門螺旋桿菌感染的大鼠模型，卻發現這一感染模型在大鼠體內僅僅引起輕到中度的黏膜炎症** [107]，**並且在醋酸處理漿膜面以後，無論是感染、還是沒有感染幽門螺旋桿菌的老鼠都可以在分泌胃酸的黏膜面誘導出潰瘍** [107]，也直接證明了幽門螺旋桿菌不是消化性潰瘍的病因。

　　上述所有的討論無不證明了幽門螺旋桿菌與消化性潰瘍之間的因果關係的確是不存在的。因此，與幽門螺旋桿菌相關的所有研究實際上都對闡明消化性潰瘍的發病機理是沒有任何幫助的。「**幽門螺旋桿菌與消化性潰瘍有因果關係 [30, 33, 90]**」的研究結論的確有可能是完全錯誤的，使得當前消化性潰瘍的研究和防治都偏離了正確的方向，有必要立即予以糾正。

5.2　幽門螺旋桿菌在胃潰瘍發病過程中的作用是極其次要的

　　黏膜下結節論認為：幽門螺旋桿菌在胃潰瘍發病過程中的作用既不是起始的，也不是決定性的；正相反，它與胃酸胃蛋白酶的作用一樣，僅僅是在胃潰瘍發生後期和癒合過程中才起到一定程度上的次要作用。因此，雖然幽門螺旋桿菌在人群中的感染率高達 90％ [108]，但是只有那些受到社會—心理因素嚴重影響的人才有可能患上胃潰瘍。這就清楚地解釋了「**雖然幽門螺旋桿菌在人群中的感染率很高，但是潰瘍病的發生率卻很低 [38~41, 90]**」的流行特點。黏膜下結節論認為：該細菌可以導致胃炎，卻不是胃潰瘍發生的真正原因。**組織學證據表明：無論是否有消化性潰瘍，大部分幽門螺旋桿菌感染者患有慢性胃炎，並且都可以通過殺滅這一細菌而恢復正常 [90, 109, 110]**。雖然幽門螺旋桿菌會影響胃潰瘍的流行病學調查結果、加重臨床症狀、升高臨床病例的數量，但它在胃潰瘍的形態學、復發和多發、好發部位等特徵和現象中所起的作用都是非常次要的。

　　臨床上主要有三大證據支持了「幽門螺旋桿菌與消化性潰瘍有因果關係 [30, 33, 90]」的結論：**第一，超過 95％的十二指腸潰瘍病人和 80％的胃潰瘍病人感染了幽門螺旋桿菌 [90, 110~112]。第二，在有幽門螺旋桿菌感染的大鼠體內相應的潰瘍竈比沒有感染的潰瘍竈要大得多 [107]；殺滅幽門螺旋桿菌能夠加速潰瘍的癒合 [56, 108]。第三，與持續感染的病例相比，殺滅胃潰瘍病人體內的幽門螺旋桿菌能大大降低潰瘍病的復發率 [27, 90]**。臨床資料顯示，幽門螺旋桿菌陽性組的十二指腸潰瘍病人在癒合以後，高達 74~80％的病人會復發，而陰性組病人的復發率僅僅為 0~28％，兩組有極顯著的差異 [56]。而黏膜下結節論可以清楚地說明這三個支持性證據實際上都是可以稍作分析就可以排除的臨床假象（Clinical Illusion），都不能作為幽門螺旋桿菌與消化性潰瘍有因果關係的支持性證據：

　　第一，「80％的胃潰瘍病人感染了幽門螺旋桿菌」，根本就不能作為「**幽門螺旋桿菌與消化性潰瘍之間有因果關係 [30, 33, 90]**」的支持性證據。黏膜下結節論指出：幽門螺旋桿菌在胃潰瘍發生發展過程的後期才起到一定程度的次要作用，加重臨床症狀並顯著升高臨床發病率，就好像在一個新的傷口上

撒下一把鹽，病人的症狀往往會比無感染者更加嚴重，從而更傾向於到醫院求診並成為臨床病人；而沒有幽門螺旋桿菌感染的病人則更有可能成為亞臨床病人，從而導致臨床胃潰瘍病人的感染率（Infection Rate）必然要比其所在人群高出很多，請參考表 II.3 的計算結果：

表 II.3　臨床消化性潰瘍病人幽門螺旋桿菌感染率的計算

	HP$^-$人群 （100人）	HP$^+$人群 （100人）	HP$^-$與HP$^+$總數 （200人）
實際總發病人數	20	20	40
亞臨床病人數	15	5	20
臨床求診病人數	5	15	20
臨床發病率	5％	15％	10％

人群幽門螺旋桿菌感染率 = 100 ÷ 200 × 100％ = 50％ <
臨床病人總感染率 = 15 ÷（5 + 15）= 15 ÷ 20 × 100％ = 75％

　　表 II.3 顯示：假設某一 200 人的群體中幽門螺旋桿菌的感染率為 50％，幽門螺旋桿菌陰性和陽性的各為 100 人。由於幽門螺旋桿菌與消化性潰瘍沒有因果關係，二者的實際總發病率也必然完全相同，這裡假定都是 20％；那麼潰瘍病的實際總發病人數（包括臨床和亞臨床病人）也不會有任何差別，二者都是 20 人。由於幽門螺旋桿菌可以加重臨床症狀，有感染人群中求診病人的人數會多很多。這裡假定幽門螺旋桿菌陰性的 20 個病人中有 5 人由於明顯的臨床症狀而求診，而幽門螺旋桿菌陽性的 20 個病人中則有 15 人求診。因此，在所有求診的 5 + 15=20 個臨床病人中，幽門螺旋桿菌的感染率將是 15 ÷ 20 × 100％=75％，的確要遠高於其所在人群 50％ 的感染率。這一分析清楚地說明了「臨床病人有較高的幽門螺旋桿菌感染率」僅僅是一種假象，不能作為「幽門螺旋桿菌與消化性潰瘍有因果關係」的證據。實際上，一些流行病學調查結果表明：胃潰瘍患者幽門螺旋桿菌的感染率可以低於 50％ [96]，遠沒有部分學者報導的 80％ 那麼高。

　　第二，沒有感染幽門螺旋桿菌的大鼠體內也可以出現潰瘍竈 [107]，本身就說明了幽門螺旋桿菌與消化性潰瘍之間沒有因果關係。黏膜下結節論明確地指出：無論是幽門螺旋桿菌，還是胃黏膜局部任何其他的損害因素，都只能在胃潰瘍發生發展過程的後期才發揮一定程度的次要作用，導致更大的潰瘍損傷，並延緩潰瘍後的癒合過程。因而減少或消除其中任何一種損害因素，如幽門螺旋桿菌，或胃酸胃蛋白酶等，都能使潰瘍面積縮小，並有助於潰瘍癒合；相反，幽門螺旋桿菌、胃酸胃蛋白酶等損害因素的持續存在，都將不可避免地增大潰瘍的面積和深度。因而幽門螺旋桿菌的感染必然會導致「更大的損傷和癒合延遲」，也不能說明「**幽門螺旋桿菌與消化性潰瘍有因果關係** [30, 33, 90]」。

　　第三，如果幽門螺旋桿菌與消化性潰瘍有因果關係，消除這一細菌應當不再復發。然而，**值得注意的是：與幽門螺旋桿菌相關的消化性潰瘍病人在這一細菌被殺滅以後仍然會復發** [95]；有學者報導其復發率甚至可以高達 32％ [95, 113]。黏膜下結節論認為：只要社會—心理因素的負面影響還沒有完全消除，胃潰瘍還是有可能要復發的。但在殺滅幽門螺旋桿菌以後，復發潰瘍後期的病理過程有可能被抑制，病人實際上是處於無症狀的亞臨床狀態 [114, 115] 而被診斷為治癒，但這並不代表潰瘍就沒有復發。因而「**幽門螺旋桿菌感染陰性組病人復發率僅為 0~28％** [56]」也是一種假象，不能證明「**幽門螺旋桿菌與消化性潰瘍有因果關係** [30, 33, 90]」。

　　除了幽門螺旋桿菌以外，非甾類抗炎藥物（*NSAIDs*）也被確定和廣泛地接受為潰瘍病重要的外源性病因；許多沒有感染幽門螺旋桿菌的胃潰瘍病人可能是使用了 *NSAIDs* 引起的 [27]。Munk 的多變量對數回歸分析表明：1）幽門螺旋桿菌的感染，*NSAIDs* 的應用與年齡因素在消化性潰瘍的發病機理中起著重要的作用。2）在十二指腸潰瘍中，幽門螺旋桿菌的感染與 *NSAIDs* 的作用可以互相抵消，意味著幽門螺旋桿菌可以減少 *NSAIDs* 使用者潰瘍病的發生率。3）波蘭人群中，大約有 20％的消化性潰瘍與幽門螺旋桿菌的感染和 *NSAIDs* 的使用無關 [107]。這些結果都證明了幽門螺旋桿菌與消化性潰瘍沒有因果關係。黏膜下結節論認為胃酸胃蛋白酶、幽門螺旋桿菌、NSAIDs、機械磨損等在胃潰瘍的發病過程中是平行的局部損害因子，都是次要而非決定性的，因此將消化性潰瘍病分為**幽門螺旋桿菌引起的潰瘍病、*NSAIDs* 相關的潰瘍病、與幽門螺旋桿菌和 *NSAIDs* 都無關的潰瘍病三個種類** [30] 無助於消化性潰瘍發生機理的探索。胃腸道局部損害因素除了可以疊加起來起作用外，也可以相互中和，解釋了幽門螺旋桿菌與 NSAIDs 之間的抵消關係。

　　黏膜下結節論認為：消化性潰瘍的出血和穿孔取決於生活事件對個體影響的嚴重程度（第三節 3.3）或結節竈的部位，而不是包括幽門螺旋桿菌在內的局部損害因素。因此，**幽門螺旋桿菌在出血性潰瘍病人中的感染率甚至可以比沒有出血的病人低 15~20%** [58, 116~118]；但幽門螺旋桿菌的感染可以加重潰瘍症狀和延緩出血性潰瘍的癒合，很好地解釋了「**殺滅幽門螺旋桿菌可以減少潰瘍病人的再出血率** [116, 119, 120]」。

　　黏膜下結節論還認為：胃潰瘍和十二指腸潰瘍病人胃酸的高分泌都是社會－心理因素引起的，而與包括幽門螺旋桿菌在內的各種局部損害因素無關。對兩位有症狀胃潰瘍病人的評估表明：他們在潰瘍病發生之前都經歷過令人精神緊張的生活事件。其中一位病人的 6 位家庭成員剛剛去世，並且他認為自己也很快就會死去。另外一位病人被指控有盜竊行為，受到了警方的監視，而且還丟了工作。這兩位病人的胃酸分泌都有顯著的升高，並在經過住院治療、第一位病人自信心恢復和第二位病人被宣告無罪以後，胃酸分泌都下降到正常水平；潰瘍症狀在胃酸分泌下降的同時得到了緩解。雖然不能證明這兩位病人的胃酸高分泌和潰瘍病是嚴重的精神刺激引起的，但其發病過程卻表明了令人精神緊張的生活事件有可能導致胃酸的高分泌，繼而導致了潰瘍病和潰瘍症狀 [59]。另一方面，有文獻表明：幽門螺旋桿菌的感染和胃炎抑制了胃酸的分泌，導致胃液中的 pH 值升高，從而引起胃部高度充血，殺滅幽門螺旋桿菌能夠使胃酸的分泌和血漿中胃蛋白酶的水平恢復正常 [121]。結節論認為：既然幽門螺旋桿菌不是胃酸高分泌的根本原因，「**幽門螺旋桿菌是如何影響胃酸分泌的** [121]」是一個毫無意義的錯誤命題，無助於消化性潰瘍發生機理的探討。

　　由此可見，基於「幽門螺旋桿菌僅僅在胃潰瘍發生發展的後期和癒合過程中才發揮一定程度上的次要作用」的論點，可以圓滿地解釋幽門螺旋桿菌在胃潰瘍中的所有表現；而獲得了 2005 年諾貝爾生理和醫學獎的結論「**幽門螺旋桿菌與消化性潰瘍有因果關係** [30, 33, 90]」僅僅是一種假象，將潰瘍病研究的焦點集中於幽門螺旋桿菌也完全偏離了正確的方向。

第六節：十二指腸潰瘍的發病機理與幽門螺旋桿菌

　　雖然胃潰瘍和十二指腸潰瘍有很多的共同點，但臨床上卻認為它們是兩種不同的疾病 [1, 23]。然而，只要我們將上述胃潰瘍的發生機理略作修改，十二指腸潰瘍所有主要的特徵和現象都能得到十分圓滿的解釋。為了避免重複，這裡將只討論十二指腸潰瘍的發生機理、病因學及其與幽門螺旋桿菌的關係。

6.1 十二指腸潰瘍的發病機理

　　黏膜下結節論認為：生活事件、精神刺激、個性和生活方式等諸如此類的因素所導致的胃酸高分泌，是十二指腸潰瘍發生起始的和決定性的步驟，並決定了該疾病的幾乎所有的特徵。胃酸的高分泌既與上消化道局部的保護因素無關，也與局部損害因素無關。而十二指腸潰瘍發病的後期是一個腐蝕的過程，胃酸胃蛋白酶、幽門螺旋桿菌、化學治療藥物等所有局部損害因素是通過「疊加機制（Superposition Mechanism）」導致十二指腸潰瘍的。

　　雖然社會－心理因素既是胃潰瘍又是十二指腸潰瘍起始和決定性的因素，但對於胃潰瘍而言，社會－心理因素引起的後果是病理性的改變——在胃黏膜下形成結節樣的組織壞死；而對於十二指腸潰瘍而言，社會－心理因素引起的後果則是功能性的改變——胃酸的高分泌。然而，無論是胃潰瘍還是十二指腸潰瘍，其發生的後期過程都是由包括胃酸胃蛋白酶、幽門螺旋桿菌、NSAIDs 等在內的局部損害因素所導致的腐蝕。與胃潰瘍的發生機制最大的不同在於：十二指腸潰瘍的最終形成取決於胃酸和其他局部損害因素疊加起來的總強度（Overall Intensity）。圖 II.5 清楚地描述了十二指腸潰瘍的發生與各種局部損害因素之間的關係：

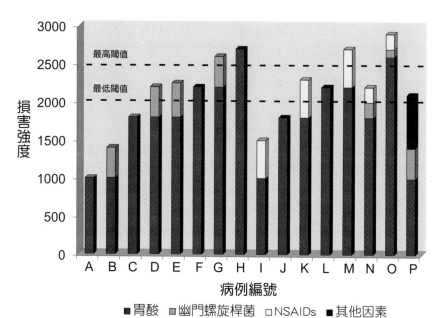

圖 II.5　局部損害因素導致十二指腸潰瘍的疊加機制

圖 II.5 顯示：胃酸的高分泌，是十二指腸潰瘍發生的基礎，在十二指腸潰瘍的發生發展過程中發揮了起始的和決定性的作用，但所有其他的損害因素也參與了潰瘍的形成。其他損害因素導致的損傷被轉換成與表格 II.1 中胃酸等價的強度值。低位的虛線是造成潰瘍的最低閾值（Lowest Threshold），各種損害因素的總強度只有達到了這條線，才有可能發生潰瘍。而高位的虛線則是造成潰瘍的最高閾值（Highest Threshold），如果各種損害因素的總強度的達到了這條線，潰瘍就一定會發生。這兩個閾值都可以因個體差異、個體狀態和年齡等多方面的因素而有所不同。

圖 II.5 中，實例 A：無幽門螺旋桿菌感染的正常個體的胃酸分泌，不會發生十二指腸潰瘍。實例 B：正常的胃酸分泌並伴隨幽門螺旋桿菌感染，但由於損害因素的總強度沒有達到能導致潰瘍的最低閾值，不會發生十二指腸潰瘍；大多數幽門螺旋桿菌感染者都屬於這種情況。實例 C：無幽門螺旋桿菌感染的胃酸高分泌，但損害因素的總強度尚未達到最低閾值，仍然不會發生十二指腸潰瘍。實例 D：胃酸高分泌伴隨著幽門螺旋桿菌的感染，儘管胃酸的高分泌單獨不能達到發生十二指腸潰瘍的個人最低閾值，但是加上幽門螺旋桿菌所造成的損害，總強度達到了個人患病的最低閾值，發生了十二指腸潰瘍；大部分十二指腸潰瘍病人屬於這種情況。實例 E：胃酸高分泌並伴隨幽門螺旋桿菌的感染，但損害因素的總強度仍未達到個人患病的最低閾值，不會發生十二指腸潰瘍。實例 F：無幽門螺旋桿菌感染的胃酸高分泌，損害因素的總強度達到了個人患病的最低閾值，發生了十二指腸潰瘍。實例 G：胃酸高分泌伴隨幽門螺旋桿菌的感染，雖然胃酸單獨尚未達到個人閾值，但加上幽門螺旋桿菌所致的損害，總強度超出了最高閾值，一定會發生十二指腸潰瘍。實例 H：胃酸高分泌沒有伴隨幽門螺旋桿菌的感染，但損害因素的總強度超出了最高閾值，一定會發生十二指腸潰瘍。實例 I：正常胃酸分泌者同時使用了 NSAIDs，但損害因素的總強度不可能達到最低閾值，不會發生十二指腸潰瘍。實例 J：高胃酸分泌者但沒有服用 NSAIDs，但損害因素的總強度沒有達到最低閾值，不會發生十二指腸潰瘍。實例 K：高胃酸分泌者同時服用了 NSAIDs，儘管胃酸的高分泌單獨不能達到發生十二指腸潰瘍的個人最低閾值，但加上 NSAIDs 所造成的損害，總強度達到了個人患病的最低閾值，發生了十二指腸潰瘍。實例 L：胃酸高分泌，也沒有使用 NSAIDs，雖然單獨由胃酸所致的強度很高，但損害因素的總強度仍舊尚未達到個人患病的最低閾值，不會發生十二指腸潰瘍。實例 M：胃酸高分泌並同時服用了 NSAIDs，雖然胃酸單獨尚未達到個人閾值，但加上 NSAIDs 所致的損害，總強度超出了發生潰瘍病的最高閾值，一定會發生十二指腸潰瘍。實例 N：胃酸高分泌伴有幽門螺旋桿菌的感染並同時服用了 NSAIDs，損害因素的總強度達到了個人患病的最低閾值，發生了十二指腸潰瘍。實例 O：胃酸高分泌伴有幽門螺旋桿菌感染，並同時服用了 NSAIDs，胃酸的高分泌就已經達到了發生十二指腸潰瘍的個人最低閾值，發生了十二指腸潰瘍。實例 P：生理上，有時候即使胃酸的分泌正常，但由於幽門螺旋桿菌的感染，並同時服用了一些腐蝕性很強的藥物等等，使損害因素的總強度仍能達到最低閾值，仍然會發生十二指腸潰瘍；但這種情況應當將其歸類為化學性潰瘍。因此，在所有這 16 種情況中，實例 D、G、H、K、M、O、P 為十二指腸潰瘍病人；而實例 B、E、N 雖然感染了幽門螺旋桿菌，卻不會發生十二指腸潰瘍。

　　圖 II.5 還清楚地解釋了幽門螺旋桿菌與十二指腸潰瘍相關的所有表現：實例 A～G 圓滿地解釋了為什麼「十二指腸的酸載量決定了幽門螺旋桿菌是否能夠導致十二指腸潰瘍[43]」以及「儘管幽門螺旋桿菌的感染在世界範圍內廣泛流行，但無論是成人，還是兒童，十二指腸潰瘍的發病率都很低[38~41]」。實例 D 和 G 清楚地解釋了為什麼「幽門螺旋桿菌陽性組十二指腸潰瘍的發生率要比陰性組高[32]」。實例 H 解釋了「在義大利北部[95, 127]和丹麥[95, 128]的研究證明了幽門螺旋桿菌陰性的十二指腸潰瘍病人預後通常比較差，因為他們的潰瘍病發生率和症狀復發率比較高[95]」：對於幽門螺旋桿菌陰性的病人而言，由於沒有幽門螺旋桿菌所造成的損害，形成潰瘍通常比幽門螺旋桿菌陽性病人需要更高的胃酸分泌；而較高的胃酸分泌意味著社會─心理因素對個體的影響更加嚴重。因而，幽門螺旋桿菌陰性的病人有較差的預後和較高的復發率也是可以預期的。此外，圖 II.5 還清楚地闡明了為什麼「幽門螺旋桿菌的感染引起的潰瘍病、NSAIDs 相關的潰瘍病，與幽門螺旋桿菌和 NSAIDs 都無關的潰瘍病[30]」這樣的分類對於消化性潰瘍病的研究的確是沒有幫助的。不僅如此，圖 II.5 還可以成功地解釋各個不同領域的現代科學家們所觀察到的幽門螺旋桿菌在十二指腸潰瘍病中的所有表現，並清楚地證明了「幽門螺旋桿菌是迄今為止所發現的十二指腸潰瘍最重要的病因學因子[33]」這一論斷的確是完全錯誤的。

　　胃酸在十二指腸潰瘍發病機理中的重要作用，集中地體現在鹼性藥物、食物中和或得到胃內容物緩衝以後可以觀察到疼痛減輕[19, 122]。因而與胃潰瘍相比，十二指腸潰瘍更像是一個腐蝕的過程。此外，既然十二指腸潰瘍的最終形成取決於損害因素的總強度，高酸分泌型的胃潰瘍病人自然也有可能同時患有十二指腸潰瘍，這一點已經在第三、五兩節中進行了論述，也再次解釋了「**雖然十二指腸潰瘍病人的胃酸分泌遠高於正常值，但是只有 7% 的十二指腸潰瘍病人同時罹患胃潰瘍**[56]」。另外，既然升高幽門螺旋桿菌的濃度增加了十二指腸局部損害因素的總強度，「**高濃度的幽門螺旋桿菌與十二指腸潰瘍的發生相關**[43, 123]」就不奇怪了。

　　黏膜下結節論認為遺傳背景和生活事件的性質，共同決定了社會─心理因素導致病人究竟是患胃潰瘍，還是十二指腸潰瘍，或其他疾病。「*Richard* **強調了胃潰瘍和十二指腸潰瘍在病因學上的不同**[23]」，並且「**胃潰瘍和十二指腸潰瘍病人在流行病學、行為上和遺傳上均有所不同**[1]」。黏膜下結節論認為在遺傳的基礎上，胃潰瘍的發生通常與戰爭、失業、重大自然災害等危及個體生存、嚴重而急性的生活事件相關；而十二指腸潰瘍則通常與生活方式、繁忙的工作日程等長期慢性的精神壓力相關，進而導致了較高的胃酸高分泌水平。1900 年以前，胃潰瘍的發病率比十二指腸潰瘍多，並且女人多於男人。自那以後，這兩個比例發生了逆轉：潰瘍病的性別比例由 3 女：1 男

逆轉為胃潰瘍的 4 男：1 女和十二指腸潰瘍的 10 男：1 女；而胃潰瘍與十二指腸潰瘍的比例，從 1900 年的 4:1 逆轉為目前的 1:10 [1, 124~126]。黏膜下結節論認為，這一逆轉的原因與過去兩個世紀以來廣泛而深遠的社會變革密切相關：性別比例的逆轉可能與女性的逐漸解放和社會地位的日漸提高有關；而胃潰瘍和十二指腸潰瘍比例的逆轉則與社會的文明進步和城市化等密切相關。在 1900 年之前，生命所受到威脅、生存所面臨的挑戰都比較嚴重，並且多數人的基本生活供應都不是很充足，決定了大部分的消化性潰瘍病人患的是胃潰瘍。而在 1900 年以後，尤其是二次世界大戰以後，人們面臨的生存威脅多數已基本消失，生活物資也開始極大地豐富起來，導致了胃潰瘍發病率的降低；但取而代之的現代生活的快節奏、劇烈的社會競爭，不健康的生活方式等長期的慢性刺激，導致人群中的高酸分泌者比較普遍，因而有更多的人患上十二指腸潰瘍；在流行病學上的表現就是胃潰瘍和十二指腸潰瘍患病比例的逆轉。由此可見：雖然胃潰瘍和十二指腸潰瘍都是生活事件造成的，但生活事件性質上的差異卻導致了完全不同的後果。而胃潰瘍十二指腸潰瘍患病比例的逆轉，也從一個側面反映了抽象的社會屬性對人體疾病的決定性影響。

不僅如此，實驗性潰瘍（Experimental Ulcers）只能產生「胃潰瘍型」的急性情緒緊張，而不是「十二指腸潰瘍型」的慢性緊張，胃酸的高分泌也不是短期的實驗刺激所能做到的，因而很難被實驗動物模型模仿出來。目前對精神緊張因素所致的紊亂機制（如潰瘍病）的了解，很大一部分是來源於各種不同類型的動物模型。然而，實驗室的動物緊張模型很少能夠模仿真實的人類生活所面臨的挑戰 [49]。結果就是：在大鼠動物試驗中，精神緊張因素所致的潰瘍主要是胃潰瘍而不是十二指腸潰瘍，後者需要添加額外的人工化學增強劑（如組胺）[9]。這再一次證明了胃潰瘍和十二指腸潰瘍在病因學上的明顯不同之處，而黏膜下結節論也清楚地解釋了為什麼「雖然胃潰瘍和十二指腸潰瘍有很多的共同點，但是卻被認為是兩種不同的疾病 [1, 23]」。

6.2 十二指腸潰瘍的病因學

如上所述，十二指腸潰瘍的基本病因仍然是社會－心理因素，而與胃腸道的局部損害因素無關。Doll 等人的調查表明：令人精神緊張的職業與十二指腸潰瘍有正相關關係，在農業工人中潰瘍病的發生率較低，但在經濟條件較差的人群中發生率較高 [8, 129]；很多潰瘍病人和內科醫生都認為消化性潰瘍的症狀通常發生在令人精神緊張的生活事件的同時或之後 [59, 130, 131]，也說明了社會－心理因素與十二指腸潰瘍的相關關係。

黏膜下結節論認為：社會－心理因素導致的胃酸高分泌是十二指腸潰瘍發生的先決條件。二十世紀早期，*Karl Schwartz* 首次提出了「無酸無潰瘍」這句名言。雖然近年來關於胃、十二指腸潰瘍發病機理的基本觀念在分離到幽門螺旋桿菌以後發生了戲劇性的改變，但是很多研究仍然證明了十二指腸潰瘍的病人的基礎和最大胃酸分泌量、胃蛋白酶的產量均有升高，因而 *Karl Schwartz* 的名言仍然是正確的 [19]。社會－心理因素仍然是通過病理性的神經反射機制導致胃酸高分泌的，而與幽門螺旋桿菌等局部因素完全無關；這一點在第三節 3.5 中已經有了明確的論述。然而，看起來極有可能是嚴重的焦慮導致了胃酸的高分泌，從而引起潰瘍病並導致潰瘍症狀的發生。精神壓力的緩和導致胃酸分泌減少和潰瘍症狀減輕支持了這一假設 [59]。Furuta 和 Baba 在總結文獻以後得出的結論是：幽門螺旋桿菌的感染和胃炎抑制了胃酸的分泌並導致了胃液 *pH* 值的升高 [121]，同時也證明了幽門螺旋桿菌的感染不是胃酸高分泌的根本原因。

另一方面，既然十二指腸潰瘍的最終形成取決於所有局部損害因素的總強度，任何導致局部損害強度增加的因素，如內分泌異常導致的胃酸高分泌等等，也可以產生與十二指腸潰瘍完全相同的臨床症狀，但是這種情況應當屬於其他種類的疾病，而不能診斷為十二指腸潰瘍。

6.3 幽門螺旋桿菌與十二指腸潰瘍也不存在因果關係

12 個月的跟蹤調查結果表明：當幽門螺旋桿菌持續存在時，有 61% 的病人潰瘍癒合並且有 84% 的病人復發；但是當幽門螺旋桿菌被殺滅時，有 92% 的病人潰瘍癒合（$p<0.001$）而只有 21% 的病人復發（$p<0.001$）[33]。因而有人得出「幽門螺旋桿菌是迄今為止所發現的十二指腸潰瘍最重要的病因學因子 [33]」的結論。雖然幽門螺旋桿菌的感染如何導致十二指腸潰瘍的發病機理目前尚不清楚 [33, 34]；但「幽門螺旋桿菌是十二指腸潰瘍最重要的病因學因子」的觀點已經被人們廣泛接受 [95]。

正如第五節 5.1 的論述：「幽門螺旋桿菌是迄今為止所發現的十二指腸潰瘍最重要的病因學因子 [33]」建立在一個值得懷疑的傳統假設的基礎之上，根本就沒有考慮人體的局部和整體之間的關係，也盲目地否定了社會－心理因素在十二指腸潰瘍發生發展過程中的決定性作用。它不僅不能解釋 Susser 等人於 1962 年觀察到的「年齡段分組現象 [45, 46]」，而且還不符合已經被人們廣泛接受的確定疾病因果關係的六大標準 [27]。因而「消化性潰瘍是傳染病 [42]」的說法的確有可能是完全錯誤的。此外，單獨由幽門螺旋桿菌引起十二指腸潰瘍的動物模型也是永遠也不可能建立起來的。由此不難

看出：「幽門螺旋桿菌是迄今為止所發現的十二指腸潰瘍最重要的病因學因子 [33]」的說法的確是站不住腳的；結果就是：人們至今仍然不能闡明十二指腸潰瘍的發病機理。而黏膜下結節論卻能夠圓滿地解釋幽門螺旋桿菌在十二指腸潰瘍發病過程中表現出來的所有現象。

首先，如圖 II.5 的描述，十二指腸潰瘍的發生是所有局部損害因素疊加起來聯合作用的結果。在所有的這些損害因素中，最重要和最基礎的因子並不是幽門螺旋桿菌，而是由社會—心理因素所導致的胃酸高分泌，並且**十二指腸的酸載量決定了幽門螺旋桿菌是否能夠導致十二指腸潰瘍** [43]。當幽門螺旋桿菌被殺滅時，如圖 II.5 描述的那樣，所有損害因素疊加起來的總強度可以降到能導致十二指腸潰瘍的最低閾值以下，從而導致潰瘍癒合率顯著升高。其次，**當幽門螺旋桿菌持續存在時，有 61%的病人潰瘍癒合，但是當幽門螺旋桿菌被殺滅時，有 92%的病人潰瘍癒合** [33]，意味著如果從所有損害因素的總強度中減去單獨由幽門螺旋桿菌導致的強度，那麼其他各種損害因素所致的總強度至少在 92%的病人中只比個體患上潰瘍病的閾值稍低；而只有 8%的病人情況比較嚴重，即使殺滅幽門螺旋桿菌也不能使局部損害因素的總強度降到發病閾值以下。在這種情況下，殺滅幽門螺旋桿菌自然就顯著地升高了十二指腸潰瘍的癒合率。因此，**當幽門螺旋桿菌被殺滅以後，潰瘍癒合率由 61%增加到 92%** [33]，並不意味著幽門螺旋桿菌就一定是十二指腸潰瘍最重要的病因學因子。

其次，**當幽門螺旋桿菌被殺滅以後，潰瘍復發率由 81%降低到 21%** [33]，也並不意味著「幽門螺旋桿菌是迄今為止所發現的十二指腸潰瘍最重要的病因學因子 [33]」。黏膜下結節論認為：社會—心理因素導致的胃酸高分泌才是十二指腸潰瘍最重要的病因學因子；因而在幽門螺旋桿菌被完全殺滅的情況下，十二指腸潰瘍仍然可以有 21%的復發率。有人認為：**在傳統的抗酸治療中，原發性潰瘍（*Initial Ulcers*）再復發的比例為每年 60~100%，但是利用抗生素殺滅幽門螺旋桿菌以後潰瘍病的復發率低於每年 15%** [90]，證明了「幽門螺旋桿菌是十二指腸潰瘍最重要的病因學因子 [33]」，並且「**在十二指腸潰瘍的發病過程中，幽門螺旋桿菌是比胃酸更重要的病因學因子** [90]」。黏膜下結節論明確地指出：傳統的抗酸治療雖然可以臨時性地降低胃酸的高分泌，但並沒有真正消除十二指腸潰瘍真正的病因——社會—心理因素；因而在抗酸藥物的治療結束後，只要社會—心理因素的負面影響還存在，胃酸的高分泌不可避免地還將再次出現，臨床上就表現為傳統的抗酸治療後有很高的再復發率。由此可見：缺乏心理治療的治療方案的確是不完整的，以現代科學為基礎的任何物質手段都是不可能從根本上解決問題的。現代醫學家們完全不考慮心理上的調整對十二指腸潰瘍的決定性影響，明確地

解釋了傳統的抗酸治療後的高復發率。相反，如果社會—心理因素的負面影響被完全消除，十二指腸潰瘍的復發率將不再是 21% 或 15%，而是 0%。實際上，十二指腸潰瘍的復發率在抗菌治療後的復發率可能遠遠高於 21% 或 15%：Peterson 報導在成功地殺滅了幽門螺旋桿菌 24 週以後，對 19 個病人跟蹤調查的結果表明有 32% 的潰瘍病人復發 [95, 113]。Laine 的跟蹤調查結果也表明：有 20% 的十二指腸潰瘍病人在成功殺滅幽門螺旋桿菌以後 6 個月內復發，並且這些病人並沒有使用 *NSAIDs* [95, 98]。同樣，Marshall 本人的研究也發現：在確定無疑地消除了幽門螺旋桿菌，並且病人並沒有使用 *NSAIDs* 的情況下 12 個月的跟蹤調查中，有 21% 的病人十二指腸潰瘍復發 [33, 95]。這些結果綜合起來再次說明了是幽門螺旋桿菌以外的其他病因學因子在病人的復發過程中起到了決定性的重要作用。**對這些現象可能的解釋是：幽門螺旋桿菌導致在潰瘍局部留下受損傷的黏膜，因而在消除了主要的病因以後，仍然能夠使損傷的部位出現復發** [95]。然而，黏膜下結節論卻認為這一解釋與消除了幽門螺旋桿菌以後大部分十二指腸潰瘍病人不再復發的情況相矛盾，因而是十分牽強的；根本就不是幽門螺旋桿菌，而是揮之不去的社會—心理因素沒有得到徹底的解決，從而導致治療後胃酸再次出現高分泌，才能圓滿地解釋十二指腸潰瘍的復發。

第三，有人認為**超過 95% 的十二指腸潰瘍病人感染了幽門螺旋桿菌，並且幽門螺旋桿菌感染者比未感染者罹患十二指腸潰瘍的比例要高得多**，支持了「幽門螺旋桿菌是消化性潰瘍，尤其是十二指腸潰瘍最重要的病因學因子 [90]」。兩個機制都可以圓滿地解釋十二指腸潰瘍病人幽門螺旋桿菌的高感染率和感染者的高發病率。第五節 5.2 的論述以及表 II.3 的分析，同樣適合十二指腸潰瘍：幽門螺旋桿菌可以顯著加重十二指腸潰瘍病人的臨床症狀，從而使得有感染的病人更加傾向於到醫院求診，而沒有感染的病人更加傾向於成為亞臨床病人，因而臨床上十二指腸潰瘍病人的感染率總是要比其所在的人群高得多（80%>>50%），也使得幽門螺旋桿菌感染者的臨床發病率要比未感染者的臨床發病率（表 II.3 中的 15%>>5%）高得多。另一個機制如圖 II.5 描述的實例 D 和 G，雖然幽門螺旋桿菌的感染不是潰瘍形成的先決條件，卻能夠使損害因子的總強度達到或超過個體抵抗潰瘍病的閾值，從而導致感染者通常比未感染者（實例 C 和 F）有更高的臨床發病率。由此可見：臨床上十二指腸潰瘍病人有很高的感染率，以及感染者罹患十二指腸潰瘍的比例遠高於未感染者，都不能說明「**幽門螺旋桿菌是消化性潰瘍，尤其是十二指腸潰瘍最重要的病因學因子 [90]**」。

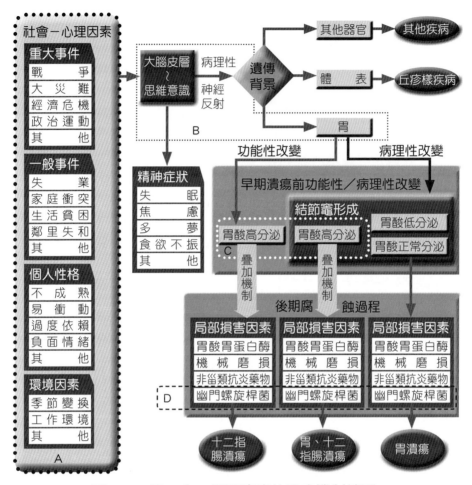

圖 II.6　胃、十二指腸潰瘍的發病機制總圖

　　圖 II.6 顯示：1. 消化性潰瘍是社會─心理因素通過病理性神經反射機制導致的一種全身性疾病，通常會伴隨一些精神症狀，但根本病因不在上消化道，而在大腦皮層或思維意識；2. 社會─心理因素與胃酸胃蛋白酶、幽門螺旋桿菌等局部損害因素在消化性潰瘍的發生過程中不是平行的致病因子；3. 消化性潰瘍的發病過程分為兩個時期，早期的改變才是該病形成起始的和決定性的步驟；4. 幽門螺旋桿菌、NSAIDs、胃酸胃蛋白酶等局部因素僅僅在潰瘍後期才發揮一定的次要作用；5. 此圖再次解釋了為什麼「只有 7% 的十二指腸潰瘍病人同時罹患胃潰瘍 [56]」；6. 此圖還說明了精神壓力學說（A 區）、神經學說（Nerve Theory）（B 區）、無酸無潰瘍（C 區）以及幽門螺旋桿菌學說（D 區）等歷史上主要的相關學說都只是部分正確，都不足以解釋消化性潰瘍的發病機理；7. 右上角表示只要將黏膜下結節論提出的發病機制略作修改，其他多種疾病的發生機理也有可能得到圓滿的解釋。

C 區：「無酸無潰瘍」等於
在說「大象像一堵牆」。

B 區：神經學說等於在
說「大象像扇子」。

D 區：「幽門螺旋桿
菌與消化性潰瘍有
因果關係」等於在說
「大象像一條繩子」。

A 區：精神壓力學說等於在
說「大象像蛇或梭鏢」。

圖 II.7　以現代科學為基礎的相關學說與「盲人摸象」

圖 II.7 顯示：黏膜下結節論提出的消化性潰瘍的發病機理（圖 II.6）看起來就好像是一隻完整的大象。現代科學還原論分割研究的方法，導致歷史上所有的相關學說都好像「盲人摸象（Blind Men and Elephant）」一般，在看到了消化性潰瘍這隻「大象」一部分特徵和現象的同時，卻不能兼顧其他絕大部分的特徵和現象：精神壓力學說（A 區）雖然看到了社會─心理因素對消化性潰瘍發生發展的重要影響，就好像是摸到了消化性潰瘍這隻「大象」最典型的特徵──象鼻和象牙，但現代科學是物質科學（Material Science）的基本特點，決定了它必然得不到現代科學理論和方法的支持；神經學說（B 區）雖然觀察到消化性潰瘍發病過程中大腦中樞內神經遞質的升降，卻不能闡明這些變化發生的原因及其致潰瘍的機制，就好像僅僅是摸到了消化性潰瘍這隻「大象」的頭部或耳朵；無酸無潰瘍（C 區）雖然注意到了潰瘍病發生過程中局部功能的變化，卻不能明確胃酸高分泌的根本原因，就像是摸到了消化性潰瘍這隻「大象」的軀幹；而幽門螺旋桿菌學說（D 區）雖然注意到了細菌的感染可以顯著地升高臨床發病率、延緩癒合，但它僅僅是摸到了消化性潰瘍這隻「大象」的尾巴，在該疾病發生發展的過程中是「可有可無」的因素。實際上，現代科學不重視哲學思想對實驗研究的指導性作用，導致「盲人摸象」一般的錯誤還廣泛地存在於現代科學對所有人體疾病和生命現象的探索之中。例如：現代科學認識到癌細胞染色體 DNA 上的改變、愛滋病毒的感染等等，最多只能算得上是摸到了「大象」的軀幹（C 區）。因而此圖形象地說明了現代科學至今尚不能圓滿地解釋消化性潰瘍及其他各種人體疾病和生命現象的多個重要原因之一。

　　第四，流行病學調查結果也證明了幽門螺旋桿菌的確不是十二指腸潰瘍最重要的病因學因子。在某些國家，尤其是在幽門螺旋桿菌感染率不高的國家，30~40%甚至更高比例的十二指腸潰瘍病人可能是幽門螺旋桿菌陰性的。在十二指腸潰瘍發病早期沒有感染幽門螺旋桿菌的病例也有報導。在幽門螺旋桿菌被完全殺滅以後，在某些報導中十二指腸潰瘍在 6 個月內復發的比例高達 20% [26]。Jyotheeswaran 等人對紐約大曼徹斯特地區的調查表明：白人中有 48%的十二指腸潰瘍病人為幽門螺旋桿菌陰性，有色人種中有 15%的十二指腸潰瘍病人為幽門螺旋桿菌陰性，總的幽門螺旋桿菌陰性率為 39% [26, 132]。Parsonnet 通過對所能夠獲得的研究報告進行了進一步的分析，結果表明：**十二指腸潰瘍病人幽門螺旋桿菌的陰性率為 40%** [26, 133]。所有這些調查結果均表明了幽門螺旋桿菌在十二指腸潰瘍的發病過程中不是最重要，而是「可有可無」的次要因素。

　　綜合以上全部的論述，消化性潰瘍是一種典型的社會—心理疾病（第 54 頁圖 II.6 總結了黏膜下結節論描述的發生機理）；幽門螺旋桿菌僅僅在消化性潰瘍發生發展過程的後期才起到一定程度上的次要作用，加重臨床症狀、升高臨床發病率並延緩癒合，但不是胃潰瘍和十二指腸潰瘍發生起始的和決定性的因素；因而消化性潰瘍不是傳染病，「**沒有幽門螺旋桿菌，就沒有消化性潰瘍** [7]」僅僅是一種假象；而「**幽門螺旋桿菌是十二指腸潰瘍最重要的病因學因子** [33]」、「**幽門螺旋桿菌與消化性潰瘍有因果關係** [30, 33, 90]」等說法都是站不住腳的。

第七節：從消化性潰瘍的發生機理到思維意識科學

7.1　消化性潰瘍是思維意識領域裡的現象

　　過去百十年來，人們提出過十多種學說來解釋消化性潰瘍的發病機理。但是這些學說均因為明顯的缺陷而相繼被否決。自 1982 年 Barry Marshall 等人分離出幽門螺旋桿菌（HP）以後，這一成果被認為是**革命性的發現** [18, 23, 24]，並且是**消化性潰瘍的主要病因** [18~21]；從而使該細菌成為目前消化性潰瘍病因學研究中的熱點。然而，**幽門螺旋桿菌在胃潰瘍中的作用是有爭議的** [22, 25~29]，**該細菌的感染如何導致潰瘍形成的機制目前尚不清楚** [33, 34]。不僅如此，幽門螺旋桿菌學說與歷史上所有其他的學說一樣，也不能圓滿地解釋消化性潰瘍病的流行病學、形態學、反覆發作和多發等多方面的特徵與現象。因而迄今為止，以現代科學的理論和方法為基礎的所有學說，都不能成功地解釋消化性潰瘍的發病機理。

　　本書提出的黏膜下結節論卻圓滿地解釋了胃潰瘍和十二指腸潰瘍的發生機理，包括這兩種疾病所有 15 個主要的特徵和全部 72 種不同的現象，如「**儘管幽門螺旋桿菌的感染率很高，但是潰瘍病的發病率仍然很低** [38~41, 90]」；「**所謂消化性潰瘍的自發緩解和反覆發作，從來都未曾能夠被圓滿地解釋過** [8]」等等；並清楚地回答了為什麼「**雖然胃潰瘍和十二指腸潰瘍有很多的共同點，卻被認為是兩種不同的疾病** [1, 23]」。這一全新的理論還簡單明瞭地解釋了自 1962 年以來現代科學一直都未能成功解釋的消化性潰瘍的「**年齡段分組現象** [45~47]」等等。黏膜下結節論圓滿地解釋了的絕大部分特徵和現象，如胃潰瘍的形態學（Morphology）、反覆發作和多發、好發部位等等，都是現代科學的理論和方法從來都未曾清楚地闡明過的。

　　儘管很多學者對「**幽門螺旋桿菌是消化性潰瘍的主要病因** [18~21]」提出了質疑，但至今沒有人能夠明確究竟是何種危險因子導致了消化性潰瘍病，更不能釐清「**幽門螺旋桿菌與胃潰瘍有因果關係** [30, 33, 90]」這一論斷中所存在的謬誤。而黏膜下結節論則清楚地說明了「**幽門螺旋桿菌與胃潰瘍有因果關係** [30, 33, 90]」的論斷中的確存在著多方面的謬誤（索引 4），圖 II.6 清楚地勾劃出了現代科學史上所有相關學說的明顯不足之處；圖 II.7 更是形象地說明了以現代科學為基礎的所有學說就好像是「盲人摸象」一般，都在考慮了消化性潰瘍一部分特徵和現象、得到一部分事實支持的同時，卻不能兼顧到該疾病其他更多方面的特徵和現象。這就清楚地解釋了以現代科學為基礎的所有學說都不能圓滿地解釋消化性潰瘍的發生機理的重要原因之一。更重要的是：以現代科學為基礎的所有學說，都沒有認識到消化性潰瘍有一個早期的病理發生過程，社會—心理因素與局部損害因素也不是平行的致病因子，而是有著時間上的先後、決定性與非決定性的巨大差別。黏膜下結節論還在擁有歷史上所有這些學說的優點的同時，卻又很好地克服了它們所有的不足之處。

　　所有這些都表明了黏膜下結節論的確有可能已經非常接近消化性潰瘍真實的發病機理。不僅如此，正如圖 II.6 所描述的那樣，只要將黏膜下結節論提出的發生機理略作修改，其他多種疾病的發生機理也有可能可以得到圓滿的解釋。因此，黏膜下結節論的理論基礎還可以廣泛地用來解釋各種疾病的發生機理，如癌症、愛滋病、各種慢性病和遺傳病等等；而消化性潰瘍不過是為了充分地體現出這些基礎理論的有效性而特地挑選出來、在應用上的一個簡單例子而已。然而，究竟是什麼樣的理論基礎將黏膜下結節論與歷史上所有其他的相關學說區分開來呢？

　　黏膜下結節論明確地指出：歷史上以現代科學為基礎的所有相關學說，包括幽門螺旋桿菌學說在內，都不能圓滿地解釋消化性潰瘍的根本原因，是因為社會—心理因素的重要性被完全忽略了，或者對社會—心理因素的認識尚存不足。而黏膜下結節論之所以圓滿地解釋了消化性潰瘍所有 15 個主要的特徵和全部 72 種不同的現象，是因為它充分地認識到了社會—心理因素在消化性潰瘍的發生、發展和預後中的決定性作用，並且社會—心理因素僅僅是思維意識現象中很小的一部分，而消化性潰瘍不過是人體思維意識異常所導致的一個表現而已。因而黏膜下結節論是建立在「消化性潰瘍是思維意識領域裡的現象」這一基礎理論之上的，並認為消化性潰瘍的形態學、好發部位、多發和復發、流行病學等特徵，最終都是由人體抽象的思維意識所決定的；而思維意識是現代科學至今尚未踏足的領域，對其多方面特點還並不是很了解。正是基於這些認識，黏膜下結節論很容易就將消化性潰瘍所有主要的特徵和現象都解釋得清清楚楚。無疑，這些都大大地超越了現代科學的認識範圍，而包括幽門螺旋桿菌學說在內的歷史上所有的相關學說，都沒有跳出現代科學理論、方法和認識上的局限性，所以至今仍然無法圓滿地解釋消化性潰瘍的發病機理。換句話說：現代科學僅僅是物質科學的基本特點，決定了其理論和方法只能應用在具體的物質領域，而遠不足以解釋抽象的思維意識領域裡的現象；因此，雖然現代科學早已進入到了原子分子的高科技時代，但是只要它未能跳出物質科學的認識範圍，就不可能圓滿地解釋消化性潰瘍的發生機理。

7.2　思維意識是人體和生命固有的抽象要素

　　現代科學認為：人體是由大量的生物分子按照一定的規則排列而成的，並且結構決定了功能。因而，一旦胃黏膜的功能出現了異常，一定是局部生物分子的結構紊亂造成的。基於這一認識，傳統的病因學認為「**消化性潰瘍的病理生理學機制集中在局部的損害因素和保護因素之間的不平衡**[30]」就不奇怪了。然而，如果人體和生命僅僅是由生物分子組成的，生命和非生命、活著的和死亡的又有什麼分別呢？黏膜下結節論認為人體和生命有機體不僅都有具體物質的屬性，而且還具有抽象聯繫的屬性，也就是生命有機體與外界之間、自身內部的各個不同部分之間都是一個不可分割、普遍聯繫著的整體；而人體的思維意識則是普遍聯繫最高級的形式，並且在維繫生命的整體性方面發揮著至關重要的作用，否則生命將不復存在。因此，在各種疾病發生發展的過程中除了有物質結構異常的各種表現以外，思維意識上的異常可能更具有決定性；而導致消化性潰瘍病的社會—心理因素（或精神因素）不過是思維意識異常的一種表現而已。

　　由此可見：人體和任何其他的生命形式都具有兩個最基本的要素：一個是由原子和分子組成的有形物質，看得見、摸得著，或可以通過儀器檢測到，在本書中被稱為生命的具體要素（Concrete Essence），或物質要素（Material Essence）；這一要素在現代科學中已經得到了較為深入的研究。另一個要素就是抽象的普遍聯繫，看不見、摸不著，也不能通過儀器直接檢測到，是無形的，因而本書稱之為生命的抽象要素（Abstract Essence）；其最高級的形式就是人體的思維意識，是現代科學至今尚未踏足的領域，也必然要成為人類未來科學最主要的研究對象，本書還將其內涵擴大為任何抽象形式的存在。而人體的思維意識不僅反映了人體各部分之間，社會上不同個體之間，生命和大自然之間抽象的、普遍的和全方位的聯繫，而且還是活人有別於死人、生命有別於非生命的重要標誌。然而，思維意識在生命活動過程中究竟扮演了什麼樣的角色呢？結節論認為：思維意識在各種人體疾病和生命活動過程中的作用，與「萬有引力」在「蘋果落地」現象中的作用一樣，是決定性的。

　　牛頓提出的「萬有引力定律」揭示了是萬有引力導致蘋果落地的；宇宙中所有有質量的物體之間都存在著萬有引力。這說明宇宙萬物都是有聯繫的，而抽象的萬有引力則在蘋果落地的過程中發揮了決定性的推動作用，決定了蘋果下落的方向和速度，但卻是看不見、摸不著、也不能直接測得到，是無形的。正是這個原因，本書認為它是蘋果的抽象要素之一。宇宙中的任何事物都跟蘋果一樣，具有多種類似的抽象要素。但由於它們都是抽象而無形的，在牛頓發現萬有引力之前，人們簡簡單單地認為蘋果就是蘋果，它與周圍事物之間是沒有任何聯繫的。換句話說，萬有引力在蘋果落地這一過程中的關鍵性作用被完全忽略了，因而「蘋果是怎麼樣，又為什麼總是落到地上」的問題在牛頓之前長達數千年的時間內都得不到圓滿的解釋。同樣，人體和生命也並不單純是由原子和分子裝配而成的物質綜合體，它也具有類似萬有引力一樣的抽象要素——普遍聯繫（或思維意識），也在人體疾病和各種生命活動過程中發揮著決定性的推動作用：生命有機體的不同部分之間通過它來協調，千千萬萬的生物分子也因為它們才有規則地排列在一起構成了生命。然而，人體的抽象要素與萬有引力具有完全相同的性質，也是看不見、摸不著、測不到，是無形的；很自然，以看得見、摸得著、測得到的具體物質為主要研究對象的現代科學，很容易就忽視了這些抽象要素在各種疾病和生命過程中的關鍵性作用。

　　不考慮蘋果的抽象要素，即萬有引力的決定性作用，是不可能圓滿地解釋蘋果落地的發生機理的；為了了解蘋果的運動狀態變化發展的客觀規律，物理學家們通常更加重視蘋果的抽象要素——萬有引力，而不是蘋果本身

的物質結構。同理，不考慮人體和生命的抽象要素——普遍聯繫（或思維意識）在各項生理過程中的決定性作用，也是不可能圓滿地解釋各種人體疾病和生命現象的發生機理的。這一類比說明了人體和生命科學的研究必須更加重視生命的抽象要素——普遍聯繫（或思維意識），而不是現代科學所強調的人體或生命的物質結構。然而，現代科學家們在探討消化性潰瘍或其他各種疾病的發生機理時，卻基本上不考慮普遍聯繫（或思維意識）的關鍵性作用。很明顯，不考慮普遍聯繫的決定性作用來探討各種人體疾病和生命現象的發生機理，與牛頓時代以前的人們不考慮「萬有引力」的決定性作用來解釋「蘋果落地」的發生機理一樣，都是永遠也不可能取得根本性成功的。因此，現代人體和生命科學中的許多研究結果「是有爭議的」或「至今尚不清楚」，都是必然的。

人類社會的基本結構也是一個很好的類比，可以形象地說明現代科學理論體系的根本缺陷。人類社會是由男人和女人組成的，但如果因為只有女人懷孕、生孩子才是看得見、摸得著的，社會學家們在探索人類社會的基本規律時只考慮女人而不考慮男人的作用，能不能闡明人類社會的繁衍、生存和發展的機制呢？不能。基於完全相同的道理，具體的物質結構和抽象的普遍聯繫都是人體和生命固有的基本屬性，但如果現代科學家們僅僅因為人體和生命的物質結構是看得見、摸得著或測得到的，就將全部的目光聚焦在物質結構上，而完全不考慮它們固有的、抽象的普遍聯繫的屬性，又怎麼能圓滿地解釋各種人體疾病和生命現象的發生機理呢？有人認為：心理學正是現代科學理論體系中這樣的一個分支，它的研究對象主要集中在社會—心理因素和思維意識上，因而現代科學的理論體系仍然是很完整的。我們必須注意到：現代科學是物質科學的基本特點，決定了現代心理學也不能克服其理論和方法上的局限性，它對人體思維意識的認識是十分膚淺的，甚至還沒有觸及到博大精深的思維意識現象的皮毛；現代科學也從來都沒有將思維意識放在一個突出而關鍵的位置上來進行研究，更談不上它在探索深層意識時必然會面臨的難以克服的困難；而深層意識才是思維意識科學最重要的研究核心之一。

上述分析說明：普遍聯繫（或思維意識）是人體和生命的抽象要素，在各種人體疾病和生命現象發生發展的過程中起到了決定性的推動作用；而現代科學卻在完全不考慮普遍聯繫的情況下來探討各種人體疾病和生命現象的發病機理，將是永遠也不可能取得成功的。只有高度重視抽象的普遍聯繫在各種生命過程中的關鍵性作用，才能圓滿地解釋各種人體疾病和生命現象的發生機理。這就決定了建立一套全新的思想體系——思維意識科學的重要性和必要性。

7.3 思維科學有助於加深我們對周圍世界和人體自身的認識

既然思維意識是生命的抽象要素，思維意識科學對人體和生命現象的認識必然要比現代科學更加全面，其建立無疑將極大地加深人們對自身和周圍世界的認識；它在實踐中的首次應用，便圓滿地解釋了消化性潰瘍所有 15 個主要的特徵和全部 72 種不同的現象，由此可見一斑。

思維科學將極大地深化人們對各種疾病和現象的理解，首先表現在現代科學從來都未曾圓滿解釋過的現象，在思維科學的理論體系中都有可能找到令人滿意的答案。例如：正如第四節的論述，思維意識的多樣性、可變性和高度複雜性決定了生命現象都具有「概率發生」的特點，因而胃潰瘍的好發部位也有「概率發生」的特點。利用這一觀點來解釋胃潰瘍的好發部位要比第三節 3.8「神經密度」的解釋更有說服力。不僅如此，「概率發生」的基本觀念還可以輕鬆地解釋消化性潰瘍的復發和多發等多方面的特徵和現象。然而，在現代科學研究中，**所謂的胃潰瘍的自發緩解和反覆發作從來都未曾得到過滿意的解釋** [8]。歷史上許多從來都未曾得到圓滿解釋的現象，包括近半個世紀以前 Susser 等人觀察到的「**年齡段分組現象** [45~47]」等，在「概率論」的指導下很容易就能找到令人滿意的答案。

其次，思維科學的基本認識還能有效地保證各項科研工作不再偏離正確的方向，從而極大地加快和加深人們對自身和周圍世界的認識。例如：神經學說和精神壓力學說本來都處在正確的方向上，但現代科學沒有認識到普遍聯繫的高度複雜性，決定了生命現象都具有概率發生的基本特點，因而都很難解釋消化性潰瘍的部分特徵和現象，二者不可避免地都要面臨被淘汰的命運。既然胃潰瘍具有概率發生的特點，**刺激中樞神經系統的杏仁核能夠產生胃潰瘍** [60, 76~78] 只能在大約 10％的實驗老鼠中發生，並且這一比例會因為物種的不同而在 8％～32％ [9] 之間波動。因此，刺激中樞神經系統的杏仁核在 90％ 的老鼠中不會發生胃潰瘍，現代科學家們很容易就會得出「刺激中樞神經系統的杏仁核往往不會產生胃潰瘍」或「結果不可重複」這樣的錯誤結論，神經學說的部分正確性就被輕易地否定了。精神壓力學說也因為幽門螺旋桿菌的發現而淘汰，並因此而得出了一些模棱兩可的結論，如：迄今為止，**所有這些資料均與幽門螺旋桿菌在精神壓力所致的潰瘍病中的因果關係相吻合** [22]。幽門螺旋桿菌與精神壓力本來就是「風馬牛不相及的」，卻被現代科學家們拼湊到一起來解釋他們的研究結果；這些都使現代科學的潰瘍病研究完全偏離了正確的方向，不利於各項認識的深入。而基本相同的錯誤實際上還廣泛地存在於現代科學對所有人體疾病和生命現象的研究之中。

　　不僅如此，思維科學還能將生命科學、社會科學、自然科學和人文學科的認識有機地統一起來，從而有助於形成對自然界、人體和生命更加深入、更加全面的認識。現代科學分科研究的方法，一開始就自動地割裂了生命科學、社會科學、自然科學和人文科學之間內在的聯繫，從方法論上就已經決定了它永遠也不可能圓滿地解釋任何一種疾病的發生機理。如圖 II.6 所示：黏膜下結節論正是在「社會－心理因素和自然環境（比如大災難，季節更替等）是消化性潰瘍的主要病因」這一認識的指導下才獲得了成功的；因而割裂生命科學與社會、自然科學之間的聯繫，是永遠也不可能圓滿地解釋消化性潰瘍的發病機理的。而哲學作為人文學科的一個分支，也可以為生命科學的未來發展提供方向性指導，所以人文科學與生命科學也不應該是分家的。由此可見，現代科學體系結構上的固有缺陷，就已經決定了它要破譯生命之謎永遠只能是可望而不可及的。只有建立一個全新的、綜合性的思想體系才能有效地彌補這一根本缺陷，從而真正地實現人類科學的絕大部分目標；我們將這個全新的思想體系稱為思維科學。

　　由此可見：當前現代科學的現狀，決定了人們對各種現象，尤其是人體和生命科學領域中各種現象的認識的確還有待進一步的深化，而思維科學正是為了實現這一目標而建立的全新理論體系。現代科學僅僅是物質科學的基本特點，決定了它僅僅是現象科學，還遠遠不能深入地認識到隱藏在各種人體和生命現象背後的抽象本質。站在未來的角度來看，現代科學也遠遠未能窮盡周圍世界的真理，而僅僅是人類科學的早期階段。這些都說明了建立思維意識科學的必要性；這一全新的思想體系尤其適於用來處理非常複雜的因果關係，如多維的和多相關性的社會－心理因素等等。它所提供的認識將十分有助於癌症、愛滋病、各種慢性病和遺傳病等各種高度複雜問題的解決，因而思維科學將極大地拓展和加深人們對自身和周圍世界的認識。簡而言之，思維科學的理論體系將引領人類科學邁向一個更加高級的階段，從而開闢人類文明的新紀元。

7.4 「黏膜下結節論」不是歷史上相關學說的簡單疊加

　　由於黏膜下結節論集中了歷史上所有相關學說的優點，必然有人會認為黏膜下結節論是精神壓力和神經學說等的簡單疊加得到的。我們必須注意到：歷史上以現代科學為基礎的所有相關學說都是基於一部分臨床事實或實驗研究結果，都在擁有部分正確性的同時卻又存在著一定程度上的謬誤，因而黏膜下結節論集中了所有這些學說正確的一面是不奇怪的。黏膜下結節論是以一系列的全新思想為基礎的，決定了它必然與歷史上所有的相關學說都有著本質上的巨大差別，同時還擁有它們都無可比擬的優點：

　　首先，潰瘍早期的病理性或功能性改變，將黏膜下結節論與歷史上所有其他的學說區分開來。黏膜下結節論將潰瘍的形成分為早期和後期兩個階段，並清楚地認識到局部損害因素在潰瘍病發生發展過程中的作用既不是起始，也不是決定性的，而僅僅在病理後期才發揮一定程度上的次要作用。而以現代科學的理論為基礎的任何學說，包括精神壓力學說在內，都沒有這種時期上的劃分和描述。

　　其次，基於「思維意識是生命的抽象要素」的認識，黏膜下結節論首先推導出胃潰瘍的發生有一個早期的病理改變，然後再利用這一結論來解釋胃潰瘍的發生機理。有趣的是：現代科學已有的研究結果，如胃的局部解剖、流行病學調查、幽門螺旋桿菌、臨床實踐等等，幾乎都支持了這一推理結果，並且這一結論還成功地解釋了臨床和實驗研究中所能觀察到的全部 72 種不同的現象。因此，黏膜下結節論走的是「理論先於實踐」的道路。這是區分黏膜下結節論與歷史上所有其他學說的又一重要特點。

　　第三，當幽門螺旋桿菌被認為是消化性潰瘍的主要病因以後，精神壓力學說不足以闡明這一細菌在消化性潰瘍發生發展過程中的作用。而黏膜下結節論則明確地指出了消化性潰瘍的真正病因及其多方面的特點，並清楚地認識到了幽門螺旋桿菌與其他各種局部損害因素一樣，是潰瘍病發生過程中一個「可有可無」的次要因素。更值得注意的是，結節論成功地解釋了胃潰瘍和十二指腸潰瘍所有主要的特徵，並清楚地指出了為什麼**雖然胃潰瘍和十二指腸潰瘍有很多的共同點，但是卻被認為是兩種不同的疾病**[1, 23]。而精神壓力學說和所有其他的理論都不能做到這一點。

　　第四，「概率發生」是黏膜下結節論中的基本原理的一個重要特色，也是「最多只有約 30% 的人患病」能得到圓滿解釋的原因。黏膜下結節論認為：基於不同的遺傳背景和其他多種因素的影響，社會─心理因素也可以導致其他多種疾病。因此，在進行流行病學調查時，如果遺傳背景、其他各種因素和疾病都能得到充分的考慮，將會得出更加準確的結果。

　　第五，在黏膜下結節論中，精神因素的定義被昇華到了思維意識的高度，而消化性潰瘍也僅僅是精神因素所能導致的諸多後果之一。黏膜下結節論還認為各種思維意識現象，如過度的快樂、沮喪、憤怒、恐懼等，實際上都能引起一些不同性質的疾病。這說明黏膜下結節論所認識到的社會─心理因素的內涵要比精神壓力學說中的「精神壓力」廣大得多；黏膜下結節論的基本思想還可以用來解釋其他多種人體疾病和生命現象的發生機理，這一點也是歷史上以現代科學為基礎的任何學說都不可能做到的。

第六，個體內心的調整和全社會協調性的提高，也是黏膜下結節論在疾病防治學上的獨到之處。這是消除消化性潰瘍病因的根本方法，並能有效地防止潰瘍病的復發。在將來，人們在其他各種疾病的治療過程中，都有可能十分重視內心的調整，並強調整個社會協調性的提高。

儘管還有許多其他的區別沒有在這裡提及，但是這些已經足以證明黏膜下結節論不是歷史上其他相關學說的簡單疊加；它所覆蓋的範圍遠比精神壓力和神經學說等廣大得多，認識深入得多，內容也要豐富得多。

最後值得一提的是：黏膜下結節論所描述的「結節」是一種理論上的抽象，就好像天文學上通常將地球看成是一個小圓點，其直徑被假設為零以便於研究一樣。黏膜下結節論利用「結節」這個名詞來形象地描述胃潰瘍的病理發生過程，指出胃潰瘍是由社會─心理因素導致的原發性損害引起的繼發性病變，因而胃潰瘍發生的早期階段與傳統的病因學所強調的局部損害因素沒有任何關係。黏膜下結節存在的形式可能與本書的描述有所不同，或在重大的社會、自然事件發生以後，就直接以組織壞死的方式從胃壁上脫落了，或者本來就是以某種特殊的形式存在的。而「結節」僅僅是為了指出當前科學研究中存在的問題而抽象出來的一個名詞，目的是要強調人體自身內在的因素在各種疾病發生發展過程中的重要作用。

本部分小結

消化性潰瘍是人類的常見多發病，卻在現代科學的理論體系中一直都得不到合理的解釋。黏膜下結節論認為它是社會─心理因素導致的一種心身疾病，並且是一種典型的全身性疾病，但是病理變化卻出現在上消化道。當前科學上的研究熱點──幽門螺旋桿菌，既不是胃潰瘍，也不是十二指腸潰瘍的根本病因，而僅僅在消化性潰瘍形成的後期才起到了一定程度上的次要作用，加重臨床症狀並升高臨床發病率。基於這些認識，黏膜下結節論圓滿地解釋了消化性潰瘍所有 15 個主要的特徵和全部 72 種不同的現象。進一步的討論還表明了精神因素在潰瘍病發生發展過程中的作用是決定性的，因而消化性潰瘍是思維意識領域裡的現象。雖然思維意識是人體和生命的抽象要素，但在現代科學的理論體系中卻被完全忽略了，這就導致現代科學遠遠不足以解釋消化性潰瘍和其他各種人體疾病和生命現象的發生機理。所有這些都說明了思維意識科學的建立將極大地加深和拓展人們對周圍世界和人體自身的認識。最後，本部分還列舉了黏膜下結節論有別於歷史上以現代科學為基礎的所有其他相關學說的 6 個重要特點，更凸顯了思維科學在理論和實踐上相對於現代科學的巨大優勢。

致　謝

　　本部分的核心思想早在 1994 年就第一次以書面的形式被提出，並在 1999~2000 年得到了進一步的發展。而本書的這個版本則是在 2005~2006 年直接用英文寫作，到 2007 年 5 月才翻譯成中文的。在英文寫作的過程中，得到了 Paul Borowy-Borowski、Anita C. Beroit、Annie & Peter Hlavats 夫婦、Nicole Scherling、Maria Andreea Blahoianu、Katrina Gee、Neera Malik、Marko Kryworuchko 等的大力支持和幫助。他們無私地奉獻了很多的時間和努力，才使得我們能夠在很短的時間內完成本部分的寫作。同時我們還想感謝在中國大陸和渥太華的一些朋友，他們持續不斷的支持、鼓勵和幫助，一直都在激勵著我們不斷地快速向前。

參考文獻

1　Albert Damon and Anthony P. Polednak; Constitution, genetics, and body form in peptic ulcer: A review; J. chron. Dis., 1967, Vol. 20, pp. 787-802.

2　Shay H and Sun CH; Aetiology and pathology of gastric and duodenal ulcer. In Bockus Gastroenterology. 2nd edition Lodon: W. B. Saunders Co. 1963; 421.

3　Aschoff L「Lectures on pathology」. New York, P. B. Hoebe, 1924.

4　Von Bergmann, G.Ulcus duodeni und vegetatives Nervensystem. Berl Klin Wchnscher, 1913; 50: 2376.

5　鄭芝田主編；消化性潰瘍病；北京，人民衛生出版社；1998 年 12 月第 1 版；第 110、111、188、306、344、346 頁。

6　鄺賀齡主編；消化性潰瘍病；北京，人民衛生出版社；1990 年 11 月第 1 版；第 71、89、150 頁。

7　Graham DY. *Campylobacter pylori* and peptic ulcer disease. Gastroenterology, 1989; 96:615-25.

8　Joseph B. Kirsner, and Walter L. Palmer; Seminars on gastrointestinal physiology: The problem of peptic ulcer; American Journal of Medicine, November 1952, pp 615-639.

9　G.B. Glavin, R. Murison, J.B. Overmier, W.P. Pare, H.K. Bakke, P.G. Henke and D.E. Hernandez; The neurobiology of stress ulcers; Brain Research Reviews, 1991; 16, 301-343.

10　Selye H, The physiology and pathology of exposure to stress. Acta. Montreal, Canada. 1950.

11　Selye H, The history of adaptation syndrome, Acta Inc. Medical publishers, Montreal, Canada, 1952.

12　Selye H, First annul report on stress. Montreal, Canada, Acta Inc. 1951.

13　Selye H, On the mechanism through which Hydrocortisone affects the resistance of tissues to injure. JAMA, 1953; 152: 1207-1213.

14　J. Bruce Overmier, Robert Murison; Anxiety and helplessness in the face of stress predisposes, precipitates, and sustains gastric ulceration; Behavioral Brain Research, 2000; 110, 161-174.

15　Watkinson G. The incidence of chronic peptic ulcer found at necropsy. Gut, 1960, 1:14-31.

16　Levyj IS, De La Fuente AA; A post mortem study of gastric and duodenal peptic lesions. Gut, 1963, 4; 349-359.

17　Lindstrom CG. Gastric and duodenal peptic ulcer disease in a well-defined population; A prospective necropsy study in Malmo Sweden. Scand J Gastroenterol, 1978, 13:139-143.

18　Rolf Zetterström; The Nobel Prize in 2005 for the discovery of *Helicobacter pylori*: Implications for child health; Acta Paediatrica, 2006; 95: 3-5.

19　P. Miner; Review article: relief of symptoms in gastric acid-related diseases－correlation with acid suppression in rabeprazole treatment; Aliment Pharmacol Ther, 2004; 20（Suppl. 6）: 20-29.

20　A Hackelsberger, U Platzer, M Nilius, V Schultze, T Günther, J E Dominguez-Muñoz and P Malfertheiner; Age and *Helicobacter pylori* decrease gastric mucosal surface hydrophobicity independently; Gut, 1998; 43; 465-469.

21　NIH Consensus conference. *Helicobacter pylori* in peptic ulcer disease. *JAMA* 1994; 272:65-9.

22　Peter H. J. van der Voort, René W. M. van der Hulst, Durk F. Zandstra, Alfons A. M. Geraedts, Arie van der Ende, and Guido N. J. Tytgat; Suppression of *Helicobacter pylori* infection during intensive care stay: Related to stress ulcer bleeding incidence? Journal of Critical Care, December 2001; Vol 16, No 4: pp 182-187.

23　Christie DA, Tansey EM; Peptic Ulcer: Rise and fall, welcome witnesses to twentieth century medicine, 2002; Vol.14, pp 674-675. London: The welcome trust centre for the history of medicine, 2002; ISBN: 0-85484-084-2.

24　Adrian Lee; Review: *Helicobacter pylori*: The unsuspected and unlikely global gastroduodenal pathogen; Int J Infect Dis, 1996; 1: 47-56.

25　Mitchell J. Spirt; Stress-related mucosal disease: Risk factors and prophylactic therapy; Clinical Therapeutics, 2004; Vol. 26, No. 2, pp.197-273.

26　Frank I Tovey and Michael Hobsley; Review: Is *Helicobacter pylori* the primary cause of duodenal ulceration? Journal of Gastroenterology and Hepatology, 1999; 14, 1053-1056.

27　Erik A.J. Rauws, Guido N.J. Tytgat; *Helicobacter pylori* in duodenal and gastric ulcer disease; Baillière's Clinical Gastroenterology, September 1995; Vol. 9, No. 3, pp 529-547.

28 C O Record; Controversies in Management: *Helicobacter pylori* is not the causative agent; *BMJ* 1994; 309:1571-1572.

29 J.W. Freston; Review article: role of proton pump inhibitors in non-H. pylori related ulcers; Aliment Pharmacol Ther, 2001; 15（Suppl. 2）, 2-5.

30 Bülent Sivri; Review article: Trends in peptic ulcer pharmacotherapy; Fundamental & Clinical Pharmacology, 2004; 18, 23-31.

31 Perttu E. T. Arkkila, Kari Seppälä, Timo U. Kosunen, Reijo Haapiainen, Eero Kivilaakso, Pentti Sipponen, Judit Mäkinen, Hannu Nuutinen, Hilpi Rautelin, and Martti A. Färkkilä; Eradication of *Helicobacter pylori* improves the healing rate and reduces the relapse rate of nonbleeding ulcers in patients with bleeding peptic ulcer; American Journal of Gastroenterology, 2003; Vol. 98, No. 10, pp 2149-2156.

32 Roma E, Panayiotou J, Kafritsa Y, Van-Vliet C, Gianoulia A, Constantopoulos A. Upper gastrointestinal disease, *Helicobacter pylori* and recurrent abdominal pain. Acta Paediatr, 1999; 88: 598－601. Stockholm. ISSN 0803-5253.

33 Barry J. Marshall, J. Robin Warren, Elizabeth D. Blincow, Michael Phillips, C. Stewart Goodwin, Raymond Murray, Stephen J. Blackbourn, Thomas E. Waters, Christopher R. Sanderson; Prospective Double-blind trial of duodenal ulcer relapse after eradication of *campylobacter pylori*; The Lancet, December 24/31 1988, pp 1437-1442.

34 Hildur Thors, Cecilie Svanes, Bjarni Thjodleifsson; Trends in peptic ulcer morbidity and mortality in Iceland; Journal of Clinical Epidemiology, 2002; 55, 681-686.

35 Henriksson AE, Edman A-C, Nilsson I, Bergqvist D, Wadström T. *Helicobacter pylori* and the relation to other risk factors in patients with acute bleeding peptic ulcer. Scand J Gastroenterol, 1998; 33:1030-1033.

36 Henriksson AE, Edman AC, Held M, Wadström T. *Helicobacter pylori* and acute bleeding peptic ulcer. Eur J Gastroent Hepatol, 1995; 7:769-71.

37 Reinbach DH, Cruickshank G, McColl KEL. Acute perforated duodenal ulcer is not associated with *Helicobacter pylori* infection. Gut, 1993; 34:1344-7.

38 Yoram Elitsur and Zandra Lawrence; Non-*Helicobacter pylori* related duodenal ulcer disease in children; Helicobacter, 2001, Vol 6 No. 3, pp 239-243.

39 Oderda G, Vaira D, Holton J, et al. *Helicobacter pylori* in children with peptic ulcer and their families. *Dig Dis Sci*, 1991; 36:572-6.

40 Drumm B, Rhoads JM, Stringer DA, et al. Peptic ulcer disease in children: Etiology, clinical findings, and clinical course. *Pediatrics*, 1988; 82:410-4.

41 Murphy MS, Eastham EJ, Jimenez MR, et al. Duodenal ulceration: review of 110 cases. *Arch Dis Child* 1987; 62:554-8.

42 P. Malfertheiner and A.L. Blum; *Helicobacter pylori* infection and ulcer; Chirurg, 1998; pp 239-248.

43 David Y. Graham, Yoshio Yamaoka; H. pylori and cagA: Relationships with gastric cancer, duodenal ulcer and reflux esophagitis and its complications; Helicobacter, 1998; Vol. 3, No. 3, 145-151.

44 WM Hui, SK Lam, LP Shiu, M Ng; A semi-quantitative study of negative social events, stress and incidence of perforated peptic ulcer in Hong Kong over 24 years. Gastroenterology, 1990, Vol. 98, No. 5: A61-62.

45 Mervyn Susser, Zena Stein; Civilization and peptic ulcer; The Lancet, Jan. 20, 1962; pp 115-119.

46 Amnon Sonnenberg, Horst Müller and Fabio Pace; Birth-cohort analysis of peptic ulcer mortality in Europe; J Chron Dis, 1985; Vol. 38, No. 4, pp. 309-317.

47 Mervyn Susser; Period effects, generation effects and age effects in peptic ulcer mortality. J Chron Dis, 1982; 35: 29-40.

48 Mark Feldman, Pamela Walker, Janet L. Green, and Kathy Weingarden: Life events stress and psychological factors in men with peptic ulcer disease: A multidimentional case-controlled study; Gastroenterology, 1986; 1370-1379.

49 Andrea Sgoifo and Peter Meerlo; Editorial: Animal models of social stress: implications for the study of stress related pathologies in Humans; Stress, 2002; Vol. 5（1）, pp. 1-2.

50 Tryba M, Cook D. Current guidelines on stress ulcer prophylaxis. *Drugs*. 1997; 54:581-596.

51 S. N. Joffe, F. D. Lee, L. H. Blumgart. Duodenitis. *Clin Gastroenterol*. 1984; 13: 635-650.

52 Chung SC, Sung JY, Suen MW, et al. Endoscopic assessment of mucosal hemodynamic changes in a canine model of gastric ulcer. *Gastrointest Endosc*, 1991; 37: 310-314.

53 Hartman, F. W. Curling's ulcer in experimental burns. *Ann. Surg.*, 121: 54, 1945;

54 Idem. Curling's ulcer in experimental burns. II. The effect of penicillin therapy. Correlation of observation with other recent evidence, regarding pathogenesis of peptic ulcer. *Gastroenterology*, 1946; 6: 130.

55 Huang JQ, Hunt RH. pH, healing rate and symptom relief in acid-related diseases. Yale J Biol Med, 1996; 69: 159-74.

56 汪鴻志、曹世植主編；現代消化性潰瘍病學；北京，人民軍醫出版社；1999 年 4 月第 1 版；第 3-4，176 頁。

57 Itoh M, Guth PH. Role of oxygen-derived free radicals in hemorrhagic shock-induced gastric lesions in the rat. *Gastroenterology*, 1985; 88:1162-1167.

58 Taylor and Francis; Review: *Helicobacter pylori* and bleeding peptic ulcer: What is the prevalence of the infection in patients with this complication? Scand J Gastroenterol, 2003; 1, pp 2-9.

59 Michael N. Peters, Charles T. Richardson; Stressful life events, acid hypersecretion and ulcer disease. Gastroenterol; 1983, 84: 114-119.

60 Takahiko Tanaka, Masami Yoshida, Hideyasu Yokoo, Masaru Tomita and Masatoshi Tanaka; Expression of aggression attenuates both stress-induced gastric ulcer formation and increases in noradrenaline release in the rat amygdala assessed by intracerebral microdialysis; Pharmacology Biochemistry and Behavior, 1998; Vol. 59, No. 1, pp 27-31.

61 Adrian Schmassmann; Mechanisms of ulcer healing and effects of nonsteroidal anti-inflammatory drugs; Am J Med, 1998; 104（3A）:43S-51S.

62 G.E. Samonina, G.N. Kopylova, G.V. Lukjanzeva, S.E. Zhuykova, E.A. Smirnova, S.V. German, A.A. Guseva; Antiulcer effects of amylin: a review; Pathophysiology, 2004; 11, 1-6.

63 Amnon Sonnenberg; Occurrence of a cohort phenomenon in peptic ulcer mortality from switzerland; Gastroenterology, March 1984; Vol. 86, No. 3:398-401.

64 Glavin, G., Dopamine and gastroprotection: the brain-gut axis, Dig. Dir. Sci., 36（1991）.

65 Hernandez, D.E., Neurobiology of brain-gut interactions: implications for ulcer disease, *Dig. Dis. Sci.*, 1989; 34, 1809-1816.

66 Hernandez, D.E. and Glavin, G.B.（Eds.）, Neurobiology of stress ulcers, *Ann. NY Acad. Sci.*, 1990; 597.

67 Marian Joëls, Henk Karst, Deborah Alfarez, Vivi M. Heine, Yongjun Qin, Els Van Riel, Martin Verkuyl, Paul J. Lucassen and Harm J. Krugers; Effects of chronic stress on structure and cell function in rat hippocampus and hypothalamus; Stress, December 2004 Vol. 7（4）, pp. 221-231.

68 De Kloet, E.R., Vreugdenhil, E., Oitzl, M. and Joëls, M.; Brain corticosteroid receptor balance in health and disease, Endocr. Rev. 1998; 19, 269-301.

69 Jackie D. Wood, Owen C. Peck, Karen S. Tefend, Michael J. Stonerook, Donna a. Caniano, Khaled H. Mutabagani, Šárka Lhoták and Hari M. Sharma; Evidence that colitis is initiated by environmental stress and sustained by fecal factors in the cotton-top tamarin（Saguinus oedipus）; Digestive Diseases and Sciences, February 2000; Vol. 45, No. 2, pp. 385-393.

70 Doll, R. and Kellock, T. D.: The separate inheritance of gastric and duodenal ulcers, Ann. Eugen. 1951; 16, 231.

71 Gregory Carey and David L. DiLalla; Personality and psychopathology: Genetic perspectives; Journal of Abnormal Psychology, 1994, Vol. 103, No. 1, 32-43.

72　Harvald, B. and Hauge, H. M.: Hereditary factors elucidated by twin studies, in NEEL, J. V. et al.（Eds.）. Genetics and the Epidemiology of Chronic Diseases. U.S. Pub. Hlth. Serv. Public. No. 1163, Gov't. Print. Off., Washington; D.C., 1965.

73　Wretmark, G.: The peptic ulcer individual: a study in heredity, physique, and personality, Acta psychiat. neural. scand., Suppl. 84. E. Munksgaard, Copenhagen, 1953.

74　Flood, C.A.; Recurrence in duodenal ulcer under medical management. *Gastroenterology*, 1948; 10: 184.

75　Raimondi, P. J. and Collen, M. F. Recurrence rate of symptoms in peptic ulcer patients on conservative medical treatment. *Gastroenterology*, 1946; 6: 176.

76　Peter G. Henke; Attenuation of shock-induced ulcers after lesions in the medial amygdala; Physiology & Behavior, 1981; Vol. 27（1）, pp. 143-146.

77　Peter G. Henke; The amygdala and forced immobilization of rates. Behav. Brain Res, 1985; 16:19-24.

78　Peter G. Henke; The centromedial amygdala and gastric pathology in rats. Physiol. Behav., 1980; 25:107-112.

79　Den'etsu Sutoo, Kayo Akiyama, Akira Matsui; Gastric ulcer formation in cold-stressed mice related to a central calcium-dependent-dopamine synthesizing system; Neuroscience Letters, 1998; 249, 9-12.

80　AJPM 斯莫特、LMA 阿克曼著，柯美雲等譯；胃腸動力病學（中文版）；北京，科學出版社：1996 年 1 月第 1 版：第 18-22 頁。

81　Elashoff J D, Grossman MI: Trends in hospital admissions and death rates for peptic ulcer in the United States from 1970~1978. Gastroenterology, 1980; 78: 280-285.

82　Brown RC, Langman MJS, Lambert PM; Hospital admissions for peptic ulcer during 1958-72. Br Med J, 1976; 1:35-37.

83　「What has been happening to peptic ulcer in Scotland?」ISD occasional papers No.2 Scottish Health Service Common Services Agency, South Trinity Road, Edinburgh EH5 3SQ.

84　Jarley Koo, Y.K. Ngan, and S. K. Lam; Trends in hospital admission, Perforation and mortality of peptic ulcer in Hong Kong from 1970 to 1980; Gastroenterology, June 1983; Vol. 84, No. 6:1558-1562.

85　Sievers ML, Marquis JR. Duodenal ulcer among South-western American Indians, Gastroenterology, 1962, 42: 566-569.

86　Palmer, W. L. In Cecil, R. L. and Loeb, R.F.; A Textbook of Medicine; W.B. Saunders Company, Philadelphia, 1955; pp 862.

87　Amnon Sonnenberg and Andreas Fritsch; Changing mortality of peptic ulcer disease in Germany; Gastroenterology, June 1983; Vol. 84, No. 6:1553-1557.

88　Hesse, F. G. Incidence of cholecystitis and other diseases among Pima Indians of southern Arizona. J A M A 1959; 170: 1789-1790.

89　Byod EJS, Wormsley KG, Etiology and pathogenesis of peptic ulcer. Gastroenterology, Edwards eds, Saunders Camp 1986, 1013.

90　John H. Walsh and Walter L. Peterson; Review article: The treatment of *Helicobacter pylori* infection in the management of peptic ulcer disease; The New England Journal of Medicine; Oct 12, 1995, Vol. 333, No. 15, pp 984-991.

91　Ellard K, Beaurepaire J, Jones M, Piper D, Tennant C; Acute and chronic stress in duodenal ulcer disease; Gastroenterology, 1990, 99: 1628-1632.

92　D. Coggon, P. Lambert, M. J. S. Langman; Hospital Practice: 20 Years of hospital admissions for peptic ulcer in England and Wales; The Lancet, June 13, 1981, Vol.317, Issue 8233, pp 1302-1304.

93　Noreen Goldman, Dana A. Glei, Christopher Seplaki, I-wen Liu, & Maxine Weinstein; Perceived stress and physiological dysregulation in older adults; Stress, June 2005; 8（2）: 95-105.

94　John H. Kurata, Aki N. Nogava, David E Abbey and Floyd Petersen. A prospective study of risk for peptic ulcer disease in seventh-day adventists. Gastroenterology, 1992; 102: 902-909.

95　Carolyn Quan, and Nicholas J. Talley; Clinical Reviews: Management of peptic ulcer disease not related to *Helicobacter pylori* or NSAIDs; American Journal of Gastroenterology, 2002; Vol. 97, No. 12, pp 2950-2961.

96　Seiichi Kato, Yoshikazu Nishino, Kyoko Ozawa, Mutsuko Konno, Shun-ichi Maisawa, Shigeru Toyoda, Hitoshi Tajiri, Shinobu Ida, Takuji Fujisawa, and Kazuie Iinuma; The prevalence of *Helicobacter pylori* in Japanese children with gastritis or peptic ulcer disease; J Gastroenterology, 2004; 39:734-738.

97　Bateson EM; Duodenal ulcer does it exist in Australian Aborigines? Australian and New Zealand Journal of Medicine, 1976; 6: 545-547.

98　Laine L, Hopkins RJ, Birardi LS. Has the impact of *Helicobacter pylori* therapy on ulcer recurrence in the United States been overstated? A meta-analysis of rigorously designed trials. Am J Gastroenterology, 1998; 93: 1409-15.

99　Vlidan Taskin, Inanc Gurer, Esin Ozyilkan, Mustafa Sare, and Fatih Hilmioglu; Effect of *Helicobacter pylori* eradication on peptic ulcer disease complicated with outlet obstruction; Helicobacter, 2000; Vol. 5, No. 1, pp. 38-40.

100 Penston JG. *Helicobacter pylori* eradication — understandable caution but no excuse for inertia. Aliment Pharmacol Ther 1994; 8:369-89.

101 Borody TJ, Cole P, Noonan S, et al. Recurrence of duodenal ulcer and *Campylobacter pylori* infection after eradication. Med J Aust, 1989; 151:431-5.

102 Cutler AF, Schubert TT. Long-term *Helicobacter pylori* recurrence after successful eradication with triple therapy. Am J Gastroenterol, 1993; 88: 1359-61.

103 Tadayoshi Okimoto, Kazunari Murakami, Ryugo Sato, Hajime Miyajima, Masaru Nasu, Jiro Kagawa, Masaaki Kodama and Toshio Fujioka; Is the recurrence of *Helicobacter pylori* infection after eradication therapy resultant from recrudescence or reinfection, in Japan; Helicobacter, June 2003; Volume 8, Issue: 3, pp. 186-191.

104 S. Hurlimann, S. Dür, P. Schwab, L. Varga, L. Mazzucchelli, R. Brand, and F. Halter; Effects of *Helicobacter pylori* on Gastritis, Pentagastrin-stimulated gastric acid secretion, and meal-stimulated plasma gastrin release in the absence of peptic ulcer disease; American Journal of Gastroenterology, 1998; Vol. 93, No. 8, pp 1277-1285.

105 Abraham M.Y. Nomura, Guillermo I. Pérez-Pérez, James Lee, Grant Stemmermann, and Martin J. Blaser; Relation between *Helicobacter pylori cagA* status and risk of peptic ulcer disease; American Journal of Epidemiology, 2002; Vol. 155, No. 11, pp. 1054-1059.

106 Weel JFL, van der Hulst RWM, Gerrits Y, Roorda P, Feller M, Dankert J, et al. The interrelationship between cytotoxin-associated gene A, vacuolating cytotoxin, and *Helicobacter pylori* related diseases. J Infect Dis. 1996; 173:1171-5.

107 Li H, Kalies I, Mellgård B, Helander HF. A rat model of chronic *Helicobacter pylori* infection. Studies of epithelial cell turnover and gastric ulcer healing. Scand J Gastroenterol, 1998; 33:370-378.

108 Konturek SJ, Bielanski W, Płonka M, Pawlik T, Pepera J, Konturek PC, Czarnecki J, Penar A, Jędrychowski W. *Helicobacter pylori*, non-steroidal anti-inflammatory drugs and smoking in risk pattern of gastroduodenal ulcers. Scand J Gastroenterology. 2003; 38:923-930.

109 Valle J, Seppala K, Sipponen P, Kosunen T. Disappearance of gastritis after eradication of *Helicobacter pylori*: A morphometric study. Scand J Gastroenterol. 1991; 26:1057-65.

110 Veldhuyzen van Zanten SJ, Sherman PM. Helicobacter pylori infection as a cause of gastritis, duodenal ulcer, gastric cancer and nonulcer dyspepsia: a systematic overview. Can Med Assoc J, 1994; 150:177-85.

111 Peterson WL. *Helicobacter pylori* and peptic ulcer disease. N Engl J Med, 1991; 324:1043-8.

112 Graham DY. *Helicobacter pylori*: its epidemiology and its role in duodenal ulcer disease. J Gastroenterol Hepatol, 1991; 6:105-13.

113 Peterson WL, Ciociola AA, Sykes DL, et al. Ranitidine bismuth citrate plus clarithromycin is effective for healing duodenal ulcers, eradicating *H. pylori* and reducing ulcer recurrence. Aliment Pharmacol Ther, 1996; 10: 251-61.

114 Nduduba DA, Rotimt O, Otegbeye FM; *Helicobacter pylori* and the pathogenesis of gastroduodenal disease: implications for the management of peptic ulcer disease; Niger Postgrad Med J; Dec. 2005; 12（4）:289-98.

115 Yoram Elitsur, Cheryl Neace, Matthew C. Werthammer, and William E. Triest; Prevalence of CagA, VacA antibodies in symptomatic and asymptomatic children with *Helicobacter pylori* infection; Helicobacter, 1999; Vol. 4, Number 2, pp 100-105.

116 Alberto Pilotto, Gioacchino Leandro, Francesco Dimario, Marilisa Franceschi, Loredana Bozzola, and Gianni Valerio; Role of *Helicobacter pylori* infection on upper gastrointestinal bleeding in the elderly: A case-control study; Digestive Diseases and Sciences, March 1997; Vol. 42, No. 3, pp. 586-591.

117 Howsking SW, Yung MY, Chung SC, Li AKC: Differing prevalence of *Helicobacter pylori* in bleeding and non-bleeding ulcers. Gastroenterology, 1992; 102（supp）: A85.

118 Jensen DM, You S, Pelayo E, Jensen ME: The prevalence of *Helicobacter pylori* and NSAID use in patients with severe UGI haemorrhage and their potential role in recurrence of ulcer bleeding. Gastroenterology, 1992; 102 （supp）: A90.

119 Graham DY, Hepps KS, Ramorez FC, Lew GM, Saeed ZA: Treatment of *Helicobacter pylori* reduces the rate of rebleeding in peptic ulcer disease. Scand J Gastroenterology, 1993; 28:939-942.

120 Labenz J, Borsch G: Role of *Helicobacter pylori* eradication in the prevention of peptic ulcer bleeding relapse. Digestion, 1994; 55:19-23.

121 Furuta T, Baba S, Takashima M, Futami H, Arai H, Kajimura M, Hanai H, Kaneko E. Effect of *Helicobacter pylori* infection on gastric juice pH. Scand J Gastroenterol, 1998; 33:357-363.

122 Misiewicz JJ. Peptic ulceration and its correlation with symptoms. Clin Gastroenterol, 1978; 7: 571-82.

123 Y Yamaoka, T Kodama, M Kita, J Imanishi, K Kashima, and D Y Graham; Relation between clinical presentation, *Helicobacter pylori* density, interleukin 1β and 8 production, and *cagA* status; Gut, Dec 1999; 45: 804-811.

124 Ivy, A. C., Grossman, M. I. and Bachrach, W. H.: Peptic Ulcer. Blakiston, Philadelphia, 1950.

125 Kaufman, G. and Woolsey, T. D.: Sex differences in the trend of mortality from certain chronic diseases, Publ. Hhh. Rep., Wash. 68（8）, U.S. Pub. Hlth. Serv., Gov't. Print. Off., Washington, D.C., 1953.

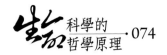

126 Blumenthai, I.S.: Research and the ulcer problem, Rept. R-336-RC, Rand Corporation, 1959.

127 Meucci G, Di Battista R, Abbiati C, et al. Prevalence and risk factors of *Helicobacter pylori*-negative peptic ulcer. J Clin Gastroenterol, 2000; 31:42-7.

128 Bytzer PB, Teglbjaerg PS, and the Danish Ulcer Study Group; *Helicobacter pylori*-negative duodenal ulcers: Prevalence, clinical characteristics, and prognosis — results from a randomized trial with 2-year follow-up. Am J Gastroenterol, 2001; 96:1409-16.

129 Doll, R. and Jones, F. A. Occupational factors in the aetiology of gastric and duodenal ulcers, M. Research Council-Special Report Series No. 276. London, 1951.

130 Fordtran JS. The psychosomatic theory of peptic ulcer. In: Sleisenger MH, Fordtran JS, eds. Gastrointestinal disease. Philadelphia: W.B. Saunders Company, 1973: 163-73.

131 Weiner H. Psychobiology and human disease. New York: Elsevier North-Hollan, 1977:33-101.

132 Jyotheeswaran S, Shah AH, Jin HO, Potter GD, Ona FV, Chey WY. Prevalence of *Helicobacter pylori* in peptic ulcer patients in Greater Rochester NY. Is empirical triple therapy justified? Am. J. Gastroenterol., 1998; 93: 574-8.

133 Parsonnet J. *Helicobacter pylori*: The size of the problem. Gut, 1998; 43（Suppl.1）: S6-9.

第三部分：生命科學的哲學原理

　　第二部分「黏膜下結節論」對消化性潰瘍所有 15 個主要特徵和全部 72 種現象的解釋基本上都很簡單明瞭，的確可以說是取得了很大成功的。然而，這一成功並不是基於現代科學已有的理論和方法，而是建立在一系列全新的思想和觀念的基礎之上的。因此，在這一部分我們採用了現代科學家們慣用的形式，將這些全新的思想編列成 15 條哲學原理，用來對「黏膜下結節論」進行深入的解說。非常有趣的是：在某些情況下，獨立應用這其中的多條原理都可以圓滿地解釋同一個特徵或現象，說明了本書提出的這些哲學原理之間的確有「異出而同工」之妙；但在多數情況下，必須同時聯合應用多條哲學原理才能真正有效地解決某一個問題，又說明了這些哲學原理之間是渾然一體、相輔相成的，有著複雜而微妙的內在聯繫。

　　除了對黏膜下結節論進行解說以外，這一部分還圓滿地回答了數以百計重大的認識論問題，其中包括 2500 多年來一直都困擾著哲學界的基本問題——物質和意識的關係問題，並建立了生命科學領域中的因果關係，從而非常有助於包括癌症、愛滋病等在內的各種疾病和複雜問題的解決。然而，與歷史上所有相關的哲學思想完全不同的是：本書並沒有直接地討論物質和意識的關係問題，而是先通過其他 11 條哲學原理打下多方面的認識論基礎，在明確了「意識」的本質以後再在第十二章「新二元論」中討論物質和意識的關係。更有趣的是：只要將牛頓提出的萬有引力定律中的「萬有引力」或愛因斯坦提出的質能方程式中的「能量」等單一的聯繫，推廣擴大到自然界中千千萬萬種不同的聯繫，也就是普遍聯繫，就可以得到「新二元論」的基本內容；反過來，如果將「新二元論」中的「普遍聯繫」簡單化為「萬有引力」或「能量」等單一的聯繫，則可以很好地理解牛頓的萬有引力定律和愛因斯坦的質能方程式（圖 III.16）。因此，新二元論還可以看成是物理學領域中多項認識的進一步拓展和深化，完全有可能使人類科學實現從具體的物質科學向抽象的思維科學的歷史性飛躍。

　　基於上述兩條線索，本部分的每一章基本上都安排了單獨的一節來集中地解說黏膜下結節論；另外還有一節應用這些哲學原理來探討當前科學上密切關注的其他多個焦點問題，從而提出了 200 多個不同於現代科學認識的全新觀念；我們還在第十四章高度地概括了前面十三章的基本內容，總結出了一個能普遍適用於各種人體疾病和生命現象的「中心法則」。最後，根據人體疾病和生命現象高度複雜的基本特點，我們在第十五章提出了一種全新的觀察和思考問題的方法——多維的思維方式。

第一章：「同一性」是自然界的一個普遍法則

「同一性」在本書中被認為是任何兩個不同的事物之間能夠產生聯繫並發生相互作用的基礎，進而推動了萬事萬物的產生、發展、變化和消亡。此外，同一性法則還十分有助於我們對哲學的基本問題——物質和意識的相互關係的理解，同時還對癌症、愛滋病等重大醫學和社會問題的解答有一定的啟發。因此，我們將它作為本部分討論問題的起點。雖然有很多種方法都可以揭示萬事萬物之間的「同一性」現象，但是這個法則最初卻是由「是先有男人，還是先有女人」這樣一個看似荒唐而又沒有人能回答的問題引發的。這裡僅僅論述我們最初的推導過程。

第一節：同一性法則的推導

首先，我們必須承認這樣一個事實：萬事萬物都經歷了「從無到有、從低級到高級」這麼一個不斷進化的過程。就拿擺在我們面前的事實來說，世界上第一台電腦的誕生還是上世紀 40 年代發生的事情，並且絕對沒有現在的電腦這麼先進、這麼多功能的，它的確經歷了一個「從無到有、從不發達到高度發達」的進化過程。在這樣的一個大前提下，人是從猿進化而來的；猿又是從猴進化而來的；猴又是從某種爬行類動物進化而來的……，依次類推，有性生物是從無性生物逐步進化而來的，如圖 III.8 的生物進化樹（Biological Evolution Tree）[1] 所示。

其次，我們還必須注意到由猿到人，由猴到猿，由爬行動物到猴，……，由無性生物到有性生物的進化過程，都是連續的。我們不可能在由猿到人的這一過程中劃出一個明確的界線，指明前一個階段是猿，後一個階段是人。同理，由猴到猿，由爬行動物到猴，……，由無性生物到有性生物的過程，也沒有一個明確的界限。反過來講：由無性生物到有性生物，……，由猴到猿，再由猿到人的進化過程是一個連續的過程，都是人類發生、發展史上不可分割的一個重要階段，它們之間是很難劃出一個明確的分界線的；並且在任何有性別差異的歷史階段，不同的性別（雄和雌、公和母、男和女）之間自始至終都是相互伴隨而發展，互相影響的。

因此，如果我們非要在「是先有男人，還是先有女人」這個問題上一探究竟的話，逐步演變成古代男人的公猿就是「遠古歷史時期的男人」，而逐步演變成古代女人的母猿就是「遠古歷史時期的女人」；太古時代的公猴就是公猿也就是「更早歷史時期的男人」，而太古時代的母猴就是母猿也就是「更早歷史時期的女人」，……。依次類推，有性生物剛開始出現時其中的

一種為「太太古時代、最早歷史時期的男人」，另外一種為「太太古時代、最早歷史時期的女人」；而在有性生物出現之前的無性生殖時代則完全沒有性別之分，此時的男人就是女人、女人也就是男人！！這也就是說：歷史上本來是沒有男女性別之分的，但隨著時間的推移，才逐漸開始出現了一些差別，並且這些差別愈來愈大，其中的一種逐漸演變成了今天的男人，而另外一種則逐漸演變成了今天的女人！因此，通過追溯既往人類發展的全部歷史，根本就不存在「是先有男人，還是先有女人」這樣的問題，男人和女人在一定的歷史時期是完全相同的同一個事物，沒有任何分別的；並且自產生了性別差異的那一時刻起，它們就是相互伴隨而發展，互相影響的。我們將像男人和女人這樣，兩種不同的事物在歷史上同源、相互伴隨而發展的特點稱為「歷史同一性（**Historical Identity**）」。

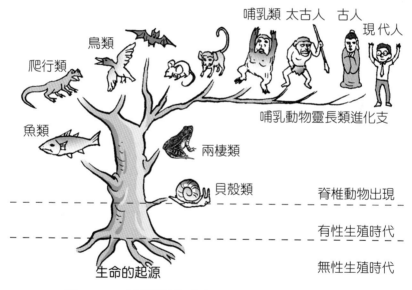

圖 **III.8** 　追溯既往人類發展史的生物進化樹

　　圖 III.8 表示：地球上並不是一開始就存在著像今天這樣具有高度智慧的現代人類，而是經過了從無生命到有生命、從無性生殖到有性生殖、從無脊椎到有脊椎、從低等動物到哺乳動物的漫長進化，並歷經猴、猿、遠古人、古人等多個歷史時期，最後才發展成為現代人的。這說明歷史上本來是沒有男女之分的，有性生殖出現以前的男人也就是女人，女人也就是男人；後來逐漸出現一些差別，並且這些差別愈來愈大，最後分別演變成了今天的男人和女人。因此，通過追溯既往人類進化的全部歷史，可以清楚地說明男人和女人之間具有「歷史同一性」。

　　如果再進一步考察男人和女人其他方面的特徵，就會發現男女之間雖然在性別體徵方面存在著明顯的差異，但二者在很多其他的方面實際上是完全相同的，並且這些相同點是二者能夠相互伴隨而發展、發生相互作用的基礎。例如：男人和女人在身體結構上是基本相同、相互適應的，都有心、肝、脾、肺、腎等五臟六腑；二者機體的微觀物質結構和絕大多數的生理功能也都是完全一致的；二者都要經歷同樣的自然和社會環境的變遷，都要受到相同歷史事件的影響等等。而現代遺傳學的研究更是從分子水平上說明了這個問題：任何一個正常的男人和女人都有 2 套共計 46 條染色體，其中一套 23 條來自父親，另一套 23 條來自母親；不同來源的這兩套染色體之間 DNA 堿基排列順序的同源性，是細胞分裂期——都能發生聯會和互補配對的先決條件（遺傳學上將這種來源不同，相互之間卻能發生互補配對的一對染色體稱為同源染色體）；而真正能夠導致男女性別差異的染色體只有一條：在女人是 XX 的染色體組合在男人則是 XY，並且男人的 X 和 Y 染色體上的 DNA 序列也有同源性，因而二者也能發生聯會和配對。我們將像男人和女人這樣，**兩個不同的事物之間在結構、功能、歷史、遺傳等各種固有特徵上所擁有的共同點，統稱為同一性**（Identity）。上述男人和女人之間多方面的同一性，都是二者能夠發生相互作用（結婚）並順利地生育出下一代的必要條件。

　　不僅如此，上述推導「是先有男人，還是先有女人」的全部過程，實際上還可以廣泛地應用於任何一對有雌雄關係的高等或較為高等的動植物，並不難得出這樣的結論：任何有雌雄關係的兩個生命有機體都具有多方面的同一性。不僅如此，上述推理的過程同樣也適用於回答「先有雞，還是先有蛋」等類似的問題：歷史上本來沒有雞與蛋之分，但隨著歷史的推移，爾後才出現了雞與蛋的差別。此外，病毒之所以可以入侵宿主細胞並建立起穩固的寄生關係，是因為病毒和宿主細胞都可以利用完全相同的酶、細胞器、氨基酸和核苷酸等原材料來合成維持各自所必須的蛋白質、核酸等生物大分子，因而病毒和宿主在分子水平上有同一性；蘋果和地球之間之所以存在著萬有引力的聯繫，是因為二者都有質量；陰陽離子之間之所以存在著電荷引力並能構成自然界裡多種多樣的物質，是由於它們都是由電子、質子、中子構成的，二者在亞原子水平上具有高度的同一性。愛因斯坦的質能方程式 $\Delta E = \Delta MC^2$ 表明，物質和能量之間可以互相轉換，因而二者之間也是具有高度同一性的。依次類推，我們不難得出這樣的結論：任何像男和女、雞和蛋、病毒和宿主細胞、陰陽離子等這樣相互伴隨而發展、密切關聯著的兩個不同事物，必然會在不同的水平和層面上，或在某些重要的特徵方面存在著高度的同一性（如圖 III.9 所示）。

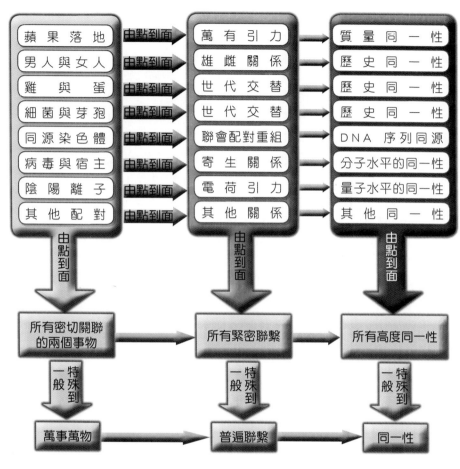

圖 III.9　同一性法則的推導

　　圖 III.9 列舉了宇宙千千萬萬種不同的聯繫之中極其少數的幾種聯繫。牛頓提出的「萬有引力」,正是萬事萬物都在「質量」這個固有的特徵方面的同一性所導致的一種聯繫。然而,自然界裡的萬事萬物之間除了「萬有引力」以外,相互之間的聯繫形式何只千千萬萬種?同一性法則提示:發生相互作用的萬事萬物之間也必定要在千千萬萬種不同的特徵方面具有共同點。因此,如果我們將「萬有引力」看成是多種聯繫中的一種,將質量看成是事物多方面特徵中的一種,並適當地使用歸納法,也能夠推導出「同一性法則」的基本內容。這說明與牛頓提出的萬有引力定律相比,同一性法則並沒有將觀察和處理問題的思路局限在「萬有引力」這種單一的聯繫上,而是涉及到了更為廣泛的內容—紛繁複雜的普遍聯繫(請參閱本部分第二章)。而萬有引力定律反映的是同一性法則所揭示的自然界裡千千萬萬種不同的聯繫之中,僅僅因為「質量方面的同一性」而產生的最基本、最簡單的一種聯繫形式。

如果我們再仔細地考察一下「雌雄關係」，就會發現這種關係不僅是人類繁衍、生存、進化和發展的基礎，而且也是任何其他高等和較為高等的動植物繁衍、生存和發展的基礎，這種關係就像導致蘋果落地的「萬有引力」一樣，在生物界也是「萬有的」。而上述列舉的多種密切聯繫，實際上都與「萬有引力」一樣，也是萬有的，並且都是自然界不同領域中的事物產生、存在、發展和消亡的基礎：「世代交替」是各種鳥類、昆蟲、微生物界等繁衍、生存、進化和發展的基礎；「染色體同源」是生命世界裡幾乎所有物種的細胞在分裂期染色體發生聯會和配對，以及分裂間期染色質之間進行 DNA 重組的先決條件；寄生關係，是所有的病毒、多種細菌乃至較為高等的寄生蟲類與寄主之間建立關係的基礎；電荷引力，更是微觀世界中構成千千萬萬不同物質種類的必要前提。因此，自然界裡的萬有現象，絕對不是只有「萬有引力」一種，而是有成百上千種，並分別在不同的領域起到了基礎和決定性的作用。

我們將上述「雌雄關係」、「世代交替」、「寄生關係」、「電荷引力」等這樣廣泛存在，並對事物的發生、發展、變化、消亡起到決定性作用的相互關係，稱為「緊密聯繫」。凡是通過這樣的緊密聯繫而密切關聯著的任何兩個不同事物，稱為「密切關聯著的兩個不同事物」。如果我們將上述結論再經過「由特殊到一般」這樣一個歸納的過程，也就是將上述「密切關聯著的兩個不同事物」當成一對特殊的事物，推廣擴大到「萬事萬物」，並將不同事物之間的「緊密聯繫」推廣擴大到「各種形式的所有聯繫」，或「普遍聯繫（請參閱第二章）」，就不難發現：一般關聯著的兩個或多個不同事物之間，也是存在著某些特徵方面的同一性的。例如：同一正常的高等生物體內的所有細胞之間之所以能夠交換信息，並且長期協調共生，這是因為同一個體體內的所有細胞都受到基本相同的兩套染色體的調控；聚居在一起構成社會的不同生命個體，不僅在生物學上是同一類，在生活、生產上也有著共同的需要；組成某一政黨的不同成員之間有著共同的政治目標；生命和非生命之間有物質和能量交換關係，因為它們在「元素」或者原子分子這個水平上有著高度的同一性。即使是看起來完全不相關的兩個物體之所以能夠發生碰撞，是因為二者在同一時間點上經過了同一空間。由此可見：同一性概念的提出，無論是在生命科學、社會科學，還是在自然科學以及其他各個不同的領域，都有著很重要的理論和現實意義。因此，我們將它歸納成為「同一性法則（Law of Identity）」：任何發生相互作用，或相互關聯著的兩個或多個不同的事物或現象，必定在一定的歷史時期，或在一定的水平和層面上，達到某種程度上的統一，或在其固有特徵的某些方面具有同一性。

第二節：理解和運用同一性法則的四個要點

同一性法則清楚地指出了發生相互作用、產生某種聯繫的兩個不同事物之間一定具有某些特徵方面的共同點（Commonality）。然而，僅僅認識到這一點還是很不夠的，要完整地理解和正確地運用同一性法則，必須重點注意以下四個方面的內容：

2.1 同一性是不同事物之間產生聯繫的必要但不充分條件

既然產生某種聯繫、發生相互作用的兩個不同事物之間一定具有某些方面的共同點，那麼具有共同點或者同一性的兩個不同事物之間，是不是就一定會產生某種聯繫，或發生相互作用呢？邏輯學上充分必要條件的推理公式，能輕易地回答這個問題。

很明顯，生活在同一時代的任何一個男人和任何一個女人之間都是具有高度的同一性的，但這並不代表某個特定的男人和某個特定的女人就一定會結婚生子：這個特定男人和女人婚姻關係的建立，還必須同時滿足其他多方面的必要條件，如有足夠多的接觸機會，彼此愛慕對方等等；只有所有這些必要條件疊加起來的總和成為結婚的充分條件時，這個特定的男人和女人最終才會建立起婚姻關係並生育出下一代。這說明雖然某個特定的男人與某個特定的女人具有高度的同一性，但是兩人不一定會結婚生子。因此，如果我們將「結婚生子」看成是 q，而將「同一性」看成 p，那麼「結婚生子」與「同一性」之間的關係非常合乎邏輯學上「若 $q \Rightarrow p$，但 $p \nRightarrow q$，則 p 是 q 的必要但不充分條件」這個推導公式，直接回答了同一性是兩個不同事物之間產生各種聯繫、發生相互作用的必要但不充分條件。這說明具有同一性的兩個或者多個不同事物之間不一定會產生某種聯繫或發生相互作用。

從群體的角度來講，所有不同個體之間多方面的同一性，是他們能夠聚居在一起構成人類社會的必要條件。而站在歷史的角度來分析，雖然某個特定的男人和女人不一定會建立起婚姻關係，但是他們可以分別與其他人結婚生子，二者的子孫後代完全有建立起婚姻關係的潛在可能。因此，沒有婚姻關係的個體之間一般意義上的社會關係，卻給子孫後代婚姻關係的建立創造了條件。這說明沒有產生相互聯繫、沒有發生相互作用的不同物體之間也可以存在著同一性，或具有多個方面的共同特點，這使得它們具有了在過去、現在或者將來產生聯繫並發生相互作用的潛力。

2.2　同一性的變化發展造成了新舊聯繫的不斷更替

　　某個特定的事物通常具有多方面的特徵，完全有可能同時與其他多個不同事物存在某些特徵方面的同一性而分別產生不同性質的聯繫。既然某些特徵方面的共同點是不同事物之間產生聯繫的基礎和先決條件，那麼某一特定事物的變化發展在導致其現有的部分特徵消失和一些全新特徵出現的同時，必然會導致該事物與其他多個事物之間的同一性的不斷消亡和產生，最終表現為這個特定事物與外界多個事物之間新舊聯繫的不斷更替。

　　一個典型個體一生中各種社會關係的轉變，能很好地反映同一性的變化發展與新舊聯繫不斷更替之間的關係。為了童年的快樂，學齡前的個體所面臨的社會關係主要是父母，或者居住在同一社區的同齡兒童。隨著年齡的增長，為了學到各種必要的技能和知識，個體所要面對的主要社會關係轉變成了同學和師生關係，並且這兩種關係會隨著小學、中學和大學等不同階段而發生相應的變化。個體從學校畢業並參加工作以後，既往的同學和師生關係就逐漸淡化了，所面臨的社會關係主要是同事關係；結婚以後還將面對夫妻關係。最後個體退休了，同事關係也就逐漸消失了，取而代之的將是退休俱樂部中的一些老年朋友。個體不同時期的需要，是所有這些社會關係產生的同一性基礎；任何其他事物的變化發展實際上都與此雷同。由此可見，隨著時間的推移，在某個特定事物一些舊有特徵消失的同時，也會被賦予一些全新的特徵，與其他事物之間的同一性也必然會發生相應的變化，繼而導致部分舊有聯繫的消失和一些嶄新聯繫的產生。

2.3　同一性的程度和方面決定了聯繫的緊密程度

　　不同事物之間的同一性既可以是單方面的，也可以是多方面的；而某個特定方面的同一性還可以存在著程度上的差別。既然同一性是產生各種聯繫並發生相互作用的基礎，那麼不同事物之間同一性的方面愈多，程度愈深，它們之間能夠產生的聯繫也就愈緊密。事實也的確是如此：密切關聯著的兩個不同事物之間通常都具有歷史等許多個方面的同一性；而一般聯繫著的事物之間往往只在某個或某些特徵方面具有同一性。

　　例如：某個國家的國會議員或政黨之間有相同政見的方面愈多，這些議員或政黨聯合起來組成政黨或政黨聯盟的可能性就愈大。再如：不同膚色和種族的男人和女人為什麼能夠結婚，並順利地生育出下一代呢？從遺傳學的角度上來講，不同膚色和種族的男人和女人雖然在外表上存在著一些差別，但是他們相對應的染色體 DNA 上的序列卻具有高度的同源性，二者受精卵的染色體之間能順利地完成聯會和配對，從而可以導致新生命的誕生。反之

則不然：雖然人與猴或其他更為低等的哺乳動物之間的 DNA 序列也具有一定的同源性，但同源的程度卻遠不足以造成染色體的聯會和配對，也就沒有生育出下一代的可能性了。這些事例都說明了不同事物之間聯繫的緊密程度完全是由二者同一性的程度和方面的多少所決定的。

2.4 同一性法則同時也十分強調不同事物之間的不同點

同一性法則在強調共同點在不同事物之間產生聯繫的基礎性作用的同時，是不是就忽略了不同事物之間的不同點（Difference）呢？不是；同一性法則在注意到了共同點的同時，還十分強調不同點給事物帶來的顯著影響。

例如：男人和女人分別擁有 46 條染色體，雖然只有 1 條 X 和 Y 染色體的差別，但是這條染色體卻是導致男女之間產生性別上巨大差異的根本原因。2001 年公布的人類基因組圖譜及初步分析結果表明：**人基因組中城基對序列的 99.9% 都是一模一樣的，只有不到千分之一左右的序列有所不同** [2]；正是這極其微小的差別，造成了將不同個體完全區別開來的千奇百怪的特徵，從而使人群表現出個體多樣性。又如：細菌及其芽孢雖然有著完全相同的 DNA 序列，但由於外部環境不同，而分別處於兩種不同的生命狀態之中：細菌處於相對合適的溫度、濕度和營養充足的環境之中，因而有著相對快速的新陳代謝；而芽孢所處的環境較為惡劣，新陳代謝相對要緩慢得多，所表達的蛋白質在空間結構和生物學活性方面與活躍期的細菌也有很大的差別，是處於休眠期的細菌。這說明外部環境的不同，導致有著完全相同遺傳背景的生命有機體在結果和現象上產生了巨大的差異。這些例子都說明了不同點是引起具有同一性的不同事物在結果和現象上產生顯著差異的原因。

綜合以上論述不難得出如下推論：同一性法則在揭示不同事物和現象之間的共同點的同時，還十分強調它們的不同點。共同點是不同事物之間產生聯繫並發生相互作用的基礎和先決條件；而不同點則是造成事物多樣性，並導致結果和現象上產生差異的根本原因。

第三節：歷史上的「同一性」思想

在古今中外漫長的歷史進程中，無數的哲學家討論過與本書的同一性相類似的思想，從側面說明了「同一性」的概念在探討萬事萬物變化發展機制時的重要性。本書提出的同一性思想是通過追溯歷史的方法和大量的事例獨立推導出來的，因而與各個時期的相關概念是沒有歷史淵源的。

中國古人早在 3000 多年前的《周易》中就已經提出了「萬物同源論」。2500 多年前，老子（李耳，字聃，前 571～前 471，中國道家學派的創始人）

在《道德經》中指出：**道生一，一生二，二生三，三生萬物** [3]，論述的也是萬事萬物之間的同源關係。2300 多年前的大哲學家莊子（莊周，約前 369 年～前 286 年，中國古代著名的思想家、哲學家和文學家，道家學派的代表人物）提出了「齊物論」，認為**萬物本來是同一類，後來才漸漸地變成各種「不同形」的物類** [4]；而惠施（前 390 年～前 317 年，中國古代戰國時期政治家和哲學家，名家的代表人物）則提出「**萬物必同必異** [4]」，並**主張事物間差別的相對性，強調事物的變動性、轉化和同一** [5]。中國歷朝歷代都有人討論過不同事物間的同一性問題，並且這些哲學觀點都與本書的「同一性法則」頗有相通之處。

在中國以外的哲學史上，也有很多哲學家討論過同一性問題。古希臘哲學家泰勒斯（Thales，盛年約在西元前 585 年）認為萬物從一個東西即「本原」產生出來，而後才分化為萬物 [6]。巴門尼德（Parmenides，盛年約在西元前 515 年左右）更是指出了**思想與存在是同一的** [7]，與應用本書提出的同一性法則得出的結論一致（詳見本章第五節 5.2）。稍後的赫拉克利特（Heraklit，盛年約在西元前 504~501 年）也認識到**世界多樣性的背後存在著統一性** [8]，並且**統一要比歧異更具有根本性** [9]。這裡的統一性（Unity）與多樣性（Diversity）與本書在第二節講到的「共同點」和「不同點」、「統一要比歧異更具有根本性」與本書提出的「共同點是發生相互作用的基礎和產生聯繫的先決條件」的確有很大的相通之處。德國古典哲學代表人物之一的謝林（Friedrich Wilhelm Joseph Schelling, 1775~1854）提出了「同一哲學」，認為「**絕對同一性是有差別世界的本原** [10]」，強調「同一性」的基礎作用，與本書提出的同一性思想也頗有相通之處。

然而，本書提出的同一性與歷史上的相關觀念卻是沒有歷史淵源，而是通過追溯人類既往發展的全部歷史，並多次應用歸納法獨立推導出來的，而且還被賦予了一些全新的、更為豐富的內涵。例如，本書提出的同一性強調「兩個不同事物在某些特徵方面的同一性，是它們之間產生聯繫並發生相互作用的基礎和先決條件」，是歷史上任何時期的相關思想都沒有的。與歷史上所有相關思想最大的不同之處還在於：本書提出的「同一性」不是一個孤立的哲學觀點，而是貫穿著普遍聯繫（第二章）、變化發展（第三章）、整體觀（第六章）和歷史觀（第七章）等哲學思想，因而還與本書提出的其他哲學觀點之間是相輔相成、渾然一體的。本書提出的同一性觀念還可以被靈活地用於闡明各種疾病的發生機理，並十分有助於物質和意識、結構和功能等重大認識論問題的理解（請參閱第四、五兩節）；實際上它的表現是無處不在的，有著非常廣大的適用範圍。所有這些都使得本書提出的同一性思想能夠成為生活中的哲學、身邊的哲學。

第四節：同一性是「黏膜下結節論」關鍵的理論基礎

　　本書第二部分提出的消化性潰瘍的發生機理與現代科學史上所有相關學說之間最大的不同之處，就在於它明確地提出了招致該疾病的「胃黏膜下結節樣壞死竈模型」，並認為這一病理變化是胃潰瘍發病過程中起始的和決定性的步驟，因而我們將這一全新的理論稱為「黏膜下結節論」。而這一病理模型的提出，正是同一性法則在理論和實踐上得以靈活應用的重要結論之一。

　　同一性法則在黏膜下結節論中的應用，就是認為胃潰瘍的發生與體表一種特徵性的丘疹和皮下結節（詳見第二部分第二節、第三部分第五章第一節）具有完全相同的早期病理發生過程——二者都是在黏膜下形成了結節樣的無菌性壞死竈。正是這個原因，體表特徵性的丘疹和皮下結節與胃潰瘍之間自然而然地就表現出諸多的共同特點，例如：二者都是由精神壓力、焦慮等引起的，都有出血、反覆發作和多發的特性，都有一定的好發部位和相似的形態學特徵等等。然而，這種同一性與構成婚姻關係的男人和女人所具有的同一性不同，而與居住在不同地域的人群之間所具有的同一性類似：居住在非洲的黑人與居住在歐洲的白人之間也是具有同一性的，但是這些人之間並不一定有男人和女人那樣的婚姻關係。而胃黏膜下的軟組織中一旦形成了類似體表丘疹和皮下結節那樣的「球形和無菌性的壞死竈」，理解胃潰瘍「**通常穿越黏膜下層，甚至深達肌層內，邊緣整齊** [11]，**狀如刀割** [12]」的形態學特徵就很容易了，而對胃潰瘍反覆發作和多發、流行病學、與胃酸胃蛋白酶的關係等特徵的解釋也就迎刃而解了。更為重要的是：這一認識還很好地填補了以現代科學為基礎的所有相關學說都未能揭示的一個中間過程，因而黏膜下結節論能夠將歷史上所有主要的相關學說完美地統一起來，也就不奇怪了。

　　其次，同一性法則在強調不同事物和現象之間的共同點的同時，還要求我們要十分重視它們的不同點，並認為不同點是造成事物多樣性，導致結果和現象上產生差異的根本原因。因此，僅僅注意到胃潰瘍與體表特徵性的丘疹和皮下結節之間的共同點是遠遠不夠的，我們還必須注意到二者的不同點給局部帶來的影響：胃潰瘍發生在胃腸道，而丘疹和皮下結節則發生在體表。正是所在位置的不同，「結節竈」導致了完全不同的後果和臨床表現：發生在體表的結節竈由於不存在像胃腸道那樣劇烈的損害因素，因此僅僅表現為一個「小毛病」，甚至可以被現代醫學界所忽視；而發生在胃黏膜下組織中的「結節竈」，由於胃酸、胃蛋白酶、幽門螺旋桿菌這樣一些帶有腐蝕性的局部損害因素的存在，再加上胃平滑肌的蠕動帶來的機械磨損等等，其繼發的損傷自然不是位於體表的「結節竈」所能比的，相關的症狀和後果也

必然要嚴重得多，如胃痛、出血，甚至是死亡等等。此外，由於體表和胃部組織結構上的顯著差異，這兩種結節竈的病理解剖學表現可能也會存在一些差別。這就清楚明白地解釋了胃潰瘍一些基本的臨床表現，從而為黏膜下結節論圓滿地解釋該疾病所有 15 個主要的特徵和全部 72 種不同的現象奠定了基礎。

此外，黏膜下結節論還認為位於體表的丘疹和皮下結節，很有可能是潰瘍體質的個體釋放精神壓力、抵抗疾病的一種生理性的保護機制，從而使得在體內形成胃潰瘍這樣可危及生命的嚴重疾病的機會大大降低。因此，丘疹和皮下結節既是一部分人易患胃潰瘍的指徵，但其發生卻又能使患者由於精神壓力的釋放而免遭潰瘍之苦。事實上，日常生活中還可以見到另外一種行為性的保護機制，也可以起到釋放精神壓力從而避免疾病的作用：有些人在情緒波動時喜歡砸爛東西——這種行為可以使個體迅速釋放精神壓力，從而免遭疾病之苦。Takahiko 等人的動物實驗表明：**如果讓受到精神緊張因素刺激後的大鼠有機會表達出攻擊行為（從而釋放精神壓力），則能夠大大地減少精神緊張導致胃潰瘍的機會** [13]。體表出現的丘疹和皮下結節，非常有可能是通過類似的機制來降低潰瘍病的發生機率的，這是對體表丘疹和皮下結節與胃潰瘍病同一性關係的另外一種理解。

由此可見，同一性法則的確是「黏膜下結節論」關鍵性的理論基礎：預先存在於胃黏膜下的病變，是現代潰瘍病研究至今尚未揭示的重要認識，從而使歷史上以現代科學為基礎的各種相關學說之間出現了一個明顯的斷層；現代科學至今仍然不能有機地統一這些學說也就不奇怪了。相反，靈活地應用同一性法則得出的結論，不僅圓滿地解釋了胃潰瘍的形態學，而且還將歷史上所有主要的相關學說都有機地統一起來，從而為全面地理解消化性潰瘍所表現出來的各種特徵和現象奠定了基礎。

第五節：同一性法則在理論和實踐上的重要意義

同一性是萬事萬物之間產生聯繫、發生相互作用的必要條件，因而是我們在探討各種生命現象和人體疾病時必須擁有的一個基本觀念。如果找到了發生相互作用的兩個不同事物之間的共同點，就等於找到了各種現象發生發展的總根源，這無疑對各種問題的解決會帶來莫大的幫助，非常有助於理清我們在探討各種複雜問題，尤其是人體和生命科學領域中各種高度複雜的問題時的基本思路。

5.1 與人體關係最為密切的五種同一性

　　人體結構和功能高度複雜的基本特點，決定了它必然會牽涉到非常複雜和多方面的同一性。這裡僅僅論述其中與各項生理活動關係最為密切、對疾病的發生發展具有決定性影響的五種；這五種同一性還分別與第二章「普遍聯繫」中人體固有的「五大屬性」相對應，從而為本書探討多種疾病的發生機制發揮了非常重要的作用。

　　首先，人體與自然界之間的同一性是顯而易見的。包括人在內的現有的各種生命都是無生命的自然界經過數十億年進化而來的，並且在這一漫長的歷史進程中，任何生命有機體都不能脫離自然界而獨立地存在，都要受到自然界的氣候條件和地質環境等的制約。現代科學的研究也揭示了生命界與無生命的自然界之間存在著物質和能量的交換：生物體內的元素沒有一種是無生命的自然界中不存在的，並且各項生命活動所需的能量也是直接或間接地來源於周圍環境。這說明包括人體在內的生命界與無生命的自然界之間至少在元素和能量的水平上存在著高度的同一性。然而，生命有機體內的各種元素並不像無生命的自然界中的那樣雜亂無章，而是高度有序的，其能量的釋放也是緩慢而溫和的；並且生命體還被賦予了新陳代謝、生殖、環境適應性等多方面的明顯特徵。

　　其次，人類社會中所有不同個體之間也是存在著同一性的，這是不同來源的個體能夠自覺地組織在一起構成人類社會的基礎；而各種社會關係的建立，是以所有的個體都屬於哺乳動物靈長類，在歷史上有著共同的祖先，有著基本相同的生活習性和共同的需要等同一性為基礎的。事實上，沒有人能夠長期脫離社會而獨立地生存和繁衍，也沒有人能夠逃脫各種形式的社會和家庭事件的影響。雖然人類缺乏虎豹豺狼的兇猛和力量，也沒有斑馬和羚羊般風馳電掣的速度，更不能像各種飛禽那樣展翅藍天，但是最終卻能逐步進化為地球上萬物之主宰，這是為什麼呢？其中的一個重要原因就是不同個體之間的分工合作，彼此依賴，導致人類各方面的力量都能積小成大、聚少變多，從而完全有能力戰勝來自周圍環境的各種威脅。這些足以體現出「組成社會」對人類生存和發展的決定性影響。

　　再次，同一個體不同部位、不同組織來源的所有細胞之間也具有高度的同一性。任何一個正常的個體都是從同一個受精卵細胞分裂增殖而來，因而每一個細胞都有著基本相同的兩套共計 46 條染色體，這就為數目巨大、種類繁多的細胞之間高度複雜的聯繫奠定了同一性基礎，並且以整體的形式共同應對體內外環境的變化。事實上，人體內的每一個細胞都不能脫離與其他細胞的聯繫而長期獨立生存，都必須接受其他多種不同器官和組織細胞的遠

程調控才能正常發揮其生理功能。而現代醫學的理論和實踐也證明了同種異體的器官移植會導致排斥反應，完全有可能是因為移植物與宿主之間同一性的程度不夠導致的，從反面說明了人體內的各種細胞之間的協調共生，是有其同一性為基礎的。

第四種重要的同一性是指任何個體都在繼承其祖先遺傳物質的同時卻又存在著一定程度上的變異，並且必然都是處於某一特定歷史條件下的。這主要包含了兩個方面的內容：第一個方面是指每一個體的現狀都與其千百萬代祖先的歷史變遷密切相關，這在一定程度上就是現代科學所認識到的「遺傳」。也就是說：歷史上每一代人體內所發生的微小變異，經過千百萬代的不斷累積和疊加，從而造成了當前人群的多樣性，以及特定個體對某些疾病的易感和不易感等等。第二個方面是指在遺傳的基礎上，個體的現狀都要受到自身既往經歷的影響，也就要受到特定歷史條件下的社會和自然條件的影響；超越時空的個體是不存在的。既往經歷造就了不同思想水平和不同受教育程度的個體，從而導致人群對同一社會事件作出千奇百怪的心理和生理反應，進而影響到各種生理機能和疾病的發生發展，甚至還可以導致能遺傳給下一代的變異。

第五種重要的同一性就是人類社會中所有正常的個體，在面對外界環境或自身狀態的某些變化時，會表現出「喜怒憂思悲恐驚」等情感反應（Affective Reaction）。完全不受外界環境的影響、沒有情感的活著的個體根本就是不存在的。在地球上所有不同的物種當中，人類的情感無疑是最為豐富和複雜多變的。在人類社會的早期階段，情感反應對不同個體之間實現信息交流，從而採取行動逃避及時的威脅和不利因素是有幫助的，因而有利於自身和群體的生存。然而，自文字出現以後的 5000 多年來，人類的生存條件已經得到了極大的改善，尤其是最近 200~300 年來實現了社會化的大生產以後，人們基本上能夠有效地應對來自自然界的各種威脅，個體所面臨的危機主要源自於人群內部的競爭，各種情感反應主要聚焦於家庭和社會環境的變化，但其程度和複雜性卻往往更甚於早期的人類社會，並日益成為影響人類的生理和健康的一個關鍵因素。

值得注意的是：上述五種同一性之間不僅存在著一定程度上的交叉，而且通過相互之間的反覆累積和疊加來影響人體，並且還會隨著時間的推移而不斷地變化發展。因此，與物理學領域中因「質量」這個單一方面的同一性產生的萬有引力所導致的「蘋果落地」現象相比，人體各項生理活動和疾病的表現要複雜得多。然而，有了這五種同一性的基本概念，就非常有助於理清我們在分析和處理各種人體和生命現象時的思路。

5.2 同一性法則為回答「物質和意識的關係問題」提供了思路

自古希臘哲學家巴門尼德在西元前 5 世紀首次提出「思維與存在的同一性問題」以來，人們圍繞著「物質和意識孰先孰後、孰為本原」的問題爭論了 2500 多年，至今仍然沒有得到一個令人信服的答案；這個問題還在近代被確定為「哲學的基本問題」[14]，並且人們通常以對這個問題的回答作為其探索的根本出發點。例如：**多數（現代）科學家都不自覺地懷抱一種樸素的唯物主義（Materialism）**[15]，說明現代科學是以唯物論的「物質決定意識」為根本出發點的，這就決定了現代科學以實驗為主的研究方法和完全不同於東方古代科學的思維方式。因此，在當前的時代背景下，圓滿地回答物質和意識的關係問題，的確有一定的理論和現實意義。

本書提出的同一性思想在「物質和意識的關係」這個問題上的應用，則認為「物質和意識」之間的關係與「男人和女人」、「雞和蛋」之間的關係完全一樣，根本就不存在「孰先孰後、孰為本原」的問題，二者是相互伴隨而發展、互為決定的。以這一全新的認識為基礎，並結合本部分第二到第十一章共計十條哲學原理，我們還在第十二章提出了「新二元論」，不僅圓滿地回答了「物質和意識的關係問題」，而且還以之為探討問題的根本出發點一舉解決了當前科學和哲學上很多重大的認識論問題，並認為這一全新的哲學觀點完全有可能導致人類的科學和文明再次發生一場新的、更偉大的變革（詳細請參閱本書第四部分）。這些都說明同一性法則為圓滿回答「哲學的基本問題（the Fundamental Problem of Philosophy）」提供了一個基本的思路。

現代科學以唯物論為根本出發點，在促進人類文明進步的許多方面都取得了巨大的成功，說明了唯物論的確是有一定正確性的。然而，唯心主義（Idealism）並非一無是處：**唯心主義是與唯物主義一樣生長在人類認識之樹上的兩朵姐妹花，是人類的哲學思維在曲折中前進的理論見證；唯心主義在論證自己的觀點時所概括的某些經驗材料和科學成果，同樣是人類認識的寶貴的精神財富；它在同唯物主義的鬥爭中，往往能抓住唯物主義的形而上學弱點，從而刺激了唯物主義的完善和發展；唯心主義對於人類認識的主體性、能動性的研究，對於正確認識人們的心智，明確精神的地位、作用和局限性，都是有價值的**[16]；**黑格爾的唯心主義體系中就包含著豐富的辯證法的合理思想**[17]；從辯證唯物主義的觀點看，哲學唯心主義「不是沒有根基的」[18]。因此，無論以唯物論的「物質決定意識」，還是以唯心論的「意識決定物質」為根本出發點，二者所提供的認識都是有一定道理的。這麼一來，「物質和意識孰先孰後、孰為本原」的問題，與「先有男人還是先有女人、先有雞還是先有蛋」又有什麼區別呢？

　　無論是唯物論認為的「物質決定意識」，還是唯心論認為的「意識決定物質」，都沒有否認「物質和意識之間的緊密聯繫」，所以這裡直接將「物質和意識是一對密切聯繫著的兩個不同事物」作為討論問題的起點。同一性法則認為：密切聯繫著的兩個不同事物必定在一定的水平和層面上達到某種程度上的統一，或者在某些特徵方面具有同一性。因此，物質和意識的關係，就與男人和女人、雞和蛋的關係一樣，根本就不存在「孰先孰後、孰為本原」的問題；正相反，二者之間也應當是高度統一或存在著同一性的。然而，物質和意識之間又在何種水平、層面或特徵上達到統一或同一呢？物質和意識統一於事物的存在。這也就是說：任何一個事物，只要它是客觀存在的，就一定有其物質性的一面和意識性的一面；具體的物質結構決定了抽象意識的存在，而抽象的意識則推動了事物質和量的變化，也就是新的物質形式的產生、發展、變化和消亡。這說明了宇宙萬物實際上都是一體兩面的：其物質性的一面和意識性的一面，就好像男人和女人的關係一樣，也是相互伴隨而發展，互為決定的。

　　難免有人會問：**意識是人腦的機能，是人腦對客觀世界的反映** [17]，無生命的事物（如馬路邊的石塊）怎麼也會有意識呢？然而，歷史上又有哪一位哲學家明確地指出了「意識的本質」，並認為路邊的石塊就一定沒有與人類的意識相類似的抽象特徵呢？在意識的本質都沒有弄清楚的情況下，歷史上的哲學家們又如何能將「物質和意識的關係問題」討論清楚呢？我們還在本部分的第七章通過追溯人類意識形成的全部歷史，明確地指出了「人類意識的本質是高度複雜化了的普遍聯繫」。因此，人類特有的意識與路邊的石塊所擁有的各種抽象聯繫，如萬有引力等等，在本質上是完全一致的，都具有抽象和推動事物變化發展等共同特點，只不過萬有引力是自然界裡最常見、最簡單的一種聯繫，而人類的意識則是在自然界長期發展的基礎上 [17] 形成的高度複雜的普遍聯繫。我們完全可以將馬路邊的石塊與外界及其自身各部分之間所有聯繫的總和，如萬有引力的聯繫等，看成它所具有的「意識」，只不過這種「意識」遠遠沒有人類的意識那麼高級和複雜罷了。這說明只要我們認清了「意識」的本質，並將其定義推廣擴大為「研究對象所有的抽象聯繫」，就能很好地理解「物質和意識的統一或同一性問題」。

　　因此，同一性法則提示了過去 2500 多年來唯物論與唯心論之爭，實際上與「男人和女人孰先孰後」之爭一樣，都是沒有意義的；只有將二者的認識統一起來，才能圓滿地解釋二者之間在有著明顯矛盾的同時，卻都具有一定的正確性。這就為本書最終圓滿地回答「哲學的基本問題」提供了一個清晰的思路。

5.3 同一性法則有助於正確理解「結構和功能的關係」

　　「結構決定功能（Structure Determines Function）」是現代科學一個重要的基本觀念，並且現代科學家們也的確總是將大部分的目光聚焦在研究對象具體的物質結構，尤其是微觀物質結構上。例如，為了研究某種蛋白質的生物學功能，現代科學家們通常認為首先必須弄清其三維結構。這就使得現代科學逐步成為地地道道的物質科學、結構科學，從而導致人體和生命科學領域中的許多問題長期找不到令人滿意的答案。例如，**迄今為止，還沒有哪一種因素，無論是人體方面的，還是生物方面的，能夠被確定為潰瘍病的病因，從而難以成功地預測哪一個受影響的個體一定會患上潰瘍病** [19]，而黏膜下結節論之所以能成功地解釋消化性潰瘍所有 15 個主要的特徵和全部 72 種不同的現象，是因為它充分地認識到了消化性潰瘍的發生是個體整體功能的失調導致的局部結構異常。因此，黏膜下結節論的成功，充分地說明了「結構決定功能」的觀念是有缺陷的，並沒有全面地反映二者之間的關係。

　　同一性法則在理論和實踐上一個重要的應用，就是認為結構和功能的關係，就與物質和意識、男人和女人的關係一樣，是互為決定的；二者發生相互作用的同一性基礎是「研究對象的存在」。「結構決定功能」的觀點，本身就說明了結構和功能之間是存在著緊密聯繫的。因此，同一性法則也完全適用於這對二元關係：結構決定功能，但是功能也決定結構。「結構決定功能」的觀點已經被科學界普遍接受，這裡無須過多的論述。然而，功能又是如何決定結構的呢？日常生活和科研實踐中有無數的例子都可以說明這個問題，例如：只有在孕婦的生殖等多個系統的生理功能都正常的情況下，才能生育出一個結構健全的孩子；相反，如果懷孕期間麻疹病毒干擾了孕婦的多項生理功能，則有可能生出某些器官結構異常、又聾又啞的孩子。再如：完全相同的底物在不同功能的蛋白酶作用下，則會催化出結構上完全不同的產物。這些都是「功能決定結構（Function Determines Structure）」既簡單、又明顯的例子，同時還說明了研究對象的物質結構並不是由它自身的功能決定的，而是由生成或作用於它的其他事物的功能所決定的。

　　現代科學不能認識到「功能決定結構」，是由多方面的原因導致的必然結果。除了現代科學是物質科學、結構科學這一重要的原因以外，現代科學還原論分割研究的方法自動割裂了不同事物之間的抽象聯繫，導致它的各項研究往往只考慮到研究對象自身的結構和功能之間的關係，而完全忽略了作用於研究對象的其他事物的功能才是決定其物質結構的決定性要素。其次，現代科學還缺乏整體觀，完全沒有認識到周圍事物是作為一個整體來起作用，從而逐步推動研究對象的物質結構的產生、發展、變化和消亡的；如果僅僅只考慮單一或者數目很少的幾個事物對研究對象的作用，通常是很難看

出「功能決定結構」的。此外，現代科學還缺乏歷史觀，其研究往往只考察一個時間點，而忽略了研究對象既往變化發展的整個歷史，自然而然地也就看不到「作用於研究對象的其他事物的功能決定其結構」了。由此可見，僅僅應用同一性法則，也不足以全面地理解結構和功能之間的關係，還必須結合本部分第二章「普遍聯繫」、第三章「變化發展」、第五章「疊加機制」、第六章「整體觀」和第七章「歷史觀」等多個哲學觀點，尤其是帶著第十二章 7.2 的圖 III.16 的思路連續動態地考察各種現象的發生機理以後，才能真正地認識到「功能決定結構」。而這一認識在人體和生命科學領域的各項研究中顯得尤其重要。

由此可見，「結構決定功能」的觀念是對結構與功能這對二元關係的片面理解，導致現代科學對各種人體疾病和生命現象的認識都存在著一定程度上的偏差。而同一性法則則提示了結構與功能之間實際上是相互決定、彼此依賴的，二者之間就好像是「質量與萬有引力」、「男人與女人」、「雞與蛋」的關係一樣是一個不可分割的統一體。這就為全面而正確地理解「結構和功能」的關係提供了一個基本的思路，從而十分有助於找到人體和生命科學領域中多個複雜問題的答案。

5.4 同一性法則在理論和實踐中的不自覺運用

「同一性」是自然界中各種不同事物之間產生聯繫並發生相互作用的基礎，因而在日常生活和科學研究中的表現是無處不在的。實際上，人們已經在過去的生產、生活和科研實踐中多次不自覺地運用了同一性法則，其中以器官移植和桿狀病毒表達載體系統最為典型。

器官移植（Organ Transplantation）的實驗研究始於 19 世紀，迄今已有 100 多年的歷史。臨床上異體器官移植於 1962 年以腎臟移植的成功為標誌開始進入應用階段，目前在許多國家已經成為一種常規的治療方法 [20]。然而，同種異體移植後的「免疫排斥反應」，仍然是當前器官移植領域最主要的難題。分子免疫學的研究表明：MHC（主要組織相容性抗原，在人類被稱為 HLA）是臨床上引起免疫排斥反應的決定性因素；如果供者和受者的 MHC 相互匹配（如同卵雙胞胎），則能極大地提高器官移植的成功率 [21]。這一理論和實踐經驗反映的正是同一性法則的基本內容：器官移植後，供體器官與受者立即成為密切聯繫著的兩個不同事物；供者和受者之間同一性的程度愈高，二者能夠建立的聯繫就愈緊密，發生移植排斥反應的可能性就愈低，供體器官在受者體內能夠存活的時間也就愈長。

除了現代科學已經認識到的遺傳因素以外，同一性法則認為器官移植的成功率還有可能取決於其他多方面的因素，這就要求我們必須比現代科

學考慮更多的內容。例如，同一性法則認為：同一機體內的器官、組織和細胞是相互伴隨而發展的，經歷了合乎彼此需要的同步分化，因此都處在相互協調的同一分化階段。供者器官和受者的不同分化階段，是否也是導致異體器官移植失敗的一個因素呢？同一個體的不同組織器官之間為了實現遠程調控，分泌了成百上千種不同的化學物質和小分子多肽等等，而血液和淋巴循環則使所有的組織和細胞都處於具有個體特異性的內環境當中，如特定的酸鹼度、含氧量、離子強度等等；而被移植的器官對受者特異性內環境的不適應，是否也能導致異體器官移植的失敗呢？受者的組織和細胞分泌的調控分子（如配體）與供體器官細胞表面或核內受體分子之間的不匹配，導致被移植的器官不能接受正常的調控而不能有效地發揮生理功能，是否也是影響被移植器官存活期長短的一個重要因素呢？所有這些影響供者和受者之間同一性的因素，實際上都可以通過基因調控等方法來克服，完全有可能進一步大幅地延長被移植器官的存活期，從而極大地提高器官移植的成功率。

不僅如此，同一性法則在現代科學理論和實踐中的不自覺運用，還充分地體現在桿狀病毒表達載體系統（Baculovirus Expression Vector System, BEVS）中。20 世紀 80 年代早期，人們開始利用桿狀病毒來高效地表達外源性的目的基因。但在實際操作過程中，生物學家們通常很難將目的基因片段直接插入到桿狀病毒線性的大分子 DNA 上，而必須先將目的基因克隆到易於操作的環狀小分子質粒 DNA，也就是轉移載體上，然後再將親本病毒和轉移載體共轉染適當的昆蟲細胞系，從而構建出合乎蛋白質表達需要的重組病毒。然而，只有轉移載體上插入外源性目的基因的克隆位點的兩側都含有與桿狀病毒基因組對應部位的同源序列時，才能實現與親本病毒的同源重組（Homologous Recombination），最終將外源性目的基因片段插入到桿狀病毒基因組的適當位置上 [22]。由此可見，並不是任何序列的質粒都可以作為桿狀病毒表達系統的轉移載體，而是對插入外源性目的基因位點兩側的 DNA 序列提出了很高的「同一性」要求。實際上，DNA 序列同源導致的基因重組，還廣泛地存在於所有物種的同源染色體之間，從而有助於新基因型的產生，並加快物種進化的速度。

上述兩例「同一性」在理論和實踐中的不自覺運用，都直接說明了同一性在不同事物之間產生聯繫時的基礎性作用，因而有力地支持了本書提出的同一性法則。然而，不重視哲學對科學研究的指導性作用，導致現代科學並沒有及時地將這些成功的經驗昇華到哲學的高度，也就不能像牛頓那樣將它們歸納成一個普遍適用的理論，從而無助於解決更為廣泛的科學問題。本章通過對大量事實的歸納和總結提出了同一性法則，並靈活地應用於理論和實踐之中，有可能是人類認識論上的一大進步。

本章小結

綜合本章的論述,「同一性」在自然界中無處不在,是任何兩個不同的事物發生相互作用的必要前提。這一認識在「黏膜下結節論」中的應用,則認為胃潰瘍與體表丘疹和皮下結節是同一病理過程在人體不同部位的表現。這一觀點不僅圓滿地解釋了胃潰瘍的形態學,而且還揭示了現代科學一直都未能發現的一個重要中間過程,從而將歷史上所有主要的相關學說有機地統一起來,並為「黏膜下結節論」圓滿地解釋消化性潰瘍所有的特徵和現象奠定了基礎。同一性法則在理論和實踐上的應用,則認為在探討各種現象發生發展和變化的機制時,如果抓住了發生相互作用的不同事物之間的共同點,將非常有助於找到解決問題的答案。在這一思路的指引下,我們總結出了與人體的生理和健康息息相關的五種同一性,並對「物質和意識」、「結構和功能」這兩對二元關係提出了全新的理解。最後,我們利用既往科學實踐中不自覺運用同一性法則的兩個典型事例,來支持本書提出的「同一性」。所有這些都說明了無論是在科學理論的探索上,還是在日常生產和生活實際中,同一性法則的提出都有著十分重要的意義,非常有助於加深人們對自然界、人體和生命現象的認識。

參考文獻

1　Wikipedia, the free encyclopedia; Timeline of human evolution, modified on 19 July 2009：http://en.wikipedia.org/wiki/Timeline_of_human_evolution.

2　新浪網,科技時代;科學探索:人類基因「差異圖」成功繪出,2005 年 10 月 28 日;http://tech.sina.com.cn/d/2005-10-28/0926750567.shtml.

3　饒尚寬註譯;老子;北京,中華書局,2006 年 9 月第 1 版;第 105 頁。

4　胡適著;中國哲學史大綱;北京,團結出版社,2006 年 1 月第 1 版;第 228-233 頁。

5　龐萬里著;中國古典哲學通論;北京,北京航空航太大學出版社,2005 年 5 月第 1 版;第 35 頁。

6　張志偉、馬麗主編;西方哲學導論;北京,首都經濟貿易大學出版社,2005 年 9 月第 1 版;第 26-27 頁。

7　陳也奔著;黑格爾與古希臘哲學家;哈爾濱,黑龍江人民出版社,2006 年 6 月第 1 版;第 73 頁。

8　漢斯‧約阿西姆‧施杜里希 [德] 著,呂叔君譯;世界哲學史 (第 17 版);濟南,山東畫報出版社,2006 年 11 月第 1 版;第 82 頁。

9　羅素［英］著，何兆武、李約瑟譯；西方哲學史（上卷）北京，商務印書館，1963 年 9 月第 1 版，2005 年 11 月北京第 19 次印刷；第 72 頁。

10　張志偉著；西方哲學┃五講；北京，北京大學出版社，2004 年 3 月第 1 版；第 338-346 頁。

11　Albert Damon and Anthony P. Polednak; Constitution, genetics, and body form in peptic ulcer: A review; J. chron. Dis., 1967, Vol. 20, pp 787-802.

12　酈賀齡主編；消化性潰瘍病；北京，人民衛生出版社；1990 年 11 月第 1 版；第 89 頁。

13　Takahiko Tanaka, Masami Yoshida, Hideyasu Yokoo, Masaru Tomita and Masatoshi Tanaka; Expression of aggression attenuates both stress-induced gastric ulcer formation and increases in noradrenaline release in the rat amygdala assessed by intracerebral microdialysis; Pharmacology Biochemistry and Behavior, 1998; Vol. 59, No. 1, pp 27-31.

14　趙林著；我的文學城（網）；博客：從上帝存在的本體論證明看思維與存在的同一性，2007 年 2 月 3 日張貼；http://blog.wenxuecity.com/blogview.php?date=200702&postID=6009；《哲學研究》2006 年第 4 期 .

15　W.C. 丹皮爾［英］著，李珩譯，張今校；科學史及其與哲學和宗教的關係；桂林，廣西師範大學出版社，2001 年 6 月第 1 版；第 429 頁。

16　謝維營著；哲學的魅力：思想探索的快樂；上海，上海人民出版社，2006 年 3 月第 1 版；第 123-124 頁。

17　陳遠霞、馬桂芬主編；馬克思主義哲學原理；北京，化學工業出版社，2003 年 7 月第 1 版；第 5, 35-36, 45 頁。

18　孫正聿著；哲學通論；長春，吉林人民出版社，2007 年 1 月第 1 版；第 384 頁。

19　John H. Walsh and Walter L. Peterson; Review article: The treatment of *Helicobacter pylori* infection in the management of peptic ulcer disease; The New England Journal of Medicine; Oct 12, 1995, Vol. 333, No. 15, pp 984-991.

20　醫學教育網，臨床醫學理論；外科學：器官移植概述，2008 年 10 月 27 日；http://www.med66.com/html/2008/10/wa08941817591720180026552.html.

21　Charles Alderson Janeway Jr., Paul Travers, Mark Walport, Mark J. Shlomchik; Immunobiology: the immune system in health and disease, 6th edition; New York & London, © 2005 by Garland Science Publishing; pp 598.

22　黎路林編著；桿狀病毒表達載體系統；武漢，華中師範大學出版社，1996 年 8 月第 1 版；第 54-57 頁。

第二章：「普遍聯繫」是萬事萬物都固有的抽象屬性

　　牛頓提出的萬有引力定律揭示了有質量的任何兩個不同事物之間都存在著「萬有引力」的聯繫，從而建立了「**完整的物理因果關係** [1]」，為過去 300 多年來人類科學的大發展奠定了基礎。實際上，人體和其他各種生命形式中也存在著性質和作用都與萬有引力非常類似的抽象特徵，只不過在種類和表現形式上要比萬有引力複雜得多而已，本書將它們統稱為「普遍聯繫（Universal Correlation）」。普遍聯繫在本書中被認為是萬事萬物都固有的兩個基本屬性之一，並且還是推動萬事萬物變化發展的根本原因，卻在現代科學，尤其是現代人體和生命科學的理論體系中得不到體現。因此，這一概念是本書的思想體系完全有別於現代科學最重要的本質特徵，也是建立人體和生命科學領域中因果關係的理論核心。

第一節：宇宙萬物都要在普遍聯繫中產生、存在、發展和消亡

　　第一章「同一性法則」揭示了某些特徵方面的同一性，是任何兩個不同的事物之間能夠產生聯繫和發生相互作用的必要條件。然而，任何事物所具有的特徵通常是多方面的，並且還會隨著時間的推移而不斷地變化發展。這就決定了任何事物，只要它是客觀存在的，就已經具備了與外界多個不同的事物之間產生錯綜複雜的聯繫、發生多種不同性質的相互作用的潛力，並且這些聯繫和作用還會隨時間的推移而不斷地變化發展。

　　牛頓提出的「萬有引力定律」清楚地揭示了有質量的任何兩個不同事物之間都存在著「萬有引力」的聯繫。這一認識除了圓滿地解釋「蘋果落地」等多種自然現象的發生機理以外，實際上還深刻地反映了萬事萬物之間抽象聯繫的普遍性。然而，自然界裡不同事物之間聯繫的形式是不是只有「萬有引力」一種，而不存在任何其他形式的聯繫呢？回答是否定的。以牛頓所考察的蘋果為例，自它還僅僅是一朵花的時刻起，就需要蘋果樹提供各種營養、礦物質和水分；它之所以能夠被受精並開始發育，是因為有蜜蜂、其他多種昆蟲或者鳥類給它授粉；而在授粉以後這個蘋果逐漸長大的全部過程中，必然還要受到陽光雨露、空氣的中的 O_2 和 CO_2、溫度和濕度等多種因素的影響；還有樹葉、寄生的動植物等等會改變它的形狀、顏色和生長速度；最後，在萬有引力的作用下落到地上以後，這個蘋果還會受到來自土壤和空氣的多種微生物的腐敗作用，逐漸轉變成了其種子的營養被吸收而消失。

由此可見，引發牛頓思考的蘋果並不是僅僅受到「萬有引力」這種單一聯繫的作用，而是在多種不同性質的聯繫中產生、存在、發展和消亡；並且自這個蘋果開始存在的那一刻起，就已經與它周圍多種不同的事物之間存在著多方面的聯繫，而且這些聯繫還會隨著時間的推移而不斷地變化發展，直到它徹底消失的那一刻為止。事實上，不同事物之間的聯繫要比這複雜得多：與這個蘋果有聯繫的其他各種事物也分別與其他很多不同的事物存在著多方面的聯繫，並發生多種不同性質的相互作用。例如，給蘋果花授粉的蜜蜂，就要受到人類行為、各種花草樹木等等的影響；這說明人類除了可以通過大量製造 CO_2 和溫室效應來直接影響蘋果的生長發育以外，還可以通過控制蜜蜂的種群密度等行為來間接地影響到蘋果的生長發育；而人類又受到了更多因素的影響，這些因素又通過更為間接的方式來影響到蘋果的生長發育……。因此，影響蘋果生長的所有這些聯繫之間形成了一個高度複雜的立體網絡，並且還會隨著時間的推移而不斷地變化發展，而不僅僅像萬有引力定律描述的那樣是單一、線性和靜態的。

宇宙萬物實際上都是如此。任何事物都與它周圍的多個事物之間存在著多種不同性質的聯繫，而與這個事物產生聯繫的多個事物中的每一個事物，又分別與更多的事物產生更多的聯繫，所有這些聯繫都會直接或間接地影響到這個事物的變化發展……。依此類推，各種不同性質的聯繫將宇宙萬物連接成了一個極其龐大、高度複雜的立體網絡，而這個網絡中的各種聯繫也是隨著時間的推移而不斷變化發展的。相同的情況，實際上還發生在同一事物內部各個不同的組成部分之間。例如：肺氣腫病人的肺功能障礙，通常會導致心臟擴大，進而影響到所有其他器官的功能；維生素 D 是在皮膚經過陽光中的紫外線照射後合成的，並且只有在肝臟和腎臟轉化成最高的活性形式，才能在胃腸道促進 Ca^{2+} 的吸收、在骨骼促進鈣化作用。這些例子都說明了人體內部各器官之間也不是孤立的，而是立體網絡狀交叉、錯綜複雜地聯繫在一起的，並且也是隨著時間的推移而不斷地變化發展的。由此可見，宇宙萬物之間的聯繫絕非只有「萬有引力」一種，而是有成千上萬種，並將所有不同的事物錯綜複雜地聯繫在一起。

綜合以上的論述，我們將宇宙萬物，某一事物或其內部各個不同的部分之間所具有的網絡狀立體交叉、錯綜複雜，並且隨著時間的推移而不斷地變化發展的所有聯繫的總和，統稱為「普遍聯繫」。由於宇宙萬物都要在普遍聯繫中產生、存在、發展和消亡，因而「普遍聯繫」實際上還是萬事萬物都具有的一個基本屬性，也是我們在觀察和處理各種問題時都必須具備的一個基本觀點，本書稱之為「普遍聯繫的觀點（Perspective of Universal Correlation）」。

第二節：普遍聯繫的觀點揭示了人體固有的五大屬性

　　普遍聯繫是萬事萬物都固有的一個基本屬性，人體自然也不能例外；具體地表現為在五種同一性（請參閱第一章 5.1）的基礎上，人體自身各個部分及其與外界環境之間存在著五種不同性質的抽象聯繫，本書將它們統稱為「人體的五大屬性（Five Attributes of Human body）」；這五大屬性在人體的各項生理活動和疾病的發生發展過程中起到了關鍵性的推動作用。

　　普遍聯繫在人體的第一個表現，就是在人體與自然界之間同一性的基礎上，任何個體都要與自然界產生千絲萬縷的聯繫，脫離自然環境而長期獨立生存的個體是不存在的，本書稱為「人體的自然屬性（Natural Attribute）」。自然界的氣候、環境等因素的改變，不僅推動了人體的進化，而且還會影響到人體的生理活動，並導致多種疾病的發生發展。例如：中國河南省有個林縣，那裡罹患食道癌的機率比世界上其他的地方高出幾十倍；還有很多類似甲狀腺腫、血吸蟲病等這樣的地方病，都是人體與自然環境之間存在著密切的聯繫，並導致疾病的典型例子。中醫典籍《黃帝內經》早在 2500 多年前就已經提出了「天人相應」的理論 [2]，正是中國古人基於對人體自然屬性的認識而制訂的健身防病之道；中醫的病因學理論認為「六淫（風、寒、暑、濕、燥、火）」是導致各種疾病的外在原因，反映的正是人體的自然屬性。這些認識的確都十分值得現代醫學的借鑒。

　　普遍聯繫在人體的第二個表現，就是在不同個體間同一性的基礎上，任何個體都不能脫離社會而長期獨立地生存，都要直接或間接地受到各種社會和家庭事件的影響，本書稱為「人體的社會屬性（Social Attribute）」。社會化的分工合作在增強了人類多方面能力的同時，卻又加劇了不同個體和人群之間的競爭，在矛盾激化的情況下甚至還可以導致戰爭和經濟危機等等，都會直接或間接地影響到個體的生理活動和健康狀態；因而生活在不同社會環境中的個體，完全有可能罹患不同種類的疾病，例如：在半個多世紀以前、新中國成立之初，肺結核、營養不良、血吸蟲等疾病很常見，人均壽命不到 35 歲；而同一時期的英美等發達國家則以心臟病、營養過剩等疾病為主；1980 年以後才出現的愛滋病，必須在一定社會條件下通過特定的生活和醫療方式才能在社會上傳播。這些都說明了個體的健康狀況的確與社會環境是息息相關的；我們在探索各種疾病發生發展的機制時，只有將個體還原到其所在的社會大環境中去，才能真正地取得成功。

　　普遍聯繫在人體的第三個表現，就是在細胞內遺傳信息等多方面同一性的基礎上，同一個體不同部位的系統、器官、組織和細胞之間，形成了一個密切聯繫著的整體，本書稱為「人體的整體屬性（Holistic Attribute）」。因

而一個器官的結構或功能障礙，必然會影響到其他部位器官的結構和功能。例如，雖然上呼吸道才是流感病毒的寄生部位，但是病人卻會出現頭痛、四肢酸軟和發熱等全身症狀；糖尿病病人的胰腺分泌胰島素的功能失常，卻可以表現為失明、腎衰、心肌梗塞或下肢壞疽等其他多個部位的病變。這些都是人體的整體屬性的表現。如果割裂了人體各部分之間的整體性，我們就有可能找不到許多疾病和症狀發生的根本原因，這一認識在生命科學領域中顯得尤其重要。人體整體的屬性實際上還有著非常深刻的內涵，本部分第六章「整體的觀點」還將進行更為深入的論述。

普遍聯繫的第四個表現，就是社會上的每一個體都是其千百萬代祖先遺傳和變異不斷累積的結果，並且都要受到自身既往經歷的影響，本書稱之為「人體的歷史屬性（Historical Attribute）」。雖然現代科學認識到了遺傳對疾病的發生、發展和預後的影響，但是並沒有注意到個體自身既往的經歷對生理活動和疾病的發生也具有決定性作用。例如：**雖然很多潰瘍病人和內科醫生都認為消化性潰瘍的症狀通常發生在令人精神緊張的生活事件的同時或之後** [3, 4, 5]，並且會隨著生活事件的解決而得到緩解或消失 [3]，直接說明了生活事件就是消化性潰瘍的病因。然而，這一實踐經驗卻得不到現代醫學理論的支持，結果就是：**直到今天，還沒有哪一種因素，無論是人體方面的，還是生物方面的，能夠被確定為消化性潰瘍的病因** [6]。事實上，追溯既往的生活經歷對愛滋病、C 型肝炎、狂犬病等多種疾病的確診都是非常有幫助的。將來在思維科學的理論體系得以完全確立以後，追溯個體的既往經歷除了有助於診斷以外，還能在各種疾病的治療過程中發揮非常關鍵的作用。關於人體的歷史屬性，本部分第七章「歷史的觀點」還會有更為詳細的論述。

普遍聯繫在人體的第五個表現，就是任何一個活著的個體都是有情感、有思想的個體，都會對外界環境的變化或自身的狀態表現出種種情緒上的反應，本書稱為「人體的情感屬性（Affective Attribute）」。中醫病因學認為「七情（喜、怒、憂、思、悲、恐、驚）」是導致各種疾病的內在原因，反映的正是人體情感的屬性。無論是重大的自然災害，還是各種社會和家庭矛盾等等，在很大程度上都要通過思想和情緒這個環節，才能導致某些正常生理機制的喪失而長期潛伏於人體，最終在一些內外因素的誘導下才表現為某種疾病。而有些疾病，如癌症，不僅可以單純地由劇烈的情緒反應引起，並且還可以單純地通過情緒（或內心）的調整而徹底痊癒；某些個體甚至可以在沒有任何重大事件發生的情況下，由於個性缺陷、情感不穩而導致特定疾病的發生。這些都說明了我們在探索各種疾病發生發展的機制時，還必須把握個體的情感狀態和思想素質才能成功。

綜合以上的論述，普遍聯繫的觀點認為在探討各種生命現象和疾病發生發展的機制時，必須考慮人體固有的五大屬性，也就是必須將任何活著的個體都看成是一個自然的、社會的、整體的、歷史的和有情感的個體；相反，如果忽略了人體抽象的五大屬性，就等於是忽略了各種人體疾病和生命現象發生的原始推動力。事實上，這正是現代科學至今仍然不能圓滿地闡明任何一種疾病的發生機理的一個重要原因。

第三節：歷史上的「普遍聯繫的觀點」

早在 3000 多年前，中國古人就已經在《易經》中強調了「**人體自身與自然界、人類社會是一個相互聯繫、互相影響的整體** [7]」，因而「**天人相應** [2]，**天人合一** [8]」的思想一直都貫徹著中國古典哲學的始終，這與本書提出的「人體的自然屬性和社會屬性」是完全一致的。而中醫病因學則認為「七情六淫」是各種人體疾病的主要原因，與本書應用普遍聯繫的觀點得到的情感屬性和自然屬性相吻合；中醫學的整體觀也與本書提出的「整體的屬性」不謀而合。但是這些重要的認識在現代醫學的理論體系中都沒有得到應有的重視。

在中國以外的哲學史上，最早提出類似思想的可能是古羅馬皇帝馬可·奧勒留（Marcus Aurelius，西元 121~180 年）。他認為**宇宙萬物是一個由神決定其內在秩序的整體，所以有兩個原則：我是自然所統治的整體的一部分；我是在一種方式下和與我自己同種的其他部分密切關聯著** [9]。德國古典哲學家黑格爾（Georg Wilhelm Friedrich Hegel, 1770~1831）認為「**現象界中的物是一個整體，完全包含在自身聯繫裡；一切物，一切概念，都在相關關係中** [10]」。馬克思（Karl Heinrich Marx, 1818~1883）也認為「**世界上的萬事萬物都處在普遍聯繫之中，孤立的事物和現象是不存在的，整個世界就像一張無形的大網，每一個事物和現象都是網上的一個環節。事物聯繫的這種普遍性存在於自然界、人類社會和思維領域中；普遍聯繫有客觀性，多樣性和條件性** [11]」。德國當代哲學家海德格爾（Martin Heidegger, 1889~1976）提出了「人與世界合一」的觀念 [8]。所有這些都與本書提出的普遍聯繫是完全相通的，從側面說明了這一思想的確具有很強的真理性，非常值得科學界的廣泛重視。

然而，本書提出的「普遍聯繫」被賦予了更為豐富的內涵，而且還與其他多條哲學原理之間建立了不可分割的必然聯繫。例如：本書提出的「普遍聯繫」是以第一章的「同一性」為基礎的，並且是第三章「變化發展」的推動力，以及第九章「因果關係」中的「原因」；除此以外，本書提出的「普

遍聯繫」還是應用歸納法（第十一章「由點到面」）推導出來的，它本身就是一個整體（第六章「整體觀」）和歷史（第七章「歷史觀」）的概念。非常有趣的是：宇宙萬物或同一事物的不同部分之間都因為「普遍聯繫」而形成了一個不可分割的整體（第六章「整體觀」）；它所推動的變化發展的全過程便構成了研究對象的歷史（第七章「歷史觀」）；它還是隱藏在各種現象背後的抽象本質（第八章「本質與現象」）和造成各種現象無確定性發生的根本原因（第十章「概率論」），也是宇宙萬物都具有的兩個基本屬性之一（第十二章「新二元論」）。這些都說明了本書提出的「普遍聯繫」不是一個孤立的哲學觀點；也正是這個原因，本書才能首次將它靈活地應用於消化性潰瘍、癌症和愛滋病等多種人體疾病和生命現象的解釋之中；實際上，它還廣泛地適用於所有不同領域的科學研究和生活實踐，是地地道道的生活中的哲學、身邊的哲學。這些特點是歷史上的任何相關思想都不具備的。

第四節：普遍聯繫在「黏膜下結節論」中的應用

牛頓之所以首次圓滿地解釋了「蘋果落地現象」，是因為他提出的「萬有引力定律」清楚地揭示了「抽象的萬有引力推動了物體的垂直下落」。同理，黏膜下結節論之所以首次圓滿地解釋了「消化性潰瘍的發生機理」，是因為「普遍聯繫的觀點」清楚地揭示了「抽象的普遍聯繫推動了各種人體疾病的發生發展」。這一類比說明了在生命科學領域中提出「普遍聯繫」的概念，與物理學領域中提出「萬有引力」的概念至少有著同等重要的意義。事實上，只有將物理學領域中相對簡單的「萬有引力」昇華到較為複雜的「普遍聯繫」的高度，才能有效地解決人體和生命科學領域中的各種問題；這一點深刻地體現在黏膜下結節論中。

4.1 普遍聯繫的觀點明確了消化性潰瘍的病因

普遍聯繫的觀點在黏膜下結節論中的具體應用，首先就是強調了人體抽象的五大屬性在消化性潰瘍發生發展過程中的決定性作用；而缺乏「普遍聯繫」的基本觀念，正是現代科學自始至終都找不到消化性潰瘍的真正病因，至今仍然不能圓滿地解釋這一疾病的根本原因。

普遍聯繫的觀點在「黏膜下結節論」中的應用，首先就是強調了人體的自然屬性在消化性潰瘍發生發展過程中的重要作用。普遍聯繫的觀點要求我們必須將人體看成是自然界的一部分，自然界氣候、環境等多種因素都會影響到人體各項生理機制的正常發揮，從而導致了各種疾病的發生發展。自然界可以通過兩條途徑來影響人體的健康：第一條途徑是氣候的變化或環境中

的不利因素，如過寒、過熱、環境毒物或地質中缺乏生命必須的某些元素等等，都可以影響到機體內多項生理機制的正常發揮，通過逐步逐步累積和疊加的機制來削弱個體的整體狀態並長期潛伏下來，在特定因素的誘導下最終才能表現為疾病。第二條途徑就是重大的自然災害、極端的氣候變化等等通過人體的情感屬性，也就是造成個體心理上的緊張來導致疾病的發生發展。因此，黏膜下結節論認為：季節變換、重大的自然災害等，都可以導致人群中消化性潰瘍的發病率升高；而消化性潰瘍病也是人體與自然界之間存在著密切的普遍聯繫的重要體現。

其次，普遍聯繫的觀點還要求我們要重視人體的社會屬性，認為個體的健康狀況與其所在的社會、工作和家庭環境息息相關，也必然會受到各種負面的社會和家庭事件的影響。社會屬性主要是通過情感的屬性來對人體起作用，因而黏膜下結節論認為戰爭、經濟危機、政治運動、城市化，社會變革和文明開化等等，都可以造成人群大面積的心理恐慌，從而顯著地增加潰瘍病的發生率。**第一次世界大戰與 20 世紀 30 年代的經濟危機，大致上與潰瘍病的流行相符合；消化性潰瘍死亡率最高的年齡組是第一世界大戰的主要受害者。戰爭的直接效應、人群中因戰爭引起的緊張氣氛與消化性潰瘍的穿孔率和死亡率升高的關係是很明顯的** [12]。」而一般性的社會事件，如鄰里或家庭成員之間的衝突，生活悲劇、失業、貧窮或緊張的工作等，都可以使消化性潰瘍的發生率維持在一定的水平上（圖 II.4、圖 II.6）：**令人精神緊張的職業與十二指腸潰瘍有正相關關係，在農業工人中潰瘍病的發生率較低，但在經濟條件較差的人群中發生率較高** [13, 14]；**很多潰瘍病人和內科醫生都認為消化性潰瘍的症狀通常發生在令人精神緊張的生活事件的同時或之後** [3, 4, 5]。與此相反的是：幾個世紀以前的人類社會、北美的印第安和澳洲的土著人部落等等，由於沒有現代社會這樣複雜的社會分工和利益爭奪，生活節奏相對較慢，使潰瘍病的發生率維持在一個很低的水平上。因此，黏膜下結節論認為：個體的健康需要和諧的家庭和社會環境來維持；而更少的社會競爭和利益追求則可以顯著地降低潰瘍病的發生率。這說明消化性潰瘍直接反映了個體與社會、工作和家庭環境之間的緊密聯繫，是非常典型的「社會病（Social Disease）」。如果忽略了人體的社會屬性，就不可能找到消化性潰瘍的真正病因。

再次，普遍聯繫的觀點十分強調人體的整體屬性，認為人體的不同部分之間是一個普遍聯繫著的整體，發生在某一局部的器質性病變，完全有可能是其他部位的結構和功能異常導致的。因此，病變發生在胃十二指腸，但其真正的病因不一定非要在胃十二指腸。例如：刺激或者損壞中樞神經系統的杏仁核分別能導致或避免胃潰瘍的發生 [15-18]。**冷刺激的致胃潰瘍效應能夠在很大程度上被預先腹腔注射的 EDTA 和 α- 甲基酪氨酸所抵消，而被 $CaCl_2$**

增強，表明了在老鼠動物實驗中，冷刺激所致的胃潰瘍的發生可能與大腦中鈣／鈣調蛋白依賴的兒茶酚胺合成的增加有關 [19]。實際上，幾乎所有的疾病，包括日常生活中常見的感冒引起的頭痛發熱，糖尿病引起的失明、腎衰等等，都可以反映出人體的整體屬性。與此相反的是：現代科學缺乏普遍聯繫的觀點，完全沒有考慮到人體具有整體的屬性，因而將其病因學探討僅僅局限在胃十二指腸局部，認為「消化性潰瘍的病理生理學機制集中在局部的損害因素和保護因素之間的不平衡 [20]」，得出「直到今天，還沒有哪一種因素，無論是人體方面的，還是生物方面的，能夠被確定為消化性潰瘍的病因 [6]」這樣的結論是不奇怪的。這清楚地說明了在忽略人體的整體屬性的情況下，現代科學要圓滿地解釋消化性潰瘍或任何其他疾病的發生機理是根本就不可能的。

除此以外，普遍聯繫的觀點還要求我們要十分注意人體的歷史屬性，認為遺傳和既往經歷在各種疾病發生發展的過程中起到了背景作用。遺傳因素可以使個體具有「潰瘍體質（Ulcer Constitution）」，或易患其他疾病；而既往經歷則是個體在面對重大的社會和家庭事件時產生負面情緒或精神緊張的基礎。而遺傳和既往經歷的多樣性，決定了相同的負面事件可以在人群中導致多種不同的疾病，或對部分個體不起作用。**遺傳學從臨床觀察得到的許多研究結果都強調了遺傳因素在潰瘍病發生過程中的作用** [21]。*Doll* 和 *Kellock* 比較了 109 個家庭的疾病與遺傳的關係，他們發現胃潰瘍病人的親戚傾向於患胃潰瘍，十二指腸潰瘍病人的親戚傾向於患十二指腸潰瘍 [22, 23]。Feldman 認為消化性潰瘍病人可能有「潰瘍性格」，如不成熟、易衝動、孤立和脫離現實等等 [24]；個性與遺傳顯然是有一定聯繫的 [25]。此外，*Overmier* 和 *Murison* 指出：胃潰瘍的易感性受到心理上的重要經歷的影響 [26]。反覆經歷同型的緊張因素，一般而言，但也不是絕對地在一定程度上能夠使第二次和第三次的經歷免遭潰瘍之苦 [21]，這些都說明了消化性潰瘍的發生與個體的既往經歷和對生活事件的基本看法等密切相關。現代科學缺乏這樣的認識，要圓滿地解釋「為什麼所有的個體都經歷了相同的社會事件，但**屍檢報告顯示只有 20%~29%的男性和 11%~18%的女性目前或既往患有消化性潰瘍病** [27~30]」是根本就不可能的。

最後，普遍聯繫的觀點要求我們尤其要重視人體的情感屬性，也就是必須將每一個活著的個體都看成是有情感、有思想的個體，過度的情緒反應則可以影響某些生理機能的正常發揮而導致疾病的產生；而中醫學則認為「喜傷心、怒傷肝、思傷脾、恐傷腎」表達的正是此意；並且人體的自然屬性、社會屬性、整體屬性和歷史屬性都在相當程度上要通過情感的屬性才能起作用。（20 世紀）50 年代 *Alexander* 就已經強調了心理因素在某些疾病發病中

的重要性，並將消化性潰瘍列為心身疾病的範疇 [31]；有調查發現消化性潰瘍患者明顯地有較多的情緒障礙，表現為抑鬱或焦慮。疑病症、對生活事件的負面看法、依賴性與較弱的自信心是最能將潰瘍病人與對照進行區別的四個主要變量 [24]。因此，黏膜下結節論在消化性潰瘍的病因學治療（第一部分 3.10）中明確地指出：如果能逐步培養出「不以物喜、不以己悲，心中能容萬物的豁達胸懷，凡事不急不躁」這樣情緒穩定的個性，那麼各種自然災害、社會和家庭矛盾等負面因素就無法侵擾人體，也就不存在消化性潰瘍的反覆發作和多發了。因此，消化性潰瘍的確是十分典型的「心身疾病」，藥物治療通常不能阻止其反覆發作和多發。

由此可見，消化性潰瘍雖然是相對簡單的疾病，但是許多因素都參與了其發生發展，並且還反覆交叉起來起作用。這說明人體和生命科學領域中的因果關係的確是高度複雜的，遠非物理學領域中的「萬有引力」那麼簡單。而普遍聯繫的觀點在黏膜下結節論中的作用除了明確消化性潰瘍的病因以外，還為其治療學提供了充足的理論依據。而缺乏「普遍聯繫」的觀點，導致現代科學自始至終都找不到消化性潰瘍的真正病因，「**直到今天，潰瘍病的病因還沒有最後闡明** [6]」也是必然的。

4.2 普遍聯繫是解釋「年齡段分組現象」的關鍵理論之一

雖然消化性潰瘍的流行病學特點——年齡段分組現象 [12] 早在 1962 年就已經有了報導，並且多種疾病都有與之類似的流行特點，但是過去 50 年來現代科學一直都無法圓滿地解釋這一現象的發生機制；這正是缺乏普遍聯繫的觀點所導致的必然結果。

以現代科學的理論和方法為基礎的傳統病因學認為：「**消化性潰瘍的病理生理學機制集中在局部的損害因素和保護因素之間的不平衡** [20]」。這一認識僅僅考慮了胃十二指腸局部的因素，而從根本上否認了人體的各個不同部分之間是一個普遍聯繫的整體，同時還完全忽略了人體與自然界、社會、集體和家庭之間的聯繫，也根本就沒有考慮到每一個活著的個體都是有情感、有思想的個體，因而是孤立、靜止和片面地看待人體和生命現象、忽略哲學探討對科學研究的指導作用而盲目作出的荒謬結論。因此，「**胃潰瘍的發病機理至今還不是很清楚** [32, 33]」，過去 50 年來一直都無法圓滿地解釋「年齡段分組現象」，就不足為怪了。

與此相反的是，黏膜下結節論在普遍聯繫的觀點指導下，充分地認識到了人體固有的五大屬性在各種疾病發生發展過程中的決定性作用，在當前的人類社會中尤其以社會屬性和情感屬性對消化性潰瘍的流行病學特點的影響

最大：一般社會事件使消化性潰瘍的發病率維持在一個相對恒定的數值上；而這個特定的數值是由被考察的特定社會總體上的和諧程度、整個人群的思想素質的高低所決定的，其中包括受教育程度、道德水準、宗教信仰等等，其波動的幅度在一定的歷史時期內會維持相對的恒定。而重大的社會事件，如不同國家和群體之間矛盾激化導致的戰爭、人們對物質利益的無限追求引起的經濟危機，以及重大的自然災害等等，可以在人群中引起大面積的心理恐慌，從而引起消化性潰瘍的死亡率大幅攀升，並且會隨著重大事件的結束而逐步下降。誤診、一般和重大社會事件所導致的死亡率疊加起來形成的波動曲線，圓滿地解釋了 Susser 等人在 1962 年就已經報導了的「年齡段分組現象 [12]」。

由此可見，普遍聯繫的觀點是闡明年齡段分組現象的關鍵理論之一。現代科學總是站在具體的物質結構的角度上來看問題，注定了是永遠也不可能揭示這一現象的發生機制的。雖然這一現象的發生也有其多方面的物質基礎，但它是在普遍聯繫的基礎上形成的一個整體的表現，因而並不是現代科學單純的物質結構理論所能解釋的。這再次凸顯了揭示宇宙萬物「普遍聯繫的屬性」，在人類科學的未來發展中的確有著非凡的意義。

第五節：「普遍聯繫的觀點」在理論和實踐上的重要意義

普遍聯繫是宇宙萬物都固有的一個基本屬性，因而可以用來廣泛地解釋各種人體疾病和生命現象的發生機理。實際上，它還是我們在探討各個領域中的各種問題時都必須擁有的一個基本觀點。如果我們將「普遍聯繫」簡單化為「萬有引力」或「能量」等單一的聯繫，則可以很好地理解牛頓的萬有引力定律和愛因斯坦的質能方程式；這說明普遍聯繫的觀點實際上還涵蓋了物理學中的許多認識。然而，人體與生命的結構和功能高度複雜的基本特點，決定了只有將人類的認識從「萬有引力」進一步昇華到普遍聯繫的高度，才能有效地解決人體和生命科學領域中高度複雜的問題。

5.1 普遍聯繫的觀點有助於闡明癌症的發生機理

現代科學認為染色體 DNA 上的基因突變是癌症發生的根本原因。但普遍聯繫的觀點在這個問題上的應用，則認為基因突變不是癌症發生的根本原因，而是抽象的五大屬性長期作用於人體的必然結果。這也就是說：基因突變僅僅是癌症發生的一個中間環節，在這個中間環節之前還有一個複雜而漫長的抽象過程才是癌症發生的關鍵，但現代科學卻至今未曾涉及到。

　　以現代科學為基礎的病因學認為：病毒感染、各種理化因素（如紫外線和致癌物質）等多種外界環境因素，以及遺傳、內分泌和新陳代謝產生的氧化自由基等人體自身內部的一些因素，導致染色體 DNA 上發生了基因突變，是各種癌症發生的根本原因，因而現代科學還將癌症稱為「分子病（Molecular Disease）」。相應地，現代醫學主要的防治手段是儘量避免與各種致癌因子接觸，以及通過放、化療或手術等手段來清除腫瘤組織；由於現代科學無法實現多基因的合目的性調控，基因療法目前在理論和實踐上都是行不通的。然而，與消化性潰瘍一樣，現代科學所有的技術和方法都不能有效地阻止各種癌症的轉移和復發，臨床確診病人的五年生存率一般都低於 20%，甚至更低。這些都說明了現代科學對癌症的認識的確還有待進一步的深入，所採取的各種防治措施基本上都是無效的。

　　普遍聯繫的觀點在癌症的發生機理這個問題上的具體應用，首先就是認為自然屬性和歷史屬性已經賦予了人體多種正常的生理機制，因而理想狀態下的人體有足夠的能力抵抗各種內外因子的致癌作用，並長期維持自身的穩定。例如，現代科學的研究已經揭示了人體至少存在著三種機制可以預防癌症的發生：第一種是 DNA 複製酶的「糾錯功能」，在染色體 DNA 複製時可以自動地糾正城基的錯配，這是人體內分子水平上的一種抗癌機制；第二種機制是在 DNA 複製酶不能修復 DNA 的情況下，有害的突變會激活細胞的「程式化死亡（Programmed Cell Death, PCD）」機制而自殺，從細胞水平上避免了癌症的發生；第三種機制就是如果程式化死亡也不能消滅癌變細胞，那麼免疫系統就會發揮其監察功能（Monitoring），在癌變細胞形成集落之前就將它們從體內清除，從組織和器官的水平上起到了預防癌症的作用。只有在這三大抗癌機制（Three Anti-cancer Mechanisms）都不能有效地發揮作用的情況下，癌細胞才有機會大量繁殖而形成細胞集落，最終發展成為癌組織。同理，過去數億年來與大自然的相互伴隨而發展，人體已經被賦予了多種生理機制，完全有能力抵禦來自外界環境的各種有害因子，也有能力將自身新陳代謝產生的氧化自由基等控制在適度的範圍內，有效地預防了各種癌症的發生。而人們觀察到的消化性潰瘍的自癒 [13, 34, 35]，或者人體內多種其他組織的自我修復，都是人體多種潛在的自穩機制的重要表現。但是，無論現代科學的研究有沒有揭示這些生理機制，它們都是客觀存在的，都是生命生存和發展必不可少的先決條件。

　　然而，又是什麼原因導致體內外環境中的致癌因子有機可乘，最終導致了癌症的發生呢？普遍聯繫的觀點認為：這正是抽象的五大屬性長期作用於人體，導致多種正常的生理機制逐步喪失的必然結果。雖然社會上任何正常的個體都有兩套染色體共計 46 條，但是歷史的屬性使得不同的個體之間在遺傳上是有差別的（個體多樣性），對各種致病因子的抵抗力存在著強弱之

分：任何個體都要多次受到氣候變遷和多種環境因素的影響（中醫學用「風寒暑濕燥火」六淫來描述）；而各種社會事件的不斷侵蝕、人與人之間的競爭壓力，現代人經常要承受過度勞累、目標挫折的打擊等，這些都會導致過度的情感反應（佛教用「貪嗔癡疑慢」五毒、中醫用「喜怒憂思悲恐驚」七情來描述）。所有這些因素對人體的負面影響並不會隨著這些事件的過去而立即消逝，而是導致了機體內某些正常生理機制的逐步喪失，並通過影響個體的整體狀態的方式長期潛伏下來。這些生理機能的喪失之所以沒有立即表現為疾病，是因為人體內還有多種替代途徑可以進行代償。

這也就是說：五大屬性長期作用於人體的結果，就是使社會上絕大多數的個體處於一種亞健康（Sub-health）的狀態；並且隨著年齡的增長，不斷喪失的生理機制愈來愈多，人體也就逐漸走向衰老和易於患病的狀態。當人體內的各種代償機制也不能有效地發揮作用時，便開始出現一些物質結構上的改變或器質性病變（Organic Pathological Lesion），最後才表現為多種不同的症狀和體徵。例如：個體已經開始不能及時地清除納入體內的環境致癌物，或不能自動地消除自身新陳代謝產生的氧化自由基；而有些個體的免疫系統則開始不能快速而有效地清除包括HIV在內的多種病毒，也不能及時地修復各種理化因素所導致的基因突變……。所有這些不利的因素在人體內日積月累的結果，就是導致DNA聚合酶的自動糾錯功能不能有效地發揮作用，染色體DNA上開始出現了多處不可修復的突變，或由於未被清除病毒的基因組的插入而導致染色體的斷裂和移位。最後，當「程式化死亡」機制和「免疫監察」功能也不能有效地發揮作用時，癌症就發生了。像現代科學那樣，僅僅將癌症的發生發展歸因於某種或某幾種物質因素的認識是不全面的。基因突變雖然在許多個體並沒有立即表現為癌症，但是卻可以通過許多代人的逐步積累，最終導致某一時期的特定個體比其他人更容易患病。

因此，雖然許多個體都接觸到了環境中的致癌因素，都由於新陳代謝產生了氧化自由基，但並不是所有的個體都會患上癌症，而是只有那些喪失了多種正常生理機制的個體才有可能發病。即使某一個體有癌症的遺傳傾向，但如果該個體能夠長期保持良好的心理狀態，不患得患失，其體內細胞的程式化死亡和免疫系統的監察功能都能正常地發揮作用，那麼完全可以避免癌症的發生。而與此相反的是：有些癌症病人在得知病情以後精神崩潰，悲觀的情緒導致自身固有的多種抗癌機制被進一步削弱，結果就是病情的迅速惡化，其預後往往會很差；因而培養優良的個性和積極的人生觀對癌症的防治也是有幫助的。而整個社會的大和諧，也可以顯著地降低癌症的發病率。年齡較大的個體，所經歷的各種負面事件相應就愈多，其整體的機能往往不如

年輕時期，程式化死亡和免疫監察等機制都有可能被削弱，從而比青年時期更加易於患上癌症；因此，癌症病患以老年人多見。此外，過去人均預期壽命很短，很多人在沒有患癌症之前就已經死於其他的疾病，癌症的發生率就顯得相對較低；相比較而言，當今時代，尤其是在一些發達國家，由於生活條件的極大改善，人口老齡化的趨勢日漸明顯，也成為最近幾十年來癌症發生率顯著升高的一個重要因素。

因此，人體自然的、社會的、歷史的和情感的屬性等長期作用於人體，導致個體多種自穩功能喪失、整體機能下降，才是癌症發生起始的和決定性的步驟；因而人體抽象的五大屬性，尤其是現代科學不太注重的社會屬性和情感屬性，才是癌症發生發展過程中的決定性因素。而現代科學所認識到的癌症的基本病因，如基因突變和免疫監察功能缺陷等等，實際上都不是癌症發生的真正原因，而是由於人體抽象的五大屬性長期作用於人體，招致個體自身固有的多種抗癌機制不能有效地發揮作用的必然結果；現代科學所強調的致癌因子，如環境污染、病毒感染、各種理化因素等等，都要在人體自身內在的多種正常的生理機制得到嚴重削弱的情況下才能發揮致癌作用，它們在癌症發生發展的過程中所起的作用，與消化性潰瘍病因學中的胃酸胃蛋白酶、幽門螺旋桿菌等局部損害因素一樣，都不是起始的和決定性的要素，卻可以顯著地增加發病率。

由此可見，普遍聯繫的觀點認為癌症的發生發展是一個長期、不斷地累積和疊加的慢性過程；個體既往的生活經歷，乃至其祖祖輩輩的歷史變遷都與癌症的發生發展密切相關。因而從個體的角度來講，癌症的防治必須從日常生活中的每一件小事做起，必須能順應自然界和社會環境的變化，長期保持一個良好的生活習慣並強調優良個性和思想素質的培養；以一個積極的態度來看待各種社會矛盾，長期保持愉悅的心理境界，才是避免癌症發生的關鍵。而從國家和社會的角度來講，癌症的防治要通過保護環境，促進社會和家庭的和諧來實現。癌症發生以後，也不是單純地可以通過放、化療和手術等手段就可以治癒的，而主要是要通過恢復個體的整體機能，有效地調動癌症病人自身固有的多種抗癌機制才能成功。而現代科學從根本上割裂了人體與自然界和社會的密切關係，忽視了人體整體的和歷史的屬性，不承認社會—心理因素對人體健康的決定性影響，將癌症等多種疾病的病因學研究主要集中在人體的物質結構上，導致絕大多數疾病的防治都收效甚微。在忽略了人體固有的普遍聯繫屬性的情況下，現代科學要闡明癌症的發病機理是根本就不可能取得成功的，更談不上「攻克癌症」了。所有這些都說明了普遍聯繫的觀點不僅有助於圓滿地解釋癌症的流行病學等特點，而且還能使癌症的病因學與防治學發生革命性的轉變。

　　總之，在普遍聯繫的觀點指導下，癌症的病因學是高度複雜的，這裡僅僅是簡略地論述，還必須參考本部分其他各章節的內容才能較為全面地理解癌症的發生機理（請參閱第十四章）。這一觀點要求我們在探討各種現象和疾病的發生機理時，不僅要考慮到現代科學已經認識到的物質因素，而且還必須強調人體固有、抽象的五大屬性才是染色體 DNA 發生突變的真正推動力。這說明只有比現代科學想得更多、更全面，採取與現代科學完全不同、高級得多的技術手段，才能真正有效地防治癌症。這再一次充分地說明了普遍聯繫的觀點，的確是我們在探討各種人體疾病和生命現象的發生機制時都必須擁有的一個基本觀點；如果忽略了這一觀點，我們的認識就有可能是非常不全面的，也必然要犯方法論上的嚴重錯誤。

5.2　普遍聯繫的觀點是建立生命科學領域中因果關係的必要前提

　　牛頓提出的萬有引力定律之所以能圓滿地解釋「蘋果落地」現象，並且還能很好地解釋潮汐漲落、地月關係、天體運行等宏觀物體的運動，是因為「萬有引力」的概念首次建立了物理學領域中完整的因果關係，從而使人們對自然界的認識發生了質的飛躍。同理，黏膜下結節論之所以能夠圓滿地解釋消化性潰瘍所有 15 個主要的特徵和全部 72 種不同的現象，其理論基礎實際上還可以廣泛地應用於所有人體疾病和生命現象的解釋之中，也是因為它充分地認識到了人體抽象而固有的普遍聯繫是推動各種疾病和生命活動發生發展的根本原因。這一認識體現的正是人體和生命科學領域中的因果關係，也有可能導致人類的認識再次邁上一個新臺階。

　　牛頓時代以前的人們為什麼不能圓滿地解釋「蘋果落地」這一非常簡單而常見的自然現象呢？這是因為人們沒有考慮到重物與地球之間抽象的「萬有引力」，是地球表面上的物體垂直落地的根本原因，因而「蘋果落地」現象在幾千年的文明史上一直都找不到合理的解釋。同理，現代科學為什麼至今仍然未能圓滿地解釋任何一種人體疾病和多種生命現象的發生機理呢？這是因為現代的人們完全沒有考慮到人體固有的、複雜而抽象的普遍聯繫（五大屬性），才是推動各種人體疾病和生命現象發生發展的根本原因，因而現代科學自始至終都找不到消化性潰瘍的真正病因，50 多年來不能圓滿地解釋「年齡段分組現象」，至今仍然不能攻克包括癌症、愛滋病在內的任何一種疾病，都是不奇怪的。這些都說明現代科學在忽略了普遍聯繫的情況下來探討各種人體疾病和生命現象的發生機理，就好像是牛頓時代以前的人們在忽略萬有引力的情況下來探討多種自然現象的發生機理一樣，是永遠也不可能取得成功的。而基本相同的錯誤，實際上還廣泛地存在於現代科學對所有人體疾病和生命現象的探討之中。

然而，自牛頓提出了「萬有引力」的概念以後，人類對自然界的認識發生了質的飛躍：人們開始充分地認識到「作用力」是使物體的運動狀態發生改變的根本原因，抽象的「萬有引力」不僅能圓滿地解釋蘋果落地現象，而且還可以將各種看起來毫無關聯的潮汐漲落、地月關係、天體運行等各種宏觀物體的運動有機地統一起來；這一理論在實踐中的應用，還在 1957 年導致了第一顆人造衛星上天，並有力地推動了其他各學科領域的發展，目前已經廣泛地應用於人類生活的方方面面。同理，在人體和生命科學領域提出「普遍聯繫」的概念，也可以使人類的認識再一次發生新的質的飛躍：現代科學尚未認識到的、抽象的普遍聯繫也是推動各種人體疾病和生命活動發生發展的根本原因，抽象的「普遍聯繫」不僅有助於明確消化性潰瘍的真正病因、圓滿地解釋「年齡段分組現象」，而且還可以廣泛地應用於包括癌症、愛滋病在內的所有人體疾病和生命現象的解釋之中。事實上，「普遍聯繫」正是將「萬有引力」這種單一的聯繫進一步昇華而得到的一個綜合概念，在種類和數量上都要比「萬有引力」複雜而廣大得多，並將現代科學看來毫無關聯的多對二元關係高度統一起來。具體內容請參閱第十二章「新二元論」第五節。

上述類比清楚地說明了抽象的普遍聯繫才是推動各種人體疾病和生命現象發生發展的根本原因；只有在這一全新認識的指導下，才能建立起人體和生命科學領域中的因果關係，清楚地解釋各種人體疾病和生命現象的發生機理，從而為最終攻克各種疾病提供正確的方法論指導。

5.3 普遍聯繫的觀點將從根本上改變當前的病因學和防治學觀念

普遍聯繫的觀點認為：抽象的五大屬性才是推動人體各種疾病發生發展的決定性要素，因而現代科學所認識到的具體的物質病因，如消化性潰瘍病因學中的胃酸胃蛋白酶、幽門螺旋桿菌等局部損害因子，癌症病因學中的染色體 DNA 上的基因突變、以及招致愛滋病的病毒感染等等，要麼是人體自身固有的普遍聯繫長期作用的必然結果，要麼必須通過普遍聯繫（抽象的五大屬性）才能對人體起作用。因此，人類絕大多數的疾病實際上都是一個長期、慢性的過程，而現代科學已經認識到的物質結構上的改變（如基因突變、病毒感染等等），都不是相應疾病的真正病因，而是在人體抽象的普遍聯繫屬性推動下發生的一個中間過程。相應地，各種疾病最關鍵的防治措施不是消除物質因素對人體的影響，也不是吃藥打針、做手術、放化療等等，而是要從日常生活中的每一件小事做起，強調個體內心和情緒的調整（也可以稱為「德行修養 (Virtue and Behavior Cultivation)」）、注重整個社會的大和諧等抽象方面的因素，在人體自身的抗病能力上下功夫。人體自身的抵抗力

增強了，自然就能有效地對抗愛滋病毒的高變異性了。由此可見：普遍聯繫的觀點在人體疾病方面的應用，將從根本上改變以現代科學為基礎的病因學觀念，並促使人們採取一系列全新並且更加有效的防治措施。實際上，病因學觀念的改變不僅會影響到疾病的治療和預防，而且還會導致人體和生命科學領域的所有方面都發生深刻的變革，這裡不一一論述。

5.4 普遍聯繫的觀點將導致整個人類科學的全面革新

普遍聯繫的觀點在理論和實踐上的應用，就是要求我們在探索宇宙萬物產生、存在、發展和消亡的機制時，必須將它們都放在普遍聯繫的大環境中才能夠展開研究。這就要求我們在日常生活和各項科研工作中，必須比現代科學想得更多、更全面，才能在不同的領域中形成正確的認識並行之有效地解決各種複雜問題。

由於宇宙萬物都要在普遍聯繫中存在，而普遍聯繫又是推動宇宙萬物不斷向前變化發展的根本原因，因此，有了普遍聯繫的觀點，我們就必須帶著變化發展的觀點和因果關係的觀點來看問題。普遍聯繫還使得宇宙萬物，或者同一事物的不同部分之間成為一個不可分割的整體，因此，我們還必須帶著整體的觀點來看問題；而歷史的聯繫還使得我們必須帶著歷史的觀點來看待各種問題。不僅如此，普遍聯繫本身就是將研究對象所擁有的各種聯繫疊加起來得到的一個綜合概念，而多因素綜合作用的結果，就是導致萬事萬物表現出千奇百怪、有很大不確定性的現象，因而有了普遍聯繫的觀點，我們還必須帶著疊加和概率論的觀點來看待各個不同領域中的複雜問題，必須考慮到各種具體的現象背後通常還會隱藏著抽象的本質。而要同時考慮如此多的內容，就必須改變現有的線性思維方式，而採用更為高級的多維的思維方式才能實現。所有這些都說明一旦有了普遍聯繫的觀點，遭到現代科學忽略的許多因素都將得到充分的考慮；相應地，人們對各種問題的認識也必然要比現代科學更深入、更細緻，並且以現代科學為基礎發展起來的許多理論、觀念和認識，都有可能像「**幽門螺旋桿菌與消化性潰瘍有因果關係** [32]」的論斷一樣是完全錯誤的；而以現代科學為基礎發展起來的各種技術和方法不可能解決的許多問題，在以普遍聯繫的觀點為基礎發展起來的新科學指導下，都將有可能迎刃而解。

由此可見，「普遍聯繫」這個概念的提出對人類思想和認識的影響將是十分巨大的，因而是本書思想最重要的核心，將來也必然要導致整個人類科學技術的全面革新。這說明我們只有將它也當成一條「萬有定律」並在實踐中靈活地加以應用，才能使當前的各項科研工作真正地從困境中走出來。

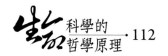
第六節：現代科學忽視「普遍聯繫」的主要原因

　　總結本章前面五節的論述，「普遍聯繫」的確是無處不在的，並且是推動宇宙萬物變化發展的根本原因，但現代科學為什麼總是對其視而不見呢？雖然在東西方哲學史上，有很多哲學家都提出過「普遍聯繫」的基本概念，但是這一重要認識為什麼自始至終都不能被納入到現代科學的理論體系中來呢？原因是多方面的，這裡僅僅論述其中最主要的三點：

6.1　普遍聯繫抽象而複雜的特點決定了現代科學會忽略它的存在

　　人類對周圍世界和自身的認識必須經歷一個從簡單到複雜，從低級到高級的過程。研究對象的物質屬性通常是看得見、摸得著，或者是通過儀器探測到的，具有相對的穩定性，是事物的基本屬性中相對簡單一種，因而很容易就能吸引人們認識的眼光。而與此完全相反的是：普遍聯繫的屬性（Attributes of Universal Correlation）是看不見、摸不著，也不能通過儀器直接測到的，並且通過疊加的方式綜合起來對事物起作用，具有概率發生的基本特點，因而是事物的基本屬性中相對複雜的一種。例如：萬有引力雖然是普遍聯繫中非常簡單的一種，但其抽象的特點導致牛頓時代以前的人們長期不能意識到它的客觀存在；而「普遍聯繫」不知要比「萬有引力」複雜多少倍，現代的人們自然也很難清楚地意識到它的存在。雖然東方古代文化，尤其是中國古人遠在 3000 多年前就已經認識到了這一屬性對事物發生發展的決定性作用，但在對物質世界的認識並不是很深入的情況下，其抽象而複雜的特點導致這一偉大的思想至今仍然難以普及和推廣，並且中國古代的科技通常被稱為「玄學（Metaphysics）」，而它在人體疾病方面的應用就發展成了我們今天所看到的中醫學。然而，不容易被人們廣泛地接受，並不意味著古人對自然界和自身的各種認識就一定是不正確的。而西方科技主要局限於對物質世界的認識，很容易就能夠被證明為真理而易於接受和推廣，並日漸發展為今天的現代科學；然而，這一特點同時卻又將現代科學局限在物質科學的水平上，最多只能算得上是人類科學的初級階段。

6.2　科學與哲學分家的特點決定了現代科學一定會忽略普遍聯繫

　　其次，雖然歷史上有很多的哲人都已經提出過「普遍聯繫」的基本概念（本章第二節），但是科學與哲學分家的基本特點，就已經決定了歷史上的這些偉大的思想必然不能被現代科學所用。然而，歷史上不同時期、不同地域的哲學思想在體系上缺乏完整性，也是現代科學忽略「普遍聯繫」的一個重要原因。為什麼呢？歷史上的人們往往孤立地應用某一個或幾個哲學認識，只能闡明一部分的特徵或現象的機理，卻難以解釋更多的特徵或現象，也

就不能有效地解決日常生活和科研工作中的問題，其正確的成分自然也就得不到充分的體現，甚至遭到質疑。例如：德國著名的新康德主義哲學家赫爾姆霍茨（Hermann von Helmholtz, 1821-1894）曾經這樣描述科學和哲學的關係：**當哲學家指責科學家眼界狹窄時，科學家反唇相譏，說哲學家瘋了。其結果是，科學家開始在某種程度上強調要在自己的工作中掃除一切哲學的影響。其中有些科學家（包括最敏銳的科學家）甚至對整個哲學加以拒斥。他們不但說哲學無用，而且說哲學是有害的夢幻**[36]。因此，現代科學家普遍缺乏哲學頭腦，對包括「普遍聯繫」在內的許多偉大思想都「視而不見」，也就不奇怪了。而本書建立的哲學體系則完全不同，不僅同時提出了 15 條哲學原理，而且還十分強調這些哲學原理的聯合應用（詳見第十五章），這些都是與人體和生命科學高度複雜的基本特點完全相適應的，因而是完整的思想體系，並且首次圓滿地解釋了消化性潰瘍所有 15 個主要的特徵和全部 72 種不同的現象。這說明歷史上的哲學思想過於零碎而缺乏說服力的基本特點，也是現代科學忽視「普遍聯繫」的重要原因之一。

6.3 還原論分割研究從根本上否認了普遍聯繫的存在

再次，現代科學採用還原論分割研究的方法，就已經從根本上否認了普遍聯繫的存在。過去幾百年來，還原論（Reductionism）分割研究的方法在幫助人們了解事物的物質結構方面的確可以說是取得了很大成功的。例如：人們已經闡明了遺傳物質 DNA 的雙螺旋結構，以及許多蛋白質的結構和功能，所獲得的實驗結果能夠被重複，都證明了還原論對人們認識生命的物質結構的確是有很大幫助的。然而，這一巨大的成功，同時卻又掩蓋了它所擁有的根本的缺陷——將研究對象從它所處在的周圍環境中割裂開來獨立研究，這一方法自動拋棄了萬事萬物之間抽象的普遍聯繫。而科學和哲學分家的基本特點，決定了能夠認識到還原論分割研究具有很大片面性的現代科學家是極其少數的。這就極大地限制了人們的思維，導致不同事物之間看不見、摸不著、抽象的普遍聯繫在幾乎所有的科研工作中都被忽略了。不僅如此，普遍聯繫還是一個整體的概念，而還原論分割研究的方法直接導致現代科學缺乏整體觀，因而也就難以自覺地形成普遍聯繫的基本概念了。然而，在對物質世界的認識已經相當深入的今天，如果人們仍然將探索的目光停留在研究對象的物質結構上，將是很難進一步地加深對周圍世界的理解的；人類科學新的大發展，要求我們既要看到現代科學成功的地方，又要十分清楚它的缺點和不足之處；只有這樣，當前的科學才能再一次發生新的質的飛躍，人類的文明才會有新的快速進步。

總之，現代科學忽視「普遍聯繫」的原因是多方面的，這一根本缺陷導致它對自然界和人體的認識始終停留在物質結構的水平上，要建立起人體和生命科學領域中的因果關係是根本就不可能的。因而現代科學長期不能明確消化性潰瘍的真正病因，不能圓滿地解釋任何一種人體疾病的發生機理，不能找到攻克愛滋病等多種病毒高變異性的有效方法，都是必然的。無疑，認識到現代科學這些明顯的不足之處，將對人類未來的新科學、新思想的誕生起到極大的推動作用。

本章小結

綜合本章全部的論述，宇宙中的萬事萬物都要在抽象的普遍聯繫中產生、存在、發展和消亡。這一觀點要求我們必須將每一個活著的人，都看成是自然界和社會的一部分，看成是一個有情感、有整體和歷史屬性的個體。基於這一認識，黏膜下結節論提出了與現代科學完全不同的消化性潰瘍的病因學和防治學，並圓滿地解釋了「年齡段分組現象」。普遍聯繫的觀點在理論和實踐上的具體應用，則認為現代科學所認識到的基因突變，還遠不是癌症發生發展的根本原因，而是抽象的五大屬性長期作用於人體的必然結果。普遍聯繫的觀點還是建立人體和生命科學領域中因果關係的必要前提，從根本上改變以現代科學為基礎的病因學和治療學觀念，並導致整個人類科學的全面革新。最後，我們還分析了現代科學忽略「普遍聯繫」的三個主要原因，明確地指出了其理論體系的明顯不足之處，從而更凸顯了建立全新科學體系的迫切性和必要性。所有這些都說明了「普遍聯繫」概念的提出，對人類科學的未來發展的確具有非常重要的意義，是日常生活和各項科研工作都必須具備的一個重要觀念。

參考文獻

1　孫方民、陳淩霞、孫繡華主編；科學發展史；鄭州，鄭州大學出版社，2006 年 9 月第 1版：第 117 頁。

2　程士德主編，孟景春副主編；內經講義；上海，上海科學技術出版社，1984 年 12 月第 1版：第 39 頁。

3　Michael N. Peters, Charles T. Richardson; Stressful life events, acid hypersecretion and ulcer disease. Gastroenterol; 1983, 84: 114-119.

4　Fordtran JS. The psychosomatic theory of peptic ulcer. In: Sleisenger MH, Fordtran JS, eds. Gastrointestinal disease. Philadelphia: W.B. Saunders Company, 1973: 163-73.

5　Weiner H. Psychobiology and human disease.　New York: Elsevier North-Hollan, 1977:33-101.

6　John H. Walsh and Walter L. Peterson; Review article: The treatment of *Helicobacter pylori* infection in the management of peptic ulcer disease; The New England Journal of Medicine; Oct 12, 1995, Vol. 333, No. 15, pp 984-991.

7　上古真人著，李金水主編：中國傳統文化精華（第一輯）易經；西安，陝西旅遊出版社，2006 年 6 月第 1 版；前言第 1 頁。

8　張世英著：哲學導論；北京，北京大學出版社，2002 年 1 月第 1 版，第 8-12，16 頁。

9　張志偉、馬麗主編；西方哲學導論；北京，首都經濟貿易大學出版社，2005 年 9 月第 1 版；第 78 頁。

10　吳瓊、劉學義著；黑格爾哲學思想詮釋；北京，人民出版社，2006 年 4 月第 1 版；第 81-83 頁。

11　陳遠霞、馬桂芬主編；馬克思主義哲學原理；北京，化學工業出版社，2003 年 7 月第 1 版；第 47-52 頁。

12　Mervyn Susser, Zena Stein; Civilization and peptic ulcer; The Lancet, Jan. 20, 1962; pp 115-119.

13　Joseph B. Kirsner, and Walter L. Palmer; Seminars on gastrointestinal physiology: The problem of peptic ulcer; American Journal of Medicine, November 1952, pp 615-639.

14　Doll R., Jones F.A. Occupational factors in the aetiology of gastric and duodenal ulcers, M. Research Council-Special Report Series No. 276. London, 1951.

15　Takahiko Tanaka, Masami Yoshida, Hideyasu Yokoo, Masaru Tomita and Masatoshi Tanaka; Expression of aggression attenuates both stress-induced gastric ulcer formation and increases in noradrenaline release in the rat amygdala assessed by intracerebral microdialysis; Pharmacology Biochemistry and Behavior, 1998; Vol. 59, No. 1, pp 27-31.

16　Peter G. Henke; Attenuation of shock-induced ulcers after lesions in the medial amygdala; Physiology & Behavior, 1981; Vol. 27（1）, pp. 143-146.

17　Peter G. Henke; The amygdala and forced immobilization of rates. Behav. Brain Res, 1985; 16:19-24.

18　Peter G. Henke; The centromedial amygdala and gastric pathology in rats. Physiol. Behav., 1980; 25:107-112.

19　Den'etsu Sutoo, Kayo Akiyama, Akira Matsui; Gastric ulcer formation in cold-stressed mice related to a central calcium-dependent-dopamine synthesizing system; Neuroscience Letters, 1998; 249, 9-12.

20　Bülent Sivri; Review article: Trends in peptic ulcer pharmacotherapy; Fundamental & Clinical Pharmacology, 2004; 18, 23-31.

21 G.B. Glavin, R. Murison, J.B. Overmier, W.P. Pare, H.K. Bakke, P.G. Henke and D.E. Hernandez; The neurobiology of stress ulcers; Brain Research Reviews, 1991; 16, 301-343.

22 Albert Damon and Anthony P. Polednak; Constitution, genetics, and body form in peptic ulcer: A review; J. chron. Dis., 1967, Vol. 20, pp. 787-802.

23 Doll, R. and Kellock, T. D.: The separate inheritance of gastric and duodenal ulcers, Ann. Eugen. 1951; 16, 231.

24 Mark Feldman, Pamela Walker, Janet L. Green, and Kathy Weingarden: Life events stress and psychological factors in men with peptic ulcer disease: A multidimentional case-controlled study; Gastroenterology, 1986; 1370-1379.

25 Gregory Carey and David L. DiLalla; Personality and psychopathology: Genetic perspectives; Journal of Abnormal Psychology, 1994, Vol. 103, No. 1, 32-43.

26 J. Bruce Overmier, Robert Murison; Anxiety and helplessness in the face of stress predisposes, precipitates, and sustains gastric ulceration; Behavioral Brain Research, 2000; 110, 161-174.

27 鄭芝田主編；消化性潰瘍病；北京，人民衛生出版社，1998 年 12 月第 1 版；第 110 頁。

28 Watkinson G. The incidence of chronic peptic ulcer found at necropsy. Gut, 1960, 1:14-31.

29 Levyj IS, De La Fuente AA; A post mortem study of gastric and duodenal peptic lesions. Gut, 1963, 4; 349-359.

30 Lindstrom CG. Gastric and duodenal peptic ulcer disease in a well-defined population; A prospective necropsy study in Malmo Sweden. Scand J Gastroenterol, 1978, 73:139-143.

31 Taylor and Francis; Review: *Helicobacter pylori* and bleeding peptic ulcer: What is the prevalence of the infection in patients with this complication? Scand J Gastroenterol, 2003; 1, pp 2-9.

32 Barry J. Marshall, J. Robin Warren, Elizabeth D. Blincow, Michael Phillips, C. Stewart Goodwin, Raymond Murray, Stephen J. Blackbourn, Thomas E. Waters, Christopher R. Sanderson; Prospective Double-blind trial of duodenal ulcer relapse after eradication of *campylobacter pylori*; The Lancet, December 24/31 1988, pp 1437-1442.

33 Hildur Thors, Cecilie Svanes, Bjarni Thjodleifsson; Trends in peptic ulcer morbidity and mortality in Iceland; Journal of Clinical Epidemiology, 2002; 55, 681-686.

34 Adrian Schmassmann; Mechanisms of ulcer healing and effects of nonsteroidal anti-inflammatory drugs; Am J Med, 1998; 104（3A):43S-51S.

35 G.E. Samonina, G.N. Kopylova, G.V. Lukjanzeva, S.E. Zhuykova, E.A. Smirnova, S.V. German, A.A. Guseva; Antiulcer effects of amylin: a review; Pathophysiology, 2004; 11, 1-6.

36 李創同著；科學哲學思想的流變——歷史上的科學哲學思想家；北京，高等教育出版社，2006 年 12 月第 1 版；第 2 頁。

第三章：「變化發展」是萬事萬物存在的基本形式

　　第二章提出的「普遍聯繫」是萬事萬物都固有的一個基本屬性，並且是推動萬事萬物變化發展的根本原因。因而有了普遍聯繫的觀點，就必須帶著變化發展的觀點來觀察和處理問題。「變化發展」在人體和生命科學領域表現為生老病死和生物進化等現象。這一觀點在理論和實踐上的應用，則可以進一步地明確消化性潰瘍的病因學特點，並認為即使面對完全相同的疾病和症狀，也必須因時因地因人而異，而不能像現代科學那樣採取千篇一律的診斷和治療方案。此外，如果將現代科學所能觀察到的內容形象地比作為一張靜態的照片的話，那麼變化發展的觀點則要求我們必須觀察到能反映出整個事件全部過程的一部動態影片，才能行之有效地解決實際工作中高度複雜的問題。

第一節：宇宙萬物都處在不斷變化和發展的狀態之中

　　牛頓提出萬有引力定律時，僅僅考察了蘋果從枝頭落到地面這個短暫的空間位置的變化。如果我們仔細地考察蘋果全部的生活史，也就是從它開始存在到最後完全消失的整個歷史，又會是什麼樣的一種情況呢？我們將不難發現：這個被考察的蘋果在任何時候，都會與它前面的一個時刻有所不同，具體表現為開花授粉、子房發育、體積從小到大、成熟落地，最後因果肉腐敗、種子發芽而消失。這個蘋果在其存在的全部歷史過程中，都不可能完全停留在某一個歷史階段而不發生任何變化，而是無時無刻都處在一個向前變化發展的狀態之中，直到它完全消失的那一刻為止。

　　實際上，萬事萬物，大到整個宇宙，小到原子分子，都與上述的蘋果一樣要經歷產生、變化、發展和消亡這樣的一個過程，都處在不斷變化發展的狀態之中。天文觀測發現：宇宙中的一些星系在滅亡的同時，另外一些星系卻正在形成，總體上的表現就是整個宇宙不斷地向前進化。變化發展在人體則表現為生老病死等各種生理現象，停留在某個特定的生長發育階段而不發生任何變化的個體是不存在的。不僅任何個體都要經歷不斷變化發展的過程，整個人類社會已經經歷了從原始社會、奴隸社會、封建社會到資本主義社會的衍變，而且目前仍然處於不斷向前變化發展的進程之中。變化發展在微觀世界裡表現為原子、分子及其亞結構等也都有半衰期，以及微觀粒子的快速運動等等。此外，就連看不見、摸不著、沒有具體形態的人類思維和道德觀念也是不斷向前進化的 [1]；人類的科學技術也的確經歷了一個從無到有的過程，並且目前正在向一個更為高級的階段邁進。我們將萬事萬物

各種性質和狀態的改變，如產生、發展、變化和消亡的過程統稱為變化發展（Changing and Developing）；而將宇宙中的萬事萬物都處於永不停息的變化發展狀態之中的觀點，稱為變化發展的觀點（Perspective of Changing and Developing）。

然而，自然界裡一些諸如岩石這樣的事物，在一定的時期，甚至是在相當長的一段時期內，根本就看不出任何的變化，是不是就說明這些事物就沒有變化發展呢？不是，山中的岩石遲早會被風化，說明了它們也是處於變化發展的狀態之中的；之所以看不出任何的變化，是因為它們變化發展的速度相對較慢，導致幾百年，上千年，甚至是數百萬年內也看不出明顯的變化。例如：人體內的蛋白質多達數萬種，其半衰期有長有短。血紅蛋白的半衰期為 120 天，而其他多種蛋白質的半衰期不過幾分鐘或幾小時；在這些半衰期短的蛋白質變性的幾個小時之內，是基本上看不出血紅蛋白的任何變化的，但我們並不能說血紅蛋白就沒有任何的改變。山中岩石的變化發展表現得極為緩慢，與血紅蛋白較長的半衰期在道理是一致的。由此可見，日常所說的「不變」是相對的，而「變化」才是絕對的，只是要觀察到某些事物的明顯變化通常需要很長的時間而已。

第二節：萬事萬物變化發展的表現形式和發生機制

然而，萬事萬物的變化發展有什麼樣的具體表現，有沒有一定的規律可循呢？我們將在這一節明確地指出：萬事萬物都要在量變和質變的交替進行中變化發展，並且是在新特徵的基礎上不斷產生的抽象聯繫推動下循環往復的一個過程，而推動事物變化發展的多種聯繫還有主次之分。

2.1 量變和質變是事物變化發展的兩個不同階段

任何事物的變化發展，具體地表現為「質」和「量」這兩個方面的變化：我們將有全新特徵的產生或基本性質的改變，定義為「質變（Qualitative Change）」；而將某一特徵或基本性質在數量方面的變化，定義為「量變（Quantitative Change）」，如體積的大小、速度的快慢、程度的高低、顏色的深淺變化等等。質變通常是在量變的基礎上迅速、急劇發生的改變，並且使事物與它原先的狀態有了明顯的區別；而量變則是在新特徵、新性質的基礎上發生的數量和程度上的改變，通常表現得較為緩慢、溫和。由此可見，質變和量變是不斷交替進行的。黑格爾和馬克思的哲學體系用「質量互變規律 [2]」來描述萬事萬物變化發展的基本規律，與本書要表達的思想基本上是同義的。

　　例如，蘋果花的雌蕊被授粉以後，單倍體的卵細胞與精細胞發生核融合，形成一個二倍體的受精卵並刺激子房發育的過程，就是一個典型的「質變」，導致一個雛形蘋果的形成。以此為基礎，這個小小的蘋果會不斷地利用蘋果樹提供的營養、礦物質和水分進行新陳代謝，體積不斷增大，重量不斷增加，就是一個典型的「量變」。終於有一天蘋果成熟了，樹枝再也不能夠承受它的重量而落地了，其空間位置的顯著改變，就是另外一個質變的過程。落地後的蘋果受到土壤和空氣中的微生物、濕氣等的影響逐漸腐敗，又是一個新的量變過程。腐敗後的果肉被其種子吸收利用，最後又質變成幾棵小小的蘋果樹並開花結果……。宇宙萬物就是這樣周而復始，無限循環，不斷地向前變化發展的。

2.2　萬事萬物變化發展的基本機制

　　本部分第一章指出了「不同事物在某些特徵方面的同一性，是它們之間產生聯繫並發生相互作用的基礎和先決條件」；第二章指出了「抽象聯繫是推動萬事萬物變化發展的根本原因」；本章則認為「變化發展通過量變和質變賦予了事物一些全新的特徵」。因而變化發展的結果，就是新特徵使得研究對象與周圍事物之間又有了新的同一性基礎，而新的同一性又導致了新聯繫的產生，進而推動了事物新一輪的變化發展。如此周而復始，往復循環，推動了宇宙萬物不斷地向前變化發展，如圖 III.10 所示：

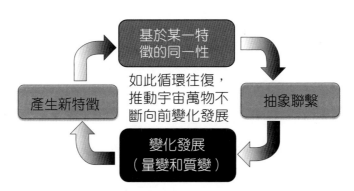

圖 III.10　萬事萬物變化發展的基本機制

　　圖 III.10 表示：不同事物某一特徵方面的同一性，是它們之間產生某種抽象聯繫的根本原因，而這一抽象聯繫所推動的變化發展，表現為量變和質變兩種形式。量變和質變的結果就是新特徵的產生，以此新特徵為基礎又出現了新的同一性並導致新聯繫的產生，而新的聯繫又成為事物新一輪變化發展的動力。如此循環往復，永無休止，推動了宇宙萬物不斷地向前變化發展。

例如：牛頓所考察的蘋果與地球之間由於質量同一性而產生了萬有引力的聯繫。在萬有引力的推動下蘋果落到地面以後，其周圍的環境發生了質變：蘋果樹不再為它提供營養，它的周圍不再僅僅是空氣而是土壤中的各種細菌、真菌等等。蘋果與這些微生物之間分子水平上的同一性，導致它的果肉被發酵和分解，最後被其種子吸收利用而消失；取而代之的將是一棵在遺傳上略有不同的新樹苗。這棵新樹苗又以新的同一性為基礎與周圍環境產生多種不同性質的聯繫，在這些聯繫的共同推動下逐漸長大，並開花結出新的蘋果來……。如此周而復始、不斷往復循環的結果，就推動了蘋果樹不斷向前進化，最後發展成為我們今天能吃到的各種風味的蘋果。

2.3 推動事物變化發展的抽象聯繫有決定性和非決定性之分

實際情況往往要比上述機制複雜得多：在某個特定的歷史時期，特定的事物通常同時與周圍多個不同的事物產生多種不同性質的聯繫，並通過疊加機制共同推動事物不斷地向前變化發展；但不同性質的聯繫在事物變化發展過程中的作用是不同的：我們將對事物的變化發展起到決定性作用的抽象聯繫稱為決定性因素（Determinative Factors）或主要因素（Chief Factors），而將其他對事物的變化發展影響不大的抽象聯繫稱為非決定性因素（Indeterminative Factors）或次要因素（Secondary Factors）。然而，隨著時間的推移，一些決定性因素有可能會轉變成非決定性因素或甚至是完全消失，而一些非決定性因素則有可能逐步轉變為決定性因素。因此，決定事物變化發展的主要因素和次要因素會隨著時間的推移而不斷地發生變化或互換它們的位置。例如：蘋果在尚未成熟期間與蘋果樹的聯繫是影響其生長發育的決定性因素，而地球對它的萬有引力則是非決定性的；但在蘋果落地的過程中，萬有引力則成為決定性因素，它與蘋果樹之間營養上的聯繫就基本消失了。

第三節：歷史上的「變化發展」觀念

變化發展的觀念最早出現於 3000 多年前中國古代的八卦和《易經》中 [3]，認為陰陽的消長平衡推動了萬事萬物的運動變化，幾千年來這一理論一直都在指導著中國傳統醫學的理論和實踐 [4]。因而「因時因地因人而化」是中醫診斷和治療的一個基本原則，也是中醫學的一個重要的基本特色。中國古代還有一句至理名言叫「變則通」，也是源於《易經》的 [5]。西晉時期的哲學家郭象（字子玄，西元 252 年～西元 312 年）認為「**天地萬物，無時而不移也** [6]」，強調萬事萬物每時每刻都處於一個不斷變化和更新的狀態之中。已有 2500 多年歷史的佛教在其最原始的經典中就認為物質現象都是「**變化無常、不安穩的** [7]」，明確地表達了「變化發展」的觀點。

　　西方哲學史上的辯證法是從希臘的愛利亞派那裡產生的，實際上是解釋世界運動和變化的一種哲學方法 [8]。西元前 6 世紀的古希臘哲學家赫拉克利特認為「萬物流變，無物長存」，「一個人不能兩次踏入同一條河流；因為新的水不斷地流過你的身旁 [9, 10]」。另一位古希臘哲學家蘇格拉底（Socrates，前 469～前 399 年）從來都不把一些具體的存在形式看成是絕對的，道德規範也沒有絕對的意義 [8]；而柏拉圖（Plato，前 427～前 347 年）認為「感性事物變化不定，沒有真理可言 [8]」。這些都是人類歷史上非常偉大的哲學思想。而辯證法到了黑格爾的那個階段，才算是真正完整地建立起來 [8]；馬克思充分地保留和完善了這一思想 [9]，認為「矛盾的對立統一，是事物變化發展的源泉、內容和動力，是唯物辯證法的實質和核心 [11]」。這些都與本書提出的「變化發展」觀念有著相近相通之處。

　　然而，本書提出的「變化發展」與歷史上的相關思想仍然是有區別的。這首先表現在本書認為抽象的普遍聯繫是推動萬事萬物變化發展的根本原因。由於普遍聯繫是宇宙萬物都固有的一個基本屬性，因而萬事萬物也必然處於一個不斷變化和發展的狀態之中。這就使得本書提出的「變化發展」遠遠沒有歷史上的辯證法那麼艱深難懂 [10]，也無須去探求那些對立和未知的多種因素，就可以方便地應用於複雜的人體疾病和生命現象的探討之中。其次，本書提出的「變化發展」實際上還貫穿在本部分其他 14 章的內容之中。例如：「變化發展」是以「同一性」為基礎的「普遍聯繫」所推動的，其結果表現為各種現象，必然會涉及到「本質與現象、因果關係」等哲學思想。而本書提出的「變化發展觀」在人體和生命科學領域中的應用（本章第四、五兩節），則認為個體思想上的變化、人生觀的變化或內心的變化，才是決定性的、本質上的變化，而現代科學的研究焦點——物質結構上的變化則是繼發的、現象上的變化。因而本書變化發展觀念實際上還涉及到了唯心論的部分思想；它實際上是唯物主義和唯心主義達到了高度統一以後獲得的全新認識，反映了本部分第十二章「新二元論」的基本內容。由此可見，本書提出的「變化發展」不是一個孤立的哲學觀點，而是很多哲學思想組成的複雜網絡中的一個點。這也是將本書提出的「變化發展」與歷史上其他的相關思想區別開來的一個重要方面。

第四節：變化發展的觀點在「黏膜下結節論」中的應用

　　第二章「普遍聯繫」指出抽象的五大屬性長期作用於人體，推動了消化性潰瘍病的發生和發展。然而，這一認識僅僅粗略地揭示了消化性潰瘍的病因，還必須借助「變化發展」的觀點，才能更加深入地了解到這一疾病的病因學特點；這一觀點對其他問題的看法也是非常具有革命性的。

4.1 消化性潰瘍的直接病因是因時因地因人而異、千變萬化的

歷史上以現代科學理論為基礎的所有學說，包括「無酸無潰瘍」、「神經學說」、「精神壓力學說」和「幽門螺旋桿菌學說」等在內，都有一個共同的特點，就是企圖利用某個共同的病因或發生機制來解釋消化性潰瘍病。這正是缺乏「變化發展的觀點」所導致的錯誤認識，因而**直到今天，潰瘍病的病因都還沒有最後闡明** [12]，**胃潰瘍的發病機理至今還不是很清楚** [13, 14]。變化發展的觀點在消化性潰瘍的病因學這個問題上的具體應用，則能使我們的認識進一步發生根本性的轉變。

首先，變化發展的觀點認為人們的社會地位、工作關係、經濟狀況和基本觀念等等都會隨著歷史的推移而不斷地變化發展，導致消化性潰瘍的直接誘因也在不斷地發展變化。例如：封建社會是自給自足的自然經濟，商品經濟並不發達，人們往往不會因為擔心丟掉了工作而患上消化性潰瘍病。但在進入資本主義社會以後，人們可以自由出賣勞動力，商品經濟十分發達，人與人之間的競爭加劇，或因片面地追求利潤、產品過剩而導致的經濟危機 [15~17]，都可以成為消化性潰瘍的直接誘因。再如：**1900 年前後，潰瘍病的男女性別比例由 3 女 :1 男逆轉為胃潰瘍的 4 男 :1 女和十二指腸潰瘍的 10 男 :1 女；胃潰瘍與十二指腸潰瘍的比例，從 1900 年的 4:1 逆轉為目前的 1:10** [18]；**自 50 年代以來，已有不少文獻報導胃、十二指腸潰瘍有逐漸下降的趨勢** [19]。這些資料反映的都是不同的歷史階段對消化性潰瘍發病率的影響。

其次，變化發展的觀點還認為：消化性潰瘍的直接誘因還會隨著國家或地域、社會制度的不同而有所不同。政治動盪、尖銳的社會矛盾、戰爭、重大的自然災害等，都是有一定地域性的，這些因素可以成為消化性潰瘍的直接病因，已經被 Susser 和 Stein 所觀察到的「年齡段分組現象 [15~17]」所證實。不同的社會制度使人們形成完全不同的觀念、面臨完全不同的社會和家庭矛盾，因而也會影響到消化性潰瘍的發生。不僅如此，隨著年齡的增長，個體周圍的自然和社會環境、自身的生理狀況等也在不斷地發展變化，從而導致該個體發生消化性潰瘍的病因也會不斷地變化發展。例如：青少年時期，有人可能會因為讀書壓力過大，或者厭惡去學校而患上消化性潰瘍；走向社會並參加工作以後，則有可能是因為工作壓力而患病；到了中年則有可能是因為家庭經濟壓力，或者家庭矛盾而患上消化性潰瘍；老年人則有可能是因為退休金、擔憂子女失業等原因而發病。

　　由此可見，變化發展的觀點在黏膜下結節論中的應用，則認為消化性潰瘍的直接病因遠遠不像現代科學所認為的那樣是某一個或幾個因素引起的，而是因時因地因人而異、千變萬化和高度複雜的。而 Feldman 和 Pamela 等人調查了 20 種不同的變量 [20]，以及千篇一律的問卷調查 [21] 等等，都是基於缺乏變化發展觀念的現代科學理論制訂的病因學研究方法，是不可能從根本上取得成功的。

4.2　社會和自然事件要通過「人生觀」才能起作用

　　實際上，消化性潰瘍的病因學比上述情況還要複雜得多。變化發展的觀點認為：上述各種突發的自然、社會和家庭事件僅僅是該疾病發生的直接誘因，還必須在「負面人生觀（Negative View of Life）」的基礎上才能導致消化性潰瘍的發生。這說明人體在出現明顯的潰瘍病變之前，還有一個長期、慢性、非物質的心理過程，而現代科學卻根本就未曾涉及到。

　　突發的自然、社會和家庭事件往往同時影響很多人，但為什麼並不是所有個體都會患上消化性潰瘍病呢？變化發展的觀點認為這主要是「人生觀」的差異造成的。我們將**個體在既往經歷的基礎上形成的對自身、對社會和周圍環境中各種事件的總的看法，定義為人生觀**（View of Life）。各種突發的自然、社會和家庭事件都必須通過消極的人生觀才能對人體起作用，最終導致潰瘍病的發生。例如，Feldman 等的多元對照研究表明：**潰瘍病人與對照的不同之處不在於他們經歷的生活事件的數量，而是在於他們看待這些事件的方法和所作出的反應。潰瘍病人通常更加負面地看待他們生活中的事件**（$P<0.05$）。消化性潰瘍患者明顯地有較多的情緒障礙，表現為抑鬱或焦慮。疑病症、對生活事件的負面看法、依賴性與較弱的自信心是最能將潰瘍病人與對照進行區別的四個主要變量；消化性潰瘍病人可能有「潰瘍性格」，如「不成熟、易衝動、孤立和脫離現實等等 [20]」。這一對照研究的結果反映的正是消極、負面的人生觀在消化性潰瘍發生發展過程中的基礎性作用。

　　然而，人生觀不是一朝一夕就能夠形成的，而是在個體既往全部人生經歷的基礎上逐步累積和疊加的結果，並且還會隨著時間的推移而不斷地發展變化。因而人生觀還是人體的歷史和整體屬性的表現，必然要受到所在的家庭、社會和自然環境的巨大影響。例如：從小就開始接受的父母思想上的薰陶、受教育水平、工作環境中諸多因素，都會影響到個體的人生觀；而個體既往經歷的各種性質的自然、社會或家庭事件，無論大小，都參與了人生觀的形成。由於任何兩個不同個體的人生經歷都不可能完全相同，因而人生觀還具有個體多樣性。而消極的人生觀則是在既往經歷的各種負面事件或挫折的基礎上形成、埋藏在個體內心深處的對人生的負面看法，並在某一自然、

社會或家庭事件發生時成為導致個體精神特別緊張的內在原因。這說明從表面上看，消化性潰瘍好像是由某個突發的家庭、社會和自然事件引起的精神緊張導致的，但實際上卻是一個長期、緩慢和逐步累積的過程；而各種不同性質的突發事件，僅僅是在負面人生觀的基礎上發揮了「扳機（Trigger）」作用而觸發了潰瘍病的發生。

因此，突發的家庭、社會和自然事件還必須通過負面或消極的人生觀才能對人體起作用，才能導致消化性潰瘍的發生和發展。與這一認識相對應，消化性潰瘍最根本的治療措施遠不是抗酸或者殺滅幽門螺旋桿菌等物質措施，而是從個體內心深處的調整著手，使其人生觀向積極和正面的方向轉變，才能從根本上消除潰瘍病發生發展的基礎。**有人認為：在考慮潰瘍病的發病原因時不考慮心理因素的作用是不應該，也是不可能的。潰瘍病的預後評價和治療都需要精神和心理方面的評價；不僅如此，缺乏心理調整的治療方案也是不完整的** [22]。變化發展的觀點認為：個體內心深處的變化、思想上的變化，或者說人生觀方面的變化，才是決定性的變化；消極的人生觀可以導致各種疾病的發生發展，而積極的人生觀則有助於預防和治療各種疾病。因此，黏膜下結節論指出：培養不患得患失，「不以物喜，不以己悲」，能夠容納萬物的豁達胸懷，凡事都不急不躁的優良個性，才是消化性潰瘍最根本性的治療措施。佛教有「**少慾無為，身心自在；得失從緣，心無增減** [23]」這句話，表達的正是此意。

總之，變化發展的觀點認為僅僅認識到突發的自然、社會和家庭事件在消化性潰瘍病因學中的作用是遠遠不夠的，還必須充分借鑒唯心論或宗教對人體的部分認識，才能深刻地了解到消化性潰瘍的病因學特點。現代科學缺乏「人生觀」等人體抽象方面的概念，要闡明潰瘍病的發生機理是根本就不可能的；「**直到今天，還沒有哪一種因素，無論是人體方面的，還是生物方面的，能夠被確定為消化性潰瘍病的病因** [12]」也是必然的。

4.3 變化發展的觀點有助於消化性潰瘍的防治

變化發展的觀點在黏膜下結節論中的第三個的應用，就是有助於消化性潰瘍等多種疾病的防治。為什麼呢？變化發展的觀點告訴我們：今天的事業與生活中出現了不如意和失敗，或者目前正面臨著種種難以解決的社會和家庭矛盾，並不意味著我們的人生就是失敗的，問題就永遠也得不到解決；相反，只要我們能夠從多方面作出相應的努力，充分地發揮自己的聰明才智，生活中各類大大小小的事件就一定會朝著成功、和諧的方向變化發展。而今天在事業上取得了很大的成功，或者在競爭中成為了優勝者，也並不意味著我們在明天還會取得成功，還能在明天的競爭中保持優勝；如果不能保持一

個平和的心態繼續努力，成功就有可能向失敗的方向變化發展。由此可見，變化發展的觀點有助於我們形成正確的人生觀，防止過喜過悲等情感上的大起大落，從而避免消化性潰瘍等各種疾病的發生。

4.4　幽門螺旋桿菌與消化性潰瘍之間的因果關係是不存在的

　　前幾點討論揭示了消化性潰瘍的真正病因實際上是因時因地因人而異、千變萬化的。這一認識是黏膜下結節論圓滿解釋該疾病所有特徵和現象的必要前提。但部分現代科學家卻認為「**幽門螺旋桿菌與消化性潰瘍有因果關係** [13]」，使得當前的潰瘍病研究基本上都發生了大方向上的錯誤。

　　變化發展的觀點認為：抽象的普遍聯繫才是推動萬事萬物變化發展的根本原因，而變化發展在人體的表現之一就是各種疾病的發生發展，消化性潰瘍自然也不能例外。因此，人體抽象方面的要素才是推動消化性潰瘍發生發展的真正原因。然而，幽門螺旋桿菌不是人體抽象方面的要素，而是可以通過顯微鏡直接觀察到，或者可以通過其他的化學或生物學手段檢測到的具體的物質因素，因而不可能是推動消化性潰瘍發生發展的根本原因，任何將幽門螺旋桿菌作為主要病因來解釋消化性潰瘍的企圖注定了是要失敗的。「**幽門螺旋桿菌在消化性潰瘍中的作用是有爭議的** [24]」、「**該細菌如何導致消化性潰瘍的機制目前尚未闡明** [13, 14]」是必然的。

　　其次，變化發展的觀點還認為推動事物變化發展的因素有「決定性」和「非決定性」之分，存在因果關係的因素也必然是決定性的因素。Kato 對283 個日本兒童的回顧性調查結果表明：**胃潰瘍患者幽門螺旋桿菌的感染率低於 50%；儘管幽門螺旋桿菌看起來好像是胃潰瘍的一個危險因素，但是大多數病人的潰瘍病可能是由其他的原因引來起的** [25]」，「**刺激或者損壞中樞神經系統中的杏仁核，分別能導致或者避免胃潰瘍的發生** [26]」，都說明了幽門螺旋桿菌的感染並不是消化性潰瘍發生的決定性因素。即使以現代科學的病因學標準作為判斷的依據，幽門螺旋桿菌也不是消化性潰瘍發生發展的必要條件。例如：愛滋病人一定會有愛滋病毒的感染。但消化性潰瘍病人卻不一定有幽門螺旋桿菌的感染。我們怎麼能夠確認「**幽門螺旋桿菌與消化性潰瘍有因果關係** [13]」呢？

　　由此可見：變化發展的觀點從兩個不同的方面指出了幽門螺旋桿菌不可能是消化性潰瘍的病因，而是該疾病發生發展過程中可有可無的次要因素。實際上，現代科學至今未能建立起生命科學領域中的因果關係，通過部分觀察結果就得出「**幽門螺旋桿菌與消化性潰瘍病有因果關係** [13]」的結論未免有些草率，只能使相關的研究工作都發生大方向上的錯誤。

第五節：變化發展的觀點在理論和實踐上的重要意義

變化發展在人體和生命科學領域就表現為各種疾病和生理活動等等。因此，變化發展也是我們在探討各種人體疾病和生命現象時都必須具備的一個基本觀點。現代科學基本不考慮推動萬事萬物變化發展的抽象聯繫，也就談不上「變化發展」觀念的形成和應用了，導致以現代科學為基礎的許多理論和認識都存在著一定程度上的缺陷。而靈活應用變化發展的觀念不僅能糾正這些缺陷，而且還能使我們獲得許多嶄新的認識。

5.1 人體正常的生長發育要經歷多次質的飛躍

從新生兒到成年，無論是身高體重長相，還是心理生理能力，都有著巨大的差別。很明顯，這是人體的結構和心理兩個方面不斷變化發展的結果。變化發展的觀點在人體生長發育方面的應用，則認為從新生兒到成年人必然會經歷多次質變。例如：新生兒黃疸，六、七歲時換牙齒等等，都是人們所熟知、明顯可見的質變過程。

然而，人體正常的生長發育實際上還要經歷多次不被現代醫學所了解的質變，其中最典型的例子就是中醫學所描述的「變蒸（Growing Fever and Perspiration）」。所謂變蒸，就是指人體尤其是嬰幼兒在生長發育的過程當中會多次出現低熱、微汗、嗜睡、食慾減退，也可以表現為幾天甚至是 10 來天不大便，或愛哭鬧等因人因年齡而異的多種類似疾病，但實際上卻是長身體、長智慧的正常表現。在這一過程中，機體的免疫系統可能會被充分地調動起來，將上一個生長發育階段殘留、而下一個階段不需要的細胞或物質快速地清除，因而通常會有低熱的表現。這一過程是人體內「去舊迎新」的正常機制，類似於蟬在蛻皮，因而中醫學還稱之為「蟬蛻（Molt）」。其表現通常比較單一、輕微並且持續時間短，無須任何治療就能自動恢復正常，容易將它與疾病區別開來。小兒經過數十次這樣的質變以後，體內各臟器的功能逐步走向完善、免疫力增強、體質變強、性格和智力也得到了同步和協調的發展。但由於缺乏變化發展的基本觀念，現代醫生完全有可能將這一微妙微俏、正常的質變過程當成疾病，並使用抗生素和退燒藥物來進行治療。這樣，小兒的正常生長發育就受到干擾，對各種疾病的抵抗力就被人為地削弱了。

由此可見，有了「變化發展」的基本觀念，要理解中醫學提出的「變蒸」或「蟬蛻」概念就不難了，有助於避免錯誤的醫療行為對兒童正常生長發育的干擾。在缺乏各種現代醫療儀器和物質手段的情況下，中醫學在幾千年前就能認識到人體質變的存在，深刻地體現了其理論體系的偉大，也的確十分值得現代醫學的借鑒。

5.2　在診斷和治療疾病時要因時、因地、因人而異

　　變化發展的觀點在醫學上的另一個應用，就是認為個體的健康狀況會隨著季節、年齡、地點的不同而發生相應的變化。即使是相同的疾病和症狀，不同個體之間會存在嚴重程度和身體素質上的巨大差異；相應地，在診斷和治療各種疾病時要因時因地因人而異，而不是像現代醫學那樣設立一個統一診斷和治療標準。事實上，帶著變化發展的觀點來診斷和治療疾病，往往可以獲得意想不到的良好效果。

　　1997 年，中國湖北某鄉有一個十二、三歲的男孩，看起來卻比同齡人要瘦小得多，因此到一個了解一點中醫學基礎理論的西醫學生那裡去詢問。主訴飯量雖然很大，但仍然十分消瘦，並且幾年來身高一直都維持在七、八歲兒童的水平。西醫學必須通過顯微鏡從糞便中查到蟲卵，才能確診為腸道寄生蟲感染；而根據中醫學理論的指示，腸道寄生蟲病應該在其鞏膜上有所表現。這個醫學生翻開該男孩的眼皮一看，新舊交替的黑色斑塊充滿其整個鞏膜，是中醫學上很明顯的腸道寄生蟲病，而且情況已經十分嚴重了，因而立即建議該男孩服用「史克腸蟲清（阿苯達唑片，商品名為 ZENTEL®，Albendazole Tablets, 0.2g/Tablet）」。這種藥物在中國別名「兩片」，意思是只需要簡簡單單地服用兩片，就可以將腸道內的寄生蟲完全清除掉。然而，該男孩的父親告訴這個醫學生：他們去了很多家醫院，所有的醫生開的都是這種藥物，並且該男孩一直都是謹遵醫囑的劑量來服藥的，一年多來沒有收到任何效果。這個醫學生解釋說：醫囑和說明書上只適用於一般的情況，但是這個男孩的病情比較嚴重，所以必須加大劑量才會見效；建議該患兒每天服用兩片，連續服用 7 天，然後改成每週服用兩片，連續服用 4 週以鞏固療效。兩年後，這個醫學生再次見到了這個男孩，他的情況的確是很不錯的。他的父親說這個新的服藥方法的確很有效，他的孩子很快就面色轉紅，並且開始長胖長高了。

　　這是靈活應用中醫變化發展的觀點成功地治癒嚴重寄生蟲病的例子。同樣的診斷結果、完全相同的藥物，但是根據患兒的實際情況加以適當的變通卻收到了令人意想不到的良好效果。有人會問：難道您就沒有考慮到藥物的毒性和副作用嗎？「史克腸蟲清」的毒性和副作用都很小，而大量的腸道寄生蟲對兒童生長發育的負面影響卻很大。根據「兩者有害取其輕」的原則，在沒有找到其他更為有效的藥物之前，這樣的治療方案還是與患者的病情相適應，最終的結果也證明是很成功的。由於缺乏「變化發展」的基本觀念，所以絕大部分的現代醫生在用藥的時候，首先考慮的就是「劑量標準」，而沒有根據個體的特殊情況加以靈活地變化，雖然藥商開發出了特效藥，但很

多時候就是治不好病。相反，中醫學在這一點上卻做得很好：一個良好的中醫，會根據病人的陰陽虛實、寒熱表裡等情況而適當地調整藥方，即使是完全相同的疾病，但治療方案卻是因人而異的。由於中醫的治療方案不像西醫那樣，有一個固定的標準，所以有些人認為中醫學是不科學的，正是缺乏變化發展的觀點作出的錯誤論斷，必須予以糾正。

由此可見，變化發展的觀點在理論和實踐上的應用，要求我們在觀察和處理各種問題時必須因時因地因人而異，不能死搬教條，更不能死死地抱住某個標準、傳統、法則、定理和定律不放，而要根據實際情況靈活地變通才能解決現實生活中的各種問題。

5.3 抽象方面的改變、心理上的改變才是具有決定性意義的改變

現代科學非常強調事物的物質屬性，並且各項研究工作基本上都是圍繞著闡明具體的物質結構而展開的；這就決定了現代醫學大多以改變人體的物質結構作為治療的核心。然而，包括消化性潰瘍、各種癌症和病毒性疾病在內的多種疾病的反覆發作和多發，都說明了基於物質結構的治療措施對於疾病的康復不具有決定性。本部分第二章指出了抽象的普遍聯繫是宇宙萬物都固有的兩個基本屬性之一，並且在萬事萬物的變化發展過程中發揮了決定性的推動作用，卻在現代人體和生命科學的探索中被忽略了。變化發展的觀點在這個問題上的應用，就是認為事物抽象方面的變化才是具有決定性意義的變化。將這個認識具體地應用在疾病的治療、錯誤行為的糾正等問題上，就是認為個體心理上的改變才是具有決定性意義的改變。「大象與鐵鍊」這個兒童故事十分形象地說明了這一點。

馬戲團裡的大象從小就開始接受各種訓練。當大象們還僅僅是小象的時候，馴獸師只需要一根細小的鐵鍊就足以栓住牠們。雖然小象們都很想掙開鐵鍊而獲得自由，可惜力氣不夠大，經過數次的嘗試都失敗以後，也就不再爭取自由了。後來，雖然小象長成了大象，力氣也變得很大了，但是牠們仍然覺得自己是永遠也不可能擺脫鐵鍊的，馴獸師仍然只需要用一根同樣細小的鐵鍊，就足以栓住牠們了。

有一天，馬戲團的動物飼養圈突然著火了。雖然大象們都有足夠的力氣掙開鐵鍊，但都未能突破既往心理上的障礙，而只是在原地踩腳大叫。在萬分危急的時刻，一隻大象在灼痛之餘猛地一抬腳，竟然輕易地拉斷了鐵鍊，並迅速逃至安全地帶而避開了火災。一些大象紛紛模仿牠的動作，也免遭了被大火吞噬的厄運；而另外一些大象卻始終都不願意嘗試去擺脫那條根本就栓不住牠們的細小鐵鍊而被活活地燒死了。

　　這則兒童故事表明:大象是否能夠保全性命,就在於牠是否能夠突破心理上的障礙。這說明在某些條件下,心理上的改變具有決定性意義,而物質結構也就順理成章、自然而然地發生變化了。同理,在某些情況下,一些人體疾病也取決於個體的一念之想。例如:消化性潰瘍的發生與預後,就在於個體心理上的矛盾是否得到了徹底的解決,而物質上的治療則是非常次要的。Michael 在 1983 年就報導了兩例消化性潰瘍患者,在心理問題得到徹底的解決以後胃酸分泌都下降到正常水平,並且潰瘍症狀也在胃酸分泌下降的同時得到了緩解 [27]。這說明抗酸、抗菌藥吃得再多,甚至採取措施中和大腦內相應部位的神經遞質,都不可能從根本上阻止消化性潰瘍的復發和多發;但一旦消除了心理上的矛盾,物質結構也就自動地恢復正常了。因而有人認為:**在考慮潰瘍病的發病原因時不考慮心理因素的作用是不應該,也是不可能的。潰瘍病的預後評價和治療都需要精神和心理方面的評價;不僅如此,缺乏心理調整的治療方案也是不完整的** [22]。包括癌症、愛滋病在內的其他各種疾病的發生和預後實際上也都是如此,只不過涉及到了更複雜的既往史、更深層次的心理矛盾而已。

　　我們在日常生活中做人做事也是這樣的,要十分重視人群或者個體抽象方面的變化,也就是思想上的變化。《孫子兵法》中有一句「攻城為下、攻心為上」的名言,強調的就是人群心理變化的決定性意義:僅僅依靠武力是不足以占領一座城池的,而必須以「德政」讓城中的百姓從內心深處都願意接受新的政權,才是算得上真正地占領了這座城池。為什麼呢?如果老百姓心理上都不願意接受新的政權,失掉這座城池也只是一個時間問題。同理,在糾正某些個體的錯誤行為時,一味強調肉體上的懲罰、限制行動上的自由往往收效甚微,而應該以思想教育為主。只有讓錯誤行為者真正、徹底地明白了對他人、社會和自身的危害,使其內心深處發生質的改變,才能真正達到亡羊補牢、不繼續犯錯誤的目的。依次類推,在培養人才時僅僅注重體魄的健全也是不夠的,更重要的是要使個體從小就能受到良好的思想教育,增強個體的心理承受能力,擁有積極正面的人生觀,才有助於將來預防各種疾病,並最大限度地造福社會和他人。

　　由此可見:變化發展的觀點認為物質結構上的變化固然重要,但是抽象方面的變化、個體心理上的變化通常更具有決定性意義;而通過常規的物質手段不能解決的問題,往往通過採取一些抽象或心理上的措施卻能得到圓滿的解決。這一觀點不僅是攻克各種人體疾病、解決日常生活中各種問題的關鍵,而且還是我們在第十二章圓滿地回答物質和意識的關係問題、形成「新二元論」非常重要的認識論基礎。

5.4 不能將物理、化學的理論和方法生搬硬套到生命科學領域

現代科學在物理、化學等物質科學領域無疑是取得了巨大的成功。於是有人認為：**隨著生物學和物理學的發展，（生命現象）最終都可以用物理學和化學理論來解釋** [28]；並宣稱：**生物學最好能夠成為物理科學的一個分支，一個能夠通過運用物理科學方法，現在特別是物理學和有機化學的方法發展的獨立分支** [28]。而變化發展的觀點則認為必須發展出與物理、化學不同的新理論新方法，才能真正實現生命科學探索的長遠目標。

變化發展的觀點首先要求我們要注意到生命現象與物理、化學等非生命現象在複雜程度上的巨大差別。非生命科學涉及的結構往往比較簡單，所要考慮的抽象聯繫非常有限，通常只有一種或幾種。而生命科學領域則不同：其結構是高度複雜的，必須同時考慮個體、系統、組織、細胞、細胞器、生物分子等多個層次，所涉及的物質種類不下數萬種，必須考慮的抽象聯繫更是千千萬萬。例如，消化性潰瘍雖然是相對比較簡單的疾病，但其機理卻比牛頓解釋「蘋果落地」要複雜好幾萬倍。這說明生命現象的複雜性的確不是任何物理、化學現象所能比的，物理、化學的理論最多只能應用在「生物分子」這個層次上；而其他層次的抽象聯繫則是物理、化學根本就不可能涉及到的。例如：人體情感的和社會的等五大基本屬性，便是生命作為一個整體才會具有的屬性，在物理、化學中就不可能得到任何形式的反映；並且在生命活動過程中，這些較高層次的抽象聯繫直接或間接地調控著較低層次的物理、化學變化，因而還具有決定性意義。由此可見，生命科學面臨的情況要比物理、化學複雜得多，性質上也存在著巨大差異，這就在理論和方法上對生命科學提出了更高的要求。

其次，變化發展的觀點要求我們在研究和處理問題時，必須根據情況的變化靈活地變通才能取得成功。因此，面對與物理、化學完全不同的情況，只有發展出合乎生命現象高度複雜的特點的新理論、新方法，才能順利實現生命探索的目標。這就好比是學習國中和高中的物理：國中生學習物理的主要目的是「定性」，只需要回答「是與否」的問題就可以了；而高中物理的目標除了定性之外還要定量，不僅要回答「是與否」的問題，而且還要回答「是多少」的問題。因此，與國中階段相比，高中階段學物理的方法必須適當地加以變通，才能繼續保持優異的成績：國中階段只需將教科書上的知識理解透徹就可以了；而高中階段不僅要將教科書上的知識理解透徹，還必須做一定量的習題，才能完全理解某些公式、定律的真正含義；繼續沿用國中的學習方法只能導致對許多公式、定律的一知半解。同理，生命科學面對的是更加複雜的情況，必須回答比物理、化學高深得多的問題，怎麼能繼續運

用物理、化學的理論和方法來解釋生命現象呢？事實上，用物理、化學理論來解釋生命現象，的確導致生命科學的各項研究都存在著明顯的缺陷：**在這些人看來，生物體最終是由物理材料——運動中的分子和原子組成的** [28]；現代醫學在解釋各種疾病的發生機理時，總是將人體看成一個由原子分子簡簡單單堆砌而成的物質堆，而將非生命的物理、化學領域未曾涉及的情感和社會屬性完全忽略掉了。這樣，現代醫學要圓滿解釋各種人體疾病和生命現象的發生機理是根本就不可能的。

因此，「生命現象最終都可以用物理和化學的理論來解釋」的論點，是缺乏變化發展觀念的表現。堅持這一錯誤觀點只會阻礙人體和生命科學的未來發展。生命現象高度複雜的基本特點，決定了我們在吸取物理、化學發展史上成功經驗的同時，又必須根據實際情況靈活地變通，發展出合乎生命科學需要的新理論新方法，才能真正實現這一領域探索的目標。

5.5 生物進化具有「合目的性」的特徵

現代科學以唯物論為哲學基礎，決定了它僅僅注意生物進化過程中物質結構上的變化發展。有人用 DNA 分子上的隨機突變（Random Mutation）來解釋生物進化，並認為**有用的突變就會給予個體較高的生存能力；由隨機原因造成的遺傳突變一旦被證明為存在的，其餘就只能用概率規律來說明了；概率規律雖然作用緩慢，但是最後終將逐漸產生趨於更高的生命形式** [29]。然而，現代科學的研究已經證明，有用突變的機率實際上是很低的，而且還會有反覆；僅僅依靠隨機突變，生命永遠也不可能進化到今天這樣複雜而完美的狀態。此外，人們還注意到：**活著的生物有機體現在所發生的事情，被安排成服務於一個未來的目的；現在所發生的事情似乎是由未來，而不是由過去所決定的。這種由未來所作出的決定，叫做目的論（Teleology）**[29]。這也就是說：生物進化具有「合目的性（Conformity to Purpose）」的特徵，而不像無生命的物質運動那樣是隨機的，現代科學又如何解釋這一矛盾呢？

變化發展的觀點在這個問題上的應用，則認為現代科學所認識到的隨機突變在生物進化過程中的作用，與幽門螺旋桿菌在消化性潰瘍的發生過程中的作用一樣，是極其次要和非決定性的；生命有機體固有、內在和外在的、抽象而高度複雜的普遍聯繫，才是推動生物界不斷向前進化發展的真正動力。本部分第一章「同一性法則」的推理表明：生命是從無生命的物質世界長期進化而來的，生命與非生命之間存在著多方面的同一性。而物質世界向生命進化的結果，不僅使生命有機體在具體的物質結構上比非生命界更加複雜而有序，而且在抽象的聯繫方面也被賦予了許多嶄新的、與非生物界完全

不同的重要特徵。例如：非生命界的聯繫往往比較簡單，所導致的運動變化帶有隨機性，如地心引力所導致的自由落體運動；而生命界的聯繫則被高度複雜化了，所導致的運動變化可以朝向生命需要的特定方向，如植物的向光性等等。**動物有計劃的活動可以顯示出對未來需要的長遠預謀；植物也擁有能服務於營養個體，延續物種的目的的反應**[29]。這說明了生物進化的結果，就是導致生命有機體所具有的抽象聯繫愈來愈複雜，所引起的變化發展克服了無生命的物質世界的隨機性，而帶有「合目的性」的顯著特徵。

變化發展的觀點認為，抽象的普遍聯繫是萬事萬物變化發展的推動力和決定性要素，因此，在「導向一定目的[29]」、帶有「智慧」的高度複雜的抽象聯繫的驅動下，生命有機體與無生命的物質世界之間的變化發展會存在著明顯的不同。這就好比將序列完全相同的兩個 DNA 或 RNA 分子，分別放置在兩種不同的大環境中發生突變，最終結果必然會存在著明顯的差別：如果將遺傳物質放置在無生命的試管中，只受到紫外線、化學誘變劑等現代科學考慮到的簡單理化因子的影響，其城基序列上發生的將是隨機突變；但如果將遺傳物質放置在細胞和生命的大環境中，那麼在複雜的普遍聯繫推動下其城基序列上發生的將不再是隨機突變，而是定向突變。例如，Lindenbach 和 Blight 等人的研究發現：**只有編碼非結構蛋白 NS3 和 NS5a 的基因上含有定向突變（Directed Mutataion；又稱適應性突變，Adaptive Mutation）序列的 C 型肝炎病毒（HCV）全基因組，才能在人肝癌細胞 Hu-7 或其他細胞系中複製並釋放出高滴度、有感染性的病毒顆粒；並且該病毒的複製會受到干擾素和幾種 HCV 特異性的抗病毒複合物的抑制**[30, 31]；**Lília Perfeito** 等人的研究也發現：**大腸桿菌（Escherichia coli）有益性突變發生的頻率比人們預想的要高出 1000 多倍；這一發現非常有助於解釋為什麼細菌能迅速對抗生素發展出抗性**[32]。這些例子說明了生物環境條件下的基因突變，就好像受到一個有高度智慧的大腦控制著，使其一步步自動、有選擇性地朝著最符合生命需要的方向變化發展，綜合地表現為生物的進化具有「合目的性」的特徵。相同的情況實際上還廣泛地發生在愛滋病毒等各種微生物的遺傳特性之中。不考慮生命物質之間高度複雜的普遍聯繫，而將生命看成是與非生命一樣由原子分子構成的物質堆，並將生命條件下的遺傳物質放在無生命的大環境下來考察其突變的規律，是現代科學無法解釋生物進化總是「導向一定目的[29]」的根本原因。

生命和非生命在能量釋放方面的顯著差異，也體現了生物體內的生化反應是「合目的性」的，其機制已經部分地被現代科學所闡明。自然狀態下非生物的能量釋放，如燃燒，其過程十分簡單、迅速而劇烈；而生物體內的能量釋放過程要經過很複雜的步驟，是一步一步緩慢釋放出來的。除了一部分

要轉變成熱能用以維持體溫以外,有相當一部分會儲存在 ATP、GTP 等高能物質之中,以備未來之需;而生物體內的能量何時何地釋放,還要視乎生命活動的需要而定,也就是受到了嚴密的程式控制,也具有「合目的性」的特徵。現代科學已經十分熟悉的「程式化死亡」和「免疫監察功能」等,實際上都是生命具有「合目的性」特徵的典型例證,其複雜機制中的一部分也已經被闡明:細胞內部、細胞與細胞之間高度複雜的分子機制,使每一個細胞都好像有智慧一樣,能自動地將不利於生存,對未來發展有害的細胞進行自我識別和清除。此外,完全相同的 46 條染色體,卻能夠分化出成千上萬種不同的細胞和組織,分別實現不同的功能、滿足多個不同方面的需要,也說明了生物體內複雜的普遍聯繫所導致的變化發展的確具有「合目的性」的特徵。以上諸多的例子足以證明,非生物界與生物界的運動變化存在著巨大的差異,所導致的結果也完全不同:非生物界的運動變化以「隨機性(Randomness)」為特徵,而生物界則以「合目的性」為特徵。正是這個原因,觀察到生命表現出上述種種「長遠預謀(Long-term Premeditation)」的現象也就不奇怪了,生物進化也僅僅是生命「合目的性」特徵的表現之一。

由此可見,生物進化不是簡單地由隨機突變推動的一個被動過程,而是不斷地朝著由低級到高級、由簡單到複雜、適應環境和生物體需要的方向發展。基因突變還遠不是生物進化的根本原因,而是生物體與外界環境之間複雜的普遍聯繫推動的結果,因而生命有機體總是朝著適應外界環境的方向「合目的性」地進化;生物進化的實際速度也必然要比「隨機突變」快得多。現代科學在忽略了抽象的普遍聯繫的情況下來探討生物進化的機制,就好像是牛頓時代以前的人們在忽略了抽象的萬有引力的情況下來探討蘋果落地的機制一樣,是不可能取得成功的。

5.6 現代科學不是人類科學的全部,不能作為真理的判斷標準

變化發展的觀點在實踐中的一個重要應用,就是認為人類的科學並不是一開始就像今天這麼發達的,而是與任何其他的事物一樣,也經歷了一個從無到有,從低級到高級,不斷向前變化發展的過程,並且當前的現代科學正處在這一過程之中。因而現代科學僅僅是人類科學發展的一個重要階段,而不是全部;這一認識十分有助於糾正當前的一些錯誤認識。

縱觀既往科學發展的歷史,人類的眼界、對自然界和自身的認識總是朝著愈來愈廣闊、愈來愈深入的方向變化發展。例如,牛頓在 17 世紀 80 年代建立的經典力學體系,使人們對宏觀物體的運動開始有了一個統一的認識,並在長達 200 多年的時期內極大地促進了各學科領域的發展;牛頓還認為:時間和空間是絕對的,物體的質量不會隨著運動速度的改變而發生變化。然

而，自 1900 年普朗克提出的「量子論」、1905 年愛因斯坦提出的「光電效應」和「相對論」以後，人類科學開始邁入微觀理論的新時代；但是愛因斯坦卻認為：時間和空間都不是絕對而是相對的，並且物體的質量會隨著運動速度的改變而發生相應的變化；牛頓建立的經典力學體系僅僅適用於宏觀、低速運動的物體，並且只是對宏觀物體的運動狀態近似的描述。這些在 20 世紀初看起來極度荒謬的認識，後來被高能加速器、原子能的開發和利用等實踐所證明。與此相類似的還有達爾文提出的生物進化論，法拉第（Michael Faraday, 1791~1867）發現的電磁現象 [33] 等等，在歷史上都曾遭到人們的嘲弄，並且都是當時的科學理論所不能解釋的，但最後都被證明是人類認識不斷走向深入的一個重要階段。

由此可見，人類科學的確是處在不斷向前變化發展的狀態之中的。過去長期占據人們思想、居統治地位的權威，如亞里斯多德和托勒密（Clandius Ptolemaeus，約西元 90~168，古希臘天文學家、地理學家和光學家）主張的「地心說」，在微觀世界裡應用「牛頓定律」等，最後都被無可辯駁的事實所否定；而那些過去看起來很荒謬的理論，在今天卻成為了人類科學的主流；牛頓的經典力學體系解釋不了的現象，在 200 多年後的量子力學體系中卻得到了圓滿的解釋。依此類推：今天的現代科學看起來非常權威的定理、定律、法則、公式、標準等等，也會隨著人類認識的加深而在未來的科學體系中被認為是不完善，甚至是錯誤的；而今天看起來很荒謬的理論，則非常有可能成為人類未來科學的主流；現代科學解釋不了的現象，未來的科學不見得就一定不能夠解釋。這說明科學探索不能死死地抱住現代科學的權威、傳統、法則、定理和定律不放，更不能將它們當作判斷真理的標準，而應當根據實際情況的變化靈活地變通，人類科學才能再次發生新的飛躍、人類的文明才能大踏步地向前邁進。

因此，變化發展的觀點要求我們必須將現代科學看成是人類科學的一個階段，而不是全部。有些現代科學家，尤其是中國大陸的部分現代科學家，將那些現代科學不能解釋的現象一律冠以「偽科學」的頭銜來予以打擊和排斥，甚至聲稱「中醫是不科學的」，都是缺乏變化發展的觀點、未能正確認識現代科學的表現，也必然會與歷史上那些所謂的「權威」一樣，極大地阻礙人類新科學的問世，並延緩整個人類文明前進的腳步。

5.7 變化發展觀點的靈活運用是取得軍事勝利的必要保證

中國宋朝時期，將帥出征都是按照皇帝親自頒發的陣圖去布陣作戰。這種方式把將領們都給束縛住了，結果是屢戰屢敗。直到後來岳飛（字鵬舉，1103~1142，中國北宋時期戰略家、軍事家）統兵打仗以後，才挽回了戰場

上極度被動的局面。岳飛認為：古今的時勢不同，每個戰場的地形險易也有區別，所以不能按照固定的陣圖用兵。當時岳飛的上級宗澤大帥問道：「依你之見，古人的兵書、陣法就都沒用了嗎？」岳飛回答道：「先布陣而後作戰，這是用兵的常法，但形勢常有變化，布陣就不能拘泥陣圖。所謂運用之妙，全繫一心，這就要看統帥能否審時度勢，以變制變了 [34]。」岳飛的這番話，很好地體現了變化發展的觀點在軍事上的應用。結果，他領導下的戰鬥的確是戰無不勝，岳飛也因此而成為中國歷史上家喻戶曉的「常勝將軍」。《孫子兵法》中有一句名言「將在外，君命有所不受」，表達的也是「變化發展」的思想。毛澤東在「敵強我弱，敵大我小」的情況下，制定了「敵進我退，敵退我進」的八字方針，就是指要根據敵情的變化不斷地改變我方的戰略部署，才能克敵制勝，結果就是以「小米加步槍」的農民武裝打敗了裝備先進、在數量和實力上都占明顯優勢的正規軍隊。而 20 世紀 50 年代的朝鮮戰場上，無論是裝備技術還是整體實力都處於極度劣勢的中國軍隊，上到將帥，下到基層指揮官和單兵，都能做到戰略和戰術上的靈活機動，結果仍然能夠迅速打敗陸海空等多方面都占據絕對優勢、號稱「世界第一」的多國部隊。這些都是「變化發展的觀點」在軍事上得以靈活地應用，最終以弱勝強，並贏得了最後勝利的光輝範例。

本章小結

　　綜合本章全部的論述，宇宙萬物都處於不斷變化和發展的狀態之中；質變和量變的交替進行導致了新特徵的不斷產生，進而在新同一性的基礎上產生了新的聯繫，並推動了事物新一輪的變化發展；如此循環往復，永無休止，推動了宇宙萬物不斷地向前變化發展。這一觀點在黏膜下結節論中的應用，則認為人體普遍聯繫的複雜性決定了消化性潰瘍的病因是因時因地因人而異、千變萬化的；而突發的家庭、社會和自然事件等，僅僅只能在負面人生觀的基礎上才能起到「扳機」的作用。這一觀點還要求我們積極正面地看待各類事件，並認為幽門螺旋桿菌與消化性潰瘍之間的因果關係的確是不存在的。變化發展的觀點還有助於我們理解人體生長發育過程中必然要多次發生的質變，要求我們在診斷和治療疾病時要因時因地因人而異，不能將物理、化學的理論和方法生搬硬套到生命科學領域，並認為心理上的改變才是具有決定性意義的改變，而「隨機突變」在生物進化過程中所起的作用是非常次要的；更重要的是：現代科學不是人類科學全部，因而不能死死地抱住其標準、傳統、法則、定理和定律不放，更不能將其理論當成判斷真理的標準。這些都說明了「變化發展」是我們在日常生活和各項科研工作中都必須必備的一個重要觀點；其靈活應用也是各項事業都能取得成功的必要保證。

參考文獻

1　威爾‧杜蘭特［美］著，梁春譯；哲學簡史；北京，中國友誼出版公司，2004 年 12 月第 1 版；第 237-246 頁。

2　陳遠霞、馬桂芬主編；馬克思主義哲學原理；北京，化學工業出版社，2003 年 7 月第 1 版；第 102-113 頁。

3　張甲坤著；中國哲學：人類精神的起源與歸宿（修訂本）；北京，中國社會科學出版社，2005 年 9 月第 1 版；第 89 頁。

4　印會河主編，張伯訥副主編；中醫基礎理論；上海，上海世紀出版股份有限公司、上海科學技術出版社，1984 年 5 月第 1 版；第 11-18 頁。

5　楊力著；周易與中醫學（第三版）；臺北，建宏出版社，2002 年 9 月初版；第 508 頁。

6　龐萬里著；中國古典哲學通論；北京，北京航空航太大學出版社，2005 年 5 月第 1 版；第 72 頁。

7　吳平釋譯，星雲大師總監修；中國佛教經典寶藏精選白話版阿含類 4，雜阿含經；高雄，佛光山宗務委員會印行，1997 年初版；第 35-38 頁。

8　陳也奔著；黑格爾與古希臘哲學家；哈爾濱，黑龍江人民出版社，2006 年 6 月第 1 版；第 273、274、279 頁。

9　漢斯‧約阿西姆‧施杜里希［德］著，呂叔君譯；世界哲學史（第 17 版）；濟南，山東畫報出版社，2006 年 11 月第 1 版；第 82、354 頁。

10　羅素［英］著，何兆武李約瑟譯；西方哲學史（上卷）；北京，商務印書館，1963 年 9 月第 1 版，2005 年 11 月北京第 19 次印刷；第 74，276 頁。

11　陳福雄、溫志雄編著；簡明哲學原理；廣州，廣東高等教育出版社，1996 年 3 月第 1 版；第 73-78 頁。

12　John H. Walsh and Walter L. Peterson; Review article: The treatment of *Helicobacter pylori* infection in the management of peptic ulcer disease; The New England Journal of Medicine; Oct 12, 1995, Vol. 333, No. 15, pp 984-991.

13　Barry J. Marshall, J. Robin Warren, Elizabeth D. Blincow, Michael Phillips, C. Stewart Goodwin, Raymond Murray, Stephen J. Blackbourn, Thomas E. Waters, Christopher R. Sanderson; Prospective Double-blind trial of duodenal ulcer relapse after eradication of *campylobacter pylori*; The Lancet, December 24/31 1988, pp 1437-1442.

14　Hildur Thors, Cecilie Svanes, Bjarni Thjodleifsson; Trends in peptic ulcer morbidity and mortality in Iceland; Journal of Clinical Epidemiology, 2002; 55, 681-686.

15　Mervyn Susser, Zena Stein; Civilization and peptic ulcer; The Lancet, Jan. 20, 1962; pp 115-119.

16 Amnon Sonnenberg, Horst Müller and Fabio Pace; Birth-cohort analysis of peptic ulcer mortality in Europe; J Chron Dis, 1985; Vol. 38, No. 4, pp. 309-317.

17 Mervyn Susser; Period effects, generation effects and age effects in peptic ulcer mortality. J Chron Dis, 1982; 35: 29-40.

18 Albert Damon and Anthony P. Polednak; Constitution, genetics, and body form in peptic ulcer: A review; J. chron. Dis., 1967, Vol. 20, pp. 787-802.

19 鄭芝田主編；消化性潰瘍病；北京，人民衛生出版社；1998 年 12 月第 1 版；第 111 頁。

20 Mark Feldman, Pamela Walker, Janet L. Green, and Kathy Weingarden: Life events stress and psychological factors in men with peptic ulcer disease: A multidimentional case-controlled study; Gastroenterology, 1986; 1370-1379.

21 John H. Kurata, Aki N. Nogava, David E Abbey and Floyd Petersen. A prospective study of risk for peptic ulcer disease in seventh-day adventists. Gastroenterology, 1992; 102: 902-909.

22 Byod EJS, Wormsley KG, Etiology and pathogenesis of peptic ulcer. Gastroenterology, Edwards eds, Saunders Camp 1986, 1013

23 趙雅芝、葉童主演之《新白娘子傳奇》第 34 集，深圳音像公司出版發行；後兩句出自曇琳為《菩提達摩大師略辨大乘入道四行觀》所作之序。

24 Peter H. J. van der Voort, René W. M. van der Hulst, Durk F. Zandstra, Alfons A. M. Geraedts, Arie van der Ende, and Guido N. J. Tytgat; Suppression of *Helicobacter pylori* infection during intensive care stay: Related to stress ulcer bleeding incidence? Journal of Critical Care, December 2001; Vol 16, No 4: pp 182-187.

25 Seiichi Kato, Yoshikazu Nishino, Kyoko Ozawa, Mutsuko Konno, Shun-ichi Maisawa, Shigeru Toyoda, Hitoshi Tajiri, Shinobu Ida, Takuji Fujisawa, and Kazuie Iinuma; The prevalence of *Helicobacter pylori* in Japanese children with gastritis or peptic ulcer disease; J Gastroenterology, 2004; 39:734-738.

26 Takahiko Tanaka, Masami Yoshida, Hideyasu Yokoo, Masaru Tomita and Masatoshi Tanaka; Expression of aggression attenuates both stress-induced gastric ulcer formation and increases in noradrenaline release in the rat amygdala assessed by intracerebral microdialysis; Pharmacology Biochemistry and Behavior, 1998; Vol. 59, No. 1, pp 27-31.

27 Michael N. Peters, Charles T. Richardson; Stressful life events, acid hypersecretion and ulcer disease. Gastroenterol; 1983, 84: 114-119.

28 李建會著；生命科學哲學；北京，北京師範大學出版社，2006 年 4 月第 1 版；第 6-8 頁。

29 H·賴欣巴哈 [德] 著，伯尼譯；科學哲學的興起；北京，商務印書館，1983 年 4 月第 2 版，2004 年 8 月北京第 4 次印刷；第 148-155 頁。

30 Brett D. Lindenbach, Matthew J. Evans, Andrew J. Syder, Benno Wölk, Timothy L. Tellinghuisen, Christopher C. Liu,Toshiaki Maruyama, Richard O. Hynes, Dennis R. Burton,

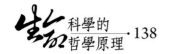
Jane A. McKeating, Charles M. Rice. Complete Replication of Hepatitis C Virus in Cell Culture. JULY 2005, Science, Vol 309, 623-626.

31 Blight, K. J., Kolykhalov, A. A. & Rice, C. M. Efficient initiation of HCV RNA replication in cell culture. December, 2000, Science, Vol 290, 1972-1974.

32 Lília Perfeito, Lisete Fernandes, Catarina Mota, Isabel Gordo; Adaptive Mutations in Bacteria: High Rate and Small Effects. August 2007, Science, Vol 317, 813-815.

33 鄒海林、徐建培編著;科學技術史概論;北京,科學出版社 2004 年 3 月第 1 版;第 142 頁。

34 網易文化頻道之讀書:常勝將軍岳飛,2006 年 7 月 7 日;http://culture.163.om/06/0707/14/2LEDHV0B00280024.html。

第四章：類比的方法有助於闡明高度複雜的問題

同一性法則揭示的是發生相互作用的兩個不同事物之間的共同點。然而，沒有發生任何相互作用的不同事物或現象之間，由於遵從了某個共同的規律或道理也可以表現出多方面的共同特點，如果我們將它們羅列在一起進行比較，則有可能從已知的簡單問題中得到啟發，從而有助於解決未知的複雜問題，這就是類比法。黏膜下結節論從類比法中受到了很大的啟發；基於這一方法得到的其他認識也非常具有革命性。因此，類比法是一種重要的創造性思維方法，非常值得將它作為單獨的一章來重點討論。

第一節：類比法的基本原理及其重要作用

根據兩個或多個不同事物之間在某些特徵方面存在著相似或相同之處，從而推斷出它們在其他方面可能也存在著相似或相同點的思維方法，稱為類比的方法，簡稱「類比法（Analogy）」。**這一方法可簡單地描述為：如果 A 有 a, b, c, d 的特點，B 有 a, b, c 的特點，則 B 也可能有 d 的特點** [1]。法國物理學家路易・德布羅意（Louis de Broglie, 1892~1987）在 1924 年提出的物質波假說，就是物理學上應用類比法而提出新思想、新理論的光輝典範，並獲得了絕對的成功 [1]。醫學上，人們對標本來源非常有限、極難研究的 C 型肝炎病毒的基因組和蛋白質結構和功能的了解，就是通過與已經熟知的登革病毒進行類比得到的 [2, 3]。

佛教創始人釋迦牟尼（即悉達多・喬達摩，Siddhārtha Gautama，約西元前 565 年～前 486 年，生於古印度北部迦毗羅衛國，現在的尼泊爾南部）在 2500 多年前，就已經應用了大量的類比來說明各種高深難解的問題，這一特點具體地體現在各佛教經典之中 [4]。愛因斯坦認為：**在物理學上，往往因為看出了表面上互不相關的現象之間有相互一致的地方而加以類比，結果竟得到很重要的進展** [1]。據估計，科學研究中絕大多數的疑難都可以通過類比法得到啟示；這一古老的方法在本書各章節中的靈活應用，則輕鬆地說明了數以百計重大的認識論問題。

然而，正如同一性法則提示的那樣，在看到了不同事物之間共同點的同時，還必須注意到它們的不同之處。這說明進行類比的不同事物間的差異，仍然會導致推導出來的結論有可能與實際情況並不完全吻合；這就要求我們必須結合「變化發展的觀點」，做到因時因地因人而化，類比的方法才能對我們真正有所幫助。例如，C 型肝炎和登革病毒的基因組和蛋白質結構也僅僅是類似，但在長短和理化特性等方面卻有所不同。

第二節：類比的方法非常有助於理解「黏膜下結節論」

　　類比的方法在黏膜下結節論中的應用是多方面的，限於篇幅，這裡只能列舉極其少數的幾個方面，並進一步利用這一方法來闡明消化性潰瘍研究中的一些關鍵問題，更明確地指出了當前科學上的研究熱點「幽門螺旋桿菌」的確不是消化性潰瘍的病因。

2.1 擺脫傳統的消化性潰瘍病因學觀念的束縛

　　如果將消化性潰瘍病研究的現狀，與從經典力學到量子力學這段科學發展史進行類比，就不難得出「傳統的病因學觀念在人們的心目中長期占據主導的地位，大大地限制了人們的思維，才導致消化性潰瘍的發生機理長期不能被清楚地闡明」這樣的結論。下面首先來回顧既往科學的這段歷史：

　　牛頓在 1687 年發表了《自然哲學的數學原理》並建立起經典力學體系以後，人們對自然界的認識發生了質的飛躍，以經典力學為基礎的一整套思想體系能解決當時擺在人們面前幾乎所有的難題。於是，有的學者便預言：「萬事萬物的運動都要遵從牛頓定律（Newton's Law），我們可以應用牛頓定律來解決一切困難！」牛頓的思想在人們的思維觀念中占據了絕對的統治地位。

　　隨著對自然界認識的日漸加深，人們陸續發現了電子、質子和中子，人類的科學開始步入微觀世界。盧瑟福（Ernest Rutherford, 1871~1937，紐西蘭物理學家）通過實驗提出了原子的核式結構（Planetary Model of the Atom），他的學生波爾（Neils Bohr, 1885~1962，丹麥物理學家）在這一結構的基礎上提出了著名的原子結構模型——波爾模型（Bohr's Model）[5]。很自然，波爾和其他學者一樣，認為核外電子的運動也要遵從牛頓定律。然而，遵從牛頓定律的波爾模型卻不能解釋為什麼核外電子在軌道上運動時，雖有加速度卻不輻射電磁波，以及為什麼核外電子運動的軌道和能量是不連續的等等一系列現象。

　　越來越多的研究結果表明，在原子、分子世界裡應用牛頓定律，只能使我們的思維鑽進「死胡同（Dead Lane）」。只有完全擺脫牛頓思想的束縛，轉換到一種全新的思維方式——量子化理論（Quantization Theory），才能完整地解釋微觀世界裡的現象。於是，一門全新的學問—量子力學（Quantum Mechanics）得以飛速的發展，人類終於邁進了微觀科學的新時代；人們對自然界的認識再次發生了質的飛躍。

　　傳統的病因學認為：消化性潰瘍的發生是上消化道的保護因素和損害因素失去平衡的結果 [6]。在這一觀念的基礎上，人們提出了包括「幽門螺旋桿

菌學說」在內的十多種學說來解釋此病的發生機理，**儘管每一學說都持之有故，言之成理，但都不是完整無缺的道理** [7]，至今還沒有一個學說能夠圓滿地解釋這兩個疾病的流行病學、形態學、反覆發作和多發等特徵，而目前科學上的研究熱點幽門螺旋桿菌，**導致消化性潰瘍的發病機制尚未最後闡明** [8,9]」。應用類比的方法，消化性潰瘍的發生機理長期不能得到圓滿的解釋，是不是因為上述傳統的病因學觀念，與既往歷史上「在原子分子世界裡應用牛頓定律」一樣，也使人們的思維鑽進「死胡同」呢？黏膜下結節論充分地吸取了從經典力學到量子力學這段科學歷史的教訓，大膽地擺脫了傳統的病因學觀念的束縛，而將消化性潰瘍的病因學轉換到現代科學認為不可能引起病變的「社會－心理因素」，並有機地結合了大量的新思想、新觀念，終於圓滿地解釋了消化性潰瘍病所有 15 個主要的特徵和全部 72 種不同的現象。這一成功清楚地說明了傳統的病因學觀念「**消化性潰瘍的發生是上消化道的保護因素和損害因素失去平衡的結果** [6]」，以及當前科學上的研究熱點「**幽門螺旋桿菌**」，的確與歷史上「在原子分子世界裡應用牛頓定律」一樣，使消化性潰瘍的病因學研究鑽進了一個新的「死胡同」，從而導致這一疾病的發生機理長期不能被清楚地闡明，必須完全、徹底地予以拋棄。

2.2 類比的方法非常有助於理解消化性潰瘍的病因學

如果將「消化性潰瘍」這一醫學現象與「蘋果落地」這一物理現象適當地進行類比，則非常有助於我們理解消化性潰瘍的病因學。在牛頓提出「萬有引力定律」之前，人們簡單地認為蘋果就是蘋果，而沒有認識到蘋果與地球之間看不見、摸不著、抽象的萬有引力，因而蘋果是怎樣，又為什麼總是落到地上的問題在相當長的一段歷史時期內一直都得不到圓滿的解釋。相同的情況實際上也發生在人體和生命科學領域的研究中：現代科學認為胃十二指腸就是胃十二指腸，而沒有認識到胃十二指腸與人體其他多個部分之間看不見、摸不著、抽象而複雜的普遍聯繫。因此，現代科學雖然已經進入了原子分子時代，至今仍然不能清楚地解釋消化性潰瘍這樣一種相對簡單的疾病的發生機理。此外，萬有引力定律表明：是抽象的「萬有引力」導致蘋果落地的，萬有引力雖然看不見、摸不著，是無形和抽象的，卻決定了蘋果下落的方向和速度，在蘋果落地的過程中起到了決定性的推動作用。同理，普遍聯繫的觀點表明：是人體抽象的「普遍聯繫」驅動了消化性潰瘍的發生發展，普遍聯繫雖然看不見、摸不著，是無形和抽象的，卻決定了消化性潰瘍的發生、復發和多發等特點，在該疾病發生發展的過程中起到了決定性的推動作用。只不過人體內在和外在的普遍聯繫，要比蘋果受到的萬有引力複雜得多罷了。

因此，只有充分地認識到人體固有、抽象的普遍聯繫，也就是人體自然、社會、整體、歷史和情感的屬性在消化性潰瘍發生發展過程中的決定性作用，才能圓滿地解釋 Susser 和 Stein 早在 1962 年就已經觀察到的年齡段分組現象 [10] 和其他多個方面的特徵。忽略人體普遍聯繫的屬性來解釋年齡段分組現象的發生機理，就等於是忽略了「萬有引力」來解釋「蘋果落地」現象的發生機理，將是永遠也無法取得成功的。雖然歷史上的人們早就已經提出包括幽門螺旋桿菌學說在內的十多種學說來解釋消化性潰瘍病的發生機理，但是沒有一個學說能夠帶著「普遍聯繫」的基本觀念來看問題，**儘管每一學說都持之有故，言之成理，但都不是完整無缺的道理** [7]，也就不足為怪了。

由此可見，類比的方法在實踐中的靈活應用，再次清楚地指出了歷史上所有的相關學說都不能揭示消化性潰瘍的真正病因的根本原因，並強化了基於普遍聯繫的觀點得到的部分認識，直截了當地說明了黏膜下結節論與現代醫學在理論根基上的巨大差別，是它們在解釋消化性潰瘍的發生機理時出現不同結果的根本原因。

2.3 類比的方法為黏膜下結節論的創立提供了重要的線索

黏膜下結節論還從類比的方法中得到了重要的啟示，得出與「同一性法則」完全相同的結論：胃黏膜下結節的形成是胃潰瘍的發生首要和決定性的步驟。類比的方法不僅強化了這種認識，而且還更加有助於我們對消化性潰瘍形態學和病因學的理解：體表特徵性的丘疹與胃潰瘍都有出血、反覆發作和多發的特點，都有一定的好發部位和邊界清楚等基本一致的形態學特徵，是將這兩種不同的疾病羅列在一起進行類比的依據。既然體表丘疹是精神壓力所導致、在皮下形成一種「球形、無菌性的壞死竈」，那麼應用類比的方法，胃潰瘍也應該是精神壓力所導致、在胃黏膜下的組織中形成「球形、無菌性的壞死竈」。這不僅從側面支持了同一性法則推導出來的消化性潰瘍的形態學特點，而且還為應用普遍聯繫和變化發展的觀點推導出來的病因學提供了基本線索，直接導致了「黏膜下結節論」的創立。在應用類比法的同時，我們還注意到了胃黏膜與體表局部環境之間的巨大差異：在胃黏膜下組織內形成的「壞死竈」不僅導致局部黏膜缺血缺氧，而且胃酸胃蛋白酶的腐蝕、食物的機械磨損、幽門螺旋桿菌的感染等多種損害因素是體表的「壞死竈」所沒有的局部環境，要理解胃潰瘍與體表丘疹之間在臨床表現上的明顯差別就不難了。由此可見，黏膜下結節論在解釋消化性潰瘍多方面特點和現象時的成功，也是靈活應用類比的方法獲得的重要成果之一。

2.4 「幽門螺旋桿菌與消化性潰瘍有因果關係」與「餓漢吃包子」

佛教《百喻經》裡有一則「餓漢吃包子」的故事，能形象地說明幽門螺旋桿菌在消化性潰瘍發病過程中的作用是次要的；而**「幽門螺旋桿菌與消化性潰瘍有因果關係 [8]」**的說法，的確有可能犯了哲學上的基本錯誤。

有個餓漢到集市上去買吃的。他在包子攤前連吃了七個包子，都沒有吃飽。等到他吃完第八個包子的時候，終於感覺到吃飽了。於是，他對賣包子的人說：由於前面七個包子他都沒有吃飽，所以都不能算數，他只需要付第八個包子的錢就行了。

這個故事之所以很荒謬、很可笑，是因為這個餓漢沒有考慮「量變和質變」的關係；沒有前面七個包子的基礎性作用，單獨由第八個包子是不可能讓他「吃飽」的。基本相同的錯誤，實際上也發生在「幽門螺旋桿菌與消化性潰瘍有因果關係」的論斷之中。

黏膜下結節論認為：消化性潰瘍是典型的身心疾病，社會－心理因素導致的胃黏膜下結節或胃酸高分泌，是胃十二指腸潰瘍發生起始的和決定性的步驟，決定了胃、十二指腸潰瘍幾乎所有的特徵。只有在結節樣病竈和胃酸高分泌的基礎上，包括幽門螺旋桿菌在內的各種局部損害因素才有機會發揮作用。因此，胃十二指腸局部的各種損害因素雖然都不是首要的和決定性的，但是都在消化性潰瘍形成過程的後期起到了一定的作用；而幽門螺旋桿菌是在人體內在的多種因素的基礎上，加重消化性潰瘍病的症狀，導致該病的發生率有一定程度上的升高而已。如果沒有胃酸胃蛋白酶等的基礎性作用，單獨由幽門螺旋桿菌是不可能導致消化性潰瘍的。這說明幽門螺旋桿菌在部分消化性潰瘍病人發病過程中所起的作用，與餓漢所吃的「第八個包子」是完全相同的；「幽門螺旋桿菌與消化性潰瘍有因果關係」的論斷，就等於是在說「只需要付第八個包子的錢就行了」。這一說法也沒有考慮「量變和質變」的關係，因而犯了哲學上的基本錯誤，並將當前的消化性潰瘍研究引導到了一個錯誤的方向上。

2.5 「幽門螺旋桿菌」與「國會小政黨」進行類比

幽門螺旋桿菌等致病因素在消化性潰瘍發生過程中的作用，還可以與國會裡的「政黨聯盟」來進行類比。某一政黨在國會中席位數占 48%，但其提案可能會達不到 50% 的門檻而一時難以通過。但如果有另外一個席位數僅占 3% 的小政黨加盟，這個較大政黨的政見就可以獲得 51% 的贊同而獲得通過，這個小黨的重要性就凸顯出來了，扮演了「關鍵少數」的作用。但是，我們能宣稱這個 3% 的小黨是國會裡最重要的政黨嗎？不能，這個小黨對整

個國家的影響是很有限的，只獲得了 3% 的支持率。同理，在部分亞臨床病人體內，其自身內在的因素在消化性潰瘍發病過程中的作用為 48%，由於不足 50% 的臨界值而不能引起明顯的臨床症狀。但如果同時有了幽門螺旋桿菌的感染，哪怕其作用只有小小的 3%，卻足以使損害因素的總強度達到臨界值並引起明顯的臨床症狀，顯著地升高發病率和死亡率，但這並不能說明它是消化性潰瘍的發生過程中最重要的病因學因子。幽門螺旋桿菌在潰瘍病發生發展過程中的作用，與那個獲得 3% 的支持率的小政黨在國會中所起的作用一樣是非常有限的，僅僅在病理過程的後期才發揮有限的作用、加重臨床症狀而已。這一類比再次形象地說明了「**幽門螺旋桿菌是消化性潰瘍最重要的致病因子** [8]」的說法的確有可能是錯誤的。

第三節：類比的方法在理論和實踐上的應用

　　類比的方法不僅有助於闡明消化性潰瘍的發生機理，而且還可以廣泛地應用於所有人體疾病和生命現象的探討之中。本節通過不同方面的類比，提示了現代科學至今仍然不能圓滿地解釋任何一種疾病和生命現象的發生機理，是因為其理論根基上的缺陷導致的。這就要求我們要敢於打破以現代科學為基礎的舊觀念對我們思想上的束縛，勇於開拓新的思維。

3.1　多重類比可說明個體和細胞普遍聯繫的複雜性

　　社會學家通常將個體稱為社會的基本單位，而生物學家則將細胞稱為生命的基本單位，因而社會個體與單個細胞也可以形成一對很好的類比。由於社會個體宏觀的特性，導致其內在和外在的各種聯繫都是看得見、很容易就能被體會到的；而細胞微觀的特性，導致其內在和外在的各種聯繫通常是看不見、不容易被體會到的，所以這一類比將非常有助於我們對微觀生命世界的了解。然而，無論是社會個體還是單個細胞，它們所固有的特徵都是多方面的，如抽象的和具體的，結構的和功能的，歷史的和整體的等等。如果僅僅將其中的一個或幾個方面進行類比，往往難以深入地說明問題，因而我們在這裡對二者進行了多方面和多層次的類比，並將這種思維方法稱為「多重類比（**Multiple Analogy**）」，或者「層層類比（**Multilayer Analogy**）」。

　　首先，我們可以將個體看成是國家的一分子並與人體細胞進行類比。任何個體的日常行為，都不是孤立的，而是要受到所在國家的政治環境、社會風氣、自然條件、歷史背景、受教育水平等多方面因素的影響。分別生活在中國和美國的個體，所遵循的法律和福利政策、人生觀和宗教信仰、生活習慣、工作性質，乃至所患的疾病等存在一定的差別都證明了這一點。但這些多方面因素的形成，絕對不是個體自身能決定的，而是這個國家的歷史和自

然條件的變遷、所有公民的意志綜合起來的一個整體結果。同理，人體內的每一個細胞，也不可能是孤立存在的，而要受到個體的情緒、總體上的健康狀況、生活習慣、體液的酸鹼度等生理大環境的調控；這個大環境也不是某個單一細胞就能決定的，而是個體既往的人生經歷和所有細胞綜合作用的結果。不僅如此，任何社會個體的行為都會合乎其他人的需要，直接或間接地影響到這個國家總體上的表現；同理，任何一個細胞生命活動的結果，也必須合乎其他細胞的需要，都在直接或間接地影響到這個個體總體上的表現。這說明了在任何時候，我們都必須將單個細胞還原到生命有機體這個大環境中來考慮，才能正確地了解其生命活動的各種表現；並且這個大環境對單個細胞的生命活動還有著決定性的影響。

其次，社會個體要受到其所在國家的各級政府法令的影響。同理，人體內的每一個細胞，也要受到大腦皮層、各神經中樞和內分泌的調節；因此，我們還可以將戰爭、經濟危機條件下的個體，與處於應激、焦慮等心理狀態下人體細胞進行類比。在戰爭條件下，一些部門的生產可能會加強，而另外一些部門的生產則會處於停頓的狀態，以保證這個國家的人力、物力和資源都能優先滿足戰爭的需要。同理，當個體處於危急狀態之中時，一些細胞的生命活動會顯著增強，如逃避危險時的肌肉細胞，敗血症時的免疫細胞等；而另外一些細胞的活動則會相對減少，如內臟的血液供應會減少，內臟細胞的活動通常也會大不如正常時期。在經濟危機的狀態下，有些個體會犯病，如消化性潰瘍等等；而在焦慮、受驚嚇的情況下，人體內的某些細胞也會出現功能紊亂。這些類比充分地說明了機體內的細胞是一定要受到許多方面因素的共同影響的。

再次，個體都是生活在某一社區或工作單位的，其鄰居、同事的意見和言語會對其性格、日常生活、工作決策等造成潛移默化的影響。同理，單個細胞的活動也要受到所在的器官與組織的影響和調控，除了神經－體液調節和器官的自身調節以外，應該還存在著「旁細胞調節（Paracell Regulation）」或「組織內調節（Intratissue Regulation）」。社會個體會根據周圍環境的變化自覺採取相應的行動，以滿足自身生存的需要；同理，機體內的各種細胞也會根據所在微環境的變化作出相應的反應，以滿足自身生存的需要；因而除了上述各種調節以外，應該還存在著細胞的自我調節（Cellular Self-regulation）。社會個體都有著獨特的人生經歷、受教育水平、生活習慣和生存環境、對社會的貢獻也存在著一定的差別，導致了個體差異性的存在；同理，即便是同一組織內的不同細胞，也存在分化程度、所接收到的調控信號的強弱、功能發揮的程度等多方面的差異。這說明即便是同一組織內的同一種細胞，相互之間也是存在著一定差異的。

上述層層類比的結果提示：無論是社會個體還是人體細胞，都不是孤立存在的，而是處於紛繁複雜的普遍聯繫之中，並且這種聯繫遠較我們想像的要複雜。因而無論是程式化死亡、癌變，還是病毒感染等生命活動過程，都不像現代科學認為的那樣，僅僅通過幾個基因或蛋白質的研究就能夠深入其理的，而是複雜的多因素綜合作用的結果。相應地，在從事人體和生命科學領域的研究時，我們的思維就應當像蜘蛛網一樣，只有比現代科學想得更多、更全面，比當前的研究考慮得更複雜、更詳盡，才能成功地揭示各種人體疾病和生命活動發生發展的機制。

3.2 現代科學的理論基礎的確有可能存在著明顯的缺陷

如果將導致蘋果落地的萬有引力，以及男人在人類的生存和繁衍過程中的重要作用，分別與人體抽象的普遍聯繫進行類比，則可以進一步形象地說明現代科學不能圓滿解釋各種人體疾病和生命現象的根本原因。

在牛頓提出萬有引力定律之前，人們簡單地認為蘋果就是蘋果，完全忽略了它與地球之間存在著抽象的「萬有引力」，因而蘋果是怎麼樣，又為什麼總是落到地上的問題長期得不到合理的解釋。同理，現代科學認為人體僅僅是由原子分子裝配而成的一個物質綜合體，而完全忽略了人體內部各個不同的部分之間，及其與外界環境之間抽象的普遍聯繫，因而現代科學長期不能清楚地解釋任何一種人體疾病和生命現象的發生機理，也就不奇怪了。萬有引力定律還表明：是抽象的「萬有引力」導致蘋果落地的，這種聯繫雖然看不見、摸不著、無形的和抽象的，卻決定了蘋果下落的方向和速度，在蘋果落地的過程中發揮了決定性的推動作用；同理，生命內部各個不同的部分之間，及其與外界環境之間客觀存在的普遍聯繫，如人體社會和情感的屬性等等，也是看不見、摸不著、無形的和抽象的，也應當在各種生命活動和疾病發生的過程中發揮決定性的推動作用；只不過人體抽象的「普遍聯繫」要比導致蘋果落地的「萬有引力」複雜得多罷了。現代科學在忽略了人體普遍聯繫屬性的情況下來探討各種疾病和生命現象的發生機理，與牛頓時代以前的人們在忽略了「萬有引力」的情況下來探討「蘋果落地」的發生機理，又有什麼兩樣呢？這一類比形象地說明了像現代科學這樣僅僅弄清人體和生命的物質結構是遠遠不夠的，而現代科學的理論根基也的確不是完美無缺的。

此外，如果將男人在人類社會的生存和發展過程中的重要作用，與普遍聯繫在萬事萬物變化發展過程中的重要作用進行類比，也可以形象地說明現代科學的理論根基的確存在著明顯的缺陷。人類社會是由男、女兩種不

同的性別共同組成的，二者缺一不可。然而，只有女人懷孕和生孩子才是看得見、摸得著的，而男人所起的作用則看不見、摸不著，是十分隱秘的，社會學家們在探索人類社會生存和發展的規律時，能不能只考慮女人而不考慮男人的作用呢？不考慮男人的作用而去探索人類社會繁衍、生存和發展的機制，將是永遠也無法取得成功的。同理，具體的物質和抽象的普遍聯繫是人體的兩個基本屬性，二者缺一不可；然而，只有具體的物質屬性才是看得見、摸得著、測得到的，而抽象的普遍聯繫則看不見、摸不著，是十分隱秘的，現代科學家們在探討各種疾病和生命現象發生發展的機制時，能不能只考慮人體具體的物質屬性，而完全不考慮抽象的普遍聯繫的屬性呢？不考慮人體普遍聯繫的屬性而去探索各種疾病和生命現象的發生機理，也一樣是永遠也無法取得成功的。

由此可見，現代科學在忽略了人體和生命抽象屬性的情況下來考察各種疾病和生命現象的發生機理，就好像是忽略了「萬有引力」來考察蘋果落地的發生機理，也等於是不考慮男人的作用來考察人類社會繁衍、生存和發展的機制。因此，只要繼續以現代科學的理論和方法為基礎，無論人們提出多少種學說來解釋消化性潰瘍的發生機理，將永遠只能得到一些似是而非，甚至是十分荒謬的解釋。相同的情況，實際上還廣泛地存在於現代科學對幾乎所有人體疾病和生命現象的探索之中；現代科學對自然界、對人體和生命現象的許多認識的確有可能是不完善，甚至是完全錯誤的。這就要求新時期的科研工作者，在看到現代科學的成功的同時，又要十分清楚地認識到它的不足之處；只有勇於開拓新的思維方式，建立一個與人體和生命高度複雜的特點相吻合的全新思想體系，才能圓滿地解釋包括癌症、愛滋病在內的各種人體疾病和生命現象的發生機理，才能進一步加深人們對自身和周圍世界的認識，人類的文明才能再次發生新的飛躍。

上述兩個類比清楚地說明了人類科學的未來發展，要求科研工作者們在看到了萬事萬物能夠被看得見的具體方面的同時，還要能看到看不見的抽象方面。我們不能因為某些客觀存在，如精神、思想、智慧等非物質要素是看不見、摸不著、感覺不到的，就忽略它在萬事萬物的變化發展過程中的重要作用，甚至是完全否認它們的存在。而人類科學未來的大發展，也必定要實現從當前具體的物質科學到抽象的聯繫科學的巨大飛躍。

3.3 打破傳統觀念的束縛，開拓新的思維

如果將現代科學對人體和生命現象的基本認識和研究方法，與歷史上經典力學對微觀世界的基本認識和研究方法進行類比，就不難看出：正是現代科學的思維方式和基本觀念在人們的心目中長期占據著主導的地位，導致各種人體疾病和生命現象的發生機理一直都不能被清楚地闡明。

部分現代科學家認為：**生物體最終是由物理材料——運動中的分子和原子組成的** [11]；DNA 雙螺旋結構的發現者之一、1962 年諾貝爾生理和醫學獎得主、美國分子生物學家沃森（James D. Watson, 1928～）認為：**基本上所有的生物學家都已確認生物體的特性可以從小分子和大分子之間協調的相互作用來理解** [11]。生物哲學家 Michael Ruse（1940～）也認為**生物學作為一門獨立的學科將來終有一天會消失** [11]。分支論者甚至還認為：**生物學最好能夠成為物理科學的一個分支，一個能夠通過運用物理科學方法，現在特別是物理學和有機化學的方法發展的獨立分支。隨著生物學和物理學的發展，（生命現象）最終都可以用物理學和化學理論來解釋** [11]。因而在現代科學的思想體系中，生命有機體的各個不同部分之間與自然界裡無生命的事物一樣是孤立的：**胃潰瘍的發生一定是上消化道的保護因素和損害因素失去平衡的結果** [6]；頭痛一定是大腦局部血管痙攣，或蛋白質功能異常導致的；失明也一定是玻璃體、視網膜或者視神經等局部結構出了問題。現代科學不能明確地指出生命有別於非生命的本質特徵，將只適用於無生命的物理、化學方法應用於生命科學領域是不奇怪的。

然而，黏膜下結節論之所以能圓滿地解釋消化性潰瘍病，是因為它認為生命和非生命之間有著本質上的差別：生命雖然是從無生命的物質世界進化而來的，但長期進化的結果就是使生命有機體的各個不同部分之間形成了一個不可分割、普遍聯繫的整體。因此，上呼吸道的感染可以導致頭痛；胰臟的內分泌功能不正常，可以導致眼睛或身體多個不同的部位出現臨床症狀；千變萬化的社會和心理矛盾則可以在胃十二指腸引發消化性潰瘍病。因此，生命自它產生的那一刻起，就被賦予了非生命不可能擁有的一些特徵，否則就不能夠成為生命，如新陳代謝、生長繁殖、環境適應性，以及「合目的性的進化」等等，都是將生命與非生命區別開來的重要方面，都說明了生命與非生命之間的確存在著本質上的巨大差異。

將只適用於宏觀世界的牛頓定律來解釋微觀世界裡的現象，沒有意識到宏觀物體與微觀物體的運動規律之間有著本質上的巨大差異，結果就是使人們的思維鑽進了「死胡同」，導致一系列微觀物理現象長期得不到合理的解釋。同理，如果我們將只適用於無生命物質世界的物理、化學定理、定律、法則和公式等來解釋人體和生命現象，不能意識到生命和非生命之間有著本質上的巨大差別，而將生命有機體看成與無生命的物體一樣，是由生物分子簡單地裝配而成、各部分之間相對孤立的原子分子複合體，也只能使人們的思維鑽進一個新的「死胡同」，現代科學至今仍然不能圓滿地解釋任何一種人體疾病和生命現象的發生機理，就不奇怪了。

　　由此可見：上述類比再次說明了在人體和生命科學領域應用物理、化學規律，完全有可能與歷史上在微觀世界裡應用只適用於宏觀現象的牛頓定律一樣，只能使人們的思維再次鑽進一個新的「死胡同」。必然的結果就是：雖然現代科學已經進入到了原子分子的「高科技時代」，仍然不能清楚地闡明任何一種人體疾病和生命現象的發生機理。新時期的科學工作者只有勇於打破以現代科學為基礎的各種傳統思想和舊觀念的束縛，不斷開拓新的思維，建立一個適合生命現象基本特點的全新思想體系，才能為人類科學的未來發展找到新的突破口，並圓滿地解釋包括癌症、愛滋病、各種慢性病、生物進化在內的各種人體疾病和生命現象的發生機理，人類的文明才能再次邁上一個新的臺階。

本章小結

　　類比的方法是根據不同事物在某些方面相似或相同，從而推斷出研究對象的某些未知特點的思維方法。這一方法在實踐中的靈活應用，不僅導致了黏膜下結節論的創立，而且還提示了正是現代科學的病因學觀念限制了人們的思維，導致消化性潰瘍病的發生機理長期不能被清楚地闡明，並明確地指出了「幽門螺旋桿菌與消化性潰瘍病有因果關係」的論斷沒有考慮到量變和質變的關係，而幽門螺旋桿菌在消化性潰瘍發生過程中的作用的確是非常次要的。通過多重類比，本章還清楚地說明了生命現象普遍聯繫的複雜性及其對生命活動的決定性影響，並提示現代科學的理論基礎的確有可能存在著明顯的缺陷，其觀念也對人們的思維有很大的阻礙作用，從而導致幾乎所有人體疾病和生命現象的發生機理長期不能被清楚地闡明。因此，新時期的科學工作者只有勇於打破以現代科學為基礎的傳統觀念的束縛，不斷開拓新的思維，建立一個合乎生命現象基本特點的全新科學體系，才能圓滿地解釋包括癌症、愛滋病等在內的各種人體疾病和生命現象的發生機理，人類的科學和文明才能再次邁上新臺階。所有這些都說明了「類比」的確是科學探索中非常重要的一種思維方法。

參考文獻

1　譚斌昭主編，周燕、陶建文副主編：當代自然辯證法導論；廣州，華南理工大學出版社，2006 年 6 月第 1 版；第 176-177 頁。

2　S.T. Shi and M. M. C. Lai. 2001. Hepatitis C viral RNA: challenges and promises. CMLS, Cell. Mol. Life Sci. 58, 1276-1295.

3　Francois Penin, Jean Dubuisson, Felix A. Rey, Darius Moradpour, and Jean-Michel Pawlotsky. January 2004. Structural Biology of Hepatitis C Virus. Hepatology. Vol. 39, No. 1, 5-19.

4　梁曉虹釋譯，星雲大師總監修；中國佛教經典寶藏精選白話版阿含類 1，中阿含經；高雄，佛光山宗務委員會印行，1997 年初版；第 334-336 頁。

5　鄒海林、徐建培編著；科學技術史概論；北京，科學出版社，2004 年 3 月第 1 版；第 170 頁。

6　A Hackelsberger, U Platzer, M Nilius, V Schultze, T Günther, J E Dominguez-Muñoz and P Malfertheiner; Age and *Helicobacter pylori* decrease gastric mucosal surface hydrophobicity independently; Gut, 1998; 43; 465-469.

7　酈賀齡主編；消化性潰瘍病；北京，人民衛生出版社，1990 年 11 月第 1 版；第 71 頁。

8　Barry J. Marshall, J. Robin Warren, Elizabeth D. Blincow, Michael Phillips, C. Stewart Goodwin, Raymond Murray, Stephen J. Blackbourn, Thomas E. Waters, Christopher R. Sanderson; Prospective Double-blind trial of duodenal ulcer relapse after eradication of *campylobacter pylori*; The Lancet, December 24/31 1988, pp 1437-1442.

9　Hildur Thors, Cecilie Svanes, Bjarni Thjodleifsson; Trends in peptic ulcer morbidity and mortality in Iceland; Journal of Clinical Epidemiology, 2002; 55, 681-686.

10　Mervyn Susser, Zena Stein; Civilization and peptic ulcer; The Lancet, Jan. 20, 1962; pp 115-119.

11　李建會著；生命科學哲學；北京，北京師範大學出版社，2006 年 4 月第 1 版；第 6-8 頁。

第五章：疊加機制是各種現象和疾病發生的基礎

　　本部分前四章是以「同一性」為基礎，圍繞萬事萬物變化發展的機制展開討論的。但是這四章並沒有交待普遍聯繫是如何推動事物變化發展的。本章將清楚地指出：普遍聯繫是通過「疊加機制」來推動事物的變化發展的，因而疊加機制是自然界裡各種現象發生的基礎。這一思想是黏膜下結節論能圓滿解釋年齡段分組現象和十二指腸潰瘍的發生機理的重要原因，而本部分第六到第十一章也是以這一機制為基礎提出來的；這些都說明了疊加機制是本書的重要核心之一。與同一性一樣，疊加機制也可以通過多種方法推導出來，但本書是觀察一種小毛病後總結出來的，並且這一小毛病還與胃潰瘍有著基本相同的發病機制，因而這裡仍然圍繞它展開論述。

第一節：疊加機制的推導

　　經過長期仔細的觀察，我們發現人群中有些個體，尤其是正經歷負面而重大的社會和家庭事件，或長期承受較大的精神壓力、性情急躁的個體，如失戀者、大型考試前的考生等等，往往會伴隨注意力不集中、睡眠多夢、神疲乏力、急躁易怒、面色晦暗等精神症狀，而在體表則可以觀察到具有如下形態特點和分布規律的丘疹和皮下結節，如下頁圖 III.16 所示：

　　位置表淺者首先表現為局部刺癢或壓痛，隨即呈現皮色或紅色丘疹，後期可轉變為褐色；位置較深者則表現為大小不一的皮下結節（日常生活中常被稱為「暗瘡（Acne）」，局部僅有壓痛或輕微突起，後期局部皮膚可轉變為黑色。直徑可小至針尖，大者數毫米；受精神因素影響較嚴重者直徑可達 1cm 以上，亦可由多個合併而成。早期往往因為刺癢、搔抓而潰破，可見一小洞，內有淤血存留；晚期表淺者可自動向皮膚表面潰破，形成不同大小的褐色痂。將痂皮脫去，可自四周擠壓出白色乳酪樣黏稠物或一結節狀硬栓，因而本書形象地稱之「結節竈（Nodular Focus）」。通常並無紅、腫、熱、痛等炎性症狀，但周圍組織可由於搔抓而輕度紅腫並形成大小不等的紅斑。瘀血或結節排出後即可結痂而癒，並遺留少量瘢痕及色素沉著；而硬栓久未排出者則可合併感染而出現紅腫熱痛等炎性症狀，最終遺留色素沉著或疤痕。這種小毛病通常不影響局部組織的功能，因而很容易被忽視。同一時間內輕者僅單發，主要見於額面部；而嚴重病例則反覆發作，可多發於雙肩、頸背部乃至全身各處，亦可隱藏於毛髮而不易被發現。如果對人群進行長期連續性的觀察，還可發現明顯區別於其他疾病的幾個重要特徵：

1. 反覆發作和多發：嚴重病例通常伴有精神症狀，並可在額面部見到大量新舊交替的丘疹和皮下結節。既可在同一部位反覆發作，亦可多發於體表的不同部位。位置較深者早期通常表現為局部壓痛，中晚期局部皮膚可轉變為黑色，如圖 III.11 之 A 所示。

2. 線狀分布：嚴重病例體表局部還可以有數十個新舊丘疹、皮下結節和疤痕同時存在。如果我們將這些不同時間、不同部位發作的新舊病竈疊加起來綜合考慮，就可以發現其中的一部分連接起來呈線狀分布，並與中醫學描述的某些經絡循行路線基本一致，如圖 III.11 之 A、B、C 所示。

3. 左右對稱：除了線狀分布以外，上述丘疹和皮下結節還有一個非常顯著的特徵，就是其中的一部分以人體矢狀面為對稱面而左右對稱，並且這種對稱性仍然是以不同時間和空間上反覆發作的新舊病竈的疊加為基礎的。如圖 III.11 之 A、D 所示：

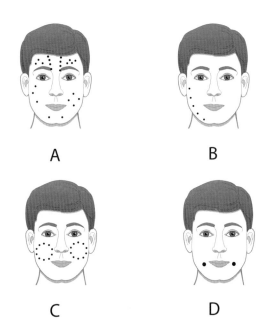

圖 III.11　精神因素導致的丘疹和皮下結節在面部的分布

圖 III.16 表示精神因素導致的丘疹和皮下結節在面部的分布。A 是日常生活中非常典型的「焦頭爛額（in a Terrible Fix）」，多見於事業繁忙、信心受挫的個體。B 和 C 屬於典型的線性分布。受到嚴重的自然、社會和生活事件影響的個體則可以見到 D，直徑可達 2cm 以上，往往同時伴隨失眠多夢、焦慮不安、食慾不振等精神症狀。

　　在某些較嚴重病例的額面部，新舊病竈的同時存在自然形成了時間和空間上的疊加，因而其線狀和左右對稱分布的特徵表現得十分明顯。上述分布規律是「將不同時間和空間內同一性質的現象疊加起來綜合考慮」得到的；因此我們將它歸納為「疊加法（Method of Superposition）」：只有將不同時間、不同空間內具有某些共同性質、作用或特徵的現象或事物疊加起來綜合考慮，才能找到事物變化發展的規律和特點的思維方法。

　　事實上，第一章的「同一性」和第二章的「普遍聯繫」都是通過「疊加法」推導出來的（請參閱圖 III.9），而普遍聯繫中各種單一聯繫推動的變化發展（第三章）疊加起來就是呈現在我們眼前的各種現象。反過來講，所有的現象實際上都是各種單一的聯繫推動的變化發展疊加起來的綜合結果。因此，「疊加（Superposition）」是自然界裡的各種現象，尤其是高度複雜的生命現象最基本的發生機制，本書稱之為「疊加機制（Superposition Mechanism）」。一旦有了「疊加機制」這個基本的概念，我們就可以先分別探討某種單一的聯繫在事物變化發展過程中的作用，然後再確定普遍聯繫中推動事物變化發展的決定性和非決定性要素，從而為探討各種人體疾病和生命現象的發生機理摸清思路。

第二節：疊加機制與本書其他哲學觀點之間的複雜關係

　　上一節的論述表明了「疊加機制」實際上是非常簡單易懂的。然而，它與本書其他各哲學原理之間的關係卻是渾然一體、高度複雜的，要在實踐中做到靈活應用也絕非易事，以下三點內容將有助於我們對疊加機制的正確理解和靈活運用。

2.1　不同的事物或現象必須在「同一性」的基礎上才能進行疊加

　　雖然疊加機制有助於找到事物變化發展的規律和特點，但並不是可以隨機地將任何兩個毫不相干的事物或現象扯到一起來進行疊加，而是必須在本部分第一章提出的「同一性」的基礎上綜合考慮才能發揮作用。非常有意思的是：「同一性法則」也是通過反覆運用「疊加機制」才總結出來的一個普遍性規律。

　　例如：本章第一節所描述的丘疹和皮下結節雖然在不同的時間內分布於人體的不同部位，但是它們卻是「同一種病變」，因而我們可以將他們疊加起來綜合考慮並找到其分布的規律和特點。又如：黏膜下結節論中，在消化性潰瘍形成的後期，胃酸胃蛋白酶、幽門螺旋桿菌和機械磨損等局部損害因子也是依靠疊加機制來促成潰瘍的；這些因子之間的同一性基礎是「對局

部胃黏膜的損害」。再如：第二章普遍聯繫提出了人體自然的、社會的、整體的、歷史的和情感的等五大抽象的屬性，它們看起來好像是「風馬牛不相及」、毫不相干的，但是它們都能危害人體的健康，因而我們仍然可以將它們疊加起來形成人體「普遍聯繫」的概念。而本書更廣義的「普遍聯繫」概念實際上也是將各種抽象事物疊加起來得到的。這些事例都說明了「同一性」是應用「疊加機制」的先決條件；不同的事物或現象之間如果缺乏「同一性」基礎，就談不上「疊加機制」了。

從圖 III.9 同一性法則的推導圖還可以清楚地看出：我們正是將自然界、生命、人體和社會的各種現象，以及各種抽象的聯繫和相互作用都羅列到一起綜合考慮，才總結出任何產生聯繫或發生相互作用的兩個不同事物之間一定存在著「某個方面的同一性」這個規律的。因而同一性法則正是反覆運用疊加機制總結出來的一個普遍性規律。這些都說明了本書提出的「疊加機制」和「同一性法則」之間是「你中有我，我中有你」、相輔相成的，這種密切關係反映的正是自然界中各種規律之間內在聯繫的複雜性；而像物理、化學等物質領域那樣僅僅通過一個或者幾個定理、定律和公式，將是很難將自然界裡的客觀真理描述清楚的。

2.2 普遍聯繫通過「疊加機制」推動了萬事萬物的變化發展

雖然第三章明確地指出「普遍聯繫推動了萬事萬物的變化發展」，但普遍聯繫又是如何推動萬事萬物變化發展，並導致各種現象的產生的呢？疊加機制認為：任何現象都是自然界裡多種單一的聯繫所導致的變化發展疊加起來的結果，綜合地看就是「普遍聯繫導致了各種現象的發生」。

物理學上，當某物體同時受到兩個或兩個以上力的作用而產生運動時，人們就會通過「平行四邊形」的方法，將這些相同或者不同方向上的力疊加起來形成一個「合力」，這個合力使事物產生了一個加速度而導致運動狀態的改變。這是自然界裡廣泛存在、同一性質的聯繫之間通過疊加機制導致事物變化發展的最簡單的例子。但實際上，自然界裡千千萬萬種不同性質的抽象聯繫，也是通過基本相同的機制來推動萬事萬物的變化發展的。任何事物在其存在的全部歷史過程中必然要受到多種不同性質的抽象聯繫的作用，雖然這些聯繫有決定性和非決定性之分，但是每一種聯繫都會推動事物在某一方面的變化發展，而多種不同性質的聯繫則會推動事物在多個不同方面的變化發展。在某一時刻，所有這些不同方面的變化發展疊加起來便以「現象」的形式展現在我們眼前；而將所有不同時刻發生的現象疊加起來形成的一個連續過程就是該事物變化發展的全部歷史。

例如：在蘋果落地的過程中，雖然牛頓考察了地球對蘋果的萬有引力，但這僅僅是一種極端理想的情況。實際上，蘋果在落地的過程當中並非單純地受到地球的萬有引力的作用，而是隨著它卜落的速度愈來愈快，周圍空氣對它的阻力也會愈來愈大；它還要受到水平方向上風力的影響。最終呈現在我們眼前的現象就是這個蘋果通常並沒有落在它的正下方，而是偏離了一段距離，並且這段距離是由它的高度和風力的大小所決定的。因此，疊加機制要求我們必須比理想的情況考慮得更多更具體，才能真正符合萬事萬物變化發展的實際情況。如果將蘋果在各個不同歷史時期的抽象聯繫都進行考察的話，情況還要比這複雜得多。

而人體和生命科學領域所面臨的抽象聯繫更是五花八門、種類繁多，遠非物理、化學領域所能比擬的；它們推動的變化發展疊加起來所表現出來的各種人體疾病和生命現象自然也要比物理、化學現象複雜得多。因此，現代科學在缺乏「疊加機制」這一基本觀念的情況下來探討各種人體疾病和生命現象的發生機理，是永遠也不可能取得成功的。例如：現代科學近 50 年不能解釋胃潰瘍的年齡段分組現象、上百年不能解釋十二指腸潰瘍的發生機理，都是缺乏「疊加機制」這一重要觀念的必然結果。而本章第六節討論的「衰老」現象等，也是各種聯繫通過疊加機制長期作用於人體非常典型的例子。再如：複雜的多因素通過疊加機制導致了基因突變，以及細胞的程式化死亡和免疫系統監察功能的喪失等等；但只有基因突變，程式化死亡和免疫監察功能同時喪失，癌症才有可能發生。這是複雜的二重疊加機制在起作用，而愛滋病的發生機理實際上也與此大同小異。由此可見：沒有充分地認識到「疊加機制」在各種現象和疾病發生過程中的重要作用，是現代科學在人體和生命科學領域不取得成功的重要原因之一。

綜合上面的論述，自然界裡各種單一的聯繫推動的變化發展疊加起來，就以現象的形式呈現在我們眼前；而各種生命現象的發生發展，正是複雜的多因素通過疊加機制所導致的必然結果。因而人體和生命現象的探索，都必須帶著「疊加」的基本思想才能取得圓滿的成功。

2.3 「疊加機制」走上了與「還原論分割研究」完全相反的道路

現代科學沒有考慮到萬事萬物普遍聯繫的屬性，必然會孤立地看待事物及其各個不同部分之間的關係。因此，如果將研究對象的不同部分分割開來獨立研究，就可以使問題得到大大的簡化；這是「還原論分割研究」的基本思路。而普遍聯繫的觀點則要求我們還必須採取與還原論完全相反的道路，將事物的各個不同部分疊加起來綜合考慮才是正確的研究路線。

還原論分割研究在物理、化學等非生命科學領域中所取得的成功，導致它在現代科學的理論和方法中占據了主導的地位。**物理學和化學中這些還原綱領的明顯成功，以及它所導致的巨大的適用和理論進展，不可避免地促使這些綱領擴展到非物理科學的生物學，甚至擴展到心理學、社會學領域。按照這種綱領，生物體和非生物體的差別只是在結構的複雜程度上的差別，而不是在不可還原意義上的種類上的差別** [1]。正是這個原因，現代科學總是將研究對象在空間上的不同部分、時間上的不同歷史時期分割成各自獨立的部分和時間段分別進行研究。然而，「普遍聯繫」這個重要概念的提出，則要求我們必須考慮將各種單一的聯繫導致的變化發展疊加起來才能成功地解釋各種現象。這就走上了與還原論完全相反的道路。如果將空間上的不同部分疊加起來就構成了第六章的「整體觀」；將時間上的不同時期疊加起來，就構成了第七章的「歷史觀」。而整體觀和歷史觀又是充分理解第十二章「物質和意識」這對重要的二元關係不可缺少的。

此外，多種不同性質的抽象聯繫疊加起來同時對事物起作用，導致我們通常很難找到推動各種現象發生發展的決定性原因，這就派生出了第八章「透過現象看本質」的基本內容。不僅如此，多種不同性質的抽象聯繫隨時間和空間而不斷地變化發展並疊加起來對事物起作用，還導致了生命科學領域中的因果關係具有高度複雜的基本特點，這就決定了第九章討論「因果關係」的必要性。多種不同性質的抽象聯繫隨時間和空間不斷變化而表現出來的不確定性，導致各種現象都具有「概率發生」特點，這正是第十章的基本內容。這些都說明了「疊加機制」的提出，使得新時期的科學研究必須比「還原論」主導下的現代科學考慮得更多、更複雜；相應地，思考問題時還必須實現從相對簡單的「線性的思維方式」到高度複雜的「多維的思維方式」的轉變才能成功，反映的正是第十五章的內容。

由此可見：疊加機制使我們充分地認識到周圍世界的實際情況要比還原論分割研究想像的複雜得多。而「疊加機制」與其他多條哲學思想之間的複雜關係，正是自然界客觀真理複雜性的集中體現，也說明了要將自然界中的各種客觀規律描述清楚的確是很難的。

第四節：歷史上的疊加思想

疊加機制要求我們將具有「同一性」的不同事物或現象羅列到一起來綜合考慮，強調的是一個「加」字，的確可以說是十分的簡單，因而很容易遭到人們的忽略，通常的哲學文獻中很難找到基本相同的論述，但人們卻在實踐中已經有一些不自覺的應用。

　　亞里斯多德在 2300 多年前首次提出「認識的整體大於其部分的總和 [2]」，這其中就包含著「疊加」的基本思想。但是這一整體和部分錯綜複雜的聯繫，特別是整體的運動形態的系統演進，卻無人論及過，直到黑格爾在他的客觀理念主義的體系中，才對精神的無限性的「翻湧」作出了系統的描述 [2]。黑格爾認為：未被認識的對象的整體及其諸因素，對於認識來說，是一個混合體、混沌體，是一種永遠在製造紊亂的、搖擺不定的東西；它們猶如無序的、無限眾多的個體原子所組成的混沌體一樣，什麼也不能說明。這樣，認識對象的第一個要求便是要在總的整體的、定在的情況下發現事物與事物的關係 [2]。這種認識與本書通過疊加機制認識到的自然規律的複雜性頗有相通之處。但黑格爾並沒有明確「整體的運動形態的系統演進」的發生機制。

　　量子物理學認為「原子能級發生躍遷或下降時發生的量子狀態的變化是一種疊加機制 [3]」。而地質學上也論及「新構造應力場控制水平運動對滑坡的滑動方向、滑坡的破壞強度主要體現為構造應力場與自重應力場的疊加機制 [4]」。這些都是疊加機制在不同學科領域認識中的不自覺體現。美國量子物理學家戴維·約瑟夫·玻姆（David Joseph Bohm, 1917~1992）指出：一個系統構成一個整體，其整體行為要比其部分行為之和豐富得多；基本實在就是存在於變化過程中事物的總體……。這個總體是囊括一切的 [5]。玻姆的這一思想在量子物理學上的應用，使人們能直觀地把握量子實在的本質特徵 [5]；他還將這一認識應用於「物質和意識相互關係」的探索之中 [5]。在還原論分割研究占主導地位的 20 世紀，玻姆教授能夠有這些與主流思想完全相反的認識無疑是難能可貴和偉大的。但非常可惜的是：僅僅利用這一孤立的哲學觀點，是難以真正地闡明物質和意識的相互關係問題的，所獲得的結果也必然存在著很多有待解決的問題，其正確性也不太容易得到充分的體現，從而極大地限制了它的應用。玻姆教授所認識到的「總體」與本書提出的「疊加思想」也是一致的。

第五節：疊加機制在黏膜下結節論中的應用

　　疊加機制是黏膜下結節論圓滿地解釋年齡段分組現象的兩個核心機制之一，也是正確理解十二指腸潰瘍的發生機理和各種現象的必要前提。本節還結合類比的方法再次說明了幽門螺旋桿菌在消化性潰瘍發生過程中所起的作用的確是非常次要的，並且疊加機制在實踐中的靈活應用還是黏膜下結節論能圓滿地解釋消化性潰瘍的重要原因之一。

5.1 「疊加」是闡明年齡段分組現象的又一關鍵機制

在普遍聯繫觀點的指導下，黏膜下結節論認為凡是能夠引起心理緊張的自然、社會、家庭事件和特殊個性等多方面的因素，都有可能成為消化性潰瘍病的直接誘因。而 Susser 等人早在 1962 年就已經觀察到了的消化性潰瘍臨床死亡率曲線（即年齡段分組現象，如圖 III.12 所示 [6]），正是所有這些因素分別導致的發病率疊加起來形成的一個「總發病率」。根據這些誘因性質上的不同，黏膜下結節論將它們分成三大類：

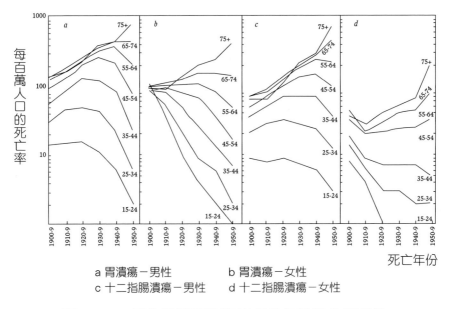

a 胃潰瘍－男性　　　　b 胃潰瘍－女性
c 十二指腸潰瘍－男性　　d 十二指腸潰瘍－女性

圖 III.12　消化性潰瘍表現出來的年齡段分組現象

第一類是指戰爭、經濟危機、政治運動、社會急劇變革和文明開化、重大的自然災害等能夠在人群中引起廣泛的心理緊張，從而導致該疾病的發生率和死亡率顯著升高的因素。但是，這些原因導致的心理緊張也會隨著這些重大社會和自然事件的結束而逐漸消失，因而是消化性潰瘍的死亡率發生急劇波動的決定性因素，如第二部分圖 II.3 和 II.4 中淺顏色的部分，是 Susser 等人觀察到的年齡段分組現象（*Birth-cohort Phenomenon*）形成的主要原因。

第二類是指一般的社會、家庭事件和個體自身的因素，如鄰居或家庭成員之間的衝突、悲劇性的事件、失業、貧窮的經濟狀況、酗酒以及家庭和婚姻問題，季節變換乃至特殊個性等這些在現代社會的不同地

域、不同歷史時期都隨機存在的因素。例如，現代社會中的某一國家或地區總會有一定百分數的人失業、離婚，總會存在著一些家庭和鄰里矛盾等等。**絕對安寧的生活根本就是不可能存在的** [7, 8]。因此，對於某一特定地域和時期的整個人群而言，這些事件的發生率總是維持在一個特定的水平上，波動幅度很小；相應地，它們所導致的消化性潰瘍的發病率和死亡率也總是維持在一個特定的水平上，波動幅度很小，如第二部分圖 II.3 和 II.4 中的中間灰色部分，是構成 Susser 和 Stein 等人觀察到的波動曲線下方的重要要組成部分，符合一般社會事件隨機發生的基本特點。

除了上述兩類主要的直接誘因外，臨床誤診的情況時有發生，如癌性潰瘍、內分泌功能紊亂引起的潰瘍、藥物性潰瘍、化學性潰瘍等，都有可能被誤診為消化性潰瘍，從而導致潰瘍病的臨床發病率與實際發生率總是存在著一定的偏差，並嚴重干擾臨床統計和流行病學調查的結果。因而黏膜下結節論將它獨立出來，作為影響消化性潰瘍總發病率的第三種因素，如第二部分圖 II.3 和 II.4 中最下方深黑色部分。這一類因素所導致的「發病率」波動性也很小，是 Susser 觀察到的波動曲線以下的次要組成部分，卻能對統計分析的結果帶來的很大的影響，仍然十分值得科研工作者們的重視。

由此可見，要圓滿地解釋消化性潰瘍發生的年齡段分組現象，首先就必須認識到消化性潰瘍是一種社會病（見第二章 4.2），其真正的病因是千變萬化的；其次還必須認識到「疊加」是各種現象發生的基礎性機制。將各種不同性質的直接誘因導致的死亡率疊加起來，就構成了消化性潰瘍死亡率的波動曲線。這再次說明了只有將本書提出的不同哲學觀點聯合起來同時應用，才能行之有效地解決實際工作中的各種問題。

5.2 「疊加」也是十二指腸潰瘍發病的關鍵機制

黏膜下結節論認為：十二指腸潰瘍發生起始的和決定性的步驟是由生活事件、精神刺激、生活方式和個性等諸如此類的心理—社會因素所導致的胃酸高分泌。這一過程決定了該疾病幾乎所有的特徵，並且胃酸的高分泌與上消化道的局部因素完全無關，而單純是由千變萬化的社會—心理因素引起的。然而，僅僅擁有這樣的認識遠不足以理解十二指腸潰瘍的發生機理以及各種臨床和實驗室表現，還必須帶著「疊加機制」的觀念才能圓滿地解釋這一疾病的所有現象：胃酸胃蛋白酶與機械磨損、幽門螺旋桿菌、部分藥物（如 NSAIDs）等多種局部損害因素疊加起來共同作用，最終才導致了十二指腸潰瘍病的發生。

在上述所有的局部損害因素中，胃酸的高分泌對十二指腸黏膜損傷的影響最大，是十二指腸潰瘍發生的基礎，在其強度足夠的時候可以單獨導致潰瘍病的發生。因此，沒有幽門螺旋桿菌的感染，也可以發生十二指腸潰瘍：十二指腸的酸載量決定了幽門螺旋桿菌是否能夠導致十二指腸潰瘍 [9]；很多十二指腸和胃潰瘍的發病與幽門螺旋桿菌無關，而是由其他一些尚未確定的因素引起的 [10, 11]；消化性潰瘍病被分成「幽門螺旋桿菌引起的潰瘍病、NSAIDs 相關的潰瘍病、與幽門螺旋桿菌和 NSAIDs 都無關的潰瘍病這三種不同類型 [12]」，都清楚地說明了這一點。而幽門螺旋桿菌等其他各種因素的單獨作用，一般都不能直接形成十二指腸潰瘍，這就得到了第二部分圖 II.5 的內容。這一條形圖描述的機制足以圓滿地解釋十二指腸潰瘍所有的主要特徵和全部的現象，成功地解釋與幽門螺旋桿菌相關的所有統計學資料，並再一次清楚地說明了幽門螺旋桿菌在十二指腸潰瘍發生過程中的作用的確是十分次要的。

由此可見：要圓滿地解釋十二指腸潰瘍的發生機理，也必須同時滿足兩個最基本的條件：首先必須認識到十二指腸潰瘍是社會病，是由千變萬化的社會－心理因素引起的，這一起始和決定性的步驟與胃十二指腸局部的各種因素無關；而在後期則是各種局部損害因素通過疊加機制導致了十二指腸潰瘍的形成。然而，一些強烈腐蝕性的藥物、內分泌疾病引起的胃酸超高分泌等，也可以引起不同性質的十二指腸潰瘍，並且也可以干擾流行病學調查的結果，仍然有必要予以足夠的重視。

5.3 「拔蘿蔔」形象地說明了幽門螺旋桿菌在潰瘍病中的作用

上述分析不難看出疊加機制十分有助於我們理解幽門螺旋桿菌在消化性潰瘍發病過程中的作用。然而，這些因素的作用往往還有時間上的先後，或空間上的差別等，從而導致某些因素成為該疾病「起始的和決定性的要素」。這裡利用兒童故事《拔蘿蔔》來進一步簡單、形象地說明幽門螺旋桿菌在消化性潰瘍發生發展過程中所起的作用。

小兔在菜地裡拔蘿蔔，一會兒就拔出了好幾根。可是有一根很大的蘿蔔，怎麼也拔不動。於是，他讓小豬來幫忙。這樣，小豬拉著小兔，小兔拉著蘿蔔葉子，兩人一起「嗨喲，嗨喲」地拔呀拔，還是拔不動。於是他們只好再喊小狗來幫忙。然而，即便是小狗拉著小豬，小豬拉著小兔，小兔拉著蘿蔔葉子，三人還是不能將這根大蘿蔔拔起來。

　　這時，小鼠碰巧從路邊經過，看到這種情況後說：「我也來幫你們拔吧！」於是，小鼠拉著小狗，小狗拉著小豬，小豬拉著小兔，小兔拉著蘿蔔葉子，四人一起「嗨喲，嗨喲」地拔呀拔，大蘿蔔終於被拔出來啦！於是，小鼠大聲喊道：「這根蘿蔔是因為我才被拔出來，所以沒有我小鼠你們是拔不出蘿蔔的！」大夥兒聽了都很不高興，齊聲說：「既然這樣，你自個兒拔根蘿蔔起來給大夥兒看看！」於是，小鼠學著小兔的樣子「嗨喲，嗨喲」地拔呀拔，結果連一根最小的蘿蔔也拔不起來。

　　這則兒童故事很好地說明了疊加機制對最終結果的影響，並清楚地告訴我們：是小兔小豬小狗小鼠四人的合力才將那個大蘿蔔拔起來的，我們不能因為小鼠最後的參與有個大蘿蔔被拔起來了，就可以認為「小鼠與所有的蘿蔔被拔起來了」有因果關係。完全相同的錯誤，實際上也存在於「**幽門螺旋桿菌與十二指腸潰瘍有因果關係** [13]」的論斷之中。

　　如果將「消化性潰瘍的發生」與「蘿蔔被拔起來」進行類比，其中胃黏膜下預先存在的病變所導致的局部缺血缺氧、胃酸胃蛋白酶的異常高分泌、不良飲食習慣導致的機械磨損以及幽門螺旋桿菌等在消化性潰瘍病中所起的作用，分別與小兔、小豬、小狗和小鼠在拔蘿蔔時所起的作用相對應。沒有小鼠的小小力量的參與，小狗、小豬和小兔三人的合力是足以拔出絕大多數的蘿蔔的。同理，如果沒有幽門螺旋桿菌的感染，局部缺血缺氧、胃酸胃蛋白酶，機械磨損等，就足以導致多數消化性潰瘍的發生。因此，一些流行病學調查結果顯示：**胃潰瘍患者幽門螺旋桿菌的感染率低於 50%** [11]；**波蘭人群中，大約有 20% 的消化性潰瘍與幽門螺旋桿菌的感染和 *NSAIDs* 的使用無關** [14]。對於那些很容易就被拔起來的蘿蔔而言，小鼠也可以與其他人一起拔，但是即使沒有小鼠的小小力量的參與，這些蘿蔔也會被拔起來。與此相對應的是，那些受到精神因素的影響比較嚴重的病人，即使是有了幽門螺旋桿菌感染，我們也不能斷定當這些病人沒有幽門螺旋桿菌感染時，消化性潰瘍就一定不會發生。這也就是說：我們不能將所有的有幽門螺旋桿菌感染病人的消化性潰瘍病，都歸因於幽門螺旋桿菌的作用。

　　即使是小鼠的小小力量的最後參與，也會使一些難以拔起的蘿蔔被拔起來；但如果沒有小狗小豬小兔力量的基礎性作用，單獨由小鼠的小小力量是不可能拔出蘿蔔的。同理，由於幽門螺旋桿菌的感染會使一些亞臨床病人更容易表現出症狀，導致消化性潰瘍的臨床發病率和復發有了一定程度的升高；但如果沒有胃黏膜局部的缺血缺氧、胃酸胃蛋白酶的異常高分泌，機械磨損等多種因素的基礎性作用，僅僅只有幽門螺旋桿菌的感染是不可能導致

消化性潰瘍的。**雖然幽門螺旋桿菌在人群中的感染率很高，但是潰瘍病的發生率卻仍然很低** [15]，正是這個原因所導致的。**雖然人們已經成功地建立了幽門螺旋桿菌感染的大鼠模型，卻發現這一感染模型在大鼠體內僅僅引起輕到中度的黏膜炎症；在醋酸處理漿膜面以後，無論是感染、還是沒有感染幽門螺旋桿菌的大鼠都可以在分泌胃酸的黏膜面誘導出潰瘍** [14]。「十二指腸的酸載量決定了幽門螺旋桿菌是否能夠引起十二指腸潰瘍 [9]」等臨床和實驗結果都充分地說明了這一點。

這則兒童故事還告訴我們，我們不能因為由於小鼠的最後參與，部分蘿蔔被拔起來了，或者蘿蔔被拔起來的機率有所增加，就可以忽略其他人的力量，而片面地認為「大蘿蔔被拔來與小鼠有因果關係」。同理，我們怎麼能因為部分病人有幽門螺旋桿菌的感染，或者幽門螺旋桿菌的感染導致發病率和復發率有了一定程度上的升高，就可以忽略胃腸道局部其他因素的重要影響，而認為「幽門螺旋桿菌與十二指腸潰瘍有因果關係 [13]」呢？「**沒有幽門螺旋桿菌，就沒有消化性潰瘍** [16]」所犯的錯誤與「沒有我小鼠你們是拔不出蘿蔔的」又有什麼兩樣呢？

由此可見，缺乏「疊加機制」的基本思想和觀念，完全不考慮自然界裡各種現象和人體疾病的發生都是多因素的作用疊加起來的綜合結果，是得出**「幽門螺旋桿菌與十二指腸潰瘍有因果關係** [12, 13, 15]」這樣荒謬結論的又一重要原因。這說明了「疊加機制」雖然簡單，但的確是值得我們高度重視的重要思想之一。

5.4 黏膜下結節論是對消化性潰瘍近乎完整的描述

疊加機制在黏膜下結節論中的重要應用，還體現在它與歷史上以現代科學為基礎的主要相關學說之間的關係上。雖然歷史上的這些學說都不能圓滿地解釋消化性潰瘍的發生機理，但畢竟都是基於一定的臨床事實和實驗依據的，也必定看到了消化性潰瘍這隻「大象」身體的某個部分。因此，將歷史上的這些學說統一起來必然能夠形成對該疾病更加全面的認識；而黏膜下結節論則通過疊加的方法很好地實現了這個目標。然而，我們也不能將黏膜下結節論看成是歷史上這些學說的簡單疊加得到的，而是在充分地吸取了它們的合理成分和優點，在聯合運用了一大批哲學原理和全新觀念的基礎上發展出來的對該疾病更深入、更全面的認識。它對消化性潰瘍各種特徵和現象的解釋是相輔相成、不存在任何矛盾的，因而在克服了歷史上所有主要相關學說缺點的同時，還擁有它們無可比擬的優點，是對消化性潰瘍的發生機理近乎完整的描述。

第六節：疊加機制在理論和實踐上的應用

　　由於各種現象的發生都是複雜的多因素推動下的變化發展疊加起來的綜合結果，因而「疊加」實際上還是自然界裡各種現象發生的根本性機制。它不僅可以用來闡明消化性潰瘍的發生機理，而且還能廣泛地應用於所有不同領域和各種人體疾病的解釋之中。限於篇幅，這裡僅僅討論生命科學領域中的幾個關鍵性問題。

6.1　時間、空間結構和功能上的有序化是生命存在的根本保證

　　所謂「有序化（Ordering）」，就是指在已知和未知的多種自然規律的支配下，不同事物或同一事物的不同部分之間在空間上按照一定的次序排列，或其變化發展按照一定的時間順序依次發生的現象。疊加機制在這個問題上的應用，就是認為任何生命有機體，從最低級、最簡單的病毒到最高等、最複雜的人體，都是在時間、空間結構和功能上按照特定的規律反覆疊加形成的綜合體，是生命最重要的基本特徵之一，本書稱之為「生命的三大有序化特徵（Three Ordering Characters of Life）」。

　　生命體的空間結構有序化（Spatial Structure Ordering），概括的是生命的結構特徵——構成生命有機體的不同成分，小到原子分子，大到器官系統等等，都必須按照一定的次序排列，這是各種生命存在的物質基礎。例如，各種病毒的基本結構從裡到外，必須是核酸、蛋白質衣殼、包膜等的依次排列；DNA 分子上的核苷酸排列順序、有生物學活性的基因結構等也都是高度有序的。而人體內各細胞、組織、器官、系統等等，也必須按照一定的空間次序排列，否則就不能成為人體，或必然要導致功能紊亂、疾病的產生，如各種形式的腫瘤、子宮內膜易位症、染色體斷裂導致的白血病等等。然而，某個事物空間結構上的有序化，是否就算得上是「生命」呢？人體在意識完全喪失，或死亡的那一瞬間，其空間結構基本上沒有任何變化，說明了僅僅具有空間結構的有序化還是不足以構成生命的。

　　生物體的時間有序化（Time Ordering），是指在生命活動的全過程中，各種生理現象和功能都必須按照一定的時間順序依次發生。例如：在病毒的複製週期中，其基因的表達有早期和晚期之分，其顆粒中各種成分的裝配也是有時間先後順序的。而人體在生長發育的不同時期，各種基因的表達也會按照一定的時間順序分別被關閉和激活，從而有助於適應各個不同時期的需要：胎兒在母體內與腫瘤的生長速度相當，正是調控人體正常生長發育的癌基因被激活的結果；而這些基因在 1 週歲左右就基本上都被關閉了。兒童到 6、7 歲時就會換牙齒，10~14 歲就會進

入青春期。如果這種時間上的有序化不能得到保證，就必然會導致功能上的紊亂或多種疾病的發生。例如：肝癌病人的血清中能夠檢測到甲胎蛋白，便是只能在胎兒和嬰幼兒時期能夠被激活、表達的基因在成年後被重新激活的結果。I 型糖尿病有可能是某些原因關閉了控制胰島素合成和分泌的基因所導致的。

然而，除了空間結構和時間上的有序化以外，還必須擁有功能上的有序化，才能維持生命活動的正常進行。所謂功能有序化（Function Ordering），是指生命內部各個不同的部分之間在功能上必須協調一致，從而達到順利地完成某項生命過程，或適應不斷變化的內外環境的目的。例如：病毒顆粒中的蛋白質和核酸分別執行著不同的功能，從而可以實現在宿主細胞膜上的黏附、進入、核蛋白體的釋放、複製和裝配等一系列連續的過程。如果在這一過程中，各種病毒蛋白和核酸在功能上不能密切配合，就不能順利地完成其生命的週期。高度複雜的人體更是一個由五臟六腑在功能上密切配合，缺一不可的整體；不僅如此，人體內的各系統、器官、組織、細胞乃至分子在功能上也必須密切配合，才能保證各項生命活動過程的順利完成。例如：心臟的兩個心房和心室之間必須在功能上密切配合，才能將血液輸送到全身；人體內的多種有害物質，必須經過肝臟解毒，才能通過腎臟或皮膚排出體外，從而維持了人體內環境的穩定。

綜上所述，任何一個完整的生命有機體，都必須是在時間、空間結構和功能這三個方面高度有序化的綜合體。**生命是自然界中的一種高度有序的現象** [17]；**這種有序性，從微觀到宏觀、從過去到現在全方位地表達出來；這種有序性既是結構上的，又是功能上的；既是空間上的，又是時間上的** [1]。因而，與本部分第三章「變化發展的觀點」提出的「合目的性特徵」一樣，「三大有序化（Three Ordering）」也是生命現象有別於非生命的又一重要特徵，維繫這三大有序化的完整性，是保證生命存在和人體健康的必要條件，非常值得當前科學界的高度關注。

6.2　構建和諧的家庭和社會是延緩衰老最重要的手段之一

現代科學對機體衰老的基本認識，首先認為這是由遺傳因素決定的 [18]。但從總體上看，不同的國家在不同歷史時期的人均預期壽命有所不同 [19]，卻又說明了個體的衰老還與生活習慣、社會和自然大環境等密切相關。第三章明確地指出了抽象的普遍聯繫才是宇宙萬物變化發展的推動力，生命有機體的生老病死自然也不能例外。因此，抽象的五大屬性才是加快人體衰老的真正推動力，並且也是通過疊加機制共同發揮作用的。

首先，疊加機制在人體衰老方面的具體應用，並不否認遺傳因素對個體衰老的基礎性作用；但與現代科學的認識完全不同的是：疊加機制認為與機體衰老相關的基因遠不止幾十個、幾百個，而是成千上萬個；或者說每個基因都對機體的衰老有一定的貢獻，相互之間還有著錯綜複雜的關係，共同決定了個體衰老的速度。例如：糖尿病患者動脈硬化的速度明顯要快於健康人，這無疑會加快患者衰老的速度，我們能否說與胰島素合成和分泌相關的所有基因，都是影響人類衰老的重要因素呢？個體一生中所患的任何一種疾病，或人體內的任何一個基因不能適時有序地發揮其功能，都會加快該個體衰老的速度，都會對生命的進程有著或大或小的影響。因此，衰老應當是一個整體的概念，我們不能說哪一個基因一定與衰老有關，哪一個基因就一定與衰老無關；即使僅僅考慮遺傳因素，個體衰老的速度應當是其基因組上所有不同功能的基因共同作用決定的，是無數基因的微小作用不斷累積和疊加起來的一個綜合結果。

其次，疊加機制還認為：在遺傳背景已經確定的情況下，個體衰老的速度，與其所生存的自然和社會大環境、家庭小環境、人生經歷、生活習慣和作息規律等多種因素都密切相關，是各種自然、社會、家庭和個人因素綜合作用所導致的必然結果。例如：假定某一個體先天預期壽命是 150 歲，如果這個個體長期處在一個公平、和諧的社會和家庭環境下，而且能夠長期保持一個愉悅的心境，其最終壽命的確有可能達到 150 歲；與此相反的是，如果這個個體長期在充滿矛盾、戰爭或危機的環境中生存，屢屢遭受各種挫折，或長期處於極度緊張和勞累的狀態中，家庭關係長期不睦，導致其心理總是處於極度疲憊的狀態，那麼該個體的自然壽命很有可能不會超過 70 歲。這說明個體衰老的速度與其生存的社會大環境和多方面的條件的密切相關，而整個社會和家庭的和諧程度則發揮了主導作用。這種認識也與社會上絕大多數人對機體衰老的主觀感受是完全一致的。

再次，上述加快人體衰老的各種因素都要通過人生觀才能發揮作用。如果某一個體的人生態度比較負面，對社會和他人總是極度不滿，甚至由於屢次遭受挫折而長期意志消沉；或自始至終都處於對名利是非的無限追求之中，僅僅是一點點小事也會在其內心引起極大的波瀾，該個體衰老的速度自然要比正常人快。與此完全相反的是：如果該個體對社會、對他人、對人生有著積極和正面的認識，有一個豁達的胸懷和良好的人生態度，能夠做到「得失從緣，心無增減」，那麼，無論社會大環境和個體的生存條件有多麼惡劣，對其衰老速度的影響都不會太大。然而，積極人生觀的培養，與自幼父母的導向作用、家庭觀念、受教育水平、個體經歷等都有著密切的關係，尤其是要受到生活中各種重大事件的影響，因此也是一個長期的累積和疊加

的過程。這就要求我們要重視積極正面人生觀的培養，不計較個人的名利是非，不沾染酒色財氣，立志服務社會，不怕吃苦，做一個品德高尚的人，壽命自然就會大大地延長。

然而，上述各種因素是通過什麼樣的機制來影響人體的衰老速度呢？它們與現代科學所認識到的遺傳因素有什麼樣的聯繫呢？疊加機制認為：不同個體逐漸走向衰老的具體細節是千變萬化的，沒有一個統一的發生機制。而來自環境的惡性刺激，以及個體內心的種種矛盾和不安的情緒等等，可能主要是通過神經－內分泌系統影響到各器官、組織和細胞等的正常功能的。這些負面因素的作用長期累積的結果，就是導致特定組織和細胞的某些基因不能正常地激活或關閉，人體的三大有序化遭到了一定程度上的破壞，多種自穩功能逐步喪失，個體的整體機能下降並逐漸不能適應環境變化的需要，甚至導致疾病的產生，從而加快了衰老的速度。因此，疊加機制將外在環境、個體的思想行為與日常生活中人們所觀察到的衰老現象和主觀感受有機地結合起來。而現代科學缺乏普遍聯繫、變化發展和疊加機制的基本觀念，所認識到的遺傳因素等都僅僅是表象，並沒有指出加速人體衰老的真正原因，因而與普通大眾日常生活中觀察到的衰老現象和主觀感受是完全脫節的。

總之，疊加機制在不否認遺傳因素在人體衰老過程中的基礎性作用的同時，還認為個體的衰老是其所生存的自然和社會大環境、家庭小環境、人生經歷、生活習慣和作息規律等綜合作用的結果，並且這些因素都要通過人生觀才能對人體起作用。因而人類對抗衰老的鬥爭，不僅需要個體主動培養積極的人生觀，而且還需要全社會的共同努力，構建和諧的自然、社會和家庭環境，才能真正地達到增進健康、延緩衰老的目的。

6.3 人生觀在既往經歷不斷累積和疊加的基礎上逐步形成和發展

第二部分黏膜下結節論、本部分第二章 5.1 以及第三章 4.2 和 4.3 的內容都說明了人生觀在本書的病因學中占有重要的地位：如果我們認為遺傳是導致各種疾病發生具體的、物質背景方面的要素的話，那麼人生觀則是導致各種疾病發生抽象的、意識背景方面的要素；二者與即時的環境誘因或個體自身內在的因素一道，共同決定了各種疾病的發生發展。現代科學是具體的物質科學的基本特點，決定了它在對人體遺傳背景的認識比較深入的同時，卻從根本上忽略了抽象的人生觀在各種疾病發生發展過程中的決定性作用。而人生觀正是在疊加機制的基礎上逐步形成和發展的。

　　面對完全相同的自然、社會或家庭事件，不同的個體會產生不同甚至是完全相反的看法；日常生活中的小偷或其他各種性質的罪犯，也並不是一生下來就想當小偷或犯罪的。然而，不同的個體之間為什麼會存在著如此巨大的差別呢？本書認為：不同的個體在具體看法和行為上的明顯差別，都是由其內心或思想深處的不同所決定的；而個體內心或思想深處的不同，都是在後天各種環境因素或既往獨特的人生經歷不斷累積和疊加的基礎上形成的對人生、對社會、對自然界乃至整個宇宙的一個總的看法。「**人之初，性本善；性相近，習相遠** [20]」，所論述的就是後天的各種因素對個體思想上的重要影響。我們將這個總的看法定義為「人生觀」。由於任何兩個不同的個體所處的環境和既往經歷是不一樣的，因而任何兩個不同個體之間的人生觀都會存在著一定程度上的差異。這也就是說：人生觀的個體差異性，正是造成不同個體對同一事件的不同看法，以及形形色色的職業的根本原因之一。

　　然而，人生觀卻是不能用現代科學任何形式的物質來進行描述的，而完完全全是一個整體和歷史的抽象概念。我們並不否認某一時刻某種特定的人生觀在個體的大腦和其他各臟腑中有其特定的物質基礎，但是這個特定的物質基礎一定是高度複雜並且極其微妙的：首先，人生觀是不能用某個、某幾十個、乃至某幾百個特定的原子分子來進行描述的，而是機體內成千上萬種不同的分子疊加起來形成的一個整體的綜合結果。其次，人生觀的物質基礎還具有歷史的屬性：這個物質基礎一定是在某個既有的物質狀態（如遺傳）的基礎上、在各種環境因素的作用下不斷累積和疊加，不斷向前衍化推進的過程，最終在某個特定時刻形成的必然結果。割斷了個體既往發生發展的歷史，我們就完全無法理解個體為什麼一定會處於今天特定的物質狀態了。由此可見，整體和歷史的屬性決定了人生觀的物質基礎必然是高度複雜和不斷向前變化發展的。

　　既往的自然、社會和家庭環境中所發生的各種事件，包括個體親身經歷的，或僅僅是看到、聽到、聞到、嚐到、透過肌膚體驗到，乃至從書本上認識到、或者自身領悟到的各類事件，都是通過疊加的機制來形成特定的人生觀的。因而既往經歷中被個體感受到了的各類事件，無論大小，都參與了人生觀的形成。然而，各種事件的性質、發生頻率，對個體造成的影響等等，都會存在著一定程度上的差別，因而在人生觀的形成過程中所起的作用有大有小。一般而言，自幼父母的教導、家庭環境、受教育水平、宗教信仰、整個社會的大風氣對人生觀造成的影響也最大。不僅如此，各種事件對人生觀的影響還與年齡有很大的關係：年齡愈小，各種性質的事件對人生觀的影響也就愈大：三歲以前的兒童雖然沒有記憶力，但是他們所經歷的各種事件卻能夠儲存在他們的內心深處（或深層意識之中），從而會對日後的思想和言

行構成重大的影響；青少年時期自然和社會環境中的各種良性和不良刺激，則完全有可能促使個體對是非、曲直、美醜的判斷標準的形成；如果在成年以後再來改變青少年時期已經形成的人生觀，就很難了。「**江山易改，本性難移** [21]」所要表達的就是這個意思。這就需要全社會的努力，共同構建一個和諧美好的社會大環境，從而有助於每一個個體都能形成積極、正面、美好的人生觀，並為全面預防各種疾病、延緩衰老創造條件。

總之，人生觀是個體在既往各種經歷的基礎上不斷累積和疊加而形成的一個整體和歷史的概念，同時還會隨著時間的推移而不斷地變化發展，並且還是推動各種生理活動和疾病發生發展的抽象背景。而現代科學缺乏疊加機制、整體觀、歷史觀和變化發展等一系列重要的哲學概念，要理解什麼是人生觀並充分地認識到它對人體的重要作用是根本就不可能的。

6.4 還原論是生命科學領域的因果關係長期不能建立的重要原因

還原論分割研究極大地促進了現代科學對宏觀和微觀物質結構的了解，這在一定的歷史時期內的確是有其積極意義的。然而，還原論分割研究卻有可能是現代科學在人體和生命科學領域不能像物理學那樣建立起完整的因果關係的根本原因。與此相反的是：疊加機制走上了與還原論分割研究完全相反的道路，卻為生命科學領域中因果關係的建立創造了條件，從而有助於解決人體和生命科學領域中各種高度複雜的問題。

還原論分割研究將研究對象從周圍環境中獨立出來，或者將研究對象的不同部分分割開來獨立研究，導致現代科學從方法論上就已經拋棄了研究對象與周圍環境之間抽象的普遍聯繫，因而在探討各種現象的發生機制時基本上都不考慮推動萬事萬物變化發展的根本動力（第二章6.3），必然的結果就是孤立和靜止地看待各種問題。例如：現代科學的確總是在不考慮人體的自然和社會屬性，以及人體內部各個不同器官之間密切聯繫的情況下，來探討各項生理活動或疾病（如消化性潰瘍）的發生機制。必然的結果就是：生命科學領域中的研究還沒有開始，人們就已經自動地將人體各項生理活動和疾病的推動力排除在我們的視野之外了。不僅如此，任何研究對象在某一時刻的物質和非物質狀態，都是在既往歷史上多種不同聯繫的推動下不斷變化發展的結果；任何現象的發生都是有其深刻的歷史原因的。美國生物學家和生命科學哲學家邁爾（Ernst W. Mayr, 1904~2005）認為：**生物學的研究可以劃分為近因的研究和遠因的或進化的原因的研究；遠因、進化的原因或歷史的原因試圖說明為什麼有機體就是那個樣子** [1]。因此，即使僅僅考慮各種疾病發生

的具體的物質基礎，也是多種歷史原因造成的最終結果；本章 6.3 談到的「人生觀」，也是包括消化性潰瘍在內的各種疾病發生的歷史原因之一。如果不追溯患者既往的生活史，黏膜下結節論就不可能找到消化性潰瘍的真正病因；而包括癌症、愛滋病在內的其他各種慢性病實際上都是如此。但還原論分割研究居主導地位的現代科學從來都未曾在個體的既往經歷與疾病的發生發展之間建立起必然的聯繫，甚至認為「人生觀」是一個唯心、不科學的概念。

由此可見：還原論分割研究導致現代科學在忽略了推動各種生理活動和疾病的根本原因的情況下來尋找各種生理活動和疾病發生的根本原因，就好像牛頓時代以前的人們在忽略了蘋果與地球之間抽象的萬有引力的情況下來探討蘋果落地的發生機理一樣。**「直到今天，還沒有哪一種因素，無論是人體方面的，還是生物方面的，能夠被確定為消化性潰瘍病的病因，從而不能成功地預測受影響者是否一定會患上潰瘍病** [15]」是不奇怪的。而現代科學對其他各種生命現象和人體疾病的研究實際上都是如此。這說明還原論分割研究正是現代科學自始至終都未能建立起人體和生命科學領域中因果關係的根本原因；僅僅依靠還原論分割研究來揭示各種人體疾病與生命現象的奧秘是根本就不可能的。而疊加機制則走上了與還原論分割研究完全相反的道路，充分地考慮到了普遍聯繫是萬事萬物都固有的基本屬性，認為只有將活生生的個體還原到與其有著千絲萬縷聯繫的自然和社會大環境中去，充分考慮既往生活史和各個不同部分之間抽象聯繫的決定性推動作用，重視「人生觀」的背景作用，才能找到各種現象和疾病發生發展的真正原因。這說明疊加機制揭示了人體和生命科學領域中因果關係的實際情況，遠比還原論分割研究所考慮到的物質結構要複雜得多；只有比現代科學考慮得更多更徹底，才能建立起生命科學領域中的因果關係。這些將在第六到第十二章等七章中一一進行論述。

因此，疊加機制深刻地揭示了還原論分割研究在使得現代科學在物質結構的探索方面取得了一定成功的同時，卻又是現代科學不能建立人體和生命科學領域中因果關係的根本原因。在研究對象的物質結構已經比較明確的情況下，我們還必須從整體上把握推動萬事萬物變化發展的根本原因，從總體上把握事物變化發展的全部歷史過程等等，才能使各項研究進一步地深入下去。總而言之，只有走還原論分割研究與疊加機制相結合的道路，才能真正有助於找到導致各種現象發生發展的根本原因和內在規律。

6.5 疊加機制要求我們不能孤立地看待本書各部分的內容

疊加的思想還貫穿著本書全部的內容和結構，這主要有兩個方面的表現。其一是本書第三部分所有 15 個哲學觀點和 200 多個新觀念是一個渾然一體的整體，這是周圍世界普遍聯繫的複雜性所決定的：每一條哲學原理和新觀念都是從一個或大或小的側面來描述自然界、人體和生命現象的基本特點，只有將它們疊加起來綜合理解才是對周圍世界全面而正確的認識，而孤立地運用某一原理、觀念都將是非常片面，甚至是完全錯誤的。其二是本書最主要的三個部分雖然各有側重點，但相互之間卻是相輔相成、不可分割的：第二部分是第三部分的哲學思想在理論和實踐上的應用，而第三部分則證明了第二部分的每一個結論都是持之有據、言之成理的；第四部分不但是第二、三兩個部分內容的進一步概括和延伸，而且還從總體上凸顯了前面兩部分內容的前瞻性和正確性。所有這些部分和章節的目的只有一個，就是要強調建立一個完全不同於現代科學的全新未來科學體系的重要性和必要性。這就要求讀者在閱讀本書時，不能孤立地看待和理解某一章、某一節，而是要從整體和歷史的角度來把握全書的內容，才能真正地領悟到我們通過語言和文字不能表達出來的思想。這是本書明顯不同於其他科學和哲學著作的重要特點之一。

本章小結

綜合本章的論述，疊加機制雖然簡單易懂，但必須與同一性法則結合起來才能應用；它也是普遍聯繫推動萬事萬物變化發展的機制，因而還是各種自然現象和人體疾病發生發展的基礎。這說明我們在探討各種現象的發生機理時，必須走上與還原論分割研究完全相反的道路才能取得成功。疊加機制在黏膜下結節論中的應用，則圓滿地解釋了消化性潰瘍的年齡段分組現象，以及十二指腸潰瘍的發生機理；並通過與一個兒童故事進行類比，我們還形象地說明了幽門螺旋桿菌在消化性潰瘍發生過程中的作用的確是次要的；疊加思想的靈活運用還使得黏膜下結節論對消化性潰瘍的理解要比歷史上的任何相關學說都要全面。疊加機制在理論和實踐上的應用，就是清楚地指出了生命有機體都具有三大有序化特徵，並認為人體的衰老是自然、社會環境和人生觀等多種因素通過疊加機制綜合作用的結果，而人生觀本身也是通過疊加機制逐步形成的；此外，只有走還原論分割研究與疊加機制相結合的道路，才能建立起人體和生命科學領域中完整的因果關係。所有這些都說明了疊加機制也是本書不可或缺的思想核心之一，是日常生活和各項科研工作中都必須具備的一個重要觀點。

參考文獻

1　李建會著；生命科學哲學；北京，北京師範大學出版社，2006 年 4 月第 1 版；第 23，83-84，112 頁。

2　李創同著；科學哲學思想的流變——歷史上的科學哲學思想家；北京，高等教育出版社，2006 年 12 月第 1 版；第 125 頁。

3　西安交通大學附屬中學網，2007 年 4 月 24 日；http://www.xajdfz.com.cn/blog/ more.asp?name=kuake&id=2250。

4　王孔偉、張帆、林東成、高利民；三峽地區新構造活動與滑坡分布關係；世界地質，2007 年 3 月第 26 卷第 1 期；第 26-32 頁。

5　戴維·玻姆 [美] 著，洪定國、張桂權、查有梁譯；整體性與隱纏序：卷中的宇宙與意識；上海，上海科技教育出版社，2004 年 12 月；譯者序。

6　Mervyn Susser, Zena Stein; Civilization and peptic ulcer; The Lancet, Jan. 20, 1962; pp 115-119.

7　Sievers ML, Marquis JR. Duodenal ulcer among South-western American Indians, Gastroenterology, 1962, 42: 566-569.

8　Palmer, W. L. In Cecil, R. L. and Loeb, R.F.; A Textbook of Medicine; W.B. Saunders Company, Philadelphia, 1955; pp 862.

9　David Y. Graham, Yoshio Yamaoka; H. pylori and cagA: Relationships with gastric cancer, duodenal ulcer and reflux esophagitis and its complications; Helicobacter, 1998; Vol. 3, No. 3, 145-151.

10　Yoram Elitsur and Zandra Lawrence; Non-*Helicobacter pylori* related duodenal ulcer disease in children; Helicobacter, 2001, Vol 6 No. 3, pp 239-243.

11　Seiichi Kato, Yoshikazu Nishino, Kyoko Ozawa, Mutsuko Konno, Shun-ichi Maisawa, Shigeru Toyoda, Hitoshi Tajiri, Shinobu Ida, Takuji Fujisawa, and Kazuie Iinuma; The prevalence of *Helicobacter pylori* in Japanese children with gastritis or peptic ulcer disease; J Gastroenterology, 2004; 39:734-738.

12　Bülent Sivri; Review article: Trends in peptic ulcer pharmacotherapy; Fundamental & Clinical Pharmacology, 2004; 18, 23-31.

13　Barry J. Marshall, J. Robin Warren, Elizabeth D. Blincow, Michael Phillips, C. Stewart Goodwin, Raymond Murray, Stephen J. Blackbourn, Thomas E. Waters, Christopher R. Sanderson; Prospective Double-blind trial of duodenal ulcer relapse after eradication of *campylobacter pylori*; The Lancet, December 24/31 1988, pp 1437-1442.

14　Li H, Kalies I, Mellgård B, Helander HF. A rat model of chronic *Helicobacter pylori* infection. Studies of epithelial cell turnover and gastric ulcer healing. Scand J Gastroenterol, 1998; 33:370-378.

15　John H. Walsh and Walter L. Peterson; Review article: The treatment of *Helicobacter pylori* infection in the management of peptic ulcer disease; The New England Journal of Medicine; Oct 12, 1995, Vol. 333, No. 15, pp 984-991.

16   Graham DY. *Campylobacter pylori* and peptic ulcer disease. Gastroenterology, 1989; 96:615-25.

17   陳閱增等：普通生物學；北京，高等教育出版社，1997 年 8 月第 2 版；第 17 頁。

18   George M. Martin, Aviv Bergman, Nir Barzilai; Genetic Determinants of Human Health Span and life Span: Progress and New Opportunities; PLoS Genetics, July 2007, Volume 3, Issue 7, 1121~1130.

19   United Nations, Department of Economic and Social Affairs, Population Division（2007）. World Population Prospects: The 2006 Revision, Highlights, Working Paper No. ESA/P/WP.202.

20   見於中國宋朝學者、教育家、政治家王應麟（字伯厚，號深寧居士，1223~1296）所作之《三字經》。

21   見於中國明朝思想家馮夢龍（字猶龍、公魚、子猶，1574~1646）所作之《醒世恒言》第 35 卷。

第六章：整體的觀點將導致當前科學的全面革新

　　前面幾章的內容提示了普遍聯繫不僅是推動宇宙萬物變化發展的根本原因、導致了各種現象的發生與發展，而且還要求我們在觀察和處理各種問題時，不能像現代科學那樣將研究對象與它周圍的環境割裂開來孤立地研究，而是必須採用疊加的方法綜合地考慮多方面的因素才能取得成功。如果僅僅考慮某一時刻不同事物或同一事物的不同部分之間空間上的疊加，就形成了本章所要討論的核心——整體觀。這一哲學觀點是古代東方文化和科技完全有別於現代西方文化和科技的本質特徵，同時也是正確理解「人生觀」和「思維意識」等多個抽象概念的必要前提，並且還能導致當前人類的科學發生一場偉大的思想革新，因而必然會成為未來新科學理論基礎的重要組成部分，非常值得科學界的廣泛關注。

第一節：自然界、生命和人體都具有整體的屬性

　　既然抽象的普遍聯繫將宇宙中的萬事萬物連接成一個不可分割的整體，那麼某個特定事物的變化發展必然會通過一定的方式直接或間接地影響到周圍環境中其他事物的變化發展，進而推動了更多的事物不同程度上的變化發展。這也就是說：我們也可以將宇宙中的萬事萬物都看成是由普遍聯繫交織而成的一個高度複雜的立體網絡中的一個點，其中任何一個點的變動都會給整個立體網絡帶來或大或小的影響。由於 21 世紀將是人體和生命科學的世紀，因而這裡主要通過考察人體來說明這個問題。

　　我們首先必須認識到：人體內部不同的系統、器官、組織、細胞乃至分子之間，在功能和結構上都是一個密不可分的整體。實際上，現代科學的研究早就已經提示了人體內的任何一個細胞都不是孤立存在的，而必須從它周圍的微環境中攝取營養物質並排出代謝廢物，分泌一些信號物質（如神經內分泌等）並通過血液和淋巴循環分布到全身各處，從而影響和調節其他部位組織和細胞的生理活動，而這個細胞自身也要受到其他多種細胞的影響和調節。例如：分布於人體不同部位的各種內分泌腺在受到下丘腦分泌的促激素的刺激以後，就會分泌相應功能的激素並隨著血液和淋巴循環分布到全身，進而調節全身多種組織和器官的功能；而血液中激素或代謝產物濃度的高低，反過來又會影響到下丘腦的神經內分泌功能。不僅如此，全身所有的系統、器官、組織等也分別在不同的水平和層次上與人體其他各系統、器官、組織密切地聯繫在一起；沒有一個系統、器官、組織和細胞可以長期獨立地

生存並正常地發揮其功能的；而任何一個系統、器官和組織發生功能或病理上的改變，勢必會影響到其他多個系統、器官和組織的功能或結構。例如：心臟的泵血功能不足，就有可能會引起全身各組織和器官血氧的供應不足，進而導致個體的整體狀態不佳；腎臟的泌尿功能障礙則可能會導致代謝產物蓄積、內環境紊亂而出現一些臨床綜合徵，在腦部可表現為頭昏、頭痛，或因水瀦溜而引起心力衰竭、肺或腦水腫，繼發呼吸系統以及尿路感染等。這些都說明了人體的各個不同部分之間的確是一個不可分割的整體；各級結構的生理活動都要直接或間接地受到其他多個部位的影響和調控。**生物體是由各種具有特定功能的組織、器官和系統構成的整體，在這個統一體中，生物體的各個部分相互作用，統一協作，保證了生物體的正常生命活動** [1]。如果將人體的不同部分分割開來獨立進行研究，在方法論上就已經否認了各系統、器官、組織和細胞之間的整體性，也就不可能找到各種生理活動和疾病發生發展的根本原因了。這一錯誤不僅發生在既往消化性潰瘍病因學機制的探討之中，而且還廣泛地存在於現代科學對所有人體疾病和生命現象的研究之中。

其次，人體與外界環境（包括自然和社會環境）之間也是一個密不可分的整體。這種整體性有多方面的表現：一是任何一個活著的個體必須從外界環境中攝取自身需要的各種物質、能量和信息，並排出代謝廢物和釋放信息；與周圍環境完全沒有物質和信息交換的個體是根本就不存在的。二是外界環境的變化勢必會導致人體的多項生理功能發生相應的變化，一旦這種變化超出了個體的調節能力就會導致疾病的產生；而來自外部的各種信息還可以通過神經—內分泌系統等途徑影響到人體各級結構的生理功能。例如：感覺器官將所收集到的外部信息通過神經傳入到大腦，經過皮層或中樞神經系統的處理並作出判斷以後，就會作出言語或動作上的反應，或通過神經—內分泌的方式來調節各系統、器官、組織和細胞的活動，使人體能隨著外部環境的改變而發生適應性的調節；而重大的家庭或社會事件則會導致消化性潰瘍等多種疾病的發生發展。不受外界影響的個體也是根本就不存在的。三是人類的各項活動，尤其是最近幾個世紀以來有組織、大規模的生產勞動等等，反過來也正在深刻地改變著自然界的全貌。這說明人體與外界環境之間的作用不是單向，而是相互的，因而只有同時考慮自然界、人類社會和個體的各種因素，才能圓滿地解釋發生在我們周圍的自然、社會、人體和生命現象。這也就是說：必須將自然界、人類社會和各種生命都看成是一個密不可分的整體，任何個體都是這個整體中不可分割的一部分；如果割裂了人體與社會和自然界之間的密切聯繫，就有可能找不到多種自然、社會和生命現象發生發展的根本原因。

不僅人體的各個不同部分、人體與外界環境之間是一個相互影響、

密不可分的整體，其他各種形式的生命和非生命，乃至宇宙中的萬事萬物之間實際上都是一個相互影響、密不可分的整體。例如：僅僅考察蘋果而無視地球的存在，就不可能圓滿地解釋蘋果落地的根本原因，因而地球與蘋果之間也是一個不可分割的整體；只考慮女人而忽視男人的重要作用，就不可能圓滿地解釋女人生孩子和整個人類社會的生存與繁衍，因而男人和女人、乃至整個人類社會都是一個不可分割的整體。天文觀測也發現：宇宙中的一些星系爆炸和毀滅後噴發出來的殘餘物質和能量則會成為其他星系誕生的基礎，而牛頓定律更是揭示了各天體之間的萬有引力是維繫它們各自狀態的根本原因，因而整個宇宙也是一個普遍聯繫著的整體。我們將事物的各個不同部分，及其與外界環境之間相互影響、密不可分的性質，稱為整體性（Holistic Property）；將事物的各個不同部分及其與外界環境之間在結構、功能乃至歷史等多個方面都看成是一個密不可分的整體的觀點，稱為「整體的觀點」，簡稱「整體觀（Holistic Perspective）」。整體性是研究對象固有的特徵，是一個客觀的概念；而整體觀則是整體性在人腦中的反映，是人類對宇宙萬物、生命和人體進行認知的重要方法論之一，是一個主觀的概念。

然而，同一事物的各個不同部分，及其與外界環境之間為什麼會成為一個密不可分的整體呢？我們在第二章提到的「普遍聯繫」正是造成萬事萬物都具有整體性的根本原因，或者說整體性與變化發展一樣，都是萬事萬物普遍聯繫的屬性衍生出來的重要屬性。因此，我們將普遍聯繫稱為事物的根本屬性（Radical Attributes），而將整體性、變化發展等稱為事物的衍生屬性（Derivative Attributes）。後二者都是萬事萬物諸多重要的共有屬性之一。這說明普遍聯繫與事物的整體性也是密不可分的。然而，整體性與普遍聯繫又分別是對事物不同側面的描述：整體性強調的是整體與局部之間的關係，而普遍聯繫強調的則是不同事物或部分之間的關係；二者都是我們在觀察和處理各種問題時必須考慮的重要認識。

第二節：整體擁有各組成部分都不具備的多種重要特性

還原論認為：在沒有把一個整體分解為它的部分，這些部分又分解成這些部分的部分直到最低層次之前，是不能理解一個整體的；因而只有把生命現象都還原到分子水平才能理解生命 [1]。但實際上，整體具有其各組成部分都不具備的諸多重要特性，因而將整體分解成部分來研究必然漏掉了這些特性，從而不利於我們對整體的理解。

　　現代科學已有的各項認識都表明還原論分割研究在自動地割裂了構成整體的不同部分之間抽象的普遍聯繫的基礎上，不能認識到普遍聯繫派生出來的只有整體才具有的多項重要特性。例如：牛頓提出的萬有引力定律揭示了蘋果與地球是一個密切聯繫著的整體；但如果將蘋果與地球分割開來獨立研究，我們就看不見抽象的「萬有引力」，也就永遠無法理解蘋果落地的根本原因了。再如：水分子間的氫鍵遠大於其他分子間的范德華力，要克服氫鍵必須提供更多能量，因而自然界中水的比熱最大；但如果利用還原論分割研究的方法，獨立地研究某一個水分子，我們就看不見「氫鍵」，自然也就永遠無法理解水的比熱最大的根本原因了。人體和生命科學領域這樣的例子更是層出不窮：染色體 DNA 上的密碼子是由三個相鄰的堿基組成的，這三個堿基必須以整體的形式才能編碼一種氨基酸；任何基因都是數百乃至數千個堿基按照特定的順序排列，並且作為一個整體才能發揮其編碼蛋白質的功能；如果我們將這些堿基分割開來獨立研究，就永遠也無法了解到生物遺傳的奧秘。由此可見，無論是生命還是非生命科學領域的各項認識，實際上早就已經揭示了將整體分割成不同部分的還原論方法對周圍事物的認識是存在著根本缺陷的，而整體的確擁有各部分都不具備的多項重要特性。

　　然而，現代科學之所以仍然提出了「萬有引力」、「氫鍵」等諸多整體性概念，是因為它們都是自然界裡相對簡單的整體性，所涉及的因果關係簡單明瞭而易於被揭示，並且人們在從事相關研究時並沒有受到還原論思想的限制。例如：萬有引力和氫鍵等概念，實際上都不是將研究對象進行分割提出的，而是不自覺地從整體上來考察了地球和蘋果、一定體積的水才認識到的。雖然如此，科學和哲學分家的基本特點，決定了現代科學至今仍然未能將這些整體性認識昇華成一個普遍性的概念，即「整體觀」的高度，從而不足以揭示人體和生命科學領域中多種不同性質的聯繫反覆疊加而成、因果關係不甚明顯、高度複雜的整體性。**物理學和化學中這些還原綱領的明顯成功，以及它所導致的巨大的適用和理論進展，不可避免地促使這些綱領擴展到非物理科學的生物學；根據這種觀點，生物體不是別的，而是由原子分子組成的組織，因此，生物學完全可以用原子和分子的物理、化學規律來說明** [1]。這就導致現代科學完全看不見人體的各種整體性特徵了。事實上，人生觀、思維意識、性格乃至本部分第二章提出的人體五大屬性等多個重要概念，實際上都與物理、化學領域中的「萬有引力」和「氫鍵」一樣，都是不能用原子分子或任何具體的物質來進行描述的客觀存在，也是作為一個整體的活人才具有的重要特性，卻在現代醫學的病因學中得不到任何形式的體現；現代醫學不能理解不同個體之間的「愛恨情仇」對疾病發生發展的決定性作用是很正常的。而中醫提出的「經絡」不是人體的某個部分所特有的，

更不是人體內某個特定的系統、器官、組織、細胞，乃至某些分子單方面決定的，而是一個活生生的個體綜合起來才擁有的，是人體整體性的重要表現。但是現代科學卻缺乏「整體觀」，也就不可能認識到經絡的存在了；任何從原子分子或物質結構的角度來理解甚至闡明經絡生理功能的嘗試，注定了都是不可能取得成功的。

然而，如何理解還原論在現代科學研究中「巨大的適用和理論進展」呢？我們必須注意到：還原論分割研究所取得的成功並不是很全面，而主要局限在對物質結構的了解上；它尤其不適用於高度複雜的人體和生命科學領域。**多數科學家都不自覺地懷抱一種樸素的唯物主義** [2]，由此而派生出「物質決定意識、結構決定功能」等認識，導致「**用解剖的、實驗的、分析的方法來尋找整體的部分組成及其組成方式，從實物粒子中尋找疾病的原因，就成為近代以來醫學研究的主要手段** [3]」。1962 年諾貝爾生理與醫學獎得主、DNA 雙螺旋結構發現者之一的克里克（Francis Crick, 1916~2004，英國分子生物學家）認為：**最終人們希望生物學的整體可根據比它低的水平而正好從原子水平得到解釋** [1]。與克里克一道提出 DNA 雙螺旋結構、一同獲得諾貝爾獎的美國分子生物學家沃森也認為：**基本上所有的生物學家都已確認生物體的特性可以從小分子和大分子之間協調的相互作用來理解** [1]。這說明人們普遍認為只要將研究對象的微觀物質結構弄清楚了，那麼其功能、意識等宏觀而抽象的特性就都能迎刃而解。但事實上，**生物階層系統的不同層次都有新的突出屬性出現。儘管階層系統的較高層次與較低層次都是由原子分子組成，但高層次的過程常常不依賴於低層次的過程。邁爾因此指出，在生物階層的不同水平上有不同的問題，所以在不同的水平上就要提出不同的理論** [1]。中國科學院院士朱清時（1946～，化學家，四川成都人）認為：**若把事物簡化成最基本的單元，就要把許多重要信息都去除掉，如單元之間的連接和組合方式等等，這樣做就把複雜事物變樣了** [4]。況且，科學研究的最終目的不僅要了解事物的物質結構，而且還要找到各種現象和疾病發生發展的根本原因和機制，這就要求我們要全面地了解事物各方面的特性才能取得成功。

由此可見：將事物分割成多個部分獨立研究的方法雖然有助於了解物質結構，卻漏掉了只有整體才具有的諸多重要特性。如果僅僅將人體和生命還原到原子分子水平，而不重視對整體的觀察和了解，那麼我們對人體和生命的理解將是存在著根本缺陷的。因此，我們不能過分追求微觀水平上的研究，而必須高度重視從宏觀、整體的角度來看問題，才能真正有助於全面地了解各種人體疾病和生命現象的本來面目。

第三節：歷史上的整體觀

整體的觀點最早見於 3000 多年前中國古代的《周易》。其中提到的「人－自然－社會三維觀」，其實質就是整體觀。這一觀念體現在六十四卦相互之間的關係之中，認為每一卦都是一個小信息系統，每一卦的變化都牽動著整個大系統的變化，有所謂「牽一髮而動全身」之說 [5]。這一觀念對中國古代的哲學、文學、史學、自然科學、宗教和社會科學等都有著巨大的影響，是中國傳統醫學「整體觀」形成的理論基石 [5]，千百年來一直都指導著中國傳統醫學的理論與實踐，為中華民族和亞洲多個國家人民的健康作出了重要貢獻。有人甚至將中國傳統醫學翻譯成 Holistic Medicine，也就是「整體醫學」的意思，充分地說明了「整體觀」的確是中國傳統醫學的重要特色之一。由於中醫學認為人體是一個不可分割的統一整體，因而它認為**在臨證之際，對於觀察病情，辨別症狀，判斷問題，乃至對疾病的處理等，必須從整體出發**；對任何疾病的認識，只有從多方面來診察和研究，才是正確的辦法，絕對不能把它機械、孤立或簡單化地對待，如果忽略了整體觀念這一精神，就會犯片面性的錯誤；任何局部的病變，都與整體息息相關，必須把疾病看成是人體總的失調，從整體去診察和判斷 [6]。

在中國以外的世界哲學史上，亞里斯多德早在 2300 多年前就已經**把宇宙看作是一個有機體，這個有機體中的每一部分都是在與整體的聯繫中生長和發展，每一部分在此有機體中都有其適當的位置和功能** [7]。黑格爾則指出：應當將自然當作一個有機的整體來觀察 [8]；現象界中的物是一個整體，完全包含在自身的聯繫裡 [9]。在東方（特別是在印度），整體的觀念仍然存在，哲學和宗教都強調整體性，認為把世界分割成部分是無益的 [7]。受到東方哲學思想的巨大影響，美國量子物理學家玻姆在 20 世紀 60~70 年代指出：**在相對論和量子理論中隱含的宇宙整體性觀念，對於理解實在的普遍本性會提供一種序化程度極高的思維方法** [7]。

在現代科學的思想體系中，與本書提出的整體觀最接近的思想莫過於貝塔朗菲（L. von Bertalanffy, 1901~1971，美籍奧地利生物學家）在 20 世紀 20~30 年代創立的現代系統論（Modern System Theory），認為一切生物有機體都是一個整體系統，其各個部分不能離開整體而存在；系統是相互作用的要素的集合體，一切生命現象都處於積極的活動狀態，生命是一個開放的系統，要從生物和環境的相互作用來說明生命的本質 [10]。20 世紀 30~40，貝塔朗菲把生物有機體系統推廣到一般系統，提出建立系統論學科。這一思想到 20 世紀 60 年代以後，才開始引起人們的重視 [10]。但是直到 20 世紀 70~80 年代，貝塔朗菲創立的現代系統論才在理論和應用方面有了重大的進展，主

要體現在「大系統（Large Scale Systems）」和「巨系統（Giant System）」這兩個方面。「大系統理論（Theory of Large Scale Systems）」研究大系統的結構特性、控制策略、穩定性、最優化、模型化等方面的理論和方法及其在大規模、複雜的工業企業、電力系統、交通系統、水源系統、生態系統、社會經濟管理系統、公共服務系統等的應用問題 [10]；「巨系統」在理論方面的重大進展包括 1967 年普里戈金（Ilya Prigogine, 1917~2003，比利時物理化學家，1977 年諾貝爾化學獎得主）提出的「耗散結構理論（Dissipative Structure Theory）」、1969 年哈肯（Hermann Haken, 1927~，德國理論物理學家）提出的「協調學理論（Coordination Science Theory）」、1977 年艾根（Manfred Eigen, 1927~，德國物理化學家，1967 年諾貝爾化學獎得主）創立的「超循環理論（Hypercycle Theory）」等。這些理論從不同方面研究了開放系統在內部子系統的相互作用和外界影響下，如何從無序到有序、從低序到高序的演化，深化了人類對物質系統的認識 [10]。系統論的一個重要認識就是認為整體大於各部分之和，這一思想也完全適用於生物領域：不論是細胞水平、組織水平、器官水平，還是個體水平，甚至包括種群水平和群落水平，都體現出整體性的特點。例如，細胞膜、線粒體、內質網、核糖體、高爾基體、中心體、質體、液泡等細胞器都有其特有的功能，但是只有在它們組成一個整體——細胞的時候才能完成新陳代謝的功能，如果離開了細胞的整體，單獨的一個細胞器是無法完成它的功能的 [11]。由此可見，現代科學的理論和實踐已經開始有了「整體觀」的萌芽，並與本書提出的基本認識是一致的。但我們必須意識到僅僅依靠這個單一的認識，是難以圓滿地解決高度複雜的人體和生命科學領域中的多數問題的，而需要與其他多條哲學原理聯合運用才能奏效。

第四節：整體觀在黏膜下結節論中的應用

前面的論述表明：整體觀提示了某個器官的結構和功能異常，我們不一定非要將探索的思路聚焦在患病局部，而是可以從其他器官的結構和功能異常上來查找病因；而某一個體患病，也不一定非要將關注的焦點集中在患者身上，而是可以從自然和社會環境上下功夫。這正是黏膜下結節論找到消化性潰瘍的真正病因，並圓滿地解釋了其發生機理的重要原因之一。不僅如此，將歷史上與消化性潰瘍相關的主要學說與佛教典故「盲人摸象」進行類比，本節還形象地說明了以現代科學的理論和方法為基礎、獲得 2005 年諾貝爾生理與醫學獎的「幽門螺旋桿菌與消化性潰瘍有因果關係 [12]」的觀點僅僅摸到了消化性潰瘍這隻「大象」的尾巴而已。

4.1 將個體看成自然界、人類社會和家庭的一部分

　　整體觀首先認為應當將自然界裡的所有事物當成一個整體來看待，因而包括人在內的任何生命有機體，都不是孤立存在的，而是自然界不可分割的一部分。自然界各種形式的變化發展，必然會影響到人體和其他生命形式的變化發展，這就產生了形形色色的生命現象，如生物的進化、人體生理上的適應性調節等等；而人體和各種形式的生命的產生、存在、變化和發展，反過來也必然會也影響到自然界中其他事物的產生、存在、變化和發展；我們也可以將某一事物的變化發展，看成是自然界這個整體變化發展的一部分。基於這種認識，當自然界裡各種急劇的變化，如重大的自然災害、極端的氣候條件等超出了人體所能夠承受的範圍時，就有可能導致某種疾病。在黏膜下結節論中，這些自然因素都可以通過影響人的心理而導致消化性潰瘍病。但隨著人類文明程度的日漸提高，尤其是最近半個世紀以來科技水平的迅猛發展，人們預報各種自然災害和改造自然環境的能力愈來愈強，使得自然因素對人類的負面影響愈來愈小，這完全有可能是近半個多世紀以來世界各國家和地區消化性潰瘍病的發生率和死亡率逐年降低的重要原因之一。

　　其次，整體觀還認為應當把整個人類社會、某一地域的人們、處在某一特定環境下的群體、乃至社會的基本單位——家庭，都當成是一個相互影響、密不可分割的整體。因此，任何個體，都是某個社會和家庭的一份子，都要受到各種社會性、區域性、群體性乃至家庭事件的影響。在這些整體中所發生的任何重大事件，如戰爭、經濟危機、政治運動、社會變革和文明開化、家庭悲劇和鄰里糾紛，乃至工作環境、生活節奏的改變等，都有可能成為消化性潰瘍的病因。與此相反的是：凡是能促進社會和諧的因素，如不斷完善的福利制度、和諧的社區和工作環境、相對簡單的生活方式等，都可以使消化性潰瘍的發病率和死亡率維持在相對較低的水平上。Susser 等人早在 1962 年觀察到的年齡段分組現象 [13]，1970~1977 年間的美國、1958~1972 年間的英格蘭、威爾士和蘇格蘭等國家和地區消化性潰瘍發病率的不斷降低 [14~16] 等等，都支持了個體要受到社會性、區域性乃至家庭事件的影響的觀點，直接證明了人體與其所處的社會和家庭等都是一個不可分割的整體。

4.2 將胃、十二指腸看成人體不可分割的一部分

　　整體觀除了要求我們要將自然界、社會和家庭都當成一個不可分割的整體來看待以外，還要求我們必須將人體的各個系統、器官、組織和細胞等，

也當成一個不可分割的整體來看待。例如：人體在運動或應激狀態下，雖然生理上發生急劇變化的主要部位是肌肉和骨骼系統，但必然會伴隨著呼吸和心跳加快，同時神經內分泌、腎上腺和汗腺的分泌活動也會相應增加，而胃腸道等內臟器官的活動則自動地減少。這充分地說明了人體內的任何一個系統、器官、組織和細胞的活動，都是與整體的生理機能相適應的；而某一器官的功能障礙，也必然會影響到其他器官生理功能的正常發揮乃至整體的狀態。臨床常見的上呼吸道感染導致的頭痛、發燒和四肢乏力，糖尿病人的胰島素分泌障礙導致的失明等，都清楚地說明了人體的各個不同部分之間的確是一個不可分割的整體。

基於上述認識，胃十二指腸發生了消化性潰瘍，我們不一定非要在胃十二指腸局部查找病因；相反，它完全有可能是人體其他部位的器官、系統功能障礙繼發的結果。在這一思想的指導下，黏膜下結節論果斷地拋棄了「**消化性潰瘍病的發生是上消化道的保護因素和損害因素之間失衡的結果** [17]」這一局限於局部器官和組織的傳統的病因學認識，大膽地否決了「**幽門螺旋桿菌與消化性潰瘍有因果關係** [12]」這一權威的論點，而從胃十二指腸以外的其他部位去尋找消化性潰瘍的病因。「**刺激或損壞中樞神經系統的杏仁核分別能導致或避免胃潰瘍的發生** [18]、**冷刺激所致的胃潰瘍的發生可能與大腦中鈣／鈣調蛋白依賴的兒茶酚胺合成的增加有關** [19]」等實驗結果，都證明了消化性潰瘍的發生的確可以與胃十二指腸局部因素無關，而是基於病理性的神經反射，是腦源性的；再結合流行病學等多方面的特徵，就不難確定消化性潰瘍是一種典型的社會—心理疾病了。

綜合 4.1 和 4.2 的論述，整體觀是黏膜下結節論找到消化性潰瘍的真實病因，進而圓滿地解釋其發生機理的又一重要原因；而缺乏整體觀，則是現代科學僅僅考慮胃黏膜局部的因素，並形成「**消化性潰瘍病的發生是上消化道的保護因素和損害因素之間失衡的結果** [17]」這一錯誤病因學認識的重要原因之一，進而導致歷史上所有十多個相關的學說都不能圓滿地解釋該疾病的發生機理。因而「**直到今天，還沒有哪一個因素，無論是人體方面的，還是生物方面的，能夠被確定為潰瘍病的病因，從而不能成功地預測被感染者是否一定能夠患上潰瘍病** [20]」，「**胃潰瘍的發病機理至今還不是很清楚** [12, 21]」都是必然的。不僅如此，4.1 和 4.2 的論述還說明：無論是從整體的角度，還是從普遍聯繫的角度來分析消化性潰瘍的病因學，所得出的結論是完全一致的，充分地體現了本書的不同原理之間的確有「異出而同歸」的神奇效果。而 4.3 的內容還說明了整體觀能更加生動地揭示現代科學的根本缺陷，是普遍聯繫的觀點難以覆蓋的重要認識。

4.3 歷史上的相關學說與佛教典故「盲人摸象」

　　如果將歷史上與消化性潰瘍相關的主要學說與源自佛教經典的寓言故事「盲人摸象[22]」進行類比，則可以深刻地體現出整體觀在各項科研工作中的重要意義，並能進一步形象地說明幽門螺旋桿菌在消化性潰瘍發生發展過程中所起的作用的確是十分次要的。

圖 III.13　　佛教典故「盲人摸象」

　　圖 III.13 描繪的是佛教典故「盲人摸象[22]」：從前有四個盲人，都想知道大象是個什麼樣子，於是他們一齊走上前用手觸摸。摸到象鼻的盲人認為大象像一條蛇；摸到象耳朵的盲人認為大象像扇子；摸到大象腹部的盲人認為大象像一堵牆；而摸到大象尾巴的盲人則認為大象像一根繩子。這些盲人都把各自摸到的一部分當作整隻大象並且爭論不休，所以讓人們感覺到很荒謬、很可笑。而缺乏整體觀、忽視哲學探討對科學研究的指導作用的現代科學在探討消化性潰瘍和其他各種疾病和生命現象的發生機理時，又何嘗不是如此呢？

　　如果我們將「黏膜下結節論」中圖 II.6 描述的消化性潰瘍的發病機制看成是一隻完整的大象，而將歷史上以現代科學為基礎的相關學說分別與之進行對比分析，就不難得出這樣的結論：缺乏整體觀的現代科學導致歷史上所有的相關學說就與典故「盲人摸象」中的那些盲人一樣，都把消化性潰瘍病發生機理的一部分當成了該疾病發生機理的全部，尤其以「**幽門螺旋桿菌與**

消化性潰瘍有因果關係 [12]」的結論最為荒謬。限於篇幅，這裡僅僅分析現代科學史上最有代表性的四個學說：

精神壓力學說道出了消化性潰瘍部分的真實病因，可以與圖 II.6 中的 A 區相對應。然而，由於它深受現代科學「物質觀」的影響，沒有大膽地得出「精神因素可以導致病理性改變」這樣的結論，所以不能將受到精神因素影響以後機體發生病理變化的機制深入下去；這說明它仍然是以現代科學的理論和方法為基礎的。同時，由於現代科學還缺乏變化發展的觀點，對思維意識的基本特點缺乏了解，所以精神壓力學說不可能認識到消化性潰瘍的真實病因是千變萬化的，而企圖通過千篇一律的調查表 [23] 來證實精神因素在消化性潰瘍病的發病過程中所起的作用，其結果是可想而知的，而難以讓大多數的現代科學家信服。因此，精神壓力學說雖然指出了消化性潰瘍這隻「大象」的一個重要特徵，卻未能摸到其整體，就像是摸到了將大象與其他動物區別開來的重要特徵——長長的鼻子一樣；精神壓力學說所描述的發生機理，就好像是其中的一個盲人在說：大象像一條蛇！

神經學說明確地指出了大腦的某些神經中樞 [18, 19] 在消化性潰瘍的發生過程中起到了重要的仲介作用，可以與圖 II.6 中的 B 區相對應。它直接說明了胃潰瘍的發生可以與包括幽門螺旋桿菌在內的胃黏膜局部的各種損害因素無關。但是它將消化性潰瘍的病因學考慮得過於簡單，認為消化性潰瘍僅僅是神經中樞內某些神經遞質的異常分泌引起的。由於未能擺脫現代科學「物質觀」的影響，它未能指出自然狀態下這些遞質的濃度升高或降低的根本原因。神經學說不能解釋各種自然或社會因素導致胃十二指腸發生病理性改變的機理，也不能闡明胃黏膜的局部因素，如胃酸胃蛋白酶等在消化性潰瘍發生過程中所起的作用等等。因此，神經學說也僅僅是摸到了消化性潰瘍病這隻「大象」耳朵，它所描述的發生機理就好像是另一個盲人將大象的樣子描述成「一把扇子」一樣，遭到科學界的否決也是必然的。

無酸無潰瘍學說明確了胃酸胃蛋白酶、機械磨損等局部損害因素在消化性潰瘍發生的後期過程中的重要作用，臨床上採取抗酸治療以後通常也的確有利於癒合，因而這一學說在相當長的一段歷史時期內一直在消化性潰瘍的病因學研究中占據著十分重要的地位，與圖 II.6 中的 C 區相對應。然而，這一學說也是現代科學「物質觀」的直接反映，僅僅考慮了胃黏膜局部的物質因素，而割裂了人體不同組織和器官之間的聯繫，因而也就無法闡明精神因素在消化性潰瘍發病過程中的決定性作用，更談不上如何解釋消化性潰瘍的形態學和流行病學特徵了。雖然臨床研究結果直接證明了胃酸高分泌不是胃潰瘍發生的根本原因 [24]，但它在十二指腸潰瘍的發病過程中仍然扮演著十

分重要的角色 [25, 26]。因此，「無酸無潰瘍學說」也僅僅是摸到了消化性潰瘍病這隻「大象」的腹部，它所描述的發生機理就好像是第三個盲人聲稱大象像「一堵牆」一樣。

黏膜下結節論還清楚地闡明了幽門螺旋桿菌僅僅在消化性潰瘍病發生過程的後期才起到一定的作用，能顯著加重臨床症狀、升高臨床發病率和死亡率，是所有的局部因素中作用最小、可有可無的因子，能很好地與圖 II.6 中的 D 區相對應。因此，認為「幽門螺旋桿菌學說僅僅摸到了消化性潰瘍這隻 '大象' 的尾巴」的說法的確是十分形象而貼切的。即使我們將大象的尾巴砍掉，也不會影響到其生存和發展的任何一個方面；同理，即使沒有感染幽門螺旋桿菌，消化性潰瘍仍然可以發生，也可以不發生。這一形象的類比得出的結論，與流行病學調查的結果「**胃潰瘍患者幽門螺旋桿菌的感染率低於50% [26]**」、「**很多十二指腸和胃潰瘍的發病與幽門螺旋桿菌無關，而是由其他一些尚未確定的因素引起的 [27, 28]**」也是完全一致的，再次說明了這一細菌在消化性潰瘍發生發展過程中所起的作用的確是非常次要的。「幽門螺旋桿菌與消化性潰瘍有因果關係」的說法，就好像是第四個盲人將大象的樣子說成「像一根繩子」一樣，是歷史上所有的相關學說中最不著邊際、最荒謬的認識。將幽門螺旋桿菌確定為消化性潰瘍病因學研究的熱點，的確可以說是「緣木而求魚」，是永遠也不可能圓滿地解釋消化性潰瘍的發生機理的，必須完完全全地予以拋棄。與「無酸無潰瘍」一樣，幽門螺旋桿菌學說也是現代科學的「物質觀」所導致的必然結果之一；「**幽門螺旋桿菌與消化性潰瘍有因果關係 [12]**」的論斷根本就沒有意識到人體的不同部分之間是一個不可分割的整體，因而也是完全錯誤的認識。

由此可見：缺乏整體觀，導致歷史上以現代科學為基礎的所有相關學說都有如「盲人摸象」一般，在摸到了消化性潰瘍這隻「大象」一部分的同時，卻都犯了「以偏概全（Take a part for the whole）」的錯誤；它們之間的爭論也是沒有意義的。雖然它們都是基於一部分臨床或實驗室事實，都具有一定的正確性，但是對消化性潰瘍的基本認識卻又都是不全面的。「**儘管每一學說都持之有故，言之成理，但都不是完整無缺的道理 [29]**」也就不難理解了。而黏膜下結節論則充分地認識到了人體的各個不同部分之間是一個不可分割的整體，因而跳出了現代科學的理論體系和病因學觀念對我們思想上的束縛，並創造性地運用了多條哲學原理作為觀察和處理問題時的眼睛，能同時從多個不同的角度來觀察消化性潰瘍病這頭「大象」，所考慮到的因素也必然要比以現代科學的理論和方法為基礎的任何學說豐富得多，因而在擁有歷史上所有相關學說優點的同時，還能輕鬆地克服它們的不足之處。不僅如此，黏膜下結節論用到的整體性思維實際上還可以廣泛地應用於各種人體疾

病和生命現象的探索之中。這再次說明了黏膜下結節論的提出，的確有可能是科學史上一大新的突破，標誌著人類科學一個嶄新時代的到來，同時也說明了建立一個全新思想體系的緊迫性和必要性。

4.4 整體觀還是黏膜下結節論重要的方法論之一

整體觀認為：只有從整體上來分析和探討各種現象和疾病的所有方面，才能找到它們發生發展的根本原因，並圓滿地解釋它們的發生機理。因此，黏膜下結節論在探索消化性潰瘍的發生機理時，將其所有 15 個主要的特徵和全部 72 種不同的現象都當成一個不可分割的整體來看待，這就導致它對該疾病各種特徵和現象的解釋，完全不像以現代科學為基礎的各種學說那樣存在著難以克服的矛盾，而是形成了一個相輔相成的完美集合。事實上，當我們將消化性潰瘍的形態學、病因學、流行病學、神經學、與胃酸的關係等所有 15 個特徵和 72 種現象都羅列到一起基本形成消化性潰瘍這隻完整的「大象」以後，該疾病發生機理的基本輪廓差不多就已經形成了；而現代科學已經揭示的每一個特徵和現象，在黏膜下結節論中的確都被有機地整合在一起，是該疾病的外在表現中不可缺少的一部分。當消化性潰瘍這頭「大象」的各種特徵都被看清楚以後，「**幽門螺旋桿菌與消化性潰瘍有因果關係** [12]」的觀點與該疾病的流行病學、形態學、反覆發作和多發、分類等特徵之間的矛盾就已經暴露無遺了。這說明整體觀還是黏膜下結節論在觀察和處理各種問題時非常重要的方法論，也是該學說理論上的一個基本特點和圓滿解釋消化性潰瘍發生機理的必要保證之一。

第五節：整體觀在理論和實踐上的重要意義

第五章「疊加機制」要求我們必須走與還原論分割研究相反的道路，才能形成對自然界、人體和生命更全面更深入的認識。既然整體觀是疊加機制在應用上的一個重要方面，也必然十分有助於從根本上彌補現代科學在理論和方法上的不足之處，從而引領人類科學邁向一個全新的階段。

5.1 整體觀將導致現代科學的病因學觀念發生根本性的轉變

上一節的分析表明：在整體觀指導下的消化性潰瘍的病因學與還原論分割研究指導下、以現代科學的理論和方法為基礎的病因學是大相徑庭的。不僅如此，現代科學在觀察和處理各種人體疾病和生命現象時都缺乏整體觀；這就導致「盲人摸象」一般的錯誤，實際上還廣泛地存在於現代科學對所有人體疾病和生命現象的探討之中；而歷史上關於消化性潰瘍發生機理的所有學說中所存在的謬誤，僅僅是現代科學缺乏整體觀的一個具體表現而已。

　　原子分子論是現代科學理論體系的重要支柱。根據這種觀點，生物體不是別的，而是由原子分子組成的組織。**在這些人看來，生物體最終是由物理材料——運動中的分子和原子組成的** [1]。這就導致了一系列的後果：當原子論發展以後，它最終就成了以破碎方式處理實在的一根主要支柱。因為它不再被看成是一種洞察、一種觀察方法；相反，人們把這種觀念看成是絕對真理，即認為整個實在實際上只是由或多或少機械地共同作用的「原子建築塊」構成的 [7]。因此，人體的某個器官或系統產生了疾病，一定是這個部位原子分子的結構和功能出現異常的結果。這一現代科學觀念在現代醫學中的重要表現之一，就是「**消化性潰瘍病的發生是上消化道的保護因素和損害因素之間失衡的結果** [17]」這一傳統病因學觀念的形成。實際上，現代醫學的病因學幾乎都集中在患病局部的系統、器官和組織上；這正是現代科學長期找不到多種疾病發生的真正病因、不能清楚地闡明任何一種疾病的發生機理的重要原因之一。

　　而整體觀在理論和實踐上的應用，則提出了與現代科學完全不同的病因學觀念：它認為人體內部所有的系統、器官、組織和細胞之間，乃至個體與周圍的自然和社會環境之間，都是一個不可分割、相互影響的整體。因此，某一局部的病變完全有可能是其他部位器官、組織的結構或功能障礙引起的，甚至還與個體所處的外界環境密切相關。但這並不意味著整體觀就否認了現代科學已經揭示的局部病變，就好像一個視力正常的人在觀察大象時，並不否認那些盲人摸到的象鼻像一條蛇、象腹像一堵牆、象尾巴像一根繩子一樣。但缺乏整體觀的現代科學所認識到的多數病因，通常都不是相應疾病發生發展的真正原因，而是人體其他部位的結構和功能異常或自然和社會環境的惡性刺激繼發的結果。例如：黏膜下結節論並不否認消化性潰瘍發作時胃十二指腸存在著局部病變，但是這個局部病變是腦源性的病理性神經衝動導致的，而這個病理性神經衝動又有可能是自然和社會環境中某些惡性刺激引起的。再如：整體觀也不否認癌細胞染色體 DNA 上存在著基因突變，但是導致基因突變的致癌因子之所以能長期存留於體內，則與機體其他器官的解毒排毒功能的喪失不無關係；而單個的癌變細胞之所以能存活並逐步形成細胞集落，是因為個體免疫系統的監察功能不足導致的；愛滋病等其他各種疾病的發生發展實際上都是如此。

　　由此可見：整體的觀點要求我們在查找各種疾病的病因時，不能像現代科學那樣將探索的思路僅僅局限於患病部位，甚至還不能局限於患病個體的身上，而是必須從其他組織、器官、系統、家庭、社會乃至自然環境等更為廣泛、更為宏觀的角度去尋找突破口。這就要求我們在比現代科學考慮得更多更全面的同時，還必須從根本上拋棄以現代科學的理論和方法為基礎的病因學觀念，才能取得真正圓滿的成功。

5.2 整體觀還將導致當前的人體和生命科學發生一場偉大的革新

緊接上面的論述，某一疾病的病因學實際上還決定了治療學等其他各個方面的內容。既然整體觀能導致當前以現代科學的理論和方法為基礎的病因學觀念發生根本性的轉變，那麼這一哲學觀點在人體和生命科學領域的推廣應用，必然還能導致當前人體和生命科學的各個方面都發生一場偉大的革新，這裡主要論述以下三個方面的內容：

整體觀對當前醫學另一個方面的重大影響，就是可以導致各種疾病的治療學也發生根本性的轉變。由於現代醫學的病因學研究主要集中在患病局部的組織、器官和系統上，其治療措施相應地也多著眼於患病局部，這就不可避免地導致了「頭痛醫頭，腳痛醫腳」的治療特點。例如：現代醫學針對消化性潰瘍所採取的主要治療措施是抗胃酸分泌、殺滅幽門螺旋桿菌等；針對癌症的主要治療措施則是手術切除、放療化療殺滅癌細胞等；而病毒性疾病的主要治療措施則是中和或殺滅病毒。由於現代科學的病因學並沒有找到引起各種疾病的真正原因，因而針對局部病變的現代技術手段通常都不能從根本上移除病因，其治療效果是可想而知的。實際情況也的確如此：現代科學至今尚未找到有效克制多種疾病復發和多發的方法，在面對包括癌症、愛滋病在內的各種慢性疾病時的確可以用「束手無策」來形容。與此相反的是：基於整體觀的病因學認為局部疾病的發生發展與個體的整體狀態有關，完全有可能是其他部位器官、組織的結構或功能障礙引起的，也與個體所處的外界環境關係密切；因而針對各種疾病的治療措施重在改善患者整體的健康狀況，也可以通過刺激或增強其他部位組織器官的功能，甚至促進整個社會的大和諧、保護環境來達到抗病防病的目的。因而整體觀指導下的疾病防治措施不再像現代科學那樣局限在患病部位，也不局限於患者本人，而是其他組織器官、整個人體，甚至是全社會；治療手段也不再局限於藥物、手術、放化療等具體的物質手段，而是強調個體內心的調整，以及全社會協調性的共同提高。因為從根本上去除了各種疾病發生發展的根本原因，所以能有效地預防各種疾病的復發和多發；更重要的是它還能同時大幅度地降低各種疾病的發生率和死亡率。

整體觀對現代醫學第三個方面的重大影響，就是使得醫學科學領域的研究重心也發生根本性的轉移。受到原子分子論的影響，現代醫學研究主要以闡明人體的物質結構，尤其是各器官組織的微觀物質結構為目標，並認為只要物質結構弄清楚了，其他方面的問題都能迎刃而解。**按照原子論者的概念所要求的，一切的感受和知覺，都必須被解釋成某種聯繫或者接觸。當腦的原子受到某些適當的原子碰撞而處於運動狀態時，就形成了思維** [30]。但

實際上，正如本部分第二章「普遍聯繫」、第三章「變化發展」的論述，物質結構遠不是各種人體疾病和生命現象發生發展的根本原因，就好像蘋果的物質結構根本就不是「蘋果落地」的根本原因一樣。所以物質結構弄得再清楚，也不可能成功地解釋各種疾病的發生機理；現代科學至今也的確未曾圓滿地解釋過任何一種疾病的發生機理。而整體的觀點則認為：只有將蘋果與地球看成一個不可分割的整體，充分地考慮到蘋果與地球之間的抽象聯繫，才能圓滿地解釋蘋果落地現象。同理，只有充分地考慮到人體的各個不同部分之間、個體與社會乃至自然環境之間抽象的普遍聯繫，才能圓滿地解釋各種人體疾病和生命現象的發生機理。因此，在整體觀指導下的醫學研究中，闡明人體的物質結構固然有一定的積極意義，但已經不再是人體科學研究的核心。換句話說：在整體觀指導下的醫學研究重心將實現從具體的物質結構向抽象的聯繫的根本性轉變。

整體觀對現代醫學第四個方面的重大影響，就是使其思維方式也發生根本性的轉變。既然整體觀認為局部病變有可能是其他部位器官、組織的結構或功能障礙引起的，甚至還與個體所處的社會和自然環境密切相關，並且患病局部的結構異常不一定是各種疾病和現象發生發展的根本原因，那麼我們在探討各種人體疾病和生命現象的病因學機制時，就不能將思維僅僅停留在患病局部，尤其不能停留在局部的物質結構上，而是要注意整個人體、社會、自然界乃至整個宇宙與患病器官之間的抽象聯繫。這說明整體觀要求我們必須比現代科學考慮得更多更全面，才能有效地發揮科學研究的作用。然而，人體或任何其他的生命形式作為一個整體，其不同部分之間的關係都是紛繁複雜、千變萬化的，某一局部的病變究竟是整體中的哪一個或哪一些部分導致的，通常並不太容易判斷清楚，更不像現代科學那樣有一個固定的公式可以遵循。這就需要我們擁有多維的思維能力（請參閱第十五章）才能取得成功。但是多維的思維能力並不是我們通過書本學習，或者常規的思維訓練就能獲得的，而必須通過高標準的內心調整、長期的思維意識鍛鍊才能擁有。這說明整體觀在人體和生命科學領域中的具體應用，還要求我們必須改變現有的思維方式，同時從多個方面作出長期的努力才能取得成功。

綜合 5.1 和 5.2 的論述，整體觀能夠導致當前的病因學、治療學觀念、人體與生命科學領域的研究重心和思維方式都發生根本性的轉變。實際上，整體觀對人體和生命科學的影響還遠不只這四個方面，而是全方位的，並且對每一個方面的影響都是根本性的。這說明整體觀在當前人體和生命科學領域中的靈活應用，的確有可能是人類思想史上一大新的突破，並導致人體和生命科學領域的研究發生一場偉大的革新。

5.3　現代科學四大分支的統一是「整體觀」的必然要求

　　自亞里斯多德在 2300 多年前將科學分成理論科學、實踐科學、實用科學以來，分科研究一直都是人類科學的 一個重要特點。**據中國《學科分類與代碼》的統計，僅在自然科學、農業科學、醫藥科學、工程與技術科學的分支學科就有 1913 種** [31]。這在一定的歷史時期內的確是有其必要性和進步意義的，也極大地促進了人類科學技術的進步。而整體觀在這個問題上的靈活應用，則認為在新的歷史時期要使各項科研工作都能進一步地深入下去，就必須將現代科學的四大分支有機地統一起來。

　　黏膜下結節論在解釋消化性潰瘍發生機理時的成功，直接說明了將不同的領域進行分科研究實際上是存在著明顯缺陷的。例如：4.3 的類比直接說明了分科研究的必然結果，就是導致歷史上所有的相關學說都具有一定的片面性。而黏膜下結節論將人體、社會和自然界都看成是一個不可分割、相互影響的整體，並認為社會和自然環境中的各種因素都可以成為人體患病的原因，這些認識都是它能取得成功的關鍵。因此，社會科學和自然科學的各項認識對了解該疾病的確是有莫大幫助的；而割裂了生命科學與社會科學和自然科學之間的密切聯繫，正是現代科學無法闡明消化性潰瘍發病機理的重要原因之一。其次，黏膜下結節論的理論基礎是本部分提出的 15 條哲學原理，直接說明了作為人文科學一個重要分支的哲學，也是正確認識人體疾病和生命現象必不可少的工具；不僅如此，人文科學還有助於培養積極正確的人生觀、促進全社會的和諧，從而有利於各種疾病的防治。因而人文科學與生命科學也不應該是分家的。

　　由此可見：人體與社會和大自然之間的整體性，決定了生命科學、社會科學、自然科學和人文學科之間實際上是一個相互滲透、密不可分、有機聯繫著的知識整體；只有實現了這四大分支科學之間的有機統一，才能形成對自然界、人體和生命更全面更深入的認識。因此，未來一個合格的人體和生命科學家，同時還必須是一個良好的社會學家、自然學家；更重要的還必須是一個優秀的人文學家，必須擁有一個良好的哲學頭腦。

5.4　整體觀實際上還將導致當前人類科學體系的全面大革新

　　緊接著上一主題的論述，現代科學四大分支高度統一的必然結果，就是導致人類未來的科學體系將不再像現代科學這樣有如此多的「專業分支」，而是一個高度融合的巨型綜合體。因而將來任何一個真正的科學家，也必然在當前的四大分支領域都會有著高深的造詣，就好像體育比賽中的「十項全

能冠軍」一樣。這就對人類的智力水平、工作效率、認識手段、思維方式等等都提出了更高的要求。實際上，當前人類多方面的發展已經日益體現出了這一趨勢，將來在新思想、新科學、新方法的指引下，這一趨勢必然還會愈來愈明顯，並且足以滿足新時期人類科學發展的各項要求。而一個能帶著整體的觀點來觀察和處理問題的科學家，自然要比一個缺乏整體觀的科學家想得更多更全面，對各種自然、社會和人體現象的認識也必然會更詳盡更深入，所能取得的科研成果也必然會更豐碩更偉大，人類揭示自身和自然界奧秘的速度也會愈來愈快，而整個人類的科學和文明也將再次邁入一個全新的階段。這說明在整體觀指導下的未來科學將與現代科學有著很大的不同，是當前人類科學體系的一次全面大革新。

5.5 整體觀是正確理解「思維意識」的必要前提

自古希臘哲學家巴門尼德提出「物質與意識的關係問題」以來，人們圍繞著這個問題爭論了 2500 多年，至今未有定論。由於大腦皮層是人體思維意識活動的主要器官，因而人們普遍認為「意識是人腦的機能 [32]」。然而，這一觀點並沒有深入地認識到意識的本質，所以遠不足以回答「物質和意識的關係問題」。而整體觀則為我們提供了一些全新的認識：

整體觀認為：意識不僅是人腦的機能，而且還是人體各系統、器官和組織作為一個整體的綜合表現，或者說人體內每一個系統、器官和組織，都會影響到思維意識活動的正常進行。例如，當個體患上病毒性肝炎時，就有可能會出現鬱鬱寡歡、暴躁易怒、食慾不振等性格上的改變。不僅如此，為什麼有些人的膽子很小，而且還是異常地小呢？這很有可能就與肝腎等器官的功能不足有關。有報導指出：**有人在移植了一位愛吃油膩食品的青少年的心臟後，開始出現想吃這種垃圾食品的強烈慾望** [33]，也說明了大腦的意識活動是不能脫離人體其他器官而獨立進行的。解剖學上，循環、淋巴、神經系統將大腦與所有其他的組織器官密切地聯繫在一起，而其他各組織和器官分泌的微量物質，則是維持大腦正常運作必不可少的條件，進而影響到人體的思維意識活動。因而整體觀認為：**「70% 的移植患者在手術後個性特徵發生了改變，開始表現出捐贈者的特點** [33]」不是沒有科學依據，而是非常有可能的。

實際上，本部分第七章「歷史觀」通過追溯既往人體思維意識進化發展的全部歷史，還明確地指出了人體思維意識的本質是「高度複雜化了的普遍聯繫」。因此，要了解思維意識的本質，首先就必須了解什麼

是「普遍聯繫」；而第二章則明確地指出了「普遍聯繫是宇宙萬物、某一事物或其內部各個不同的部分之間所有抽象聯繫的總和」。這說明普遍聯繫本身就是運用整體觀得出的一個「整體的概念」。不僅如此，思維意識的各種表現形式，如人生觀、智力和情緒等等，實際上都是整體的概念，都是不能用原子分子等任何現代科學的物質詞彙來進行描繪的抽象存在。因此，如果缺乏整體觀，我們就無法理解什麼是「普遍聯繫」，進而無法深入地揭示思維意識的本質了。

由此可見，缺乏整體觀是歷史上的人們長期不能明確思維意識的本質、難以回答「物質和意識的關係問題」的重要原因之一。而整體觀在這個問題上的靈活應用則為我們深入理解思維意識的抽象本質創造了條件，並為本書圓滿地回答「物質和意識的關係問題」奠定了重要的認識論基礎。

5.6 整體的觀點還是各項事業都能取得成功的必要保證

東漢建安 12 年（即西元 207 年），劉備三顧茅廬，向當時只有 27 歲的諸葛亮（字孔明，西元 181~234 年，三國時期的軍事家、戰略家、發明家）詢問統一天下的大計，這就是中國歷史上著名的「隆中對」。諸葛亮說：「**將軍欲成霸業，北讓曹操占天時，南讓孫權占地利，將軍可占人和。先取荊州為家，後取西川建基業，以成鼎足之勢，然後可圖中原也** [34]。」這是諸葛亮根據當時全國的整體形式為劉備設計的一個戰略規劃，很好地體現了整體觀的基本思想，從而使過去屢遭敗績、沒有地盤安身的劉備「如撥雲霧而見青天」。此後，劉備乘曹操赤壁潰敗、無力再戰之機努力向西部發展，終於成就了「三分天下有其一」的帝王基業。在諸葛亮指揮過的各戰役中，多支部隊之間的協同作戰，實際上都涉及到了整體觀等哲學思想的靈活運用，使他獲得了「神機妙算」的美譽，並成為中國歷史上最傑出的軍事戰略家之一。由此可見：整體觀是一個優秀的領導、指揮員或戰略家必須具備的素質。佛教創始人釋迦牟尼早在 2500 多年前就通過「盲人摸象 [22]」的典故來告誡世人必須帶著整體的觀點才能形成對事物的正確認識。而現實生活中那些取得了很大成就的人，多數都能自覺地帶著整體的觀點來觀察和處理問題。例如：被譽為「中國航天之父、火箭之王」的錢學森（1911~2009）提出的「系統科學（System Science）」，就包含著整體觀的思想。這些事例都說明了如果我們在處理問題時都能做到從全局出發，就能避免因小失大而少走彎路，從而為各項事業的順利進行提供必要的保證。

第六節：現代科學的理論體系缺乏整體觀的主要原因

前面五節的內容表明了整體觀在科學探索過程中的作用的確是必不可少的。然而，雖然整體觀在中國已有 3000 年以上的歷史，在西方自亞里斯多德以來也有 2300 多年的歷史，但是這一古老的哲學觀點在現代科學的理論和實踐中幾乎沒有得到任何形式的反映。現代科學不能形成一個明確的「整體觀」可能主要與以下幾個方面的因素有關：

6.1 還原論在現代科學研究中的成功阻礙了整體觀的形成

近代科學思想奠基人之一的勒奈·笛卡爾（René Descartes, 1596~1650, 法國哲學家、數學家和物理學家）認為：如果一個問題過於複雜以至於一下子難以解決，那麼就將原問題分解成一些足夠小的問題，然後再分別解決；這被稱為「笛卡爾方法（Descartesian Method）」。這一方法隱含了一個假定：當所有分割的問題都被解決之後，系統還可以恢復原狀或重新組合起來。換言之，分割的各問題的解答之總和就給出了一個最後答案 [35]。沿著還原論分割研究指引的道路走下去，人們所獲得的研究結果通常是看得見、摸得著，而且能夠被重複，很容易就被證明是對周圍世界和人體的正確反映；並且現代科學在過去的幾個世紀所取得的成功也的確是勿庸置疑的：它極大地拓寬和加深了人們對周圍世界和自身的了解。因而絕大多數的現代科學家都堅信：過去幾百年來的人類科學所走過的道路一定是正確的，並且在今後還要繼續沿著這條道路走下去。這就導致人們完全看不見事物作為一個整體才具有的各種重要特性了，從而阻礙了整體觀的形成。雖然美國量子物理學家玻姆在 20 世紀 60~70 年代就認識到**科學本身要求一種新的、不可分割的世界觀；把世界分割為獨立存在著的部分的現行研究方法在現代物理學中是很不奏效的** [7]，但這個單一的認識尚不足以全面地解釋各種生命和非生命現象，故而很難引起科學界的一致重視。

6.2 科學和哲學的對立也決定了現代科學缺乏整體觀

我們還必須注意到：現代哲學與現代科學一樣，也不是十分的完善；二者對自然界和人體的認識都有可能存在著一些錯誤認識、甚至是十分荒謬的。這就好比兩個瞎子都去摸象，摸到肚子就說大象像一堵牆，摸到尾巴就說大象像一根繩子一樣，相互之間自然要爭論不休了。因此，當前的哲學理論與科學實踐時常存在著一些難以調和的矛盾，科學界很容易就能通過一些客觀事實來證明哲學理論中的謬誤，更談不上哲學理論在科學實踐中的應用

了。**我們必須承認：不但黑格爾哲學體系要使一切其他都服從自己的非分妄想遭到唾棄，而且連哲學的正當要求，即對認識來源的分析和智力功能的定義，也不再有人加以注意** [8]。即使哲學家們明確地指出了還原論分割研究是有根本缺陷的，並且已經明確地指出了整體性認識的重要性，但是現代科學家們也總是嗤之以鼻的。這顯然無助於人類科學的發展，並導致科學研究在方法論等方面都出現一些謬誤。然而，哲學和科學的完美統一是人類未來科學發展的必然趨勢，這一點我們將在第十二章「新二元論」中詳細論述。

6.3 現代哲學體系導致整體觀的正確性很難得到充分的反映

現實中的研究對象往往具有多方面的特徵，人體和各種形式的生命更是如此。例如：消化性潰瘍雖然是相對簡單的疾病，卻可以表現出 15 個方面的特徵和 72 種不同的現象。因此，像物理、化學等非生命科學領域那樣，僅僅依靠某一條或幾條原理通常是不能全面地理解人體和生命科學領域中的各種現象的，而需要多條哲學原理的聯合運用才能行之有效地解決各種具體問題。當代美國心靈哲學家、認知科學家斯蒂克（Stephen Stich, 1943～）認為：「**建立哲學體系就像織布一樣，一個環節出問題，整塊布就有可能成為次品；它也像蓋房子一樣，基礎沒有打好，整個大廈就有坍塌的危險** [36]。」然而，現代哲學家們通常不能做到多條哲學原理的聯合運用。在這種情況下，研究對象高度複雜的基本特點決定了即使整體觀能夠提供一些正確的認識，但是仍然不能行之有效地說明多方面的具體問題；通過整體觀獲得的正確認識遭到人們的忽視也就是自然而然的結果了。而本書提出的整體觀則不同，是為數眾多的哲學觀點中必不可少的一個重要組成部分；它與其他多條哲學原理在黏膜下結節論和本書多個章節中的聯合運用，有效地解決了當前科學上數以百計的具體問題，這就使得整體觀在理論和實踐上的重要意義能夠得到充分的體現。由此可見，哲學體系自身的完善是它所提供認識的正確性的必要保證之一；而現代哲學體系的不完善則導致整體觀提供的正確認識很難得到充分的反映。

總之，現代科學不能形成「整體觀」這一明確概念的原因是多方面的，這裡不一一論述。而缺乏整體觀，導致現代科學對各種生命現象的認識都存在著一定的缺陷，在解釋各種人體疾病的發生機理時也必然面臨著一系列難以克服的困難，並使當前的許多研究工作都處在一個錯誤的方向上。因而如果在當前科學的思想體系中引入整體觀，其意義無疑將是十分重大的。只要當前科學界的全體同仁們能勇於面對現實，善於接受新鮮事物，就一定能夠「化腐朽為神奇」，從而使「整體觀」這一古老的哲學認識在新的歷史時期綻發出奪目的光彩。

本章小結

綜合本章全部的論述，我們將多個不同的事物或同一事物的各組成部分作為一個整體才具備的特性，稱為整體性；而將事物的不同部分及其與外界環境之間都看成是一個不可分割的整體的觀點，稱為整體觀。它要求我們必須將人體的不同組織和器官都看成是一個密切聯繫著的整體，並將個體看成是自然界、社會和家庭不可分割的一部分。這一認識在黏膜下結節論中的應用，則認為某一局部的疾病完全有可能是其他部位器官的結構和功能異常引起的，而某一個體患病，也可以從人體以外的自然和社會環境中去查找病因；通過與「盲人摸象」進行類比，形象地說明了歷史上的主要相關學說都不能圓滿地解釋消化性潰瘍的發生機理的重要原因，並提示了「幽門螺旋桿菌與消化性潰瘍有因果關係」的觀點僅僅是摸到了消化性潰瘍這隻「大象」的尾巴；而「盲人摸象」一般的錯誤，實際上還廣泛地存在於現代科學對所有人體疾病和生命現象的研究之中。整體觀在理論和實踐上的推廣應用，將導致當前的人體和生命科學乃至整個人類科學的各個領域都發生一場偉大的革新。不僅如此，整體觀實際上還是正確理解「思維意識」的必要前提，也是各項事業都能取得成功的必要保證。最後，我們還分析了現代科學的理論體系不能形成「整體觀」的部分原因，進一步強調了哲學探討對科學研究的指導作用。所有這些都說明了整體觀在人類未來科學發展過程中的重要意義，十分值得科學界的廣泛關注。

參考文獻

1 李建會著：生命科學哲學；北京，北京師範大學出版社，2006 年 4 月第 1 版：第 7, 18, 41, 83, 84 頁。

2 W.C. 丹皮爾 [英] 著，李珩譯，張今校：科學史及其與哲學和宗教的關係；桂林，廣西師範大學出版社，2001 年 6 月第 1 版：第 429 頁。

3 張宗明著：奇蹟、問題與反思——中醫方法論研究；上海，上海中醫藥大學出版社，2004 年 9 月第 1 版：第 116 頁。

4 中國中醫藥報社主編，陳貴廷主審，毛嘉陵執行主編：哲眼看中醫——21 世紀中醫藥科學問題專家訪談錄；北京，中國科學技術出版社，2005 年 1 月第 1 版：第 5 頁。

5 楊力著：周易與中醫學第 3 版；臺北，建宏出版社，2002 年 9 月初版：序言、第 30-31 頁。

6 張效霞著：回歸中醫——對中醫基礎理論的重新認識；青島，青島出版社，2006 年 10 月第 1 版：第 50-53 頁。

7　戴維・玻姆 [美] 著，洪定國、張桂權、查有梁譯；整體性與隱纏序：卷中的宇宙與意識；上海，上海科技教育出版社，2004 年 12 月；譯者序及第 9, 14, 22 頁。

8　李創同著；科學哲學思想的流變——歷史上的科學哲學思想家；北京，高等教育出版社，2006 年 12 月第 1 版；第 2, 125 頁。

9　吳瓊、劉學義著；黑格爾哲學思想詮釋；北京，人民出版社，2006 年 4 月第 1 版；第 81 頁。

10　鄒海林、徐建培編著；科學技術史概論；北京，科學出版社 2004 年 3 月第 1 版；第 335-336 頁。

11　廈門六中招生網；廈門六中生物教研組；高中生物學的學習方法，2004 年 5 月 15 日：http://www.liuzhong.xm.fj.cn/zsw/shownews.asp?newsid=38。

12　Barry J. Marshall, J. Robin Warren, Elizabeth D. Blincow, Michael Phillips, C. Stewart Goodwin, Raymond Murray, Stephen J. Blackbourn, Thomas E. Waters, Christopher R. Sanderson; Prospective Double-blind trial of duodenal ulcer relapse after eradication of *campylobacter pylori*; The Lancet, December 24/31 1988, pp 1437-1442.

13　Mervyn Susser, Zena Stein; Civilization and peptic ulcer; The Lancet, Jan. 20, 1962; pp 115-119.

14　Elashoff J D, Grossman MI: Trends in hospital admissions and death rates for peptic ulcer in the United States from 1970~1978. Gastroenterology, 1980; 78: 280-285.

15　Brown RC, Langman MJS, Lambert PM; Hospital admissions for peptic ulcer during 1958-72. Br Med J, 1976; 1:35-37.

16　「What has been happening to peptic ulcer in Scotland?」ISD occasional papers No.2 Scottish Health Service Common Services Agency, South Trinity Road, Edinburgh EH5 3SQ.

17　A Hackelsberger, U Platzer, M Nilius, V Schultze, T Günther, J E Dominguez-Muñoz and P Malfertheiner; Age and *Helicobacter pylori* decrease gastric mucosal surface hydrophobicity independently; Gut, 1998; 43; 465-469.

18　Takahiko Tanaka, Masami Yoshida, Hideyasu Yokoo, Masaru Tomita and Masatoshi Tanaka; Expression of aggression attenuates both stress-induced gastric ulcer formation and increases in noradrenaline release in the rat amygdala assessed by intracerebral microdialysis; Pharmacology Biochemistry and Behavior, 1998; Vol. 59, No. 1, pp 27-31.

19　Den'etsu Sutoo, Kayo Akiyama, Akira Matsui; Gastric ulcer formation in cold-stressed mice related to a central calcium-dependent-dopamine synthesizing system; Neuroscience Letters, 1998; 249, 9-12.

20　John H. Walsh and Walter L. Peterson; Review article: The treatment of *Helicobacter pylori* infection in the management of peptic ulcer disease; The New England Journal of Medicine; Oct 12, 1995, Vol. 333, No. 15, pp 984-991.

21 Hildur Thors, Cecilie Svanes, Bjarni Thjodleifsson; Trends in peptic ulcer morbidity and mortality in Iceland; Journal of Clinical Epidemiology, 2002; 55, 681-686.

22 王邦維著，潘文良校對；佛經寓言故事（一）；臺北，頂淵文化事業有限公司，1992 年 5 月初版第二刷；第 227~232 頁。

23 John H. Kurata, Aki N. Nogava, David E Abbey and Floyd Petersen. A prospective study of risk for peptic ulcer disease in seventh-day adventists. Gastroenterology, 1992; 102: 902-909.

24 Joseph B. Kirsner, and Walter L. Palmer; Seminars on gastrointestinal physiology: The problem of peptic ulcer; American Journal of Medicine, November 1952, pp 615-639.

25 P. Miner; Review article: relief of symptoms in gastric acid-related diseases – correlation with acid suppression in rabeprazole treatment; Aliment Pharmacol Ther, 2004; 20（Suppl. 6）: 20-29.

26 Huang JQ, Hunt RH. pH, healing rate and symptom relief in acid-related diseases. Yale J Biol Med, 1996; 69: 159-74.

27 Seiichi Kato, Yoshikazu Nishino, Kyoko Ozawa, Mutsuko Konno, Shun-ichi Maisawa, Shigeru Toyoda, Hitoshi Tajiri, Shinobu Ida, Takuji Fujisawa, and Kazuie Iinuma; The prevalence of *Helicobacter pylori* in Japanese children with gastritis or peptic ulcer disease; J Gastroenterology, 2004; 39:734-738.

28 Yoram Elitsur and Zandra Lawrence; Non-*Helicobacter pylori* related duodenal ulcer disease in children; Helicobacter, 2001, Vol 6 No. 3, pp 239-243.

29 鄺賀齡主編；消化性潰瘍病；北京，人民衛生出版社，1990 年 11 月第 1 版；第 71 頁。

30 洛伊斯‧N‧瑪格納［美］著，李難、崔極謙、王水平譯，董紀龍校；生命科學史；天津，百花文藝出版社，2002 年 1 月第 1 版；第 37 頁。

31 廣州大學網；自然科學發展概要；自然科學的性質第一章第 4 節 4.3：科學知識整體化：http://vhost.gzhu.edu.cn/nature/ckjc/chap1.htm。

32 陳遠霞、馬桂芬主編；馬克思主義哲學原理；北京，化學工業出版社，2003 年 7 月第 1 版；第 35 頁。

33 中國醫師網；新聞中心；臨床動態：澳大利亞男子移植心臟後繼承捐贈者記憶，2009 年 12 月 29 日：http://www.cmda.org.cn/news/content/c0115/ x245/33。

34 羅貫中［明朝］著；三國演義；臺北，文化圖書公司，1996 年 3 月 5 日再版；第 38 回，第 239 頁。

35 王迪興著；潛科學網；2003 年 10 月準全息系統論與智慧電腦；第一章第一節第 2 點：還原論的困惑：http://survivor99.com/pscience/wdx/C1.1.htm。

36 高新民、劉占峰等著；心靈的解構——心靈哲學本體論變革研究；北京，中國社會科學出版社，2005 年 10 月第 1 版；第 3 頁。

第七章：歷史觀是各項科研工作都必須具備的重要觀點

上一章討論的整體觀是將不同的事物或部分在空間上疊加起來綜合考慮的觀點；如果我們將研究對象在不同時間點的狀態也疊加起來綜合考慮，便形成了本章所要討論的核心——歷史觀。這一觀點在理論和實踐中的應用，明確地指出了歷史上所有的相關學說都不能圓滿地解釋消化性潰瘍的根本原因，並提出了「思維意識的本質是高度複雜化了的普遍聯繫」、「現代科學的理論基礎是唯物主義的一元論」等重要論點，從而為本書圓滿地回答「物質和意識的關係問題」奠定了基礎。本章還通過回顧科學史清楚地說明了現代科學的定理、定律、公式和法則等都有其歷史局限性，並有可能會阻礙人類未來科學的發展，更不能作為真理的判斷標準。這些都說明了歷史觀在人類的未來科學體系中，至少與整體觀有著同等重要的地位，二者都是我們在觀察和處理問題時必須具備的重要觀點。

第一節：宇宙萬物都是歷史的產物，都具有歷史的屬性

上一章的「整體觀」從空間上考察了事物的部分固有屬性，但這僅僅涉及到事物在某一時刻的狀態。如果我們連續地考察某一事物自它產生到消亡的所有時刻，或將其變化發展的全過程放在整個宇宙不斷向前演化推進的漫漫歷史長河中來考慮，又將是怎樣的一種情況呢？我們將不難發現：宇宙中的萬事萬物都要在一定的歷史時期內產生、存在、發展和消亡，都不能脫離一定的歷史條件而獨立存在，我們將事物的這種基本性質稱為歷史的屬性，簡稱歷史性。這具體地體現在如下幾個方面：

首先，宇宙中的萬事萬物，從目前已知的最宏觀的宇宙到最微觀的原子分子等等，無論是生命有機體還是無生命的各種事物，都具有歷史的屬性。例如：比利時物理學和天文學家 Georges Lemaître（1894~1966）在 1927 年提出的大爆炸理論（Big Bang Theory）認為宇宙已經經歷了 133~139 億年的歷史，才逐漸演化成今天這樣擁有無數個星系的超級綜合體[1]；而現代天文學觀察的結果表明宇宙中的星體有的正在形成，有的已經成熟，有的則已經老化，也說明了當前的宇宙正是歷史發展的產物，並且目前仍然處在一定的歷史進程之中。不僅如此，各種元素及大小分子都有一定的半衰期，說明了構成物質的基本單位——原子和分子也有其產生、存在、發展和消亡的歷史。美國物理學家 Howard Georgi（1947~）及 Sheldon Glashow（1932~，1979 年諾貝爾物理學獎得主）於 1974 年提出的大統一理論（Grand Unification Theory）認為就連質子也有半衰期[2]。無論宇宙大爆炸理論和大統一理論是否真實地反映了客觀真理，它們都隱含著這樣的一個基本認識：無論是宏觀宇宙還是微觀粒子，都有一個產生、存在、發展和消亡的過程，都具有歷史的屬性。

其次，包括人體在內的各種形式的生命也都是特定歷史條件的產物，都具有歷史的屬性。以達爾文（Charles Robert Darwin, 1809~1882，英國生物學家，生物進化論的奠基人）為首的生物進化論者就認為：地球上本來沒有像今天的人類這樣具有高度智慧的生命有機體，而是自然界中較為簡單、低等的原始生命歷經了數億年的進化才逐步出現的；不依賴這數億年進化發展的歷史而無端出現的智慧生物是不存在的。地球上的生命形式也並不是自地球形成的那一刻開始就像今天這麼複雜多樣，而是由較為低等的生命形式隨著環境的不斷變遷而逐步分化而來的。這其中任何生命個體的產生都必須繼承其千百萬代祖先的遺傳特性，其存在和發展的全部過程都要受到其生存時期內特定歷史條件的推動和制約，並且個體自身各方面的特性都會成為其後代產生、存在、發展和消亡的遺傳基礎。不僅如此，就連人類社會也不是自它與動物界區分開來的那一刻起，就像今天這樣具有複雜的分工和強大的生產能力，而是經歷了原始社會、奴隸社會和封建社會，最後才發展成為今天這樣高度發達的資本主義社會的；而這其中從封建社會向資本主義社會的歷史性轉變，還僅僅是過去幾百年內才發生的，並且當前的人類社會仍然處在向前進一步演化推進的歷史過程之中。這說明作為一個整體的人類社會，也是隨著時間的推移而不斷地向前發展進化的，也具有歷史的屬性。

不僅如此，即便是自然界裡各種抽象的事物，也都具有歷史的屬性。例如：蘋果與地球之間的萬有引力，並不是一開始就有蘋果的重量那麼大，而是在某個特定的歷史時期被授粉的基礎上，隨著蘋果的發育、質量的增加而逐漸變大的。人類的各項科學理論和技術（如萬有引力定律和相對論、電子顯微鏡等等），也不是自人類產生的哪一刻起就存在、就像今天這樣先進的，而是人類發展到一定的歷史階段才出現的：它們都是以人類生產力的逐步提高、對自然界認識的日漸深入為前提的，並且都經歷了一個從無到有、從低級到高級的歷史過程。而當前人類科學和哲學體系中的絕大部分認識，都還是最近一兩個世紀才逐步建立起來的，並且目前仍然處在進一步的發展和完善之中：相應地，人們認識自身和利用自然界的能力，也正在經歷一個由小到大、由被動適應到主動改造的歷史過程。事實上，無數類似道德觀念、法制體系和政權組織形式等這樣抽象的事物，也都是特定歷史條件的產物，都具有歷史的屬性。

　　由此可見，宇宙萬物都要在一定的歷史條件下產生、存在、發展和消亡，脫離一定的歷史條件而獨立存在的事物是不存在的。西元前 5 世紀的古希臘哲學家留基伯（Leucippus，約前 500 年～前 440 年）認為：**沒有什麼是可以無端發生的，萬物都是有理由的，而且都是必然的** [3]，表達的正是這個意思。結合本書第三章「變化發展的觀點」，抽象的普遍聯繫是宇宙萬物產生、存在、發展和消亡的根本動力，因此，任何事物的變化發展都是特定歷史條件下的普遍聯繫推動的。這就要求我們在探索各種現象或疾病發生發展的規律時，都必須考慮特定歷史條件下研究對象所具有的抽象聯繫的性質、種類及其演變的歷史才能取得圓滿的成功。我們將這種認為萬事萬物的產生、存在、發展和消亡的全過程，都是在特定歷史條件下多種抽象聯繫共同作用所導致的必然結果的觀點，稱為「歷史的觀點」，簡稱「歷史觀（Historical Perspective）」。

　　當我們帶著歷史的觀點來觀察和處理問題時，要注意兩個方面的內容：第一，歷史觀是從時間上來連續地考察萬事萬物變化發展的全過程，因而在一定程度上講，歷史的觀點就是變化發展的觀點；這再次說明了本書提出的不同哲學觀點之間的確都有著密切的聯繫和相近相通之處。但是二者觀察問題的角度卻是完全不同的：歷史觀重在萬事萬物隨著時間的推移而變化發展的全過程，強調的是「時間上的整體」；而變化發展的觀點則是在普遍聯繫推動下萬事萬物性質和狀態上的改變，強調的是「變化發展」這個動態的過程。第二，根據考察時期的不同分別對應著三種思考問題的方法：對過去已經發生了的事件進行回顧，稱為「追溯（Retrospect）」；根據過去和現在的發展規律來預測未來的發展趨勢，稱為「展望（Prospect）」；站在未來的角度來看待過去和今天所發生的事件在歷史上的地位和作用，則被稱為「返觀（Retrace）」。本書很多章節實際上都應用了這三種方法並形成了多個重要認識，從而十分有助於找到各種問題的解決方案。這說明歷史觀也是我們在日常生活和各項科研工作中都必須具備的重要觀念，而它派生出來的三種研究方法也是科學和哲學上非常重要的方法論。

第二節：歷史的屬性在人體的三個主要表現

　　如果帶著歷史觀來看問題，那麼我們就不再認為既往發生的各類自然和社會事件對人體的影響會隨著事件的結束而消逝，而是會成為當前各種疾病和現象發生發展的歷史背景；人體也不應當像現代科學認為的那樣僅僅是一個簡簡單單的、由原子分子構成的物質堆，而是在生命長期進化的基礎上形成的複雜有機體。這就極大地豐富了我們對人體的基本認識。

　　歷史的屬性在人體的第一個重要表現，就是對人生觀的決定性影響。第五章「疊加機制」第六節 6.3 中提及的人生觀的形成和發展機制，實際上已經是帶著歷史的觀點來看問題了：在個體既往的各種生活經歷、受教育水平、重大的社會事件等基礎上形成的對周圍世界和自身的一個總體看法——人生觀，是其對當前正在發生的各種事件作出判斷並付諸行動的內在（心理）依據。當面對完全相同的事件時，基於積極正面和消極負面的人生觀所作出的反應將是完全不同的；而積極或消極人生觀都是由既往的人生經歷決定的。因此，歷史上發生的各類事件對人體的影響並不會隨著該事件的結束而自動地消逝，而是通過人生觀的形式儲存在個體的大腦或下意識之中，將來在某個特定的條件下才對個體的行為或生理造成影響。例如：消化性潰瘍的發生正是基於既往形成的較為負面、消極的人生觀而導致的一種社會—心理疾病；人生觀在各種疾病發生發展過程中的基礎性作用實際上都是如此。然而，現代科學沒有明確地提出「歷史觀」的概念，自然不能意識到既往經歷對當前人體生理的決定性影響，更談不上在歷史事件與個體當前的健康狀況和生理行為之間建立起必然的聯繫了。

　　歷史的屬性的第二個重要表現就是歷史條件還可以直接地影響到人體的物質結構。任何個體都必須在某個特定的歷史條件下產生、存在、發展和消亡，都要受到特定歷史時期的物質條件、自然環境、氣候因素和社會事件等多方面的制約。這也就是說：不同歷史時期的人們由於飲食結構、生活條件、所經歷的重大事件等多方面的差異，而在人均預期壽命、疾病種類、平均身高等多方面也會存在著明顯的不同。例如：在 20 世紀 60、70 年代以前，人們感染愛滋病病毒的機會是很小的；但進入 80 年代以後，愛滋病卻逐步發展為一種廣泛流行的疾病。這說明現代社會人與人之間的密切交往很有可能就是造成愛滋病廣泛流行的特定歷史條件，從而使這一時期的人們罹患愛滋病的機會大大增加了。不僅如此，某一特定歷史時期各種負面的自然或社會事件還能直接導致某些正常生理機制的逐步喪失，從而使人體生理活動的物質基礎不再像從前那樣完美，在其他的代償機制也喪失的情況下才會表現為某種特定的疾病。因此，歷史事件造成的負面影響還能以具體的物質結構缺陷的形式長期潛伏於人體，在日後才對個體的健康造成十分顯著的影響。

　　歷史的屬性在人體的第三個重要表現，就是任何個體從父母那裡獲得的遺傳物質實際上還承載著其千百萬代祖先不斷變遷的全部歷史；因而在歷史觀指導下的遺傳並不像現代科學認為的那樣僅僅是前後兩代人之間遺傳物質的傳遞那麼簡單。特定的歷史條件對人體物質結構最重要的影響之一，就是能導致前後兩代人之間在遺傳上出現一些變異：各種自然和社會事件作用於人體的綜合結果，就是使各種突變因子（包括現代科學已經了解和尚未了解

到的理化和生物因子等等）能夠有機會作用於人體而導致染色體 DNA 發生變異；由於不同歷史時期的人們不僅可以有著不同的人生經歷，而且他們的染色體 DNA 上所發生的變異也會有所不同。例如：日益嚴重的大氣污染、殺蟲劑和化學肥料的廣泛適用、對地球臭氧層的破壞等，都導致當前人類的染色體 DNA 正處在一個前所未有的變異環境之中。因此，歷史觀認為染色體 DNA 上的微小變異與個體的經歷是相對應的，有什麼樣獨特的經歷，就會產生什麼樣獨特的 DNA 序列變異。不僅如此，由於個體會在繼承其上一代人遺傳物質的基礎上，將略有變異的遺傳物質傳遞給其下一代，因而千百萬代人的微小變異不斷累積和疊加的最終結果，就決定了當前的個體從父母那裡獲得的遺傳物質實際上還攜帶了其千百萬代祖先隨歷史而不斷變遷的信息，總體上的表現就是當前觀察到的物種進化和個體多樣性。因此，即便離我們很久遠的歷史事件，並不是與當前個體的狀態沒有任何聯繫，而是曾經影響過人類遺傳物質的基本結構，進而賦予了當前個體某些獨特的遺傳特徵。

由此可見：歷史事件不僅可以通過抽象的人生觀和具體的物質結構兩個方面來直接影響當前個體的狀態，而且還能通過千百萬代人之間遺傳信息的不斷累積和疊加來決定當前個體的遺傳基礎。這就要求我們在探討各種人體疾病和生命現象的機理時，必須查找其發生發展的歷史根源；而在缺乏歷史觀的情況下展開的各項研究，就好像一個缺乏舞臺背景而無從表演的演員一樣，將是永遠也不可能找到圓滿地解決問題的答案的。這說明了歷史的屬性也是人體固有的重要屬性，而與之相應的歷史觀，也是我們在面對理論和實踐中的各種問題時都必須具備的一個重要哲學觀點。

第三節：歷史上的「歷史觀」

中國西漢時期的史學家司馬遷（字子長，約前 145~ 前 90 年，中國西漢時期史學家、文學家和思想家）早在 2000 多年前就已經提出「**以史為鑒，知千秋盛衰興替；前事不忘，明萬代是非得失** [4]」，明確指出了研究歷史的重要性。1000 多年前的唐太宗李世民（599~649，中國歷史上最有作為的皇帝之一，也是偉大的軍事家、政治家）在大臣們面前強調：**以銅為鏡，可正衣冠；以史為鏡，可知興替；以人為鏡，可明得失** [5]；這是他能夠締造出「貞觀盛世」，並成為中國歷史上最偉大帝王之一的必要條件。三國時期的諸葛亮，尚未出茅廬就已經提出了「三分天下」的構想；而毛澤東（字潤之，1893~1976；中國前國家最高領導人，戰略家、軍事家、思想家）提出的《論持久戰》，更是一針見血地指出了抗日戰爭有一個「此消彼長」的過

程，因而要求中國人民必須做好長期鬥爭的準備。這是不自覺運用了歷史觀中「展望」的方法，準確地預測了時局的未來發展趨勢，從而成為人們軍事和生產等各項行動的指南。實際上，古今中外所有的大哲學家、大科學家、大思想家、大軍事家、大政治家等，沒有不重視歷史的；他們之所以能夠成為各自領域中的佼佼者，其中的一個重要原因就是因為他們都能充分地吸取前人的經驗教訓，從歷史事件中總結出一些普遍性規律，並靈活地應用於各自的生產和生活實際。由此可見：帶著歷史的觀點來看問題，是當好一個領導、各項事業都能取得成功的必要保證之一。

歷史觀在 20 世紀的德國哲學史上有著十分突出的表現。威廉·狄爾泰（Wilhelm Dilthey, 1813-1911）認為：**只有通過歷史才能了解人是什麼** [3]；並認為歷史知識是關於精神在過去的所作所為的知識，同時也是這一切的重演，是過去的行為在現在的永存 [6]，強調了歷史對人性的決定性作用。德國的生命哲學與歷史主義也有著緊密的聯繫：**自黑格爾和浪漫主義以來，德國歷史科學的蓬勃發展為歷史主義思想運動的出現起了推波助瀾的作用**；人們認識到，一切事物的形成與消亡都是在特定的歷史條件下發生的 [3]。歷史決定論者認為：有一個基本因素應對所有歷史事件的發生負有責任或必定負有責任。事件都是由這一因素決定的，並且是它作用的結果。由於歷史是這樣被決定的，因此，歷史是按照客觀的歷史規律發展的，具有一種不可避免的趨向或確定的方向 [6]。馬克思提出的歷史唯物主義認為社會發展中起到決定性作用的因素是物質生產力，而生產力的發展推動了人類從原始社會、奴隸社會、封建社會到資本主義社會的過渡 [3]。

歷史觀還在既往的哲學和科學實踐中有一些不自覺的運用，例如，有學者認為：**當許多哲學問題不但得不到解決，反而離解決愈來愈遠甚至南轅北轍時，除了進行語言、詞源學分析之外，人們自然要追溯這些問題背後的總根源** [7]。歷史觀在現代人體和生命科學中最重要的表現，就是認識到了生命有機體的遺傳特性。例如，美國生物學家和生命科學哲學家邁爾就認為：**應該充分考慮有機體的歷史性質，特別是考慮它們具有從歷史上獲得的遺傳程序** [8]。現代醫學在各種疾病的診斷過程中總是要詢問病史，實際上也是歷史觀在實踐中的不自覺運用。然而，像現代科學那樣僅僅了解一部分的遺傳特性和既往病史對於明確病因仍然是很不夠的，只有形成一個明確的「歷史觀」概念，同時從個體抽象的人生觀和具體的物質結構、乃至既往千百萬代祖先不斷變遷的歷史等多方面著手，才能更全面地了解到各種人體疾病和生命現象發生發展的歷史背景。由此可見：歷史觀在現代科學中的不自覺運用，實際上還遠遠沒有發揮其應有的威力。

第四節：歷史觀在「黏膜下結節論」中的應用

歷史觀在黏膜下結節論中的應用，除了要求我們在探討消化性潰瘍的發生機理時要盡可能地了解病人既往的生活經歷以外，還要求我們必須追溯現代科學針對這一疾病研究的歷史，並站在未來科學的角度返觀當前的研究，這就從多個不同的角度進一步明確了現代科學自始至終不能圓滿解釋這一疾病的原因。此外，歷史觀還要求我們從正反兩個方面來看待「**幽門螺旋桿菌與消化性潰瘍有因果關係** [9]」這一權威觀點中的謬誤。

4.1 消化性潰瘍的發生實際上是一個長期、慢性的過程

臨床上消化性潰瘍非常重要的一個表現，就是**生活事件通常發生在潰瘍病之前** [10]。這使得人們很容易產生「消化性潰瘍是由生活事件引起的」這樣的認識，因而企圖通過調查表 [11] 的方法來確定生活事件與消化性潰瘍之間的因果關係。歷史的觀點認為：由於現代科學沒有認識到人體的歷史屬性，僅僅考慮即時的生活事件而不考慮基於既往經歷的人生觀在消化性潰瘍發生發展過程中的背景作用，是難以確定生活事件與消化性潰瘍病之間的因果關係的。

即時的生活事件通常會影響很多人，但為什麼只能導致其中的某些個體發生消化性潰瘍呢？這是因為即時的生活事件激起的生理反應的強度超過了這些個體的承受範圍。例如，一旦生活事件激起的胃酸高分泌超過了個體胃腸道抵抗力的最高閾值（如圖 II.5 所示），十二指腸潰瘍的發生就不可避免了；胃潰瘍的發生實際上也是如此。然而，相同的生活事件為什麼僅僅導致部分個體產生過強的生理反應呢？是因為這些個體的內心深處早就存在著對該類生活事件過於負面或消極的看法，如金錢、名譽損失，或至親至愛的人受到傷害等。因此，消化性潰瘍的發生還不僅與即時的生活事件有關，而且還與個體的內心深處早已形成的對該事件的基本看法，也就是與該個體的人生觀有關。本部分第三章 4.2 已經明確地指出：人生觀不是一朝一夕就能夠形成的，而是在個體既往經歷的基礎上逐步累積和疊加的結果。Overmier 和 Murison 認為**胃潰瘍的易感性受到心理上的重要經歷的影響** [12]，說明了消化性潰瘍的發生歸根到柢是由個體思想上的原因所決定的；而這個思想上的原因早在胃十二指腸局部的結構發生病變之前很多年就已經形成了。由此可見：消化性潰瘍的發生實際上是一個長期、慢性的過程，而即時的自然、社會和生活事件則在這一疾病的發生發展過程中發揮了「扳機」的作用。

　　歷史的觀點還認為，任何生命個體都是歷史的產物，都帶有千百萬代祖宗隨著歷史而不斷地變遷的信息。因此，歷史觀並不否認現代科學已經認識到的遺傳特徵，如特殊個性等在消化性潰瘍發病過程中的基礎性作用。但歷史的觀點還認為：僅僅擁有先天的遺傳因素，而沒有基於既往經歷形成的人生觀和即時發生的自然、社會或生活事件造成的心理緊張，消化性潰瘍仍然不可能發生。各種重大的自然、社會和生活事件正是通過消極、負面的人生觀這個門戶入侵人體的，也正是人生觀決定了即時的生活事件是否能夠使該個體的遺傳傾向被表達，從而體現為疾病或行為異常。因此，黏膜下結節論認為：即使是有著完全相同遺傳背景的同卵雙生兄弟，即使受到完全相同的致潰瘍事件的影響，也會由於既往生活經歷的不同而對該事件的基本看法迥異，進而導致他們對潰瘍病的敏感性也存在著巨大的差異。此外，**潰瘍病人集中在某些家庭的原因，可能不是遺傳因素引起的，而主要取決於導致潰瘍病的環境因素在各成員之間的相互影響** [13, 14]；**一些家庭調查結果顯示，潰瘍病人親屬的發病率有顯著的升高，但是他們卻顯然沒有相同的遺傳背景** [13]。生活在同一家庭的不同個體，完全有可能由於長期處在相同的家庭或社會環境中而形成了基本相似或一致的人生觀，同時還受到了完全相同的即時生活事件的影響，從而比一般家庭的個體更容易患上消化性潰瘍。

　　綜上所述，歷史的觀點認為消化性潰瘍的發病實際上是一個長期、慢性的過程，我們不能因為生活事件通常發生在潰瘍病之前，就簡單地認為消化性潰瘍僅僅與某一件或某幾件自然、社會和家庭事件有關；因而千篇一律的調查表是不能確定生活事件與消化性潰瘍之間的因果關係的。只有帶著歷史的觀點來看問題，充分地考慮到既往的人生經歷和遺傳因素在消化性潰瘍發生發展過程中的基礎性作用，才能全面地了解到潰瘍的真正病因，從而有助於採取正確的疾病防治措施。

4.2　現代科學理論根基的缺陷是歷史上的相關學說都無效的原因

　　在黏膜下結節論中，歷史的觀點不僅有助於了解消化性潰瘍的真實病因，而且還通過追溯針對這一疾病研究的全部歷史，從而更加明確地指出了以現代科學為基礎的所有相關學說都不能圓滿地解釋消化性潰瘍的發生機理的根本原因。

　　通過追溯既往消化性潰瘍病研究的歷史，黏膜下結節論發現：傳統的病因學觀念「**消化性潰瘍的發生是上消化道的保護因素和損害因素失去平衡的結果** [15]」是現代醫學家們將其目光僅僅聚焦在上消化道局部

的根本原因，從而導致歷史上以現代科學的理論和方法為基礎的所有相關學說都不能圓滿地解釋消化性潰瘍病的發生機理。病變發生在上消化道，我們就可以輕易地斷定病因一定存在於上消化道嗎？例如：日常生活中普通的感冒所引起的頭痛，其病因根本就不在頭部，而是在上呼吸道。因此，這一傳統的病因學觀念完全沒有考慮到整體與局部的關係，更沒有認識到人體是一個普遍聯繫著的整體，因而從根本上講是一個沒有任何哲學性可言、有欠考慮的主觀臆斷，更不符合科學上下結論的基本標準，因而有可能是完全錯誤的。但它卻成為許多現代醫學家從事潰瘍病研究的根本出發點，無酸無潰瘍學說、幽門螺旋桿菌學說等的提出，都是這一傳統的病因學認識所導致的必然結果；雖然精神緊張學說和神經學說都是基於實實在在的現象觀察，都具有一定的事實基礎和正確性，但它們與這一傳統的病因學觀念之間存在著很大的差距，而難以像「幽門螺旋桿菌學說」那樣成為科學研究的主流。這就導致消化性潰瘍的病因學研究始終都處在一個錯誤的方向上，必然的結果就是其發生機理長期不能被清楚地闡明。

如果我們再更進一步地追溯歷史，就不難發現這一傳統、錯誤的病因學觀念是植根於現代科學的理論基礎——原子分子論（Theory of Atom-molecule）的。**在這些人看來，是因為生物體最終是由物理材料——運動中的分子和原子組成的。這些分子和原子在生物體中被聚積在不同的組織水平上，一些組織水平甚至能夠避開其他組織水平自主地活動，但最終都是物理學和化學的產物。因而克里克說：最終人們希望生物學的整體可根據比它低的水平而正好從原子水平得到解釋。沃森也認為：基本上所有的生物學家都已確認生物體的特性可以從小分子和大分子之間協調的相互作用來理解** [8]。這些權威的觀點都割裂了人體各不同部分之間固有、複雜的普遍聯繫，必然會將胃十二指腸部位的病變歸因於局部生物大分子的結構和功能異常，**消化性潰瘍病理生理學機制的研究集中在局部的損害因素和保護因素之間的不平衡** [16]的思想就應運而生了，甚至還有人提出了像「胃黏膜屏障（Gastric Mucosal Barrier）」這樣只考慮局部因素的概念 [17]。無獨有偶，在解釋胃腸道針對外來抗原的免疫耐受現象時，免疫學上也有人提出「黏膜屏障（Mucosal Barrier）」理論 [18]。這些都是現代科學的原子分子論所導致的必然結果，是在對人體和生命現象的片面認識基礎之上派生出來的錯誤假設。**人類這種把自身同環境分離開來，以及區分與支配事物的能力，最終導致了廣泛的否定性和破壞性後果** [19]。而基本相同的錯誤，實際上還廣泛地存在於當前的現代科學對所有人體疾病的研究之中，現代科學不能圓滿地解釋包括消化性潰瘍在內的幾乎所有疾病的發生機理，就一點兒也不奇怪了。

　　還有一個方法論上的重要原因，也導致現代科學史上所有的相關學說都不能圓滿地解釋消化性潰瘍的發生機理。通過上面的分析我們可以清楚地看出，只要帶著歷史的觀點來看問題，要發現以現代科學為基礎的所有相關學說都無效的原因其實是不難的。然而，當前從事消化性潰瘍病研究的多數現代科學家，為什麼就沒有人明確地指出傳統的病因學研究所存在的錯誤呢？這仍然是缺乏歷史的觀點的結果，也是傳統的思想觀念和研究方法在作怪：人們在文獻綜述時總是片面地追求最新的科學成果，而這些「最新的科學成果」之前的研究往往被看作是過時的東西，因而很少有人去追溯那些隱藏在最新成果和權威觀點的歷史背景，向它們發起挑戰的可能性更是微乎其微。例如：過去在探索消化性潰瘍的病因學時，現代科學史上曾經有誰質疑過「消化性潰瘍的發生是上消化道的保護因素和損害因素失去平衡的結果 [15]」的正確性呢？又有多少現代科學家能夠注意到原子分子論認識上的片面性並敢於向其發起挑戰呢？這就造成了人云亦云、以訛傳訛的研究作風不斷地延續，同樣的錯誤一再重複，百十年來人們一直都不能圓滿地解釋消化性潰瘍這一相對簡單疾病的發生機理，也就不奇怪了。這再次說明了追溯歷史在科研工作中的重要性。

　　綜上所述，通過不斷追溯既往研究的歷史，可以發現傳統的病因學觀念「消化性潰瘍的發生是上消化道的保護因素和損害因素失去平衡的結果 [15]」是歷史上所有的相關學說都不能圓滿地解釋消化性潰瘍的發生機理的直接原因；而現代科學的理論基礎——原子分子論則是形成這一錯誤觀念最深刻的歷史根源；而缺乏歷史觀，則是人們長期不能走出誤區的方法論原因。這再次充分地說明了現代科學理論和方法上的局限性，以及建立全新科學體系的必要性；同時還說明了如果某一現象或疾病的發生機理長期不能得到解釋，我們就應該努力追溯該理論既往發展的歷史，挖出其理論根基並重新進行論證。如果其理論根基有缺陷或甚至是完全錯誤的，那麼該疾病和現象的發生機理長期不能得到圓滿解釋的原因也就不言自明了。無疑，這一認識將十分有助於我們找到解決各種問題的正確答案。

4.3 「幽門螺旋桿菌與消化性潰瘍有因果關係」只能是「曇花一現」

　　歷史觀認為：「幽門螺旋桿菌與消化性潰瘍有因果關係」的觀點與歷史上所有其他的相關學說一樣，反映了現代科學基礎理論的局限性，也必然會隨著人類認識的加深而被淘汰。因此，當前這一領域的科研工作者們沒有必要死死地抱住這一權威的觀點不放，才能解放思想，從而有助於找到消化性潰瘍的真實病因與正確的防治措施。

　　2005 年 10 月，瑞典皇家科學院諾貝爾獎委員會宣布將 2005 年諾貝爾生理或醫學獎授予巴里‧馬歇爾（Barry J. Marshall）和羅賓‧沃倫（J. Robin Warren），以表彰他們在發現引發胃炎和消化性潰瘍的幽門螺桿菌方面所作出的貢獻 [20]。**在他們提出幽門螺桿菌是消化性潰瘍的病因之前，人們認為這一疾病的主要病因是壓力和生活方式等** [21]。這一發現「引發了醫學界對消化道疾病認識上的一場革命 [22]」，使胃潰瘍從原先的慢性病，變成了一種「採用短療程的抗生素和酸分泌抑制劑就可治癒的疾病 [21]」。由於諾貝爾獎代表了現代科學成果的最高水平，「**幽門螺旋桿菌與消化性潰瘍有因果關係** [9]」的說法的確成了當前消化性潰瘍病病因學研究的「主流」、「權威」和「熱點」。然而，是不是獲得了諾貝爾獎的研究結論就一定是正確的呢？

　　實際上，正如前面多個章節的論述，當「**幽門螺旋桿菌與消化性潰瘍有因果關係** [9]」的觀點被用來解釋消化性潰瘍的各種特徵和現象時，並沒有解決歷史上其他的相關學說所不能解決的問題，而是面臨著更多難以克服的矛盾，並且黏膜下結節論提出的相反結論「幽門螺旋桿菌僅僅在消化性潰瘍發病過程的後期才起到一定的次要作用」卻圓滿地解釋了消化性潰瘍所有 15 個主要的特徵和全部 72 種不同的現象。不僅如此，本書還從 50 個角度（請參閱索引 4）說明了幽門螺旋桿菌與消化性潰瘍之間的因果關係的確是不存在的，本部分第六章 4.3 更是形象地說明了「幽門螺旋桿菌與消化性潰瘍有因果關係」的論點就好像「盲人摸象」中的某個盲人聲稱「大象像一條繩」一般。這些都說明了「幽門螺旋桿菌與消化性潰瘍有因果關係」的說法的確有可能是錯誤的。如果能帶著歷史的觀點來看這個問題，將更有助於我們從正反兩個方面來認識這一權威說法的歷史意義。

　　歷史上以現代科學為基礎的幾個主要相關學說，如「無酸無潰瘍」、「精神壓力學說」等過去曾經都像「**幽門螺旋桿菌與消化性潰瘍有因果關係** [9]」一樣被認為是正確的，但現在卻因為存在著難以克服的困難而被淘汰。同理，雖然「幽門螺旋桿菌與消化性潰瘍有因果關係」是當前潰瘍病研究的主要方向，但是也存在著難以克服的困難；隨著對人體認識的日漸深入，當未來的人們追溯當前消化性潰瘍的病因學探索這段歷史時，完全有可能認為「幽門螺旋桿菌與消化性潰瘍有因果關係」的看法也是完全錯誤的。從這一點上來看，這一權威觀點被淘汰也是遲早的事情。這就要求科學工作者們在從事潰瘍病的病因學研究時，不能死死地抱住幽門螺旋桿菌不放，而必須要有歷史的眼光、變化發展的眼光，即時地轉換思維方式，必要時還要敢於向所謂的權威和主流發起挑戰。

其次，從歷史的角度來看，由於「幽門螺旋桿菌與消化性潰瘍有因果關係[9]」是獲得了諾貝爾獎的權威觀點，它也必然會像過去歷史上所有的那些權威觀點一樣，對新的、更加完善的消化性潰瘍病因學的推廣和應用帶來極大的阻礙：正因為它是權威、是主流，所以多數人在面對新學說、新思想時，總是不可避免地要將這一權威的觀點作為評判真理的標準，凡是與其不一致的認識都有可能被認為是「異端邪說」而被排斥在「科學」的殿堂之外；要人們完全、徹底地擺脫這一權威觀念對我們思想上的束縛談何容易！要人們從根本上否決獲得了諾貝爾獎的研究結論談何容易！然而，與歷史上在微觀領域中應用權威的牛頓定律，使人們的思維鑽進了一個「死胡同」一樣，這一權威觀點也使當前消化性潰瘍的病因學探索鑽進了又一個「死胡同」，堅持這一錯誤觀點只能使消化性潰瘍發病機理的探索永遠停留在一個錯誤的方向上。

然而，歷史的觀點還認為：這一權威的錯誤觀點也並不是一無是處，而是有一定的進步意義的。諾貝爾獎代表了現代科學的最高水平，以現代科學的理論為基礎、獲得了 2005 年諾貝爾獎的研究結論卻根本不能闡明一個簡單疾病的發生機理，也不能解釋該疾病的絕大部分現象，充分地說明了現代科學還遠遠沒有窮盡人體的奧秘；與此相反的是：建立在與現代科學的基礎理論有著本質上的不同的全新哲學和思維方式基礎上的發病機理，卻完美地解釋了這一疾病所有 15 個主要的特徵和全部 72 種不同的現象，並且在這些新思想、新理論的指引下，這一權威的病因學觀點中所存在的錯誤是顯而易見的。這些都充分地說明了現代科學對各種疾病，對人體和生命現象的認識的確有可能是不完整，甚至是錯誤的。因此，圍繞這一權威觀點展開的討論，將十分有助於人們充分地認識到現代科學的局限性，直接說明了建立完全不同於現代科學的全新思想體系的確是很有必要的，從而引領人類科學邁向一個全新的時代。而「黏膜下結節論」與「幽門螺旋桿菌與消化性潰瘍有因果關係[9]」之間優缺點的對比，還首次實現了現代科學與未來科學的對話，充分地體現了人類未來科學體系的有效性和先進性，反映了建立全新科學體系這一不可阻擋的趨勢。

因此，歷史的觀點認為「幽門螺旋桿菌與消化性潰瘍有因果關係[9]」的結論也是歷史的，它在不久的將來被科學界所淘汰也是必然的，它的出現最多只能是「曇花一現」，但它卻十分有助於人們充分地認識到現代科學的局限性，從而有助於未來科學體系的建立，進而引領人類的思想和文明邁向一個全新的時代。這說明如果我們帶著歷史的觀點來看問題，即便是錯誤的思想或觀念也有可能轉化成推動科學發展的積極和正面因素。

4.4 黏膜下結節論 也是歷史的，必須與時俱進

與歷史上所有其他的相關學說相比，雖然黏膜下結節論第一次成功地解釋了消化性潰瘍所有 15 個主要的特徵和全部 72 種不同的現象，並圓滿地解釋了與幽門螺旋桿菌相關的所有現象，但如果帶著歷史的觀點來看這個問題，那麼黏膜下結節論仍然不是終極真理，而是會隨著人類認識的日漸加深而不斷地得到補充和完善。這主要是以下兩個方面的原因決定的：

首先，正如前面各章節的論述，黏膜下結節論是建立在與現代科學完全不同的全新理論體系的基礎之上的，是未來科學的新思想在人體和生命現象方面的首次應用，也是人類科學史上第一次從普遍聯繫、整體和歷史等哲學的角度來看待人體現象而發展起來的新學說，因而一些難以用言語表達或一時難以被當前科學界接受的新思想，在本書中暫時必須有所保留。因此，相對於以現代科學為基礎的其他所有學說而言，黏膜下結節論雖然代表了科學史上一次新的進步，但諸多全新思想和方法的首次應用，就已經決定了它的一些觀點有可能是不全面或甚至是錯誤的，也必然要隨著人類未來科學體系的逐步建立而在多個方面得到進一步的完善和修正。

其次，我們還必須注意到：過去歷史上許多偉大的新思想、新學說，如愛因斯坦的「相對論」、牛頓的「萬有引力定律」、達爾文的「生物進化論」等等，最初都是純理論上的，都有其歷史的局限性，都在經歷了幾十年上百年的實踐以後才逐步得到證實、補充和完善。**德謨克里特（Democritus：前460～前 370 年）和留基伯的原子論是建立在邏輯和推理的基礎上，而不是建立在事實的基礎上的** [23]。因此，就連現代科學最重要的理論基礎——原子論（Theory of Atom）在首次被提出以後的 2000 多年間，也一直都保持著純理論的狀態，只是最近幾百年才逐步得到證實和完善的。與歷史上這些新思想、新學說一樣，黏膜下結節論目前也僅僅是純理論上的，也有其歷史的局限性；雖然它的有效性和進步性已經被現代科學的多項研究成果所證實，但它的一些論點（如社會—心理因素對人體的決定性影響）都是目前的科學未曾涉及到的，將來必然會隨著一些新技術、新手段的應用而不斷地得到補充和完善。

因此，從歷史的角度來看，雖然黏膜下結節論擁有歷史上所有的相關學說都沒有的諸多優點，但它仍然不能被看作是終極真理，而只能認為它比既往的相關學說前進了一大步，其純理論的性質還決定了它所提供的一些認識必然要在日後得到進一步的完善。這就要求我們不能死死地抱住其中的某些詞句不放，在必要的時候要大膽地懷疑、斧正甚至是否定。

第五節：歷史的觀點在理論和實踐上的重要意義

歷史觀與整體觀一樣，是宇宙萬物之間的普遍聯繫在人腦中的反映之一，因而它也是我們在日常生活和科學研究中都必須具備的重要觀點；尤其是在探討各種生命現象和人體疾病的發生機理時，只有帶著歷史的觀點才能行之有效地解決理論和實踐中各種高度複雜的問題。

5.1　追溯既往經歷有助於查找病因、徹底治癒疾病

歷史的觀點認為：絕大多數疾病的病因都需要通過追溯歷史才能查清楚，如癌症、愛滋病以及各種慢性病，實際上都與個體的既往經歷密切相關；本章第二節的論述還表明：既往經歷可以通過對心理起作用而致病。因此，只有追溯病人的既往經歷，尤其是那些對個體的心理構成重大影響的經歷，才能明確疾病的歷史根源；而去除病人心理上的陰影，相當一部分的疾病就有可能會立即痊癒。出自《晉書‧樂廣傳》的典故「杯蛇弓影」，則清晰地說明了這個問題：

中國晉朝時期有個叫樂廣的人，酷愛喝酒。有一天，他邀請一個朋友到家裡來對斟對飲。忽然，這個朋友看見酒杯裡有蛇影在游動，受了驚嚇，回家後便胸腹痛切，妨損飲食，長病不起；請醫服藥，皆無起色。有一天樂廣去看他，問明起病的緣由後，再次把這個朋友請到家裡來，而且仍然讓這個朋友坐在原來喝酒的地方，斟滿酒後問道：「有蛇影嗎？」「杯子裡還是有蛇影！」於是，樂廣隨手取下牆上的弓，杯子裡的蛇影立即不見了。「原來杯子裡的蛇是弓的影子呀！」這個朋友頓時恍然大悟，渾身輕鬆，所有的疾病症狀也就立即消失了！

樂廣的這個朋友事實上並沒有攝入任何對身體有害的物質，而純粹是心理上誤認為自己吞下了一條蛇，所以就患病了。類似的疾病還有癔症，多種精神疾患等等，純粹是由於突發的社會或家庭事件導致的，其真正的病因根本就不涉及任何具體的物質因素。而本書重點討論的消化性潰瘍，實際上也主要是社會—心理因素導致的疾患。然而，以唯物論為基礎的現代醫學，總是要把疾病歸因於細菌、病毒、某些分子結構或功能上的紊亂等等那些看得見、摸得著、具體的物質上，並否認社會—心理因素在各種疾病發生發展過程中的決定性作用，結果就是：**直到今天，還沒有哪個因素，無論是人體方面的，還是生物方面的，能夠被確定為消化性潰瘍的病因，從而不能成功地預測被感染者是否一定會患上潰瘍** [24]；**胃潰瘍的發病機理至今還不是很清楚** [9, 25]，就一點也不奇怪了。

　　這則典故還說明：對個體的心理構成重大影響的既往經歷，完全有可能會成為某些疾病的病因。正是基於這種認識，黏膜下結節論才成功地找到了消化性潰瘍的真實病因。因此，當我們在查找各種疾病的原因時一定要重視追溯個體的既往經歷，尤其是那些對個體的心理造成負面影響的重大事件。既往事件造成的痛苦長期縈繞心頭，就會影響到人體的內分泌及各種器官的功能，最終導致個體自身固有的多種抗病機制逐步喪失，而在數年、乃至數十年以後才成為引起癌症、病毒性疾病、各種慢性病的內在原因。例如：兩次世界大戰、席捲全球的經濟危機、文化大革命；越南、朝鮮和伊拉克戰爭等等，由於個體極其恐怖的戰爭經歷，或受到極度的冤屈等，都有可能導致他們在將來患上癌症或某種特定疾病的機率比一般人高。因此，個體的健康、壽命的長短與整個社會的和諧是有密切聯繫的。但是現代科學至今尚未在個體經歷的重大社會事件與各種疾病的發生發展之間建立起一個明確的因果關係，要找到各種疾病的真實病因並圓滿地解釋它們的發生機制是根本就不可能的。

　　上述小故事實際上還說明了心理原因所導致的疾病，只能通過心理問題的解決才能得到徹底的治療，正所謂「心病還需心藥醫」，任何具體的藥物治療都將是無濟於事的。同理，消化性潰瘍之所以會復發，也是因為病人心理上的原因自始至終沒有得到解決所導致的必然結果，而與幽門螺旋桿菌的感染等物質因素無關；但要找到引起各種疾病的心理原因，就必須不斷地追溯病人的既往經歷。這說明帶著歷史的觀點來看問題，對各種疾病的治療也是有莫大幫助的。

5.2　已有的現代科學定理、定律、公式和法則都有歷史局限性

　　定理、定律、公式和法則是現代科學在描述自然規律時慣用的形式，並且人們通常以建立定理、定律、公式和法則作為科研探索的目標，以及判斷某種認識真理性的標準。然而，中國道家學說創始人老子和印度佛教創始人釋迦牟尼早在 2500 多年前就同時提出了與現代科學相反的同一看法：真正的真理是無法用言語表達的，只要用言語表達出來了的就必定有其局限性 [26, 27]。事實上，將這一認識應用於今天的科學也是絲毫不過時的：任何的科學規律或新發現，只要我們用定理、定律、公式和法則等具體文字的形式將它明確地表達出來了，就必定與真正的真理存在著一定的差距，因而也必然存在著某種程度上的局限性。例如，牛頓的經典力學體系只能應用於宏觀科學，在微觀領域繼續應用這一體系是要吃大虧的。只有帶著歷史觀來看問題，才能正確地理解這一點；而認識到現有定理、定律、公式和法則的局限性，將非常有助於當前人類科學和文明的快速進步。

然而，科學探索得到的定理、定律、公式和法則為什麼會存在著局限性呢？通過追溯既往人類科學發展的歷史，我們就不難發現這與人類認識的日漸加深不無關係：隨著時間的推移，人類認識自然界和自身的手段總是在不斷地提高，人類認識的範圍一直都在不斷地擴大，並且一天天地都在走向深入。過去如此，現在如此，將來更是如此；人們對自然界認識的渴求是永無止境的。例如：牛頓在 17 世紀末期開創的是相對簡單的宏觀科學時代，而普朗克和愛因斯坦等在 20 世紀初期則開啟了較為複雜的微觀科學時代，但二者實際上都沒有跳出具體的物質科學的範圍；而在當前，也就是 21 世紀初期，人類的科學很有可能就要邁向主要用來解釋人體和生命現象、高度複雜的抽象的思維科學時代。這說明人類認識的眼界的確是日漸開闊的：一定歷史時期的人們的認識和眼界總是與一定的廣度和深度相對應，並且必然會隨著時間的推移而不斷地擴大和加深。

我們還必須注意到：某個特定歷史時期的人們只可能總結出與他們認識的廣度和深度相對應的定理、定律、公式和法則。既然人們在任何一個新的歷史時期的認識通常會超出其前一個歷史時期所總結出來的定理、定律、公式和法則所界定的範圍，那麼利用既往提出的定理、定律、公式和法則來解釋新的情況通常會顯得不適用、不全面，或甚至是完全錯誤的。例如：當牛頓在 17 世紀末建立的經典力學體系被用來解釋 19 世紀發現的微觀物質現象時，就顯得有些束手無策；而現代科學的物質結構理論至今未能圓滿地解釋任何一種人體和生命現象的發生機理。這些都表明了科學探索總結出來的定理、定律、公式和法則的確都是有局限性的，都要受到特定歷史時期人們的認識能力和眼界的制約。因此，當今天的人們在回顧過去科學史上總結出來的許多定理、定律、公式和法則時，就有可能會發現它們是不完善，甚至是完全錯誤的。同理，當未來的人們回過頭來追溯今天的科學認為是真理的各種定理、定律、公式和法則時，也有可能會發現它們存在著明顯不足之處。那麼，在今天看來似乎絕對正確的許多科學理論，在將來完全有可能被認為是不全面，或甚至是完全錯誤的。

因此，現代科學的定理、定律、公式和法則的確都有歷史局限性。這就要求我們不能死死地抱住它們不放，更不能將它們作為判斷某種認識是否具有科學性的標準，而在必要的時候要大膽地跳出這些條條框框對我們思想上的限制，敢於對它們進行補充和修正，甚至果斷地予以否決和拋棄。**愛因斯坦敢於懷疑和否定舊的理論；正是循著這樣的道路，愛因斯坦發現了牛頓力學中的嚴重錯誤，並建立了新的理論——相對論** [28]。無疑，基於歷史觀的這一認識對人類科學的未來發展是有莫大幫助的。

5.3 現有的定理、定律、公式和法則將阻礙新時期人類科學的發展

緊接 5.2 的論述，歷史的觀點還認為：僅僅認識到現有的科學定理、定律、公式和法則的局限性仍然是不夠的，而必須了解到在缺乏歷史觀的情況下，盲目地應用現有的科學定理、定律、公式和法則有可能會極大地阻礙新時期人類科學的發展。

在既往科學史上，舊有的定理、定律、公式和法則阻礙科學發展的例子是屢見不鮮的，最典型的莫過於牛頓定律了。17 世紀後期牛頓建立的經典力學體系使人們的認識發生了質的飛躍，一舉解決了宏觀物質世界中的許多問題，說明了它在一定的歷史時期內的確是有其進步性和必要性的。但由於人們普遍缺乏歷史的眼光，未能認識到經典力學的局限性，導致**許多人把經典物理學看成是萬能的體系和終極的真理，習慣於用經典物理學的觀點去解釋一切自然現象** [29]。人們也就不可避免地要應用牛頓定律來解釋微觀世界中核外電子的運動。走過了很長一段時期的彎路以後，直到愛因斯坦發表了「相對論」，人們才發現時間和空間並不像經典力學體系中認為的那樣是絕對的，而是相對的；經典力學只能用來解釋宏觀、低速運動的物體，而不能用來解釋高速運動的微觀粒子；這就極大地延緩了人類科學邁入微觀世紀的步伐。只有完全擺脫牛頓思想的束縛，轉換到全新的量子化理論，才能圓滿地解釋微觀世界裡的現象。類似的例子還可以追溯到 1590 年，伽利略在比薩斜塔公開進行的自由落體實驗，驗證了在當時被認為是經典的亞里斯多德提出的落體運動概念是錯誤的，從而使統治人們思想長達 2000 多年的亞里斯多德的學說第一次發生了動搖 [30]。

同理，經過過去幾百年的發展，現代科學在促進人類進步的多個方面都取得了前所未有的輝煌成就，使得人們普遍認為它所提出的定理、定律、公式和法則也可以用來解釋人體和生命科學領域中的現象，並企圖繼續沿用定理、定律、公式和法則的形式來描述人體和生命科學領域中的基本規律。事實上，這正是缺乏歷史觀的表現：現代科學的定理、定律、公式和法則與歷史上那些舊有的定理、定律、公式和法則（如牛頓定律）一樣，也有其歷史局限性，只適用於相對簡單、無生命的物質現象，而不能用來解釋各種高度複雜的人體疾病和生命現象。這一局限性的重要表現之一，就是現代科學涉及的通常是相對簡單的因果關係（例如：萬有引力定律體現的正是單因單果），因而可以利用某個千篇一律的機制——也就是採用定理、定律、公式和法則的形式來解釋某種現象的發生機理。而生命科學領域涉及的是高度複雜的因果關係，任何疾病的病因都是千變萬化的（請參閱第三章 4.1），根本就不存在物理、化學中那樣統一的發生機制，也就沒有任何的定理、定律、

公式和法則可言（請參閱第十章 5.3、5.4）。因此，在人體和生命科學中應用現代科學的定理、定律、公式和法則，就好像是在微觀世界裡應用牛頓定律一樣，將極大地延緩人類的認識邁入真正的人體和生命科學世紀的步伐；也只有完全擺脫現代科學的定理、定律、公式和法則對我們思想上的束縛，建立一個全新的科學體系，才能圓滿地解釋人體和生命科學領域中的各種現象。

由此可見：現代科學的定理、定律、公式和法則的局限性，決定了它們不能用來解釋高度複雜的人體和生命現象。在範圍更加廣泛、認識更加深入、與人體和生命科學的基本特點相適應的新思想誕生時，多數人不可避免地要將現有的定理、定律、公式和法則當成科學的標準來審視這些新思想的正確性；凡是與現代科學的定理、定律、公式和法則不符的新現象新理論，都有可能被認為是不正確甚至是偽科學而立即遭到否決。這樣，歷史上的錯誤就重蹈覆轍，而我們也與更接近真理的認識失之交臂了。沒有認識到現代科學定理、定律、公式和法則的局限性，而將它們作為科學性的標準來看待即將誕生的新科學，就好像是在「坐井觀天、劃地為牢、以管窺豹」：人體和生命現象高度複雜的基本特點，要求我們必須看到整個天空才能明確其發生機理，但通過現代科學的定理、定律、公式和法則這口井來看天，我們所能看到的天空就只有井口那麼大了；人體和生命科學的探索要求我們必須踏勘整個大地，但現代科學的定理、定律、公式和法則卻從思想上劃出了一個小小的圈子來限制人們行動的自由；人體和生命就好像是一頭活靈活現的大豹子，現代科學卻要求我們必須通過其定理、定律、公式和法則這根小管子才能進行觀察，我們就永遠也不可能看到人體和生命這頭大豹子的全貌了。只有從現代科學的定理、定律、公式和法則這口井裡跳出來，從現代科學的定理、定律公式和法則劃出的小圈子裡跨出來，或將擋住我們視野的現代科學的定理、定律、公式和法則這根小管子拿掉，才能看到人體和生命科學這片更為廣闊的天空，獲得思想和行動上的自由，並觀察到各種生命現象的全貌。這些比喻都說明了科學工作者必須要有「跳出三界之外，不在五行之中」的精神，才能消除現代科學已有的定理、定律、公式和法則對人類科學未來發展的負面影響。

因此，現代科學的定理、定律、公式和法則固然有其歷史的進步性和必要性，但如果缺乏歷史的觀點而沒有看到其局限性，那麼它們就有可能會阻礙新科學新思想的誕生，從而延緩人類認識的進一步深入。這些都突出地強調了歷史觀對新時期人類科學發展的重要意義。

5.4 現代人體和生命科學的哲學基礎是唯物主義的一元論

早在 1886 年，德國哲學家恩格斯（Friedrich von Engels, 1820~1895）就將「物質和意識的關係問題」確定為哲學的基本問題；並根據所認定的世界本原的多少將哲學理論劃分為一元論、二元論和多元論。所謂本原，可以理解為「最根本的出發點」，或「理論上的根基和落腳點」。凡認定世界只有一個本原的本體論，就被稱為一元論（Monism）；凡有「物質決定意識，物質是第一性的，意識是第二性的」這樣理論傾向的一元論，即是唯物主義的一元論；相反，凡有「意識決定物質，意識是第一性的，物質是第二性的」這樣理論傾向的一元論，即是唯心主義的一元論。而認定世界有兩個或多個本原的本體論，則分別被稱為二元論（Dualism）、多元論（Pluralism）[31, 32]。

經過數百年的發展，現代科學已經形成了一個極其龐大、高度系統化了的思想體系。然而，其理論上的落腳點是上述哲學劃分中的哪一種呢？有人會問：既然在人類目前的知識體系中，科學和哲學是相互對立的，將現代科學歸位於哲學上的某個本體論行得通嗎？**恩格斯在批評那些力圖否定哲學的自然科學家時說：自然科學家儘管可以採取他們所願意採取的態度，他們還是得受哲學的支配。量子理論的創始人、德國物理學家普朗克也認為：研究人員的世界觀將永遠決定著他們的工作方向** [32]。這說明目前的科學和哲學雖然是分家的，但現代科學還是有一個根本出發點的。如果追溯現代科學產生和發展的全部歷史，我們就會發現它的根本出發點還是沒有跳出上述哲學的本體論範圍；並且現代人體和生命科學的哲學基礎可以很好地歸位於唯物主義的一元論。這一結論十分有助於我們從理論根基上去認識現代科學的局限性，從而進一步明確它不能窮盡自然界和生命奧妙的主要原因，並強調建立全新科學體系的必要性。

現代人體和生命科學的哲學基礎是唯物主義一元論的第一個重要表現，就在於它是以原子論作為其理論上的根本出發點的。一個最基本的事實就是在一個典型的現代科學家眼裡，人體、生命和自然界都是由物質構成的，而物質又是由原子分子構成的 [8]。**在這些人看來，生物體最終是由物理材料 —— 運動中的分子和原子組成的** [8]。**原子的不同排列能夠組成不同的物質，這恰恰好像不同的排列能夠組成不同的單詞一樣** [23]。**因而，包括「意識」在內的一切現象，都是原子分子運動的結果。雖然許多事情看起來是偶然的，但是它們只不過是原子間一連串碰撞的結果；人的意識、睡眠、生老病死，都能用原子的性質和原子的**

喪失來加以解釋[23]。因此，在探討各種人體疾病和生命現象的發生機理時，現代科學也總是要從物質結構上去查找原因，而將思維意識或精神、心理和社會等抽象的因素排除在外；這一點集中地體現在現代人體和生命科學對消化性潰瘍、癌症、愛滋病等各種疾病的病因學探討當中。克里克說：**最終人們希望生物學的整體可根據比它低的水平而正好從原子水平得到解釋**。沃森也認為：**基本上所有的生物學家都已確認生物體的特性可以從小分子和大分子之間協調的相互作用來理解**[8]。由此可見：原子論的確是現代科學理論上的根基和落腳點，說明了現代科學的哲學基礎是物質觀，也就是唯物主義的一元論。

現代人體和生命科學唯物主義性質的第二個重要表現，就是唯物主義的認識論在現代科研實踐過程中的不自覺運用。2400 多年前，古希臘哲學家德謨克里特提出的**原子論第一次給作為一切現象基礎的物質提出了一個相當清晰的物理學上的本體概念，理論的嚴密性和確切性超過前人，因而他的哲學是古代唯物主義哲學發展的高峰**[33]。自 17 世紀開始，隨著各種元素的發現以及俄羅斯化學家門捷列夫（Dmitri Ivanovich Mendeleev, 1834~1907）在 1869 年提出元素週期表，原子論的正確性逐漸得到證明；而以原子論為基礎的各項研究結果在實踐中都能很好地被重複，證明了它是對自然界的正確認識，並且的確極大地加深了人們對自身和周圍世界的認識，最終導致現代科學理論體系的建立。然而，**人們把原子論看成是絕對真理，即認為整個實在實際上只是由或多或少機械地共同作用的「原子建築塊」構成的**[19]。雖然在現代科學的知識體系中科學和哲學是分家的，但**多數科學家都不自覺地懷抱一種樸素的唯物主義**[34]。此外，現代科學的發展還極大地支持了唯物論，導致人們普遍認為帶有唯心主義色彩的認識都是不科學的。例如：**宗教與科學是天然的死敵**[35]，在許多科學家眼裡，宗教純粹就是一種迷信；對生物「目的性」有三種看法：**第一種認為目的論是唯心主義的一個哲學學說，是用某種精神實體的自覺目的的存在來解釋生物本能的合目的性行為，所以目的論是完全錯誤的**[8]。這就將唯心論中部分正確和合理的認識盲目地排斥在科學的大門之外了。

現代人體和生命科學唯物主義性質的第三個重要表現，就是現代科學不重視「意識」領域的探討。由於現代科學的哲學根基是唯物主義的一元論，物質決定意識，因而無論現代科學家們的心目中是否存在這樣一個明確的概念，在他們的研究工作中都自動地隱含了這樣一個假定：只要物質結構研究清楚了，思維意識領域裡的現象也就迎刃而解了。按照原子論者的概念所要求的，一切的感受和知覺，都必須被解釋成某種聯繫或者接觸。當腦的原子受到某些適當的原子碰撞而處於運動狀態時，就形成了思維。在自然界

裡，只有原子和空間才是真實存在的[23]。在生命科學領域，人們認為分子和原子在生物體中被聚積在不同的組織水平上，一些組織水平甚至能夠避開其他組織水平自主地活動，但最終都是物理學和化學的產物[8]。雖然目前生物學和物理科學之間仍然存在著很大的差別，有許多生命現象還不能用物理學和化學原理解釋，但他們認為：隨著生物學和物理學的發展，最終都可以用物理學和化學理論來解釋[8]。因此，現代科學總是將人體當成一個沒有意識、沒有情感、沒有社會屬性的非生命體來研究；而現代科學對人體意識的認識幾乎是一片空白，根本就不可能認識到人體的思維意識具有千變萬化的特點。在這種情況下，企圖利用在物質領域被證明很有效的多種研究方法，如千篇一律的問卷調查[11, 36]等等來探討社會—心理因素與消化性潰瘍的關係，注定了是要失敗的。

　　現代人體和生命科學唯物主義性質的第四個重要表現，就是採用還原論分割研究的方法。既然現代科學認為萬事萬物都是由原子分子構成的，並且人體也是通過原子、小分子、生物大分子、細胞器、細胞、組織、器官、系統等這樣的「建設磚塊[8]」層層累積和疊加形成的物質綜合體；那麼發生了消化性潰瘍，就一定是胃十二指腸局部原子分子的物理結構和化學反應出現異常的結果。這就完全割裂了人體各個不同部分之間密切的普遍聯繫，現代科學將生命看成是**一種高度複雜的自動的化學機器**[8]也就不奇怪了；那麼生命有機體也就可以被分割成不同的部分獨立進行研究，甚至有人還認為**只有把生命現象都還原到分子水平才能理解生命**[8]。**當原子論發展以後，它最終就成了以破碎方式處理實在的一根主要支柱**[19]。不僅如此，現代科學還將人體從周圍環境中獨立出來單獨進行研究[19]，並將不同的領域分割成自然科學、社會科學、人文科學、人體和生命科學四大分支，每一分支還被反覆分割成數以千計的小學科；並認為只有這樣才能使各項認識深入下去。所有這些都是現代科學唯物主義一元論的哲學性質的重要表現和必然結果。

　　由此可見：追溯既往人類科學發展的歷史，可以讓我們清楚地了解到現代科學的哲學根基是原子論、物質觀，也就是唯物主義的一元論；這充分說明了「現代科學是物質科學（**Material Science**）」，僅僅考慮到了自然界、人體和生命物質性的一面，只能用來解釋物質世界裡發生的現象。這就十分清楚地解釋了現代科學在探討各種人體疾病的發生機理時，為什麼總是要從物質結構的異常上去查找原因，而將人體的社會和情感等多方面重要的抽象屬性完全排除在外；同時還解釋了現代科學為什麼要將研究對象進行「分割研究」，因而不能形成整體觀；這一認識對於本書探索現代科學理論和方法上的局限性也是有莫大幫助的。

5.5　現代科學的理論和認識不能作為評判中醫科學性的標準

西方醫學是現代科學知識體系的一個重要組成部分，是當前人體科學的主流。而中國傳統醫學（簡稱「中醫學」）則是中華文化的瑰寶，幾千年來一直都為中華民族的健康和繁衍作出了無可替代的貢獻。然而，有人認為「中醫沒有西醫科學，中醫陰陽五行理論是偽科學[37]」，甚至還有人提出了「廢止中醫[38]」的主張。另一方面，卻有人認為「中醫有望對醫學模式帶來深遠的影響[39]」；中國國家主席胡錦濤甚至還提出了「中西醫並重、中醫不廢反倡[40]」的醫藥政策。這兩種看法孰是孰非呢？童話故事《醜小鴨》能形象而生動地說明這個問題。

鴨媽媽孵出了一隻不同尋常的小鴨子，個頭兒比較大。不僅鄰居、雞和火雞們都覺得牠長得很醜，牠的哥哥姐姐們也個個都欺負牠；來餵食的小女孩還一腳將牠踢得老遠；最後，就連一直都在關懷、愛護牠的鴨媽媽也不得不對牠很失望了。這隻醜陋的小鴨子只得跳過樹籬離家出走。牠來到野鴨群裡，野鴨們也都覺得牠醜得出奇；儘管牠被槍聲嚇得閉上了眼睛，束手待斃，可是獵人們甚至連看都不想看牠一眼，獵犬也不願意咬牠，卻只顧去追逐那些又大又肥的大雁。就這樣，這隻可憐的小鴨子也不得不承認自己的確是一隻醜不堪言的「醜小鴨」了！

牠孤獨地蜷伏在蘆葦叢裡，好不容易才挨過了一個異常寒冷的冬天，終於迎來了溫暖的春天。牠突然意識到自己竟然能輕易地飛上藍天，並慢慢地降落在一個大花園裡。當三隻潔白美麗的天鵝從對面游過來時，醜小鴨十分卑怯地低下了頭。就在這時，牠忽然看到了自己在水裡的倒影——天啦！那不是一隻又醜又小的小鴨子，而是一隻美麗的白天鵝！孩子們也異口同聲地稱讚道：「牠是那麼的年輕！牠最漂亮！」年輕的白天鵝心中湧起各種辛酸的往事，而現在大家卻都在稱讚牠：「做夢也沒有想到曾經的醜小鴨，竟然是一隻美麗的白天鵝啊！」

這則童話告訴我們：如果將普通的鴨子當成鴨子的標準，而缺乏長遠、歷史的眼光來看待小天鵝，那麼真正美麗的白天鵝就會被當成醜小鴨來對待。同理，如果將現代醫學作為人體科學的標準來評判中國傳統中醫學，或缺乏長遠、歷史的眼光來看待中醫學，是否也會將真正科學的中醫學當成偽科學來對待呢？事實上，中醫學目前的處境，的確可以說與美麗的白天鵝既往的辛酸經歷是「如出一轍」的。

歷史的觀點首先認為：現代科學自身固有的局限性，決定了我們不能將它當作「科學」的標準來評判中醫學，就好像我們不能將鴨子作為

「美麗」的標準來評判小天鵝一樣。之所以有人認為中醫是偽科學，是因為他們從當前自然科學認識水平的基礎上，對中醫學說的理論中不科學和唯心的部分，進行批判 [38]。然而，當前自然科學的認識就一定是正確的嗎？正如第三章 5.6 的論述，現代科學僅僅是人類科學的初級階段，而不是全部：它只能用來解釋具體的物質領域中的部分現象，而對抽象的思維意識的了解則基本上還是一片空白。但從歷史的角度來看，人類認識的眼界不可能永遠停留在具體的物質領域：當未來的人們回過頭來返觀今天的科學成就時，完全有可能發現被現代科學當成真理的定律、定理、公式和法則等是不全面、不完善，或甚至是完全錯誤的。因此，如果缺乏歷史的觀點，就不能充分地認識到現代科學的局限性，從而片面地將現代科學的認識當成科學的標準來評判中醫，這樣做反而是非常不科學的，也必然會得出「中醫沒有西醫科學，中醫陰陽五行理論是偽科學 [37]」的荒謬結論。中醫理論難懂的原因之一，是人們習慣於用西醫的觀念來看問題 [41]。Porkert. M 認為：簡單地運用西醫的知識和方法研究和解釋中醫是造成困境的方法論根源；「不是應用精密科學的普遍標準來衡量中醫學，而是經常反覆地試圖以西方醫學科學中產生的只實用於西醫的方法來重新評價中醫學，這是不合理的，必然導致失敗。這種試圖等於在白天觀察星星，在無月光的黑夜觀察烏雲 [42]。」

其次，歷史的觀點還認為：中醫學與現代科學的哲學基礎完全不同，也決定了我們不能將現代科學作為評判中醫科學性的標準。在現代科學的認識論當中，唯物論和唯心論是相互對立的，原子論的成功使得現代科學完全站在了唯物論的一邊。然而，現代科學的哲學基礎是唯物論，並不代表人類未來科學的哲學基礎也一定是唯物論。例如：「黏膜下結節論」之所以第一次成功地解釋了消化性潰瘍的發生機理，具有獲得了 2005 年諾貝爾生理與醫學獎——代表現代科學的最高水平的研究結論所不可能擁有的諸多的優點，是因為它從根本上認為唯物論和唯心論必須是統一的，從而形成了對疾病更加完善的認識。這說明人類未來科學的哲學基礎很有可能不再像現代科學這樣是唯物論，而是唯物論和唯心論高度統一的「新二元論（請參閱第十二章）」。事實上，中醫學正是一門既有唯物論性質，又有唯心論顯著特點的知識體系，它很有可能與人類未來科學的哲學基礎是完全一致的。因此，當人們帶著現代科學的唯物主義的認識論來審視中醫學的理論基礎時，必然會認為它的部分內容帶有唯心主義色彩 [38]，從而認為它是不科學的。中西醫學是不同理論體系的科學，用西醫的思維來看中醫，就不容易理解。中醫某些貌似「不科學」的背後，其實有著大科學的內涵，我們不能用西醫的標準作為「科學」的標準 [41]。這說明了中醫學不僅是科學的，而且還具備了人類未來

科學的某些特點，將現代科學作為評判中醫科學性的標準，與「於網內求網外之魚[42]」無異。

再次，歷史的觀點還認為：現代科學沒有正確地反映出自然界和生命多方面的本質特徵，也決定了我們不能將它作為科學的標準來評判中醫學。黏膜下結節論的成功證明了普遍聯繫、整體性和變化發展等都是宇宙萬物固有的屬性，但這些認識在現代科學的理論體系中基本上都沒有得到體現，導致人們至今仍然不能圓滿地解釋包括消化性潰瘍在內的任何一種疾病的發生機理：不僅它所提供的消化性潰瘍的病因學認識是完全錯誤的，而且它對包括癌症、愛滋病在內的幾乎所有疾病的病因學認識都有可能是不完善，甚至是完全錯誤的。因而在治療學上，現代科學只能做到「治標不治本（Address the Symptoms, not the Radical Cause）」。而中醫學則完全不同，是建立在「人體是一個普遍聯繫的整體」等哲學觀念的基礎之上的，認為「七情六淫」是各種疾病的主要原因，充分地反映了人體自然、整體和情感等多方面的固有屬性；因此，它所提供的病因學認識有可能比現代醫學更全面、更準確。也正是這個原因，中醫在治療學上才具有「標本兼治（Address both the Symptoms and Radical Causes）」的優勢；現代醫學很棘手的癌症、愛滋病等，都有可能通過中醫得到很好的治療[43]。**有些西醫束手無策的疾病，中醫卻能治好，也就不奇怪了**[44]。如果將西醫錯誤的病因學認識作為評判的標準，那麼中醫正確的病因學認識相反就會被誤認為是不科學和錯誤的。這與「醜小鴨」的遭遇又有什麼差別呢？

歷史的觀點還認為：現代科學還原論分割研究的方法不適用於高度複雜的人體和生命科學領域，而中醫學的整體性研究方法則在這一方面具有不可替代的優勢。有人認為，**現代科學技術的成功已經證明了發源於西方的現代主流科學觀察和研究問題的方法是正確的，而中醫觀察和研究事物的方法是失敗的**[44]。只有有了歷史的觀點，才能正確地認識這個問題。現代科學唯物主義的哲學性質，決定了它的成功僅僅局限在物質領域內，我們只能說它在研究相對比較簡單、不涉及事物抽象方面的特徵時，才是比較成功的，如物理、化學、工程、機械製造等；其還原論分割研究的方法使其對物質結構、現象觀察的研究比較深入。現代科學在物質領域的成功，導致人們普遍認為它也非常適合高度複雜的人體和生命科學領域。**生物學將變為物理學和化學的一個分支；生物學作為一門獨立的學科將來終有一天會消失。……他們把分子生物學作為用物理學和化學研究生物學的最成功的範例，因此，對他們來說，生物學的其餘部分都應該像分子生物學一樣，主動地運用物理化學方法**[8]。但事實並非如此：迄今為止，現代科學的確還未曾圓滿地解釋過任何一種疾病的發生機理；本書也從 50 個不同的角度證明代表現代科學的

最高水平、獲得了 2005 年諾貝爾生理和醫學獎的研究結論是完全錯誤的。人體和生命是可能比天氣預報更複雜的事物，只用西醫的方法，從每個器官的狀態來推斷人體的狀態是不夠的 [44]；實際上中醫的科學性是複雜體系的範疇，不能用簡單的西醫的方法去界定，只是目前條件還不夠成熟，很多人還無法理解 [44]。以整體觀為基礎的東方文化的成就曾經大大超過西方，而且現代主流科學開始轉向複雜事物本身時，還原論方法的局限性已經暴露出來，整體觀的重要性已經開始被科學界重新認識 [44]。因此在將來，中醫學的理論和方法完全有可能為未來人類新科學的建立提供必要的參考。

除此以外，歷史的觀點還認為中醫學的許多內容實際上都大大地超出了現代科學的認識範圍，也說明了我們不能迷信現代科學，並將它作為科學的標準來評判中醫學。例如：經絡學說是中醫學理論的重要核心之一；中醫學利用針灸、推拿等方法在治療中風、心肌梗塞、頭痛等無數疾病方面快速而奇特的效應，都證明了經絡的種種效應的確是真實存在的；它正是現代科學沒有認識到的人體普遍聯繫和整體等多方面屬性的反映，是人體抽象方面的重要體現。而只強調具體物質結構的現代科學，是不可能發現人體抽象的經絡系統的，更不足以揭示其奧秘。**中醫的許多內容並非都來源於實踐經驗，而是與一些被近代自然科學排斥在外的思維方式有著密切的關係 [45]。中醫不僅有系統的理論，而且有獨特的方法 [42]。**現代科學不能揭示經絡的奧秘，並不代表將來的科學也不能；經絡完全有可能會成為人類未來科學重要的研究對象、疾病治療學的核心。因此，如果缺乏歷史的觀點，認為現代科學還沒有認識到的現象或事物都是不存在或是不科學的，並把與現代科學完全不同的思維方式都當作偽科學來看待，就有如當年的宗教裁判所將人類對宇宙的認識限制在「地球中心說」一樣，再次給人類認識的拓展鑄上一副沉重的枷鎖，嚴重地阻礙人類新科學的誕生和醫療衛生事業的發展。

由此可見，中醫科學性的表現是多方面的，這裡很難將它們全部列舉。如果以存在著多方面缺陷的現代科學為標準來評判它，那麼即便是在其發源地的中國也會有很多人認為中醫學是偽科學，甚至提出「廢止中醫」的主張就不難理解了。這說明當前中醫學的現狀和遭遇的確與醜小鴨辛酸的過去是完全相同的。對中西兩種醫學較為客觀的看法是：西醫學在物質結構、現象觀察方面做得得比較好，容易被普通大眾所接受，但它僅僅是人類科學的初級階段，就好像是一隻普通的鴨子；而中醫學則對人體抽象聯繫和整體性等抽象方面的認識比較深入，對疾病認識的大方向把握得十分準確，初步具有未來科學的基本特點，它的未來有如白天鵝一般的潔白和美麗。如果中醫學能借鑒現代科學的部分內容，繼續保持已有的優勢並充分地發揮自己的潛力，終究有一天人們也會像讚歎醜小鴨一樣地發出「做夢也沒有想到曾經被

認為是偽科學的中醫學，才是真正的人體科學啊！」這樣的感慨，中醫學的
思想和方法也完全有可能在人類未來科學的理論體系中大放異彩，從而逐步
發展成為人體科學的主流。

5.6 只有不斷地追溯歷史，才能明確思維意識的本質

現代科學將各種事物都看成是原子分子甚至是更小的微觀粒子堆積
而成的，並認為萬事萬物都有一定的具體形態。然而，自然界裡還有無
數抽象的存在，如牛頓揭示的萬有引力、人體的思維意識等，都是不能
用任何具體的事物來進行描述的，卻像各種具體的事物一樣也是無處不
在的；並且人體思維意識抽象而複雜的基本特點，決定了以物質觀為基
礎的現代科學至今仍然不能明確其本質，更談不上在思維意識與人體的
健康之間建立起因果關係了。結果就是：社會—心理因素在各種疾病發
生發展過程中的決定性作用完全被忽略了，導致現代科學在解釋各種疾
病的發生機理時一直都面臨著很大的困難。而歷史觀則可以通過不斷地
追溯既往生命進化發展的歷史，在明確思維意識的本質方面發揮無可替
代的重要作用。

已有學者從發生學的角度對思維（Consciousness）進行了簡要的定義：
思維是大腦對信息的加工活動。這裡所說的信息，不僅包括來自客觀外界
的信息，而且包括來自主題內部生理、心理需要方面的信息。甚至可以說，
思維的動力主要來自主體內部的需要。因為，只有根據主體自身的各種各樣
的需要，只有對主體內部的信息進行加工之後，才能從價值關係上對紛繁複
雜的外部信息進行選擇、決定取捨。這個定義，不僅從發生學上闡明了從高
等動物的「思維」與人類思維之間的內在聯繫，說明人類的思維能力是由動
物的思維能力逐步發展而來的，而且概括了思維發展的不同水平、不同階段
的共同特徵，即從動物萌芽狀態的思維到現代人的高級的科學思維，都是對
來自思維主體的內部信息和來自客觀外界信息的加工過程 [46]。依據這個定
義，那麼向光性說明了植物其實也是有思維的；就連最簡單的病毒和細菌這
樣低等的生命形式，也存在著對內部和外界信息的加工過程，因而它們也應
該存在著非常初級的「思維」活動。而歷史觀則認為：將思維發生的歷史僅
僅追溯到高等動物的階段還是遠遠不夠的，而必須追溯到最原始的生命產生
的那一刻，才能真正認清思維意識的本質。

歷史的觀點認為：就像任何其他具體的物質結構或生命有機體一樣，
思維意識也經歷了一個從無到有、從簡單到複雜、從低級到高級的過程。這
也就是說：我們不能認為思維意識是生物進化到人類之後才突然出現的，或
僅僅是人類才具有的，而必須將它看成是自然界和生物界不斷向前進化的產

物，只是到了人類才表現出其最高級的形式。馬克思主義哲學就認為：**意識是自然界長期發展的產物** [32]。我們的認識系統與實在世界之所以能夠相互配合，是因為我們的感官，我們的大腦、我們的思維在這個世界進化的過程中能夠不斷地自我進化，並逐漸地適應了周圍的世界 [3]。因此，人類有著最高級的思維意識形式，而在遠古時期進化為人類的猿、猴等靈長類動物的思維意識要低級一些。在這些心理學家看來，**廣義的思維不僅存在於人類，而且也存在於高等動物**。從發生學的角度來說，心理學家們的這種看法是不無道理的；人類的思維能力是由動物的思維能力逐步發展而來的 [46]。而猿、猴之前的爬行類動物的思維意識更簡單、更低級一些……，依次類推，單細胞或者像病毒這樣極其簡單的生命形式實際上也不像我們想像的那樣完全沒有思維，而是有著非常非常原始的思維意識活動的。

繼續追溯生命進化的歷史，那麼在從自然界裡的非生命物質進化到最原始的生命，也就是原始生命剛剛開始出現的那個時刻，非生命和生命之間有著什麼樣的區別呢？事實上，**生命現象與非生命現象存在著連續性，它們之間並沒有一條截然分明的界限** [8]。我們根本就不可能在生命與非生命之間劃出一條明顯的界線，指明在這一時刻以前就是生命，而在此一時刻之後就不是生命。這也就是說：最原始的生命剛開始誕生時，它與非生命物質基本上是沒有什麼差別的，我們只能認為生命的物質結構可能比非生命要複雜一些，最原始生命的大分子之間的抽象聯繫也要比非生命複雜一些。如果我們一定要在非生命與生命之間劃一條界線的話，我們只能說非生命的物質結構和其分子之間的各種抽象的聯繫相對比較簡單，而原始生命的物質結構和其大分子之間的抽象聯繫相對比較複雜而已。我們將這種即將進化到生命，但還不是一般意義上的生命、相對比較簡單的物質綜合體稱為「類生命（Paralife）」，並且將剛剛進化成為生命、相對比較複雜的物質結構稱為「最原始的生命（Initial Life）」。相對比較複雜的物質結構和抽象聯繫使得最原始的生命具有了「對來自內部和客觀外界信息進行加工」等這些區別於非生命的基本特徵，也就是初步具有了思維意識的基本特徵。

然而，原始生命為什麼能「對來自內部和客觀外界的信息進行加工」呢？原始的思維意識的基礎是什麼呢？現代科學實際上已經回答了這個問題：構成最原始生命的生物大分子之間的物理、化學變化，使得它能夠對來自內部和外界的信息進行加工。例如，噬菌體 ΦX174 的 H 蛋白被大腸桿菌細胞表面的脂多糖 CPS 吸附以後，便激發一系列連鎖的物理、化學反應，從而實現感染的全過程 [47]。這個過程可以看成是原始生命「對來自內部和客觀外界的信息進行加工」的典型，是非常原始的思維過程，與無生命的物理、化學反應在本質上是完全一致的。實際上，再複雜的生命活動在原子分

子水平上與非生命一樣，都必須遵循最基本的物理、化學規律。但物理、化學變化的本質又是什麼呢？是諸如萬有引力這樣抽象的電磁力、氫鍵或范德華力和能量等等。正如第二章的論述，所有這些抽象的相互作用被統稱為普遍聯繫。這樣一來，我們的結論就是：人體思維意識（Consciousness of the Human Body）的本質是抽象的聯繫，是高度複雜化了的普遍聯繫。

　　將上述追溯歷史的過程顛倒過來看，那麼自然界裡本來是沒有任何生命的，只存在一些結構比較簡單的物質。這些物質之間固有的抽象聯繫推動了無生命的物理、化學反應，從而使物質世界不斷地向前進化。在物質世界的結構愈來愈複雜的同時，其抽象的聯繫方面也在不斷地向前衍變，層次愈來愈多而且變得愈來愈複雜。當一些物質結構所擁有的抽象聯繫複雜到了一定的程度，開始有能力「對來自內部和客觀外界的信息進行加工」時，最原始的生命就出現了，並開始擁有了思維意識最基本的特徵。原始生命不斷地向前進化的結果，就是細胞結構的出現，其各部分之間的抽象聯繫也發生了質的飛躍，其思維意識的特徵也愈來愈明顯，各不同部分的生物大分子之間能夠對外來的刺激作出協調一致的適應性變化。當多細胞的生命有機體出現以後，為了滿足更加複雜的結構上的需要，細胞之間出現了分工。為了協調不同種類的細胞之間的分工，一些細胞開始特化出來並成為神經細胞。但這並不意味著其他細胞就沒有思維意識的功能，而是仍然具有自我協調的思維意識能力。生命繼續向前進化，脊椎和各種高等動物出現了，其各個不同部分之間的抽象聯繫已經高度複雜化起來，這就形成了動物的「簡單思維（Simple Consciousness）」，其特點是開始具有一定的記憶和判斷能力，並能主動地適應周圍環境的變化。高等動物的抽象聯繫進一步進化的最終結果，就導致我們今天所能看到的思維意識的最高級形式——人類思維意識的出現，不僅能主動地認識和改造自身及周圍世界，還能將自身和周圍世界的變化發展抽象化成知識、規律和公式等。

　　因此，我們不難得出這樣的結論：人體思維意識是自然界的抽象聯繫不斷向前進化的結果，人體思維意識的本質是高度複雜化了的抽象聯繫。實際上，如果將思維發生的歷史追溯到最原始的生命產生的那一刻，那麼我們就能認識到最原始的思維意識與萬有引力這樣簡單的抽象聯繫在本質上是沒有絲毫差異的。另一方面，人體思維意識也的確與萬有引力等自然界裡各種簡單的聯繫一樣，都具有看不見、摸不著、不能直接測得到等抽象的特徵，都不能利用任何的物質結構或原子分子來進行描述，並且都是推動物質世界變化發展的決定性要素。因而我們還可以將萬有引力這樣簡單的聯繫看成是最原始的思維意識、自然界的思維意識，推動了無生命的物質世界的產生、運動、變化和發展；而人體的思維意識則是具有多個層次、高度複雜化了的抽

象聯繫，推動了人體疾病和各項生理活動的進行。但我們必須注意到：非生命物質世界裡的「思維意識」與生命有機體的思維意識推動的變化發展仍然存在著多方面的差別。例如：無生命物質世界的運動和變化總是朝著某個固定的方向，而生命有機體的運動和變化則可以朝向任何一個方向，具有合目的性的基本特點。

由此可見：只有有了普遍聯繫的基本概念，並帶著歷史的眼光才能看到思維意識的本質。而多數現代科學家缺乏普遍聯繫和歷史的基本觀念，現代科學不能深入地認識到思維意識的本來面目也就不足為怪了。結果就是：現代科學將人體最重要的抽象方面的特徵、推動各項生理活動和疾病發生發展最原始的動力——思維意識完全忽略了，導致它至今仍然不能圓滿地解釋任何一種人體疾病和生命現象的發生機理。這再次說明了現代科學思想體系的局限性，並強調了靈活應用歷史觀在提高各項認識時的重要意義。

5.7 歷史的觀點有助於化解當前哲學和科學的對立

接著本節 5.2 的論述，歷史觀認為：不僅現代科學已有的定理、定律、公式和法則等都是歷史的，當前的許多哲學思想實際上也都是歷史的；二者都存在著一些不完善、不全面或甚至是錯誤的因素。例如：現代科學的哲學基礎是唯物主義的一元論，但唯物主義的一元論並不見得就一定是對自然界完全正確的認識。因而在現階段，哲學家從理論上發現科學家們使用的某些方法論值得懷疑，而科學家們通過實踐證明部分哲學理論中的謬誤，導致當前科學與哲學之間的嚴重對立 [48] 是不奇怪的。實際上，沒有哲學指導的科學探索，就好像是瞎子在趕路一樣；而缺乏實踐經驗的哲學思辨也只能是視力模糊瞎揣摩。因此，科學和哲學的對立導致當前生命科學領域的探索就好像是兩個瞎子同時去摸象一般：科學家摸到了象尾巴就說大象像根繩子，哲學家摸到了象肚就說大象像一堵牆；二者都是對大象不全面的認識，自然要爭論不休了。因此，如果我們能站在歷史的角度，充分地認識到了當前的哲學和科學都有一定的局限性，就能正確看待當前科學和哲學之間的對立，並使二者能夠取長補短、相互促進。

我們可以將哲學看成是運用智慧和邏輯推理的方法來探索自然界和生命奧秘的學問，而科學則是從實踐的角度去探索自然界和生命奧秘的學問。二者的手段和方法雖然不同，但最終目的卻是完全一致的。哲學上有價值的部分，很有可能就是現代科學沒有認真考慮的地方；而科學深入探討了的許多實際問題，則有可能是哲學思辨與實踐脫節的地方。因此，科學家完全可以從哲學家那裡看到自己方法論上的缺陷，而哲學則有必要充分吸收科學實踐的成果才能獲得新的大發展。因此，一個真正優秀的科學家，同時也應當是

一個聰明的哲學家；科學史上最偉大的兩個科學家牛頓和愛因斯坦，的確同時都是有著深刻造詣的哲學家 [7, 49]。而本書提出的哲學觀點能很好地解決科學研究中的一些具體問題，第一次圓滿地解釋了消化性潰瘍的發生機理，也說明了科學和哲學二者之間應當是優勢互補，相互借鑒的；將它們分割成不同的領域分別探討的方法的確有諸多的不妥之處。然而，隨著時間的推移，隨著人們對自然界認識的日漸加深，當哲學理論和科學實踐都能看到「整隻大象」時，也就是當二者都能形成對自然界和人體的整體性認識時，科學和哲學就能在認識上取得一致，當前面臨的衝突和對立也就自動地消失了。由此可見：只有站在未來的角度看問題，才能心平氣和地化解當前科學和哲學之間的對立，進而使二者能夠取長補短、相互促進，從而真正有助於人類科學和文明的快速發展。

5.8 歷史的觀點有助於培養積極、正面的人生觀

歷史觀不僅可以說明科學上的一些重大問題，有助於形成多個哲學新觀念，而且還能廣泛地應用於日常生活之中。它要求我們要做到「以史為鑒」、要帶著長遠的觀點和變化發展的觀點來看待各種問題。限於篇幅，這裡僅僅列舉「長遠的觀點（Long-term Perspective）」在培養積極、正面人生觀方面的重要作用。

長遠的觀點首先要求我們要「立志」，也就是要樹立遠大的人生目標；這將十分有助於克服種種困難並取得巨大的成功。三國時期的諸葛亮在未出茅廬之時便提出了「三分天下」的構想，集中地體現了長遠的觀點對人生的重要意義，使本來靠編織草席維生、沒有地盤安身的劉備能夠實現「三分天下有其一」的宏偉目標。此外，有了長遠的觀點，我們就能做到「居安思危」，那麼「思則有備，有備而無患」，當困難真正來臨之時，也就能夠得心應手、從容面對了，我們的事業也就很容易取得成功了。長遠的觀點還有助於正確面對種種挫折和不幸，要求我們要將目前的失敗看成是未來成功的階梯，永遠保持「成固欣然敗亦喜」的樂觀心態，那麼現實生活中的種種挫折和不幸就有可能轉化成人生的積極因素，更不會對我們的健康構成任何實質性的危害了。因此，長遠的觀點的確有助於我們形成積極正面的人生觀，從而達到健康長壽、預防疾病的目的。

其次，長遠的觀點還要求我們要能夠「吃苦」，十分強調「打基礎」的重要性。光有遠大的志向還是遠遠不夠的，還必須能夠付諸行動。這就要求我們在青少年時期就能夠主動地吃苦，才能為將來實現宏偉的人生目標打下堅實的基礎。很多人之所以最終能取得優異的成績，是因為他們過去辛勤付出的結果。俗話說：「臺上一分鐘，臺下十年功」，強調的就是「打基礎」的

重要性。如果我們能夠從今天開始、從現在做起，喜獲豐收的那一天遲早就會到來。中國還有一句古話叫做「與其臨淵羨魚，不如退而結網」，意思是說：只是站在池塘邊夢想著魚很好吃是沒有用的，為了將來能夠抓到魚、抓到更多的魚、輕鬆地抓到魚，還是先回家織好捕魚的網再說吧！這句話強調的實際上也是真抓實幹、打基礎的重要性。因此，長遠的觀點在強調確立人生目標和努力方向的同時，還要求我們必須腳踏實地地做好每一件事，將來才有取得偉大成功的可能。

再次，長遠的觀點還要求我們做人要「真實」，也就是要「誠實做人」，要「名副其實」。科學界總是有一些人，甚至是大名鼎鼎的教授為了一時的名譽和地位，打著產品開發、科學研究的旗號，不惜偽造科研資料去騙取巨額的科研經費。但從長遠的角度來考慮，弄虛作假總會有被揭發的一天，當事人也必然要獲得身敗名裂的下場，這是非常得不償失的啊！這樣做不僅浪費了大量的社會資源，極大地危害了科學界的聲譽，所提供的錯誤信息還會迷惑其他的科研工作者，進而嚴重地阻礙人類科學的未來發展。而無辜受累的，恐怕不僅僅是其他人和整個人類社會，造假者本人乃至其子孫後代恐怕也會深受其害。因此，任何弄虛作假、鋌而走險的思想和行為，都是目光短淺、不願吃苦、不付出勞動卻想得到名和利的表現。作為一個科學工作者，就應當努力成為全社會的表率，以人類科學和文明的進步為己任，紮紮實實地做好每一天的工作。只有有了實實在在的貢獻，才能對得起「科研工作者」的光榮稱號，從而贏得崇高的社會地位和全人類的普遍尊敬。

最後，長遠的觀點還要求我們要不斷地「行善積德」，才能使自己和社會同時獲得最大的成功。社會上有一些人為了維護暫時的既得利益而刻意製造各種社會矛盾，或在建築時偷工減料，或從事網絡犯罪等。然而，這些行為除了獲得暫時的小利以外，永遠也不可能獲得真正大的成功，最終只能是害了自己。為什麼呢？從長遠的角度來講，壞事總會有真相大白的一天，失信於社會、失信於他人只是個時間問題。一旦失去了信用，再想與人合作就很難了；當日後面臨很大困難的時候，就再也不會有人伸出援助之手，自己就被難倒了！這真的是「撿了芝麻，丟了西瓜」啊！因此，「智巧機械，勿用為高」是何等的正確啊！相反，如果我們能主動地消除矛盾、促進社會和諧、多做好事、做大好事，就必然能夠獲得真正、長遠、偉大的成功，為什麼呢？有一句話叫「神乃眾願（God is the Common Wish of Everybody）」，意思是說：如果我們能多做一些與大家、與全社會的美好願望相符合的大好事，努力維護全社會或集體的大利益，那麼我們就能充分地調動眾人的力量，一呼百應；我們做起事情來就會神奇得好像有神仙相助一般，所取得的成功似乎只有神仙才能做到，我們也就能輕鬆地克服現實生活中的各種困難了。

本章小結

綜合本章的論述，宇宙中的萬事萬物都要在一定的歷史條件下產生、存在、發展和消亡，脫離某個特定的歷史條件而無端出現的事物是不存在的；因而萬事萬物都具有歷史的屬性。這一屬性在人體就表現為人生觀和遺傳，並且任何個體都要受到特定歷史條件的制約。歷史觀在黏膜下結節論中的應用，首先就指出了消化性潰瘍的發生實際上是一個長期、慢性的過程，並清楚地闡明了現代科學理論根基上的局限性，是歷史上所有的相關學說都不能圓滿解釋這一疾病的重要原因，還指出了「幽門螺旋桿菌與消化性潰瘍有因果關係」的觀點在消化性潰瘍病研究史上的地位，與其他所有的相關學說一樣，只能是「曇花一現」；然而，這一錯誤的觀點卻非常有助於我們充分地認識到現代科學多方面的局限性，而從反面推動了人類新科學的誕生。歷史觀在理論和實踐上的應用，首先就是認為追溯患者的既往經歷有助於查找病因，徹底治癒疾病；它要求我們不能死死抱住現有的科學定理、定律、公式和法則等條條框框不放，而必須認識到它們有可能會對人類科學的未來發展產生極大的阻礙作用；其次，通過追溯既往人類科學發展的歷史，我們還明確地指出了現代科學的哲學基礎是唯物主義的一元論、其歷史的局限性決定了它不能作為評判中醫科學性的標準；通過追溯生物進化的歷史，我們明確地指出了思維意識的本質是高度複雜化了的普遍聯繫；而利用返觀的方法則有助於化解當前哲學和科學的對立；最後，我們還指出了帶著歷史的觀點來看問題，則十分有助於培養積極、正面的人生觀。所有這些都說明了歷史觀的確是我們在日常生活和科學研究中都必須具備的一個重要觀點。

參考文獻

1　Wikipedia, the free encyclopedia; Georges Lemaître, modified on 5 February 2010; http://en.wikipedia.org/wiki/Georges_Lema%C3%AEtre.

2　Wikipedia, the free encyclopedia; Grand Unification Theory, modified on 1 February 2010; http://en.wikipedia.org/wiki/Grand_unification_theory.

3　漢斯·約阿西姆·施杜里希 [德] 著，呂叔君譯；世界哲學史（第 17 版）；濟南，山東畫報出版社，2006 年 11 月第 1 版；第 85、356、403、405、449、500 頁。

4　見於中國西漢時期史學家司馬遷（字子長，左馮翊夏陽人，即現在的陝西韓城；前 145～前 87）所作之《史記》。

5　維基語錄，自由的名人名言錄；唐太宗李世民（西元 599~649），中國唐朝第二位皇帝；網頁更新時間為 2008 年 12 月 14 日；http://zh.wikiquote.org/wiki/%E6%9D%8E%E4%B8%96%E6%B0%91.

6   尼古拉斯・布寧［英］、余紀元編著；西方哲學英漢對照詞典；北京，人民出版社；2001
     年 2 月第 1 版；第 438~439 頁。

7   高新民、劉占峰等著；心靈的解構——心靈哲學本體論變革研究；北京，中國社會科學出
     版社，2005 年 10 月第 1 版；第 3、314-326 頁。

8   李建會著；生命科學哲學；北京，北京師範大學出版社，2006 年 4 月第 1 版；第 6~8、
     25、31~34、83、109~111 頁。

9   Barry J. Marshall, J. Robin Warren, Elizabeth D. Blincow, Michael Phillips, C. Stewart Goodwin,
     Raymond Murray, Stephen J. Blackbourn, Thomas E. Waters, Christopher R. Sanderson;
     Prospective Double-blind trial of duodenal ulcer relapse after eradication of *campylobacter pylori*;
     The Lancet, December 24/31 1988, pp 1437-1442.

10   Michael N. Peters, Charles T. Richardson; Stressful life events, acid hypersecretion and ulcer
     disease. Gastroenterol; 1983, 84: 114-119.

11   John H. Kurata, Aki N. Nogava, David E Abbey and Floyd Petersen. A prospective study of risk
     for peptic ulcer disease in seventh-day adventists. Gastroenterology, 1992; 102: 902-909.

12   J. Bruce Overmier, Robert Murison; Anxiety and helplessness in the face of stress predisposes,
     precipitates, and sustains gastric ulceration; Behavioral Brain Research, 2000; 110, 161-174.

13   Albert Damon and Anthony P. Polednak; Constitution, genetics, and body form in peptic ulcer:
     A review; J. Chron. Dis., 1967, Vol. 20, pp. 787-802.

14   Harvald, B. and Hauge, H. M.: Hereditary factors elucidated by twin studies, in NEEL, J. V. et al.
     （Eds.）. Genetics and the Epidemiology of Chronic Diseases. U.S. Pub. Hlth. Serv. Public. No.
     1163, Gov't. Print. Off., Washington; D.C., 1965.

15   A Hackelsberger, U Platzer, M Nilius, V Schultze, T Günther, J E Dominguez-Muñoz and P
     Malfertheiner; Age and *Helicobacter pylori* decrease gastric mucosal surface hydrophobicity
     independently; Gut, 1998; 43; 465-469.

16   Bülent Sivri; Review article: Trends in peptic ulcer pharmacotherapy; Fundamental & Clinical
     Pharmacology, 2004; 18, 23-31.

17   Paul H. Guth, Pathogenesis of Gastric Mucosal Injury, Annu. Rev. Med. 1982.33: 183-196.

18   David W. K. Acheson, Stefano Luccioli; Mucosal immune responses; Best Practice & Research
     Clinical Gastroenterology; 2004 Vol. 18, No. 2, pp. 387–404.

19   戴維・玻姆［美］著，洪定國、張桂權、查有梁譯；整體性與隱纏序：卷中的宇宙與意
     識；上海，上海科技教育出版社，2004 年 12 月；譯者序及第 2、9 頁。

20   Nobelprize.org; The Nobel Prize in Physiology or Medicine 2005: Barry J. Marshall & J. Robin
     Warren, for their discovery of the bacterium *Helicobacter pylori* and its role in gastritis and peptic
     ulcer disease; http://nobelprize.org/nobel_prizes/medicine/laureates/2005/index.ht ml.

21 新浪網：新浪新聞中心，2005 年度諾貝爾獎專題：兩名澳大利亞科學家共用今年諾貝爾醫學獎，2005 年 10 月 4 日：http://news.sina.com.cn/w/2005-10-04/01137093008s.shtml。

22 新浪網：新浪新聞中心，2005 年度諾貝爾獎專題：專家解讀諾貝爾醫學獎稱　兩科學家獲獎理所應當，2005 年 10 月 4 日：http://news.sina.com.cn/c/2005-10-04/07387093713s.shtml.

23 洛伊斯·N·瑪格納 [美] 著，李難、崔極謙、王水平譯，董紀龍校：生命科學史；天津，百花文藝出版社，2002 年 1 月第 1 版：第 36~38 頁。

24 John H. Walsh and Walter L. Peterson; Review article: The treatment of *Helicobacter pylori* infection in the management of peptic ulcer disease; The New England Journal of Medicine; Oct 12, 1995, Vol. 333, No. 15, pp 984-991.

25 Hildur Thors, Cecilie Svanes, Bjarni Thjodleifsson; Trends in peptic ulcer morbidity and mortality in Iceland; Journal of Clinical Epidemiology, 2002; 55, 681-686.

26 饒尚寬註譯：老子；北京，中華書局，2006 年 9 月第 1 版：第 1-3 頁。

27 荊三隆註譯：佛教文化精華叢書　白話楞伽經；西安，三秦出版社，2002 年 10 月第 2 版：第 105-107 頁。

28 毛建儒著：論科學的發展機制；北京，中國經濟出版社，2006 年 6 月第 1 版：第 317 頁。

29 鄒海林、徐建培編著：科學技術史概論；北京，科學出版社 2004 年 3 月第 1 版：第 162 頁。

30 鮑·格·庫茲涅佐夫 [俄] 著，陳太先、馬世元譯；伽利略傳；北京，商務印書館，2001 年 4 月第 1 版：第 46-49 頁。

31 童鷹著：哲學概論；北京，人民出版社，2005 年 9 月第 1 版：第 38-50 頁。

32 陳遠霞、馬桂芬主編；馬克思主義哲學原理；北京，化學工業出版社，2003 年 7 月第 1 版：第 3-6、45 頁。

33 朱月龍編著：自從有了哲學；北京，海潮出版社，2006 年 12 月第 1 版：第 28 頁。

34 W.C. 丹皮爾 [英] 著，李珩譯，張今校：科學史及其與哲學和宗教的關係；桂林，廣西師範大學出版社，2001 年 6 月第 1 版：第 429 頁。

35 江丕盛、泰德·彼得斯、格蒙·本納德著；橋：科學與宗教；北京，中國社會科學出版社，2007 年 1 月修訂第 2 版：序言第 7 頁。

36 Mark Feldman, Pamela Walker, Janet L. Green, and Kathy Weingarden: Life events stress and psychological factors in men with peptic ulcer disease: A multidimentional case-controlled study; Gastroenterology, 1986; 1370-1379.

37 中華網新聞：評論：何祚麻，你沒有資格批中醫；2006 年 10 月 31 日：http://news.china.com/zh_cn/domestic/945/20061031/13712817.html。

38　呂嘉戈著；中醫遭遇的制度陷阱和資本陰謀；桂林，廣西師範大學出版社，2006 年 3 月第 1 版；導讀：從資本陰謀到制度陷阱，第 63 頁。

39　人民網，時政，部委信息；衛生部長陳竺：中醫有望對醫學模式帶來深遠影響；2007 年 10 月 16 日；http://politics.people.com.cn/GB/1027/6381667.html。

40　CFC 加拿大中文論壇，新聞時事，焦點新聞；胡錦濤一錘定音：中醫不廢更倡；2007 年 10 月 29 日；http://bbs.comefromchina.com/forum79/thread528047.html；香港文匯報，2007 年 10 月 16 日。

41　鄭洪、藍韶清著；醫史傳奇；廣州，羊城晚報出版社，2006 年 10 月第 1 版，序言第 1 頁。

42　張宗明著；奇蹟、問題與反思——中醫方法論研究；上海，上海中醫藥大學出版社，2004 年 9 月第 1 版；第 15 頁。

43　網易，新聞中心，社會新聞；吉林愛滋男 6 年後奇蹟痊癒，全球僅 2 例；2007 年 11 月 22 日；http://news.163.com/07/1122/12/3TTDKCPU00011229.html。

44　中國中醫藥報社主編，陳貴廷主審，毛嘉陵執行主編；哲眼看中醫——21 世紀中醫藥科學問題專家訪談錄；北京，中國科學技術出版社，2005 年 1 月第 1 版；第 6-12 頁。

45　廖育群著；醫者意也：認識中醫；桂林，廣西師範大學出版社，2006 年 5 月第 1 版；第 69-70 頁。

46　張浩著；思維發生學：從動物思維到人的思維；北京，中國社會科學出版社，1994 年 3 月第 1 版；第 3-4 頁。

47　賈盤興等編著；噬菌體分子生物學——基本知識和技能；北京，科學出版社，2001 年 10 月第 1 版；第 43-47 頁。

48　李創同著；科學哲學思想的流變——歷史上的科學哲學思想家；北京，高等教育出版社，2006 年 12 月第 1 版；第 2 頁。

49　伊薩克・牛頓 [英] 著，趙振江譯；自然哲學的數學原理；北京，商務印書館，2006 年 7 月第 1 版。

第八章：只有透過現象看本質才能深入各項認識

本部分第二、三兩章揭示了普遍聯繫是萬事萬物變化發展的根本動力，從而推動了各種現象的發生發展。但與現代科學的主要研究對象——各種具體的事物完全不同的是，普遍聯繫沒有具體的物質形態，是看不見、摸不著，也不能直接測得到的，而是隱藏在各種現象背後、推動萬事萬物變化發展的決定性要素。這就決定了只有充分地利用智慧，或抽象思維，才能找到推動各種現象發生的真正原因，才能使我們對人體自身和周圍世界的認識進一步地走向深入，這就是「透過現象看本質（See through the appearance to unveil the essence）」。這一觀點認為：雖然現代科學已經進入到了原子分子水平的高科技時代，但其唯物主義一元論的哲學根基，決定了現代人體和生命科學僅僅是現象科學，還遠遠未能揭示隱藏在各種疾病和現象背後人體和生命抽象的內在本質；這也是現代科學至今仍然不能圓滿地解釋任何一種人體疾病和生命現象的又一重要原因。不僅如此，充分利用「透過現象看本質」的哲學觀點，還十分有助於我們「去偽存真」，從而達到「事半功百倍」的良好效果，因而也是我們在各個不同的領域都能取得成功的必要保證之一。

第一節：現象與本質的基本含義

早在 300 多年前，牛頓就已經利用「萬有引力」來解釋「蘋果落地」，這實際上就是自然界裡最普遍最基本的一對「本質與現象」：牛頓透過「蘋果落地」這個實在的現象看到了「萬有引力」這個抽象的本質。因此，**牛頓所建立的力學體系在整個現代科學的發展時期始終被奉為經典，而且直到今天仍然是物理學理論中最基本，最有效和最優美的那一部分** [1]。萬有引力與蘋果落地很好地體現了本質與現象的基本含義和特點。

萬有引力定律表明：具有質量的任何兩個物體之間都存在著「萬有引力」的聯繫。在沒有其他因素影響的情況下，地球與蘋果之間的萬有引力總是導致蘋果垂直向下地落向地面。本書將像「蘋果落地」這樣，凡是能夠被感覺器官直接覺察到、借助科學儀器觀察或檢測到，或者經過統計學手段進行分析就能認識到的事物的外在表現，稱為「現象（Appearance、Phenomenon）」。除了「蘋果落地」以外，物理學中各種物體的運動、天文學所觀察到的天體運行、化學變化過程中的發光發熱、統計學的調查分析結果、生物學中物種的進化、醫學上人體的生老病死等等，體現的是事物的表面特徵，因而都是各個不同領域中十分典型的「現象」。

　　雖然「萬有引力」是推動「蘋果落地」這一自然現象發生發展的根本原因，但是它不能被肉眼直接觀察到，也沒有任何具體的物質形態，而是隱藏在「蘋果落地」這個現象背後，必須通過抽象思維才能間接認識到的一種抽象聯繫，並反映了有質量的任何兩個物體之間共有的一般性規律。正因為其抽象的特點，所以在牛頓提出萬有引力定律之前，人們一直不能圓滿地解釋「為什麼蘋果總是垂直向下落向地面」這一自然現象。本書將像「萬有引力」這樣，不能被各種感覺器官和儀器等直接覺察到，而是必須通過抽象思維進行歸納後才能認識到、推動各種現象發生發展、事物固有的抽象聯繫，稱為「本質（Essence、Intrinsic Quality）」。「萬有引力」這個例子還說明了本質反映的通常是自然界中的一般性規律，例如物理學上推動物體的運動狀態發生改變的各種作用力、導致發光發熱現象的化學變化、決定統計分析結果的各種社會─心理因素、推動人體生老病死的五大屬性等等，都是「本質」十分典型的例子。

第二節：要透過外在的具體現象看到內在的抽象本質

　　上一節的討論還說明了本質與現象的關係實際上是密不可分的：本質是推動現象發生的內在動力，而現象的發生則是本質存在的外在表現；任何事物都是內在本質與外在現象的統一體。因此，各種探索活動只有深刻地揭示了推動現象發生的抽象本質，才能成功地解釋客觀存在的各種現象。這就決定了本質與現象是我們在日常生活和科研工作中都必須充分了解的一對重要概念。如果我們進一步考察「蘋果落地」這一自然現象，則可以很好地把握本質與現象之間關係，這主要有三種不同的情況：

　　第一種情況，本質和現象是完全一致的，外在的現象真實地反映了內在的本質。例如，牛頓考察的正是這樣的一種理想情況：蘋果僅僅受到了地球萬有引力的作用，因而總是作垂直向下的自由落體運動，其加速度為 9.8 米／秒。由於蘋果落地時，加速度的大小和運動的方向與萬有引力的大小和方向完全一致，因而在這種理想情況下的現象與本質是完全一致的。這說明如果事物只受到某個單一因素的影響，現象與本質就可以保持一致，事物的外在表現就會真實地反映出內在本質的基本特點。

　　第二種情況，本質與現象有所差別，現象並不能真實地反映出本質的基本特點。在自然條件下，蘋果只受到重力作用的理想情況實際上是不存在的，而總是同時要受到其他多種因素的影響。例如，隨著蘋果下落速度的不斷增加，空氣對它的摩擦阻力也會愈來愈大，導致其加速度必然會低於 9.8 米／秒；如果在蘋果開始下落的瞬間，由於空氣流動產生的風導致樹枝搖曳

不定，那麼它就有可能獲得一個水平方向的初速度，從而不可能正好落在其生長位置的正下方。因此，自然條件下空氣的摩擦阻力和流動等因素導致蘋果永遠也不可能作理想的自由落體運動。這說明多因素作用的結果，就是導致「蘋果落地」這一外在的現象通常不能真實地反映出「萬有引力」這一內在本質的基本特點，而是導致現象與本質總是有所差別。

　　第三種情況，就是現象完全掩蓋了本質，或甚至與本質相反。如果在蘋果開始下落的瞬間，水平方向的風速非常大，那麼，蘋果就有可能落在離蘋果樹幾十，乃至幾百米遠的地方。牛頓曾經預言：如果蘋果在水平方向上獲得的初速度再大一些，達到了 7.8 千米／秒以上，那麼，它就會繞地球飛行而永遠也不會落到地面上。在這種情況下，萬有引力就成為了蘋果作圓周運動的向心力，就不會像通常情況那樣作垂直向下的自由落體運動，導致「地球對蘋果的萬有引力總是垂直向下的」這一本質的基本特點被完全掩蓋了。如果蘋果在水平方向上獲得的初速度繼續加大，達到了 10.9 千米／秒以上，那麼，它就會擺脫萬有引力的束縛而飛離地球，其運動的方向與萬有引力相反，本質也就被現象完全掩蓋了。

　　由此可見，牛頓考察的「蘋果落地」還能深刻地體現出本質與現象之間的關係。由於自然條件下，尤其是像人體疾病和生命現象這樣高度複雜的過程，通常都是多種因素疊加起來綜合作用的必然結果，因而展現在人們面前的現象總是不能真實地反映出事物的內在本質，而總是要掩蓋部分本質或甚至與本質完全相反。這就要求我們在探討各種現象的發生機制時，首先必須盡可能地從總體上把握推動現象發生的各種因素，再逐一探查它們在事物變化發展過程中的作用，才能最終看到隱藏在該現象背後的內在本質，才有取得成功的可能。一句話：只有透過外在的現象看到了內在的本質，才能使各項認識進一步地走向深入。

第三節：本質性認識的三個判斷標準

　　上兩節的論述表明：所謂看到了「本質」，實際上就是指看到了推動事物變化發展的抽象的「普遍聯繫」，是為了與「現象」相對應而派生出來的一個哲學概念。一旦我們的認識上升到了本質的高度，通常就能圓滿地解釋相關的所有現象，因而我們首先就可以通過其有效性來檢驗某一認識是否揭示了事物的內在本質。但本質的三個基本特點也非常有助於我們的判斷：

　　第一，本質性的認識（Essential Knowledge）必須是應用抽象思維之後才能得到的。現象的發生都是由本質推動的，說明了我們對客觀世界的認識不能僅僅停留在現象觀察的水平上，而必須深入地認識到隱藏在各種現象背後的抽象本質。然而，本質是不能被感官和儀器等直接覺察或觀察到的，這就決定了僅僅通過常規的實驗室研究和生產實踐，通常不能揭示隱藏在各種現象背後的抽象本質。牛頓提出的「萬有引力」、愛因斯坦提出的「質能方程式（Mass-energy Equation）」都深刻地揭示了隱藏在多種現象背後的抽象本質，卻都不是通過具體的實驗研究和生產實踐，而是利用抽象的邏輯推理得來的。我們將像牛頓和愛因斯坦這樣，以一定的客觀事實為基礎，不是通過具體的實驗室研究和生產實踐，而是運用一些抽象概念、數學運算和邏輯推理手段，來解決實驗研究和生產實踐中的具體問題，或推導出普遍適用的一般性規律的腦力勞動過程，稱為抽象思維（Abstract Thinking）。然而，當前多數的科學家似乎已經遺忘了牛頓和愛因斯坦這兩位科學巨匠成功的經驗，總是片面地強調實驗研究的作用，並否認抽象思維在科學探索過程中的作用。**通常把近代以來的自然科學叫做實驗科學，實驗方法的確立使自然科學最終與神學、與自然哲學分道揚鑣。以實驗事實為依據並由實驗事實加以檢驗，從而成為現代意義上的真正的科學** [2]。這使得現代科學對周圍世界，尤其是對人體和生命現象的認識始終不能上升到本質的高度，人們已經習慣於用「目前還不是很清楚、還需要進一步的研究」來回答當前面臨的困境，導致現代科學對絕大多數人體和生命現象的解釋自始至終都是似是而非的。

　　第二，本質性的認識還能體現出事物變化發展的一般規律性，通常是「萬有」，或具有「普遍適用」的基本特點。這是由於本質是進行歸納後才得到所決定的。牛頓提出的「萬有引力定律」之所以被稱為「萬有定律」，是因為它能廣泛地適用於任何有質量的兩個物體之間；愛因斯坦提出的「質能方程式」則更加深刻地反映了自然界的一般規律性；二者分別可以用來解釋宏觀和微觀領域裡成千上萬的現象。黏膜下結節論同時解釋了消化性潰瘍所有 15 個方面的特徵和全部 72 種不同的現象，其理論基礎實際上還可以廣泛地用來解釋所有的人體疾病和生命現象，說明它的基本認識也有可能抓住了人體的本質特徵。與此相反的是：現代科學認為「**幽門螺旋桿菌與消化性潰瘍有因果關係** [3]」，基因突變是癌症的病因學機制，HIV 感染是愛滋病的病因等等，都沒有反映出人體疾病和生命現象的一般規律性，只能應用於某種單一的疾病，因而都不是本質性的認識，實際上都還有進一步深入探討的必要。這就要求我們必須有「打破砂鍋問到底」的精神，進一步追查隱藏在基因突變和 HIV 感染背後更為深刻的原因，尤其是人體自身內在的因素，才能圓滿地解釋這些疾病的發生機理。

　　第三，本質都是抽象的存在，是不能用原子分子或任何具體的物質形式來進行描述的。這是由於本質實際上就是推動事物變化發展的抽象聯繫，必須通過抽象思維才能認識到所決定的。「萬有引力」是不能夠用任何原子分子或具體的物質來進行描述，卻又客觀存在，是不同的事物之間抽象聯繫的重要反映之一，因此它抓住了事物本質特徵的一個方面，屬於本質性的認識。同理，黏膜下結節論認識到「人體是一個普遍聯繫著的整體」，具體地表現為抽象的五大基本屬性，也抓住了人體的本質特徵，所以能圓滿地解釋消化性潰瘍病的發生機理。與此相反的是：現代科學認為癌症的發生機理是基因突變，可以利用 DNA 上城基的排列順序等具體的事物來進行描述，因而沒有抓住推動癌症發生的人體的內在本質。不僅如此，現代科學還認為 HIV 病毒的感染是愛滋病的病因，是具體的生命物質，可以通過電子顯微鏡觀察到，或通過實驗檢測到其遺傳物質的存在，也不是抽象的，所以也沒有抓住隱藏在愛滋病感染背後的抽象本質。

　　綜合上面的論述，只有充分地認識到了推動事物變化發展的抽象聯繫，才能算得上是抓住了隱藏在各種現象背後的抽象本質；本質性的認識必須運用抽象思維才能得到，都是普遍適用的一般性規律，並且一定是抽象的。只有符合這幾個方面的基本特點，並能有效地闡明相關現象的發生機制，才能算得上是本質性的認識。

第四節：歷史上對現象和本質相互關係的認識

　　東方哲學史上最早討論本質與現象關係的記載，要數 3000 多年前中國古代的《周易》了 [4]。這一思想在中醫學中具體地表現為「藏象學說」，認為「內在的臟腑病理可以反映於外，因此通過外在的器官變化徵象便能反映內臟的病理狀況 [5]」。這一認識是中醫診斷學的理論基礎之一，數千年來一直指導著中醫學的臨床與實踐。2500 多年前印度佛教創始人釋迦牟尼認為：感官是看不到、聽不到、觸不到絕對真理的，就算是大腦也不會擔負起這個任務。對於那些未曾教化的人來說，看到的僅僅是相對真理，因為它們是帶著有色眼鏡來觀察世間一切事物的；只有那些覺悟者，像如來佛那樣，才能接觸到事物的本質 [6]。南北朝時期，中國佛教禪宗初祖達摩（Bodhidharma，南印度人，？～西元 536 年）大師也說：**武功和文字一樣，一舉手、一投足，都充滿著禪意** [7]。意思是說：一些看似簡單的招式，卻可以反映出自然界最基本的道理，論述的也是本質與現象的關係。這些古老的認識對當前的科研探索仍然是很有指導意義的。

古希臘哲學家柏拉圖（Platon，約西元前 427～西元前 347）用「洞穴比喻（Cave Metaphor）」來描述本質與現象的關係，認為**人的感官知覺不可能感知事物的本來面目，而只能感知始終在變化著的事物的現象**。如果我們將大量的感官知覺合併到一起從而形成一種普遍的觀念，這樣，其接近真實的可能性會大一些 [8]。這種認識強調了抽象思維的重要性，也認識到了抽象的本質通常具有普遍性的基本特點。巴門尼德認為**真實變動不居，世間的一切變化都是幻象，因此人不可憑感官來認識真實** [9]。這裡的「真實」實際上就是「本質」的意思，也道出了「現象總是要掩蓋本質」的重要認識。德國哲學家黑格爾則明確地提出了本質與現象的概念，並從「存在論（Ontology）」進入到「本質論（Essentialism）」，也就是從對事物外在關係的分析進入到對事物的內在關係的探討，揭示出對立面的相互依存和相互矛盾是事物的內在本質 [10]，指出了本質與現象分別代表了事物內在和外在兩個方面的屬性。這一思想被馬克思所繼承，並成為馬克思哲學體系中的五大範疇之一：**現象和本質是揭示客觀事物的外在聯繫和內在本質相互關係的一對範疇，反映了人們對事物認識的深度和認識的深化過程，是人們分析問題，進行科學研究應該具有的重要思維方式** [11]。

第五節：「透過現象看本質」在黏膜下結節論中的應用

黏膜下結節論之所以能圓滿地解釋消化性潰瘍所有 15 個主要的特徵和全部 72 種不同的現象，其重要的原因之一是因為它充分地認識到了隱藏在疾病背後人體的本質要素。現代醫學之所以不能圓滿地解釋包括消化性潰瘍在內的任何一種疾病和現象的發生機理，是因為它至今未曾揭示隱藏在各種疾病和現象背後人體固有的抽象本質。

5.1 透過「年齡段分組現象」可以看到人體的「社會屬性」

雖然早在 1962 年 Susser 等人就已經報導了消化性潰瘍的流行病學具有年齡段分組現象 [12] 的基本特點，並且在多個不同的國家、地區和時期內陸續觀察到了這一現象 [13-16]，但是現代科學至今仍然不能解釋這一現象的發生機理。本部分第五章已經通過「疊加機制」圓滿地解釋了這一現象的發生機制，而本章關於「本質和現象之間相互關係」的討論，則能夠使我們更加深入地認識到隱藏在這一現象背後人體的本質特徵，從而有助於其他多種疾病的解釋。這再次說明本書提出的不同哲學觀點之間的確有「異出而同歸」的效果，從而間接證明了本書建立的哲學體系的確是有一定的真理性的。

本質與現象的關係表明：多因素共同作用的結果，就是導致現象通常不能真實地反映出抽象的內在本質，而總是要掩蓋部分本質，有時候甚至與本質完全相反。因此，我們首先必須明確導致某一現象發生的各種因素，並將它們分別進行考察，才能看到隱藏在該現象背後的抽象本質。牛頓之所以清楚地闡明了「蘋果落地」現象，是因為他將這一自然過程進行了理想化處理：不考慮自然狀態下空氣垂直方向上的阻力，以及搖曳的樹枝給蘋果水平方向上的初速度。這樣，地球與蘋果之間的抽象本質——萬有引力的作用就被凸顯出來了；蘋果落地時加速度的大小和方向就能與萬有引力的大小和方向完全一致；萬有引力與蘋果落地之間的因果關係就十分清楚明白了。同理，黏膜下結節論也經歷了一個基本相同的理想化過程：它之所以圓滿地解釋了胃潰瘍發生的年齡段分組現象，是因為它將臨床誤診和一般社會事件引起的發病率從總的臨床發病率中獨立出來。這樣，各種重大社會事件如戰爭、經濟危機、自然災害等對胃潰瘍發病率曲線的決定性影響就被完全凸顯出來了；消化性潰瘍臨床發病率的波動曲線才能與重大社會事件的影響範圍、作用時期和程度等多方面的特徵完全吻合；重大社會事件與潰瘍發病率之間的因果關係也就不言自明了。

本質與現象的關係還表明：抽象的本質不能被感覺器官直接覺察到、也不能被科學儀器檢測到，或利用統計學方法分析到，而是必須通過抽象思維進行歸納後才能認識到。但在現代科學的知識體系中科學和哲學分家對立的基本特點，導致科學家往往不重視哲學對科學的指導作用，更沒有注意到運用智慧對客觀現象進行抽象化處理的必要性，因而人們對各種現象的認識自始至終都不能上升到本質的高度。因此，雖然 Susser 等人早在 1962 年就已經觀察到了消化性潰瘍的流行病學具有年齡段分組現象的特點 [12]，**Micheal** 也認識到了**導致精神緊張的事件通常發生在剛診斷出的和慢性的潰瘍病人出現潰瘍症狀之前** [17]，但是他們的工作卻缺乏最關鍵的一步——忽略了哲學家們所強調的「抽象思維」在科研工作中的重要作用，因而都不能像牛頓將蘋果與地球之間的相互作用抽象化成「萬有引力」這樣的本質性認識那樣，將人體與環境的相互關係抽象化成人體的社會屬性等這樣的本質性認識。因此，雖然很多現代科學家都觀察到了類似「蘋果落地」這樣具有重要意義的年齡段分組現象，但是在人體和生命科學領域卻並沒有發生物理學史上牛頓提出萬有引力定律時那樣的質的飛躍。而黏膜下結節論則完全不同，它充分地認識到在年齡段分組現象背後一定隱藏著人體固有的抽象本質，並進一步地將重大的社會和自然事件，以及一般的社會事件抽象化、提煉成人體與周圍環境之間抽象的普遍聯繫，認為人體固有而抽象的五大屬性才是消化性潰瘍發生的真正原因。因此，就好像 300 多年前牛頓清楚地解釋了「蘋果落

地」這一自然現象一樣，黏膜下結節論也毫不含糊地解釋了現代醫學長期以來一直都不能解釋的年齡段分組現象，找到了推動該疾病發生的真正原因，進而圓滿地解釋了消化性潰瘍的發病機制。

由此可見，「透過現象看本質」是黏膜下結節論取得成功的重要保證。實際上，將具體的現象抽象化成具有普遍性的本質，不僅適用於蘋果落地和年齡段分組現象，而且還廣泛地適用於所有人體和自然現象的探索之中。如果我們透過具體的現象看到了隱藏於其後的抽象本質，我們的認識就昇華了，科學的視野也就更加開闊了。黏膜下結節論在解釋年齡段分組現象時所取得的成功，再次說明了哲學與科學之間不應當像現代科學的知識體系那樣是分家和對立的，而應當是高度統一、相輔相成的；任何科學家只有有了良好的哲學素養，才能在工作中幹出成績、出大成績。

5.2 「幽門螺旋桿菌與消化性潰瘍有因果關係」僅僅是一種假象

自然條件下多因素共同作用的結果，就是現象總是要掩蓋部分本質，甚至與本質完全相反。因而我們將未能真實地反映出事物的內在本質、甚至與本質完全相反的現象稱為假象（Illusion）；而將推動各種相關現象發生、真實地反映了事物的內在本質的總根源稱為真相（Truth）。急性感染病人在發熱之前通常會表現出的「畏寒」，就是一種典型的假象；現實生活中的各種騙術之所以頻頻得手，是因為騙子善於利用各種假象來掩蓋他們的真實意圖；而人體和生命現象高度複雜的特點，導致各種假象出現的機率比其他各領域更加常見。事實上，「**幽門螺旋桿菌與消化性潰瘍有因果關係** [3]」正是生命科學領域中非常典型的一種假象，是部分科學家未能認識到「現象掩蓋本質」的必然結果之一。

在本書第二部分 5.2 中，黏膜下結節論已經明確地指出了幽門螺旋桿菌僅僅在消化性潰瘍病理發生過程的後期才起到一定程度上的次要作用。這一認識不僅可以清楚地解釋與幽門螺旋桿菌相關的所有現象，而且還清楚地說明了支持「**幽門螺旋桿菌與消化性潰瘍有因果關係** [3]」的 3 個證據其實都是假象：1）臨床上的潰瘍病人比正常人群有著更高的幽門螺旋桿菌感染率，是因為感染了幽門螺旋桿菌的病人所表現出來的症狀比沒有感染的亞臨床病人更加嚴重，從而更傾向於到醫院求診並成為臨床病人，不能說明「**幽門螺旋桿菌與消化性潰瘍有因果關係** [3]」。2）潰瘍形成以後，任何局部損害因素都有可能導致更大的局部組織損傷，並且延緩癒合過程。因此，幽門螺旋桿菌導致「更大的損傷和癒合延遲」，並不一定就代表「**幽門螺旋桿菌與消化性潰瘍有因果關係** [3]」。3）只要消化性潰瘍的真正病因——社會—心理因素的嚴重影響還存在，潰瘍病還是有可能要復發的。因此，殺滅幽門螺旋桿菌

不能抑制潰瘍病的復發 [18, 19]，也直接說明了「幽門螺旋桿菌與消化性潰瘍有因果關係 [3]」僅僅是由於假象而導致的一種錯誤認識。因而它不能解釋消化性潰瘍的形態學、年齡段分組現象、反覆發作和多發、與胃酸的關係等多方面的特性以及大部分的現象，就一點也不奇怪了。

其次，「幽門螺旋桿菌與消化性潰瘍有因果關係 [3]」的論斷沒有反映出隱藏在與幽門螺旋桿菌相關現象背後、人體內在的抽象本質，這就導致它永遠也不可能成功地解釋與幽門螺旋桿菌相關的所有現象，更談不上圓滿地解釋消化性潰瘍病的發生機理了。由於幽門螺旋桿菌是一種具體的生命有機體，而本質性的認識都是抽象的（見本章第三節），因此，這一論斷還遠遠沒有深入地認識到隱藏在該現象背後人體抽象的內在本質，而僅僅停留在疾病的表面現象上。雖然幽門螺旋桿菌在人群中的感染率很高，但是潰瘍病的發生率卻仍然很低 [20]，充分地說明了潰瘍病的發生與個體的狀態密切相關，而「幽門螺旋桿菌與消化性潰瘍有因果關係 [3]」的論斷則完全沒有考慮到人體自身的因素，也就是完全沒有考慮人體的內在本質。「幽門螺旋桿菌與消化性潰瘍有因果關係 [3]」的論斷，就等於在聲稱搖曳的樹枝與「蘋果落地」有因果關係，二者都沒有反映出多因素作用下隱藏在現象背後的抽象本質，而是將掩蓋本質的次要因素當成了造成現象發生的主要原因：「蘋果落地」僅僅是現象，地球對蘋果的「萬有引力」才是真實的本質，而「搖曳的樹枝」則是干擾蘋果垂直下落的一個次要因素；同理，「幽門螺旋桿菌導致消化性潰瘍的發病率升高」也僅僅只是現象，「社會—心理因素」才是隱藏於其後的抽象本質，而幽門螺旋桿菌則僅僅是加重潰瘍病症狀、升高臨床發病率的一個非常次要的因素。

由此可見：「幽門螺旋桿菌與消化性潰瘍有因果關係 [3]」僅僅是一種假象，而不重視哲學思辨對科學研究的指導性作用，沒有「透過現象看本質」的基本觀念，是造成這一錯誤論斷的根本原因。雖然早就有很多學者都認識到了「幽門螺旋桿菌與消化性潰瘍有因果關係 [3]」的說法有可能是錯誤的 [21-23]，但他們的證偽過程仍然僅僅是從現象上著手，都沒有清楚地指出隱藏在該疾病背後人體的抽象本質，因而都不能從根本上解決問題。而黏膜下結節論則充分地認識到了現象與本質的關係，圓滿地解釋了幽門螺旋桿菌在消化性潰瘍的發病過程中表現出來的全部 32 個現象，再次說明了「透過現象看本質」在科研工作中的重要作用，以及科研探索與哲學探討相結合的有效性和必要性。

5.3 黏膜下結節論透過消化性潰瘍病看到了人體的抽象本質

　　牛頓建立的經典力學體系之所以能圓滿地解釋天體運行等多種自然現象，並最終導致衛星上天，是因為他透過「蘋果落地」這一簡單的現象看到了自然界多種固有的抽象本質中的一種——萬有引力。而天體運行、衛星上天、蘋果落地等千千萬萬種不同的自然現象，實際上都是由萬有引力導致的，反映的是完全相同的同一本質。這充分地說明了本質反映的是一般性規律，具有高度的概括性，是隱藏在千千萬萬種不同現象背後的共性（Common Character）；而現象則是本質的外在表現，多因素作用的必然結果，就是導致同一本質在不同的對象、不同的情況下可以表現為千變萬化的現象。

　　同理，黏膜下結節論之所以能圓滿地解釋消化性潰瘍所有 15 個主要的特徵，以及全部 72 種不同的現象，也是因為它透過消化性潰瘍這一簡單的疾病看到了人體的本質——普遍聯繫，具體地表現為抽象的五大屬性；並且該疾病所有的 15 個主要特徵和全部 72 種不同的現象，都反映了這一共同的本質。例如，不僅隱藏在年齡段分組現象、幽門螺旋桿菌的感染背後的是人體普遍聯繫的屬性，隱藏在胃酸胃蛋白酶的高分泌、胃潰瘍的形態學、機械磨損導致的胃黏膜損傷等所有潰瘍病的臨床症狀和現象背後的仍然是人體普遍聯繫的屬性。「**通過對兩個有症狀的胃潰瘍病人的評估，在潰瘍病發生之前都有使他們精神緊張的生活事件發生，……，他們的發病過程表明令人精神緊張的生活事件均有可能導致胃酸的高分泌，繼而導致潰瘍病和潰瘍症狀** [17]。」清楚地說明了驅動胃酸高分泌的根本原因是人體的社會屬性，也反映了人體普遍聯繫的本質；正常情況下，胃的蠕動和機械磨損是不可能導致「累及黏膜層、黏膜下層和平滑肌層的局部組織缺損，邊緣整齊 [24]，狀如刀切 [25]」，什麼原因導致胃十二指腸的對機械磨損的抵抗力顯著降低呢？這仍然是人體的社會屬性等導致在胃黏膜下預先存在著的壞死竈，使得機械磨損有機可乘，最終導致胃潰瘍具有獨特的形態學特徵。因此，即便是機械磨損所導致的胃黏膜損傷，反映的仍然是人體普遍聯繫這個抽象的本質。

　　多因素共同作用的結果，常常導致同一本質在不同的個體、不同的歷史時期分別表現為千千萬萬種不同的疾病；即使是同一疾病，不同個體的臨床表現也可以是千差萬別的。因此，不僅消化性潰瘍病所有的特徵和現象反映的是人體「普遍聯繫」這一共同的本質，而且包括癌症、愛滋病、各種慢性病等在內的千千萬萬種不同的疾病和生命現象所反映的仍然是人體「普遍聯繫」這一共同的本質。這是由本質具有高度的概括性，是隱藏在千千萬萬種不同的現象背後的共性所決定的。例如，我們在本部分第二章「癌症的病因學」中清楚地指出：人體的五大屬性，尤其是社會和情感的屬性長期作用於

人體的必然結果，就是導致個體的整體機能下降，人體自身固有的種種抗病潛能不能得以充分的發揮，是包括各種癌症，愛滋病在內的千百種人體疾病發生的內在原因。現代科學所認識到的基因突變，以及愛滋病毒的感染，並沒有深入地認識到隱藏在這兩種疾病背後的抽象本質，而是人體的抽象本質所導致的必然結果，最終表現為癌症和愛滋病。只有有了這樣的本質性認識，才能使我們從生活實踐中觀察得來的、對各種疾病的常識性認識或主觀印象與流行病學調查結果和實驗研究結論相統一，並提出比現代科學更加全面的癌症防治觀念。

因此，與牛頓透過「蘋果落地」這一簡單的自然現象看到了「萬有引力」的抽象本質，從而有效地解釋了天體運行等多種複雜的自然現象一樣，黏膜下結節論透過消化性潰瘍這一相對簡單的疾病看到了人體普遍聯繫的抽象本質，而這一抽象本質也可以廣泛地用來解釋千千萬萬種不同人體疾病和生命現象的發生機理。而千千萬萬種不同的人體疾病和生命現象雖然有著千變萬化的表現，但反映的都是人體普遍聯繫這一共同的抽象本質。這說明了雖然消化性潰瘍是相對比較簡單的疾病，但是深入地探討其發病機制卻可以使我們對人體和生命的認識上升到一個全新的高度，從而十分有助於圓滿地解釋包括癌症、愛滋病、各種慢性病在內的各種複雜疾病的發生機理。因而從一定程度上講，黏膜下結節論探討「消化性潰瘍」這一相對簡單疾病對生命科學的意義，是不亞於牛頓探討「蘋果落地」這一簡單自然現象的機理對物理學的意義的。

5.4 黏膜下結節論的成功是現象，隱藏於其後的正確認識是本質

過去百十年來，人們曾經提出了十多個學說來解釋消化性潰瘍的發生機理。**儘管每一學說都持之有故，言之成理，但都不是完整無缺的道理** [25]，至今仍然沒有一個學說能圓滿地解釋該疾病的流行病學、形態學、反覆發作和多發、年齡段分組現象等多方面的特徵。而本書提出的「黏膜下結節論」卻圓滿地解釋了消化性潰瘍所有 15 個主要的特徵和全部 72 種不同的現象，是人類科學史上第一個被成功解釋的疾病；此外，黏膜下結節論還擁有人類歷史上所有其他的相關學說都不具備的諸多優點，並明確地指出了歷史上所有的相關學說都不能成功的根本原因。這些都清楚地說明了「黏膜下結節論」在解釋消化性潰瘍的發生機理時的確取得了前所未有的成功。本質與現象之間的相互關係在這個問題上的應用，能夠給我們一個更加清晰的輪廓：有沒有看到隱藏在各種疾病與現象背後人體的抽象本質，是決定我們成敗的關鍵性原因。

　　由於本質是推動各種現象發生的真正原因，因此，如果不能清楚地認識到隱藏在疾病背後人體的抽象本質，就不可能圓滿地解釋任何一種疾病的發生機理。現代科學唯物主義一元論的哲學性質，決定了它在探討人體和生命現象的發生機理時，必然會忽略看不見、摸不著卻又客觀存在的人體和生命非物質方面的屬性——抽象的普遍聯繫，這就導致隱藏在各種疾病背後人體固有的抽象本質在現代科學的知識體系中被完全忽略了。忽略人體的抽象本質來探討各種疾病的發生機理，就好像牛頓以前的人們忽略了「萬有引力」來探討「蘋果落地」的發生機理一樣，是永遠也不可能取得成功的。因此，歷史上以現代科學的認識論為基礎的所有相關學說，都沒有看到隱藏在消化性潰瘍背後人體的抽象本質，因而都不能成功地解釋該疾病的發生機理，甚至被種種假象所迷惑而得出一些荒謬的結論。所有這些學說的無效性都是現代科學理論根基上的固有缺陷決定的，再次深刻地反映了現代科學的哲學基礎的確有可能是不完善的。

　　與此相反的是：黏膜下結節論深入地認識到了隱藏在各種疾病背後人體的抽象本質，並強調它是推動疾病發生的根本原因，因而它的理論基礎不僅可以圓滿地解釋消化性潰瘍的發生機理，而且還可以廣泛地應用於所有人體疾病和生命現象機理的解釋之中。黏膜下結節論充分地認識到了人體的本質是普遍聯繫，並且具體地表現為抽象的五大屬性，決定了消化性潰瘍 15 個主要的特徵和全部 72 種不同的現象的發生。正是這個原因，黏膜下結節論才能圓滿地解釋年齡段分組現象、胃潰瘍的形態學等許多現代科學長期以來都不能解釋的現象，清楚地指出「幽門螺旋桿菌與消化性潰瘍有因果關係 [3]」僅僅是一種假象，並明確地指出了歷史上所有的相關學說都不能取得成功的根本原因。這說明了「黏膜下結節論」的確有可能看到了人體內在的抽象本質，因而能成功地克服現代科學理論的明顯不足之處，並且它對消化性潰瘍的認識的確比以現代科學為基礎的任何相關學說都要全面得多；其有效性深刻地反映了它的哲學基礎比現代科學更加真實地反映了人體的本來面目。

　　綜合以上全部的論述，如果我們將上述「無效性（Invalidity）」和「有效性（Validity）」分別看成是兩種不同的現象的話，那麼歷史上所有其他的相關學說在解釋消化性潰瘍的發生機理時所表現出來的「無效性」，深刻地反映了現代科學的認識還遠遠沒有看到人體和生命現象的抽象本質，它對各種疾病的認識的確有可能是不全面的。而黏膜下結節論在解釋消化性潰瘍的發生機理時所表現出來的「有效性」，則深刻地反映了它的哲學基礎看到了人體和生命現象的抽象本質，的確是比現代科學更全面、更具有真理性的認識。

第六節：「透過現象看本質」在理論和實踐上的應用

前幾節的論述表明：一旦抓住了隱藏在某個現象背後的抽象本質，我們就能從根本上把握推動該現象發生的總根源，而不至於被各種假象所迷惑了。因此，「透過現象看本質」也是我們在日常生活和科研工作中都必須具備的一個重要觀點，可以廣泛地應用於當前科學探索的所有領域。限於篇幅，這裡僅僅討論與本書主題密切相關的幾點。

6.1 只有「透過現象看本質」才能真正實現科學研究的目標

如果科學不能以一定的精度解釋已有的實驗現象，它就不能稱之為科學；**科學的解釋性強調的是解釋已知的現象，科學的預見性強調的是解釋未知的現象** [2]。由此可見，科研探索的目的與「解釋現象」是分不開的。牛頓提出的萬有引力定律之所以能圓滿地解釋「蘋果落地」這一自然現象，是因為它抓住了任何有質量的兩個不同事物之間抽象的內在本質；而黏膜下結節論之所以能圓滿地解釋消化性潰瘍所有 15 個特徵和全部 72 個不同的現象，是因為它將人體的各個不同的部分、人體與外界環境之間看成是一個普遍聯繫的整體，也抓住了人體內在的抽象本質。這說明科學探索只有抓住了研究對象抽象的內在本質，才能實現其解釋現象的最終目標。因而有人認為：**科學理論是客觀事物的本質、規律的正確反映** [26]。

然而，隱藏在各種現象背後的抽象本質卻不像「現象」那樣，能夠被輕易地感覺到、檢測到，或者分析到的。但這並不代表本質是不存在的，相反，它是客觀存在、並且一定會通過現象間接地表現出來的。例如，牛頓通過「蘋果落地」現象，「看到了」看不見的「萬有引力」，從而導致了整個現代科學體系的完全確立；而愛因斯坦通過「物體運動的相對性」，「觀察到了」觀察不到的「扭曲的時空」，從而建立了一個全新的時空觀。這些歷史都充分地說明了只有看到那些看不見的東西，聽到那些聽不到的聲音，測到那些測不到的數值，才算得上是看到了隱藏在各種現象背後的抽象本質，才能真正實現科學研究的目的。因而科學工作者時刻都要牢記「透過現象看本質」的重要性，並將抽象思維廣泛地應用於各自的領域之中；只要做到了這一點，才能在新的歷史時期取得牛頓和愛因斯坦一般的成績。可以預計：隨著時間的推移，隨著「透過現象看本質」這一觀念的日益普及，科學界將會出現千千萬萬個新的「牛頓和愛因斯坦」，分別在各自的領域為人類的科學和文明作出傑出的貢獻；相應地，人類的認識範圍也會擴大千百倍，人類的科學也必然會發生新的飛躍。

6.2 忽視抽象思維的運用使現代醫學只能停留在現象科學的水平上

接著上面的論述：要看到隱藏在各種現象背後的抽象本質，必須應用抽象思維。而現代人體和生命科學不重視抽象思維在各項科研探索活動中的決定性作用，導致它自始至終都不能深入地認識到各種人體疾病和生命現象的內在本質，而僅僅停留在現象觀察的水平上。

首先，現代科學唯物主義一元論的哲學性質，決定了它總是要從原子分子或具體的物質方面來查找各種現象發生的根本原因，而不重視抽象的聯繫在事物變化發展過程中的驅動作用，這就導致它理論上的根本出發點就已經將推動現象發生的內在本質拒之於門外。例如，除了精神壓力學說外，歷史上關於消化性潰瘍發生機理的學說基本上都是以具體的物質因素作為根本病因的：神經學說認為是神經遞質導致了消化性潰瘍；無酸無潰瘍學說認為是胃酸高分泌導致了消化性潰瘍；而目前人們普遍認為幽門螺旋桿菌是消化性潰瘍的主要病因。雖然精神壓力學說觀察到精神因素可能是潰瘍病的基本病因，但在現代科學的理論體系中卻得不到支持，根據現代科學的原理和方法設計出來的流行病學調查結果通常不能說明任何問題。不僅如此，現代科學幾乎所有疾病的病因學研究都集中在具體的物質方面：癌症的病因是基因突變，而導致基因突變的主要原因仍然是環境毒物、病毒感染等具體的物質因素。不僅傳染病的病因學如此，所有慢性病的病因學也都是如此。這樣的研究就好像是牛頓提出萬有引力定律以前的人們在忽略了「萬有引力」的情況下來探討「蘋果落地」的發生機制，或忽略電腦軟體的驅動作用來探討硬體的工作原理，是根本就不可能深入地認識到人體和生命抽象的內在本質的。

其次，現代科學家們普遍只重視實驗研究，而輕視理論上的探討和歸納，也導致現代科學對人體和生命的認識僅僅停留在現象觀察的水平上。然而，科學史上任何一次重大的質的飛躍，無一不是以抽象思維的靈活運用為前提的。牛頓發表「萬有引力定律」的書名叫做《自然哲學的數學原理》，是人類歷史上最具有影響力的哲學名著之一：**愛因斯坦喜歡閱讀哲學著作，並從哲學中吸收思想營養，他相信世界的統一性和邏輯的一致性** [27]。沒有本部分的 15 條哲學原理，黏膜下結節論就不可能圓滿地解釋消化性潰瘍的發生機理。這一切都說明了哲學思辨對科學理論建立的關鍵性作用。然而，在人體和生命科學領域，多數科學家在將他們的認識上升到哲學的高度之前，就已經習慣了用「**幽門螺旋桿菌和消化性潰瘍的因果關係目前還不清楚** [28~30]」以及「**該細菌如何導致潰瘍的機制目前尚未闡明** [3, 31]」等等諸如此類的結論，來簡簡單單地回應他們所面臨的矛盾和困難，探索的腳步自然也就嘎然而止。因此，沒有人能夠像牛頓和愛因斯坦一樣，敢於大膽地應用抽

象思維來深入地探索隱藏在人體疾病和生命現象背後的內在本質，現代科學不能圓滿地解釋任何一種疾病的發生機理是自然而然的結果。

由此可見，現代科學的哲學基礎和方法論，都決定了現代醫學和生命科學僅僅是現象科學，它對人體疾病和生命現象的認識至今仍然只是停留在現象觀察的水平上。只有充分地認識到抽象思維對科學研究的重要作用，才能透過各種複雜的現象看到抽象的本質，並實現圓滿地解釋各種現象和疾病的目標。這再次說明了哲學思辨對科研探索的重要性和必要性。

6.3 中國傳統醫學具有本質科學的基本特點

現代醫學的哲學基礎是唯物主義的一元論，在對人體的物質結構研究得比較深入的同時，卻又決定了它僅僅是現象科學，導致它的一些基本認識只能停留在現象觀察的水平上。但與此相反的是：已有幾千年歷史、不被當前科學主流所認可的中國傳統醫學，由於其哲學基礎帶有部分唯心主義色彩和經驗主義，或應用了一些被近代自然科學排斥在外的思維方式 [32]，反而使得它有機會深入地認識到隱藏在各種疾病背後人體抽象的內在本質。這裡通過與現代醫學多個方面的對比，清楚地反映了中醫學具有本質科學的基本特點，從而進一步地說明了中醫學是未來科學，其理論體系和思維方式都值得現代人體和生命科學的借鑒。

首先，現代醫學是以實驗事實為依據建立起來的科學體系 [2]，重視宏觀和微觀結構的探討，並認為原子分子等物質結構和功能的異常是疾病的基本病因。這就使得現代科學對人體疾病的認識只能停留在現象的水平上。而中醫學則完全不同，它是以陰陽五行等哲學理論為基礎建立起來的思想體系。**中醫學不僅有系統的理論，而且有獨特的方法** [33]。**中國傳統科學方法重視從宏觀、整體、系統的角度研究問題，其代表是中醫的研究方法，這種方法值得進一步研究和學習** [34]。將人體看成是一個普遍聯繫著的整體，是中醫診斷學和治療學的根本出發點，並且將七情六淫等抽象因素看成是疾病的基本病因。翻譯成現代語言，就是認為情感和自然等屬性是人體疾病的根本原因，的確可以說是看到了隱藏在各種疾病背後人體的抽象本質。中醫藏象學說還通過外在器官的變化來反映內臟的病理狀況 [5]，更是「透過現象看本質」這一原則和技術的直接應用。**中醫某些貌似「不科學」的背後，其實有著大科學的內涵** [35]。因此，認為中醫學具有本質科學的基本特點，是絲毫也不為過的。

其次，現代醫學是現象科學的特點決定了它的主要研究對象是看得見、摸得著、測得到，或者是可以通過統計學方法分析出來的具體物質，不同的

個體之間具有相對的穩定性，不需要或很少應用抽象的思維方法就能解決問題；現代醫學還非常習慣於設置一系列統一的標準，所需要的知識基本上都可以從書本上學習到。因此，培養一個現代醫生相對不是很難，只要努力學習書本知識，基本上就能成為一個良好的醫生；可以大規模培養。與此完全不同的是，中醫學具有本質科學的基本特點，決定了它的主要研究對象是看不見、摸不著、測不到的，也不是通過一般的統計學方法可以分析得到的抽象本質。因此中醫學的理論很難懂[35]，其具體應用更是具有千變萬化的特點，導致它根本就不可能像現代科學那樣設置一個統一的標準；中醫學還十分強調「辨症論治（Diagnosis and Treatment Based on Overall Symptoms）」等抽象思維的運用，因而當好一名中醫所需要的知識通常難以從書本上學習到，而需要長期的經驗積累，很多方面甚至還需要「口傳心授（Oral Teaching and Spiritual Communication）」才能真正地體會到。如果缺乏良師的指點，再努力的學習也不見得能當上一個好中醫。因此，要培養出一個良好的中醫師是很難的；在為數眾多的中醫師中，能夠真正把握中醫學精髓的人是極其少數的。正因為如此，中醫界有所謂「良醫難求」的說法。像現代醫學那樣成批地培養醫學生，並不是培養良好中醫師的正確方法。這也是中醫具有本質科學的特點所決定的。

再次，現代醫學與中醫學的明顯不同之處，還清楚反映在二者治療方法的巨大差異上。現代醫學是現象科學和物質科學的基本特點，決定了它總是要從物質的角度去尋找解決問題的方案，如化療是往人體內注入藥物去中和有害物質，或者補充人體內缺乏的基本物質；而手術治療，則是直接添加、改變人體內必要的物質結構，或者取出人體內冗餘的物質，至於導致體內物質的缺乏和冗餘的根本原因，現代科學基本上都還沒有真正搞清楚，即便有一些抽象方面的線索，但是在治療時卻基本不予以考慮。如西醫學通常用安眠藥來治療精神因素導致的失眠，藥物作用的部位是大腦內的神經細胞或神經遞質，而基本上不考慮失眠的病因學治療，不同的個體都可以使用相同的治療方案。現代醫學還企圖通過導入目的基因或幹細胞的方法來治療各種疾病，這些都是由現代科學的研究對象——各種具體的物質具有相對的穩定性所決定的。而中醫學則完全不同：它具有本質科學的基本特點，因而十分清楚各種疾病的本質性原因，通常情況下不需要往人體內添加或減少任何物質，如針灸、推拿和按摩等中醫特有的手段，通過恢復機體的平衡就可以很好地實現其治療的目標。同樣是失眠，中醫學認為可以是由心腎不交等多種原因引起的，並隨著個體的不同而有所差異。因而在治療學上，中醫學並不是以大腦內某種細胞或物質為靶標的，而是採取恢復心腎之間的平衡等因人而異的方案來實現其治療目的。

　　最後，現代醫學與中醫學分屬現象科學和本質科學的特點，還反映在治療效果的顯著差異上。由於現代科學是現象科學，因此，它擅長快速地消除疾病的症狀；由於現代醫學還不十分清楚絕大部分疾病的確切病因，所以極少針對性的病因學治療。例如，現代醫學並不能有效地預防消化性潰瘍、癌症等多種疾病的復發和多發，充分地說明了它的確不是病因學治療。相反，中醫學具有本質科學的特點，決定了一個良好的中醫總是針對疾病的根本原因來進行治療，如調節病患的情智，以及採取陰陽虛實的補瀉等相應措施。正因為中醫學是本質上的治療，一個良好的治療方案往往可以徹底地治癒疾病、並且在治療後不再復發；因而中國民間還有「西醫治標，中醫治本」的說法。中醫學尤其適合於現代科學束手無策的各種慢性病的治療；如果措施得當，對頭痛、中風、心肌梗塞等多種急性病的治療效果往往也是現代醫學所不能及的。正是這個原因，**有些西醫束手無策的疾病，中醫卻能治好** [34]，也就不奇怪了。中醫學徹底治癒愛滋病的報導 [36]，也說明了一個良好的中醫學治療方案在治療疾病時的有效性是現代醫學不可比擬的。中國科學院院士朱清時教授說：**我本人雖然長期以來從事發源於西方的現代科學的研究，但對中醫學一直很有興趣。首先是中醫的有效性，這是我親自反覆體驗過的，然而現代科學卻還不能解釋它，這使我覺得中醫學可能是科學發展的新前沿** [34]。

　　然而，有人聲稱「中醫根本就治不好病」，甚至認為**中醫陰陽五行理論是偽科學、中醫沒有西醫科學** [37]」。這是對中醫學缺乏了解的表現，沒有充分地認識到中醫學是本質科學的基本特點導致了「良醫難求」的社會現狀。在世界範圍內，沒有掌握中醫學的精髓而自稱為中醫師的人很多，正是這種濫竽充數的行為造成了「中醫治不好病」的假象，掩蓋了其科學性的內在本質，必須堅決地予以澄清。還有人主張要用西醫來解釋中醫，甚至認為「**中醫學最終只能匯歸西方醫學** [38]」；這是沒有認識到西方醫學僅僅是現象科學，缺乏「透過現象看本質」這一基本觀念的具體表現。這樣做一定會犯哲學上的基本錯誤，也是不可能成功的；因此西方醫學是不能用來解釋中國傳統醫學的。但是中醫學並不是沒有任何缺陷的，它對人體物質結構方面的認識的確沒有現代醫學那麼詳盡。**當前中醫迫切需要得到現代科技的幫助，但並不是用西醫的方法來研究中醫；未來生命科學的研究方法應當是西方科學方法與中國傳統科學方法的結合** [34]。這再次說明了中醫學的確具有未來科學的基本特點。如果中醫學在已有優勢的基礎上能夠充分地借鑑現代科學的某些方法和手段，它的理論體系和思維方式就一定能夠在新的歷史時期為人類全新科學體系的建立作出巨大的貢獻，從而成為真正意義上的人體科學。

總之，如果我們從本質與現象相互關係的角度來看待中國傳統醫學和現代西方醫學，就能清楚地認識到二者分別具有本質科學和現象科學的基本特點。這一認識可以使我們進一步地了解到中國傳統醫學的科學性（請參閱索引 8），並明確地指出了當前兩大醫學體系之間的聯繫和區別，從而十分有助於人類未來科學體系的建立。

6.4 「透過現象看本質」是各項事業取得成功的必要保證

「現象掩蓋本質」不僅出現在人體和生命科學領域，而且還廣泛地存在於日常生活、學習和工作的方方面面。中國明朝時期吳承恩所著的《西遊記》中，孫悟空的「火眼金睛」能夠識別真假和妖魔鬼怪，其實就是「透過現象看本質」的形象化描述，從而為唐僧順利前往西天取得真經掃除了障礙。因此，深刻領悟並靈活應用「透過現象看本質」這一原則、技術和方法，就可以使我們在從事各項工作時，都能夠像孫悟空那樣不被眼前的種種假象所迷惑，從而十分有助於各項事業的成功；也只有抓住了隱藏在各種現象背後的抽象本質，才能根據需要靈活地「變化」，從而達到事半功倍的良好效果。

首先，有了「透過現象看本質」的觀點，便可以從容面對日常生活中的種種假象。中國古代史學名著《戰國策》中有個「狐假虎威」的典故，講的是狐狸藉著老虎的威風，將百獸嚇跑的故事；那老虎竟然也心驚膽戰起來，便是沒有識破狐狸所製造的假象所致。現實生活中那些憑藉權威勢力來欺壓他人，或藉職務之便而作威作福者，又何嘗不是「狐假虎威」呢？因此，如果世人都能清楚地認識到這一點，將心頭的利益放下，趨炎附勢的社會風氣就會自動消失。《紅樓夢》第一回中的跛足道士所唱的「好了歌」，道出了現實生活中的人們對功名利祿、嬌妻美眷的苦苦追求，到頭來實際上都是一場空歡喜，也是在規勸人們不要被眼前的種種假象所迷惑。「酒色才氣，不染為貴；勢利粉華，不近為潔；智巧機械，勿用為高」便是「透過現象看本質」後提出的處世良策。

其次，善用「透過現象看本質」還是一個傑出的軍事將領必須具備的重要素質之一。一個優秀的軍事指揮官不僅要能夠從蛛絲馬跡中參透敵方的意圖，從而採取相應的對策而不至於被敵人牽住鼻子，而且還善於製造種種假象來迷惑敵人，從而為順利地實現各種戰略目標創造條件。例如：三國時期的諸葛亮充分利用了瀰天大霧，在敵人不知己方虛實的情況下，通過「鼓噪吶喊」來製造進攻的假象，僅僅利用 20 條布滿稻草人的小船就從曹操那裡借來了 10 萬枝優質狼牙箭；又在己方兵力空虛的情況下，「撫琴一曲」來製

造「手握百萬雄兵」的假象，嚇跑了擁有十五萬大軍的司馬懿，從而使「空城計」成為千古絕響。這些都是善於製造「假象」取得成功的光輝戰例，從而使得諸葛亮成為中國歷史上最著名的軍事家之一。此外，20 世紀 50 年代的朝鮮戰場上，新生的中國在武器裝備和各項技術都十分落後的情況下，仍然能打敗裝備精良、各方面都占據了巨大優勢的聯合國軍隊，也有「識破敵人戰略意圖，多次製造假象贏得主動」的戰略因素在起作用。

再次，人體結構、功能和各部分之間聯繫的高度複雜性，更是導致疾病出現各種千奇百怪的臨床假象。這不僅在中國傳統醫學中有論述，而且在現代西方醫學理論中也是有所表現的。數千年前，中國古人便已經在《黃帝內經·素問·至真要大論》中以「有病熱者寒之而熱，有病寒者熱之而寒」為例，清楚地指出如果僅僅看到疾病的表面現象而抓不住陰陽虛實的內在本質，必然會誤治，強調了不要被假象所迷惑的重要性 [39]。現代西方醫學也清楚地認識了到一個器官系統的疾病可以導致其他器官系統的症狀而導致臨床誤診的情況。例如：慢性腎功能衰竭的早期表現不典型，有可能表現為其他系統的症狀，從而很容易因為誤診而延緩了治療；頸椎病由於局部解剖的複雜性，則很容易被誤診為眼病、食道癌、心血管病、癔症等。事實上，這樣的情況還廣泛地存在於許多疾病的診斷和治療之中。因此，如果臨床醫生在實踐中能夠帶著「透過現象看本質」的基本觀念，就不至於被種種假象所迷惑，從而可以大大地降低臨床誤診率，避免錯過治療的最佳時機。

不僅如此，只有透過現象看到了真實的內在本質，才能靈活應用第三章「變化發展」的觀點。無論是在科研工作中，還是在日常生活實踐中，只有充分地把握了問題的本質，也就是了解了導致現象發生最深刻的根源，才能根據實際情況的需要而靈活地加以變通，從而減少各項工作的盲目性，並使效益最大化。例如：由於人們已經完全把握了「地心引力」這個抽象的本質，所以現代科學家們才敢於隨心所欲地將各種航空器送上太空；而人體和生命科學家們目前尚未真正地把握生命現象的本質，因而還不能隨心所欲地實現多基因調控，現代醫學還談不上實現了抗病防病的目的。這些都說明只有把握了隱藏在各種現象背後的抽象本質，我們才具備了充足的信心敢於隨機應變，從而順利地實現各項工作的最終目標。

最後，「透過現象看本質」還是我們取得偉大成績的根本保證，也是我們「脫凡入聖」的先決條件。古代印度的釋迦牟尼和古代中國的老子等人之所以被稱為聖人，並且他們的思想和言行能夠久經歷史的考驗而不朽，是因為他們的確要比一般人有著更加敏銳的洞察力，能深入地認識到隱藏在各種複雜現象背後的真實本質，所提出的思想為人類世世代代的和平與發展作出

了不可磨滅的貢獻。大家所熟知的西方科學巨匠牛頓和愛因斯坦，所提出的學說和理論充分地揭示了隱藏在多種自然現象背後的抽象本質，並將它們總結為普遍性的規律供人們應用，從而成為人類文明進步的重要階梯，也達到了「造福萬世」的良好效果。因此，如果我們從這些成功中學到一些有益的經驗，也能做到「透過現象看本質」而不被種種假象所迷惑，那我們的言行就不會漫無目的，而總是能夠做到有的放矢；在持續不斷的努力和正確方法的指引下，即便是一個再普通不過的常人要超凡脫俗，並達到聖人的思想境界也不是不可能的。

　　總之，「現象掩蓋本質」的情況也體現在日常生活、工作和學習的方方面面；深刻理解和靈活運用「透過現象看本質」的基本觀念，則能使我們獲得識別真假，去偽存真的能力，從而為各項事業的成功提供保障，同時也使我們能根據情況靈活變通，甚至是我們能否脫凡入聖的先決條件。

本章小結

　　綜上所述，自然條件下多因素共同作用的結果，導致現象總是要掩蓋部分本質或甚至與本質完全相反，這就決定了我們必須要有「透過現象看本質」的能力來看待方方面面的問題。這一觀念在黏膜下結節論中的具體應用，清楚地認識到「幽門螺旋桿菌與消化性潰瘍有因果關係」僅僅是一種假象；而年齡段分組現象則充分地揭示了抽象的普遍聯繫是人體的本質屬性，主要表現為社會性等抽象的五大屬性；而本質性認識帶有一般規律性的基本特點，使得黏膜下結節論的理論基礎還可以被廣泛地用來解釋各種人體疾病和生命現象的發生機理；而沒有看到隱藏在疾病背後人體的抽象本質，是現代科學至今不能解釋任何一種疾病的發生機制的重要原因之一。「透過現象看本質」的觀念在理論和實踐中的應用，則強調了抽象思維在科研探索過程中的重要作用；而忽略抽象思維使得現代西方醫學的認識僅僅停留在現象科學的水平上而不能進一步地深入下去。與此相反的是，中國傳統醫學卻具有本質科學的基本特點，十分值得現代醫學的借鑒，並有助於人類未來科學體系的建立。「透過現象看本質」還可以使我們不被眼前的種種假象所迷惑，從而為各項事業的成功創造條件，並有助於我們根據實際情況隨機應變，進而極大地提高我們的思想境界。

參考文獻

1　趙顯明著；燦爛的科學；北京，中國社會出版社，2005 年 1 月第 1 版；第 11 頁。

2　譚斌昭主編，周燕、陶建文副主編；當代自然辯證法導論；廣州，華南理工大學出版社，2006 年 6 月第 1 版；第 120 頁。

3　Barry J. Marshall, J. Robin Warren, Elizabeth D. Blincow, Michael Phillips, C. Stewart Goodwin, Raymond Murray, Stephen J. Blackbourn, Thomas E. Waters, Christopher R. Sanderson; Prospective Double-blind trial of duodenal ulcer relapse after eradication of *campylobacter pylori*; The Lancet, December 24/31 1988, pp 1437-1442.

4　劉長林著；論文天下：《周易》與中國象科學；2007 年 11 月 25 日；http://www.lunwentianxia.com/product.free.7161449.1.aspx。

5　楊力著；周易與中醫疾病預測；臺北，建宏出版社，2002 年元月初版；第 6 頁。

6　亞當斯・貝克夫人 [英] 著，趙煒徵譯；釋迦牟尼的故事；西安，陝西師範大學出版社，2004 年 3 月第 3 版；第 181~182 頁。

7　袁振洋導演、編著，陳松勇、樊梅生、爾冬升、樊少皇主演之《達摩大師》；中國星集團 1992 年出品。

8　漢斯・約阿西姆・施杜里希 [德] 著，呂叔君譯；世界哲學史（第 17 版）；濟南，山東畫報出版社，2006 年 11 月第 1 版；第 100~101 頁。

9　維基百科，自由的百科全書；巴門尼德，西元前 5 世紀的古希臘哲學家；網頁更新時間為 2010 年 6 月 14 日；http://zh.wikipedia.org/wiki/%E5%B7%B4% E9%97% A8%E5%B0% BC%E5%BE%B7.

10　吳瓊、劉學義著；黑格爾哲學思想詮釋；北京，人民出版社，2006 年 4 月第 1 版；第 66~80 頁。

11　陳遠霞、馬桂芬主編；馬克思主義哲學原理；北京，化學工業出版社，2003 年 7 月第 1 版；第 55 頁。

12　Mervyn Susser, Zena Stein; Civilization and peptic ulcer; The Lancet, Jan. 20, 1962; pp 115-119.

13　Amnon Sonnenberg, Horst Müller and Fabio Pace; Birth-cohort analysis of peptic ulcer mortality in Europe; J Chron Dis, 1985; Vol. 38, No. 4, pp. 309-317.

14　Mervyn Susser; Period effects, generation effects and age effects in peptic ulcer mortality. J Chron Dis, 1982; 35: 29-40.

15　Amnon Sonnenberg; Occurrence of a cohort phenomenon in peptic ulcer mortality from switzerland; Gastroenterology, March 1984; Vol. 86, No. 3:398-401.

16　D. Coggon, P. Lambert, M. J. S. Langman; Hospital Practice: 20 Years of hospital admissions for peptic ulcer in England and Wales; The Lancet, June 13, 1981, Vol.317, Issue 8233, pp 1302-1304.

17　Michael N. Peters, Charles T. Richardson; Stressful life events, acid hypersecretion and ulcer disease. Gastroenterol; 1983, 84: 114-119.

18　Carolyn Quan, and Nicholas J. Talley; Clinical Reviews: Management of peptic ulcer disease not related to Helicobacter pylori or NSAIDs; American Journal of Gastroenterology, 2002; Vol. 97, No. 12, pp 2950-2961.

19　Peterson WL, Ciociola AA, Sykes DL, et al. Ranitidine bismuth citrate plus clarithromycin is effective for healing duodenal ulcers, eradicating H. pylori and reducing ulcer recurrence. Aliment Pharmacol Ther, 1996; 10: 251-61.

20　John H. Walsh and Walter L. Peterson; Review article: The treatment of Helicobacter pylori infection in the management of peptic ulcer disease; The New England Journal of Medicine; Oct 12, 1995, Vol. 333, No. 15, pp 984-991.

21　Frank I Tovey and Michael Hobsley; Review: Is Helicobacter pylori the primary cause of duodenal ulceration? Journal of Gastroenterology and Hepatology, 1999; 14, 1053-1056.

22　Erik A.J. Rauws, Guido N.J. Tytgat; Helicobacter pylori in duodenal and gastric ulcer disease; Baillière's Clinical Gastroenterology, September 1995; Vol. 9, No. 3, pp 529-547.

23　C O Record; Controversies in Management: Helicobacter pylori is not the causative agent; BMJ 1994; 309:1571-1572.

24　Albert Damon and Anthony P. Polednak; Constitution, genetics, and body form in peptic ulcer: A review; J. chron. Dis., 1967, Vol. 20, pp. 787-802.

25　酈賀齡主編：消化性潰瘍病；北京，人民衛生出版社；1990 年 11 月第 1 版；第 71、89 頁。

26　楊德才主編：自然辯證法導論——自然與人；武漢，湖北人民出版社；1996 年 7 月第 1 版；第 329 頁。

27　百度百科；百度名片：阿爾伯特・愛因斯坦；網頁更新時間為 2010 年 6 月 30 日；http://baike.baidu.com/view/2218.htm。

28　Bülent Sivri; Review article: Trends in peptic ulcer pharmacotherapy; Fundamental & Clinical Pharmacology, 2004; 18, 23-31.

29　Perttu E. T. Arkkila, Kari Seppälä, Timo U. Kosunen, Reijo Haapiainen, Eero Kivilaakso, Pentti Sipponen, Judit Mäkinen, Hannu Nuutinen, Hilpi Rautelin, and Martti A. Färkkilä; Eradication of Helicobacter pylori improves the healing rate and reduces the relapse rate of nonbleeding ulcers in patients with bleeding peptic ulcer; American Journal of Gastroenterology, 2003; Vol. 98, No. 10, pp 2149-2156.

30　Roma E, Panayiotou J, Kafritsa Y, Van-Vliet C, Gianoulia A, Constantopoulos A. Upper gastrointestinal disease, Helicobacter pylori and recurrent abdominal pain. Acta Paediatr, 1999; 88: 598–601. Stockholm. ISSN 0803-5253.

31　Hildur Thors, Cecilie Svanes, Bjarni Thjodleifsson; Trends in peptic ulcer morbidity and mortality in Iceland; Journal of Clinical Epidemiology, 2002; 55, 681-686.

32　廖育群著；醫者意也：認識中醫；桂林，廣西師範大學出版社，2006 年 5 月第 1 版；第 69-70 頁。

33　張宗明著；奇蹟、問題與反思——中醫方法論研究；上海，上海中醫藥大學出版社，2004 年 9 月第 1 版；第 15 頁。

34　中國中醫藥報社主編，陳貴廷主審，毛嘉陵執行主編；哲眼看中醫——21 世紀中醫藥科學問題專家訪談錄；北京，中國科學技術出版社，2005 年 1 月第 1 版；第 5、8、12、13 頁。

35　鄭洪、藍韶清著；醫史傳奇；廣州，羊城晚報出版社，2006 年 10 月第 1 版之序言第 1 頁。

36　網易，新聞中心，社會新聞；吉林愛滋男 6 年後奇蹟痊癒，全球僅 2 例；2007 年 11 月 22 日；http://news.163.com/07/1122/12/3TTDKCPU00011229.html。

37　中華網新聞；評論：何祚庥，你沒有資格批中醫；2006 年 10 月 31 日；http://news.china.com/zh_cn/domestic/945/20061031/13712817.html。

38　區結成著；當中醫遇上西醫：歷史與省思；北京，生活 讀書 新知三聯書店，2005 年 5 月北京第 1 版；第 7 頁。

39　成肇智著；《內經》主體診療模式及其對中醫學的影響；北京中醫藥大學學報；1999 年第 22 卷第 6 期。

第九章：生命科學的探索要十分重視因果關係的論證

第八章指出了萬事萬物之間普遍聯繫的抽象本質是推動各種現象發生發展的根本原因。然而，本質都是經過抽象思維歸納出來的一般性規律，具有「共性」而過於籠統的基本特點，人們通常還希望能夠了解引起各種現象發生的原因更多、更具體的細節，這就是本章所要討論的「原因與結果的關係」，具有「個性（Individuality）」並且內容豐富的基本特點。因此，本質與現象、原因與結果這兩對關係之間既有聯繫又有區別。本章的討論將明確地指出：忽略人體自身內在的因素在各種疾病和現象發生發展過程中的決定性作用，是現代醫學至今仍然不能圓滿地解釋任何一種疾病和現象的又一重要原因。由於各種現象的發生都是「事出有因」的，所以因果關係也是我們在日常生活和各項科研工作中都必須強調的又一重要哲學概念。

第一節：因果關係中的一些基本概念

我們將導致某種現象發生的條件稱為原因（Cause、Reason），而將這個條件所導致的現象稱為結果（Effect、Result）。這兩個定義表明：如果沒有這個條件，就不會有相應現象的發生。因此，原因與結果之間在時間上有著固定的先後順序：原因總是發生在結果之前，結果總是發生在原因之後；二者的關係也總是密不可分的：有因必有果，有果必有因。我們將原因與結果之間這種密不可分關係，簡稱為因果關係（Causation、Causal Relationship）；並將任何事物的產生、發展、變化和消亡都是因果關係作用的最終結果的性質，稱為因果性（Causality）；在觀察和處理問題時，將任何現象的發生都歸因於一定的前因後果的觀念，稱為因果觀（Causal Perspective），或因果思維（Causal Thinking）。中國有個成語「無果而終」，表達的並不是「某個原因沒有任何結果」，而是最終的結果差強人意，或沒有達到預期目標的意思。

原因與結果的定義雖然簡單，但二者的關係卻是高度複雜的，具有一因一果、一因多果、多因一果、多因多果、網絡狀因、互為因果等多種表現形式。自然狀態下一因一果的情況通常是不多見的；即便是非常簡單的「蘋果落地」現象，自然狀態下也要受到空氣的阻力和流動的影響；只受到重力一個因素的作用不過是人為假定的一種理想情況。在人體和生命科學領域，某個現象的發生更是複雜的多因素疊加起來綜合作用的結果，往往同時還伴隨著其他多種現象的發生。這就導致人體疾病和生命現象都具有高度複雜的基本特點，使得因果關係的探討在這一領域占據著十分重要的地位。

我們還將在現象發生過程中起到決定性作用的原因稱為主要原因，或決定性原因，而將在現象發生過程中起到次要作用的原因稱為次要原因。在很多情況下，雖然有些因素也是某個現象發生發展的必要條件，並且還具有決

定性意義，但它們在整個現象發生發展的過程中保持相對的恒定，不是造成現象差異性的根本原因，因而我們不將它們列為主要原因，而是稱之為「背景要素（Background Element）」。例如：水在各種生命活動過程中的作用是決定性的，但在多數疾病和現象的發生發展過程中卻能保持相對的恒定而無需考慮，因而我們認為它是這些疾病和現象發生的背景要素，而不是主要原因。這就好像是舞臺上的背景，它是不動的，卻反映了劇情發生的歷史環境和自然條件，脫離了這個歷史環境和自然條件，表演就不能如實地反映所要表達的思想和內容，但是觀眾們只需要重點注意動態的演出就夠了。

第二節：外因要通過內因才能起作用

　　除了根據作用的大小對原因進行分類以外，還可以根據其來源進行分類。我們將導致某種現象發生，並源於研究對象自身的所有內部條件，統稱為內部原因或內在原因，簡稱為「內因（Internal Cause）」；而將導致現象發生，卻源自於研究對象以外的所有外部條件，統稱為外部原因或外在原因，簡稱為「外因（External Cause）」。例如，在雞蛋孵化成小雞的過程中，包括受精卵在內的雞蛋自身的物質和遺傳結構是內因，而外界相對適宜的溫度和濕度等則是外因。對於孵化成小雞這個結果而言，無論是雞蛋自身的結構，還是外部環境，都是雞蛋孵化成小雞必不可少的條件。因此，一個現象的發生通常是內因和外因共同作用的結果，內因與外因之間的關係是密不可分的。

　　內因和外因密不可分的關係，首先表現在內因是事物發展變化的基礎，而外因則是事物發展變化的條件；外因一定要通過內因才能起作用，才能推動各種現象的發生。例如：在雞蛋孵化的過程中，受精卵攜帶了小雞所需要的全部遺傳信息，決定了雞蛋最終是否能夠被孵化成小雞，而不是別的動植物，這說明了雞蛋自身的因素，也就是內因，是它能夠被孵化成小雞的基礎，並決定了它的未來走向。但如果沒有適宜的溫度和濕度等外界環境，雞蛋還是不能被孵化成小雞，又說明了外部環境，也就是外因，也是雞蛋孵化成小雞必不可少的條件，並決定了雞蛋是否能夠被孵化，以及孵化的速度。而其他各種動物的蛋或鵝卵石等等，無論什麼樣的外界條件都是不可能被孵化成小雞的，說明了外界條件這個外因必須通過雞蛋自身內在的因素這個內因才能起作用，才能最終將雞蛋孵化成小雞。

　　其次，內因和外因密不可分的關係還表現在內因和外因的相互轉化上。這是不同事物間抽象的普遍聯繫所導致的必然結果，很好地體現在人類的生產活動與外界環境的相互影響之中：當前人類對自然資源的無限度開採和肆意浪費在導致森林面積急劇減少的同時，還排出了大量的二氧化碳和有毒氣

體，結果就是地表溫度升高、臭氧層破壞和南北極冰川的急劇減少；而惡化了的環境反過來又會影響到人類的生存和發展。這樣，人類對自然資源的需求這個內因，就轉化成了環境惡化這個外因反作用於人類並形成惡性循環。相反，如果人們能夠有意識地保護環境、合理利用資源，內外因的相互轉化則可以形成良性循環，從而有助於人類的長期生存和發展。類似的內外因之間的相互轉化，還廣泛地存在於生態系統、國際貿易、生物回饋、系統工程、電腦信息技術等自然、社會和科技領域，充分反映了自然界不同的事物之間都不是孤立存在，而是相互影響的。

由此可見：在探討各種現象或疾病的發生機理時，既要重視內因的基礎性影響，又要強調外因對事物變化發展的推動作用。內因決定了事物變化發展的未來方向和性質，是變化發展的源泉；而外因則決定了事物變化發展的可能性和速度，是變化發展的動力。只考慮外因而忽略內因，事物的變化發展就會失去基礎和源泉；只考慮內因而忽略外因，事物的變化發展就會失去動力。外因不可能撇開內因而單獨地作用於事物；不同事物之間普遍聯繫的結果，還導致內因和外因之間可以相互轉化。

第三節：「本質與現象、原因與結果」之間的聯繫和區別

上一章的「本質與現象」、這一章的「原因與結果」這兩對關係都是事物變化發展機制的反映，但是二者之間又有什麼樣的關係呢？圖 III.14 清楚地勾劃出了這兩對關係之間的聯繫和區別。

圖 III.14 上半部分第 3 行從右到左的箭頭表示：本質是導致某種現象發生、產生某種結果最根本、最深刻的原因。這說明本質還不是我們日常所定義的一般意義上的「原因」，而是將導致某個結果的原因不斷地刨根問柢，不斷地應用抽象思維進行歸納以後才得到的「終極原因（Terminal Cause）」；因而本質的真正含義是「本質性原因（Essential Cause）」。例如，蘋果落地的原因是什麼呢？是重力；再進一步地追問：產生重力的原因又是什麼呢？是具有高度普遍性的萬有引力。通過這樣不斷刨根問柢的方式，我們就可以找到隱藏在蘋果落地這一簡單自然現象背後的終極原因、根本原因，也就是本質。這說明第八章對本質的定義還是很貼切的。而一般意義上的「原因」，通常在觀察到某種現象或結果以後，只要簡略地運用逆向的邏輯推理就可以找到，一般不需要進一步多次運用抽象思維。然而，在探討某種現象或結果發生的原因時，我們愈是刨根問柢、愈是運用抽象思維，我們的認識就愈接近本質性的認識，我們的工作就愈接近科學研究的最終目標。

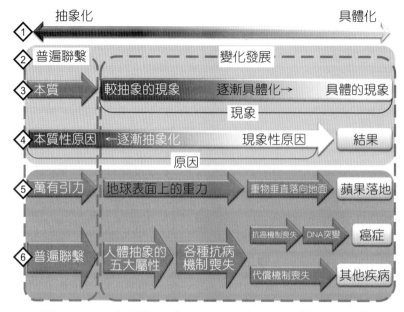

圖 III.14　本質與現象、原因與結果的聯繫和區別

　　圖 III.14 第 1 行表示我們在觀察和處理各種問題時，可以沿著相反的兩個思路進行分析：向左的箭頭表示抽象化（Generalization），而向右的箭頭表示具體化（Specification）。第 2 行表示抽象化的結果就是使我們能夠看到抽象的普遍聯繫，具體化的結果就是使我們能夠看到事物的變化發展。第 3 行表示從「本質和現象」的角度來分析和處理某個問題時，本質一定會體現出推動各種結果和現象發生的普遍聯繫，逐步具體化的結果就是我們所能觀察到的「現象」。第 4 行表示當我們從「原因與結果」的角度來觀察和處理同一個問題時，隨著抽象化和具體化程度的不同，我們所能找到的各種原因既可以是非常抽象的本質性原因，也可以是比較具體的物質性原因，最後展現在我們面前的最終結果，就等同於由本質導致「具體的現象」。第 5 行是這兩個相反的思路在物理學上的應用舉例：將宇宙中普遍存在的萬有引力具體地應用於地球表面，就是我們日常所講的重力，具體地表現為在沒有任何其他外力作用的情況下，各種物體總是垂直向下地落向地球表面，進一步具體到蘋果這個事物就表現為「蘋果落地」；相反的思路則能使我們通過「蘋果落地」這個具體的結果和現象看到具有高度普遍性、抽象的「萬有引力」。第 6 行是這兩個相反的思路在人體科學上的應用舉例：普遍聯繫在人體可以表現為抽象的五大屬性；它作用於人體的結果，就是可以導致人體自身固有的多種抗病機制逐步喪失；而這其中抗癌機制喪失的結果就是導致染色體 DNA 上多個位點的突變，這種物質結構上的變化最終就表現為各種具體的癌症；而沿著相反的思路，我們就能通過癌症或任何一種疾病的發生看到人體複雜而抽象的普遍聯繫。

其次，如圖 III.14 第 4 行從左到右的箭頭所示，一般意義上的「原因」，可以看成是由本質所導致的一系列結果。這些結果進一步引發一系列其他現象的發生，最終導致了物質世界的明顯改變，從而成為能夠被感覺器官或儀器等直接或間接觀察到的各種具體的現象或結果。由此可見：一般意義上的「原因」可以看成是本質所導致的「現象」，因而我們可以稱它們為「現象性原因（Phenomenal Cause）」；一般意義上的「原因」還可以看成是將本質具體應用於某一事件後得到的中間結果；這是與應用抽象思維來「透過現象看本質」完全相反的一個邏輯過程。在這種情況下，「本質」都是抽象的，而一般意義上的「原因」卻可以因為具體化程度的不同，既可以是抽象的，又可以是具體的。因此，如果我們將已知的抽象原因（現象性的原因）進一步抽象化，往往就可以得到本質性的認識；但如果將「抽象原因」具體化則可以逐步衍變為可以觀察到的各種現象和結果。例如，將牛頓提出的本質性認識「萬有引力」具體地應用到地球表面，就是我們日常所說的「重力」；再進一步具體地應用到樹上的蘋果，它就是「蘋果落地」這個現象的原因了。這個「重力」既是萬有引力所導致的現象，又是萬有引力所導致的結果，並且它還是「蘋果落地」等發生在地球上的多種自然現象發生的原因。

此外，圖 III.14 下半部分的第 5、6 兩行是應用舉例。由於本質是利用抽象思維進行歸納以後得到的，是隱藏在同類現象背後的普遍性規律，因而具有「共性」的基本特點，具有高度的概括性，並且是放諸四海而皆準的。例如：第 5 行表示萬有引力不僅是造成蘋果落地的原因，也是維持地球和月亮平衡的原因，還是維持太陽系和整個宇宙平衡的重要原因，因而牛頓將它歸納成一個具有普遍性的概念「萬有引力」。而一般意義上的「原因」，由於是將本質進行一定程度上的具體化演繹以後才得到的，因而所涉及到的範圍通常比較小，具有個性的基本特徵，往往有著豐富多彩的細節和內容。而第 6 行從左到右的箭頭表示，人體普遍聯繫的固有本質，可以表現為抽象的五大屬性，而最終則可以表現為癌症、愛滋病等千千萬萬種不同的疾病。在日常生活和科學研究工作中，我們所認識到的許多「原因」通常只能解釋數量有限的一些現象和結果，是因為這些「原因」還沒有上升到具有普遍性的本質的高度，所以它們還不是根本性的原因（簡稱「根本原因」，Radical Cause、Radical Reason），說明了這種認識還有很大的發展空間，需要進一步地深入探討。例如，「重力」雖然是抽象的，已經具有本質的某些特點，但是它所解釋的範圍還僅僅局限在地球表面，說明了它還不是本質性的認識，需要我們進一步地運用抽象思維歸納成為「萬有引力」之後，才能廣泛地用於解釋地球－月亮、太陽－行星之間的平衡。

　　總之，「本質」比較深刻、抽象，反映的是具有普遍性的一般規律，具有高度的概括性；而「原因」通常比較表面、具體，卻能反映出導致特定現象的具體細節，有著豐富多彩的內容。把握了前者，後者就比較容易弄清楚；將後者反覆運用抽象思維進行歸納則可以推導出前者。這說明了本質與現象、原因與結果這兩對二元關係分別從不同的角度反映了各種現象發生發展的機制；二者既有聯繫又有區別，通常情況下並沒有一個嚴格的界限，都是我們在日常生活和各項科研工作中不可忽視的重要關係。

第四節：歷史上的「因果思維」

　　東方哲學史因果關係的論述最早見於 3000 多年前中國古代的《周易》，其泰、否二卦分別展示了由「因」而「果」、以「果」示「因」的辯證邏輯思維；這一思想對中國先賢、哲人的思維發展有極大的啟發，反映在「民為貴，社稷次之，君為輕」這樣的民本思想當中 [1]。中醫的陰陽五行學說認為「陰陽」這兩個對立面之間有一種相互制約、依賴與轉化的關係，而「五行」則代表了自然界裡五種不同性質的事物，它們之間是相生相剋、相乘相侮的，也深刻地反映了因果思維。而對因果關係最詳細的論述要數 2500 多年前釋迦牟尼創始的印度佛教，這就是「三世因果（Causes and Effects of Three Lives）」，認為世間萬法皆是依因果之理而生成壞滅的；因是能生，果是所生；因與果之間是密不可分的，有因必有果，有果必有因，任何作業都逃不了一個果報 [2]。

　　在西方哲學史上，人們也很早就注意到了因果關係的普遍性。古希臘哲學家亞里斯多德提出了關於事物生滅變化的四因說，分別是物質因、形式因、動力因和終極因，對整個西方哲學產生了深遠的影響 [3]。英國的經驗論者從培根（Francis Bacon, 1561~1626）到洛克（John Loche, 1632~1704）也一直把因果規律看作是必然的，後者認為凡事必有原因，這是可以為我們的經驗所證實的 [2]。而休謨（David Hume, 1711~1776）則認為原因與結果之間的必然聯繫不能被理性所證明，並提出了只有通過觀念的連接原則，才能獲得原因與結果之間的必然聯繫 [2]。德國哲學家黑格爾認為原因是具有產生結果力量的東西，是主動的實體，而結果是被產生的，因而是被動的實體；原因與結果在內容上是同一的，在形式上是分離的；因果關係的聯繫和轉化是無窮的 [4]。在馬克思的哲學體系中，因果關係是五大重要的範疇之一，認為原因和結果是既相互排斥、相互區別；又相互聯繫、相互作用；把握因果關係是進行科學研究、獲得科學認識的前提，並可以提高工作的自覺性和預見性，找到解決問題的正確方法 [5]。

第五節：因果關係在黏膜下結節論中的應用

　　因果思維貫穿在黏膜下結節論對消化性潰瘍所有 15 個主要特徵和全部 72 種不同現象的解釋之中，足見其重要性。實際上，不重視人體內因對疾病發生發展的決定性作用，不僅是現代科學不能圓滿解釋消化性潰瘍的發生機理的根本原因，而且還是現代科學在探索其他所有人體疾病與生命現象時的通病。限於篇幅，這裡僅討論黏膜下結節論中關鍵性的幾點。

5.1　忽視人體內因是現代潰瘍病病因學的重要缺陷

　　因果關係的討論表明：內因是事物變化發展的基礎，外因是事物變化發展的條件；外因要通過內因才能起作用，才能推動各種現象的發生發展。因此，我們在探索消化性潰瘍病的發生機制時，只有同時考慮到個體自身內在的原因和所處的外部環境這兩個方面，才能清楚而全面地認識到消化性潰瘍的真實病因。

　　以現代科學為基礎的傳統病因學觀念認為：**消化性潰瘍的發生是上消化道的保護因素和損害因素失去平衡的結果** [6-9]。有人認為：在這一傳統的病因學觀念中，上消化道的「保護因素」是人體的內因，而「損害因素」則是人體的外因，因而既考慮到了人體的內因，也考慮到了外因，是合乎因果思維的。但只要我們稍加類比，就可以清楚地說明缺乏整體觀，導致這一傳統的病因學觀念實際上僅僅涉及到了消化性潰瘍初淺的內因，而並沒有找到導致該疾病發生發展的真正內因。

　　上消化道局部的「保護因素」可以與一個國家的「邊防部隊」進行類比。為了確保與鄰國軍事力量的平衡，一個國家通常會保持一定數量的邊防部隊。但如果這個國家在某一天突然發生了政變，其國內政治和經濟的穩定遭到了嚴重的破壞，不能及時向邊防部隊提供充足的武器彈藥和糧草，就無法有效地抵抗鄰國的進攻而喪失大片的國土。很明顯，這個國家抗侵略能力大大降低較為深刻的內因是「政變」，而不是邊防部隊。同理，在潰瘍病發作時，我們可以將胃酸胃蛋白酶、幽門螺旋桿菌、機械磨損等上消化道的「損害因素」看成是鄰國的軍隊，是隨時準備向胃腸道發動進攻的局部外因；而將胃腸道黏膜對這些損害因素的抵抗力，即所謂上消化道的「保護因素」看成是這個國家的邊防部隊。與邊防部隊不能有效地抵抗外來的侵略完全一樣，是與「政變」相類似的某些人體內在因素導致個體的整體狀態遭到了嚴重破壞，從而使上消化道的「保護因素」不能得到充足的營養供應，進而不足以抵抗局部「損害因素」的攻擊而導致了消化性潰瘍的發生。由此可見：上消化道「局部保護因素被削弱」，還遠不是導致潰瘍發作的真正

內因，而使人體的整體機能遭到破壞的因素，才是引起消化性潰瘍的真正內因；上消化道的「局部保護因素被削弱」是這個真正內因所導致的結果，最終表現為消化性潰瘍的發生。

此外，上消化道局部的「保護因素」還可以與「體表皮膚」進行類比。一般情況下，體表皮膚的物理屏障作用足以將 99% 以上的病原微生物和有害物質阻擋在人體內環境之外，免疫學將皮膚的這種功能稱為非特異性免疫。只有在皮膚病、外傷、蟲子叮咬等特殊情況導致皮膚的完整性遭到了破壞時，病原微生物和有害物質才有機會入侵人體而致病。因此，病原微生物和有害物質能夠入侵人體更為深刻的內因，不是體表皮膚物理屏障作用的破壞，而是特殊情況下使這一屏障遭到破壞的皮膚病、外傷等因素。同理，一般情況下，上消化道的黏膜也足以抵抗胃酸胃蛋白酶、機械磨損、幽門螺旋桿菌等「損害因素」的攻擊；所謂的「保護因素」，不過是上消化道局部抵抗力的代名詞而已，非常類似於體表皮膚的物理屏障作用。只有在特殊情況下，當胃腸道黏膜的完整性遭到了破壞時，胃酸胃蛋白酶、機械磨損、幽門螺旋桿菌等局部「損害因素」才有可能發揮作用而導致消化性潰瘍的發生。這說明消化道局部損害因素能夠發揮作用並導致消化性潰瘍更為深刻的原因，不是胃腸道黏膜的局部保護因素被削弱，而是特殊情況下使胃腸道黏膜的完整性遭到破壞的其他因素。正是這個原因，胃潰瘍只能發生在胃黏膜的完整性遭到破壞的部位，而不是整個胃黏膜。

以上兩個類比實際上都說明了沒有將人體看成一個普遍聯繫著的整體，導致以現代科學為基礎的傳統的病因學觀念僅僅注意到了導致消化性潰瘍病發生的初淺內因，而沒有深入地認識到個體的整體狀態才是該疾病發生的真正內因，使得歷史上所有的相關學說對消化性潰瘍的病因學認識僅僅停留在表面（消化道局部黏膜）上。因此，**直到今天，還沒有哪個因素，無論是人體方面的，還是生物方面的，能夠被確定為潰瘍病的病因，從而不能成功地預測被感染者是否一定能夠患上潰瘍病** [10]」，必然的結果就是**胃潰瘍的發病機理至今還不是很清楚** [11, 12]。

5.2 只有強調人體內因才能圓滿解釋胃潰瘍的好發部位與形態學

過去百十年來，人們曾經提出過十多種學說來解釋潰瘍病的發生機理，至今仍然沒有一個學說能圓滿地解釋為什麼胃潰瘍「**通常穿越黏膜下層，甚至深達肌層內，邊緣整齊** [13]，**狀如刀割** [14]」。這正是現代科學不重視因果關係的論證，沒有注意到「人體內因是造成胃黏膜局部差異性的根本原因」所導致的必然結果。

　　歷史上以傳統的病因學觀念為基礎的所有學說，都忽略了消化性潰瘍發生的內因，而僅僅考慮了胃黏膜局部的「損害因素」這個外因。但局部損害因素在胃腸道內是無處不在的，對胃黏膜的攻擊不具有選擇性，這就導致現代科學永遠也不可能圓滿地解釋胃潰瘍的形態學特點。而黏膜下結節論則不同，它充分地考慮了人體的內因，認為人體情感等抽象的五大屬性所造成的負面影響並不是平均地分布在人體的各個不同部位，而是選擇性地造成局部胃黏膜下組織缺血缺氧，從而使胃內無選擇性的損害因素有機可乘，最終導致「邊緣整齊，狀如刀割」這樣的組織缺損。黏膜下結節論還認為：劇烈的情緒波動對全身的負面影響無疑是客觀存在的，可以導致心臟病、高血壓等等；但是在遺傳等因素的影響下，人體抽象的五大屬性在某些個體容易導致胃腸道的損害並表現為疾病。解剖學和細胞生物學的研究結果均顯示：胃腸道擁有除中樞神經系統以外人體內最複雜的神經網絡，因而胃腸道還被稱為「第二大腦」或「腹腦」；它通過迷走神經與中樞神經系統聯繫在一起，也可以獨立地發揮自己的功能。因此，負面的情緒反應最有可能在胃腸道內得到體現，導致病理上的改變並最終表現為潰瘍病的發作。中醫學「憂思傷脾胃」的說法表達的也是這個意思。但是我們必須注意到中醫學的「脾胃」並不僅僅指脾和胃這兩個獨立的器官，而是指擁有胃腸道系統功能的所有器官，是一個整體的概念。

　　不僅如此，病理性神經衝動所造成的負面影響在胃內的分布也是不同的，這也是由人體自身的解剖學特點和神經分布密度所決定的。那些功能複雜的部位，如幽門竇、胃小彎所接收到的病理性神經衝動明顯地要比其他部位多，因而這裡發生潰瘍的機率也最高。這種病理性神經衝動所導致的病理改變與體表丘疹和皮下結節雖然在表現上有著巨大的差別，但是在機理上卻是完全一致的，都是有選擇性地造成局部組織的損傷。此外，我們還可以把人體簡化成一個中空的圓柱體，體表皮膚是其外表面，而消化道則是其內表面，口腔為這個圓柱體的上端開口，而肛門為其下端開口；外表面病理改變的發生部位可以有選擇性，內表面病理改變的發生部位自然也可以有選擇性，只不過內外表面局部環境的不同，導致在胃部表現為胃潰瘍，而在體表則表現為丘疹和皮下結節罷了。

　　因此，只要充分地考慮到了人體自身內在的因素在疾病發生發展過程中的基礎性作用，並認識到它們對人體不同部位的差別性影響，解釋消化性潰瘍的好發部位和形態學特點實際上是不難的。而忽略人體內因（Internal Cause of the Human Body）對疾病發生發展的關鍵性作用，現代科學在面對胃潰瘍的這兩個基本特點時表現得「束手無策」就不難理解了。

5.3 內外因之間的相互轉化，是明確消化性潰瘍病因學的關鍵

內因和外因之間密不可分的關係，還體現在二者的相互轉化上。這一認識在黏膜下結節論中的應用，就是認為消化性潰瘍的發生是在遺傳的基礎上，由自然和社會等環境外因轉化成人生觀這個「內因」，以及胃腸道的局部損害因素這個「外因」內外夾攻的結果。

第七章「歷史的觀點」明確地指出了現代科學的哲學基礎是唯物主義的一元論，決定了它的病因學研究必然會聚焦在具體的物質方面，而忽略了人體抽象聯繫方面的重要作用，導致現代科學往往不能明確許多生理活動和疾病發生的推動力。與此不同的是，黏膜下結節論在普遍聯繫這一哲學思想的指導下，充分地認識到了人體具有自然、社會、情感、整體和歷史等五大基本的屬性，決定了人體內各種生理活動的變化與疾病的發生發展。從因果關係的角度來分析，自然和社會的屬性反映了個體與外界之間的關係，因而我們完全可以將影響人體生理活動甚至導致疾病發生的自然和社會因素稱為外因。歷史的屬性反映了既往經歷的外部環境對個體的影響，具體地表現為人生觀和遺傳；而情感的屬性則必須在人生觀的基礎上才能起作用，表現為喜怒哀樂等情緒反應；而整體的屬性反映了人體內部各個不同部分之間的密切聯繫，也是歷史上各種事件不斷累積和疊加的產物。從表面上看，這三種屬性在疾病和現象發生時好像與外界無關，而是人體自身的因素，因而這裡將它們稱為人體的內因。但實際上。它們都是經過了一個漫長的歷史過程以後由環境外因向人體內因不斷轉化後形成的（請參閱第五章 6.3），或者都要受到環境外因的巨大影響。

而來自人體外部、即時的自然和社會因素等「外因」被眼、耳、鼻、舌、本體等感覺器官感應到以後，在人生觀的基礎上經過大腦的判斷表現為情緒上的反應，並通過神經、體液等多種途徑影響到人體的生理活動，甚至導致疾病的產生。即時的環境外因正是通過這種方式對人體起作用，進而造成「局部保護因素被削弱」的。這一認識體現了「外因要通過內因才能起作用」的哲學思想，並且即時的環境外因也會轉化成人生觀的一部分。因而眼、耳、鼻、舌、本體感覺等，正是各種環境外因侵入人體的門戶，而人生觀則決定了人體將會發生何種形式的情緒反應。由此可見：人體抽象的五大屬性在外因轉化成內因的過程中實際上都發揮了重要的作用。戰爭、經濟危機、家庭矛盾等重大社會事件，以及自然災害等外因，都是通過這樣的途徑轉化成負面的人生觀這個內因，再加上即時的自然或社會事件觸發的負面的情緒反應，消化性潰瘍就發生了。如果不能充分地認識到這一點，就無法在各種自然和社會因素與消化性潰瘍的發生之間建立起必然的聯繫，也就無法

確定它的真正病因、解釋年齡段分組現象等多方面的特點，更談不上採取正確的預防和治療措施了。

由此可見，消化性潰瘍可以看成是兩種不同性質的外因「內外夾攻」的結果（如下頁圖 III.15）：一種是人體以外的自然和社會環境，必須通過眼耳鼻舌身等感覺器官經人生觀濾過以後才能作用於人體，在消化性潰瘍的發生發展過程中起到了決定性的作用；而另外一種外因則是消化道局部的損害因素，是具體的物質外因，包括胃酸胃蛋白酶、幽門螺旋桿菌、機械磨損等等，在消化性潰瘍發生的後期，也就是在環境外因導致了病理性改變的條件下才能發揮一定的次要作用；這一認識是解釋胃潰瘍形態學的關鍵。現代科學不重視因果關係的論證，因而歷史上所有的相關學說都忽略了環境外因在轉化成人體內因以後對疾病的發生發展的決定性作用，而僅僅考慮了發揮次要作用的局部外因（Local External Cause），因而至今仍然不能明確消化性潰瘍的病因，更談不上圓滿地解釋其形態學特點了。與此相反的是：黏膜下結節論在因果思維的指導下提出來的病因學則要求我們必須比以物質觀為基礎的現代病因學考慮多得多的內容，更涉及到了一系列抽象而複雜的中間過程。這說明因果思維是黏膜下結節論明確消化性潰瘍的病因，並清楚地解釋其各方面特點的重要原因之一。實際上，基本相似的情況還廣泛地發生在所有人體疾病和生命現象的發生發展過程之中，從而凸顯了因果思維在這一領域中的重要性。

5.4 「幽門螺旋桿菌與消化性潰瘍有因果關係」的結論過於草率

黏膜下結節論明確地指出了支持「**幽門螺旋桿菌與消化性潰瘍有因果關係**[11]」的所有三個依據都是站不住腳的；本書還從 50 個不同的角度清楚地說明了這一論斷的確有可能是錯誤的（索引 4）。這裡僅從因果關係的角度來說明這一論斷與歷史上所有其他的相關學說一樣，也沒有跳出現代科學思維的局限，沒有考慮到內外因之間的相互轉化，以及人體內因在疾病發生發展過程中的決定性作用，因而從根本上講這個因果關係是不存在的。

首先，「**幽門螺旋桿菌與消化性潰瘍有因果關係**[11]」的論斷完全沒有考慮到人體內外因之間的相互轉化，因而不能在消化性潰瘍的發生與各種自然和社會因素之間建立起必然的聯繫，導致幽門螺旋桿菌學說與年齡段分組現象等流行病學特點之間存在著難以調和的矛盾。Susser 的研究顯示：在好幾個歐洲國家，消化性潰瘍所致的死亡率存在著「**年齡段分組現象**」；他們認為這些年齡段分組現象與第一次世界大戰、經濟危機和城市化高度相關[15~17]。Feldman 的多元對照研究也表明：**消化性潰瘍患者顯著地有較多的情緒障礙，表現為抑鬱或焦慮，及消化性潰瘍的發病，與人生的不幸遭遇以及社會－心理因素有密切的關係**[18]。Hui 和 Lam 通過半定量研究調查了

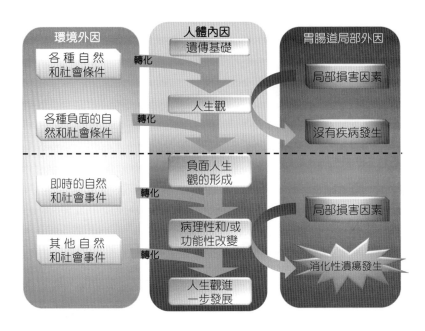

圖 III.15　消化性潰瘍是兩種不同性質的外因「內外夾攻」的結果

　　圖 III.15 左側 1/3 表示個體所處的社會和自然大環境，包括家庭、受教育水平、政治運動與經濟危機、城市化與工作環境的變換、戰爭與重大的自然災害等，這裡被定義為「環境外因」（Environmental External Cause）。中間 1/3 表示在遺傳的基礎上個體經歷的各種環境外因逐步轉化成人生觀，在疾病發生發展的過程中作為人體自身內在的因素而起作用，這裡被定義為「人體內因」，會隨著個體經歷的日漸豐富而不斷地變化發展。右側 1/3 表示胃腸道局部的損害因素，包括胃酸胃蛋白酶，幽門螺旋桿菌的感染，以及機械磨損等，是位於人體之內、內環境之外的物質因素，這裡定義為「局部外因」。虛線的上半部分表示既往經歷的各種自然和社會事件對個體的影響並不會隨著該事件的結束而立即消逝，而是轉化成人生觀儲存在個體的思維意識之中，將來在特定事件的誘導下就會影響到個體的生理和健康；雖然局部損害因素在胃腸道內長期存在，但局部黏膜有足夠的抵抗力而不足以導致消化性潰瘍的發生。虛線的下半部分表示負面人生觀形成以後，即時的社會和環境事件有可能導致劇烈的情緒反應並產生病理性的神經衝動，在胃黏膜下的組織內形成病理性改變，繼發局部胃黏膜的抵抗力降低，從而使胃腸道局部的損害因素有機可乘，最終引起消化性潰瘍的各種臨床症狀。此圖說明了消化性潰瘍的發生是兩種不同性質的外因通過不同的途徑「內外夾攻」的結果，而局部損害因素必須在負面人生觀和即時的環境因素存在的條件下才能導致潰瘍症狀。

1962~1985 年間在香港有負面影響的社會事件以後，發現潰瘍病和社區範圍內的精神壓力因素有著直接的聯繫，表明心理因素在潰瘍病的發生中發揮了一定的作用 [19]。而「幽門螺旋桿菌與消化性潰瘍有因果關係 [11]」的論斷與這些研究結果是有矛盾的。而黏膜下結節論則不同：它十分重視因果關係的探討，所考慮到的病因學因素要比這一論斷多得多，並將人體各種內外因素有機地融合在一起，認為幽門螺旋桿菌僅僅在消化性潰瘍發生的後期才起到一定程度上的次要作用，因而能圓滿地解釋這一疾病所有的特徵與現象。

其次，「幽門螺旋桿菌與消化性潰瘍有因果關係 [11]」的論斷還沒有考慮人體內因對疾病發生發展的基礎性作用，也就沒有注意到個體差異性：只有胃腸道黏膜局部抵抗力大大降低的個體，才有可能發生胃潰瘍，因而「雖然幽門螺旋桿菌在人群中的感染率很高，但是潰瘍病的發生率卻很低 [10]」。由於幽門螺旋桿菌在胃黏膜是無處不在的，所以它的攻擊缺乏選擇性，這就導致幽門螺旋桿菌學說永遠也無法圓滿地解釋為什麼胃潰瘍的好發部位通常位於幽門竇和胃小彎，並且通常穿越黏膜下層，甚至深達肌層內，邊緣整齊 [13]，狀如刀割 [14] 的形態學特點了。只有充分地考慮到了人體內因的基礎性作用，有差別地使其表面的胃黏膜抵抗力遭到削弱，才能圓滿地解釋胃潰瘍的好發部位和形態學特點。「刺激 [20] 或者損壞 [21] 中樞神經系統中的杏仁核能夠分別導致或者避免胃潰瘍的發生 [21~23]」也直接證明了人體內因對疾病發生的重要作用，而「幽門螺旋桿菌與消化性潰瘍有因果關係 [11]」則與這些客觀事實無關，因而說它「完全錯誤」是有著極其充分的理由的。

不僅如此，現代科學不重視因果關係的探討，還導致某些學者在解釋消化性潰瘍的某些現象時犯了「基本歸因錯誤（Fundamental Attribution Error, FAE）」。「在一個與外界聯繫相對較少的澳大利亞土著人部落中，確實沒有幽門螺旋桿菌的感染，因而很少見到消化性潰瘍病 [24, 25]」被當成了「幽門螺旋桿菌與消化性潰瘍確實有著很密切的關係 [24]」的證據。然而，沒有幽門螺旋桿菌感染的人群中很少見到消化性潰瘍病，一定就代表幽門螺旋桿菌是潰瘍病的病因嗎？黏膜下結節論明確地指出：與外界的聯繫相對較少的土著人潰瘍病比較罕見的原因，完全可以是由於他們相對簡單的、沒有受到現代文明影響的生活方式所致，而與是否感染幽門螺旋桿菌無關。這就好比一個平時成績優秀的小學生，某次考試的成績不太理想，不知內情的人可能會認為這與他平時不太努力有關，但實際上是因為這個學生最近家裡出了點事，對他的情緒造成了極大的影響所致。將「澳大利亞土著人部落中很少見到消化性潰瘍病」歸因於「沒有幽門螺旋桿菌的感染」，就好像那些不知內情的人將「該小學生某次考試的成績不太理想」歸因於「他平時不太努力」一樣，犯了哲學上的基本歸因錯誤。

由此可見，缺乏因果關係的哲學觀念，導致「幽門螺旋桿菌與消化性潰瘍有因果關係 [11]」的論斷完全沒有考慮人體自身內在的因素在疾病發生發展過程中的重要作用，而將一些次要因子當成了主要的病因來研究，導致當前消化性潰瘍的病因學研究處在一個完全錯誤的方向上，因而永遠也不可能圓滿地解釋消化性潰瘍的發生機理，應當立即予以糾正。

第六節：因果關係在理論和實踐上的應用

因果思維實際上還可以廣泛地應用於所有人體疾病和生命現象的探討之中，這是由因果規律的普遍性所決定的。不重視因果關係的探討，導致現代科學在研究消化性潰瘍的發病機理時所具有的缺陷，還廣泛地存在於所有其他人體疾病與生命現象發生機制的探討之中。這說明因果關係的確是我們在日常生活和科學實踐中都必須擁有的基本觀念之一。

6.1 增強人體自身的抵抗力能有效應對愛滋病毒的高變異性

愛滋病是目前人體和生命科學領域的重大課題之一，世界各國都投入了巨額的資金對其進行了詳盡的研究。目前的科學界普遍認為：愛滋病是愛滋病毒的感染引起的，因此，愛滋病的預防和治療理所當然地要通過阻斷愛滋病毒的傳播、開發疫苗殺滅病人體內的病毒，或通過抑制病毒複製的途徑來實現。而因果思維在這一領域的具體應用，則認為「高度發達」的現代科學對愛滋病的病因學認識並不是無懈可擊，而是存在著根本缺陷的，進而導致這一疾病的攻克一直都遙遙無期，至今人們仍然找不到應對其基因組高變異性的有效策略。

因果關係的觀點認為：內因是事物發展變化的基礎，外因是事物發展變化的條件；外因要通過內因才能起作用，才能最終導致各種現象的發生。這就要求我們在探索愛滋病的發生機理、採取各種預防和治療措施時，不僅要考慮到愛滋病病毒的感染這個人體以外的因素（外因），更要強調人體的內在因素（內因）在愛滋病建立穩定感染過程中的基礎性作用：愛滋病病毒穩定感染的建立，必須是在人體自身抗病毒能力顯著降低的情況下才能發生。生物進化的結果，導致人體自身先天就已經具備三大有序化系統（請參閱第五章 6.1），從而有足夠的能力來對抗包括愛滋病在內的各種傳染病。例如，大家所熟知的「發熱」現象，就是人體調動自身抵抗力常見而典型的一種方式。無論目前的科學有沒有認識到，類似程式化死亡、免疫監察等這樣人體對抗疾病的機制總是客觀存在的。

　　然而，是什麼原因導致人體自身的抗病毒能力顯著降低呢？因果關係的觀點認為這是外因在一定條件下轉化成人體內因所導致的必然結果：各種自然、社會、家庭的因素，如氣候變化所導致的受熱受凍、社會競爭所導致的過分勞累、各種家庭和社會矛盾等都可以轉化為精神壓抑等內因，從而嚴重削弱人體自身固有的三大有序化系統的功能，進而導致人體自身的抗病毒能力顯著降低，當愛滋病病毒進入人體時便能有機可乘。這說明了各種病毒性疾病其實都是「乘虛而入」的，同時也解釋了為什麼某些病人在了解到自己感染愛滋病病毒以後，病情通常會急劇惡化。因此，各種負面的自然、社會和家庭事件，並不是像現代科學認為的那樣對人體的健康沒有任何影響，而是招致了各種正常生命活動機制的逐步喪失，並長期潛伏於體內，從而成為日後各種傳染病、慢性病發生的內部條件。一旦愛滋病病毒等各種感染因子進入人體以後，人體就不能按照正常的程序將它們清除而致病。由此可見，愛滋病實際上也是「條件致病（Conditioned Pathogenic）」的。

　　這也就是說：如果人體自身固有的程序化死亡機制能夠正常發揮功能，各種病毒就會喪失生存和複製的場所；而強大的免疫監察功能也能夠將病毒顆粒立即清除出體外。在這種情況下，人體就有能力對抗任何形式的病毒變異，從而做到了「百病不侵（Invulnerable to Any Disease）」。但在現代科學的知識體系指導下的病因學，僅僅考慮了愛滋病毒的感染這個外部因素，而基本忽略了人體自身內在因素的基礎性作用，也沒有充分考慮環境因素對疾病發生的決定性影響，現代醫學無法有效面對愛滋病病毒的變異就不奇怪了。這就好像是僅僅通過給電腦安裝殺毒軟體來殺滅病毒，而不充分調動電腦自身防火牆的保護作用一樣，程式師僅僅根據病毒的變化來編寫殺毒軟體，就永遠也跟不上外來病毒的變化發展趨勢，這些病毒自然就有機會長驅直入並破壞電腦了。因此，愛滋病的預防和治療僅僅通過阻斷傳播途徑、殺滅病原體等被動的方式是遠遠不夠的，而必須通過維護人體三大有序化系統的功能，充分調動人體自身固有的抵抗能力等主動的方式來實現。實際情況也的確是如此：愛滋、流感等多種病毒的變異也一直都牽著現代科學家們的鼻子，愛滋病、流行性感冒等多種疾病自始至終都是現代科學久攻不克的難題。與此完全不同的是，中醫學正是通過「扶正固本（Restore the Normal Function and Strengthen the Root）」，也就是從整體上調動人體自身的抵抗力來達到治療目的，臨床上也的確有中醫學徹底治癒愛滋病[26]、病毒性肝炎[27]等這樣現代西方醫學束手無策的多種疾病的報導，再次說明了中國傳統醫學的確具有很強的科學性，並已經具有了人類未來科學的基本特點。

綜上所述，因果思維清楚地指出了只有加強人體自身的抵抗能力，才能有效地預防包括愛滋病在內的各種高變異性病毒的感染。因而我們必須將研究的焦點集中在人體自身的抗病機制上，而不是外來病毒的變異；像現代科學那樣通過注射疫苗的手段，往往是不能從根本上解決問題的。這就要求我們要努力建立一個和諧的自然、社會和家庭環境，儘量減少這些環境外因對人體的負面影響，才能真正地大幅降低各種疾病的發生率。

6.2 外因轉化成內因是人生觀的形成機制

因果關係的觀點認為：普遍聯繫的結果，就是導致各種外因在一定的條件下可以轉化成內因而對人體起作用。因而各種負面的自然、社會和家庭事件等外因，不僅可以導致各種正常生命活動機制的喪失，而且還可以招致負面人生觀的形成，並長期潛伏在個體的思維意識之中，在一定條件下可以被重新激活而影響人體的健康，從而成為決定各種疾病發生發展的內在因素。

任何個體自呱呱墜地的那一刻起，就要開始與外界的人、事、物打交道，就要逐步面對、感知、認識和處理人生道路上的種種矛盾、挫折和問題。當受到外界環境中的種種刺激時，人體不會像非生命體那樣僅僅是被動地受影響，而是能主動地去認識、分析、歸納和綜合，從而形成對各種人、事、物一個總體上的看法，也就是人生觀；並在此基礎上對當前發生的自然和社會事件作出判斷並採取相應的措施。由此可見：外界環境中各種大大小小的事件並不是簡簡單單地發生和消逝，而是要被「眼耳鼻舌身」等感覺器官所感知，並在思維意識中留下記憶和經驗，通過形成人生觀的方式來影響人體。因此，人生觀的形成是一個典型的外因轉化成內因的過程，並且會隨著個體的經歷而不斷地發展變化並日漸豐富；人生觀也不是在某一事件的基礎上形成的，而是在一定的歷史和社會條件下，自然、社會和家庭等外界環境中所有成千上萬種不同性質和大小的事件疊加起來綜合作用的結果；日常生活中的每一事件都會對人生觀構成或大或小的影響，因而生活事件對人生觀的影響是十分微妙的。而要正確地理解「人生觀」，必須同時帶有整體觀、歷史觀、變化發展的觀念、疊加思想和因果思維等一系列的哲學思想。

當某一自然、社會和家庭事件被感知以後，個體的思維意識就要對其性質作出判斷，這一判斷是以既往經歷，也就是以人生觀為基礎的。因此，人生觀決定了個體對某一自然、社會和家庭事件的反應和態度，支配了該個體的日常行為、辦事風格和處世態度，進而會影響到生理活動的調節乃至疾病的發生。例如：在面臨同一事件時，由於某一個體的人生觀比較消極，所作出的判斷是這一事件對自己的生存和發展極其不利，於是產生了焦慮和恐懼的心理，這一消極的心理很有可能會導致負面的生理反應，如胃酸分泌的升

高，甚至是胃、十二指腸潰瘍的發生。而另一個體的人生觀則很積極，認為這一事件是鍛鍊和考驗自己的大好機會，克服這一事件帶來的挑戰將極大地提升自己的能力，並十分有助於未來的生存和發展，該個體的健康就有可能不會受到任何形式的影響。這說明了很多疾病的發生的確是以消極的人生觀為基礎的，而且全在個體的「一念之想」，因而培養積極的人生觀對健康是至關重要的。一個惡劣的自然環境，一個充滿爾虞我詐的社會，很容易形成「人人自危、悲觀失望」的人生觀，就有可能造成整個社會心理的惡性循環甚至爆發戰爭；而一個優美的自然環境，一個公正和諧的社會則有助於形成友愛、互助的人生觀，人與人之間的良性互動則會導致整個社會文明的快速進步。這些都說明了保護和美化自然環境，構建和諧、公正的社會環境對人體健康的重要性。

總之，人生觀的形成機制是一個非常典型的外因轉化成內因的過程，並且會隨著個體的經歷而不斷地發展變化並日漸豐富。一個積極正確的人生觀與外界各種良性的自然、社會和家庭事件密切相關，因而要造就積極正確的人生觀，不是通過某一個家庭、某一個人的努力就能做到的，而非常有賴於全社會的共同努力。

6.3 追名逐利是多種疾病發生的內在原因

前面兩個小主題的討論表明：各種負面的自然、社會和家庭事件並不是對人體的健康不構成影響，而是導致各種正常生命機制的逐步喪失以及負面人生觀的形成，二者長期潛伏在人體內並成為日後各種致病因子入侵的內部條件。然而，負面的自然、社會和家庭事件發生的根源又是什麼呢？因果關係的觀點認為：追名逐利是驅動這些負面事件的重要原因之一。

自人類社會形成以來，尤其是最近幾百年來，科學技術日漸進步，社會化大生產逐步確立，人與人之間的信息交流與相互接觸也愈來愈頻繁。人們難免會拿自己的狀況與周圍的人進行比較，於是人與人之間的攀比之風愈演愈烈，逐漸形成了追名逐利、貪圖物質享受的社會風氣。有了一份工作，還想有一份更好的工作；有了一份好的工作，還想有一份高薪的工作；賺了一百萬，還想賺一千萬；賺了一千萬，卻還是覺得不如別人風光、沒有別人賺的多。在這樣永不滿足的慾望驅動下，很多的個人和集體為了獲得更大的利益可以說是不惜一切代價，從而加劇了人與人之間的矛盾，並因此而導致了自然資源的極度浪費、經濟危機的週期性出現乃至慘絕人寰的戰爭爆發。成功了，歡天喜地；失敗了，悲觀失望。由此引發了超出正常範圍的「喜怒憂思悲恐驚」等情緒反應。本章 6.2 的討論表明：這些情緒反應都有可能轉化成各種致病因子入侵人體的內因而起作用。

　　更有甚者，社會上還有少數的人始終都放不下面子和名譽觀念，不願意承認自己的第一次錯誤，於是再犯十次錯誤來掩蓋第一次錯誤；為了掩蓋後來的十次錯誤，再犯一百次錯誤，……。就這樣，為了面子、名譽而逐漸捲入錯誤的漩渦之中不能自拔，從而給社會的和平與進步帶來極大的災難，給他人的生活帶來莫大的痛苦與不便。中國民間有一句話叫做「一顆老鼠屎壞了一鍋粥」，表達的就是這個意思。還有一些人為了維護自己的既得利益和地位，不惜在人群中製造混亂並從中漁利，趁渾水摸魚。這說明虛妄的名聲和面子觀念也是造成許多負面的自然、社會和家庭事件的重要根源。因果關係的觀點表明：這些做法不僅對他人沒有任何好處，最終的結果對自己也是十分不利的；相反，只有努力地營造一個和諧、公正的人際環境，盡最大可能地消除各種矛盾，才能在真正有益於自己的同時也造福他人，形成個人與社會「互利共贏」的良性局面。

　　由此可見：因貪圖物質享受、虛妄的名聲和面子觀念而追名逐利的種種行為，都可以成為負面的自然、社會和家庭事件發生的根本原因，從而成為當今社會各種疾病的總根源。這就要求我們必須從物質利益和虛妄的名譽中解脫出來，要有「知足常（長）樂」和「造福他人」的思想境界，才能營造美好的自然、社會和家庭環境並真正獲得健康長壽、幸福美滿的人生。

6.4　忽略人體內因是現代病因學的通病

　　現代科學不重視人體內因在疾病發生發展過程中的基礎性作用，不僅體現在消化性潰瘍和愛滋病的病因學研究之中，而且還廣泛地存在於對所有疾病的病因學探索之中。這就導致現代科學的病因學認識普遍存在著一定程度上的缺陷，或甚至是完全錯誤的，主要體現在以下幾個方面：

　　不重視人體內因的基礎性作用，首先就是導致現代科學的病因學不能在自然、社會和家庭事件與人體疾病的發生發展之間建立起必然的聯繫。由於外因能在一定條件下轉化成內因，外因要通過內因才能起作用，從而成為疾病發生發展過程中的決定性要素，因而忽略了人體的內因就等於割斷了各種自然和社會因素等外因與疾病發生之間聯繫的紐帶；這就導致在現代科學的病因學中，自然、社會和家庭事件等通常與疾病的發生發展無關。例如，Feldman 的多元對照研究表明：**生活事件的壓力和精神因素與潰瘍病有高度的相關性** [18]。**Susser 早在 1962 年就報導了「年齡段分組現象」，認為 19 世紀的最後 25 年出生的英國人群是第一次世界大戰和 20 世紀 30 年代經濟危機的主要受害者** [28]。不重視人體內因的基礎性作用，就割斷了重大社會事件和年齡段分組現象之間的聯繫，這一現象在現代科學的知識體系中自然而然就成了一個難解之謎。此外，**Michael** 報導了兩個有症狀的胃潰瘍病人，

在潰瘍病發生之前都有使他們精神緊張的生活事件發生。其中一個病人的 6 位家庭成員剛剛去世，並且他也感覺到自己也很快就會死去。另外一個病人被指控有盜竊行為，並且受到了警方的監視，也丟掉了工作。這兩個病人的胃酸分泌都有了顯著的升高，並且經過住院治療、第一個病人自信心恢復和第二個病人被宣告無罪以後，胃酸分泌都下降到正常水平；潰瘍病的症狀在胃酸分泌下降的同時也得到了緩解。雖然不能證明這兩個病人是由於受到嚴重的精神刺激才導致胃酸的高分泌和潰瘍病，但是他們的發病過程表明令人精神緊張的生活事件均有可能導致胃酸的高分泌，繼而導致潰瘍病和潰瘍症狀[29]。這兩個臨床病例都是生活事件與疾病有密切關係的例證，但是現代科學的病因學理論卻完全不考慮人體內因在環境因素和疾病發生之間的橋樑作用，導致 Michael 雖然觀察到了生活事件與胃酸高分泌和潰瘍病之間顯而易見的關係，卻不能肯定這種關係的存在。很多人都有這樣的生活體驗：當某些人聽到自己身患癌症或愛滋病的消息後，病情往往會急劇惡化。這一現象在現代科學的知識體系中就很難得到理論上的支持，說明了現代西方醫學的病因學認識與人們的生活體驗是脫節的；但只要我們能重視人體內因的橋樑作用，往往很容易就能找到令人圓滿的答案。基於同樣的原因，「**幽門螺旋桿菌與消化性潰瘍有因果關係**[11]」的論斷認為消化性潰瘍是傳染病，也與許多人的生活經驗相矛盾。

不重視人體內因的基礎性作用的第二個缺陷，就是導致現代科學的病因學和治療學通常會忽略個體差異性而導致了一系列的錯誤觀念。因果關係的觀點認為：外界致病因子必須通過人體內因才能起作用，而人體內因在疾病的發生發展過程中起到了基礎性的作用。導致疾病發生發展的人體內因又是什麼呢？綜合地講，應該包括抽象的人生觀（請參閱第七章第六節）和具體的身體素質兩個方面的因素；遺傳多樣性和千差萬別的既往經歷綜合作用的結果，導致不同個體的人生觀和身體素質也是千差萬別的。因此，在疾病發生發展的過程中起到基礎性作用的人體內因，實際上也是有個體差異性的。在這種情況下，即使是完全相同的致病因子，對不同的個體所起的作用、所導致的最終結果也會由於個體差異而千差萬別。臨床上，即使罹患同一疾病，不同個體的症狀和表現也的確是有很大差別的，充分地說明了個體差異性是客觀存在的；即便是同一種疾病，在不同的個體體內的發病機制也會千差萬別；而完全相同的症狀，也完全有可能是不同的疾病或致病因子導致的。如果不能充分地考慮到人體內因在疾病發生發展過程中的基礎性作用，就不能認識到這一點而導致一系列荒謬、錯誤的認識。事實也的確是如此：由於沒有注意到到人體內因的基礎性作用，現代醫學家們總是企圖以千篇一律的病因學和發病機制來解釋某一疾病；基於相同的思路，針對罹患同一種

疾病的不同個體，現代醫學也總是力圖採取基本相同的治療措施。以這種錯誤的現代科學觀念為標準，有人認為中醫學的「辨症論治（根據病人具體情況的差異，分別採取不同的治療措施）」缺乏統一的治療措施，因而沒有現代西方醫學科學，就不奇怪了。

不重視人體內因的基礎性作用，還導致現代醫學的治療措施基本上都停留在現象的水平上，也就是「治標不治本」。現代醫學的病因學通常只強調環境外因，而基本忽略了人體內因的基礎性作用，其治療學通常也只能是針對外因的。例如，現代醫學發現十二指腸潰瘍發生時普遍存在著胃酸的高分泌，並將它確定為十二指腸潰瘍的病因；於是，現代醫學家們就使用鹼性藥物來中和胃酸，或者採取一定的措施抑制胃酸的分泌；至於導致胃酸高分泌的根本原因是什麼，現代科學至今還沒有弄清楚或者不能肯定；一旦停止用藥，胃酸高分泌很快就能捲土重來。又如：現代科學認為愛滋病是愛滋病毒的感染引起的，至於與感染有關的人體內在的因素，現代科學家們基本上是不予以考慮；其基本治療措施只能是通過中和、殺滅或抑制病毒的方式來實現；結果就是愛滋病毒基因的變異一直都牽著現代醫生們的鼻子，現代科學對愛滋病也一直都是束手無策。這些都說明了現代科學的治療措施的確是通過被動地去除外因、消除症狀來實現的，而導致疾病產生的深刻內因並沒有被消除；一旦停止治療，疾病馬上就有復發的可能。不重視人體內因在疾病發生發展過程中的基礎性作用，現代西方醫學的疾病治療學只能停留在症狀和現象治療的水平上，而不能從根本上解決問題。與此相反的是：中醫學採取「扶正固本」的基本措施，是通過充分地調動人體自身的抵抗力來實現治療的，也就是「中醫治本」，能有效地克服現代醫學治療學上的明顯不足之處。這再次說明了中國傳統醫學具有很強的科學性，其理論基礎的確具備了未來科學的一些重要特點。

由此可見：忽略人體自身的內在因素的基礎性作用，導致整個現代西方醫學體系存在著明顯的缺陷，使人們對幾乎所有疾病的認識和治療都建立在一個不完善的病因學基礎之上。這是現代科學至今仍然不能清楚地解釋任何一種疾病的發生機理，對多數疾病的攻克總是可望而不可及的重要原因之一。清楚地認識到這一點，將十分有助於深刻理解現代科學的局限性，並再次說明了建立全新的科學體系和思維方式的必要性。

6.5 人體因果關係的複雜性決定了現代科學不足以解釋任何疾病

迄今為止，現代科學未曾圓滿地解釋過任何一種疾病的發生機理；即便是像消化性潰瘍這樣相對比較簡單的疾病，以現代科學為基礎的十多個學說**都不是完整無缺的道理** [14]。前面多個部分和章節的論述，已經清楚地闡明了

現代科學對周圍世界、人體和生命現象的有限認識是造成這一困境的根本原因。有人認為：**生物學最好能夠成為物理科學的一個分支，一個能夠通過運用物理科學方法，現在特別是物理學和有機化學的方法發展的獨立分支。他們把分子生物學作為用物理學和化學研究生物學的最成功的範例，因此，對他們來說，生物學的其餘部分都應該像分子生物學一樣，主動地運用物理化學方法** [30]。從因果思維的角度來看這個問題，則認為人體因果關係的複雜性決定了僅僅應用物理和化學的理論和思維方式是不足以解釋任何疾病的發生機理的。

人體因果關係的複雜性首先表現在人體自身的物質結構和種類等方面。國際人類基因組測序協作組 2004 年 10 月公布的人類全基因組序列表明：人類基因組有 2~2.5 萬個蛋白編碼基因 [31]。人體各項生命活動的進行，主要是這些基因所表達的蛋白質相互作用的結果。然而，即使是愛滋病病毒這樣結構簡單、僅有幾個到十幾個基因的生命有機體，現代科學的理論和方法就存在很大的困難去了解各病毒蛋白間的相互作用，更不用說擁有 2~2.5 萬個基因的人體了。人體物質的種類和數量十分龐大的特點，決定了它的因果關係比物理、化學等自然科學領域要複雜億萬倍。例如，牛頓在研究「蘋果落地」或者天體運行的規律時，要考慮的因素通常只有非常有限的幾個；但是在人體和生命科學領域，某一現象的發生通常是幾百上千個不同的因素同時在發揮作用，往往同時還會伴隨其他多種現象的發生。例如：在體外原代培養的視網膜神經細胞對抗 H_2O_2 氧化損傷的實驗中，僅僅檢測了 1176 個基因的表達活性，就有 72 和 77 個不同基因的表達分別被上調和下調 [32]；如果對更多的基因進行檢測，被上調和下調的基因數量恐怕還遠不止這些。**物理學和化學研究的客體是相對簡單和均一的系統，其組成成分，比如基本粒子，被認為在宇宙中是無所不在的。而生物客體則不同，它們相對來說是複雜的，並且具有特異性，它們是自然史中一定階段的產物或客體，所以在宇宙中是受時空限制的** [30]。這也說明了人體和生命科學領域中因果關係的複雜性，遠不是物理、化學領域中的因果關係所能比的；僅僅依靠物理、化學等非生命科學的理論和思維方式通常不能解決人體和生命科學領域中的絕大部分問題，而必須發展出更高級的理論體系和全新的思維方式才能有效應對。

其次，人體因果關係的複雜性還表現在人體固有的抽象聯繫方面。人體內的各種物質不僅數量龐大，而且種類繁多，相互之間的聯繫更是五花八門。最要緊的是：人體還進化出了物質世界所不可能擁有的特徵——情感和思維意識，更是具有千變萬化的基本特點。由於抽象的普遍聯繫是推動各種現象發生發展的根本原因，在這些五花八門和千變萬化的抽象聯繫（原因）的驅動下，各種生命現象和人體疾病（結果）遠遠不像物理、化學等自然

科學中的現象那樣簡單、恒定，而是非常地複雜多變，具體地表現為一因多果、多因多果、網絡狀因果、互為因果等等。例如：即便是同卵雙生的雙胞胎，有著完全相同的物質基礎，他們的人生觀也會由於個人經歷的不同而出現明顯的差異，在同一環境條件刺激下的表現有可能會完全不同。再如：目前已經發現的細胞因子已達千種之多，它們的多向性（Pleiotropy）和協同性（Redundancy）反映了生命科學領域中典型的網絡狀因果、互為因果等高度複雜的關係。這些特點都極大地增加了人們涉足人體和生命科學的難度。部分現代科學家企圖利用物理、化學的理論和方法來解決人體和生命科學中的問題，是沒有認識到人體抽象的普遍聯繫，尤其是思維意識高度複雜的特點所導致的錯誤認識，是將非生命界簡單的因果關係與生命界高度複雜的因果關係等同起來的結果，從認識論上就極大地阻礙了人類全新科學體系和思維方式的建立，是現代醫學至今無法攻克包括癌症、愛滋病在內的各種慢性疾病的重要原因之一。

由此可見：人體因果關係高度複雜的基本特點，決定了僅僅運用物理和化學的方法是永遠也不可能闡明各種人體疾病和生命現象的內在機制的，現代科學在研究各種疾病時只好不考慮人體的內因了。這就進一步地導致了現代科學完全沒有闡明任何一種疾病的發生機理的可能。只有建立一個與生命科學高度複雜的特點相適應、充分考慮人體內因的全新科學體系，才能真正地揭示人體和生命科學領域中高度複雜的因果關係。

本章小結

綜合本章的論述，任何事物的產生、變化、發展和消亡都是因果關係作用的結果；其中內因是變化發展的基礎，外因是變化發展的條件；外因要通過內因才能起作用；內因和外因在一定條件下可以相互轉化。因果關係在黏膜下結節論中的應用，則認為環境外因轉化成人體內因，是確定消化性潰瘍的病因的關鍵；只有重視人體內因的基礎性作用，才能解釋胃潰瘍的好發部位和形態學；而忽略這一作用正是歷史上所有的相關學說都不能圓滿地解釋消化性潰瘍的重要原因之一；並且幽門螺旋桿菌與消化性潰瘍之間的因果關係是根本就不存在的。因果關係在理論和實踐上的應用，則認為只有加強人體自身的抵抗力，才能有效應對愛滋病毒的高變異性；而各種負面的自然、社會和家庭事件，不僅能直接導致各種正常生命活動機制的逐步喪失，而且還可以以人生觀的形式而長期潛伏在人體的思維意識中並成為各種疾病發生的內因；而忽視人體內因的基礎性作用，也是現代科學至今不能圓滿地解釋任何疾病的發生機理的重要原因之一。這些應用都體現了因果關係的探討在理論和實踐上的重要性。

參考文獻

1　陳良運著；易學思維之菡掇拾，原載於《周易研究》2003 年第 6 期；http://zhouyi.sdu.edu.cn/yixuewenhua/chenliangyun2.htm。

2　徐東來著；瓜豆之辨——佛教因果觀；北京，宗教文化出版社，2005 年 12 月第 1 版；第 26~28，75~76 頁。

3　漢斯‧約阿西姆‧施杜里希 [德] 著，呂叔君譯；世界哲學史（第 17 版）；濟南，山東畫報出版社，2006 年 11 月第 1 版；第 117 頁。

4　吳瓊、劉學義著；黑格爾哲學思想詮釋；北京，人民出版社，2006 年 4 月第 1 版；第 96~98 頁。

5　陳遠霞、馬桂芬主編；馬克思主義哲學原理；北京，化學工業出版社，2003 年 7 月第 1 版；第 62~64 頁。

6　A Hackelsberger, U Platzer, M Nilius, V Schultze, T Günther, J E Dominguez-Muñoz and P Malfertheiner; Age and *Helicobacter pylori* decrease gastric mucosal surface hydrophobicity independently; Gut, 1998; 43; 465-469.

7　NIH Consensus conference. *Helicobacter pylori* in peptic ulcer disease. *JAMA* 1994; 272:65-9.

8　Adrian Lee; Review: *Helicobacter pylori*: The unsuspected and unlikely global gastroduodenal pathogen; Int J Infect Dis, 1996; 1: 47-56.

9　Bülent Sivri; Review article: Trends in peptic ulcer pharmacotherapy; Fundamental & Clinical Pharmacology, 2004; 18, 23-31.

10　John H. Walsh and Walter L. Peterson; Review article: The treatment of *Helicobacter pylori* infection in the management of peptic ulcer disease; The New England Journal of Medicine; Oct 12, 1995, Vol. 333, No. 15, pp 984-991.

11　Barry J. Marshall, J. Robin Warren, Elizabeth D. Blincow, Michael Phillips, C. Stewart Goodwin, Raymond Murray, Stephen J. Blackbourn, Thomas E. Waters, Christopher R. Sanderson; Prospective Double-blind trial of duodenal ulcer relapse after eradication of *campylobacter pylori*; The Lancet, December 24/31 1988, pp 1437-1442.

12　Hildur Thors, Cecilie Svanes, Bjarni Thjodleifsson; Trends in peptic ulcer morbidity and mortality in Iceland; Journal of Clinical Epidemiology, 2002; 55, 681-686.

13　Albert Damon and Anthony P. Polednak; Constitution, genetics, and body form in peptic ulcer: A review; J. chron. Dis., 1967, Vol. 20, pp. 787-802.

14　鄺賀齡主編；消化性潰瘍病；北京，人民衛生出版社；1990 年 11 月第 1 版；第 71、89 頁。

15　Mervyn Susser, Zena Stein; Civilization and peptic ulcer; The Lancet, Jan. 20, 1962; pp 115-119.

16　Amnon Sonnenberg, Horst Müller and Fabio Pace; Birth-cohort analysis of peptic ulcer mortality in Europe; J Chron Dis, 1985; Vol. 38, No. 4, pp. 309-317.

17　Mervyn Susser; Period effects, generation effects and age effects in peptic ulcer mortality. J Chron Dis, 1982; 35: 29-40.

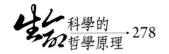

18　Mark Feldman, Pamela Walker, Janet L. Green, and Kathy Weingarden: Life events stress and psychological factors in men with peptic ulcer disease: A multidimentional case-controlled study; Gastroenterology, 1986; 1370-1379.

19　WM Hui, SK Lam, LP Shiu, M Ng; A semi-quantitative study of negative social events, stress and incidence of perforated peptic ulcer in Hong Kong over 24 years. Gastroenterology, 1990, Vol. 98, No. 5: A61-62.

20　Peter G. Henke; The amygdala and forced immobilization of rates. Behav. Brain Res, 1985; 16:19-24.

21　Peter G. Henke; Attenuation of shock-induced ulcers after lesions in the medial amygdala; Physiology & Behavior, 1981; Vol. 27（1）, pp. 143-146.

22　Takahiko Tanaka, Masami Yoshida, Hideyasu Yokoo, Masaru Tomita and Masatoshi Tanaka; Expression of aggression attenuates both stress-induced gastric ulcer formation and increases in noradrenaline release in the rat amygdala assessed by intracerebral microdialysis; Pharmacology Biochemistry and Behavior, 1998; Vol. 59, No. 1, pp 27-31.

23　Peter G. Henke; The centromedial amygdala and gastric pathology in rats. Physiol. Behav., 1980; 25:107-112.

24　Erik A.J. Rauws, Guido N.J. Tytgat; *Helicobacter pylori* in duodenal and gastric ulcer disease; Baillière's Clinical Gastroenterology, September 1995; Vol. 9, No. 3, pp 529-547.

25　Bateson EM; Duodenal ulcer does it exist in Australian Aborigines? Australian and New Zealand Journal of Medicine, 1976; 6: 545-547.

26　網易，新聞中心，社會新聞：吉林愛滋男 6 年後奇蹟痊癒，全球僅 2 例：2007 年 11 月 22 日：http://news.163.com/07/1122/12/3TTDKCPU00011229.html。

27　張笑平、倪朝民著；西醫檢測中醫治療：微觀辨證論治；合肥，安徽科學技術出版社，2005 年 2 月第 2 次印刷；第 188~191 頁。

28　Amnon Sonnenberg; Occurrence of a cohort phenomenon in peptic ulcer mortality from switzerland; Gastroenterology, March 1984; Vol. 86, No. 3:398-401.

29　Michael N. Peters, Charles T. Richardson; Stressful life events, acid hypersecretion and ulcer disease. Gastroenterol; 1983, 84: 114-119.

30　李建會著：生命科學哲學；北京，北京師範大學出版社，2006 年 4 月第 1 版；第 6、68 頁。

31　International Human Genome Sequencing Consortium; Finishing the euchromatic sequence of the human genome; Nature 431, 915-916.

32　X. Yan, Y.T. Fong, G Wolf, D.J. Brackett, M. Zaharia, D. Wolf, M.R. Lerner, G.D. Lee and W. Cao; Role of XY99-5038 in Neuronal Survival and Protection; Abstract Presented at the 4th World Conference on Molecular Biology: Cell Signalling, Transcription and Translation as Therapeutic Targets, Luxembourg, February 2, 2002.

第十章：生命現象都具有「概率發生」的特點

　　複雜的多因素共同作用的結果，就是導致現象的發生通常帶有不確定性。如果某一現象發生的必要條件並不總是全部都具備，呈現在人們面前的最終結果就是該現象既可以發生，也可以不發生，這就是我們通常所講的「概率」。雖然現代科學已經明確地提出了這一概念，但是其唯物主義一元論的哲學性質，並沒有明確導致各種現象「概率發生」的根本原因，因而在人體和生命科學領域的探索中沒有發揮其應有的作用。在與因果關係等多個哲學觀點聯合應用的情況下，概率論十分有助於加深我們對各種疾病的認識，並且是建立人體和生命科學領域中完整因果關係的必要條件。因此我們將它作為單獨的一章討論，希望能引起科學界的廣泛重視。

第一節：概率論中的一些基本概念

　　日常生活和科學研究中的許多事件或現象是否一定會發生通常是不能完全確定的。例如，當我們隨機地向空中拋一枚硬幣時，並不能保證其落到地面後某一面永遠朝上；但是如果拋硬幣的次數足夠多，那麼這一面朝上的可能性會接近 50%。我們將這種在一定條件下某一事件發生的可能性或某一現象出現的機會稱為概率（Probability）。雖然某次拋硬幣後某一面是否朝上是不可預測的，但是多次隨機重複以後的結果卻表明，某一面朝上的可能性總是接近某一個數值，又說明了拋硬幣的結果其實是有一定的規律可循的。我們將像拋硬幣這樣，在某一條件下既可能發生，又可能不發生的事件，稱為偶然事件（Accidental Event）；而將一定（100%）會發生的事件稱為必然事件（Certain Event）；一定不（0%）會發生的事件稱為不可能事件（Impossible Event）。必然事件和不可能事件可以被看成是偶然事件的兩種極端情況。我們將這種認為事件的發生存在著一定的概率，並且可以用某一特定的數值來描述其可能性大小的理論和觀點，稱為概率論（Theory of Probability）；在特定條件下某一事件一定會或一定不會發生的性質，稱為必然性（Certainty）；而將其可能發生也可能不發生的性質，稱為偶然性（Accidentality）。

第二節：偶然事件是複雜的多因素共同作用導致的必然結果

　　但是事件或現象的發生為什麼會表現為偶然性和必然性兩種不同的情況呢？古代中國民間「天狗噬日、天狗噬月」的傳說與現代天文學對日食和月食的不同理解，能很好地回答出現偶然性和必然性的根本原因以及二者之間的關係。

　　中國古代民間不知道太陽、地球和月亮三者之間的位置關係，也不知道它們都是近似球形的，並認為月食和日食分別是由於「天狗」吞噬月亮或太陽造成的。由於天狗最怕鑼鼓、爆竹和吶喊聲，所以每逢日食、月食出現時，人們就通過敲鑼打鼓、放鞭炮和高聲吶喊的方式來驅趕天狗；天狗受到驚嚇後就會吐出太陽和月亮，二者就能重放光明了。但是天狗不會甘心沒有吃到太陽和月亮，所以日後還會再次偷吃太陽和月亮，就這樣一次又一次地形成了日食和月食。至於天狗將來會在什麼時候再次偷吃月亮或太陽並導致新的日食和月食，則完全是偶然而且不可預測的。

　　隨著現代天文學的發展，人們已經十分清楚地認識到月亮是地球的衛星，而且總是要圍繞著地球公轉的；地球是圍繞太陽公轉的行星，並且其自轉導致了白天和黑夜的不斷更替。月亮本身是不發光的，我們能看到的月光是因為它反射了太陽光的緣故；月食和日食的出現是由於太陽、地球和月亮運行到同一條直線上時，地球擋住了射到月亮上的太陽光，或者月亮擋住了射到地球上的太陽光所導致的天文現象；人們可以根據當前太陽、地球和月亮的位置和運行規律，準確地推算出過去、現在和將來出現日食和月食的時間表以及最佳觀察地點等等。因此，日食和月食在現代天文學看來完全不是偶然而是必然的，並且還是可以準確預測的。

　　對於古代民間而言，日食和月食的出現之所以是偶然的，是因為人們對這兩種天文現象的認識還不夠深入，而僅僅停留在現象的水平上，根本就沒有弄清二者的發生機制。但對於現代人而言，日食和月食的出現卻完全是必然的，因為人們已經能夠準確地把握太陽、地球和月亮之間的關係，明確了日食和月食形成的所有必要和充分條件。實際上，如果我們能夠嚴格地控制硬幣拋出瞬間的所有參數，充分考慮空氣動力學的影響，以及地面摩擦阻力的每一個細節，那麼硬幣被拋出以後某一面朝上的結果就是可以準確預測的，而每次隨機拋出硬幣以後究竟哪一面朝上也是必然的。由此可見：偶然性和必然性的出現取決於人們對周圍世界和人體自身認識的深度，認識愈深入愈全面，展現在我們眼前的必然事件也就愈多。

　　上述分析實際上還表明：當所有的必要條件都具備並形成充分條件時，事件必然就會發生；相反，只要一部分必要條件還不具備，事件就必然不會發生。這兩種情況疊加起來的綜合表現，就是事件既可以發生，也可以不發生。這也就是說：兩種不同的必然結果疊加起來就表現出一定的偶然性。依此類推，多種不同性質的偶然事件的發生，實際上都是由多種不同的必然結果疊加起來造成的。如果我們能夠充分地把握導致事件或現象發生的所有必要條件，那麼任何結果看起來就都是必然的了。

由此可見：偶然發生的現象實際上都是萬事萬物之間複雜的多因素共同作用所導致的必然結果；已經具備的所有因素疊加起來是否構成了現象發生的充分條件，決定了現象是必然發生還是必然不會發生，以及如何發生；偶然發生的事件是多種必然結果的外在表現，而必然的結果則是隱藏在偶然現象背後的內在本質；一旦我們從總體上把握了現象和事件發生的所有必要條件，展現在我們眼前的就只有必然而沒有偶然了。

第三節：歷史上的概率論思想

歷史上最早關於概率論的論述，可能要數西元前 440 年左右的古希臘哲學家留基伯了。他認為沒有什麼是可以無端發生的，萬物都是有理由的，而且都是必然的 [1]。這一認識清楚地指出了偶然性與必然性之間的密切關係，與本書提出的概率論思想可以說是完全吻合的。20 世紀三大科學哲學家之一的享普爾（Carl G Hempel, 1905~1997，美國科學哲學家）認為：有許多重要的定理和理論原理具有概率性質，儘管它們通常具有比簡單概率更為複雜的形式 [2]。張德然在《概率論思維論》中指出：那些被斷定為必然的東西，是由純粹的偶然性構成的，而所謂偶然的東西，是一種有必然性隱藏在裡面的形式。科學總是力圖通過偶然性找出規律性、必然性，也只有認識到自然現象的必然性時才是科學的，這正是概率論思維的真諦所在。我們處處都要用隨機的目光，透過表面上的偶然去尋求內部蘊藏著的必然 [3]，也指出了偶然性和必然性之間的內在聯繫，並認為概率論是我們在觀察和處理各種問題時都必須具備的重要思想。

現代科學意義上的概率論產生於 16~17 世紀，但是其公理體系只是在 20 世紀 20~30 年代才得以建立和發展，並在越來越多的領域顯示了它的應用性和實用性，如物理、化學、生物、醫學、心理學、社會學、政治學、教育學、經濟學及幾乎所有的工程學領域 [4]。現代工程學上的概率論認為：隨機事件在一次試驗中出現與否是具有偶然性的，但是在大量重複試驗中卻是具有內在的必然性即規律性的 [5]。概率論在物理學上的一個重要體現就是「電子雲（Electron Cloud）」概念的提出：核外電子除了要受到原子核的電磁引力以外，還要受到核外多個電子的電磁斥力，導致其運動與宏觀物體不同，沒有一個確定的運動方向和軌跡，人們很難預測某一時刻核外電子的位置和狀態，而只能用電子雲來描述它們在核外某處出現機會的大小：電子雲圖上黑點密度愈大的部位，電子出現的機會就愈多。核外電子運動的這種不確定性，也是複雜的多因素共同作用的必然結果。

生物學中有沒有規律性，在近幾十年來的西方科學中存在著很大的爭議，實際上是生命現象都具有「概率發生」這一基本特點的重要體現，主要有否定論和肯定論兩種觀點。否定論認為生物學中沒有像物理學中那樣的普遍性規律，理由是在生物學中，歷史過程性突出，不具有決定論的預見性，總有例外，不精確；肯定論則認為生物界中有它自己特有的規律，屬於不同於力學決定論的或然性規律 [6]。邁爾認為：生物學中只有一條定律，那就是所有的概括都有例外；生物學概括具有或然性 [6]。與斯瑪特（John Jamieson Carswell Smart, 1920～，澳大利亞生命哲學家）、邁爾等人類似，著名科學哲學家波普爾（Karl Popper；1902~1994，奧地利猶太裔英國哲學家）也斷言進化生物學中沒有規律 [6]。李建會認為生物作為自然界中最廣泛存在的複雜系統，它的進化方向正如複雜性科學中的分支點理論所描述的那樣具有多重性，它的每一次具體演化方向都是或然性的，但這種或然性並不是完全隨機的。分叉的多少和有怎樣的分叉，在總體上是由事物的內在狀況決定了的。所以，隨機性是在一定範圍內的隨機性。生物演化的大趨勢和基本途徑是規律性的，如生物體必然同環境相適應，縱向上由低級到高級的分化進化和橫向的複化進化並存，以及突變加選擇的進化機制等等 [6]。這些觀點都認為「概率發生」在生命科學領域中是廣泛存在的，與本章的核心思想基本一致。

第四節：概率論是正確理解消化性潰瘍的病因學的必要條件

因果關係的討論表明：導致疾病發生的人體內因都是高度複雜的。這就決定了在現代科學對人體的理解和認識還不夠的情況下，必須帶著概率論的眼光看問題才能正確理解人體和生命科學領域中的因果關係。這正是黏膜下結節論能圓滿地解釋消化性潰瘍的重要原因之一。

4.1 消化性潰瘍具有概率發生的基本特點

第九章已經明確地指出了消化性潰瘍是人體內外因素共同作用的必然結果。雖然即時的自然、社會和家庭事件等發揮了重要的作用，但是高度複雜的人體內因（主要是以既往的生活經歷為基礎的人生觀）的參與，就已經決定了消化性潰瘍的發生是典型的複雜的多因素所導致的生命現象，因而只有帶著概率論的思想，才能正確理解這一疾病的流行病學特點。

現代科學唯物主義一元論的哲學性質，決定了它必然會認為具體的物質結構異常才是消化性潰瘍發生的決定性原因。因而以現代科學為基礎的病因學都不可能深入地認識到抽象的人生觀、即時的自然、社會和家庭事件以及生活習慣等在疾病發生發展過程中的重要作用，也就不可能認識到概率論在

解釋消化性潰瘍時的重要意義。這樣的病因學就與古代中國人還沒有認識到太陽、地球和月亮之間的位置關係，卻用天狗來來解釋日食和月食一樣，使人們對消化性潰瘍的病因學認識始終停留在現象的水平上，要闡明其發生機制是永遠也不可能的。結果就是：「**直到今天，沒有哪一個因素，無論是人體方面的，還是生物方面的，能夠被確定為潰瘍病的病因，從而難以成功地預測哪一個被感染者一定能夠患上潰瘍病**[7]。」在現代醫學家眼裡消化性潰瘍發生的偶然性，與古代中國人用天狗來解釋日食和月食時的偶然性又有什麼差別呢？這說明了現代科學對人體的基本認識還遠沒有達到足以解釋疾病的發生機理的高度，在現代科學的認識領域之外的確還有著極其廣闊的空間在等待我們去探索。

如果不能充分地認識到消化性潰瘍具有「概率發生」的基本特點，就很容易得出「生活事件通常不能導致潰瘍病」這樣的錯誤結論。即使個體有著明顯的消化性潰瘍病的遺傳傾向，但如果既往經歷導致個體人生觀很積極，對所發生的自然和社會事件都能從容應對，那麼潰瘍病的發生仍然是可以避免的。Overmier 和 Murison **認為胃潰瘍的易感性受到心理上的重要經歷的影響**[8]；**一般而言，反覆經歷同型的緊張因素，能在一定程度上但也不是絕對地使第二次和第三次的經歷免遭潰瘍之苦**[9]。如果個體能夠通過一定的方式緩解自己的緊張情緒，也可以避免消化性潰瘍的發生。動物實驗結果表明：**受到緊張因子刺激以後的老鼠，如果能夠表現出攻擊行為，不僅能夠減少中樞杏仁核腎上腺素的分泌，而且還能減少胃潰瘍的形成**[10]。因此，即便是有著明顯遺傳傾向的個體，而且還經歷了能導致消化性潰瘍的重大負面事件，但並不一定會患病；得出「**可感覺到的緊張因素對生理參數的影響方面的調查研究並不是很多，並且結果通常是互相矛盾的**[11]」這樣的結論是不奇怪的。也正是因為沒有認識到消化性潰瘍具有「概率發生」的基本特點，所以Feldman 才會得出**生活事件構成的壓力、精神因素與潰瘍病之間的關係目前還不能清楚地建立起來，並且需要進一步的研究**[12]這樣不確定的結論。

在現代科學對人體內因的認識還很不足的情況下，只有帶著概率論的基本觀點，才能正確理解消化性潰瘍的病因學。由於既往生活事件對個體的具體影響是千變萬化的，導致它們所帶來的後果會隨著時代、地域的變遷而不斷地變化，並且因人而異；複雜多樣的個性、生活經歷和人生觀等，也使得某一事件能否成為患病的危險因素通常很難被確定。因此，通過千篇一律的調查表[13]來研究消化性潰瘍的病因學，往往是掛一漏萬，導致絕大部分的致病因子，尤其是既往經歷中的許多因素，在消化性潰瘍的病因學研究中都沒有被考慮。Ellard 提出必須將「自我恐懼」和「目標挫折」增加到目前對精神因素認識的知識體系中來[14]，

說明了的確有許多的致病因子，在現代科學的病因學調查中都沒有被考慮。Noreen 認為計算累積的心理失調的方法既與某一特定的時間感覺到的緊張程度，又與感覺到緊張的時間長短關係密切[11]，也表明了潰瘍病病因的不確定性。在這種情況下，概率論認為：致病因子不一定非要導致每一個個體都發病，才能確定因果關係的存在；而是只要有一定比例的個體發病，有時候甚至是很小比例的個體發病，就可以在致病因子與疾病之間建立起確定的因果關係。例如，流行性 B 型腦炎病毒在人群中的感染率可以很高（>70%），而真正發病的個體卻很少（<20%），但是流行性 B 型腦炎與 B 型腦炎病毒之間的因果關係在現代科學的病因學體系中卻是完全確定的。消化性潰瘍的病因學也是如此，只不過其致病因子不是某種具體的病原微生物，而是各種抽象的社會—心理因素罷了。有了這樣的思想為指導，刺激中樞神經系統的杏仁核能夠產生胃潰瘍[10, 15~17]只在大約 10% 的實驗老鼠中發生，並且這一比例隨著物種的不同在 8%～32%[9]之間波動，也就不難理解了。

由此可見，如果缺乏概率論的基本觀念，我們就不能正確理解一些流行病學調查和實驗研究的結果，也就無法在社會—心理因素和消化性潰瘍之間建立起一個明確的因果關係。在這種情況下，現代科學長期不能確定消化性潰瘍的真實病因是不奇怪的。

4.2　幽門螺旋桿菌的感染不是消化性潰瘍發生的必要條件

既然概率論認為只要有一定比例的個體發病，就可以在致病因素與疾病之間建立起完全確定的因果關係，那麼幽門螺旋桿菌在人群中有著很高的感染率，而潰瘍病的發生率卻很低，是不是也可以在幽門螺旋桿菌的感染與消化性潰瘍的發生之間建立起因果關係呢？這是對概率論的片面理解所導致的錯誤認識。

在概率論指導下的病因學認為：與某一疾病有因果關係的致病因素，除了必須是導致該疾病發生的必要條件之外，還必須與人體自身內在的多種因素，如遺傳傾向和既往的生活經歷等共同作用，才能形成該疾病發生的充分條件。例如，我們之所以可以認為 B 型腦炎病毒與流行性 B 型腦炎有因果關係，是因為患有流行性 B 型腦炎的病人一定有 B 型腦炎病毒的感染，但是感染了 B 型腦炎病毒的人並不一定會發病，必須與個體自身的抵抗力降低一起構成發病的充分條件時，才能導致流行性 B 型腦炎的發生。而現代科學的許多研究結果實際上都已經證明了幽門螺旋桿菌既不是消化性潰瘍發生的必要條件，又不是充分條

件：「很多十二指腸和胃潰瘍的發病與幽門螺旋桿菌無關，而是由其他一些尚未確定的因素引起的 [18, 19]」；胃潰瘍患者幽門螺旋桿菌的感染率低於 50% [19]，消化性潰瘍被分成**幽門螺旋桿菌引起的潰瘍病、NSAIDs相關的潰瘍病、與幽門螺旋桿菌和 NSAIDs 都無關的潰瘍病三種不同類型** [20]，都說明了幽門螺旋桿菌的感染不是十二指腸潰瘍發病的必要條件。「**儘管幽門螺旋桿菌的感染在世界範圍內廣泛流行，但無論是成人，還是兒童，十二指腸潰瘍的發病率都很低 [18, 21~23]**」說明了幽門螺旋桿菌的感染也不是十二指腸潰瘍發病的充分條件。二者之間的因果關係的確是不存在的。

現代科學的理論體系導致歷史上的人們曾經利用神經學說、無酸無潰瘍、精神緊張學說等十多個學說來解釋消化性潰瘍的發生機理，**但都不是完整無缺的道理** [24]，而現在人們又企圖利用「幽門螺旋桿菌的感染」來解釋消化性潰瘍的發生機理，結果還是完全一樣：「**幽門螺旋桿菌和消化性潰瘍的因果關係目前還不清楚 [20, 25, 26]**」以及「**該細菌如何導致潰瘍的機制目前尚未闡明 [27, 28]**」。所有這些學說都是現代科學對人體的認識不足所導致的必然結果，實際上都與「天狗噬月」和「天狗噬日」一樣，是部分學者根據一些表面現象虛構出來的因果關係，也必然要隨著人們對消化性潰瘍病認識的日漸深入而遭到淘汰。這再次說明了以唯物主義的一元論為基礎的現代醫學體系，對人體的認識的確是非常有限的，它對多種疾病發生機理的解釋還帶有很大的盲目性和隨機性。

由此可見，幽門螺旋桿菌的感染與消化性潰瘍病的發生的確沒有必然聯繫。當前企圖利用幽門螺旋桿菌的感染來解釋消化性潰瘍的發生機理，以及圍繞「**幽門螺旋桿菌與消化性潰瘍有因果關係 [7, 20, 27]**」而展開的所有研究，包括 cag- 與 cag+ 之間的毒力變異、抗幽門螺旋桿菌疫苗的開發等等，都將是徒勞而無功的。

第五節：概率論在理論和實踐中的重要意義

複雜的多因素共同作用的必然結果，就是導致事件的發生具有不確定性。正如第三節的論述，這種不確定性實際上還廣泛地發生在所有的學科領域。因此概率論的基本思想不僅可以用來解釋各種疾病的發生機理，有助於人體和生命科學領域中因果關係的建立，而且還是我們在觀察和處理不同領域中的各種問題時都必須具備的一個重要觀念。

5.1 病毒受體的存在具有必然性

　　各種病毒建立穩定感染的必要條件之一，就是它能夠與被感染的宿主細胞膜表面的病毒受體發生特異性結合。病毒受體（Receptor）是指位於細胞表面參與病毒識別和結合等過程，並促進病毒感染的一組分子複合物[29]；相應地，能與宿主細胞膜表面的病毒受體發生特異性結合的病毒包膜或衣殼上的蛋白質則被稱為配體（Ligand）。過去人們曾經認為**細胞的病毒受體是特異性的，即細胞表面的特異性病毒受體分子是細胞單獨表達的**[29]，但是隨著分子生物學和分子病毒學研究的日漸深入，人們對病毒受體的基本認識目前已經發生了一些變化，對病毒受體較為準確的理解是**指由宿主基因組所編碼、控制和表達的一組能參與病毒結合、互相作用、便於病毒感染宿主細胞、位於細胞膜表面的蛋白質組分**[29]。概率論在這個問題上的具體運用，則明確地指出了病毒受體不是細胞專門為病毒準備的特殊物質，而是位於宿主細胞膜表面、為了維護細胞膜結構和功能的完整性，以某一或某些功能蛋白為核心、細胞自身固有的一組分子複合物。

　　宿主細胞為了滿足自身生存的需要，其基因組必然要表達出成千上萬種有著不同的氨基酸排列順序、經必要的剪切和修飾後方能成熟的蛋白質，並被轉運到適當的位置發揮其生理功能。其中一部分蛋白質被轉運到細胞膜上，負責細胞內外物質和信息的交換。因此，膜蛋白可以被看成是細胞的大門或窗戶。為了實現「大門或窗戶」的功能，細胞膜蛋白必須擁有特定的氨基酸排列順序或某些特殊基團；但這些結構在與細胞周圍微環境中人體自身的信號物質相結合以實現其生理功能的同時，也必然具備了與外來的、擁有與自身信號物質結構相似的蛋白質相耦合的能力。而病毒的包膜蛋白或衣殼蛋白，完全有可能具備與這些細胞膜蛋白相耦合的能力。這也就是說：細胞膜蛋白要實現其特定的生理功能，就必須有著特定的分子結構；而這些特定的分子結構卻可以成為病毒入侵細胞的門戶，宿主細胞膜上的蛋白質在實現其生理功能的同時也為病毒的入侵創造了條件。這好比是我們居住的房屋，一定會有大門和窗戶，但大門和窗戶在方便自己進出和室內外空氣交換的同時，也為小偷入室行竊創造了條件。由此可見：病毒受體不是細胞為了病毒而單獨表達的特異性分子，而是細胞自身固有的結構和功能蛋白質，被病毒利用而成為它們入侵的門戶。

　　例如，人類 CD_4^+T 淋巴細胞膜表面的白細胞分化抗原 CD_4 分子，通過第 1、2 功能區與 MHC II 類分子的非多態部分結合而發揮其生理功能，是人體免疫應答過程中參與 T_H 細胞激活的共受體，卻與愛滋病毒（HIV）的膜蛋白 gp120 有很高的親和力，從而成為 HIV 入侵 CD_4^+T 淋巴細胞的門

戶 [29~31]。此外，參與人體內免疫應答的化學因子 CCL_3、CCL_4、CCL_5 的共受體 CCR_5 也可以被 HIV 利用並成為它入侵樹突狀細胞、巨噬細胞的門戶 [30]。不僅 HIV 受體是細胞膜表面擔任一定生物學功能的結構蛋白質，其他所有病毒的受體也都是這樣的。種類繁多的結構和功能膜蛋白，決定了宿主細胞必然能與成千上萬種不同病毒中某些種類的配體蛋白有較高的親和力，從而決定了有幾百種不同的病毒可以特異性地入侵這些細胞。而各種病毒之所以能夠感染宿主細胞，是因為它們的包膜或衣殼蛋白與宿主細胞表面的受體蛋白的配體有著類似的結構。例如：20 世紀八十年代以前，愛滋病還不是一種廣泛流行的傳染病，但其單鏈 RNA 的高變異性決定了當它還僅僅在其他動物中流行時，某些病毒顆粒的膜蛋白便已經具有了與人類的 T 淋巴細胞表面的 CD_4^+ 分子發生特異性結合的潛在可能性。當某些病毒顆粒進入人體以後，完全有可能因為它的高變異性而進一步適應人體，進而發展成為一種可以在人群中廣泛流行的疾病。可以預計：HIV 在人體內的受體範圍還可以因為其高變異性而具有日漸擴大的趨勢；而其他種類的一些病毒也完全有可能以基本相同的方式成為人類新的病原體。

由此可見：宿主細胞膜表面存在著病毒受體，從表面上看是偶然的，但實際上卻是細胞膜實現其生物學功能而導致的必然結果；宿主細胞膜蛋白的器官和組織特異性，決定了病毒感染的高選擇性。雖然現代科學已經逐步認識到病毒受體是由宿主基因組所編碼、控制和表達的細胞膜蛋白質，但是仍然未能清楚地指出它就是細胞膜表面的結構和功能蛋白質。而有了概率論思想的指導，很容易就能明確病毒受體實際上都是細胞膜表面的結構和功能蛋白質。這說明通過阻斷病毒受體預防病毒入侵的方法，有可能會影響到細胞膜蛋白的功能而帶有一定的副作用。

5.2 現代科學不能圓滿地解釋各種疾病的發生機理是必然的

現代科學至今仍然不能圓滿地解釋任何一種人體疾病的發生機理，對各種慢性病、遺傳病的認識實際上都還不是很深入，而像愛滋病、流感這樣的傳染病則自始至終一直都牽著現代科學家們的鼻子，長期以來一直都是久攻不克的難題。在現代科學目前還不能窮盡人體和生命現象奧秘的情況下，概率論認為現代科學正面臨著難以克服的困境是必然的。

本部分第七章通過追溯現代科學既往發展的歷史，表明了現代科學是以唯物主義一元論作為其哲學基礎的。這一認識從根本上忽略了人體抽象的普遍聯繫方面的特徵，導致人們在探討各種疾病的發生機理時，將活生生的人體看成與死人沒有任何差別、各自獨立的原子分子堆，而完全沒有考慮到對疾病的發生發展起到決定性推動作用、人體自身固有、抽象的普遍聯繫的

屬性，也就是人體自然、社會、整體、情感和歷史等五大屬性，就好像牛頓時代以前的人們在完全不考慮「萬有引力」的情況下來探討「蘋果落地」的發生機理一樣。不僅如此，現代科學對人體變化發展的特徵可以說是置若罔聞，在方法論上也不重視因果關係和概率論等哲學原理的深入探討，決定了它不可能全面而真實地反映出人體的本來面目，而僅僅停留在現象的水平上。因而它所提供的諸多認識都有可能是不全面、甚至是完全錯誤的。這就導致現代科學對各種人體疾病和生命現象的解釋，就好像是古人用「天狗」來解釋日食和月食一樣，它不能圓滿地解釋任何一種疾病的發生機理都是必然的。

因此，我們非常有必要建立一套全新的科學體系，將普遍聯繫、人體抽象的五大屬性以及變化發展等特徵都納入到人類的視野中來，並在方法論和思維方式等多個方面都進行一次新的偉大轉變，那麼人們對各種人體疾病和生命現象的認識自然就會更加全面，人類的認識範圍也必將上升到一個嶄新的高度；人們對各種人體疾病和生命現象的認識就會像現代天文學對日食和月食的解釋一樣，不再帶有偶然性而都是必然的。

5.3　人體和生命科學領域中的現象都具有「概率發生」的基本特點

概率論指出：複雜的多因素共同作用的必然結果，就是導致某一特定現象的發生帶有一定的偶然性。**生物作為自然界中最廣泛存在的複雜系統，它的進化方向正如複雜性科學中的分支點理論所描述的那樣具有多重性，它的每一次具體演化方向都是或然性的** [6]。在生命科學領域，高度複雜的人體內因參與了各種疾病和生理活動的發生，因而各種現象都是複雜的多因素綜合作用的結果，這就決定了人體和生命科學領域的研究必須帶著概率論的思想，才能找到分析和處理問題的正確途徑。

在已知的成千上萬種不同疾病中，消化性潰瘍是相對比較簡單的疾病。黏膜下結節論通過成功地解釋這一疾病所有 15 個主要特徵和全部 72 種不同的現象，表明了消化性潰瘍的發生除了與現代科學認識到的多種局部損害因素有一定的聯繫之外，更重要的是它還與重大的自然、社會和家庭事件等因素息息相關。這些因素之所以能夠對人體起作用，是因為遺傳和人生觀等內因起到了關鍵性的決定作用。然而，遺傳和人生觀都是以歷史和整體的屬性為基礎的抽象概念，與成千上萬的因素存在著或多或少的聯繫。這說明即便是消化性潰瘍這樣一種相對簡單的疾病，其發生機理其實並不是很簡單的。而各種癌症、愛滋病、多種慢性病的病因學機制更是千變萬化、難以捉摸的，是由更複雜、更多方面的人體內因造成的；其他各種生命現象的發生實際上都是如此。因此，不僅消化性潰瘍的發生具有概率的基本特徵，而且所有人體疾病和生命現象的發生都具有概率的特徵。

　　各種人體疾病和生命現象都具有「概率發生」的基本特點，決定了即使一些致病因子僅僅導致很小比例的個體發病，也可以在它們與特定的疾病之間建立起一個確定的因果關係。例如，受到 B 型腦炎病毒感染以後只有不到 20% 的個體會發病，但是我們仍然可以認為 B 型腦炎病毒是引起流行性 B 型腦炎的病原體。消化性潰瘍的發生實際上也是如此：雖然重大的自然、社會和生活事件只能在 10~20% 的個體中導致消化性潰瘍的發生，但是我們仍然能夠在這些事件與消化性潰瘍之間建立起確定的因果關係，認為消化性潰瘍是一種典型的社會 - 心理疾病。在一些情況下，即使某些以人體抵抗力降低為條件的條件致病因子在人群中只能導致 1% 甚至更低的發病率，是典型的「小概率事件（Small Probability Event）」，但是只要這個特定的致病因子是該特定疾病發生的必要條件，我們就能夠在這個特定的致病因子與特定的疾病之間建立因果關係；這主要是由人體高度複雜的內在因素所決定的。這也就是說：某一致病因子能否導致疾病與個體的狀態有很大的關係；如果個體的抵抗力足夠強，那麼疾病就必然不會發生；絕大多數的致病因子都是條件致病的，疾病僅僅發生在那些抵抗力弱的個體身上。不重視哲學思辨的重要作用，沒有認識到人體和生命科學領域中即便是「小概率事件」也可以建立明確的因果關係，是 Feldman 得出「**生活事件構成的壓力、精神因素與潰瘍病之間的關係目前還不能清楚地建立起來** [12]」這樣不確定結論的根本原因，同時也說明了人體和生命科學中因果關係的確立，與物理、化學領域中有很大的不同之處。但必須強調的是：在生命科學中基於小概率事件建立起來的因果關係是以「必要條件」為前提的。例如：幽門螺旋桿菌的感染不是消化性潰瘍發生的必要條件，所以其高感染、低發病率不能在幽門螺旋桿菌與消化性潰瘍之間建立起因果關係。

　　既然各種疾病都具有概率發生的基本特點，是不是就意味著我們就對它們束手無策、只能坐以待斃呢？我們必須注意到，人類乃萬物之靈，總是在不斷地加深對周圍世界和自身的認識，並且最終總是能夠抓住問題的要害、找到解決問題的最佳辦法的。事實上，佛教經典《般若波羅密多心經》提出的「**無眼耳鼻舌身意** [32]」，就是最好的抗病防病策略，意思是說：不要過分追求自己所看到、聽到、嗅到、嚐到和感覺到的事物，要將一切酒色財氣、名利是非看淡一些，遇到危險時更不能自亂陣腳。事實上，黏膜下結節論所闡明的病因學也表明：如果我們能夠真正地做到臨危不亂、處變不驚，那麼各種負面的自然、社會和家庭事件就不會給我們的健康帶來任何的危害，杜絕各種疾病的發生就是必然的；如果所有的人都能齊心協力來構建一個公平、和諧的社會環境，使人人都能保持一個良好的心理狀態，那麼杜絕各種疾病的發生也不是不可能的。

5.4 人類未來科學的主要理論可能都具有「概率」的基本特點

現代科學習慣於用定理、定律或公式來表達自然規律，並認為只有這樣才是真正科學的方法。傳統的科學哲學把規律（或定律）看作是科學理論結構的核心……。物理科學的規律，特別是牛頓力學規律的解釋和語言作用給哲學家們以深刻的影響，以至於這個時代的哲學家都把建立規律作為科學的決定性標準。當時的生物學家也不例外。早期的生物學家像拉馬克（*Jean Baptiste Lemarck*，法國博物學家，1744~1829）、達爾文等就以揭示生物界的規律為己任 [6]。例如：牛頓的萬有引力定律是用 $F = G（Mm/R^2）$ 來表示的，而愛因斯坦則用 $\Delta E = \Delta MC^2$ 來表達能量和質量之間的關係。但在生命科學領域，我們有可能必須改變這種認識，只有帶著概率論的眼光才是真正科學的表達方式。然而 100 多年過去了，生物科學雖然獲得了長足的進展，在涉及生命現象的各個領域都建立起了生物學分支，可奇怪的是，各生物學分支中都很少提到「規律」二字 [6]。概率論在這個問題上的應用，則認為人類未來科學的主要理論可能都具有概率的基本特點，通常不能像現代科學那樣用定理、定律、公式和法則的形式來描述人體和生命科學領域中各種現象發生的規律。這主要是以下兩個因素決定的：

首先，人類未來科學的研究對象複雜而抽象的基本特點，決定了我們必須帶著概率論的眼光才能取得成功。第七章「歷史觀」指出了現代科學是具體科學，僅僅適用於無生命的物質領域。而人類未來科學的研究對象則有可能會涵蓋現代科學所涉及的全部內容，並深入到抽象的思維意識領域，其核心將是高度複雜的人體和生命科學。美國古生物學家辛普森（George Gaylord Simpson, 1902~1984）認為：**生物科學是居於全部科學的中心的科學——只有在生物學這裡，只有在全部科學的全部原則都能夠體現出來的領域，科學才能夠真正成為統一的** [6]。物質世界相對穩定、不易變化的基本特點，決定了人們可以像牛頓、愛因斯坦那樣使用一些相對固定的公式、定律來表達不同事物間的相互關係。但人體和生命科學領域中的情況則不是這樣的：人體內因具有千變萬化的基本特點，各因素之間的關係是微妙、奇妙，甚至是十分玄妙的。在這種情況下，某一現象的發生通常是複雜的多因素共同作用的結果，而這些複雜的多因素之間本身就是一個相互影響的巨型網絡，擁有很大的不確定性，具體地表現為人體和生命科學完全不像「**物理學是精確的科學** [33]」那樣可以很好地進行定量研究，而是表現為「概率發生」的基本特點，多數情況下只能定性而難以定量。

其次，人類未來科學範圍廣大、因果關係高度複雜的基本特點，也決定了它的主要理論有可能像本書提出的 15 條基本的哲學原理那樣，都僅僅

是一些大的、普遍性的原則，而不是某個固定的定理、定律、公式和法則。
例如：本書第一章的「同一性」可以衍生出牛頓和愛因斯坦的理論，達爾文
的進化論也不過是第三章「變化發展」在生命科學領域的一個具體表現而
已，這些都充分地說明了建立在本書 15 條哲學原理基礎上的思想體系的確
要比現代科學的認識具有更大的普遍性，是對自然界和生命現象更深入、更
全面的認識。當具體到某個特定的問題時，究竟應該使用這些原理中的哪一
條或哪幾條，就完全不像現代科學那樣有一個固定的套路，而是要求我們必
須具體問題具體分析。因而我們不能將本書提出的 15 條哲學原理看成是像
牛頓、愛因斯坦提出的定理、定律和公式，而是要帶著概率論的眼光來分析
和處理問題：這裡的 15 條哲學原理相當於 15 隻眼睛；至於具體應該運用哪
一隻眼睛來觀察只能視乎情況而定。這是概率論思想在未來科學的思想體系
中的一個重要表現。但如果我們將目光聚焦在某個較為狹窄的領域時，如僅
僅是物質領域並且只涉及到為數不多的幾個因素時，我們就有可能可以像牛
頓和愛因斯坦那樣通過某一個或幾個固定的定理、定律、公式或法則來表達
現象發生的規律性了；所涉及到的範圍愈狹窄，公式的表達就愈準確。事實
上，牛頓的「萬有引力定律」的確只能應用於宏觀、低速的物質世界；而現
代物理科學中「電子雲」概念的提出，本身就說明了在複雜情況下「僅僅了
解一個大概」才是真正科學和準確的描述。

　　因此，在人類未來科學的各項研究中，尤其是在從事人體和生命科學領
域的探索時，一味地追求像牛頓和愛因斯坦那樣去建立定理、定律、公式和
法則，就有可能與我們追求真理的目標漸行漸遠了。同時，我們還希望讀者
在閱讀本書各章節的內容時，能夠帶著概率論的眼光；在涉及到某個具體的
研究領域時，只能將本書提出的各哲學原理都當成一個大的原則而不是教條
來對待。只有這樣才能從根本上加深我們對自然界、生命現象和人體自身的
認識，並真正有助於人類科學的未來發展。

本章小結

　　複雜的多因素共同作用的結果，就是導致某一事件的發生具有不確定
性，我們稱之為概率。概率論認為：偶然發生的事件實際上都是事物間複雜
的多因素共同作用的必然結果；在對事物的認識還不夠深入的情況下，呈現
在我們眼前的現象就會表現出一定的偶然性。這一觀念在黏膜下結節論中的
應用，認為雖然自然、社會和家庭事件等在人群中僅僅導致很小比例的個體
發病，但是我們仍然能夠在它們與消化性潰瘍的發生之間建立起一個確定
的因果關係；由於幽門螺旋桿菌的感染不是消化性潰瘍發生的必要條件，所

以這一細菌的感染與消化性潰瘍之間的因果關係是不存在的。概率論在理論和實踐上的應用，則認為病毒受體並不是什麼特異的分子，而是宿主細胞自身固有的結構和功能蛋白質，被病毒利用而成為入侵的門戶；在現代科學不能清楚而全面地認識到高度複雜的人體內因的情況下，它至今仍然不能圓滿地解釋任何一種疾病的發生機理是必然的；各種人體疾病和生命現象「概率發生」的基本特點，還決定了雖然某些致病因子僅僅導致很小比例的個體發病，但是我們仍然可以在它們與特定的疾病之間建立起一個確定的因果關係，這與物理、化學等現代科學領域中因果關係的表現是不同的；人類未來科學所涉及的範圍無限廣大的特點，決定了我們不能一味地追求像牛頓和愛因斯坦那樣去建立定理、定律、公式和法則，而是必須帶著概率論的眼光來觀察和處理問題才是真正科學的方法，才能從根本上加深我們對自然界、生命現象和人體自身的認識。

參考文獻

1　漢斯·約阿西姆·施杜里希 [德] 著，呂叔君譯；世界哲學史（第 17 版）；濟南，山東畫報出版社，2006 年 11 月第 1 版；第 117 頁。

2　卡爾·G·亨普爾 [美] 著，張華夏譯；自然科學的哲學；北京，中國人民大學出版社，2006 年 11 月第 1 版；第 100 頁。

3　張德然著；概率論思維論；合肥，中國科學技術大學出版社，2004 年 5 月第 1 版；第 44 頁。

4　維基百科，自由的百科全書；概率論；網頁更新時間為 2010 年 8 月 21 日：http://zh.wikipedia.org/wiki/%E6%A6%82%E7%8E%87%E8%AE%BA#.E6.A6.82.E7.8E.87.E8.AE.BA.E7.9A.84.E5.BA.94.E7.94.A8。

5　同濟大學數學教研室主編；工程數學概率論；上海，高等教育出版社，1982 年 10 月第 1 版；第 1 頁。

6　李建會著；生命科學哲學；北京，北京師範大學出版社，2006 年 4 月第 1 版；第 18~19、32~33、68~69 頁。

7　John H. Walsh and Walter L. Peterson; Review article: The treatment of *Helicobacter pylori* infection in the management of peptic ulcer disease; The New England Journal of Medicine; Oct 12, 1995, Vol. 333, No. 15, pp 984-991.

8　J. Bruce Overmier, Robert Murison; Anxiety and helplessness in the face of stress predisposes, precipitates, and sustains gastric ulceration; Behavioral Brain Research, 2000; 110, 161-174.

9　G.B. Glavin, R. Murison, J.B. Overmier, W.P. Pare, H.K. Bakke, P.G. Henke and D.E. Hernandez; The neurobiology of stress ulcers; Brain Research Reviews, 1991; 16, 301-343.

10 Takahiko Tanaka, Masami Yoshida, Hideyasu Yokoo, Masaru Tomita and Masatoshi Tanaka; Expression of aggression attenuates both stress-induced gastric ulcer formation and increases in noradrenaline release in the rat amygdala assessed by intracerebral microdialysis; Pharmacology Biochemistry and Behavior, 1998; Vol. 59, No. 1, pp 27-31.

11 Noreen Goldman, Dana A. Glei, Christopher Seplaki, I-wen Liu, & Maxine Weinstein; Perceived stress and physiological dysregulation in older adults; Stress, June 2005; 8（2）: 95-105.

12 Mark Feldman, Pamela Walker, Janet L. Green, and Kathy Weingarden: Life events stress and psychological factors in men with peptic ulcer disease: A multidimentional case-controlled study; Gastroenterology, 1986; 1370-1379.

13 John H. Kurata, Aki N. Nogava, David E Abbey and Floyd Petersen. A prospective study of risk for peptic ulcer disease in seventh-day adventists. Gastroenterology, 1992; 102: 902-909.

14 Ellard K, Beaurepaire J, Jones M, Piper D, Tennant C; Acute and chronic stress in duodenal ulcer disease; Gastroenterology, 1990, 99: 1628-1632.

15 Peter G. Henke; Attenuation of shock-induced ulcers after lesions in the medial amygdala; Physiology & Behavior, 1981; Vol. 27（1）, pp. 143-146.

16 Peter G. Henke; The amygdala and forced immobilization of rates. Behav. Brain Res, 1985; 16:19-24.

17 Peter G. Henke; The centromedial amygdala and gastric pathology in rats. Physiol. Behav., 1980; 25:107-112.

18 Yoram Elitsur and Zandra Lawrence; Non-*Helicobacter pylori* related duodenal ulcer disease in children; Helicobacter, 2001, Vol 6 No. 3, pp 239-243.

19 Seiichi Kato, Yoshikazu Nishino, Kyoko Ozawa, Mutsuko Konno, Shun-ichi Maisawa, Shigeru Toyoda, Hitoshi Tajiri, Shinobu Ida, Takuji Fujisawa, and Kazuie Iinuma; The prevalence of *Helicobacter pylori* in Japanese children with gastritis or peptic ulcer disease; J Gastroenterology, 2004; 39:734-738.

20 Bülent Sivri; Review article: Trends in peptic ulcer pharmacotherapy; Fundamental & Clinical Pharmacology, 2004; 18, 23-31.

21 Oderda G, Vaira D, Holton J, et al. *Helicobacter pylori* in children with peptic ulcer and their families. *Dig Dis Sci*, 1991; 36:572-6.

22 Drumm B, Rhoads JM, Stringer DA, et al. Peptic ulcer disease in children: Etiology, clinical findings, and clinical course. *Pediatrics*, 1988; 82:410-4.

23 Murphy MS, Eastham EJ, Jimenez MR, et al. Duodenal ulceration: review of 110 cases. *Arch Dis Child* 1987; 62:554-8.

24 酈賀齡主編；消化性潰瘍病；北京，人民衛生出版社；1990 年 11 月第 1 版；第 71 頁。

25 Perttu E. T. Arkkila, Kari Seppälä, Timo U. Kosunen, Reijo Haapiainen, Eero Kivilaakso, Pentti Sipponen, Judit Mäkinen, Hannu Nuutinen, Hilpi Rautelin, and Martti A. Färkkilä; Eradication of *Helicobacter pylori* improves the healing rate and reduces the relapse rate of nonbleeding ulcers in patients with bleeding peptic ulcer; American Journal of Gastroenterology, 2003; Vol. 98, No. 10, pp 2149-2156.

26 Roma E, Panayiotou J, Kafritsa Y, Van-Vliet C, Gianoulia A, Constantopoulos A. Upper gastrointestinal disease, *Helicobacter pylori* and recurrent abdominal pain. Acta Paediatr, 1999; 88: 598–601. Stockholm. ISSN 0803-5253.

27 Barry J. Marshall, J. Robin Warren, Elizabeth D. Blincow, Michael Phillips, C. Stewart Goodwin, Raymond Murray, Stephen J. Blackbourn, Thomas E. Waters, Christopher R. Sanderson; Prospective Double-blind trial of duodenal ulcer relapse after eradication of *campylobacter pylori*; The Lancet, December 24/31 1988, pp 1437-1442.

28 Hildur Thors, Cecilie Svanes, Bjarni Thjodleifsson; Trends in peptic ulcer morbidity and mortality in Iceland; Journal of Clinical Epidemiology, 2002; 55, 681-686.

29 金奇主編；醫學分子病毒學；北京，科學出版社；2001 年 2 月第 1 版；第 29~30、664 頁。

30 Charles Alderson Janeway Jr., Paul Travers, Mark Walport, Mark J. Shlomchik; Immunobiology: the immune system in health and disease, 6th edition; New York & London, © 2005 by Garland Science Publishing; pp 495, pp731.

31 龔非力主編；醫學免疫學；北京，科學出版社；2000 年 6 月第 1 版；第 95 頁。

32 翁虛等注釋；金剛經今譯；北京，中國社會科學出版社；2003 年 7 月第 2 版；第 42 頁。

33 艾德蒙頓·胡塞爾 [德] 著，張慶熊譯；歐洲科學危機和超驗現象學；上海，上海譯文出版社，2005 年 9 月第 1 版；第 7 頁。

第十一章：靈活運用「由點到面、由一般到特殊」

古希臘哲學家亞里斯多德早在 2300 多年前就已經在他創立的邏輯學中提出了歸納法（Induction）和演繹法（Deduction）[1, 2]。為了便於理解，這裡分別用更加口語化的「由點到面、由一般到特殊」來取代這兩個抽象的邏輯學詞彙。「由點到面（From Point to Whole Area）」是指從個別現象中推導出一般性規律的思維過程；而「由一般到特殊（From General to Specific）」則是將一般性規律應用於某個具體現象的思維過程。科學研究的目的就是要找出事物變化發展的普遍性規律，進而將它們應用於具體的實踐，強調的正是這兩個相反思維過程的靈活運用。這兩個思維過程在本書中的應用不下數十次，是黏膜下結節論昇華諸多重要認識並成功地解釋消化性潰瘍的發生機理必不可少的邏輯工具，同時對本書的思想和內容起到了「畫龍點睛」的作用，還可以使我們的各項科研工作都收到「事半功百倍」的良好效果，因而這裡將它們獨立出來作為單獨的一章討論。

第一節：黏膜下結節論充分暴露了現代科學多方面的局限性

由點到面、由一般到特殊在黏膜下結節論中的靈活應用，主要是清楚地指出了現代科學在研究消化性潰瘍病時的種種缺陷，實際上還廣泛地存在於現代科學對所有人體疾病和生命現象的探索之中；而黏膜下結節論在闡明消化性潰瘍的發病機制時所涉及的諸多哲學原理和重要認識，都可以廣泛地應用於各種人體疾病和生命現象的探索之中。限於篇幅，這裡僅僅論述其中最重要的三點內容。

1.1 現代科學哲學根基的缺陷體現在當前所有疾病的研究之中

自 1543 年哥白尼發表《天體運行論》以來，歷經伽利略、牛頓、達爾文和愛因斯坦等科學巨匠，人類科學已經走過了近 500 年的光輝歷程，人們已經逐步建立起一個由多學科組成、完整的現代科學體系，並且早已邁入到了原子分子的高科技時代。然而，高度發達的現代科學至今仍然不能圓滿地解釋任何一種疾病的發生機理，對包括愛滋病和癌症在內的各種慢性病一直都束手無策，原因何在？通過圓滿地解釋消化性潰瘍這一相對簡單的疾病，黏膜下結節論揭示了現代科學唯物主義一元論的哲學根基決定了它只適用於物理、化學等相對簡單而具體的物質領域，而不能用來解決人體和生命科學領域中各種高度複雜的問題。

　　唯物主義一元論的哲學根基，導致現代科學的所有研究都自動地隱含了這樣一個假設：只要人體的物質結構弄清楚了，包括思維意識在內的各種現象就都能迎刃而解。因而現代潰瘍病的病因學研究便將幾乎所有的目光都集中在胃十二指腸局部或相關的物質結構上，而基本忽略了抽象的思維意識在各種疾病和生命現象發生發展過程中的決定性作用。即使歷史上早就有人提出了精神壓力學說 [3~8] 來闡述消化性潰瘍的病因學，並且日常生活中精神因素導致消化性潰瘍的病例 [9] 也是屢見不鮮的，但是現代科學對這些客觀現象為什麼總是視而不見呢？現代科學理論是基於具體的物質結構，而精神壓力學說與來自人們日常生活的體驗卻都涉及到了抽象的思維意識，自然就得不到現代科學理論的支持。與此相反的是，儘管「**幽門螺旋桿菌與消化性潰瘍有因果關係** [10]」的論點無論在理論上、還是在實踐中都存在著難以克服的矛盾，並且「**幽門螺旋桿菌在消化性潰瘍中的作用是有爭議的** [11~16]」以及「**該細菌如何導致潰瘍的機制目前尚未闡明** [10, 17]」，但完全合符現代科學具體的物質結構理論常規，無論正確與否都能獲得 2005 年諾貝爾生理和醫學獎。

　　應用「由點到面、由一般到特殊」的思維方法，基本相同的缺陷實際上還廣泛地存在於現代科學對所有人體疾病與生命現象的研究之中。現代科學並不是僅僅在從事消化性潰瘍的病因學研究時才將其目光都集中在患病局部的物質結構上、才忽略抽象的思維意識在人體疾病發生發展過程中的決定性作用，而是在所有其他人體疾病與生命現象的研究中都是這樣的：歷史上關於消化性潰瘍的發生機理的各種學說，不過是現代科學的理論根基存在著重大缺陷的具體表現而已。與此相反的是：黏膜下結節論在解釋消化性潰瘍的發生機理時之所以能夠取得成功，以及擁有歷史上以現代科學為基礎的所有學說都不具備的諸多優點，是因為它不再採用現代科學的唯物主義一元論作為其理論上的根本出發點，而是充分地認識到了抽象的思維意識在消化性潰瘍的發生發展過程中發揮了決定性的推動作用；這些成功與優點僅僅是黏膜下結節論的基本認識充分地揭示了人體內在本質的具體表現。不僅如此，當我們將黏膜下結節論的理論根基及其派生出來的各項認識具體地應用於其他人體疾病與生命現象的解釋時，則要求我們必須比現代科學考慮得更多更全面，對諸多問題的理解的確要比現代科學更深入更詳盡，並從多方面清楚地回答了現代科學至今不能圓滿地解釋任何一種人體疾病和生命現象的根本原因。這些都說明了黏膜下結節論所涉及到的哲學根基，實際上還可以廣泛地應用於包括癌症、愛滋病在內的各種慢性病的解釋之中。這就要求我們必須從根本上革新現代科學的理論體系，才能真正實現生命科學領域各項探索的目標。

由此可見：由點到面、由一般到特殊在本書中的靈活應用，深刻地揭示了現代科學不完善的哲學根基決定了它不可能圓滿地解釋任何一種人體疾病和生命現象的發生機理。唯物主義一元論決定了現代科學只適用於相對簡單的物質領域，而不再合乎高度複雜的人體和生命科學領域的需要。只有建立一個不同於現代科學哲學基礎的全新科學體系，才能進一步地加深人們對各種人體疾病和生命現象的認識。

1.2 「盲人摸象」一般的錯誤廣泛存在於當前所有疾病的研究之中

基於唯物主義的一元論，現代科學還建立起了相應的方法論來展開各項研究，這就是「還原論」的基本方法，將人體和生命根據不同的系統、器官和組織等分割成不同的部分獨立進行研究。前十章的討論表明：這一方法論最主要的缺陷，就是在展開研究之前就已經忽略了在各種人體疾病和生命現象的發生發展過程中起到決定性作用、複雜而抽象的普遍聯繫。

在還原論思想的指導下，人們普遍認為如果某一科學工作者的研究不能集中在某個獨特的領域，那麼他／她的工作就不能深入；甚至還有人認為如果一項研究沒有進入到原子分子水平，那麼該研究就上不了檔次。這些認識具體地表現為現代人體和生命科學已經形成了成千上萬個學科分支，一些科研項目甚至僅僅集中在某一個或幾個生物大分子上。在這種情況下，心理學家發現消化性潰瘍是精神緊張引起的，神經學家認為是大腦中的神經遞質出了問題；胃腸道專家認為是胃酸胃蛋白酶的自我消化導致的，而細菌學的研究則表明幽門螺旋桿菌的感染才是消化性潰瘍的真正病因……。所有這些認識都在得到了一部分實驗資料支持的同時，卻又與其他領域觀察到的客觀事實相矛盾。**儘管每一學說都持之有故，言之成理，但都不是完整無缺的道理** [18]。問題出在哪裡呢？第六章「整體觀」利用「盲人摸象」的小故事形象地說明了將人體進行分割研究的基本方法，必然會導致現代科學的許多認識都帶有一定的片面性，因而也就不可能找到消化性潰瘍的真正病因。「由點到面、由一般到特殊」在這個問題上的具體應用，則認為「盲人摸象」一般的錯誤，實際上還廣泛地存在於現代科學對所有人體疾病的病因學探討之中。這是現代科學不能圓滿地解釋任何一種人體疾病和生命現象的重要原因之一。

不僅如此，病因學上的「盲人摸象」還導致基本相同的錯誤還廣泛地存在於現代醫學的疾病治療學當中。隨著生物化學、藥理學的發展，歷史上的人們普遍採用放化療；在解剖學揭示了人體的基本結構以後，手術治療就開始普及起來；但是這些措施實際上都不能從根本上解決問題。20 世紀 80 年代開始，分子生物學取得了很大的進步，人們又認為基因治療給各種疾病的治療提供了新希望，但事實卻證明這一方法有可能致癌、致畸。21 世紀初，

人類全基因組草圖公布，很多生物製劑公司開始投入重金開發具有一定特異性的蛋白質類藥物；而目前，幹細胞療法又成了人們廣泛關注的焦點。所有這些方法實際上都沒有跳出現代科學物質結構理論的限制，都未曾涉及對人體疾病的發生發展起到決定性推動作用的抽象本質，因而都不能從根本上解決問題，不能有效地阻止多種疾病的復發和多發。這與歷史上的人們在解釋消化性潰瘍的發生機理時，先後提出「無酸無潰瘍」、「神經學說」、「精神緊張學說」、「幽門螺旋桿菌與消化性潰瘍有因果關係」有什麼區別呢？只不過前者是治療學領域中的「盲人摸象」，而後者則是病因學領域中的「盲人摸象」罷了。因此，當前科學上普遍認為很有希望的幹細胞療法，實際上與「幽門螺旋桿菌與消化性潰瘍有因果關係」的論斷一樣只能是「曇花一現」，也與歷史上以現代科學為基礎的所有其他療法一樣，必然會隨著時間的推移而逐漸被淘汰。只有充分地認識到了推動人體疾病發生發展的抽象本質，並大膽借鑒中醫學的整體療法，才能在疾病治療學上取得圓滿的成功。

由此可見，「由點到面、由一般到特殊」闡明了還原論分割研究的基本方法導致「盲人摸象」一般的錯誤實際上還廣泛地存在於現代科學對所有人體疾病與生命現象的研究之中；現代科學的各項研究也就深陷於生命物質的「迷宮」而不能自拔，完全看不到隱藏在各種人體疾病和生命現象背後的抽象本質了。這說明繼續採用現代科學的物質理論和還原論方法，是不可能圓滿解決人體和生命科學領域中各種高度複雜的問題的。

1.3 忽視哲學的指導作用廣泛存在於當前生命科學的各項研究之中

現代科學至今仍然不能圓滿地解釋任何人體疾病和生命現象的發生機理的另一個重要原因，就是長期以來人們一直都習慣於將科學和哲學分割開來獨立進行研究；這是現代科學唯物主義一元論的哲學根基和還原論的基本思路所導致的必然結果。因此，歷史上許多傑出而偉大的思想雖然早已存在了數千年之久，卻在現代人體和生命科學領域的探索中基本上得不到任何形式的體現，結果就是導致當前人體和生命科學領域的各項研究就好像無頭的蒼蠅一般，基本上都偏離了正確的方向。

歷史上基於現代科學理論和方法的現代潰瘍病研究，將其目光主要聚焦在人體局部物質結構的探討上，而完全沒有意識到人體自身固有的普遍聯繫，也就是抽象的五大屬性在消化性潰瘍發生發展過程中的決定性作用，也沒有考慮到消化性潰瘍的發生是人體對周圍環境變化發展的反應，更沒有將消化性潰瘍看成是人體整體、歷史和情感屬性的一個具體的外在表現，在確定消化性潰瘍的真實病因時完全不重視因果關係的

論證，沒有認識到消化性潰瘍具有概率發生的基本特點。因而現代醫學在探索消化性潰瘍的發病機制時，只強調實驗研究而完全忽視了哲學思辨的重要作用，導致通過動用智慧很容易就能獲得的許多認識，現代科學卻不得不走很多的彎路才一知半解。例如：只要我們帶著哲學上因果關係的觀點，很容易就能證明幽門螺旋桿菌的感染不是消化性潰瘍發生的必要條件，並且支持「**幽門螺旋桿菌與消化性潰瘍有因果關係** [10]」的三個證據實際上都是完全不成立的。這就導致現代消化性潰瘍研究自始至終都在一個錯誤的方向上徘徊，近 50 年沒有人能夠圓滿地解釋消化性潰瘍的流行病學特點──年齡段分組現象；至今仍然沒有一個學說能夠圓滿地解釋消化性潰瘍的好發部位、形態學、反覆發作和多發等多方面的特徵和現象。

「由點到面、由一般到特殊」在這個問題上的具體應用，就是認為不重視哲學思辨的指導性作用不僅存在於現代消化性潰瘍病的研究之中，而且還廣泛地存在於現代科學對所有的人體疾病和生命現象的探索之中。現代科學至今仍然不能圓滿地解釋任何一種疾病的發生機理，不足以解決人體和生命科學領域中各種高度複雜的問題，是一點也不奇怪的。而黏膜下結節論則走上了與現代科學完全相反的道路，十分重視哲學思辨的指導性作用，結果竟取得了圓滿的成功，輕而易舉地解釋了消化性潰瘍發生的年齡段分組現象，及其好發部位、形態學、反覆發作和多發、年齡段分組現象等多方面的特徵和現象等等，並且從幾十個方面清楚地證明了「**幽門螺旋桿菌與消化性潰瘍有因果關係** [10]」的說法的確是完全錯誤的。這些都說明了哲學思辨就好像是我們走路時的眼睛一樣，能夠使各項科研工作不至於偏離正確的方向，從而少走彎路並取得事半功倍的效果。然而，在現代科學的思想和方法居主導地位的今天，絕大多數領域中擁有哲學頭腦的科學家是極其少數的；正相反，相當數量的科學家認為哲學是沒有用、甚至是有害的 [19]。這就極大地限制了哲學思辨在科研工作中的積極作用，導致現代科學對各種人體疾病和生命現象的認識自始至終都不能昇華到一個應有的新高度。

綜合以上論述，「由點到面、由一般到特殊」清楚地揭示了現代科學在研究消化性潰瘍時所具有的種種缺陷，實際上還廣泛地存在於現代科學對所有人體疾病和生命現象的探索之中；而黏膜下結節論的理論基礎、研究思路和方法論等，不是僅僅可以用來解釋消化潰瘍的發生機理，而是可以廣泛地應用於所有人體疾病和生命現象的探討之中。因而本書通過相對簡單的消化性潰瘍病，凸顯了建立一個全新科學體系的重要性和必要性。

第二節：「由點到面、由一般到特殊」是昇華認識的重要手段

第一節的討論清楚地表明了消化性潰瘍雖然是一個相對簡單的疾病，卻可以深刻地反映出當前人體和生命科學領域研究中的根本問題，並強調了建立全新科學體系的必要性，從而為將來成功地解釋癌症、愛滋病等各種複雜慢性病的發生機理奠定基礎。這說明了「由點到面、由一般到特殊」在理論和實踐上的靈活應用，不僅可以對科研探索的成果起到顯著的放大作用，而且還可以昇華我們對周圍世界和人體自身的認識。

歷史上靈活應用「由點到面、由一般到特殊」的科學家實際上是屢見不鮮的。例如：英國科學家牛頓提出的「萬有引力定律」，直接導致了現代科學的完全確立，從而使得他成為迄今為止對人類科學貢獻最大的科學家之一。但只要我們稍加分析就能發現牛頓成就偉大貢獻的背後，就有「由點到面、由一般到特殊」的不自覺運用在起作用。通過對蘋果落地這個十分平常的自然現象的思索，牛頓得出「蘋果總是垂直向下地落向地面的原因是受到了地球引力的作用」這樣的結論。同理，梨子、桔子、桃子、杏子乃至位於高處的石頭落地時，都是地球引力在起作用；不僅如此，蘋果所受到的地球引力還可以推廣擴大到所有有質量的任何兩個物體之間，**宇宙的定律就是質量與質量之間的相互吸引** [20]，因而牛頓將這種相互作用力稱為「萬有引力」。由此可見：「萬有引力定律」中的「萬有」，實際上將「蘋果落地」這個「點」，推廣擴大到「任何有質量的兩個物體」這個「面」以後得到的——這就是一個極其典型的「由點到面」的思維過程。而牛頓將「萬有引力定律」具體地應用於地—月、日—地、星—星關係等多種自然現象的解釋中來，結果很好地解釋了這些現象——這就是一個典型的「由一般到特殊」的思維過程。這兩種相反思維過程在牛頓這裡的不自覺運用，使人們透過「蘋果落地」這一簡單的自然現象，卻了解到了隱藏於宇宙萬象中的普遍真理。這一成功的故事充分地說明了「由點到面、由一般到特殊」的靈活運用，的確可以將非常不起眼的科學成果顯著地放大，從而使我們對周圍世界和人體自身的認識得到極大的昇華，自然也就收到了「事半功百倍」的良好效果。

實際上，本書不下數十次靈活地運用了「由點到面、由一般到特殊」這兩個相反的思維過程。例如：通過深入探討消化性潰瘍這一相對簡單的疾病，我們總結出了 15 條基本的哲學原理，深入地揭示了所有人體疾病和生命現象都共有的抽象本質。並且我們還嘗試了利用這 15 條哲學原理來初步地解釋癌症、愛滋病等疾病的發生機理（請參閱前十章）和其他多方面的問

題。事實證明：這些嘗試都是很有效的，要求我們必須比現代科學考慮得更多更全面，對各種問題的理解也的確要比現代科學更加深刻、更加貼近現實，並深入地揭示了現代科學在從事人體和生命科學的研究時所具有的種種缺陷。這充分地說明了本書對「消化性潰瘍的發病機制」的解釋，就好像牛頓當年解釋「蘋果落地」一樣；而解釋消化性潰瘍時所用到的 15 條哲學原理就好像「萬有引力定律」一樣，也可以廣泛地應用於人體和生命科學領域中千千萬萬種不同現象的解釋之中。因此，「由點到面、由一般到特殊」在本書中的靈活應用，也可以使我們通過消化性潰瘍這一相對簡單的疾病，來極大地昇華現代科學已經取得的研究成果，從而提出了 15 條最基本的哲學原理；這 15 條哲學原理不僅可以用來解釋消化性潰瘍的發病機制，而且還可以廣泛地用來解釋各種人體疾病和生命現象，從而十分有助於其他各種複雜的人體和生命現象的解決。

　　與此同時，我們還必須注意到人體疾病和生命現象高度複雜的基本特點，決定了我們在解釋人體和生命科學領域中的各種問題時，不能像物理學那樣在解釋「蘋果落地」時只需要考察一個現象、一個特徵和一個或幾個因素，將所獲得的認識昇華一兩次就可以了，而是必須同時考察很多個現象、很多個特徵和千變萬化的因素，必須將所獲得的認識昇華很多次才能奏效。例如：消化性潰瘍雖然是相對簡單的疾病，但是它至少表現為 72 種不同的現象和 15 個主要的特徵，所涉及的病因學因素也是千變萬化、因人因時因地而異的，所有這些特徵、現象和因素之間還有著錯綜複雜的關係。正是這個原因，像牛頓或愛因斯坦那樣僅僅提出一條定律、幾個推論往往是不能解決人體和生命科學領域中的各種實際問題的，而必須同時聯合應用很多條原理、很多個推論才能真正實現這一領域的研究目標。例如：黏膜下結節論必須聯合應用本書全部 15 條哲學原理，以及基於這些哲學原理派生出的上百個全新認識，才能圓滿地解釋消化性潰瘍病的發生機理。這是人體和生命科學領域與物理、化學等學科領域之間明顯不同的地方之一，必須予以足夠的重視。

　　由此可見，「由點到面、由一般到特殊」的靈活應用，的確可以使我們透過一些相對比較簡單的現象，來揭示事物發生發展的普遍性規律，也就是看到了不同現象間的共有本質，我們的認識也就昇華到了一個更高的層次，從而有助於其他各種複雜的具體問題的解決，我們的工作自然就取得了「事半功百倍」的良好效果了。因此，這兩種相反的思路也是我們在日常生活和科研工作中，尤其是高度複雜的人體和生命科學領域的探索中必須擁有的重要方法論之一。

本章小結

綜合本章全部的論述，「由點到面、由一般到特殊」這兩個相反的思維過程有助於我們從個別現象中推導出一般性規律，並將這些一般性規律還原到日常生活和科研實踐中推演出個別的結論，是黏膜下結節論成功地解釋消化性潰瘍的發生機理、昇華各項認識必不可少的邏輯工具。因此，消化性潰瘍雖然是相對簡單的一種疾病，卻能深刻地反映出現代科學的哲學根基、研究方法和思維方式等等，都決定了它不可能有效地解決人體和生命科學領域中各種高度複雜的問題，從而極大地延緩了人類科學前進的腳步。最後，我們還以牛頓的成功為例，說明了靈活應用「由點到面、由一般到特殊」，不僅可以對科學探索的成果起到顯著的放大作用，而且還可以使我們對周圍世界和人體自身的認識得到極大的昇華，從而收到「事半功百倍」的良好效果；而本書提出的 15 條哲學原理，也不僅可以用來解釋消化性潰瘍的發生機理，而且還可以廣泛地應用於各種人體疾病和生命現象的解釋之中。所有這些都說明了「由點到面、由一般到特殊」也是我們在日常生活和各項科研工作中都必不可少的邏輯工具之一。

參考文獻

1　漢斯・約阿西姆・施杜里希 [德] 著，呂叔君譯：世界哲學史（第 17 版）；濟南，山東畫報出版社，2006 年 11 月第 1 版：第 114 頁。

2　譚斌昭主編，周燕、陶建文副主編：當代自然辯證法導論；廣州，華南理工大學出版社，2006 年 6 月第 1 版：第 151 頁。

3　G.B. Glavin, R. Murison, J.B. Overmier, W.P. Pare, H.K. Bakke, P.G. Henke and D.E. Hernandez; The neurobiology of stress ulcers; Brain Research Reviews, 1991; 16, 301-343.

4　Selye H, The physiology and pathology of exposure to stress. Acta. Montreal, Canada. 1950.

5　Selye H, The history of adaptation syndrome, Acta Inc. Medical publishers, Montreal, Canada, 1952.

6　Selye H, First annul report on stress. Montreal, Canada, Acta Inc. 1951.

7　Selye H, On the mechanism through which Hydrocortisone affects the resistance of tissues to injure. JAMA, 1953; 152: 1207-1213.

8　J. Bruce Overmier, Robert Murison; Anxiety and helplessness in the face of stress predisposes, precipitates, and sustains gastric ulceration; Behavioral Brain Research, 2000; 110, 161-174.

9　Michael N. Peters, Charles T. Richardson; Stressful life events, acid hypersecretion and ulcer disease. Gastroenterol; 1983, 84: 114-119.

10 Barry J. Marshall, J. Robin Warren, Elizabeth D. Blincow, Michael Phillips, C. Stewart Goodwin, Raymond Murray, Stephen J. Blackbourn, Thomas E. Waters, Christopher R. Sanderson; Prospective Double-blind trial of duodenal ulcer relapse after eradication of *campylobacter pylori*; The Lancet, December 24/31 1988, pp 1437-1442.

11 Peter H. J. van der Voort, René W. M. van der Hulst, Durk F. Zandstra, Alfons A. M. Geraedts, Arie van der Ende, and Guido N. J. Tytgat; Suppression of *Helicobacter pylori* infection during intensive care stay: Related to stress ulcer bleeding incidence? Journal of Critical Care, December 2001; Vol 16, No 4: pp 182-187.

12 Mitchell J. Spirt; Stress-related mucosal disease: Risk factors and prophylactic therapy; Clinical Therapeutics, 2004; Vol. 26, No. 2, pp.197-273.

13 Frank I Tovey and Michael Hobsley; Review: Is *Helicobacter pylori* the primary cause of duodenal ulceration? Journal of Gastroenterology and Hepatology, 1999; 14, 1053-1056.

14 Erik A.J. Rauws, Guido N.J. Tytgat; *Helicobacter pylori* in duodenal and gastric ulcer disease; Baillière's Clinical Gastroenterology, September 1995; Vol. 9, No. 3, pp 529-547.

15 C O Record; Controversies in Management: *Helicobacter pylori* is not the causative agent; *BMJ* 1994; 309:1571-1572.

16 J.W. Freston; Review article: role of proton pump inhibitors in non-H. pylori related ulcers; Aliment Pharmacol Ther, 2001; 15（Suppl. 2）, 2-5.

17 Hildur Thors, Cecilie Svanes, Bjarni Thjodleifsson; Trends in peptic ulcer morbidity and mortality in Iceland; Journal of Clinical Epidemiology, 2002; 55, 681-686.

18 酈賀齡主編；消化性潰瘍病；北京，人民衛生出版社；1990 年 11 月第 1 版；第 71 頁。

19 李創同著；科學哲學思想的流變──歷史上的科學哲學思想家；北京，高等教育出版社，2006 年 12 月第 1 版；第 2 頁。

20 通鑑文化編輯部編輯製作；神秘科學現象；臺北縣新店市，人類智庫股份有限公司出版發行；2007 年 7 月初版；第 128~129 頁。

第十二章：新二元論的建立與運用

前十一章的論述已經為本書回答物質與意識的關係問題奠定了堅實的基礎，因而我們在本章提出了「新二元論」。新二元論不僅能直接動搖現代科學唯物主義一元論的哲學根基，而且還可以千百萬倍地擴大和加深人們對宇宙、自然界乃至人體自身的理解，很容易就能回答許多歷史上長期以來懸而未決的重大認識論問題，並實現唯物論與唯心論、科學與宗教、科學與哲學、中西醫學、東西方文化等十多個方面的完美統一；新二元論尤其強調人類社會的持續穩定發展，有賴於物質文明和精神文明建設的同步進行。然而，本書提出的新二元論與歷史上任何時期的二元論有著完全不同的思想和內涵，可以看成是牛頓和愛因斯坦核心理論的進一步擴大和深化，並揭示了人體和生命科學領域中完整的因果關係，進而開啟人類科學和文明一個嶄新的時代。這些都說明了新二元論無論在理論上還是在實踐中都具有非凡的意義，因而在本書的思想體系中占據著核心的位置。

第一節：「新二元論」的基本內容

300 多年前，牛頓通過考察「蘋果落地」這一簡單而常見的自然現象，提出了能廣泛應用於宇宙萬物的「萬有引力定律」。通過進一步深入地考察「蘋果落地」現象，我們發現萬有引力定律實際上還充分地體現了本書新二元論的基本內容。

萬有引力定律表明了宇宙中任何兩個物體之間都是相互吸引的；引力的大小與二者質量的乘積成正比，與距離的平方成反比。這一定律其實還暗含著「宇宙中的萬事萬物同時都具有兩個方面的基本屬性（Redical Attributes）」這樣的一層意思：一個方面是質量，是客觀事物可以看得見、摸得著或測得到的屬性，在本書中被稱為事物具體的物質屬性（Material Attributes）；另一個方面是萬有引力，是客觀事物看不見、摸不著，也不能直接測得到的屬性，在本書中被稱為事物抽象的聯繫屬性（Correlation Attributes）。應用這兩個屬性來解釋「蘋果落地」現象，就是蘋果和地球的物質屬性（質量）決定了二者之間必然會存在著抽象聯繫（萬有引力）的屬性；抽象的聯繫雖然是看不見、摸不著，也不能直接測得到的，擁有「無形（Incorporeal）」的基本特點，卻在蘋果落地的過程中是決定性的，決定了蘋果運動的方向和速度的大小；如果沒有萬有引力的作用，蘋果是不可能自動地改變其空間位置和運動狀態並落向地面的。

　　應用第十一章「由點到面」的思維方法，如果將「蘋果」推廣擴大到宇宙中的萬事萬物，將「萬有引力」這樣單一的聯繫推廣擴大到宇宙中各種抽象的聯繫，也就是本部分第二章討論的「普遍聯繫」，同時還將「蘋果落地」這一狀態的改變推廣擴大到本部分第三章討論的「萬事萬物的變化發展」，就不難得出這樣的結論：宇宙中的萬事萬物同時都有具體的物質和抽象的普遍聯繫這兩個方面的基本屬性；其中具體的物質屬性是抽象的普遍聯繫存在的先決條件，而抽象的普遍聯繫則在萬事萬物產生、發展、變化和消亡的過程中起到了決定性的推動作用。這基本上已經體現了本書「新二元論（New Dualism; Neodualism）」的基本內容。它表明了宇宙中的萬事萬物只要存在，就必然要在普遍聯繫中產生、存在、發展和消亡；任何只有物質屬性而與周圍環境完全脫離聯繫的事物都是不存在的；普遍聯繫雖然是抽象而無形的，但是它推動了事物的變化發展，因而一定會通過事物的變化發展而得到充分的體現。既然萬事萬物都是具體的物質和抽象的普遍聯繫這兩個不同屬性的統一體，因而新二元論認為萬事萬物都是「一體兩面（One Integrity with Two Sides）」的。

第二節：物質和意識是密不可分的有機統一體

　　德國哲學家弗里德里希・恩格斯（Friedrich Engels, 1820~1895）認為：全部哲學，特別是近代哲學的重大基本問題，是思維與存在的關係問題。思維和存在的關係問題，也就是意識和物質、主觀與客觀的關係問題[1]。這個問題最初是由 2500 多年前的古希臘哲學家巴門尼德提出來的，後來在中世紀經院哲學的神學證明中得到進一步討論和深化，在近代哲學中才被自覺地確立為哲學的基本問題[2]。有些書籍則用「精神」來表達意識的基本概念[3]。為了敘述的方便和避免概念上的混亂，本書將思維和存在、意識和物質、主觀與客觀的關係問題或類似的描述，一律統稱為「物質和意識的關係問題（The Relation Issue between Material and Consciousness）」。

　　哲學的基本問題實際上還包括兩個方面：第一個方面是物質和意識何者為第一性的問題，也就是物質和意識孰先孰後、孰為本原的問題，實質上是一個本體論的問題[4]；而第二個方面則是指物質和意識是否具有同一性的問題，這個方面最初是由恩格斯在 1886 年明確提出來的，但在此前的哲學家，特別是近代西方哲學從培根和笛卡爾開始、實現從本體論到認識論轉向之後的哲學家，幾乎都不可避免地要對這一問題作出自己的回答[4]。而本章提出的「新二元論」則可以圓滿地回答哲學基本問題的兩個方面，從而使物質和意識的關係實現了前所未有的統一。

　　既往和當前的哲學對物質和意識範圍的界定是極其不對稱的，這有可能是過去 2500 多年來物質和意識的關係問題自始至終得不到圓滿解決的重要原因之一。例如，當前哲學上的「物質（Material）」是一個範圍上極其廣大的概念，泛指宇宙中一切客觀存在的事物；而「意識（Consciousness）」則僅僅是「人腦的機能和屬性」或「人腦對客觀世界的反映 [1]」，是一個範圍極其狹窄的名詞，只在人體的生命活動或認識周圍世界的過程中才發揮一定的作用。不僅如此，過去和當前的人們對「意識」的理解還受到了科學和技術水平的極大限制，反映的僅僅是當前人類的認識所能涉足的領域。例如，在顯微鏡和望遠鏡發明以前，人類對微觀世界和宏觀宇宙的認識就比當前有限得多，但這並不意味著細胞和星系在過去就都是不存在的。同理，當前的科學和哲學由於普遍缺乏整體觀和歷史觀等基本觀念，對「意識」的理解自然也就十分有限，更沒有反映出人體意識的基本特點。概念範圍上的巨大差異和時代局限性，決定了我們首先就必須在「物質」和「意識」的基本概念上有所突破，才能正確理解二者的相互關係。

　　歷史上曾經有「存在即是物質 [5]」的說法。意識顯然是客觀存在的，那麼這種說法認為意識也是物質，卻沒有認識到意識與通常意義上的物質的最大區別，就是不能用原子分子等任何具體的物質形式來進行描述。第一節明確指出了任何客觀存在的事物都有具體和抽象兩個方面的屬性，並且這兩方面的屬性分別在事物的變化發展過程中擔負著不同的功能，同時又都是事物客觀存在的反映，相互之間還有著不可分割的聯繫。而本書提出的物質概念，僅僅是指「具體的存在（Concrete Being）」，也就是宇宙萬物具體的物質屬性，是研究對象可以看得見、摸得著、或者通過科學儀器等觀察到、有一定質量並且有形而具體的一個方面。例如：現代科學已經認識到的各種宏觀或微觀事物，包括原子、分子以及構成它們的電子、質子、中子等等，都是典型的物質概念；至於說它們之間的作用力，則不在物質概念的範圍之內。現代科學對人體的理解也的確是一個典型的「物質人體（Material Human Body）」，也就是一個肉體上的概念：它僅僅將人體看成是一個由原子分子按照一定的順序排列而成的原子堆，而人體非物質方面的屬性，如情感、社會和歷史的屬性等等，在現代科學探討各種人體疾病和生命現象的發生機制時則很少被考慮。這說明自然界中除了現代科學已知的「具體的存在」以外，像萬有引力和人體的情感等這樣「抽象的屬性（Abstract Attributes）」無疑也是客觀存在的。後者與具體的物質屬性有著根本的區別，是宇宙萬物看不見、摸不著、也不能直接測得到的重要方面，並且其存在一定會通過事物的變化發展體現出來。因而「存在即是物質」的說法容易將事物的兩種不同屬性混為一談，只有將二者嚴格地區分開來，才能正確地理解它們的關係。

　　然而，什麼是「意識」呢？「意識」在本書中是「思維意識」的簡稱。當前哲學上「意識是人腦的機能和屬性[1]」的認識，僅僅道出了意識的生物學功能，還遠遠沒有指出其本質，因而是一個比較片面的理解。本部分第七章「歷史觀」第五節 5.6 通過追溯思維意識形成的歷史，明確地指出了人體的思維意識是生物界長期進化的必然產物：在具體的物質世界結構上日趨複雜並演化出生命的同時，它們之間固有的抽象聯繫也經歷了一個從無到有、從低級到高級的衍化過程，到人體則形成了抽象聯繫的最高級形式——當前哲學上所討論的「思維」或「意識」。因此，思維意識就像任何其他具體的事物一樣，也經歷了一個從無到有，從簡單到複雜的歷史過程，其本質是高度複雜化了的抽象聯繫。但實際上，大腦是人體適應內外環境的變化而高度特化了的一個調節器官，但這並不代表人體內其他組織和細胞就沒有自我調節的功能，相互之間就不存在任何的聯繫；這些人腦之外的聯繫具體地反映在人體整體和歷史的屬性上。這說明人體的思維意識僅僅是對「意識」一個很狹義的理解，除了包括心理、精神、情緒、思想等通常的意義以外，實際上還應該包括人體固有的五大屬性，即自然、社會、整體、歷史和情感的屬性等多方面的內容；如果將不同歷史階段的抽象聯繫都考慮在內，那麼「意識」的範圍就會比歷史上和當前哲學領域中界定的範圍大很多。

　　由此可見：當前哲學上提出的「意識」的概念，僅僅是對「思維意識」非常狹義的理解，僅僅局限於人腦的機能和屬性；而本書在這裡界定的思維意識則是一個整體和歷史的概念，泛指推動萬事萬物變化發展的普遍聯繫，看不見、摸不著，也不能直接測得到，具有無形的基本特點，也就是事物「抽象的存在（**Abstract Being**）」。這一廣義的概念不僅清楚地指出了思維意識的本質，而且極大地擴展了思維意識的範圍，並認為歷史上和當前的哲學所認識到的「意識」僅僅是這個廣義概念中最為高級的一種形式而已。在這種情況下，廣義的「意識」也就能夠與通常意義上的物質概念相平行，進而為正確理解物質和意識的關係問題奠定了基礎。這也就是說：萬事萬物都是「具體和抽象」的統一體，是具體的物質和抽象的普遍聯繫兩種不同屬性的統一體，也就是物質和意識的統一體。例如，牛頓提出的「萬有引力」是蘋果所具有的多種「意識」中的一種，也是自然界裡最簡單、最原始的思維意識形式之一；而人體的思維意識則是個體生命力最重要的體現，是自然界裡最複雜、最高級的意識形式。萬有引力和人體的意識雖然在表現上千差萬別，但在本質上卻是完全一致的：都具有看不見、摸不著、不能直接測得到的基本特點，並且都在相應事物變化發展的過程中起著決定性的推動作用。

　　基於上述推理，如果像既往各哲學派別那樣，將新二元論的基本觀點應用於人體，就可以得到狹義上的新二元論：任何有生命的個體必須同時具有

肉體（Body，也就是現代科學的物質人體）和精神（Spirit，也就是抽象的思維意識）這兩個方面的基本屬性，是肉體與精神的統一體、身心的統一體；其中，肉體是精神存在的物質基礎，而精神則在肉體的各種行為、生理活動、疾病的發生發展以及個體的生老病死過程中起到了決定性的推動作用。事實也的確是如此：情緒上的波動可以顯著地增加或減少神經衝動和激素的分泌，從而影響到全身的生理活動；心理活動決定了個體的日常行為，而內心的善惡則決定了個體的好壞。也只有承認思維意識在人體的各種生理活動和疾病的發生發展過程中的決定性作用，才能找到導致消化性潰瘍的真正原因，並圓滿地解釋多種疾病發生的流行病學特點——年齡段分組現象。而現代科學唯物主義一元論的哲學性質，決定了它必然要忽略抽象的思維意識在人體的各種生理活動和疾病發生發展過程中的決定性作用，因而至今仍然無法圓滿地解釋任何一種人體疾病的發生機理。

同理，如果我們將「新二元論」的內容應用於物質和意識廣義上的概念，也就是推廣擴大到宇宙中的萬事萬物，就可以得到廣義上的新二元論：萬事萬物同時都具有具體的物質和抽象的意識這兩個方面的基本屬性；其中，物質是意識存在的基礎，而意識則在物質產生、存在、發展和消亡的過程中起著決定性的推動作用。這裡的思維意識已經不再局限於當前哲學上認識到的「人腦的機能」，而是泛指各種生命、非生命體及其各部分之間無形、抽象和多方面的普遍聯繫；更具體地講，它還包括了促進萬事萬物變化發展的能量和信息等多方面的抽象要素，以及不能用具體的原子分子等有形的實體來進行描述的所有方面。實際上，人體內其他各種組織器官，以及各種高級和低級的動植物等等，其實也是具有一定的思維意識功能的，也能直接或間接地作用於自身其他的部分或者外界的事物，只不過遠遠沒有大腦皮層那麼直接、明顯、複雜和發達罷了。

有人認為：既然新二元論認為具體的物質是抽象的意識存在的基礎，仍然說明了「物質決定意識，物質是第一性、意識是第二性的」。這是對新二元論的片面理解。新二元論在指出了物質是意識存在的基礎的同時，還強調了意識在物質產生、發展、變化和消亡的過程中決定性的推動作用；而萬事萬物變化發展的過程實際上都能很好地說明這個問題。例如：如果大腦的先天結構有問題，或者由於感染、中毒等原因導致其物質結構異常，就會導致人體思維意識方面的障礙，出現昏迷或者精神異常等多方面的表現；這說明大腦的物質結構的確是可以影響和決定思維意識的。但我們還必須注意到：一些老年人由於情緒過於激動，就會導致中風等腦內的器質性病變，說明過度的情緒反應（思維意識）也可以影響和決定大腦的物質結構。除此以外，人腦又是怎樣形成和發展的呢？是受精卵發育而來；受精卵為什麼會不斷地

發育而最終形成結構完整的大腦組織呢？是在胚胎發育的過程中，在受精卵內在和外在抽象的普遍聯繫（廣義上的思維意識）的推動下逐步發展而來的。因此，如果從整體和歷史的角度來看問題，大腦的物質結構歸根到柢是由思維意識決定的；這說明思維意識也可以影響和決定大腦的物質結構。同樣的推理也完全適用於任何一對廣義上的物質和意識之間相互關係的探討。

因此，新二元論對物質和意識相互關係的理解，就是認為「物質可以決定意識、意識也可決定物質」，二者是相互影響、密不可分的統一體。這說明了哲學基本問題的第一個方面「物質和意識誰是第一性誰是第二性、物質和意識孰先孰後、孰為本原」，其實與「先有男人還是先有女人？先有雞還是先有蛋？」等問題在性質上是完全一致的，因而我們完全可以應用第一章「同一性法則」來理解和回答這個問題：物質和意識之間其實根本就不存在何者為第一性、何者為第二性的問題，它們是同一事物不可分割的兩種不同性質的固有屬性，並且自它們存在的那一時刻起，就是相互伴隨而發展、互相影響的。這種理解同時也回答了哲學的基本問題的第二個方面：物質和意識之間具有高度的同一性，並且在事物「存在」的基礎上達到了高度的統一。這也就是說：任何事物只要它存在，就同時具有物質和意識這兩個方面的屬性，是具體和抽象的統一體；無論是物質還是意識，都不能脫離對方而獨立地存在。

第三節：歷史上的「二元論」思想

3000 多年前中國古代的《周易》中就有「**無極生太極，太極生兩儀，兩儀生四象，四象生八卦** [6]」的記述；這一認識對宇宙萬物生成之理的詮釋實際上已經包含了本書新二元論的基本思想。貫穿了中國古代文化和思想歷史的陰陽理論更是如此，例如：老子認為「**萬物附陰而抱陽** [7]」，與本書「**萬事萬物都是具體的物質和抽象的聯繫密不可分的統一體**」的觀點可以說是完全一致的。**老子的本體論歸屬同時出現「唯物主義」與「唯心主義」這樣兩種絕對相反的理論界定；老子的道本論是一種比較典型的客觀實在論，所以很難簡單地把它歸屬為唯物論還是唯心論 [4]**，也清楚地說明了本書提出的新二元論與老子的認識是基本一致的。張甲坤在重釋中國古代哲學時認為：**精神是我們能夠感覺到的，纏繞在我們周圍，充塞於我們整個生活的抽象的、無形的存在；看不見、摸不著、說不清，但是可以靠覺悟去體會；精神的東西必須借助於有形、具體的存在才使理解和把握成為可能 [8]；按照中國人的智慧，心物是不能分開的，所謂精神與生命共振就是這個道理 [8]**。這也與本書對物質和意識相互關係的理解非常接近。佛教經典《般若波羅蜜多心

經》中有句至理名言「色不異空，空不異色；色即是空，空即是色」，這裡的「色」相當於物質的概念，但並非全指物質現象[9]，是一個可以通過我們的眼耳鼻舌身意被感知的事物具體、有形的方面；而「空」則並不是純粹的虛無，而是一種沒有客觀實體，不可用語言文字表達的狀態[9]，與事物的抽象、無形的普遍聯繫的屬性相對應。因而佛教這句話所表達的，實際上也是具體的物質與抽象的聯繫不可分割的意思，可以說與本書提出的新二元論是完全相通的。

在西方古代哲學史上，自巴門尼德在 2500 多年前第一次提出「思想與存在的同一性」問題[10]以來，物質和意識的關係問題就成為各哲學派別都不能迴避的問題，並且以對這個問題的回答為標準，人們將形形色色的本體論劃分為一元論（包括唯物論和唯心論）、二元論、折中論（Eclecticism）等基本哲學派別[4]。柏拉圖將世界二分為「形式的」智慧世界以及我們所感覺到的世界；並認為我們所感覺到的世界是從有智慧的形式或理想裡所複製的，但是這些版本並不完美。那些真正的形式是完美的而且無法改變的，而且只有使用智力加以理解才能實現[11]。這可能是西方哲學史上最早的二元論思想，並且在後來的許多哲學著作中都可以發現類似的二分思想。

在近代西方哲學史上，法國哲學家笛卡爾通過普遍懷疑的方式確立「我思」的存在時，堅決主張心身二元論，即心靈和物體是兩個相互獨立、互不相干的實體；心靈的屬性是「思想」，物體的屬性是「廣延」；心靈沒有廣延，是不可分的；物體不能思想，但是是無限可分的。但是這種二元論無法解釋心身之間顯而易見的相互關係，也無法說明心靈對身體的認識問題[12, 13]。德國哲學家康德（Immannuel Kant, 1724~1804）的哲學也是典型的二元論哲學：在他那裡，人是兩個世界的公民。一個是現象世界，還有一個是自由世界。康德的認識論也可被稱作為二元論，一方面是作為原材料的既有的可感世界，另一方面是具有先念直覺能力和劃分範疇功能的自我，人在把這些能力運用於原材料時便會獲得對世界的認識[14]；在討論顯像與物自體、現象界與本體界、自然法則與道德法則、必然與自由、理智世界與感覺世界等一系列的二元對立時，康德都是自覺地以二元論作為其根本出發點的。然而，康德並沒有將二元論貫徹到底，並且最終還要面對理論理性與實踐理性之間的協調統一問題[12]。德國另外一名近代哲學家馬克斯·舍勒（Max Scheler, 1874~1928）則認為人是「生命」與「精神」的二元結合，精神總是與世界密切相聯而不可分割的[15]。而黑格爾則用辯證法來解決自笛卡爾開始的二元論框架下思維與存在之間的同一性問題，認為宇宙萬物是同一個東西的自我運動、自我發展、自我完成的過程，所謂思維與存在、本質與現象並不是兩個東西；思維是事物的本質，事物是思維的表現，而事物歸根到柢總

是要符合自己的本質，因此思維與存在在本體論上是同一的[12]；思維與存在不但具有著同一性的關係，而且思維還提供著使二者同一的絕對原則[16]。因而，黑格爾的思想在哲學上被劃分為唯心主義。從某種意義上說，黑格爾哲學的全部內容就是圍繞著合理性與現實性之間的辯證關係展開的，其目的就是要達到合理性與現實性的「和解」[12]。這些思想都與本書提出的新二元論有相近相通之處。

第四節：新二元論與歷史上的二元論思想之間的區別

本章提出的新二元論雖然也被稱為二元論，卻與既往所有的二元論思想沒有歷史上的淵源，而是以同一性、普遍聯繫、整體觀和歷史觀等十多條哲學認識為基礎逐步建立起來的；它在解決各種問題時的有效性和廣泛性更是歷史上所有的二元論思想都不能比擬的。這些都說明了本書提出的新二元論有著全新的思想和內容，主要體現在如下幾個方面：

4.1 新二元論擴大了意識的範圍，明確了意識的本質

新二元論對物質和意識關係的理解，與歷史上所有的哲學派別都是完全不同的。它通過追溯人體思維意識發生發展的歷史，明確地指出了意識並不局限於人腦的功能，而是經歷了一個從簡單到複雜，從低級到高級的進化過程；到人體不僅具有了反映和認識世界的能力，而且還能對各種現象進行分析、歸納，甚至總結成普遍性的規律，並主動地改造環境使之合乎自身發展的需要。這說明人類思維意識的本質是高度複雜化了的抽象聯繫，是自然界的抽象方面不斷向前進化、發展的必然產物。因此，新二元論認為處於各個不同發展階段的生命和非生命，實際上都具有處於某一發展階段的「思維意識」能力，並且都與基於人腦的思維意識一樣，在各自的產生、存在、發展和消亡的過程中發揮了決定性的推動作用。

有誰能夠肯定情感和思想僅僅是人類所特有的呢？2007 年 8 月 10 日長沙的紅網上有一則題為《遇車禍小狗冒死救同伴》的報導：一小狗捨命救助遭遇車禍的同伴，使盡全力想把受傷的同伴拖到路的對面。面對一輛輛呼嘯而過的車輛，那隻狗並沒有一點膽怯的樣子，反而全身掩護住受傷同伴的身體。有市民感嘆道：「這場面真令人感動呀！動物尚且有如此真摯的感情，又怎不讓人感到臉紅呢？[17]」無獨有偶，2008 年 4 月 17 日人民圖片網報導了另外一則動物有情的感人場面：黑龍江省牡丹江市牡丹江一處岸邊出現四隻小鳥。其中三隻被人摧殘而死，靜靜地躺在地上，另外一隻逃脫、倖存下來的小鳥，孤伶伶地守在同夥身旁，久久不肯離去[18]。寵物飼養家庭都有這

樣的體會：那些小動物，尤其是小貓小狗小豬呀什麼的，其實也是有喜怒哀樂的，都有種種情感的表現，都懂得避敵就親，只不過沒有人類的情感那麼豐富和複雜罷了。日常生活中各種類似的經驗和體會都表明了情感和意識的確不是人類所特有的，而是處於不同發展階段的物種都具有的重要特性。

由此可見，認為思維意識僅僅是人腦才具有的功能，認為情感僅僅是人類才具有的特性，並不是十分令人信服的。沒有帶著歷史的眼光來看問題，未能仔細地追溯思維意識進化發展的歷史，是當前哲學上將「意識」的理解局限於「人腦的功能和屬性」的主要原因，還遠未觸及人體思維意識的抽象本質，更談不上正確地理解物質和意識之間的相互關係了。從這一點上講，**哲學史上各派的紛爭，就是盲人摸象後的爭吵** [8]，的確是非常有道理的。

4.2 新二元論的建立有著十分堅實的哲學基礎

除了上述概念的界定以外，本書對「思維意識」的理解還是建立在同一性、普遍聯繫、整體觀、歷史觀和變化發展等十多條哲學原理的基礎之上的，因而它不是無端的猜想，而是有著十分堅實的理論基礎的。

本部分第一章的「同一性法則」是新二元論闡釋物質和意識相互關係的重要理論基礎之一。在我們從廣義上重新定義了物質和意識的概念以後，應用同一性法則，則認為物質和意識之間的關係，與女人和男人之間的關係在本質上是完全一致的，因而物質和意識之間其實根本就不存在何者為第一性、何者為第二性的問題；任何事物自它存在的那一刻起，就是一體兩面的：任何只有物質屬性，或與外界完全脫離聯繫的事物都是不存在的。因此，不重視事物間相互關係的探討，而一味盲目地探討物質和意識孰先孰後的問題，就好像在爭論「雞與蛋孰先孰後的問題」一樣，注定了是得不出任何實際結果的。

新二元論對意識狹義上的理解，就是認為個體的意識不僅取決於人腦的物質結構，而且還與個體的整體狀態，也就是與五臟六腑的功能密切相關。因此，新二元論認為思維意識是一個整體性的概念，作為一個整體來推動事物的變化發展；只有帶著整體觀才能真正理解什麼是思維意識。例如，肝炎患者往往會出現易怒、悶悶不樂等情緒症狀，說明了個體的意識狀態與其臟腑的健康水平有著密切的聯繫。但現代西方醫學是建立在物質科學的基礎之上的，採用還原論分割研究的基本方法，因而在描述各種疾病的症狀和體徵時，往往不重視患者的整體狀態。這不僅體現在消化性潰瘍的研究之中，而且也體現在癌症、愛滋病等各種疾病的研究之中。

新二元論還認為思維意識是一個歷史的概念；只有帶著歷史觀才能真正地理解什麼是思維意識。例如：人類作為一個整體對周圍世界的認識與其科學發展水平是密切相關的；過去和當前被認為是科學的許多認識完全有可能沒有正確地反映客觀存在的世界；但隨著時間的推移，人類的思維意識必然會愈來愈接近自然界和人體自身的本來面目；而人類對周圍世界的認識也必然會隨著時間的流逝而不斷地擴大和加深。如果只考察某一個體，那麼其思維意識活動必然要受到其所處時代的影響，如社會制度和道德觀念、重大的社會和自然事件、受教育水平和方式等等，並且周圍世界在其大腦中的反映還會隨著歷史的推移而不斷地變化發展；個體在經歷某一事件時的思維意識活動在很大程度上是取決於其人生觀；而人生觀則是個體既往經歷的累積和疊加。從這些角度上來講，缺乏歷史觀，要正確理解抽象的思維意識及其對人體生理和行為的影響是不可能的。

除了同一性法則、普遍聯繫、變化發展、整體和歷史的觀點以外，新二元論的理論基礎還涉及到了本書其他多個章節內容，包括本質與現象、因果關係、概率論等等，自然也涉及到了本部分後幾章的內容，在這裡暫不一一論述。這些都說明了本書提出的新二元論的確有著堅實的理論基礎和複雜的內涵，是歷史上所有其他的二元論思想都不具備的。

4.3 新二元論的有效性是歷史上所有的相關思想都無法比擬的

與既往歷史上的二元論思想相比，本書提出的新二元論很容易就能回答人類思想史上無數懸而未決的重大問題，建立起人體和生命科學領域中完整的因果關係，並有助於人體和生命科學領域中諸多問題的解決，進而清楚地回答現代醫學至今仍然不能圓滿地解釋任何一種疾病的根本原因。因此，新二元論的有效性是歷史上所有的相關思想都不能比擬的，本章後三節更是清楚地說明了「新二元論」的提出的確有可能導致人類思想質的飛躍。

新二元論在回答各種問題時的有效性，歸根到柢是由於它清楚地看到了思維意識的本質所決定的。然而，自巴門尼德第一次提出「思想與存在的同一性」問題以來，哲學史上各派之間的紛爭進行了 2500 多年，至今沒有人能夠令人信服地闡明物質和意識的關係。而本書並不像歷史上其他的哲學家那樣一開始就直接討論物質和意識的關係問題，而是先從相對比較簡單「同一性問題」著手，從整體和歷史等多個不同的側面逐步深入地剖析了思維意識多方面的特點，清楚地指出了「物質和意識」的關係本質上就是「具體和抽象」的關係；雖然二者在性質上的差別很大，但都是萬事萬物固有的兩個基本屬性之一。如果人為地將二者分割開來分別討論，自然就會與萬事萬物的本來面目背道而馳，長久以來不能有效地解決各種認識論問題也就不奇怪

了。本書在探討物質和意識的關係問題時採用了循序漸進的方法，再次說明了它與歷史上所有的相關思想都是明顯不同的。

以上三點都說明了新二元論一掃歷史上所有的二元論思想純哲學、純理論的基本特點，並在解決各種實際問題時給人煥然一新的感覺，清楚地說明了本書提出的新二元論的確不是歷史上任何二元論思想的繼承和延續，而是被賦予了全新的思想和內容，在新的歷史時期完全有可能成為人們探討各種認識論問題時新的根本出發點。

第五節：新二元論能行之有效地解決許多重大的認識論問題

新二元論能很好地回答歷史上長久以來無數懸而未決的重大認識論問題。限於篇幅，這裡僅選擇性地探討與未來新科學的基本特點密切相關的十多對二元關係。值得注意的是：所有這些二元關係所涉及的內容都是極其廣泛的，相互之間還是渾然一體、相互滲透的，這裡的討論最多只能涉及一些皮毛，而讀者只需抓住最基本的意思就夠了。

5.1 新二元論首次實現了唯物論與唯心論的有機統一

自 2500 年前巴門尼德提出物質和意識的同一性命題以來，唯物論和唯心論圍繞著物質和意識誰是第一性誰是第二性的問題展開了長期的爭論，並且一直都是西方哲學的焦點。新二元論認為二者之間根本就不存在誰是第一性誰是第二性的問題，二者是密不可分的統一體；因此，新二元論認為無論是唯物主義還是唯心主義，都在擁有合理性一面的同時，卻又存在著難以克服的缺陷，只有實現二者的有機統一才是對周圍世界更全面更正確的認識，從而順利地化解了唯物主義和唯心主義之間的長期對立。

唯物主義認為：**物質是第一性的，物質是世界的本原，意識是第二性的，是物質的派生物** [1]。站在廣義二元論的角度來理解，這種認識首先是缺乏歷史觀的表現：物質是世界的本原，在物質的基礎上產生了意識，那麼物質又是怎樣產生的呢？這就變成了一個典型的「雞與蛋的關係問題」。例如：蘋果的質量是產生萬有引力的物質基礎，但是這個充當物質基礎的蘋果的質量又是怎樣產生的呢？只要我們稍微追查一下這個蘋果歷史，就可以十分清楚地了解到蘋果是在普遍聯繫的推動下從一個受精卵發育而來的，一些蟲子參與了授粉進而導致受精卵的形成，各種陽光雨露促進了它的生長發育。因而歸根到柢，蘋果的物質結構是在抽象的普遍聯繫，也就是廣義意識的推動下產生的。其次，唯物主義的這種認識還是缺乏整體觀的表現：它完全沒有考慮到普遍聯繫是作為一個整體來推動蘋果的產生、存在、發展和消亡過程

的；而萬有引力僅僅是推動蘋果變化發展的多種抽象聯繫中的一種。雖然馬克思認識到了普遍聯繫對物質變化發展的推動作用，從唯心主義的思想體系中借鑒了辯證法和歷史觀，並使他的哲學發展成為辯證唯物主義和歷史唯物主義的統一體 [1]，從而在一定程度上彌補了唯物主義的不足之處，但是經修正後的唯物主義仍然將密不可分的物質和意識進行了人為的分割，也沒有承認意識在新的物質結構產生過程中的決定性作用，也就不能從根本上克服唯物主義認識論上的固有缺陷，因而仍然是對自然界十分有限的認識。

而唯心主義則認為：思維或精神是世界的本原，是第一性的；物質和自然界是意識的派生物 [1]。站在廣義二元論的角度來理解，這種認識雖然看到了抽象的普遍聯繫，也就是廣義的思維意識在萬事萬物的產生、發展、變化和消亡過程中的決定性作用，卻忽略了物質是意識存在的先決條件這一最基本的事實，就好像是認識到萬有引力對蘋果位置變化的推動作用，卻否認了蘋果的質量是產生萬有引力的先決條件一樣；或者認識到了思維意識是對周圍世界的反映，卻否認了需要「人腦」這個重要的物質基礎才能反映這個世界一樣，因而也是站不住腳的。雖然唯心主義在人類哲學史上的絕大多數時期一直都占據著主導地位，但由於具體的物質是看得見、摸得著、測得到的，所以建立在唯物主義基礎上的很多認識通常很容易就能拿到令人信服的證據，導致當前的人們普遍認為帶有唯心主義色彩的所有認識都是不科學的；尤其是最近幾百年來，現代科學的諸多科研成果都極大地支持了唯物主義：**一切有成就的科學家，都自覺或不自覺地遵循了唯物主義的哲學觀點** [1]；**多數科學家都不自覺地懷抱一種樸素的唯物主義** [19]，唯心主義大有要被唯物主義消滅的勢頭。但唯心主義並非一無是處：**唯心主義在論證自己的觀點時所概括的某些經驗材料和科學成果，同樣是人類認識的寶貴的精神財富；它在同唯物主義的鬥爭中，往往能抓住唯物主義形而上學的弱點，從而刺激了唯物主義的完善和發展；唯心主義對於人類認識的主體性、能動性的研究，對於正確認識人們的心智，明確精神的地位、作用和局限性，都是有價值的** [20]。

如果應用類比的方法來評價唯物主義和唯心主義的優缺點，那麼唯物主義對自然界和生命現象的解釋，就好像因為女人生孩子是看得見、摸得著的，就完全忽略了男人的作用來解釋人類社會的生存和發展一樣，是不能從根本上取得成功的；而唯心主義對自然界和生命現象的解釋，就好像是認識到了男人的重要作用，卻越過了女人來大談特談人類社會的生存和發展一樣，也是不可以取得成功的。因而，無論是建立在唯物主義基礎上的現代科學理論，還是建立在唯心主義基礎上的某些學說，都只是看到了事物本來面目的一個方面；這種人為的分割導致它們在解釋現實生活和科研工作中的許多具體問題時都面臨著難以克服的困難。而新二元論則完全不同，它認為萬

事萬物都是「一體兩面」的：在強調了物質是意識存在的基礎的同時，還充分地認識到了意識在物質的產生、存在、變化和消亡過程中決定性的推動作用；物質和意識之間是相互依賴、互利互生、缺一不可的；它對自然界和生命現象的理解，就像是既看到了男人，又看到了女人在人類社會的生存與繁衍中的重要作用一樣，它能有效地解決長期以來哲學和科學史上無數懸而未決的問題是必然的。

因此，新二元論認為將物質和意識進行人為的分割，是導致過去2500多年來唯物論和唯心論之間無休無止的爭論的根本原因。這兩種認識論都在有其正確性一面的同時卻又存在著十分明顯的缺陷，都是對自然界不全面的認識。而新二元論則有機地統一了唯物論和唯心論，並圓滿地克服了二者的明顯不足之處，是對自然界、生命和人體自身更加全面的認識。

5.2 新二元論為科學與宗教的完美統一奠定了理論基礎

一談到科學與宗教的關係，很自然就會使人想起在宗教裁判所熊熊烈焰中挺立的布魯諾；英國哲學家、數學家和邏輯學家伯特蘭·羅素（Bertrand Arthur William Russell, 1872~1970）認為：**宗教與科學的衝突是不可避免的，科學最終將戰勝宗教** [21]。在多數現代科學家眼裡，科學和宗教根本就是天然的死敵，其和諧共存根本就是不可能的。然而，極有諷刺意義的是：英國偉大的科學家、現代科學的奠基人牛頓卻是一位虔誠的宗教信徒；特別是在他的後半生，居然花了 25 年的時間研究神學，寫了 150 萬字的有關宗教和神學的手稿 [1]；近代科學史上最偉大的科學家愛因斯坦也認為：**科學沒有宗教就像瘸子；宗教沒有科學就像瞎子** [22]。同樣是科學界有影響力的人物，為什麼會存在著兩種完全相反的認識呢？

新二元論在人體方面的具體應用，就是認為任何一個活著的個體同時都有具體的物質和抽象的意識兩個方面的基本屬性，二者是相互補充，缺一不可的。人體具體的物質方面的屬性，可以簡單地理解為日常生活中人們所講的「肉體」概念；而人體抽象的思維意識方面的屬性，則與「精神」這個概念相對應。因此，新二元論認為任何一個活著的個體都是肉體和精神這兩個方面的統一體，決定了人類的生存和發展必然同時有著物質和精神這兩個方面的需要。而目前意義上所講的科學（Science）與宗教（Religion），正是分別滿足人類這兩方面的需要而建立起來的系統性理論和學說。因而只有將科學和宗教完美地結合在一起，才能行之有效地解決當前的人類社會正面臨著的絕大部分難題。

　　我們必須注意到：通常意義上的「科學」是一個歷史的概念，僅僅代表「現代科學」，而不是人類科學的全部。即使從哥白尼的時代算起，現代科學也不過 400 多年的歷史；**所謂的現代科學的知識論或方法論在 16 世紀中葉根本尚未出現** [21]，其本質是物質科學（請參閱第七章 5.4），其研究成果也的確極大地滿足了人類的生存和發展所必須的物質條件，但這並不表示它就是人類探索腳步的終點站。雖然現代科學也有心理學、精神醫學等學科的設置，但它們仍然是以唯物主義的一元論為基礎的，其認識主要還是局限於「物質人體」，其研究並不能深刻地體現出人類精神方面的基本特點，甚至可以說連皮毛都還沒有觸及到。這說明現代科學雖然被稱作是「科學」，但它僅僅把人體看成是一個原子分子堆，忽略了精神因素對人體健康的決定性影響，其知識體系必然是對人體不全面的認識，有其歷史的局限性。人們之所以將現代科學認定為「科學」，是因為物質世界裡的現象看得見、摸得著、測得到，很容易就能得到事實的支持而被近代和當代的人們認定為真理；而精神現象極其微妙、難以捉摸的基本特點，決定了需要更高的智慧才能真正地認識和把握它，我們現在還很難說在將來就一定不被納入科學的範疇。因此，認為現代（物質）科學才是科學的認識，歸根結底是由當前人類認識範圍的局限性所決定的。

　　而宗教則剛好彌補了現代科學在精神領域的不足，在一定程度上講，我們完全可以將它看成是關於人類精神方面的科學，其豐富的內涵也絕非現代科學可比擬的。與現代科學的短暫歷史相比，在當今世界上流行的三大主要宗教中，歷史最短的伊斯蘭教也有近 1500 年的歷史，基督教已經有 2000 多年的歷史，而佛教則更長，已有 2500 年的歷史。如果將各種形式的古代宗教也計算在內，宗教的歷史恐怕還要更加久遠，可能在人類社會的初期就已經形成了。宗教為什麼能夠有著如此持久而旺盛的生命力呢？這首先是人類的本質屬性所決定的：人體並不像現代科學描述的那樣僅僅是一個原子分子堆，而是有著豐富的情感和高度社會性的。在人類社會發展的各個時期，尤其是在古代的物質條件十分惡劣的情況下，宗教能夠對人類的精神起到關鍵性的支撐作用。例如，佛教便以「擺脫一切煩惱進入涅磐」作為修煉的最終目的。實際上，宗教可以通過美化人的心靈而起到增進健康的作用。其次，宗教給人類社會帶來的積極和正面的影響也是不可替代的：當今世界流行的三大主要宗教，雖然形式上存在著一定的差異，產生的歷史時期也完全不一樣，但它們卻不約而同地都以「行善積德」作為最基本的教義。這在一定程度上對建立良好的道德觀念、維持社會秩序、抑制戰爭起到了關鍵性的作用；正是這些原因，宗教的確在歷史上的不少時期都為人類社會的繁榮昌盛作出了獨特的貢獻。

　　不僅如此，宗教本身就帶有極大的科學成分：**從歷史上看，早期人類文明中宗教與科學是渾然一體的。東方古代的化學、醫學和天文學等自然科學成果，許多就是宗教的副產品** [21]。無論是佛教、基督教還是伊斯蘭教，都有著極其豐富而廣博的內涵 [21]。黏膜下結節論之所以圓滿地解釋了消化性潰瘍的發生機理，是因為它在不知不覺中靈活地運用了宗教的某些認識和方法。例如：第九章討論的「因果觀」應用在本書多個章節的論述之中；而第六章「盲人摸象 [23]」更是源自佛教經典的小故事。二者都是佛祖釋迦牟尼為了引導人們正確地觀察和處理問題而宣講的。但代表現代科學最高水平、獲得了2005 年諾貝爾醫學獎的研究結論偏偏犯了「盲人摸象」一般的錯誤，並且相同的錯誤實際上還是廣泛地存在於現代科學對所有人體疾病和生命現象的研究之中的。這充分地說明了宗教思想中的若干內容所具有的科學性遠遠不是現代科學所能夠比擬的，宗教學說中的許多思想和方法的確值得現代科學家們學習和借鑒（索引 7）。

　　由此可見，通常意義上的「科學」與「宗教」是不同性質領域的系統性學說，分別從物質和精神兩個方面滿足了人類的需要。但這是否就說明了我們可以將科學和宗教完全區分開來，各自獨立地發展呢？新二元論認為：缺乏宗教思想的科學是對自然界和人類自身不完善的認識，因而還算不上是真正的科學；而缺乏科學知識的宗教則有可能偏離正確的發展方向而誤入歧途。當前科學和宗教的現狀的確真實地反映了這一點。

　　我們首先必須認識到：缺乏宗教道德觀念的現代科學是一柄雙刃劍，在極大地豐富了人們的物質需求、有利於人類社會的生存與發展的同時，卻又使得人類完全有能力徹底地毀滅自己。例如：20 世紀 90 年代初期以前，兩個超級大國的軍事競賽導致整個人類被籠罩在核大戰的陰影之中，時至今日核大戰的陰影並沒有完全消除。類似的威脅還廣泛地體現在環境污染、生物危害等多個方面。德國近代哲學家胡塞爾認為：**在現代西方社會中，科學技術的發展固然滿足了人們的物質需求，但是卻把人「物化」了，造成了精神空虛、道德淪喪** [15]。這說明缺乏宗教的科學的確給人類的生存和發展帶來了空前的危機。在禁止宗教信仰的國家和地區往往腐敗盛行、戰火連綿，人民生活塗炭，甚至被恐怖主義所籠罩。這些都是宗教對人類心靈的積極影響受到限制，盲目迷信得到現代科學支持的唯物主義一元論的必然結果。其次，科學與宗教之間的對立，導致現代科學家們總是對源自宗教的思想和方法敬而遠之：雖然許多極具科學性的宗教理論已經存在了好幾千年，但現代科學家竟然對它們完全不理不睬，結果就是現代科學在很多重要的方面自始至終都不能取得進展，迄今為止仍然不能真正圓滿地解釋任何一種疾病的發生機理。而事實上，當前世界上流行的三大宗教可能早就提示了導致各種人類疾

病發生發展的總根源，而黏膜下結節論也正是從各種宗教經典中受到了多方面的啟發，所以才圓滿地解釋了消化性潰瘍的發病機理的。而本部分第十三章的「陰陽理論」、第十五章的「多維的思維方式」等等，都可以在已有幾千年歷史的中國道教和印度佛教中找到依據。中國科學院院士朱清時就認為：**當科學家千辛萬苦爬到山頂時，佛學大師已經在此等候多時了** [24]！我們希望人類科學快速發展嗎？我們希望各種疾病的發生機理都得到圓滿的解釋嗎？只有充分地利用源自宗教的多種思想和方法，人類科學才會有新的大發展；而宗教理論中已有的諸多思想和方法，將來也必然會成為人類新科學的重要組成部分。

而缺乏科學知識的宗教又是個什麼樣子的呢？缺乏科學知識的宗教首先就是容易偏離正確的發展方向，很容易走上「迷信」的道路，並且被人們完全排除在科學的殿堂之外。我們常聽說「宗教迷信」這個詞，說明了一些人通常會把「宗教」跟「迷信」等同起來考慮；但這並不是完全沒有根據的，當前正流行的一些派別中的確存在著各種形式主義、個人崇拜和封建迷信的成分。這樣，宗教的發展就逐漸偏離了其創始人創教時的初衷，一些派別也就逐漸失去了美化心靈、穩定社會的重要職能。我們還常聽說「宗教狂熱份子」這個詞；宗教信仰是使人內心祥和的啊！怎麼會變成狂熱份子呢？這還是宗教與科學分家惹的禍：當宗教信仰者缺乏科學頭腦時，就很容易被別有用心的人所利用而成為狂熱份子，「執心為佛者，魔也！」表達的正是此意；宗教狂熱也的確很容易給社會造成極大的實質性危害。其次，當宗教信仰與科學素養完全分家後，宗教最初的教義在不斷傳承的過程中很容易被人為地篡改，從而加入了大量帶有迷信色彩的內容，使得宗教逐漸喪失了其本來的科學性，進而在一定程度上加劇了與科學的對立；有些極端的宗教派別甚至在他們的教義中加入了反人類、反科學的歪理邪說而成為危害社會的邪教組織。**事實上，佛教是一種無神論的宗教——至少它的原初形式是這樣** [14]**；佛教和基督教的禮拜儀式在許多細節上都有驚人的相似之處。這樣便引起許多偉大的歐洲思想家產生如下疑問，就和佛教的教會活動已經遠離了佛陀（釋迦牟尼）的真正學說一樣，基督教會中形成的那種僵化的教義、僧侶等級體制和其他教會事務是不是也已經與基督的真正思想相去甚遠了呢** [14]？只有長期堅持科學的原則，宗教事業才能沿著正確的道路向前發展，從而真正地為教化人心、維護社會和諧作出應有的貢獻。

綜合以上的論述，新二元論認為科學與宗教是不能完全分開各自獨立發展的。人體是肉體與精神兩個屬性的統一體，決定了通常意義上所講的科學與宗教之間實際上是優勢互補，缺一不可的；只有充分運用宗教學說中的某些認識和方法，做到二者的有機統一，才能使當前的科學成為真正意義上的

科學。隨著人們對自身認識的日漸加深和社會的不斷文明進步，二者間的衝突也必然會逐步消失，從而完美地融為一體；而人類未來全新的科學體系，也必然要包含當前的科學和宗教這兩個方面的內容。

5.3 新二元論有助於實現中醫學與西醫學的有機統一

中國傳統醫學與現代西方醫學不僅來源不同，而且對人體的理解和治療方法也是截然不同的。雖然目前現代西方醫學居主導地位，但中醫在治療諸如頭痛、心肌梗塞等多種急慢性病時的有效性卻遠不是現代醫學所能比的。中國科學院院士朱清時說：**中醫的有效性，是我親身反覆體驗過的** [25]。然而，「**世界上沒有兩種醫學**」，更準確地說，應該是指「**世界上不可能有兩種同時符合科學真理卻又互相矛盾的醫學**」[26]，卻又說明了這兩種醫學都可能與客觀真理存在著一定的差異。新二元論不僅有助於我們對中西醫學相互關係的理解，而且還能順利實現二者的有機統一，從而極大地加深我們對人體的認識，並加快建立全新人體科學體系的步伐。

新二元論認為：任何一個活著的個體必然同時擁有具體的物質（也就是肉體）和抽象的思維意識（情緒、精神等）這兩個方面的基本屬性。而中、西醫學正好分別是以這兩個不同的方面為主要研究對象的醫學體系：現代西方醫學是以現代科學（尤其是物理、化學等學科）為基礎的，因而它所了解到的主要是人體的物質結構，並且它也的確總是從具體的物質角度來查找病因的。例如，它認為基因突變是癌症的病因，愛滋病毒的感染是愛滋病的病因；2005 年諾貝爾生理和醫學獎甚至認為消化性潰瘍的基本病因是幽門螺旋桿菌的感染。而中國傳統醫學則不同，是以「陰陽五行」等哲學理論為基礎的，所考慮的主要是人體的抽象方面，因而總是從人體的情感、與外界的聯繫來查找病因的。例如：中醫學認為「七情六淫」才是各種疾病發生的總根源。這種理論根基上的巨大差別，決定了利用現代科學的方法來解釋中醫學的理論和方法是行不通的，因為現代西方醫學還基本未曾涉及到人體的抽象方面，而中醫學對人體物質結構的了解也不是很深入。正是這些差別，導致中西醫學分別採取了截然不同的治療措施：西醫學採取補充、消除或者中和人體內缺乏或冗餘物質的方式來治療疾病；而中醫學則強調情緒調節，並要求個體要做到「天人合一」，才能真正實現健康長壽的目的。究竟哪一種病因學才是真正正確的認識呢？

新二元論認為：在人體兩個方面的基本屬性當中，具體的物質方面是抽象的思維意識存在的物質基礎，而抽象的思維意識則在人體的各種生理活動和疾病的發生發展過程中起到了決定性的推動作用，因而人體物質方面的屬性還遠不是人體疾病發生發展過程中的決定性要素。從這一點上來說，現代

西方醫學所認為的基因突變、病毒和細菌的感染等等，其實都不是人體疾病的真正原因，而是人體的抽象方面所導致的必然結果。例如：基因突變很有可能的確不是癌症發生的真正原因，而是情緒上的壓抑、外界環境等因素長期作用於人體所導致的必然結果；愛滋病的真正病因也不是愛滋病病毒的感染，而是不良的生活方式、過於勞累等因素造成的人體自身固有的多種抗病毒機制的喪失，從而使愛滋病毒乘虛而入所導致的機會感染；同理，幽門螺旋桿菌也不是消化性潰瘍的基本病因，而是在胃黏膜抵抗力顯著降低的情況下才對消化性潰瘍的臨床發病率造成一定程度上的影響。因此，現代西方醫學所採取的物質治療措施，就好像是通過不斷地撈取河水中的污染物來治理環境污染一樣，雖然可以及時地見到清澈的河水，但是污染源自始至終都在不斷地排污。這說明物質上的治療雖然見效快，卻算不上是病因學治療，包括消化性潰瘍在內的各種疾病經過西醫學的充分治療後容易復發是必然的。與此完全相反的是：中醫的病因學認識則充分地體現了人體抽象聯繫方面的屬性，也就是認識到了決定疾病發生發展的決定性要素，因而有可能基本上都是正確的。中醫學的治療措施，就好像是通過阻斷污染源來治理河水的污染一樣，雖然不能立即見到清澈的河水，但隨著時間的推移，被污染的河水會被清水逐步取代而得到有效的治理。由此可見：新二元論認為中醫學的治療措施才是真正的病因學治療，雖然在多數情況下的效果要比西醫學緩慢，但卻是根本性的、徹底的治療，病情往往不容易反覆。**有些西醫束手無策的病，中醫卻能治好** [25]，也就不奇怪了。

然而，現代西方醫學的病因學認識雖然存在著很大的偏差，但也並不是一無是處。它首先是清楚地認識到了人體和各種致病因子的物質結構，具有看得見、摸得著、測得到的基本特點，很容易就能拿到令人信服的理由，並迅速成為當前人體科學的主流。現代西方醫學的第二大貢獻就是建立了完善的實驗驗證體系，並形成了實事求是的科學風氣，從而破除了「迷信（Superstition）」對人類發展的不利影響，使人類的文明進入了「科學昌明（Science is Flourishing）」的時代：經過過去 400 多年的發展，像「在宗教裁判所熊熊烈焰中挺立的布魯諾」那樣的場景永遠也不會再現；這就為人類科學未來的大發展創造了十分有利的條件。而中醫學呢？也不盡是優點。由於它的研究對象看不見、摸不著、測不到，具有抽象的基本特點，所以能夠真正地把握其精髓的人是極其少數的；整個中國歷史上像扁鵲、華佗這樣的神醫在現實生活中通常很難碰到，而打著中醫學的旗號謀取錢財的人卻很多。這就導致人們普遍對中醫學的有效性產生了懷疑，甚至認為它是「偽科學（Pseudoscience）」並主張將其完全廢除，從而極大地阻礙了中醫學的普及和推廣。

因此，新二元論清楚地指出了中西醫學之間的聯繫和區別，並為二者的融合並形成全新的人體科學奠定了基礎：中醫學反映的是人體的抽象方面，其病因學和整體觀等等，都可以在將來使人體科學的實驗研究、流行病調查等都不再偏離正確的大方向，有助於進一步認清人體的物質結構；而西醫學反映的則是人體的具體要素，已經為人體科學打下了物質結構方面的基礎，其實驗驗證和統計學方法等，則有助於加深對人體抽象方面的認識。中西醫學的合二為一，就好像是在治理污染時既從源頭上進行了控制，又直接對河水進行了清潔處理一樣，可以形成對人體更加清晰的認識。可以預計：中西醫學的有機統一將是人體科學未來發展的必然趨勢。

5.4 新二元論強調科學與哲學的統一

在現代科學的知識體系中，科學與哲學是相互獨立，甚至是完全對立的。丹皮爾（William Cecil Dampier, 1867~1952，英國科學史學家）這樣來描述當前科學和哲學的關係：**當哲學家指責科學家眼界狹窄時，科學家反唇相譏，說哲學家瘋了。其結果是，科學家開始在某種程度上強調要在自己的工作中掃除一切哲學的影響。其中有些科學家（包括最敏銳的科學家）甚至對整個哲學加以拒斥。他們不但認為哲學無用，而且還認為哲學是有害的夢幻** [27]。另一方面，科學史上最偉大的科學家牛頓、愛因斯坦和赫茲（Heinrich Rudolf Hertz, 1857~1894，德國物理學家）等人卻同時都是造詣深邃的哲學家 [28, 29]，說明了哲學的確有可能是科學上取得偉大成就的根本保證之一。新二元論認為科學和哲學不應當是相互獨立，而是密切互補、缺一不可的。這主要體現在如下幾個方面：

新二元論認為：只有同時看到了具體的物質和抽象的聯繫兩個方面的屬性，才算得上是對事物更全面的認識。當前意義上的科學和哲學則分別反映了人們對這兩個方面的認識，因而都在人們認識和改造自然界的過程中擔負了重要的職能，將來也必然要走向相互融合的道路。當前的科學與哲學相互獨立的基本特點，使得現代科學家們普遍不重視研究結果的抽象化過程，也就不能透過科研工作中觀察到的現象看到隱藏在事物變化發展背後的抽象本質，導致許多研究工作往往都是事倍功半，對各種現象的認識也是不全面的。而哲學探討則是將所觀察到的現象和結果高度抽象化的過程，能有效地彌補科學研究的不足之處。如果科研工作者能主動地用哲學來武裝自己的頭腦，有意識地應用哲學的抽象思維，通常就能取得事半功百倍的良好效果，對事物的認識往往也會更加全面。牛頓提出「萬有引力定律」的根本原因不在於做了多少實驗室工作，而是將抽象的邏輯推理靈活地應用於開普勒、伽利略等人的研究結論之中，結果成為現代科學的奠基人。愛因斯坦提出的

「相對論」，也是基於抽象的邏輯推理的基礎之上的。而「黏膜下結節論」有史以來第一次圓滿地解釋了消化性潰瘍的發生機理，也是靈活地應用了本部分 15 條哲學原理的結果。這些都足以體現出哲學對科學認識的決定性影響。

其次，新二元論強調普遍聯繫在事物發生發展過程中的決定性作用，因而強調了整體觀在科研工作中的重要性。與此相反的是：現代科學本質上是物質科學的基本特點，決定了它必然要採取還原論的方法對事物進行分割研究。這在一定的歷史時期固然有其必要性，但新二元論卻表明：我們還必須將被分割開來的各個部分有機（而不是機械）地結合在一起，才算得上是完成了科研探索的全過程。而現代科學僅僅強調各部分的獨立研究，卻在不同部分的整合方面做得不夠，有些人甚至還認為「一項研究如果不進入到原子分子水平，就上不了檔次」。這就導致包括潰瘍病在內的許多研究深陷生命物質的迷宮而不能自拔，而「盲人摸象」一般的錯誤還廣泛地存在於現代科學對所有人體疾病與生命現象的研究之中。而哲學探討則可以彌補現代科學在這一方面的明顯不足：**哲學是具體科學的概括和總結；它植根於科學的土壤中，以總結科學成果來豐富自己、發展自己** [1]；哲學是人類的「**知識總匯** [30]」。一個科學工作者如果能夠從總體上把握自己的工作，並將所獲得的認識及時地回饋到日常研究工作當中，對正確地把握科研方向無疑將是非常有幫助的。這說明當前意義上的科學和哲學都是人類認識自然界、生命乃至自身必不可少的重要方面；我們完全可以這樣來形容科學與哲學的關係：哲學是科學研究的眼睛，哲學是科學探索的雷達。一個科研工作者怎麼可以沒有哲學頭腦呢？

再次，如果我們將科研探索看成是人類對自然界、生命和自身認識活動的基本過程，那麼哲學則是研究人類認識方面的若干問題的科學，因而的確可以說是「科學的科學（Science on Science）[1]」，對科學研究有很大的指導意義，從而使各項科研活動都能沿著正確的方向前進，而科研成果則可以給哲學理論提供必要的事實依據。例如：很多人都認為與目前意義上的科學相符合的認識，才是科學的認識。然而目前的科學就一定正確地反映了客觀世界、就一定是正確的認識嗎？目前科學上普遍採用的方法，就一定是科學的方法嗎？如果缺乏哲學上的歷史觀，不能站在未來的角度來看問題，就很容易將當前科學上的一些定理、定律和公式當成科學的唯一標準，而將超出當前人類的認識、超出這些定理和公式範圍的現象看成是不科學的，甚至給它們套上「偽科學」的大帽子。這樣，科學新發現就有可能與我們失之交臂，人類的文明進步就受到不必要的干擾了。如何才能使人類的認識盡可能正確地反映客觀存在的世界，盡量縮短人類的認識與客觀真理之間的差距呢？這些都有賴於哲學上的「反思（Reflection）[30]」才能實現。反之，在當前人類

對自然界和自身已有一定認識的情況下，如果離開了各項具體的科研成果，哲學探討就失去了基礎，哲學思辨也就成了無源之水、無本之木，也就不可能得到新的大發展；哲學就失去了實現自身價值的必要手段。

總之，科學和哲學的關係是密切並且多方面的，這裡暫不一一論述。這說明了科學與哲學之間的確應當是相互促進，缺一不可的。當前科學與哲學分家和對立的現狀，決定了現代科學的許多研究結果和方法的正確性都是值得懷疑的，而當前的一些哲學理論也必然存在著一定程度上的謬誤。新二元論認為哲學是科學的眼睛，科學是哲學的雙腿；只有實現了二者的高度統一，才能真正達到有效認識周圍世界的目的，並形成真正意義上的科學；而人類未來新的科學體系也必然是科學和哲學的高度統一體。

5.5 新二元論還要求現代科學各分支學科的高度統一

第六章「整體觀」已經強調：現代科學分科過細的基本特點，導致科研工作者們很容易將思路局限在一個狹窄的領域而難以與其他領域的研究成果進行有機地整合，使得現代醫學對幾乎所有人體疾病的認識都發生了一定程度上的偏差。新二元論在這個問題上的具體應用，則認為只有將現代科學的四大分支科學及其派生出來的成千上萬的小學科有機地融合在一起，才能真正有效地解決當前的科研工作，尤其是人體和生命科學領域中的絕大部分難題。在這樣的思想指導下，黏膜下結節論成功地整合了多個分支學科的研究成果，第一次圓滿地解釋了消化性潰瘍的發生機理，充分地說明了統一現代科學各分支學科認識的重要性。

新二元論認為：只有同時認識到了具體的物質和抽象的聯繫兩方面的屬性，才算得上是對事物更加全面的認識，才能清楚地闡明生物進化、各種生命活動和人體疾病的發生機制。現代科學唯物主義一元論的哲學性質，決定了自然科學、人體和生命科學這兩大分支都是以事物的物質屬性為主要研究對象的。**牛頓力學的建立標誌著近代自然科學的形成，它是自然科學在 16 至 18 世紀裡取得的最高成就** [31]，**是科學史上基礎科學的一個重要突破，促進了自然科學領域各門學科的發展** [31]。雖然現代自然科學是以唯物主義的一元論為基礎的，但是現代自然科學家們在他們的工作中仍然考慮到了不同事物之間相對簡單而且穩定的幾種抽象聯繫，如萬有引力、電磁力、核力等，並認為它們是各自領域的研究對象的運動狀態發生改變的根本原因。這實際上是「新二元論」的不自覺運用，因而現代自然科學在解釋各種自然現象時仍然是成功而有效的。正是這些成功和有效性，導致人們很容易就將無生命的物質領域中的成功經驗直接照搬到生命科學的研究之中。**近代以來，由於物理科學首先得到發展，因此，近代哲學主要建立在物理科學之上。達爾文**

也認為：隨著生物學的發展，哲學將會出現新的繁榮。但遺憾的是，在科學哲學領域，19 世紀占主流地位的仍然是孔德和馬赫等的基於物理科學的實證主義 [32]。生物學作為一門科學，真正起步還是在近代；由於物理學的進步而提供的光學顯微鏡成了生物學研究的重要工具，人們得以從更深的物質層次上考察生物，發現了細胞；細胞學說的產生使生物學的工作達到了細胞的水平 [31]。

然而，目前唯物主義和唯心主義、科學和哲學嚴重對立的現狀，導致人們在將現代自然科學的諸多成果用來解釋人體和生命科學領域裡的現象時，竟然沒有注意到人體也存在著諸如萬有引力、電磁力這樣的抽象聯繫；更沒有認識到人體和生命科學領域所涉及到的抽象聯繫要比自然科學複雜千百萬倍，並具有千變萬化的特徵。**在各種自然現象中，生命現象最為複雜** [31]。結果現代科學對人體和生命的認識完全被物質化了，它僅僅將人體和各種生命看成是由各種原子分子簡單堆砌而成的一個物質堆，而推動各項生理活動和人體疾病發生的抽象因素，如人生觀、社會性、思想和情感、整體和歷史的屬性等等，在現代醫學的病因學體系中完全沒有得到體現。就好像是牛頓時代以前的人們在解釋「蘋果落地」時不考慮「萬有引力」一般。在這種情況下，現代人體和生命科學要想清楚地闡明各種生命現象和人體疾病的發生機制是根本就不可能的，自始至終不能解釋消化性潰瘍病所具有的年齡段分組現象是不奇怪的。因此，**人類（目前）對於生命現象的認識和理解是粗淺的** [31]，的確是對現代科學非常合適的評價。

有人認為：現代科學的知識體系中也有精神醫學、心理學等學科，並且社會科學還是現代科學的四大分支學科之一，說明了現代科學也有人體抽象方面的研究，因而也是完全合符新二元論的基本內容的。我們必須注意到：現代科學唯物主義一元論的哲學性質，認為「物質決定意識」，決定了它對人類精神、心理方面的研究仍然是以物質結構為根本出發點的，這就導致它至今仍然未曾觸及到人類抽象方面的皮毛；而人體固有的抽象要素千變萬化和高度複雜的基本特點，也遠非現代科學家們所能想像的。現代科學的知識體系中也有社會科學的設置，直接說明了人體的社會屬性的確是真實存在的，並且還對人類社會的生存和發展存在著重大的影響；而人體的社會屬性與物質屬性在性質上的顯著差異是導致這種分科的直接原因。但是像現代科學這樣，將社會科學與人體和生命科學進行分科研究的基本特點，決定了社會科學的研究成果往往不能夠被人體和生命科學家們有效地整合和利用；現代醫學家們也基本上不從人體的社會屬性、精神和心理的角度來探討人體疾病的發生機理。但黏膜下結節論在解釋消化性潰瘍的發生機理時的成功卻表明：各種疾病的發生發展歸根結底都是由人體的社會屬性所決定的；因而社

會科學能夠幫助現代醫學家們找到各種疾病發生發展的真正原因。在目前將不同的領域進行分科研究並且不能有效整合的情況下,現代人體和生命科學要想清楚地闡明消化性潰瘍病的年齡段分組等現象的發生機理是根本就不可能的。

現代科學四大分支之一的人文科學,也是不能與自然科學、人體和生命科學截然分開研究的。例如:在現代科學的知識體系中哲學是人文科學的一部分,看起來好像與人體和生命科學完全無關。但黏膜下結節論第一次成功地解釋了潰瘍病的發生機理,卻是以 15 條哲學原理為基礎的,說明了哲學思想的指導是圓滿解釋人體疾病的先決條件。不僅如此,如果再進一步地考察黏膜下結節論的成功,就會發現人文背景實際上還是我們認識和理解各種疾病的病因、發生機理的先決條件:歷史大環境、人文地理、風俗觀念、社會風氣、教育的普及程度等等,都對於我們圓滿地解釋某一時期、某一地域的流行病學調查結果,理解各種疾病的病因學是不可或缺的。愛因斯坦是人類歷史上最偉大的物理學家和哲學家之一,閒空之餘卻酷愛小提琴,很有可能對激發其靈感帶來一定的幫助,說明人文科學對自然科學的發展可能還有著不可替代的積極意義。而現代自然科學的各項成就在舞臺設計、燈光效果、遠程傳播等多方面的廣泛應用,極大地增強了文藝匯演、廣播電視等的藝術效果和社會效應,說明了人文科學的發展實際上也是離不開其他領域的。

綜合以上的論述,在現代科學的四大分支學科當中,自然科學、人體和生命科學的研究主要偏重於自然界、人體和生命物質屬性方面的研究,而社會科學和人文科學主要偏重於人體抽象方面的研究,因而分別反映了自然界和人體的具體和抽象這兩個方面的固有屬性。新二元論表明:只有將現代科學的四大分支及其派生出來的細小分支有機地統一起來形成一個綜合性的整體認識,才能算得上對自然界和人體一個更加全面的認識,才有清楚地闡明生物進化、各種生命活動和人體疾病發生機制的可能。有人認為:**21 世紀是生命科學的世紀** [32],那麼我們在一些重要理論和方法上有可能必須走與現代科學完全相反的道路,人類科學才能真正地邁入人體和生命科學的新世紀。生物學家辛普森認為:**生物學是居於全部科學的中心的科學 —— 只有在生物這裡,只有在全部科學的全部原則都能夠體現出來的領域,科學才能夠真正成為統一的** [32]。

由此可見:新二元論清楚地說明了現代科學四大分支學科的統一,是人類科學未來發展的必然趨勢;而一個合格的人體和生命科學家,同時還必須是一個良好的社會學家、自然學家,更重要的是他／她還必須是一個優秀的人文學家,在擁有良好哲學頭腦的同時,還必須懂人情、懂社會、懂藝術,才能在工作中做出真正的貢獻、做大貢獻。

5.6 新二元論有助於實現東西方文化的統一

　　東方文化的主要代表可能要數已有 5000 年以上歷史的中國文化和印度文化了，地域上的臨近導致二者之間實際上是交融在一起共同發展的。例如：印度的佛教文化實際上是在中華大地上才得到了充分的發展，並且在過去 1000 多年的歷史進程中逐步成為中華文化必不可少的重要組成部分。中華文化在人體的一個表現就是中國傳統醫學，目前還沒有被納入「科學」或「人體科學（Somatic Science）」的範疇。西方文化的起步較晚，其源頭是古希臘哲學和藝術、希伯來宗教、羅馬法律等，歷經中世紀文化、文藝復興、宗教改革、科學革命、啟蒙運動等發展歷程，最突出的成就是現代科學體系的建立，對人類生活的各個方面都產生了深遠的影響，目前已經被世界各國人民廣泛接受。西方文化在人體主要體現為現代西方醫學，是當前公認的人體科學體系。東西方文化之間的差異具體地體現在科學、哲學、宗教、藝術、道德觀念等各個方面，而對人體的基本看法、對疾病的治療手段和思維方式等更是千差萬別。而新二元論則十分有助於我們找到東西方文化之間產生巨大差別的根本原因，並認為二者之間的差異雖然巨大，但在將來卻必然要有機地統一起來成為人類新文化的基礎。限於篇幅，這裡主要以科學技術和中西醫學為例來說明這個問題。

　　新二元論認為：宇宙中的萬事萬物同時都具有具體的物質和抽象的普遍聯繫這兩個方面的基本屬性；而東西方文化對萬事萬物的認識則正好分別是以這兩個方面為根本出發點的。**尼斯貝特教授通過一些別出心裁的試驗，得出了一些令人驚訝的結論：東方人重視背景以及事物之間的聯繫，西方人聚焦於具體事物而忽略與背景的聯繫，用簡短的話概括：「西方人見木，東方人見森」**[33]。新二元論還認為：具體的物質屬性是其抽象的普遍聯繫存在的先決條件，而抽象的普遍聯繫則在萬事萬物產生、發展、變化和消亡的過程中起到了決定性的推動作用。因此，如果充分地考慮了事物抽象聯繫方面的屬性，必然就會強調事物的變化發展，就會自覺地運用整體的觀念來看待各種問題：**中國人認為事物是不斷變化發展的，但總是回到原始的狀態；中國人關注的是更為廣闊範圍的事件，研究的是事物之間的關係，認為不了解整體就無法理解局部** [33]。與此相反的是，如果不重視事物抽象聯繫方面的屬性，萬事萬物的變化發展就失去了依據，展現在我們面前的自然是一個相對恒定而孤立的物質世界，採用還原論的方法將研究對象進行分割研究也就是合情合理的了：**而西方人生活在一個更為簡單、更具有確定性的世界中；西方人關注的是恒久不變的物體或人而不是更大的畫面；西方人認為他們可以控制各種事情，因為他們知道控制物體行為的規則** [33]。

東方文化以萬事萬物之間的普遍聯繫作為考慮問題的根本出發點，看不見、摸不著，具有複雜而抽象的基本特點，決定了東方文化總是令人難以捉摸，並認為真理是難以用言語來表達的，因而有人認為東方文化是「玄學」，的確是很有道理的。例如，早在 2500 多年前，老子就在《道德經》中指出：道可道、非常道；名可名，非常名 [7]；基本處於同一時代的印度佛教創始人釋迦牟尼在《楞伽經》中也認為：真正的真理是不能用言語表達的，能夠被表達出來的就帶有一定的局限性 [34]；這些認識都對東方文化的大格局產生了很大的影響。不僅如此，不同事物之間抽象聯繫的多樣性和多變性，還決定了東方文化必然十分強調萬事萬物的多樣性，因而也就沒有恒定不變的定理、定律、公式和法則，東方的科學技術中也從來都未曾出現過西方科學技術中的「萬有引力定律」、「$\Delta E=\Delta MC^2$」這樣的定律和公式就不奇怪了。這一特點還深刻地體現在中醫學中：即使是完全相同的疾病，卻必須因人因時因地而採取不同的治療措施。這些都決定了東方文化不太容易被社會大眾廣泛接受，每一時代往往只有極其少數的人能夠真正地領悟到其深刻的內涵，很難像西方科學那樣在現實生活中得到廣泛的應用。但這並不代表東方文化就不科學，正相反，東方文化包含了某些「大科學（Megascience）」的內涵，也必定要成為未來的人類新文化必不可少的重要組成部分。而西方文化則以萬事萬物具體的物質屬性作為考慮問題的根本出發點，具有看得見、摸得著、相對恒定的基本特點，決定了西方文化認為萬事萬物的運動變化是有規律可循的，並且可以用定理、定律、公式或法則來進行表達，進而預測研究對象變化發展的趨勢。其表現形式之一的現代科學很快就能被人們領悟和了解，很容易就被認定為科學而在世界範圍內普及和推廣，西方文化暫時成為人類文化的主流是必然的。

新二元論認為只有同時認識到具體的物質和抽象的聯繫這兩個方面的屬性，才算得上是對事物更加全面的認識。因而東西方文化之間實際上是優勢互補、缺一不可的；二者之間也的確可以取長補短而形成一個更加全面的文化體系。例如：中國的老子和印度的釋迦牟尼遠在 2500 多年前，就已經明確地指出「被文化了的真理」是有局限性的 [7, 34]。如果這一認識被靈活地應用於現代科學，那麼原子物理學家們很容易就能夠從現代科學的定理、定律、公式和法則中解脫出來，經典力學就不會在相當長的一段歷史時期內一直都是量子力學理論發展的阻礙因素，人類的認識就可以提前幾十年邁入微觀科學的新領域了。其次，如果在西方物質文化的基礎上來理解東方文化的某些內容，那麼東方文明就不會那麼「玄之又玄」了。再次，西方的還原論分割研究的基本方法有助於將研究焦點集中在局部，而東方的整體性思維則有助於從總體上把握科學研究的大方向，這兩種研究方法的有機結合無疑

會使各項科研工作都能收到「取長補短、珠聯璧合、事半功百倍」的良好效果。因而新二元論實際上還非常有助於「還原論與整體觀的統一」。

　　由此可見：雖然西方文化在當前是人類文明的主流，但東方文化也並非一無是處，而是對西方文化的重要補充。這說明新二元論的確可以為我們正確理解東西方文化的差異，順利實現二者的統一，進而為新的歷史時期新文化的產生奠定理論上的基礎。無疑，這一認識對整個人類文明的快速進步將是有莫大幫助的。

5.7　人類社會的平穩發展有賴於物質和精神文明建設的同步進行

　　現代科學是物質科學的基本特點，決定了現代文明主要是物質文明。當前的人們也的確總是將視線聚焦在物質建設上，而在很大程度上忽略了精神文明的建設；雖然宗教部分地滿足了現代人們在精神方面的需求，但當前科學和宗教分家、對立的基本特點，決定了宗教對人類精神文明的正面影響還不能有效地發揮作用。新二元論認為只有物質文明和精神文明建設同步進行，才能真正實現人類社會長期、快速和平穩的發展。

　　現代文明重視物質方面的建設固然極大地改善了人類生存的物質條件，使得當前的文明看起來好像比歷史上的任何時期都要發達。然而，隨著現代科技的不斷進步，人類自我毀滅的可能性卻也在與日俱增：一些政治人物總是將科學技術的進步首先應用於新武器的研發，而現代科技已經發達到足以將人類賴以生存的地球完全毀滅的地步。例如：二戰後兩個超級大國間的軍備競賽使得整個人類處於被滅絕的邊緣，數以萬計的核子武器足以將地球毀滅數十遍，而這種威脅並沒有隨著冷戰的結束而徹底地解除。此外，人類正大量地消耗著地球上非常有限的資源，人口危機、能源危機、糧食危機和生態危機的存在也不是意料之外的；而一些國家和地區恐怖主義盛行，人們還在飽受戰爭之苦。無疑，這些都嚴重地威脅著當前人類社會的持續穩定和快速發展。與此相反的是：在過去科技不甚發達的時代，卻根本就不存在如此多的憂慮和恐懼。難道現代科技與文明的發展就意味著人類的自我毀滅嗎？法國著名的遺傳學家、人口學家和社會活動家阿爾貝‧雅卡爾（Albert Jacquard, 1925～ ）發出了「**科學究竟是拯救人類的天使，還是給人類帶來災難的魔鬼？**[35]」這樣的感慨。德國哲學家雅斯貝爾斯（Karl Theodor Jaspers, 1883~1969）也指出：現代科技是一把「**雙刃劍（Double Blade Sword）**」，一方面給人類帶來了財富，另一方面也為人類帶來一種不自然的、不同於以往充滿人情味的勞動方式；人類喪失了精神家園 [36]。

新二元論認為，人類社會同時具有物質和精神這兩個方面的需要；其中物質方面的快速發展可以為精神生活的極大豐富創造條件，而精神文明則可以為人類的創造性活動指引正確的方向。因而我們在加強物質條件建設的同時還必須同步進行精神文明的建設，並且後者在一定程度上講還具有決定性意義。中國古代道家認為：心善即善，心惡即惡。意思是說：如果一個人的心性是善良的，這個人就是善良的；如果一個人的心性是兇惡的，這個人就是兇惡的。當今時代各種戰爭、恐怖主義和生存危機，是當今社會一小部分人「心性兇惡」的表現。這說明當前只注重物質條件卻忽略精神文明的建設所帶來的後果是極其嚴重的。我們想要避免戰爭嗎？我們想要避免恐怖主義的蔓延嗎？我們想要制止當前面臨的種種生存危機嗎？實現這些目標都有賴於精神文明的建設。一個充滿和諧、仁愛的社會，是永遠也不可能在和平利用核能的同時卻又在大量製造核彈的，更不用擔心地球的毀滅、人類的滅絕和生態的破壞。可以預計：如果能夠做到物質文明和精神文明的同步進行，那麼科學技術將不再是一柄「雙刃劍」，而單純是促使人類快速發展的正面因素：人類社會將在擁有極其豐富的物質條件的同時，也能獲得十分充裕的精神生活；當前面臨的種種擔憂和不幸都將自動消失。

由此可見，基於新二元論的認識對圓滿解決當前人類社會的生存和發展方面所面臨的巨大挑戰是十分重要的。只有做到物質文明和精神文明建設的同步進行，才能真正有效地消除當前面臨的種種危機，從而為全社會的長期、穩定和快速發展提供必要的保障。

5.8 新二元論有助於實現主觀認識與客觀現象的統一

目前，現代科學提供的許多認識與人們在日常生活中觀察到的現象並不是一致的。例如：消化性潰瘍通常發生在重大的家庭或社會事件之後 [37, 38]；Susser 早在 1962 年就已經觀察到了消化性潰瘍的發生存在著年齡段分組現象，並指出這一現象的發生可能與世界大戰和經濟危機等密切相關 [39~41]。雖然「幽門螺旋桿菌與消化性潰瘍有因果關係」與這些客觀現象相矛盾，卻能夠獲得 2005 年諾貝爾生理和醫學獎，導致「消化性潰瘍是傳染病 [42]」成為當前的熱門話題。相同的情況還廣泛地存在於現代科學對各種疾病的研究之中：一些愛滋病、癌症病人在得知自己身患絕症的消息後病情往往迅速惡化，也與現代科學提出的病毒感染和基因突變沒有太大的關係。這些都說明了當前的科學認識與日常生活中的客觀現象之間的確存在著巨大的差異，有時甚至可以說是嚴重脫節的。

新二元論明確地指出：現代科學唯物主義一元論的哲學性質，決定了它的根本出發點被局限在物質領域，而基本不考慮客觀存在的事物抽象聯繫的

屬性。這就導致現代科學永遠也不可能在疾病的發生發展與個體的日常行為之間建立起必然的聯繫，因而對人體疾病和生命現象的認識還存在著很大的片面性。因此，現代科學提供的主觀認識與客觀真理之間總是存在著較大的差距，其病因學也看不到隱藏在各種生命現象和人體疾病背後的抽象本質。現代醫學總是從物質的角度來查找病因，從前認為是胃酸胃蛋白酶導致了潰瘍，後來又認為是神經遞質在作祟，現在又認為幽門螺旋桿菌才是罪魁禍首；而精神壓力學說則完全得不到現代科學物質理論的支持。這些以現代科學的理論和方法為基礎的主觀認識之間的差異，與「盲人摸象」以後引起的爭吵又有什麼差別呢？現代科學理論根基上的缺陷決定了它所提供的主觀認識與客觀現象之間存在著巨大的差異是必然的。

　　而在新二元論指導下的主觀認識則完全不同：不僅同時考慮到了人體具體的物質和抽象的聯繫這兩個方面的基本屬性，而且還認為抽象的聯繫在各種生命現象和人體疾病發生發展的過程中起到了決定性的推動作用。因此，新二元論指出了所有疾病發生發展的原始推動力一定是抽象的聯繫，而不是具體的物質；並認為及時的自然和社會事件、既往經歷、日常行為、負面情緒等諸多的因素共同決定了疾病的發生發展。這些顯然都不在現代科學物質研究的範圍之列；而現代科學所認為的物質病因，實際上都是抽象的聯繫所導致的中間結果。因而各種尖銳的社會矛盾導致的戰爭、重大的家庭事件和經濟危機等，都可以導致消化性潰瘍的發生，而與胃酸胃蛋白酶、幽門螺旋桿菌等這些物質因素沒有直接的聯繫。同理，愛滋病毒的感染和基因突變也不是愛滋病與癌症起始和決定性的原因，而是既往的人生經歷導致各種抗病機制逐步喪失而引起的必然結果。正是這個原因，當現代科學檢測到了基因突變和病毒感染時，個體早就已經喪失了多種正常的抗病機制了；在病人獲知身患絕症的消息以後，負面情緒往往進一步抑制機體僅存而有限的抗病能力，從而導致病情迅速惡化。這些現象的確都與現代科學所認為的病毒感染和基因突變沒有直接的聯繫，卻與人們在日常生活中觀察到的客觀現象相吻合。由此可見：新二元論對周圍世界和人體的認識的確要比現代科學唯物主義的一元論更全面更深入，使得它所指導下的主觀認識能夠與人們在日常生活中觀察到的客觀現象一致。

　　由此可見：現代科學哲學根基上的固有缺陷，決定了它所提供的主觀認識與客觀現象之間必然會發生一定的偏差；而新二元論指導下的各種認識要比現代科學全面和深入得多，並在各種疾病與個體的既往經歷之間建立了必然的聯繫，進而能夠做到主觀認識與客觀現象的統一。這再次說明了建立一個完全不同於現代科學的全新理論體系的確是十分必要的。

5.9 新二元論有助於實現哲學探討與現實生活的統一

有人認為學習哲學對於生活沒有任何幫助 [43]。很多哲學家都承認哲學沒有實際的用途，要想得到實際的知識，不如去學木匠 [44]。美國本土第一位哲學家威廉‧詹姆斯（William James, 1842~1910）說過：**哲學不能烤麵包** [12]。這些都表明了既往和當前的哲學與現實生活是脫節的，很多時候都無助於實際問題的解決。而新二元論則可以很好地實現哲學探討與現實生活的統一，行之有效地解決實際生活中的許多問題。

新二元論認為只有同時認識到具體的物質和抽象的意識這兩個方面的屬性才是對事物更全面的認識。而既往歷史上的哲學，自西元前 640 年泰勒斯在提出「水是萬物的本源」開始，歷經形形色色的一元論、二元論和多元論，包括當前已經得到現代科學極大支持的唯物論，都未能同時正確地反映這兩個方面的屬性，因而都是不完善的認識體系，都帶有很大的片面性。例如：唯心論可以解釋精神領域中的某些現象，但與現代科學的矛盾卻是顯而易見的；而唯物論雖然得到了現代科學的極大支持，但在解釋精神領域中的各種現象時卻存在著難以克服的困難。二元論和多元論實際上也都是如此。自有哲學以來，哲學家們幾乎在所有的哲學問題上都是「眾說紛紜莫衷一是」，而且越是爭論就越是爭論不清，因為哲學非但沒有讓人聰明，反而**越來越使人糊塗了** [12]。這些都決定了它們都無助於解決日常生活中的實際問題，認為「哲學不能烤麵包」是不奇怪的。其次，哲學探討與現實生活脫節，還與那些晦澀難懂的哲學詞彙不無關係。**幾乎每一部哲學著作都有晦澀難懂的特點，只有不多的人能夠理解它們** [12]。**哲學之所以難解，經常是因為語言難懂** [43]。例如，我們在第十一章提到的歸納法、演繹法，還有本體論、形而上學等都是哲學上常用的詞彙，卻並不是人所共知的，更不能融入日常生活，又如何能幫助人們來解決現實生活中的各種問題呢？

而新二元論則完全不同，它首先重新定義了物質和意識的基本概念，將二者的關係簡化為抽象和具體的關係，使用的都是簡單易懂、非常貼近日常生活的詞彙，如：由點到面、由一般到特殊、整體觀、歷史觀等等。其次，新二元論充分地認識到了萬事萬物都是具體的物質和抽象的意識這兩個方面的統一體，也就克服了既往和當前哲學的片面性，它所提供的認識自然也就非常有助於解決人們在日常生活中面臨的各種問題了。例如：黏膜下結節論實現了人類歷史上第一次圓滿地解釋了消化性潰瘍的發生機理，正是新二元論所提供的認識比既往和當前的哲學理論更加具有真理性的反映，它提出的治療學措施能有效預防消化性潰瘍的復發和多發。再次，新二元論有助於建立一個更加完善的科學體系：在不久的將來，當基於新二元論的思維科學體

系（請參閱第四部分）像現代科學這樣逐步轉化為生產力時，人們不僅能造出更節能環保、更精緻安全的麵包機，而且還能提供數量和種類更豐富、質量更佳的麵粉來製作麵包。不僅如此，新二元論還可以通過顯著地改善整個人類社會的精神面貌，像當前的「毒米、毒油、毒麵粉」這樣嚴重威脅大眾安全的偽劣商品將不復存在，自然也就能烤出更脆更有味道的麵包，吃起來也就更香更放心了。這說明新二元論不再像既往和當前的哲學理論那樣「天馬行空」，而有助於烤出香甜可口的麵包，是緊密聯繫實際、地地道道的生活中的哲學。

由此可見，哲學理論自身必須擁有一定的正確性，才能行之有效地解決日常生活中的各種問題，從而充分地體現出自身的價值。縱觀人類哲學的全部歷史，只有新二元論才是簡單易懂的，能很好地實現哲學探討與現實生活的統一；其問世的確有可能是人類思想史上一個新的分水嶺。

5.10 生命科學的探索要做到實驗研究與抽象思維的統一

本部分第八章強調了抽象思維在科學研究中的重要性，並認為只有應用抽象思維才能看到隱藏在現象背後的抽象本質。而新二元論更是清楚地說明了只有做到抽象思維與實驗研究和現象觀察的高度統一，才能真正實現科研探索的目標；這一點在人體和生命科學領域的探索中尤其重要。

抽象思維在物理學中的不自覺運用是十分成功的。**牛頓認為從現象中可以得出科學原理** [31]；牛頓所指的科學原理如萬有引力定律，就是運用抽象思維以後才得到的。愛因斯坦指出：**牛頓第一個成功地找到了用公式清楚表述的基礎，從這個基礎出發，他用數學的思維，邏輯、定量地演繹出範圍很廣的現象並同經驗相符合** [31]。**由於把直覺當作經驗通往理論的道路，愛因斯坦敢於懷疑和否定舊的理論。正是循著這樣的道路，愛因斯坦發現了牛頓力學中的嚴重錯誤，並建立了新的理論——相對論** [29]。這些都說明了牛頓和愛因斯坦的偉大成就還不僅是通過實驗研究或現象觀察，而是充分利用了抽象思維以後才取得的，因而都能成為不同時代的科學巨人。但十分可惜的是：現代科學並未將這一成功的經驗昇華並推廣應用於其他學科的研究之中，更沒有延續到更為複雜的人體和生命科學領域，導致許多優秀的科研成果都得不到及時的昇華。這一方面是現代科學的哲學基礎是唯物主義的一元論，以及科學與哲學分家的必然結果，另一方面則是現代科學未能認識到「抽象的普遍聯繫在事物變化發展過程中的決定性作用」所決定的。現代科學沒有認識到抽象思維的重要性，更談不上運用抽象思維的目標和具體方法了。正相反，**用解剖的、實驗的、分析的方法來尋找整體的部分組成及其組成方式，從實物粒子中尋找疾病的原因，就成為近代以來醫學研究的主要手段** [45]。

　　新二元論認為：僅僅從實物粒子中去查找疾病的原因，充其量只是完成了整個研究過程的一半，還遠遠未能實現科學研究的目標。為什麼呢？只有同時把握了具體的物質和抽象的普遍聯繫這兩個方面的屬性，才能真正圓滿地解釋各種現象的發生機理。從實物粒子中去尋找疾病的原因，最多只能認識到人體的物質屬性，還不足以認識到人體抽象聯繫方面的屬性。其次，新二元論還認為抽象的普遍聯繫才是驅動萬事萬物變化發展的決定性要素，因而把握了抽象的普遍聯繫才對整個科研過程具有決定性意義。但抽象聯繫是看不見、摸不著、測不到的，通常必須像牛頓和愛因斯坦那樣運用數學運算、邏輯推理才能認識到。高度複雜的人體和生命科學領域中的研究更是如此，除了數學運算和邏輯推理以外，還有賴於多條哲學原理的聯合運用，才能看到生命現象的抽象本質，才算得上一個完整的科學研究過程。從實物粒子中去尋找疾病的原因而不考慮人體抽象聯繫方面的屬性，無異於僅僅從蘋果的物質結構下手卻不考慮抽象的萬有引力來探討「蘋果落地」的發生機制；而忽略抽象思維的運用來探討生命現象的發生機理，也無異於牛頓、愛因斯坦忽略數學運算和邏輯推理的作用來探討「萬有引力」和「光速的絕對性」。**胡塞爾批評實證主義的科學觀是**「**一個殘缺不全的概念** [46]」。因而近半個世紀以來，現代醫學始終不能圓滿地解釋任何一種人體疾病的發生機理。

　　新二元論認為實驗研究和抽象思維在科研探索中的作用，就好像是電腦的硬體和軟體一樣同等重要。要生產一台能夠正常工作、功能完善的電腦，僅僅在工廠的車間裡從事硬體的生產是遠遠不夠的，還必須寫出專門的程式來驅動這些硬體才行；但電腦程式員並不需要天天待在硬體生產車間裡，而是必須做很多車間生產以外的程式處理工作。同理，生命科學領域的研究僅僅依靠實驗室研究和現象觀察也是遠遠不夠的，還必須做好抽象思維方面的工作，也就是運用哲學思辨、邏輯推理，乃至數學運算對科研結果進行指導和處理，將最終獲得的具體結果上升到抽象理論的高度，找到隱藏在各種現象背後的抽象聯繫，才算得上是完成了一項科研課題。雖然第谷和開普勒兩人一起做了幾十年的天文觀測工作，但他們的觀測結果卻僅僅在牛頓這裡才得到了昇華，這又是為什麼呢？只有牛頓才將抽象思維這一步關鍵性的工作深入了下去，才最終看到了「萬有引力」這一具有普遍性意義的抽象本質啊！在更為複雜的人體和生命科學領域，怎麼能忽略抽象思維在研究工作中的重要作用呢？

　　由此可見：新二元論明確地指出了人體和生命科學的研究不能僅僅停留在實驗研究和現象觀察的水平上，而必須做好理論化、抽象化方面的工作。一句話：只有做到實驗研究與抽象思維的統一，人體和生命科學領域的研究才能獲得真正圓滿的成功。

5.11 新二元論有助於實現古代文明與現代文明的統一

在多數人的眼裡，現代文明一定是優於古代文明的，並且現代的科學技術也一定是遠遠超過古代的科學技術的。因此，現代科學家們普遍不願意了解古代文明，並認為古人的許多認識都是不科學的。但站在新二元論的角度來看問題，現代文明僅僅是在某些方面優於古代文明，現代科學也只是對某些問題的認識超過了古代科學；並且古代科學實際上還包含了人類未來科學的部分內容，很多方面都是現代科學所不能及的。

新二元論認為萬事萬物都有具體的物質和抽象的意識這兩個方面的屬性。而物質條件上的顯著差異，導致古代人和現代人探索的主要對象必然分別偏向其中的一個方面：同樣面對客觀存在的自然現象或人體疾病，現代人可以利用各種精密儀器展開有組織有規模的研究；而有限的物質條件則導致古人通常只能通過直觀、經驗或邏輯推理的手段去認識和了解周圍世界。例如：2300 多年前的古希臘哲學家亞里斯多德沒有環球旅行的條件，卻能夠通過「月食時月亮被地影速食部分的邊緣總是圓弧形」這一現象第一次推斷出「地球是球形的 [47]」。而研究手段上的巨大差異卻產生了完全不同的後果：對精密儀器的過分依賴和對物質結構認識的巨大成功，導致現代人不再重視抽象思維在科研探索中的決定性作用，從而使現代科學一步步地向物質科學靠攏；而直觀、經驗或邏輯推理本來就是認識事物的抽象聯繫的基本方法，使得古人對周圍世界的認識主要傾向於事物的抽象聯繫。正是這個原因，古代文明在現代人看來總是帶有神秘主義色彩而難以捉摸；唯心主義的基本思想在古代哲學史上也一直占據著絕對統治的地位。由此可見：古代科學主要傾向於理解事物抽象的聯繫屬性，而現代科學則主要傾向於認識事物具體的物質屬性；二者都是萬事萬物不可或缺的兩個方面之一。這在一定程度上說明了古代科學的部分認識和方法的確是超過了現代人，並且與現代科學的確是優勢互補的。

現代科學唯物主義一元論的哲學基礎，也決定了現代科學僅僅是物質科學、現象科學；雖然它極大地豐富了人們的物質需求，但對周圍世界和人體抽象方面的認識實際上是遠遠地落後於古代科學的。例如，古埃及金字塔中的木乃伊歷經 5000 年而不腐，可以說是家喻戶曉的客觀事實，卻是現代科學的任何方法和手段都不可能達到的 [48]，因此才被現代人稱為「木乃伊之謎」。現代科學是物質科學的基本特點，決定了現代科學家們總是要從物質結構和環境條件的角度來解釋「木乃伊千年不腐」之謎。而新二元論則認為木乃伊千年不腐既沒有經過特殊的人工或藥物處理，更不是特殊的環境條件造成的，而是古埃及人將他們所掌握的思維意識技術付諸實踐的結果。為

什麼呢？既然抽象的聯繫在萬事萬物變化發展過程中起到了決定性的推動作用，那麼人們自然就可以通過把握抽象聯繫的作用機制，來很好地控制事物變化發展的趨勢了；就好像是利用軟體更容易控制硬體的功能，又好像是解決心理問題比吃藥打針更容易治療各種心理疾病一樣。古埃及人正是掌握並運用了思維意識方面的技術，所以木乃伊才能歷經 5000 年而不腐，而與任何的藥物或人工處理無關，也與周圍環境是否密閉無關。事實上，「香河老人（Xianghe Lady）」和「伏藏之謎（Mystery of Gter-ma）」都支持了新二元論對這個問題的基本看法，也說明了古人對思維意識這一方面技術的掌握和運用的確是遠遠超過現代人的。

中國河北省香河縣淑陽鎮胡莊村周鳳臣老人，在 1992 年 11 月 24 日 88 歲高齡時停止了心跳與呼吸以後，遺體在普通的常溫環境下保存，其家人也沒有採取任何防腐措施，但 24 小時內體溫不降，1 週後身體柔軟如常，手背仍有血液流動，頭部太陽穴的血管清晰而且有彈性；到 1995 年夏天更是演化成佛教界認為的「金剛琉璃體」。迄今為止，老人的遺體已經在常溫下放置了 18 年，歷經嚴寒（室溫 0°C）、酷暑（室溫 34°C）和相對濕度 90% 的考驗，不僅沒有腐敗，而且還散發出芳香氣味[49]。

伏藏是苯教和藏傳佛教在他們的信仰受到劫難時藏匿起來的經典，分為書藏、聖物藏和識藏三種。書藏即指經書，聖物藏是指法器、高僧大德的遺物等。而識藏則最為神奇，是指埋藏在人們意識深處的佛教經典：當某種佛教經典或咒文在遇到災難無法繼續流傳下去時，就由「神靈」授藏在某人的意識深處，以免失傳；在條件成熟時，在某種神秘的啟示下被授藏經文的人（有些是不識字的農牧民）就能將其誦出或記錄成文，這一神秘現象被稱為「伏藏之謎」[50]。

「香河老人」是不久前才發生在中國河北省的客觀事實，是周鳳臣老人傳承了古人在思維意識方面的某些方法和技術的結果。老人的遺體沒有經過任何形式的特殊處理，而是直接暴露在空氣中，卻能歷經十八年而不腐，可以說是古埃及「木乃伊」在當代的再現，的確有很高的科學價值，也直接支持了新二元論對「木乃伊之謎」的解釋。而「伏藏之謎」更是直接說明了思維意識方面的技術的確是存在的，卻是現代科學的任何方法和手段所不能及的。這裡所謂的「神靈」，實際上就是掌握了思維意識技術的「高僧大德」。還有許多在現代科學看來神神怪怪卻又客觀存在的事實，如已有幾千年歷史的「辟穀」和形形色色的特異功能現象等等，都反映了古代科學在抽象聯繫方面的造詣的確是遠遠超出現代科學的，而基本相同的情況在不同地域的古代文明中實際上是普遍存在的。

　　古代科學還表現為形形色色的地方傳統醫學，它們對人體抽象方面的認識是遠遠超出現代醫學的。如中醫、藏醫、印醫等，在一些地方被稱為巫醫（Witch Doctor），其核心理論反映的實際上都是人體抽象聯繫方面的屬性，在病因學、診斷學和治療學等多方面都與現代醫學完全不同，因而被統稱為「另類醫學（Alternative Medicine）」。其中最有代表性的是中國傳統醫學，不僅有著完整的理論體系，醫療手段更是五花八門，有些方面還被現代醫學所借鑒（如針刺麻醉等）。中醫的經絡學說直接反映了人體抽象聯繫方面的屬性，是現代科學的任何理論都不可能解釋和認識到的。中醫病因學認為人體疾病的基本病因是「七情六淫」，完全不像現代科學那樣總是將病因歸結為某種具體的蛋白質、基因或病毒。中醫的診斷和治療也反映了古代科學主要是聯繫科學：它不像現代科學那樣依賴精密儀器，而是依靠觀察、經驗、抽象的邏輯推理（陰陽五行、辨症論治等）來實現診斷和治療的目的：**中醫的許多內容並非都來源於實踐經驗，而是與一些被近代自然科學排斥在外的思維方式有著密切的關係** [51]。這就導致中醫學的許多內容看起來充滿了唯心的色彩，但實際上卻是充分地利用了唯心論中科學合理的部分。新二元論認為抽象的聯繫在萬事萬物變化發展的過程中起決定性作用，因而如果從抽象聯繫的角度來採取措施，自然就可以將疾病徹底治癒了；這就是「中醫治本，西醫治標」的重要原因。事實上，中醫針灸對頭痛、心肌梗塞等多種急慢性病的治療效果的確不是現代醫學的任何手段所能比擬的。

　　現代科學的某些認識為什麼還遠遠不如古人呢？新二元論認為現代科學唯物主義一元論的哲學根基是造成這一結果的根本原因。這好比是蠶在「作繭自縛」，唯物主義的一元論導致現代科學把科研探索的活動限制在狹窄的物質領域，而思維意識領域中的各種現象自然就只能是一個又一個的「謎」了。此外，現代科學在物理、化學等物質領域的巨大成功，及其應用創造了比歷史上的任何時期加起來還要多得多的物質財富，完全掩蓋了現代科學的局限性，也導致現代人僅僅將目光聚焦在物質領域，而忽略了非物質領域的探索。結果就是：現代醫學在解釋人體疾病和生命現象時的確不是很成功的，它所欠缺的地方，正是古代醫學的長處。但古人的生活條件、人均壽命都遠不如現代人，又說明了古代的科學也是有明顯缺陷的：古代科學的認識領域主要是抽象的聯繫，決定了它不太容易被勞動大眾所掌握，很容易被誤解而給人一種「迷信」的錯覺，因此難以大面積地推廣和應用。新二元論認為：具體的物質屬性是抽象的普遍聯繫存在的先決條件，說明了對物質結構認識的不斷深入將十分有助於抽象聯繫的研究，並且現代（物質）科學的發展是古人的許多優秀認識在新的歷史時期重放光芒的先決條件，而現代科學帶來的物質文明則是人類文明發展過程中必須經歷的一個重要階段。

由此可見：基於新二元論的認識，現代文明並不是在每一個方面都優於古代文明的；古代科學實際上還包含著「大科學」的內涵，與現代科學的有機結合則能形成對周圍世界和人體自身更全面、更深入的認識。這就要求我們要多向古人學習，取其精髓而去其糟粕；而實現古代文明和現代文明的統一，無疑是當前的人類科學加速前進的一大捷徑和必要手段，從而使整個人類的文明能夠迅速邁入一個嶄新的階段。

第六節：新二元論在「黏膜下結節論」中的應用

前五節的論述清楚地表明了新二元論與現代科學的哲學基礎——唯物主義的一元論有著本質上的不同；相應地，它指導下的病因學也必然與現代醫學存在著明顯的差別。相對於本部分其他各章的哲學原理而言，新二元論更加直接了當地指出了消化性潰瘍的病因是抽象的，從而為黏膜下結節論圓滿地解釋消化性潰瘍的發生機理指明了方向。

6.1 新二元論為消化性潰瘍的病因學提供了方向性指導

新二元論在黏膜下結節論中的應用，首先就是簡單清楚地闡明了推動消化性潰瘍發生的真正病因並不是現代科學認為的各種具體物質（如胃酸胃蛋白酶、神經遞質、幽門螺旋桿菌等），而是人體固有的抽象聯繫。這就為是消化性潰瘍的病因學探索提供了一個清晰的思路。

新二元論認為抽象的普遍聯繫在萬事萬物產生、發展、變化和消亡的過程中發揮了決定性的推動作用，因而人體自身固有的抽象聯繫才是推動各種疾病發生發展的根本原因。在這樣的大方向指導下，黏膜下結節論並沒有受到現代醫學的傳統思路的束縛，不是從物質的角度去查找消化性潰瘍的病因，而是直接從抽象聯繫的角度來尋找突破口，總結出人體抽象的五大屬性才是推動各種疾病發生發展的總根源，結果竟圓滿地解釋了消化性潰瘍所有的現象和特徵。此外，新二元論還明確地指出了現代醫學不能圓滿地解釋消化性潰瘍病的根本原因，是因為它所看到的僅僅是一個物質的人體，而忽略了人體社會、情感和歷史等抽象的屬性在各種生命活動和人體疾病發生發展過程中的決定性作用。因此，現代醫學對各種生命現象和人體疾病的探討，就好像是牛頓以前的人們在探索「蘋果落地」的發生機理時只考慮蘋果的物質結構而忽略了抽象的「萬有引力」一樣，或在探討人類社會的生存和繁衍機制時只考慮女人卻忽略了男人的重要作用一樣，又好像是在探討印表機的工作原理時只考察硬體而忽略了軟體的驅動作用一樣，是永遠也不可能圓滿地解釋任何一種疾病的發生機理的。

其次，新二元論認為只有做到唯物論與唯心論、科學與哲學、科學與宗教、中西醫學、物質文明與精神文明等多對二元關係的統一，才是對自然界、人體和生命更加全面的認識，才有正確理解各種疾病的發生機理的可能。因此，黏膜下結節論不僅充分地利用了現代科學已有的科研成果和唯物論的某些認識，而且還從唯心論、宗教、哲學、中醫，甚至是古人的某些認識中吸取了營養，從而形成了獨特的基礎理論以及觀察和處理問題的方法。例如，它引用了 100 多篇現代科研論文觀察到的現象和資料，並得到了幾乎所有現代科學研究成果的支持；它認為心理矛盾才是消化性潰瘍的真正病因，這在一個典型的現代科學家看來好似帶有唯心主義色彩，而且與中醫的病因學理論是完全相通的；它還從佛教小故事「盲人摸象」中受到了啟發，進而採用同時從多個角度來觀察和處理問題的基本方法來看待消化性潰瘍病，並認為只有通過大力加強精神文明的建設、促進社會和諧，才能真正實現祛病強身、健康長壽的目的。此外，正是在第五節的十多對高度統一的二元關係的基礎上，黏膜下結節論跳出了現代科學的理論和方法對我們思想上的限制，進而成功地解釋了消化性潰瘍的發生機理。同時，黏膜下結節論的成功也直接證明了基於這些二元關係的高度統一形成的認識的確要比現代科學對疾病的了解更全面、更深入。

由此可見，新二元論在黏膜下結節論中的應用，再次清楚地說明了現代科學理論根基上的缺陷是它至今不能圓滿解釋消化性潰瘍發生機理的根本原因。只有從現代科學的根基上著手進行一番徹底的改革，充分吸取哲學、宗教、中醫，乃至古代文明中科學合理的成分，才能滿足新時期人類科學發展的需要，並使 21 世紀真正成為人體和生命科學的世紀。

6.2 心理調節與積極人生觀的培養才是防治潰瘍病復發的唯一途徑

新二元論在黏膜下結節論中的另一個重要應用，就是明確地指出忽略人體抽象的社會和情感屬性在疾病發生發展過程中的決定性作用，是現代醫學的任何物質治療手段都對該疾病的復發束手無策的根本原因。

新二元論認為：抽象聯繫的屬性在各種人體疾病的發生發展過程中起到了決定性的推動作用，而抽象的屬性具體地表現為心理和情感等等。因此，各種疾病的病因最終都可以歸結為「心理失調（Mental Disorder）」。消化性潰瘍如此，癌症和愛滋病也是如此，其他各種慢性病更是如此。這說明了各種自然的、社會的、家庭的和個體自身的某些因素導致的心理矛盾才是萬病之源。然而，特定疾病的發生發展一般而言通常並不單純是某一次心理上的打擊導致的，而是個體在既往長期的生活經歷中多次遭遇負面的事件，導致

消極人生觀的形成、多種抗病機制的喪失並逐步累積，最後在即時的自然、社會或物質因素的誘導下才表現為特定的疾病。因此，當某一疾病的症狀發作時，人體內的抗病機制早就已經變化了；當我們發現某些物質（包括微生物）因素參與了疾病的發生發展過程時，就應該進一步地追查：是何種機制的喪失導致這些物質因素可以滯留人體而致病的呢？直到查出抽象的原因為止。例如，胃潰瘍病人出現了胃酸顯著升高的現象，這又是什麼原因導致的呢？Michael 在 1983 年報導了**兩個有症狀的胃潰瘍病人，在發病之前都有使他們精神緊張的生活事件的發生，並且兩人的胃酸分泌都有了顯著的升高；在病人自信心恢復和生活事件被澄清以後，胃酸分泌都下降到正常水平，潰瘍症狀同時也得到了緩解** [38]。這表明胃酸的高分泌的確是生活事件驅動的，進而導致了消化性潰瘍的發生。然而，這裡要強調的是：導致心理障礙的原因不僅五花八門，相互之間還會交叉起作用，其中的大部分還十分微妙而不易察覺，有些甚至還必須追查個體很久以前，乃至其祖祖輩輩的歷史才能真正明確。這些都有待未來全新科學體系的確立才能徹底弄清楚。

既然心理矛盾在消化性潰瘍的發生發展過程中起到了決定性的推動作用，那麼藥物治療就只能取得暫時的效果，症狀的反覆是必然的，更不可能從根本上解決問題；只有心理問題的解決才能有效地預防潰瘍病的反覆發作。但實際上，僅僅解決心理問題仍然不能真正有效地預防潰瘍病的復發。為什麼呢？這一次的心理矛盾解決了，病人還會面臨其他形式的社會、家庭危機，潰瘍病的再次發作仍然是無法避免的。因而要從根本上解決問題，只有兩條途徑可循：一是儘量減少病人再次遭遇心理危機的機會，這就需要全社會的共同努力來營造一個和諧的社會和家庭環境。**但絕對安寧的生活根本就是不可能存在的** [52, 53]，還需要第二條途徑的配合：病人的內心深處還必須發生一些根本性的轉變，能以積極正面的態度坦然面對各種自然、社會、家庭和個人危機，也就是要培養積極正面的人生觀。人生觀的轉變固然很難，但並不是不可能的。而要培養積極正面的人生觀，首先就是做父母的要從小就能給孩子們一個正確的導向，不斷有意識地提高他們的心理承受能力，培養出心理健康的下一代；當孩子們必須獨立面對種種競爭和個人危機的時候，自然就能得心應手了。其次，個體還可以採取一定的方法有意識地清除自己內心深處的不正確思想，進入「**少慾無為，身心自在；得失從緣，心無增減** [54]」的境界，那麼避免包括消化性潰瘍在內的各種疾病完全是有可能的。這些都很好地體現了唯心論、各主要宗教的基本觀點，也反映了統一唯物論與唯心論、科學與宗教等多對二元關係的必要性。有人認為良好的宗教信仰有治療和預防疾病的作用，在二元論看來也的確是真實不虛的。

綜上所述，新二元論認為消化性潰瘍是社會──心理疾病的基本特點，決定了任何的物質治療措施都不能有效防治消化性潰瘍的反覆發作。雖然心理調節可以有效地預防潰瘍病的反覆發作，但從長期的角度來看，培養積極正面的人生觀才是杜絕和預防這一疾病的唯一途徑。

第七節：新二元論在理論和實踐中的重要意義

新二元論統一了唯物論和唯心論的基本認識，因而完全有可能涵蓋以唯物論為基礎的現代科學的全部內容，並且千百萬倍地擴大和加深人們對周圍世界和自身的認識，因而新二元論在理論和實踐中的應用實際上是無限的。但陷於篇幅，這裡只能將討論的重點集中在人體和生命科學領域。

7.1 牛頓與愛因斯坦自覺遵循的不是唯物論，而是新二元論

有人認為「牛頓的成就處處閃爍著樸素唯物論的光輝 [1]」，並宣稱一切有成就的科學家，都自覺或不自覺地遵循了唯物主義的哲學觀點 [1]；多數科學家都不自覺地懷抱一種樸素的唯物主義 [19]。但牛頓卻是一位虔誠的宗教信徒；特別是在他的後半生，居然花了 25 年的時間研究神學，寫了 150 萬字的有關宗教和神學的手稿 [1]；愛因斯坦也認為宗教對科學的發展有積極和正面意義 [22]；而宗教卻被公認為是以唯心論為基礎的。基於新二元論所提供的認識，只要我們稍加分析以後就不難發現：牛頓和愛因斯坦的成就之所以偉大，是因為他們自覺遵循的不是唯物論，而是新二元論；並且牛頓和愛因斯坦對宗教的認同也是很有道理的。

牛頓的經典力學體系在解釋各種宏觀物體的運動時，體現的是「質量與作用力」這對二元關係：質量反映的是研究對象具體的物質屬性；而各種性質的作用力都是看不見、摸不著、沒有物質形態的抽象存在，其合力的大小和方向決定了研究對象加速度的大小和方向，因而深刻地體現了新二元論中抽象聯繫的基本特點。愛因斯坦的質能方程式 $\Delta E = \Delta MC^2$ 探討的是「物質和能量」這對二元關係：很明顯，這裡的物質反映了研究對象具體的物質屬性；而能量則與作用力一樣，也是看不見、摸不著、不具備任何物質形態，是一個比「力」要更加廣泛的抽象存在，並且也是研究對象的狀態發生改變的先決條件，同樣體現了新二元論中抽象聯繫的基本特點。由此可見，這兩對二元關係都不像唯物論那樣片面地強調「物質的決定性作用」，正相反，它們都在注意到了事物具體的物質屬性的同時，還強調了抽象的聯繫在事物變化發展過程中決定性的推動作用，反映的實際上都是新二元論的基本內容。在這種情況下，牛頓和愛因斯坦的理論能成功地解釋多種自然現象，就

不奇怪了；但它們所反映的還僅僅是自然界裡最簡單、最典型的兩對二元關係。現代科學在人體和生命科學領域的表現卻與此完全相反，根本就不考慮抽象的普遍聯繫在人體疾病和生命現象發生發展過程中的決定性作用，又如何能夠取得成功呢？

有人認為：既然萬有引力定律指出質量是任何兩個不同的事物之間產生萬有引力的原因，因而即便是從廣義的角度來理解物質和意識的關係，仍然是「物質決定意識」，還是符合唯物論的基本思想的。這種認識僅僅考慮了物質和意識相互關係的一個方面，卻沒有考慮到意識實際上也是決定物質的。這也就是說：抽象的意識在萬事萬物的物質結構的產生、變化、發展和消亡的過程中起到了決定性的推動作用。例如，牛頓所考察的蘋果，其物質結構的形成便是它所具有的意識，也就是抽象的普遍聯繫推動下逐步生長發育而來的；而萬有引力僅僅是蘋果所具有的普遍聯繫中最簡單的一種。因此，如果我們能帶著整體和歷史的觀點來分析物質和意識之間的關係，二者就是互為因果的了。事實上，愛因斯坦的質能方程式直接證明了具體的物質和抽象的能量之間的確是互生的，深刻地體現了任何事物都是廣義上的物質和意識的統一體，而不僅僅是唯物論所主張的「物質對意識的決定性作用」。

更值得我們深思的是：為什麼牛頓在他的後半生會花 25 年的時間去研究神學呢？站在新二元論的角度來分析，則認為牛頓很有可能已經隱隱約約地意識到了自然界的「抽象方面」在地球自轉的發生發展過程中起到的決定性推動作用，迫使他將探索的目光轉向了抽象的、以唯心主義為核心的神學。但可惜的是，牛頓所在的年代並沒有足夠的科學認識使他從鋪天蓋地的神學謬誤中解脫出來；但是這卻足以說明牛頓很有可能已經領悟到了新二元論的部分思想，或部分宗教學說的科學性：「**牛頓的卓越的著作是反對無神論攻擊最堅強的堡壘** [55]」。不過，在牛頓的年代，多方面條件的極大限制決定了人們還不可能從整體和歷史的角度去把握「普遍聯繫」的基本概念，更不可能充分地領悟到看不見、摸不著的「神」的真實含義。基於相同的原因，愛因斯坦也非常正面而積極地評價了宗教的作用，是不難理解的。此外，牛頓和愛因斯坦的工作還有一個共同的特點，就是都自覺地採用了唯心主義、宗教乃至中醫學在觀察和處理問題時的基本方法——抽象思維，而並不單純是現代科學片面強調的實驗研究和現象觀察，可能也是這兩位科學巨匠意識到宗教部分內容科學性的重要原因之一。

由此可見，牛頓和愛因斯坦的理論之所以成功、偉大，並且在應用上具有極大的普遍性，不是因為他們自覺地遵循了唯物主義的哲學觀點，而是因為他們的思想自覺或不自覺地反映了新二元論的基本內容。而牛頓在他的後

半生熱衷於神學，愛因斯坦高度評價了宗教的積極作用，實際上都不是「空穴來風」，而是因為他們都認識到了唯心主義部分思想和方法的科學性，十分值得現代科學的借鑒。

7.2 新二元論是現代科學根本認識的進一步擴大、深化和昇華

現代科學在物理、化學等物質領域無疑是獲得了很大的成功，但在人體和生命科學領域的情況卻完全不同：它至今仍然不能圓滿地解釋任何一種人體疾病的發生機理，並且還有無數的生命之謎有待人們去探索。我們認為：現代科學未能將物理、化學領域中的基本認識進一步昇華到新二元論的高度，是它不能在人體和生命科學領域取得成功的重要原因之一。

現代科學未能將物理、化學領域中的成功延續到人體和生命科學領域，首先是人體和生命現象高度複雜的基本特點所決定的。相對於生命有機體而言，物理、化學領域中的研究對象往往結構簡單，所涉及的抽象聯繫與研究對象的變化發展之間的因果關係十分明顯。因此，即使是在堅持唯物論的前提下，人們比較容易就能注意到諸如「力」和「能量」這樣一些相對簡單的抽象聯繫在事物變化發展過程中的作用，也就能圓滿地解釋非生命界裡的許多現象了。而人體和生命的物質結構要比物理、化學中的研究對象複雜得多，涉及到了社會、個體、系統、組織、細胞、生物大分子乃至原子等多個層次；相應地，所涉及的抽象聯繫也不像物理、化學那樣簡單，而是紛繁複雜、千變萬化，並且通常是交叉起來起作用的。例如：即使僅僅考察維持 DNA 空間結構的作用力，除了要考慮去氧核苷酸內部的共價鍵和維持雙螺旋結構的氫鍵以外，還涉及到了范德華力、鹼基堆砌力、蛋白質分子的親和力以及疏水作用等等，並且每一性質的作用力的數量都十分龐大。不僅如此，**生物階層系統的不同層次都有新的突出屬性出現。儘管階層系統的較高層次與較低層次都是由原子分子組成，但高層次的過程常常不依賴於低層次的過程。因此，邁爾指出，在生物階層的不同水平上有不同的問題，所以在不同的水平上就要提出不同的理論** [32]。任何一種生命現象的發生，都是成千上萬種不同分子間不同性質和大小的抽象聯繫綜合作用的結果；生物體內的每一種聯繫都不像物理、化學領域中的萬有引力、電磁力那樣能夠引起明顯的變化，而是非常細小、非常微妙的；複雜的多因素共同作用的結果，就是導致所觀察到的很多現象通常與預期有差異甚至完全相反。因此，如果在人體和生命科學領域片面地堅持唯物論，就很容易將這些微妙微俏的抽象聯繫完全忽略了，導致人們在不考慮推動力的情況下來探討各種人體疾病和生命現象的發生機理，所形成的種種錯誤認識只能使生命科學的探索誤入歧途。現實情況也的確是如此：代表了現代醫學的最高水平、獲得 2005 年諾

貝爾生理和醫學獎的結論「**幽門螺旋桿菌與消化性潰瘍有因果關係** [56]」，根本就沒有考慮到人體抽象聯繫的屬性；相同的錯誤實際上還廣泛地存在於現代科學對所有人體疾病和生命現象的研究之中：人們只知道在癌症的發生發展過程中存在著基因突變，卻完全不考慮驅動基因突變的抽象因素。這與牛頓以前的人們在不考慮「萬有引力」的情況下來探討「蘋果落地」又有什麼兩樣呢？

其次，人體和生命高度複雜的特點決定了只有將多種複雜而微妙的聯繫疊加起來綜合考慮，才能像物理學那樣在生命科學領域也建立起一個確定的因果關係。這就需要我們充分利用哲學思辨，同時從整體、歷史、因果關係、概率論等多個不同的角度來考慮問題，才能形成更加深入而全面的認識。新二元論正是以這些哲學觀點為基礎的全新認識，是對自然界、人體和生命現象的高度概括，不僅適用於相對簡單的物理、化學，而且尤其適用於高度複雜的人體和生命科學，是現代科學根本認識的進一步昇華。事實的確如此：如果我們將物理學中的「萬有引力」和「能量」等抽象概念進一步推廣擴大到宇宙中千千萬萬種不同性質的抽象聯繫，也就是第二章提出的「普遍聯繫」，並將物理學中物體「運動狀態的改變」推廣擴大到萬事萬物的「產生、發展、變化和消亡」，也就是第三章提出的「變化發展」，就可以得到新二元論的基本內容（如下頁圖 III.16 所示）。反過來講，如果將新二元論具體應用於物理學，就很容易理解牛頓提出的萬有引力定律和愛因斯坦提出的質能方程式。邁爾認為：**如果我們願意將科學的概念加以擴展，不僅包括物理學的，而且還包括生物科學的基本原理和概念，則科學的統一就確實是可能實現的。這樣一種新的科學哲學必須採用大大擴充了的詞彙，……** [32]。

由此可見：牛頓建立的經典力學體系和愛因斯坦提出的質能方程式都可以看成是新二元論在非生命的物理學領域中的一個具體表現，是新二元論涉及的千千萬萬種不同性質的「變化發展」中相對比較簡單的兩種情況；而新二元論也可以看成是物理學中最基礎的認識——牛頓提出的萬有引力和愛因斯坦提出的質能方程式的進一步深化、擴大和昇華，能千百萬倍地拓展和加深人們對周圍世界、人體自身和生命現象的認識。正是這個原因，新二元論不僅是對既往人類科學發展一次很好的總結，而且還是與人體和生命現象高度複雜的基本特點相適應的全新思想，使得 21 世紀的人類科學能夠真正邁入人體和生命科學的殿堂。

7.3 新二元論直接動搖了現代科學唯物主義一元論的哲學根基

現代科學過去幾個世紀以來所取得的成功無疑是十分偉大的，對人類文明的積極影響也是極其深遠的。但迄今為止，現代科學仍然未能圓滿地解釋過任何一種人體疾病和生命現象的發生機理，卻又說明了它的成功僅僅局限

在相對簡單的物質領域。本部分前面多個章節的內容均說明了這是現代科學理論根基的缺陷所導致的必然結果;而新二元論在這個問題上的應用,則更加直接地動搖了現代科學唯物主義一元論的哲學根基。

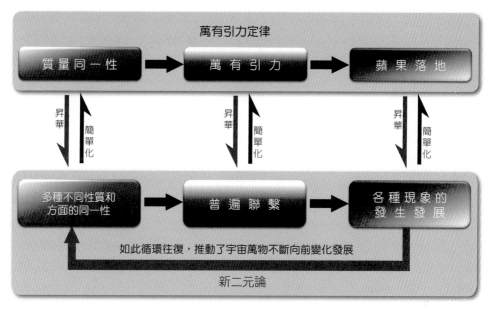

圖 III.16　新二元論可以看成是萬有引力定律的深化和昇華

　　圖 III.16 表示:本書提出的新二元論可以看成是將牛頓提出的萬有引力定律進一步擴大、深化和昇華以後得到的一條具有更大普遍性的「萬萬有定律」(Absolute Universal Law),不僅涵蓋了物理、化學等非生命科學領域中的基本認識,而且還可以廣泛地應用於人體疾病和生命現象的解釋之中,因而還實現了當前科學的大統一。而萬有引力定律則可以看成是將新二元論具體化後最簡單的一種情況,只能應用於相對簡單的物理等非生命的物質領域。這一昇華還導致了另一個特別的效果,就是使我們可以看到「普遍聯繫作為一個整體不斷循環往復地發揮作用,從而推動了宇宙萬物不斷地向前變化發展」這樣一個動態的畫面,如圖最下方從右向左的 U 形箭頭所示。

　　新二元論認為:萬事萬物都有具體的物質和抽象的聯繫兩個方面的基本屬性,並且抽象的聯繫在萬事萬物的產生、發展、變化和消亡的過程中起著決定性的推動作用。因而推動各種疾病發生發展的真正原因都是人體自身固有的抽象聯繫,而不是具體的物質結構的變化。但現代科學唯物主義一元論的哲學根基,卻決定了它在探討各種人體疾病的發生機制時,不可避免地總是要從具體的物質結構的角度來查找病因,而完全忽略了人體社會、歷史和

情感等抽象的屬性在疾病發生發展過程中的決定性作用，就好像是牛頓以前的人們在解釋「蘋果落地」時完全不考慮抽象的「萬有引力」的作用一樣。因此，新二元論一針見血地指出了現代科學的哲學根基是有缺陷的，導致它所提供的病因學認識都是不全面或甚至是完全錯誤的，所採取的措施也遠非病因學治療；而現代科學也根本就不可能圓滿地解釋任何一種人體疾病和生命現象的發生機理，在面對包括癌症、愛滋病在內的各種慢性病時束手無策都是必然的。

與現代科學不同，黏膜下結節論以新二元論提供的認識為其理論上的根本出發點，直接從人體固有的抽象聯繫中去查找疾病的原因，結果圓滿地解釋了消化性潰瘍的發生機理，這是人類歷史上第一次圓滿地解釋過人體疾病的發生機理。此外，歷史上以現代科學為基礎的所有學說擁有的缺陷在黏膜下結節論中也是一目了然，而黏膜下結節論所擁有的優點則是基於現代科學的任何學說都無法比擬的。不僅如此，黏膜下結節論所提供的病因學認識實際上還可以廣泛地應用於癌症、愛滋病、生物進化等所有人體疾病和生命現象發生機理的解釋之中，就好像是牛頓提出了「萬有引力」這一抽象概念以後，人們在解釋蘋果落地、地月關係、天體運行等諸多物理現象時立即「豁然開朗」一般。因此，如果我們認為牛頓提出的「萬有引力定律」清楚、徹底地破除了舊觀念對人類思想的束縛，從而使歷史上的人們能夠邁入現代科學的時代的話，那麼「新二元論」的提出則清楚、徹底地破除了現代科學唯物主義一元論的哲學根基對當前人們思想上的束縛，並使人類認識的腳步能夠真正邁入人體和生命科學的新時代。

由此可見：新二元論明確地指出了現代科學哲學根基上的缺陷決定了它對周圍世界的認識的確還是很膚淺的，現代科學實際上還並沒有真正地邁入人體和生命科學的大門。這就要求我們在解釋各種人體疾病和生命現象的發生機理時，不能像現代科學那樣僅僅將人體看成是一個簡簡單單的、由原子分子堆砌而成的物質堆，而是一個有著豐富的思想和情感、有著複雜的自然、社會、整體和歷史屬性的生命有機體，是肉體和精神兩個方面的高度統一體。

7.4 新二元論強調了日常行為對個體健康的重要影響

現代科學的哲學基礎是唯物主義的一元論，決定了在現代病因學中個體的日常行為和思想素質等因素都與疾病的發生發展無關，現代醫學也很少從個體的日常行為和道德品質上去查找病因。而新二元論則認為個體的日常行為和道德品質與個體的健康狀況是息息相關的。

　　新二元論首先認為日常行為可以通過影響人生觀來對個體的健康造成影響。本部分第五章 6.3 明確地指出了自然、社會和家庭事件等等都可以通過形成人生觀的途徑來影響人體的健康；但這些事件往往都是不受個體支配的外來因素。而日常行為既要受到人生觀的影響，其性質的好壞反過來又會影響到人生觀的形成；由於都是個體的親身經歷，因而通常要比外來事件更具有決定性意義。這說明日常生活中的所作所為不會隨著該行為的結束而自動消逝，而是以人生觀的形式儲存在個體的內心深處，並成為引起各種疾病的內在因素。不僅如此，日常行為對人生觀的影響就好像天平的工作機制一般：每多做一件有益他人、有益於社會的好事，人生觀就朝向積極正面的方向傾斜一分；相反，每多做一件危害他人、危害社會的壞事，人生觀就會朝著消極負面的方向傾斜一分。佛教《涅槃經》中有一句「種瓜得瓜，種李得李」的名言，深刻地揭示了這種對應關係：良好的日常行為有助於形成積極正面的人生觀，增進健康；而不良的日常行為則只能招致消極負面的人生觀，並為日後多種疾病的發生發展埋下了伏筆。

　　不僅如此，新二元論還可以從「心理矛盾（Psychological Conflicts）」的角度來闡明個體的日常行為與健康狀況之間的關係。我們都聽說過「良心（Conscience）」這個詞，雖然看不見、摸不著，但它並不是一個空穴來風、沒有任何實際意義的抽象名詞，而是埋藏在每一個人內心（意識）深處的「善心善念（Good Will and Kind Thought）」。《三字經》的第一句話就是「人之初，性本善 [57]」，意思是說：我們每一個人剛生下來的時候，本性都是非常善良的。這個善良的本性人皆有之，並且一直都埋藏在我們的內心深處永遠也不會改變。佛教也認為「人人都有佛性」，而佛性（Buddhahood）的重要表現之一就是埋藏在我們內心深處的「善心善念」。當一個人有了危害他人的念頭並付諸行動時，這個壞的念頭及其結果就一定會與其內心深處的「善心善念」發生衝突，這個人的心裡就開始有矛盾了；如果壞事做得多了，內心深處的矛盾也就愈演愈烈。「日有所思，夜有所夢」反映的正是個體的日常行為與心理活動之間的對應關係：一個心靈美好，樂於助人的人才有可能在夢中出現「鮮花遍地」的美好景象；而一個居心叵測、為達目的不擇手段的人才會經常出現遭人追殺的夢魘。基於新二元論的認識，心理矛盾決定了個體的體魄不再像從前那樣健全，必然的結果就是各種正常生理機制的逐步喪失而容易遭到致病因素的侵蝕了。

　　由此可見：新二元論揭示了日常生活中的一言一行都會對個體的健康造成一定程度上的影響，有些甚至還是決定性的。如果我們有意做了一件壞事，也不採取措施及時地予以糾正，將來在一定的條件下就有可能表現為疾病；如果做壞事的後果涉及到了基因突變，那麼不良的信息就遺傳給下一

代了。而一個長期危害他人、有意製造社會矛盾的人，其內心深處就會充滿矛盾和恐懼，所造成的種種惡果最終也會回饋在自己乃至子孫後代的身上，「害人終害己」是一點也沒有錯的。反之，一個始終堅持樂善好施、處處為他人和社會著想的人，必然會從其大公無私的美好行為中接收到來自他人和社會非常良好的信號，很容易就能獲得身心的雙豐收，因而「幫人實際上是在幫自己」。這些都說明了牛頓第三定律（即「作用力與反作用力定律」）不僅適用於無生命的物質世界，而且還非常適用於人類社會不同個體之間的相互作用。由於個體的日常行為是受到心靈控制的，所以我們必須十分重視道德品質的培養，也就是要將做好事、做大好事培養成我們的性格，這樣我們就能做到少犯錯誤、甚至是不犯錯誤了，從而在任何時候都能處於一個「對得起天地良心、心安理得」的寧靜狀態。新二元論表明：心理上健康了，人體內的各種抗病機制就容易保持和恢復，體魄也就自動地健全了。事實上，各主要宗教派別的創始人都清楚地看到了這一點，從而利用美化心靈的機制來發揮宗教對人類社會的積極影響。

總之，新二元論通過人生觀和心理活動兩種途徑在個體的日常行為與健康狀況之間建立了必然的聯繫，這就為闡明各種疾病的發生機理，進而找到有效的抗病防病策略奠定了基礎；同時還要求我們在任何時候的起心動念都必須是善良和美好的，在行為上對他人和社會總是有益的。只有杜絕了各種壞的思想和行為，努力消除各種矛盾，並不斷地造福社會，才能真正實現抗病防病、健康長壽的目標。這與各主要宗教「行善積德」的主張完全相吻合，再次說明了宗教學說中的某些內容的確有很強的科學性。

7.5 新二元論要求我們要十分重視「思維意識的鍛鍊」

現代科學是物質科學的基本特點，決定了它對「健康」的理解僅僅聚焦在體魄的健全上，因而現代人普遍只崇尚體育鍛鍊。但新二元論卻認為抽象的思維意識才是推動人體各種生理活動的決定性力量，因而體育鍛鍊固然可以使人肌肉發達、體格健壯，對增進健康、預防疾病有一定的幫助，但只有思維意識的鍛鍊（Psychological Exercises）才能從根本上實現抗病防病、健康長壽的目標。實際上，思維意識的鍛鍊在防治疾病時的有效性，是包括體育鍛鍊在內的任何現代科學技術和方法都不可能達到的。

新二元論認為思維意識在各種人體疾病和生命活動的發生發展過程中起到了決定性的推動作用，因而如果能直接從思維意識，也就是內心的修為或道德品質上來下功夫，就能從根本上達到抗病防病、增進健康的目的。然而，思維意識是看不見、摸不著的，要怎樣做才能收到看得見、摸得著的實際效果呢？思維意識的鍛鍊，一是要求我們要從日常生活中的每一件小事做起，

同時從多方面來重視德心、德性、德行（Kind Will、Good Nature、Virtuous Behavior）的培養，以一個廣博的胸懷去「原諒不能原諒的人和事」，我們就不會受到各種負面的自然、社會和家庭事件的影響了。二是需要全社會的共同努力來創建一個美好、和諧和公平的社會、家庭和工作環境，形成團結互讓的道德風尚，人與人之間如果不存在像當前這樣的利益衝突，也就從源頭上消除了各種社會矛盾，實現內心的平靜就很容易了。三是還要採取一定的方法將自私自利、愛慕虛榮、貪圖享樂等不正確的思想從我們的內心深處清除出去。例如：我們可以將意念固定在某一特定的事物、事件或信號上，也就是佛教所倡導的「禪坐（Dhyana）」或「觀想（Visualize）」，可以使我們雜亂無章、澎湃起伏的思緒處於平靜乃至寧靜的狀態。長期堅持的結果，就是可以逐步解開因既往人生經歷而產生並埋藏在我們內心深處的種種矛盾，也就是思想上完全想通了，進而將那些長期縈繞我們心頭的種種挫折和不愉快從內心深處逐步清除出去，我們也就不再計較外在的「是非得失」而豁然開朗了。新二元論提示：由於不存在任何心理上的問題，各種負面的自然、社會和家庭事件就不能乘虛而入，身體也就得到了調理而自動地健康了。

有人認為：既然思維意識在各種人體疾病和生命活動過程中起到了決定性的推動作用，那我們只要用意念觀想一下「疾病消失了」，疾病就應該立即痊癒。但這種情況通常是不可能發生的，又是為什麼呢？第五章的「疊加機制」提示：思維意識在人體疾病的發生發展過程中的決定性作用，通常都不是一朝一夕的結果，而是日常生活中的各種負面情緒導致人體內多種抗病機制的逐步喪失，並累積到一定的程度以後才體現出來的。而思維意識對疾病的治療則是發病的逆向過程，遵從的也是基本相同的原理：它需要我們從日常生活中的每一件小事做起，不斷地端正我們的思想和行為，逐步培養出積極、正面、樂觀和穩定的情緒，並且樹立了一個良好的人生觀，也就是從內心深處發生了根本性的轉變，那麼我們的機體原本就具有的各種抗病機制也就逐步恢復了，才能真正地發揮祛病防病、增進健康的作用。很明顯，從新樹立一個良好的人生觀的確不是短時間內就可以做到的。

我們不能要求一個從來都未曾從事體育鍛鍊的人在一天之內就掌握各種運動技巧、肌肉發達的。同理，思維意識的鍛鍊更需要長期的堅持才能有效地發揮作用。實際上，思維意識抽象、微妙並且複雜多變的基本特點，還決定了它比體育鍛鍊需要更多的技巧，更需要數十年如一日的長期努力。對於未曾經歷過特殊訓練的個體而言，「一念之想（A Flash in Mind）」的能量通常是很微弱的，基本上不能對體內外的物質產生任何影響。為什麼呢？身處社會的個體通常會面臨方方面面的競爭和不同性質的利益誘惑，導致其注意力往往不能集中，就好像是太陽光經過凹透鏡折射後，其能量被發散而不能

點燃乾燥的火柴棒一樣。思維意識的長期鍛鍊能使我們的內心可以不受內外環境變化的干擾，從而可以高度地集中注意力，「一念之想」才有可能釋放出巨大的能量，思維意識就能在體內外發揮多方面的效應了，這其中就包括了良好的疾病治療效果；就好像是太陽光經過凸透鏡的折射以後被會聚於一點，從而能輕易地將火柴棒點燃一樣。因此，通常情況下的「一念之想」不能發揮作用，並不代表思維意識對體內外的物質就沒有任何影響，而是因為我們還遠遠沒有掌握思維意識技術的運用罷了。

由此可見，新二元論強調了思維意識鍛鍊的重要性，它在預防疾病、增進健康等方面實際上要比體育鍛鍊更具有決定性意義。而思維意識抽象、微妙而高度複雜的基本特點，決定了其技術的靈活運用不是一朝一夕就能掌握的，而需要持續不斷的長期努力才有可能奏效。

7.6 新二元論提示思維意識的鍛鍊還可以極大地增長智慧

在現代科學看來，一個人的智慧似乎是生下來就已經決定了的；雖然個體的智慧可以隨著年齡的增長而有所增加，但這僅僅屬於自然的生理性增長而已；現代科學至今未能提出任何主動地開發人類智慧的有效辦法。新二元論認為：雖然大腦的物質結構與智慧的高低有一定的聯繫，卻不是決定性的；一個人的智慧也不是生下來就已經決定了的，而是可以通過後天的長期鍛鍊而主動開發的。

新二元論明確地指出：「智慧（Wisdom）」是一種思維意識現象，是一個抽象、整體和歷史的概念，與個體的既往經歷和社會大環境密切相關。現代科學是物質科學的基本特點，決定了它總是要將智慧的高低歸因於個體大腦的物質結構或化學成分，是永遠也不可能真正地把握其本質的。例如，有研究認為愛因斯坦是物理學天才，是因為有著與眾不同的大腦結構，所以「**思維就能活躍無比** [58]」。這個觀點容易使我們患上「宿命論（Fatalism）」的錯誤。為什麼呢？它使我們將人類科學的進步寄希望於「畸形大腦」的隨機出現：沒有愛因斯坦那樣獨特的大腦結構，再怎麼努力也沒有用啊！新二元論認為：愛因斯坦天才的智慧並不取決於大腦的物質結構，而是時代發展和勤奮努力的必然結果。美國發明家愛迪生（Thomas Alva Edison, 1847~1931）說過：天才是 99% 的汗水加上 1% 的靈感。當物理、數學等基礎學科發展到一定的程度，人類對周圍世界的認識達到一定的廣度和深度時，就必然會有「相對論」這樣的思想出現；如果愛因斯坦沒有在物理、數學和哲學等方面打下紮實的基礎，就一定會有其他人來取代他的位置提出與「相對論」相類似的思想，只不過在時間和表達上可能會略有不同罷了。因此，將愛因斯坦的智慧歸因於特定的大腦結構是荒謬的，其研究結果也是值得懷疑的。

　　還有人認為：獨特的大腦結構決定了愛因斯坦那1%的靈感是一般人所沒有的，因而「結構決定論（Structural Determinism）」仍然是正確的。新二元論明確地指出：愛因斯坦那1%的靈感也不是由大腦的物質結構所決定的，並且人人都可以開發出愛因斯坦那樣，甚至是比愛因斯坦還要高得多的智慧。為什麼呢？大腦的物質結構就好比是某個電腦硬體，如印表機，而人類的智慧就好比是驅動這台印表機的軟體。硬體的結構在印表機實現其功能的過程中固然重要，但是我們完全可以通過「軟體升級（Software Upgrade）」的方式使其功能發生質的飛躍。事實上，通過軟體升級來大幅度地提升硬體功能的方法早已廣泛地應用於軍事（如戰鬥機和軍艦）和工業生產、日常生活（如衛星和閉路電視的頂盒）之中。同理，新二元論認為智慧的開發固然需要大腦物質結構的支持，但對於一個有著健全體魄的個體而言，並不具有決定性；我們完全可以採用與電腦的「軟體升級」同樣的方式來開發人類的智慧。在這種情況下，要開發出與愛因斯坦一樣，甚至是比愛因斯坦還要高得多的智慧，也不是不可能的。

　　然而，如何才能對我們的大腦進行「軟體升級」呢？答案還是思維意識的鍛鍊。如果能長期堅持思維意識的鍛鍊，從內心深處原諒了不能原諒的人和事，或像《般若波羅蜜多心經》中描述的那樣做到了「心無罣礙（No Any Concern in Mind）」，不被日常生活中的是是非非所干擾，那麼我們疲憊不堪的大腦就放下了所有的包袱，很容易將思路集中在當前正面臨的問題和挑戰上，我們的思維就能像愛因斯坦那樣清晰甚至更加敏銳，擁有異乎尋常的洞察力也就不難了。中國道家認為「用心專一方能生智慧」，佛經上有「**意念專注而能生慧** [59]」，都是非常精闢的開發智慧的方法。如果能數十年如一日地堅持並注重德心、德性、德行的培養，甚至還可以開發出遠遠超出牛頓和愛因斯坦的大智慧。當然，這裡並不排除一部分人先天就已經獲得了牛頓和愛因斯坦那樣的智慧，但是這樣自然發生的機率是很小的；而有愛因斯坦一般的智慧並願意付出99%的汗水的機率就更小了，可以說百年不遇一次。而思維意識的鍛鍊卻可以使每一個人都開發出異乎尋常的大智慧，這不僅是人類社會未來發展的必然趨勢，也是人類科學未來的大發展所必須的。

　　由此可見：新二元論說明了智慧並不完全取決於大腦的物質結構，一個人的智慧也不是生下來就決定了的，而是可以通過後天的鍛鍊而自主開發的。如果我們能夠用99%的汗水來打好方方面面的基礎，同時還採取一些積極主動的措施來開發智慧，取得或超過愛因斯坦一般的偉大成就也不是不可能的。無疑，這一認識為人類文明的快速進步提供了新的曙光。

7.7 「隨機突變」不是推動生物進化的主要原因

變化發展在生物界的一個重要表現就是生物進化（Biological Evolution）。而現代科學唯物主義一元論的哲學性質，決定了它一定會在忽略了抽象的普遍聯繫的情況下來探討生物進化的機制。因而有人認為：生物進化是在某些理化和生物等因素的作用下DNA分子發生隨機突變的結果[60]。但隨機突變的雙向性（Bi-directionality）特徵（即有用和無用突變導致的進化和退化）卻與生物進化的「定向性（Directionality, 即總是朝著從簡單到複雜、從低級到高級的方向發展）」和「目的性（Purposiveness）[32]」特徵相矛盾；並且目前已經發現部分物種進化的實際速度要比隨機突變引起的速度快1000倍以上[61]。新二元論認為理化因素引起的隨機突變在生物進化過程中的作用是次要的，而物種與體內外環境之間抽象的普遍聯繫才是推動其進化的決定性因素，並決定了生物進化各方面的基本特點。

新二元論認為抽象的普遍聯繫在萬事萬物變化發展的過程中起到了決定性的推動作用，生物進化也不例外。因此，在探討生物進化的機制時，一定要以染色體DNA與周圍環境之間抽象的普遍聯繫為核心。這就要求我們必須將DNA分子還原到它所處在的生命微環境之中去，而生命微環境要受到生物體所生存的外界大環境、各級系統、組織、細胞乃至細胞器的精密調控。這說明生物體內的DNA分子與試管中的DNA分子完全不同：試管中的DNA分子是孤立封閉的，在各種理化因子的作用下只能是被動的隨機突變；而生物體內的DNA分子則是開放的，與外界大環境的變化發展存在著千絲萬縷的聯繫，也就是第二章所講的普遍聯繫。正是抽象的普遍聯繫作用於DNA才推動了生物的進化，決定了生物進化所有的特徵。這也就是說：如果生物體內的普遍聯繫具有定向作用的基本特點，那麼它所推動的生物進化也就具有定向性的基本特點，而不是隨機的了。

事實也的確是如此：牛頓所考察的蘋果從枝頭脫落以後，其運動方向為什麼不是隨機的，而是朝著垂直向下這個確定的方向落地呢？這是由蘋果與地球之間單一的抽象聯繫——萬有引力所決定的。萬有引力的大小和方向，決定了蘋果總是垂直向下地落向地球表面，而不是隨機的。如果情況再複雜一點，蘋果受到了多種外力的共同作用，那麼這個蘋果的運動軌跡就是由所有這些外力的合力的大小和方向，也就是較為複雜的抽象聯繫所決定的，其運動軌跡也是唯一確定而並非隨機的。而生物進化實際上與此很類似，只不過所涉及的抽象聯繫要比上述複雜情況下的蘋果還要複雜千百萬倍罷了。在牛頓建立經典力學體系以前的人們都沒有認識到蘋果與周圍事物之間的抽象聯繫，也就是各種不同性質的力的作用，所以不能理解蘋果從枝頭上脫落以

後的運動方向為什麼不是隨機，而是定向的。同理，以現代科學為基礎的人體和生命科學也沒有認識到生物進化是 DNA 分子與它周圍的環境之間複雜而抽象的普遍聯繫推動的，所以也不能理解物種進化時 DNA 分子上的突變為什麼不是隨機，而是定向的。

實際上，定向的變化發展在生命有機體的多個層次都有所表現。例如：在細胞水平上，當機體內存在著感染時白細胞向炎症部位的聚集是隨機的，還是定向的呢？很明顯，感染引起的發熱調動免疫系統產生了大量的白細胞，而受感染局部組織釋放出來的組胺等炎性物質向周圍擴散形成的濃度梯度，還有疼痛的感覺等等，都使得白細胞會朝著炎症發生的部位快速地聚集，而不是依靠隨機擴散。如果像試管中的 DNA 分子那樣將白細胞從血管中分離出來，也就是割斷它們與局部組織之間的聯繫，我們就無法理解白細胞向炎症部位的定向移動了。在群體水平上，達爾文提出的自然選擇學說，實際上也是將物種還原到其真實的生態環境之中，物競天擇使得各物種一定會朝著從簡單到複雜、從低級到高級這個確定的方向不斷地向前進化。如果像試管中的 DNA 分子那樣將物種從食物鏈上獨立出來研究，我們就有可能找不到推動物種定向進化的根本原因，不可避免地要產生「隨機突變推動物種的進化」這樣的錯誤假設了。而生物體內其他各個層次上的變化發展實際上都是如此，都具有定向性的基本特點。

由此可見：如果將染色體 DNA 還原到真實的生命條件下來考察，那麼我們對基因突變的理解就會與現代科學完全不同：在普遍聯繫推動下的基因突變不是隨機的，而是朝著物種適應周圍環境的方向發展。實際情況也的確是如此：人類全基因組上只有 4~5 萬個編碼基因，可是免疫系統卻必須面對上百萬種可能的抗原決定簇，才能有效抵抗周圍環境中的各種病原體；這其中有很多病原體都是既往歷史上人類從來都未曾接觸過的，如 20 世紀 80 年代出現的愛滋病毒，21 世紀初出現的 SARS 等。在免疫應答過程中，淋巴細胞的染色體 DNA 通過一定的程序進行基因重排（Gene Rearrangement）[62]，使得漿細胞有能力合成可以與外來的各種抗原發生特異性結合的免疫球蛋白分子，從而有效地應對千變萬化的外部環境，說明了染色體 DNA 的確可以根據外界環境的變化發生相應的突變，甚至主動地合成一些新的基因片段，使個體能快速適應新的外部環境；只不過生物進化過程中染色體 DNA 要主動適應的不是外來抗原，而是周圍環境中其他方面的變化罷了。如果僅僅依靠隨機突變，物種就不能有效地適應環境而只能慘遭淘汰了；而定向性則與「合目的性（第三章 5.5）」一樣，是生物進化的重要特點之一。

不可否認的是：生物進化具體的分子機制是高度複雜的，這裡只能是一些理論和方向上的探討。新二元論要求我們必須肯定一點：生物進化是在普遍聯繫推動下生命有機體變化發展的具體表現形式之一，其特徵完全是由物種與周圍環境之間的普遍聯繫所決定的。而物種自身抽象的普遍聯繫究竟具有哪些特點，也不是基於唯物主義一元論的現代科學所能了解和把握的，而有待於人類未來全新科學體系的確立。在這種情況下，我們完全可以向牛頓學習：牛頓同時代的人都追隨笛卡爾探索自然現象的原因，構築引力的機制。而牛頓則不然，他所關心的不是引力「為什麼」會起作用，而是「如何」在起作用。他的目的是尋求引力所遵從的規律，提出準確的數學描述，證明行星系統如何依賴於引力定律[63]。我們也可以將「普遍聯繫推動生物進化的分子機制」這個問題先放一放，而將探索的焦點集中在生物進化所遵從的基本規律上。已有的相關研究結果表明了普遍聯繫的最高級形式，也就是廣義上的人體思維意識，不僅可以影響包括水、無機鹽、氨基酸、蛋白質、核酸和糖類在內的各種生命物質的分子性狀，而且還能直接使一些工業菌種、花卉等獲得能夠穩定遺傳的優良生物學特性，甚至還可以雙向性地調節蛋白酶的活性、改變放射性元素衰變的半衰期等等。這些都說明了抽象的思維意識完全有可能成為推動物種進化的決定性因素，使得生命有機體能夠迅速適應不斷變遷的周圍環境，同時也為人類開發智慧、優化自身提供了全新的思路。

總之，新二元論提示了隨機突變在物種進化過程中的作用是次要的，是現代科學割裂了生命有機體與周圍環境之間普遍聯繫的必然結果；它認為生物進化是生命有機體主動地改造自身以適應周圍環境的一個定向發展過程，其實際速度必然要比隨機突變快得多。然而，要清楚地闡明生物進化的具體機制，則有待於未來人類全新科學體系的確立。

7.8 新二元論建立了人體與生命科學領域中的因果關係

英國哲學家羅素認為：發現因果律是科學的本質，……，要是某個領域沒有因果律，那麼這個領域就沒有科學。科學家應當尋求因果律這條格言，如同採集蘑菇的人應當尋找蘑菇這種格言一樣明白清楚[64, 65]。古希臘哲學家德謨克里特也說：我發現一個新的因果聯繫比獲得波斯國的王位還要高興[64, 66]。這些觀點都說明了揭示因果關係的重要性；而牛頓的經典力學體系在解釋宏觀物理現象時的有效性，說明它正確地揭示了物理學領域中的因果關係。而新二元論在解釋消化性潰瘍的發生機理時的有效性，說明了它可能也正確地揭示了人體和生命科學領域中高度複雜的因果關係。為了說明這個問題，這裡先來回顧牛頓建立經典力學的這段歷史：

　　牛頓時代以前的人們並不是用「力」的概念，而是利用一些其他的理論來解釋各種自然現象的發生機制。例如：在哥白尼到開普勒的時代，人們普遍地利用「和諧性」來解釋各種自然現象；哥白尼之所以懷疑托勒密體系，主要是因為他認為托勒密體系很不和諧。在這種情況下，從來都未曾有人能夠圓滿地解釋蘋果落地、潮汐漲落等地面上發生的自然現象，更不能解釋為什麼月亮一定要圍繞著地球公轉，而地球則要繞太陽運行等一系列的天文現象。因而愛因斯坦指出：「**在牛頓以前還沒有實際的科學成果來支持那種認為物理因果關係有完整鏈條的信念** [31]**。**」

　　經過長期深入的思考，牛頓認為地球與蘋果之間的引力是造成蘋果落地的原因。牛頓還進一步地聯想到地球與其表面所有的物體之間、地球與月亮、太陽與各行星之間，可能都存在一種與地球和蘋果之間的引力性質相同的作用力 [67]，因而在 1687 年發表的《自然哲學的數學原理》一書中提出了萬有引力定律和運動三大定律，同時圓滿地解釋了落體運動、潮汐漲落、地月關係、行星運動、聲音和波等多種現象，是人類文明史上第一次自然科學的大綜合 [63]。牛頓力學體系的建立，不僅總結和發展了既往物理學史上幾乎所有的重要成果，成為人類科學劃分時代的標誌，而且還為日後 300 多年的力學發展奠定了基礎，標誌著近代物理學的誕生。**牛頓是完整的物理因果關係創始人，而因果關係正是經典物理學的基石** [31]。

　　不僅如此，牛頓經典力學體系的成功還使其思想和方法迅速向其他領域擴展，因而還有力地推動了自然科學各個學科的大發展。例如：牛頓經典力學的理論核心是力和力所決定的因果性，認為找出了力的規律就能圓滿地解釋物體運動的基本特點。麥克斯韋（James Clerk Maxwell, 1831~1879；英國物理學家、數學家）沿用這一思想建立了電磁學的力學模型；庫侖（Charlse Augustin de Coulomb, 1736~1806；法國物理學家）把平方反比關係引入靜電學，揭示了靜電力的內在聯繫；而道爾頓（John Dalton, 1766~1844 英國化學家、物理學家）將有機械力作用的原子帶進物理和化學，用原子論說明了氣體的性質，把質點和力的概念應用於化學；安培（André-Marie Ampère, 1775年～1836 年，法國化學家）依照萬有引力定律，寫下了平行導線之間相互作用的公式 [68]。愛因斯坦指出：「**直到 19 世紀末，牛頓的思想一直是理論物理學領域中每個工作者的綱領；這個物理學框架在將近二百年中給予科學以穩定性和思想指導** [63]**。**」

　　然而，現代科學在人體和生命科學領域並沒有取得物理學那樣輝煌的成功。例如：「**幽門螺旋桿菌與消化性潰瘍有因果關係** [56]」獲得了 2005 年諾貝爾生理和醫學獎，可以說代表了現代科學認識的最高水平；但是這一觀

點卻不能解釋消化性潰瘍的形態學、反覆發作和多發、年齡段分組現象等多方面的基本特點，甚至還不能解釋與幽門螺旋桿菌相關的絕大部分現象，我們又如何能聲稱它成功地建立了「因果關係」呢？現代科學對其他所有人體疾病與生命現象的解釋也都是如此，其「物質病因說」實際上都不是很成功的：它至今未曾圓滿地解釋過任何一種人體疾病的發生機理，更談不上行之有效的防治措施了：在面對包括癌症和愛滋病在內的各種慢性病時，也一直都是「束手無策」。不僅如此，現代科學至今未曾提出過任何極大地開發智慧、顯著地延長壽命的有效辦法，同時還存在著很多像生物進化、候鳥遷徙、木乃伊千年不腐這樣的未解之謎。

上述情況實際上都說明了現代科學在人體和生命科學領域並沒有像物理學那樣建立起完整的因果關係。有人會問：在人體和生命科學領域是否也存在著物理學中那樣的因果關係呢？基於與現代科學完全不同的理論基礎和思維方式，基於與現代科學完全不同的病因學認識，本書提出的黏膜下結節論成功地解釋了消化性潰瘍的發生機理，這也是人類歷史上第一次成功地解釋過一種疾病的發生機理：它不僅圓滿地解釋了消化性潰瘍所有的特徵和現象，而且還成功地解釋了與幽門螺旋桿菌相關的所有現象，並清楚地指出了歷史上以現代科學為基礎的所有學說都好似「盲人摸象」一般。而基本相同的錯誤，實際上還廣泛地存在於現代科學對所有人體疾病和生命現象的解釋之中。黏膜下結節論的成功說明了人體和生命科學領域中的確存在著物理學那樣的因果關係，只不過尚未被現代科學所認知而已；現代科學的基礎理論和思維方式的確還有進一步發展和完善的空間。

牛頓建立經典力學的這段歷史表明：經典力學成功地揭示了物理學中完整的因果關係，是以其解釋該領域中的各種具體現象時的有效性、普遍適用性和高度的概括性等為標誌的。經過多重類比以後我們將不難發現：新二元論可以看成是將牛頓的核心思想進行昇華以後得到的，因而它所揭示的因果關係適用範圍更廣，實際上還涵蓋了牛頓的經典力學揭示的因果關係，並且與人體和生命科學領域高度複雜的基本特點完全相適應。

牛頓的經典力學體系建立了物理學領域中完整的因果關係首要的表現，就是明確地指出了「力是物體的運動狀態發生改變的根本原因」；這就看到了隱藏在「運動狀態的改變」背後「力」的抽象本質，要求人們在探討宏觀物體的運動規律時必須轉變思想，不再從「和諧性」的角度來考慮問題，而是必須從抽象的「力」這個全新的概念上來尋找答案。同理，新二元論也有著基本相同的表現：它明確地指出了「普遍聯繫才是推動各種人體疾病和生命現象發生發展的根本原因」，也就看到了隱藏在「各種人體疾病和生命現象」背後「普遍聯繫」的抽象本質，要求我們在探討各種人體疾病和生命現

象的發生機理時也必須從根本上轉變思想，不再像現代科學那樣僅僅從「物質結構」的角度來考慮問題，而必須從抽象的「普遍聯繫」這個全新的概念上來尋找答案。事實上，牛頓所提出的「力」的概念，正是「普遍聯繫」這個概念中相對比較簡單的一種情況；生命科學領域中所涉及的普遍聯繫要比物理學中「力」這種單一的聯繫要複雜得多。這也是與人體和生命科學高度複雜的基本特點相對應的。

　　牛頓的經典力學體系建立了物理學領域中完整的因果關係的第二個表現，就是它在解釋宏觀物體的運動時的有效性不是從前歷史上的任何理論所能比擬的：在牛頓建立經典力學體系之前，沒有人能夠解釋蘋果落地、潮汐漲落、地月關係、行星運動、聲音和波等自然現象；但在牛頓建立了經典力學體系之後，所有這些自然現象都能迎刃而解，從而實現了人類文明史上自然科學的第一次大綜合。而新二元論實際上還有著更為傑出的表現：它在解釋消化性潰瘍所有 15 個主要的特徵和全部 72 種不同的現象時的有效性，也不是歷史上以現代科學為基礎的任何理論和學說所能比擬的；在新二元論提出「普遍聯繫」這個概念之前，沒有一個學說能圓滿地解釋消化性潰瘍的形態學、反覆發作和多發、年齡段分組現象等多方面的基本特點，也不能解釋與幽門螺旋桿菌相關的絕大部分現象；但是在新二元論提出了「普遍聯繫」的概念之後，所有這些現象在黏膜下結節論中都迎刃而解，並且還將歷史上以現代科學為基礎的所有相關學說都有機地統一起來，從而實現了人體和生命科學領域中多種理論的第一次大綜合。

　　牛頓的經典力學體系建立了物理學領域中完整的因果關係的第三個表現，就是它在應用上具有高度的普遍性：在牛頓建立起經典力學體系之前，物理學中的自由落體運動、潮汐漲落、地月關係、行星運動、聲音和波等現象在概念上都是孤立的，在邏輯上也都是完全獨立的；但是在牛頓建立經典力學體系之後，地面上的物體、天上的恒星、行星等宏觀物體的運動規律都統一在相同的物理學定律之中。而新二元論在應用上實際上要比經典力學具有更大的普遍性：在新二元論提出「普遍聯繫」的概念之前，消化性潰瘍所有 15 個主要的特徵和全部 72 種不同的現象在概念上也都是孤立的，在邏輯上也都是獨立的；但在新二元論的指導下提出的黏膜下結節論認為：消化性潰瘍所有的特徵和現象的發生都是社會—心理因素，也就是人體抽象的普遍聯繫推動的，所有這些現象和特徵都在黏膜下結節論中實現了空前的大統一。新二元論實際上還清楚地指出了所有的人體疾病和生命現象的發生發展都是人體抽象的普遍聯繫推動的，因而能夠解釋更大範圍內的現象，實現更高層次上的大統一。

　　牛頓的經典力學體系建立了物理學領域中完整因果關係的第四個表現，就是它還具有跨學科的特點。這也就是說：經典力學不僅可以廣泛地應用於力學和運動學中各種現象的解釋之中，而且還能對其他的學科領域帶來很多非常有益的啟示，如靜電學、電磁學、熱力學、原子物理學和化學等等。而新二元論在跨學科方面實際上還取得了更大的突破：它不僅可以廣泛地應用於人體和生命科學的各分支領域中的各種現象的解釋，而且對自然科學、社會科學和人文科學及其所有的分支領域也帶來非常有益的啟示，有助於實現這四大分支學科的高度統一；不僅如此，新二元論的提出實際上還是人類科學、哲學、醫學、宗教和藝術等人類文明所有方面的分水嶺，有助於實現東西方文化、中西醫學、古代與現代文明等多個方面的高度統一；並且基於新二元論的全新科學體系在大力提倡物質文明建設的同時，還十分強調全社會道德水準的共同提高，這就為人類社會的持續穩定發展、長久和平、智慧的開發、健康長壽等多個不同的方面奠定了基礎，進而再一次地給整個人類的面貌帶來翻天覆地的變化。

　　牛頓的經典力學體系建立了物理學領域中完整因果關係的第五個表現，就是它還具有高度概括性。在牛頓建立經典力學以前，雖然開普勒提出了行星運動的三大定律，伽利略提出了加速度的概念、慣性定律和自由落體定律，惠更斯（Christiaan Huygens, 1629~1695，荷蘭物理學家、天文學家、數學家）提出了彈性碰撞和複擺理論等等，但這些概念和定律都是孤立的，彼此之間沒有建立起任何的必然聯繫；在牛頓建立起經典力學體系以後，所有這些理論都在「力」這個概念的基礎上獲得了統一，相互之間在相同的物理定律中被有機地聯繫起來。而新二元論在概括性方面實際上還取得了更大的突破：如果我們認為牛頓總結了自哥白尼到他自己近 150 年的科學成就的話，那麼新二元論則總結了 3000 多年來人類漫長的歷史長河中不同時期、不同地域、不同文化中的優秀思想，將人類在科學、哲學、醫學、宗教和藝術等多個方面的重要認識都有機地統一起來，並且還在歷史上許多零碎的哲學概念之間建立了牢固的必然聯繫。

　　上述類比分析的結果表明：普遍聯繫的概念完全可以看成是將牛頓提出的「萬有引力」概念進行擴大和昇華以後得到的。這就決定了本書提出的新二元論實際上要比牛頓提出的經典力學體系更加有效，具有更大的普遍性、跨科學性和概括性，在認識上更加廣大和深入；二者之間實際上還存在著「包含」與「被包含」的關係；新二元論是與人體和生命現象高度複雜的基本特點相適應的。因此，如果我們認為牛頓提出的經典力學體系建立了物理學領域中相對簡單的因果關係的話；那麼本書提出的新二元論則建立了人體和生命科學領域中高度複雜的因果關係。這就為新的歷史時期人們深入地理解和認識各種人體疾病和生命現象奠定了基礎。

本章小結

綜合以上全部的論述，本章在前十一章的基礎上首先重新定義了「物質和意識」的概念，明確地指出了意識的本質就是抽象的普遍聯繫，並認為物質和意識是以事物的客觀存在為基礎、密不可分的有機統一體，這就是新二元論的基本內容。這一全新的認識不僅一舉攻克了 2500 多年來一直都懸而未決的哲學基本問題的兩個方面，而且還第一次圓滿地實現了唯物論與唯心論、科學與宗教、科學與哲學、中西醫學、東西方文化、哲學探討與現實生活、科學研究與抽象思維等多對二元關係的高度統一。新二元論在黏膜下結節論中的應用，主要是為消化性潰瘍的病因學探討提供了方向，並認為心理調節與積極的人生觀才是防治潰瘍復發的唯一途徑。新二元論在理論與實踐上的具體應用，首先就是認為牛頓和愛因斯坦在他們的工作中自覺遵循的不是唯物論，而是新二元論，並認為現代科學唯物主義一元論的哲學根基是不完善的；其次就是認識到了日常行為與道德水平對個體的健康具有決定性影響，強調了思維意識鍛鍊對防治疾病、開發智慧的重要性，並認為隨機突變在生物進化過程中的作用是次要的；而提出新二元論最重要的意義之一，就是它清楚地揭示了人體與生命科學領域中完整的因果關係。這些都說明了新二元論不僅能極大地擴展和加深人們對周圍世界和人體自身的認識，而且還為人類全新科學體系的誕生奠定了理論基礎，是我們在各項科研工作和日常生活中都必須具備的重要哲學觀點。

參考文獻

1 陳遠霞、馬桂芬主編：馬克思主義哲學原理；北京，化學工業出版社，2003 年 7 月第 1 版；第 3、4、10、20、35~36 頁。

2 趙林：從上帝存在的本體論證明看思維與存在的同一性問題；《哲學研究》2006 年第 4 期；第 85~90 頁。

3 陳福雄、溫志雄編著：簡明哲學原理；廣州，廣東高等教育出版社，1996 年 3 月第 1 版；第 17 頁。

4 童鷹著：哲學概論；北京，人民出版社，2005 年 9 月第 1 版；第 38、44~45、50 頁。

5 閑雲鶴：思維與存在辯；鳳凰網，鳳凰文化：http://q.ifeng.com/group/article/167620.html；2010 年 11 月 6 日黏貼。

6 張其成主編：易經應用大百科；南京，東南大學出版社，1994 年 4 月第 1 版；第 44 頁。

7 饒尚寬註譯：老子；北京，中華書局，2006 年 9 月第 1 版；第 1~3、105 頁。

8 張甲坤著；中國哲學：人類精神的起源與歸宿（修訂本）；北京，中國社會科學出版社，2005 年 9 月第 1 版；第 7、52~53、149 頁。

9　魏琪註譯：佛教文化精華叢書白話阿彌陀經；西安，三秦出版社，2002 年 10 月第 2 版；第 21、45~46 頁。

10　百度百科，百度名片：巴門尼德，西元前 5 世紀的古希臘哲學家：http://baike.baidu.com/view/112395.htm；網頁更新時間為 2010 年 10 月 22 日。

11　維基百科，自由的百科全書：柏拉圖，西元前 427～前 347 年，古希臘哲學家：http://zh.wikipedia.org/wiki/%E6%9F%8F%E6%8B%89%E5%9B%BE#.E7.94.9F.E5.B9.B3；網頁更新時間為 2010 年 10 月 20 日。

12　張志偉、馬麗主編；西方哲學導論；北京，首都經濟貿易大學出版社，2005 年 9 月第 1 版；第 3、6、141~145、218、239~244 頁。

13　約翰·R·塞爾 [美] 著，王巍譯；心靈的再發現；北京，中國人民大學出版社，2005 年 9 月第 1 版；第 14 頁。

14　漢斯·約阿西姆·施杜里希 [德] 著，呂叔君譯；世界哲學史（第 17 版）；濟南，山東畫報出版社，2006 年 11 月第 1 版；第 24~25、29、311 頁。

15　夏基松著；現代西方哲學；上海，上海人民出版社，2006 年 9 月第 1 版；第 255~265 頁。

16　陳也奔著；黑格爾與古希臘哲學家；哈爾濱，黑龍江人民出版社，2006 年 6 月第 1 版；第 79 頁。

17　網易新聞中心，圖片中心；遇車禍小狗冒死救同伴：http://news.163.com/07/0810/13/3LHN656P0001125G.html. 2007 年 8 月 10 日黏貼。

18　網易新聞中心，社會新聞；三同伴被摧殘致死，小鳥守護不肯離去：http://news.163.com/08/0417/00/49MMLK2P00011229.html. 2008 年 4 月 17 日黏貼。

19　W.C. 丹皮爾 [英] 著，李珩譯，張今校；科學史及其與哲學和宗教的關係；桂林，廣西師範大學出版社，2001 年 6 月第 1 版；第 429 頁。

20　謝維營著；哲學的魅力：思想探索的快樂；上海，上海人民出版社，2006 年 3 月第 1 版；第 123 頁。

21　江丕盛、泰德·彼得斯、格蒙·本納德著；橋：科學與宗教；北京，中國社會科學出版社，2007 年 1 月修訂第 2 版；序言第 7、71 頁。

22　徐飛主編；科學大師啟蒙文庫：愛因斯坦；上海，上海交通大學出版社，2007 年 1 月第 1 版；第 94~97 頁。

23　王邦維著，潘文良校對；佛經寓言故事（一）；臺北，頂淵文化事業有限公司，1992 年 5 月初版第二刷；第 227~232 頁。

24　朱清時，物理學步入禪境：緣起性空；第二屆世界佛教論壇論文集「佛教與科學」分冊，2009 年 4 月；第 34~41 頁。

25　中國中醫藥報社主編，陳貴廷主審，毛嘉陵執行主編；哲眼看中醫——21 世紀中醫藥科學問題專家訪談錄；北京，中國科學技術出版社，2005 年 1 月第 1 版；第 5 頁。

26　區結成著；當中醫遇上西醫：歷史與省思；北京，生活 讀書 新知三聯書店，2005 年 5 月
　　北京第 1 版；第 7 頁。

27　李創同著；科學哲學思想的流變——歷史上的科學哲學思想家；北京，高等教育出版社，
　　2006 年 12 月第 1 版；第 2 頁。

28　錢長炎著；在物理學與哲學之間——赫茲的物理學成就及物理思想；廣州，中山大學出版
　　社，2006 年 1 月第 1 版；李醒民、張志林之「科學哲學的論域、沿革和未來——‘中國科
　　學哲學論叢’新序」。

29　毛建儒著；論科學的發展機制；北京，中國經濟出版社，2006 年 6 月第 1 版；第
　　314~326 頁。

30　孫正聿著；哲學通論；長春，吉林人民出版社，2007 年 1 月第 1 版；第 141 頁。

31　孫方民、陳淩霞、孫繡華主編；科學發展史；鄭州，鄭州大學出版社，2006 年 9 月第 1
　　版；第 115~117、120、170 頁。

32　李建會著；生命科學哲學；北京，北京師範大學出版社，2006 年 4 月第 1 版；前言、第
　　18、41 頁。

33　理查‧尼斯貝特 [美] 著，李秀霞譯；思維的版圖；北京，中信出版社，2006 年 2 月第 1
　　版；封面、序言。

34　荊三隆註譯；佛教文化叢書白話楞伽經；西安，三秦出版社，2002 年 10 月第 2 版；第
　　105-107 頁。

35　阿爾貝‧雅卡爾 [法] 著，閻雪梅譯；科學的災難？一個遺傳學家的困惑；桂林，廣西師
　　範大學出版社，2004 年 5 月第 1 版；封面。

36　吳光遠著；聽大師講哲學：插圖版；北京，中國民航出版社，2006 年 2 月第 1 版；引言
　　第 2~4 頁。

37　J. Bruce Overmier, Robert Murison; Anxiety and helplessness in the face of stress predisposes,
　　precipitates, and sustains gastric ulceration; Behavioral Brain Research, 2000; 110, 161-174.

38　Michael N. Peters, Charles T. Richardson; Stressful life events, acid hypersecretion and ulcer
　　disease. Gastroenterol; 1983, 84: 114-119.

39　Mervyn Susser, Zena Stein; Civilization and peptic ulcer; The Lancet, Jan. 20, 1962; pp 115-
　　119.

40　Amnon Sonnenberg, Horst Müller and Fabio Pace; Birth-cohort analysis of peptic ulcer
　　mortality in Europe; J Chron Dis, 1985; Vol. 38, No. 4, pp. 309-317.

41　Mervyn Susser; Period effects, generation effects and age effects in peptic ulcer mortality. J
　　Chron Dis, 1982; 35: 29-40.

42　P. Malfertheiner and A.L. Blum; *Helicobacter pylori* infection and ulcer; Chirurg, 1998; pp 239-
　　248.

43 宇都宮輝夫、阪井昭宏、藤井教公監修，PHP 研究所編，陳文團審定，蕭志強譯；圖解哲學；臺北縣新店市，世潮出版有限公司，2007 年 1 月初版；前言、第 12 頁。

44 朱月龍編著；自從有了哲學；北京，海潮出版社，2006 年 12 月第 1 版；前言。

45 張宗明著；奇蹟、問題與反思──中醫方法論研究；上海，上海中醫藥大學出版社，2004 年 9 月第 1 版；第 116 頁。

46 艾德蒙頓·胡塞爾 [德] 著，張慶熊譯；歐洲科學危機和超驗現象學；上海，上海譯文出版社，2005 年 9 月第 1 版；第 7 頁。

47 Stephen Hawking; The Illustrated A Brief History of Time, Original illustrations Copyright © 1996 by Moonrunner Design, U.K.; New York; pp2-3.

48 紮馬羅夫斯基 [捷克] 著，汪小春譯；金字塔的傳奇；北京，東方出版社，2005 年 1 月第 1 版；第 175 頁。

49 柴樹冬編著；神秘的世界：中國版；北京，中央編譯出版社，2006 年 10 月第 1 版；第 62~64 頁。

50 王堯、陳慶英主編；西藏歷史文化辭典；杭州，西藏人民出版社、浙江人民出版社，1998 年 6 月第 1 版；第 87 頁。

51 廖育群著；醫者意也：認識中醫；桂林，廣西師範大學出版社，2006 年 5 月第 1 版；第 69~70 頁。

52 Sievers ML, Marquis JR. Duodenal ulcer among South-western American Indians, Gastroenterology, 1962, 42: 566-569.

53 Palmer, W. L. In Cecil, R. L. and Loeb, R.F.; A Textbook of Medicine; W.B. Saunders Company, Philadelphia, 1955; pp 862.

54 趙雅芝、葉童主演之《新白娘子傳奇》第 34 集，深圳音像公司出版發行；後兩句出自疊琳為《菩提達摩大師略辨大乘入道四行觀》所作之序。

55 伊薩克·牛頓 [英] 著，趙振江譯；自然哲學的數學原理；北京，商務印書館，2006 年 7 月第 1 版；前言第 27 頁。

56 Barry J. Marshall, J. Robin Warren, Elizabeth D. Blincow, Michael Phillips, C. Stewart Goodwin, Raymond Murray, Stephen J. Blackbourn, Thomas E. Waters, Christopher R. Sanderson; Prospective Double-blind trial of duodenal ulcer relapse after eradication of *campylobacter pylori*; The Lancet, December 24/31 1988, pp 1437-1442.

57 《三字經》，作者為中國南宋時期的學者、教育家和政治家王應麟，字伯厚，號深寧居士，1223~1296。

58 新浪網，科技時代，科學探索；女科學家發現愛因斯坦大腦秘密；http://tech.sina. com. cn/d/2006-11-25/13121256414.shtml. 網頁黏貼時間為 2006 年 11 月 25 日。

59 破瞋虛明註譯，疊無懺原譯；大般涅槃經今譯；北京，中國社會科學出版社，2003 年 7 月第 2 版；第 269 頁。

60 H‧賴欣巴哈〔德〕著，伯尼譯；科學哲學的興起；北京，商務印書館，1983 年 4 月第 2 版，2004 年 8 月北京第 4 次印刷；第 148~155 頁。

61 Lília Perfeito, Lisete Fernandes, Catarina Mota, Isabel Gordo; Adaptive Mutations in Bacteria: High Rate and Small Effects. August 2007, Science, Vol 317, 813-815.

62 Charles Alderson Janeway Jr., Paul Travers, Mark Walport, Mark J. Shlomchik; Immunobiology: the immune system in health and disease, 6th edition; New York & London, © 2005 by Garland Science Publishing; pp 258~293.

63 向義和編著；大學物理導論——物理學的理論與方法、歷史與前沿上冊；北京，清華大學出版社，1999 年 1 月第 1 版；第 138~142 頁。

64 何中華著；哲學：走向本體澄明之境；濟南，山東人民出版社，2002 年 3 月第 1 版；第 19~20 頁。

65 羅素〔英〕著，徐奕春等譯；宗教與科學；北京，商務印書館，1982 年版；第 76 頁。

66 馬克思恩格斯全集第 40 卷；人民出版社 1982 年版，第 201 頁。

67 通鑑文化編輯部編輯製作；神秘科學現象；臺北縣新店市，人類智庫股份有限公司出版發行；2007 年 7 月初版；第 128~129 頁。

68 那日蘇主編；科學技術哲學概論；北京，北京理工大學出版社，2006 年 10 月第 1 版，第 26 頁。

第十三章：陰陽學說是中國古人對自然規律的高度概括

陰陽學說已有 3000 年以上的歷史，是中國古人認識和理解周圍世界與人體自身重要的宇宙觀和方法論，也是中醫學基礎理論的思想核心。正是這個原因，中國古代的哲學體系中根本就不存在西方哲學體系中的「本體論（Ontology）」問題，並且中醫的病因學要比西醫的病因學更具有科學性。這一古老的哲學觀點不僅極大地支持了本書提出的黏膜下結節論和新二元論，而且還能進一步地揭示現代科學多方面的缺陷，進而解決當前科學發展過程中一些重要的認識論問題。不僅如此，陰陽學說還可以廣泛地應用於所有人體疾病和生命現象的探討之中，有助於加快人類未來全新科學體系建立的步伐。這些都凸顯了東西方文化、古代文明與現代文明相統一的重要性，因而這裡將它作為單獨的一章重點討論。

第一節：陰陽學說的基本內容

所謂陰陽者，一分為二也。中國古人分別用「陰」和「陽」來概括宇宙中密切關聯著但性質上不同甚至是相反或對立的任何事物、現象或因素。其中，凡是具有寒冷、下降、晦暗、抑鬱、靜止、沉重、衰退或諸如此類特徵的事物或現象，以及導致事物傾向於此類特徵的因素，皆可被定義為「陰（Yin）」；與此相反，凡是具有溫熱、上升、明亮、興奮、活動、輕浮、亢進或諸如此類特徵的事物或現象，以及導致事物傾向於此類特徵的因素，皆可被定義為「陽（Yang）」。陰陽學說認為**自然界和宇宙間萬事萬物的發展變化儘管錯綜複雜，但究其根源無不是陰陽相互對立、相互鬥爭的結果；這也就是說：陰陽決定了一切事物的生長、發展、變化、衰敗和消亡。因此，陰陽規律乃是宇宙自然界中事物變化的一種固有規律** [1]。這兩句話大致上概括了中國古代陰陽學說（Theory of Yin Yang）的基本內容。

第二節：陰陽關係的四個重要特點

第一節的內容表明：陰陽規律是廣泛而客觀地存在於宇宙萬物之中的，這就決定了陰陽學說不僅有助於解決日常生活中方方面面的問題，而且還可以廣泛地應用於各項科研工作之中，是一條放諸四海而皆準的「大定律（Megalaw）」。這說明了陰陽學說是對周圍世界、人體自身和生命現象客觀規律的高度概括，具體地表現為如下四個方面的基本特點：

　　陰陽關係的第一個特點是普遍性，指宇宙中的任何事物都具有陰和陽這樣兩個相互對立的方面，並且一切事物的產生、發展、變化和消亡，都是陰和陽的對立統一和矛盾運動的結果。因此，陰和陽是萬事萬物都固有的基本屬性，而二者之間的對立統一則是宇宙的基本規律。例如：牛頓的萬有引力定律中的質量與萬有引力、愛因斯坦的質能方程式中的物質與能量、電磁學中的電場與磁場、磁鐵的南北極、電腦的軟硬體、人的肉體與精神、核酸與蛋白質、陰陽離子、交感與副交感神經等等，都是科研工作中十分典型的陰陽關係；而男與女、生與死、冷與熱、水與火、是與非、黑與白等等，都是日常生活中十分典型的陰陽關係。這就決定了我們在科研工作和日常生活中都必須帶著陰陽的基本觀點來看問題。

　　陰陽關係的第二個特點是無限可分性，指陰和陽既可以代表相互對立的事物或特性，又可以代表同一事物內部相互對立的兩個方面，並隨著考察範圍或條件的變化還可以無限地一分為二，即陰陽關係的任何一個方面又可以再細分為陰陽。例如：現代科學的四大分支科學可劃分為實驗科學（屬陰）和非實驗科學（包括社會、人文科學，屬陽），而實驗科學還可以繼續劃分為自然科學與生命科學，生命科學還可以再劃分為醫學和生物學……。再如：女人和男人構成了一對陰陽，而男人軀體的右半邊為陰、左半邊為陽；體內為陰、體表為陽；五個實心的臟器為陰、六個中空的腑腔為陽；臟器中心臟為陽、腎臟為陰；腎臟的皮質為陽、髓質為陰……。

　　陰陽關係的第三個特點是對立統一，指陰陽二者之間在性質上相反，在相互鬥爭的同時卻又相互依存，任何一方都不能脫離另一方而獨立存在，二者都是同一個統一體中相互關聯著的事物或現象。例如：病原微生物與生命有機體的免疫系統就是這樣一對典型的陰陽關係：在漫長的生物進化過程中，生命有機體必然要進化出一套相應的免疫系統以應對各種病原微生物的入侵；而免疫系統功能的正常發揮，卻又推動了各種病原微生物不斷地向前進化和發展；如果不存在各種外來的致病因子，免疫系統也就沒有存在的必要了；二者之間在相互鬥爭的同時，卻又是互相依存的。

　　陰陽關係的第四個特點是二者之間的消長平衡和相互轉化，指相互對立的陰和陽這兩個方面並不是處於靜止狀態，而是處於此消彼長、此進彼退的動態平衡之中；陰陽消長平衡的結果，就是可以導致陰和陽可以向其相反的方面轉化，即陰可以轉化為陽，陽也可以轉化為陰。不僅如此，陰陽學說還認為：正是陰和陽這兩個對立面之間的消長平衡和相互轉化，推動了宇宙萬物不斷地向前變化發展。例如：白天與黑夜、春夏與秋冬四季的循環更替，都是自然界中陰陽消長平衡和相互轉化十分典型的例子。

站在西方本體論的角度來看問題，陰陽學說在強調人體具體的物質屬性的同時，也十分強調人體非物質方面的屬性，也就是抽象的思維意識的屬性。因此，陰陽學說同時兼具了唯物論與唯心論二者的基本特徵，做到了唯物論與唯心論的高度統一，但既不屬於唯物論，也不屬於唯心論。**按照中國人的智慧，心物是不能分開的，所謂精神與生命共振就是這個道理** [2]。這就決定了中醫學也具有既唯物又唯心的基本特點。由於陰陽學說在中國古代的哲學體系中自始至終都占據著基礎性的核心地位，因而中國古代根本就不存在長期困擾西方哲學界的「本體論」問題。如果我們承認本部分第十二章「新二元論」的正確性與有效性，那麼與西方哲學相比，陰陽學說使得中國古代哲學自它產生之日起，就有著十分完備的理論根基；中國古人在過去 3000 多年來也就完全避免了西方哲學史上唯物論與唯心論那樣的無謂之爭，足見陰陽學說的重要性。而將中國古代的哲學觀點根據西方的本體論思想來進行派別上的劃分，是非常不妥當的。

第三節：黏膜下結節論完全符合陰陽學說的基本思想

陰陽學說在人體與生命科學中的應用，就是認為任何一個活著的個體不僅具有具體的物質屬性（也就是「肉體」），而且還具有抽象的意識屬性（也就是「精神」）；二者構成了一對典型的陰陽關係。因此，陰陽學說認為人體是物質和意識、肉體和精神的統一體，也就是身心的統一體。這就為黏膜下結節論的病因學探討提供了一個清晰的思路。

陰陽學說認為：**一陰一陽之為道；孤陰不生，獨陽不長** [3]。這就強調了我們在探索各種疾病的發生機制時，既要考慮人體具體的物質屬性（陰），又要考慮人體抽象的意識屬性（陽）。如果只考慮物質而不考慮意識，或只考慮意識而不考慮物質，那麼我們對人體的認識就是非常不全面的。就好像是我們在探討人類社會的生存和發展機制時，如果只考慮男人而不考慮女人，或只考慮女人而不考慮男人，就不可能取得成功一樣。因此，當我們在探討消化性潰瘍的發生機理時，如果僅僅考慮人體的物質屬性，或僅僅考慮人體思維意識的屬性，都是不可能取得成功的。而基於現代科學理論的無酸無潰瘍、神經學說、幽門螺旋桿菌學說都只考慮了人體的物質屬性，卻忽略了人體的意識屬性；而精神壓力學說雖然考慮到了人體的意識屬性，卻沒有兼顧到人體的物質屬性。因而歷史上以現代科學為基礎的所有學說，實際上都不符合陰陽學說的基本內容，**儘管每一學說都持之有故，言之成理，但都不是完整無缺的道理** [4]，至今沒有一個學說能圓滿地解釋消化性潰瘍的發病機理，就一點也不奇怪了。

　　與此完全不同的是：黏膜下結節論認為消化性潰瘍是一種典型的「身心疾病」，在探討其發病機制時既要考慮人體的物質屬性（身，相當於「陰」），涵蓋了現代科學關於這一疾病的物質方面研究的全部內容，又必須考慮人體意識的屬性（心，相當於「陽」），是當前的現代科學未曾真正觸及的未知領域。因而黏膜下結節論是一個陰陽並重的新思想新學說：它在探討消化性潰瘍的發病機制時，就好像我們在探討人類社會的生存和發展機制時既考慮到了男人又考慮到了女人的作用一樣，與陰陽學說的基本內容完全相吻合。因此，黏膜下結節論能圓滿地解釋消化性潰瘍全部 72 種不同的現象和所有 15 個主要的特徵，將歷史上所有的相關學說都有機地統一在一起，並得到幾乎所有的現代科學研究結果的支持，也就順理成章了。這說明了黏膜下結節論有可能已經十分接近消化性潰瘍真實的發病機理，的確具有一定的真理性。與此同時，黏膜下結節論在解釋消化性潰瘍的發生機理時所獲得的成功，也深刻地反映了陰陽學說在理論和實踐中的指導性意義。

　　由此可見：帶著陰陽學說的觀點來看問題，不僅有助於圓滿地解釋消化性潰瘍的發病機理，而且歷史上所有以現代科學為基礎的相關學說的根本缺陷也都是一目了然。這說明陰陽學說雖然是一個古老的哲學觀點，但是它對當前的科研工作仍然具有很重要的指導作用，進而凸顯了古代文明與現代文明、東西方文化相統一的重要性。

第四節：陰陽學說在理論和實踐上的重要意義

　　現代科學在探討消化性潰瘍的發生機理時所具有的種種缺陷，實際上還廣泛地存在於現代科學對所有人體疾病與生命現象的研究之中。事實上，已有 3000 年歷史的陰陽學說早就能夠從理論上圓滿地回答當前人體和生命科學中部分問題，說明了陰陽學說不僅是中國古人的傑出思想、東方文化的典型代表，而且對人類科學的未來發展也是必不可少的。

4.1　新二元論完全合符陰陽學說的基本思想

　　物質和意識的關係問題一直困擾著西方哲學界長達 2500 多年之久。陰陽學說在這個問題上的具體應用，就是認為物質和意識中的任何一方都不能脫離另一方而獨立存在，而是同一個統一體中相互依存的一對陰陽，因而物質和意識之間根本就不存在孰先孰後的問題。因此，陰陽學說對西方哲學中本體論問題的回答，直接支持了本書提出的新二元論的基本內容。而佛教的「緣起論（Theory of Interdependent Origination）[5]」實際上也表達了與此基本類似的觀點。

　　本體論認為意識是周圍世界在人腦中的反映，因而意識是人體所特有的。然而，陰陽學說卻認為「**萬物附陰而抱陽** [6]」，因此，如果我們認為物質和意識是一對陰陽的話，那麼萬事萬物就都具有「意識」的基本屬性了。這就導致西方哲學體系中的本體論認識與東方哲學體系中的陰陽學說之間存在著一條難以跨越的鴻溝。因而在東西方哲學之間建立橋樑的關鍵，就是必須在物質和意識的概念上取得突破。因此，新二元論對「物質」和「意識」重新進行了定義，明確地指出了決定人體的各種行為和生理活動的「思維意識」與推動蘋果落地的「萬有引力」在本質上是完全一致的，只不過人體的意識是一個歷史和整體的概念，要比牛頓提出的萬有引力複雜得多罷了。在這種情況下，如果我們將本體論中意識的範圍推廣擴大為萬事萬物都具有的抽象的普遍聯繫，或者將陰陽學說中的陰陽屬性僅僅局限在人腦，那麼西方的本體論和東方的陰陽學說就可以取得一致了。因此，新二元論對物質和意識範圍的重新界定，就從根本上消除了東西方哲學之間難以跨越的鴻溝，的確可以算得上是認識論上的一大突破。與此同時，它還清楚地說明了陰陽學說的確是一個「大定律」，所涉及的範圍的確要比西方哲學中的本體論廣大得多，也足以圓滿地回答西方哲學中的本體論問題；而本體論實際上還遠遠沒有上升到陰陽學說的認識高度。

　　而新二元論本身是完全符合「陰陽學說」的基本思想的。新二元論認為：宇宙萬物同時都有具體的物質和抽象的普遍聯繫這兩個方面的基本屬性，具體的物質屬性是其抽象的普遍聯繫存在的先決條件，而抽象的普遍聯繫則在物質結構的產生、發展、變化和消亡的過程中起著決定性的推動作用。因此，它明確地指出了萬事萬物都具有性質上完全不同的兩種基本屬性，並且這兩種屬性統一於事物的客觀存在，與陰陽學說「一分為二（Dichotomy）」的觀點相對應。其次，新二元論認為抽象聯繫對具體的物質的變化發展具有決定性的推動作用，完全符合「陽」的基本特點；如果不考慮抽象聯繫的決定性推動作用，具體的物質就不能變化發展而只能處於靜止的狀態，符合「陰」的基本特點；而這兩種屬性之間還存在著「變」與「不變」的對立。在萬事萬物的產生、發展、變化和消亡的過程中，抽象的聯繫和具體的物質之間的互生互動，反映了陰陽二者之間的消長平衡和相互轉化。然而，新二元論雖然足以解決當前科學和哲學上許多重大的認識論問題，但相對於陰陽學說而言，它所涉及到的範圍相對要狹窄得多，強調的僅僅是具體的物質與抽象的聯繫這對二元關係；而陰陽學說不僅涵蓋了新二元論的全部內容，而且還可以廣泛地應用於純粹具體，或純粹抽象的領域。因此，我們完全可以將本書提出的新二元論看成是將東方的陰陽學說具體地應用於西方哲學中的本體論問題而得到的一個重要結論。

　　由此可見：將東方哲學中的陰陽學說應用於西方哲學中的本體論問題，可以比較容易地推導出新二元論的基本內容；因而新二元論是完全符合陰陽學說的基本思想的。這從側面說明了中國古人提出的陰陽學說是對周圍世界和人體自身規律性的高度概括，的確具有很強的真理性，並再次強調了東西方文化、古代文明與現代文明相統一的重要性和必要性。

4.2　科學探索要走還原論與整體觀相結合的道路

　　還原論分割研究與整體觀綜合指導是完全相反的研究路線，因而也是一對十分典型的陰陽關係。陰陽學說表明：只重視還原論分割研究，卻忽略了整體觀綜合指導，是現代科學至今仍然不能解釋任何一種人體疾病的重要原因之一；而黏膜下結節論正是循著還原論分割研究與整體觀綜合指導相結合的路徑，所以才第一次圓滿地解釋了消化性潰瘍的發病機理的。

　　現代科學在無生命的物理、化學領域無疑是取得了巨大的成功，這就導致人們對還原論方法的有效性深信不疑，並認為這一基本方法也是適合於生命領域的。而陰陽學說提示：還原論分割研究固然在一定程度上加深了人們對自然界和生命現象的認識，但是我們還必須採取與之相反的道路，也就是整體觀綜合指導，才能真正實現科研探索的目標。而現代科學在物理、化學等物質領域的成功，實際上是遵循了還原論分割研究與整體觀綜合指導相結合的道路才取得了成功的。例如，在牛頓建立的經典力學體系中，物體受到的某一作用力可以在不同方向上的進行分解，而不同性質、不同方向上的多個作用力也可以通過「平行四邊形法」形成一個合力，這兩種情況實際上就是「還原論分割研究」與「整體觀綜合指導」這對陰陽關係在物理學領域中的具體應用。只不過物理和化學等非生命科學領域中所涉及的抽象聯繫的數量和種類相對較少，其作用效果往往也十分的明顯，無需上升到整體性認識的高度就能被人們觀察到，進而能成功地解釋多種具體的物理現象。但在高度複雜的人體和生命科學領域，每一種現象所涉及的抽象聯繫不僅數量龐大，而且層次複雜多樣，並且每一種聯繫引起的變化發展都不像物理化學領域中的那樣明顯，只有將各種抽象聯繫疊加起來綜合考慮，也就是必須上升到整體性認識的高度，才能正確地反映出人體和生命科學領域中的運動規律。不僅如此，生命科學中的疊加遠不是各種抽象聯繫簡單的算術相加，而是比物理學中的「平行四邊形法」還要複雜得多，涉及到時間和空間上的多個層次。因而生命科學面臨的是完全不同的情況，研究方法也必須昇華到一個更高的層次才能成功；而物理學中「力的分解與合成」這對陰陽在理論上的進一步昇華，也正好與「還原論分割研究和整體觀綜合指導」這對陰陽完全相對應。

由此可見：陰陽學說直接說明了只有做到還原論分割研究與整體觀綜合指導的統一，才能在高度複雜的人體和生命科學領域延續物理和化學等物質科學領域中那樣的成功。而陰陽學說和整體觀雖然都很古老，但將來卻必定要在人類全新的未來科學體系中繼續發揮重要的指導性作用。

4.3 現代科學對人體疾病和生命現象的認識存在著多方面的缺陷

陰陽學說不僅可以說明現代科學研究方法上的缺陷，而且還能同時直接、清楚地揭示現代科學在其他多個方面的不足之處。這說明我們只有大膽地拋棄現代科學已有的絕大部分認識，並建立起一個全新的思想體系，才能使人類的科學再次邁上一個新的臺階。

陰陽學說首先明確地指出了現代科學理論根基上的重大缺陷，是它不能成功地解釋任何一種人體疾病的發生機理的根本原因。陰陽學說清楚地表明了如果僅僅將人體看成是一個簡簡單單的、由原子分子構成的物質堆，那麼我們對任何疾病和生命現象發生機理的探討就注定了是一定要失敗的。有人認為現代科學也講「陰陽粒子」如電子質子以及陰陽離子等等，因而也是完全合乎陰陽學說的。但我們必須注意到：生命有機體有著複雜的層次結構，如個體、系統、器官、組織、細胞以及原子分子等等；而陰陽關係的無限可分性，決定了我們必須考慮在生命結構的每一個層次上的陰與陽之間的對立統一關係。而「陰陽粒子」僅僅是考慮到了原子分子這個層次上的一對陰陽關係而已，並且現代科學的研究最多也只是在組織和細胞水平發現了「促進與抑制」這樣的陰陽關係。然而，一旦涉及到更宏觀的水平，缺乏陰陽觀點的現代科學就完全偏離了二元對立統一的軌道，不再考慮精神和情感等因素在整體水平上對人體疾病發生發展的決定性作用了，現代科學不能清楚地解釋多種疾病都具有的年齡段分組現象，是必然的。這說明如果帶著陰陽學說的觀點來看問題，也能從根本上改變現代科學的病因學觀念。

除了研究方法和理論根基存在著明顯的缺陷以外，第十二章「新二元論」中所涉及到的十多對二元關係，實際上也是十多對重要的陰陽關係，但是這些關係在現代科學的理論體系中卻基本上沒有得到體現。這說明了現代科學的缺陷實際上是多方面的，因而它不可能圓滿地解釋任何一種疾病的發生機理，並且當前它對各種生命現象的認識可能也是有根本缺陷的。例如：實驗研究和抽象思維就是一對很好的陰陽關係，現代科學卻只重視實驗研究，而完全忽略了抽象思維對科學發展的決定性作用。從這一點上來講，**胡塞爾批評實證主義（Positivism）的科學觀是「一個殘缺不全的概念 [7]」**，的確是很有道理的。而缺乏陰陽學說的指導，現代科學的各項研究充其量只能算得上是完成了必要工作的一半，而完全忽略了必不可少的另一半，最終的

結果就是這兩個「一半」都不能得到充分的發展。例如：由於對人體抽象的思維意識缺乏了解，現代科學對人體具體的物質結構的認識也就不能進一步地深入下去；現代科學要實現人體和生命科學領域中的目標是根本就不可能的。**在追求真理方面，科學究竟可以走多遠？毋庸諱言，科學有其局限：科學只有在解釋那些恒久不變的東西，比如物理宇宙方面，才能顯示出威力。一旦面對不恒定的東西，比如，人的行為，科學就顯得無所適從，將任何「調查」稱作「科學」似乎都有些勉強** [8]。這些都充分地說明了陰陽學說可以廣泛地應用於各項科研工作中，而現代科學也的確有必要進行一番徹頭徹尾的改革，將已有的多種認識昇華到陰陽學說的高度，才能實現新一輪的大發展。

由此可見：陰陽學說可以圓滿地回答當前的現代科學不能圓滿地解釋任何一種人體疾病與生命現象的原因，深刻地體現了中國古人早在 3000 多年前就已經創造了光輝燦爛的文化；而對東方古代文化的進一步學習和挖掘，將十分有助於當前的人體和生命科學早日走出困境。這就要求我們必須在現代科學已有成就的基礎上，樂於向古人學習並勇於開拓，才能建立一個與人體和生命現象高度複雜的基本特點相適應的全新思想體系，進而促使人類的科學和文明再一次發生新的巨大飛躍。

本章小結

綜合本章全部的論述，陰陽學說認為宇宙萬物的變化發展都是「陰」和「陽」這兩種屬性相互對立、相互作用的結果。它是中國古人對周圍世界和人體自身認識的高度概括，具有普遍性、無限可分性、對立統一和動態平衡四個基本特點。這一學說在中國古代哲學體系中基礎性的核心地位，導致中國古代不存在長期困擾西方哲學界的本體論問題。陰陽學說在黏膜下結節論中的靈活應用，就是認為任何活著的個體都是身心的統一體，因而消化性潰瘍是一種典型的身心疾病，在探討其機制時既要考慮人體的物質屬性，又要考慮人體思維意識的屬性才能成功。陰陽學說在理論和實踐中的應用，首先就是認識到了物質和意識之間根本就不存在孰先孰後的問題，因而新二元論是完全符合陰陽學說的基本思想的；其次就是強調了科研探索要走還原論分割研究與整體觀綜合指導相統一的道路；最後還清楚地說明了現代科學對人體疾病和生命現象的認識的確存在著多方面的缺陷。所有這些都說明了中國古老的陰陽學說在解決科研探索和日常生活中的各種問題時不可缺少的指導性意義，並進一步地凸顯了東西方文化、古代與現代文明相統一的重要性和必要性。

參考文獻

1　劉燕池、劉占文主編；中醫基礎理論；北京，學苑出版社，1998 年 1 月第 1 版；第 303 頁。

2　張甲坤著；中國哲學：人類精神的起源與歸宿（修訂本）；北京，中國社會科學出版社，2005 年 9 月第 1 版；第 149 頁。

3　印會河主編，張伯訥副主編；中醫基礎理論；上海，上海世紀出版股份有限公司、上海科學技術出版社，1984 年 5 月第 1 版；第 11~13 頁。

4　酈賀齡主編；消化性潰瘍病；北京，人民衛生出版社；1990 年 11 月第 1 版；第 71 頁。

5　荊三隆註譯；佛教文化叢書白話楞伽經；西安，三秦出版社，2002 年 10 月第 2 版；第 29 頁。

6　饒尚寬註譯；老子；北京，中華書局，2006 年 9 月第 1 版；第 105 頁。

7　艾德蒙頓‧胡塞爾 [德] 著，張慶熊譯；歐洲科學危機和超驗現象學；上海，上海譯文出版社，2005 年 9 月第 1 版；第 7 頁。

8　北京科技報；宇宙的奧秘人類誕生後十個影響力最大理論，10‧科學：http://tech.163.com/05/0921/09/1U5PAIE500091537_2.html；黏貼時間為 2005 年 9 月 21 日。

第十四章：各種現象和疾病發生機理的中心法則

　　前面各章節和部分討論了 200 多個問題，但對各種現象和疾病的解釋是十分零碎的。這一章重點對本書提出的各種現象和疾病的發生機理進行了總結，更明確地揭示了現代科學理論根基上的不足之處，從而為各種人體疾病和生命現象的研究指明方向，並再次強調現代科學僅僅是人類科學的初級階段，目前還沒有真正地踏入人體和生命科學的大門，也就凸顯了建立全新未來科學體系的必要性。這些都說明本章的內容具有總結性意義，可以為人體和生命科學的未來發展提供一個清晰的思路。

第一節：各種現象發生機理的中心法則

　　在現代分子生物學中有一個普遍適用的公式「中心法則[1]」，概括性地描述了從 DNA 分子上的基因片斷到蛋白質的多肽鏈合成的全過程。總結前面各章節的思想和內容，本書也提出了一個普遍適用於各種生命與非生命現象發生機制的公式，因而這裡借用分子生物學的這個名詞，將這個公式稱為各種現象發生機理的「中心法則（Central Dogma）」，如圖 III.17 所示：

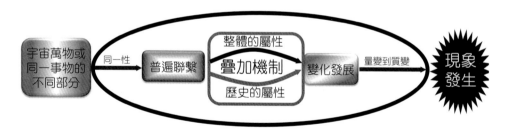

圖 III.17　各種現象發生機制的中心法則

　　圖 III.17 表示：宇宙萬物或同一事物的各個不同部分之間，由於某些特徵方面的「同一性」產生了多種不同性質的聯繫，在本書中被統稱為「普遍聯繫」。普遍聯繫通過「疊加機制」推動了萬事萬物的「變化發展」，具體地表現為質變和量變，最終就以「現象發生」的形式呈現在我們眼前。現象發生的結果就是導致一些新特徵的產生，這些新特徵又會帶來其他方面的同一性並產生新的聯繫，進而推動了事物新一輪的變化發展，也就是新現象的發生。如此周而復始，推動了宇宙萬物不斷地向前變化發展，具體表現為各種事物的產生、發展、變化和消亡等紛繁複雜的現象。這就是本書提出的「中心法則」的基本內容。

　　要正確理解中心法則的基本內容，我們首先就必須注意到任何事物的產生、變化、發展和消亡在時間和空間上都是一個連續不斷的複雜過程，多種不同質與量的變化往往是交替進行的。因此，一般情況下事物的變化發展通常會表現為多種現象的同時發生。這裡是為了便於讀者的理解，所以才描述了最理想化、最簡單的一種情況。其次，上述中心法則不僅可以解釋物理、化學等非生命科學領域裡的現象，而且尤其適用於高度複雜的人體和生命科學領域，具有高度的普遍性；只不過非生命領域僅僅涉及相對簡單、為數極少的幾種聯繫，而生命領域面臨的則是高度複雜的多種聯繫而已。例如：在解釋蘋果落地時我們只需考慮「萬有引力」這個單一的聯繫就足夠了；而人體疾病與生命現象則涉及到了多個層次、多種性質、數量龐大的普遍聯繫。再次，中心法則實際上還深刻地體現了「物質和意識」之間的確是相互決定的，而不是唯物論認為的「物質決定意識」，也不是唯心論認為的「意識決定物質」：如果沒有抽象意識（聯繫）的決定性推動作用，各種具體的事物就不可能變化發展，也就不會有新物質形態的產生；如果沒有基於具體物質的各種特徵，抽象的意識就失去了存在的基礎。因此，這裡提出的中心法則還深刻地體現了新二元論的基本內容，再次證明了本書提出的新二元論的確是有一定真理性的。

　　不僅如此，中心法則實際上還強調了哲學理論對人體和生命科學探索的決定性意義。在相對簡單的物理、化學等非生命科學領域，現代科學的確是充分地考慮了事物抽象的聯繫屬性的，因而仍然能很好地解釋無生命的物質世界中相對簡單的多種現象。但在缺乏整體觀和歷史觀的情況下，現代科學沒有連續性地考察事物多個不同歷史階段的變化發展，進而未能認識到「具體的物質」與「抽象的聯繫」之間的「互生關係（Intergrowth）」，也就不可能將物理、化學領域中的認識進一步昇華到「新二元論」的高度了。而生命科學領域面臨的則是複雜得多的情況：各種現象的發生發展都是交替進行的；如果缺乏整體觀、歷史觀、因果觀和概率論等哲學觀點，就不能充分地認識到作為整體並隨時間而不斷變化發展的「普遍聯繫」，也就找不到推動各種複雜現象發生發展的根本原因了；這就進一步地凸顯了哲學探討在生命科學領域中決定性的指導性意義。而一味堅持唯物主義一元論的必然結果，就是現代人體和生命科學永遠也看不到隱藏在各種疾病和現象背後人體固有的抽象本質，要圓滿地解釋生物進化、各種人體疾病和生命現象的發生機理是根本就不可能的。只有建立一個充分地考慮了生命體與外界環境之間、生命體各個不同的部分之間抽象的「普遍聯繫」的全新思想體系，人類科學才能真正邁入人體和生命科學的新時代。

第二節：黏膜下結節論是中心法則的應用舉例

　　消化性潰瘍病可以看成是人體和生命科學領域中的一個具體現象，因而將上述中心法則應用於該疾病發生機理的探討，很容易就能得到黏膜下結節論提出的消化性潰瘍的發病機制，如圖 III.18 所示。而本書第二部分圖 II.6「胃、十二指腸潰瘍的發病機制總圖」和圖 III.15「消化性潰瘍是兩種不同性質的外因'內外夾攻（Crossfire）'的結果」，都是根據該疾病的實際情況，結合現代科學已有的研究成果對圖 III.18 進行充實以後得到的。

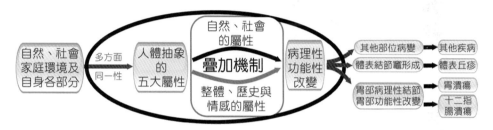

圖 III.18　中心法則指導下的消化性潰瘍的發病機制

　　圖 III.18 表示：任何一個活生生的個體都不能脫離自然界、人類社會或家庭環境而獨立存在，其自身的各個不同部分之間也是相互依賴、不可分割的。這就導致一個活生生的個體同時具有多方面的特徵，也一定會與周圍環境或在其自身內部的不同部分之間產生多種不同性質的聯繫，也就是人體抽象的五大屬性。這五大屬性通過疊加機制交叉起來對人體起作用，進而在胃、十二指腸局部引起病理性和功能性的改變，在局部損害因素的作用下最終表現為一系列消化性潰瘍的臨床症狀。此圖實際上還可以用來解釋其他多種疾病的發生機理。

　　在消化性潰瘍的發生發展過程中，抽象的五大屬性通過疊加機制對人體起作用是一個複雜而漫長的過程，涉及到負面人生觀的形成，最後在即時的自然、社會或家庭事件的誘導下才表現為疾病。這說明在即時的自然、社會和家庭事件發生之前，既往經歷早就已經轉化為個體自身內在的因素，從而為消化性潰瘍的發生發展奠定了心理上的基礎。因而從表面上看，消化性潰瘍是即時的自然、社會或家庭事件導致的一個短暫、急性的疾病，但實際上卻是一個長期、慢性的過程，涉及到了既往人生經歷中千變萬化的因素，是現代科學至今未曾踏足的未知領域。

第三節：中心法則指導下的各種病毒性疾病的發生機理

　　雖然中心法則高度概括了各種現象發生機理的核心機制，但是各種人體疾病和生命現象都是這一核心機制在各個不同的層次和水平上反覆疊加導致的。這就使得生命現象的實際表現總是要比中心法則複雜得多。這裡以中心法則為基礎總結了前面各章節的相關思想，提出了一個能廣泛適用於各種病毒性疾病（**Viral Diseases**）的發生機理，如圖 III.19 所示：

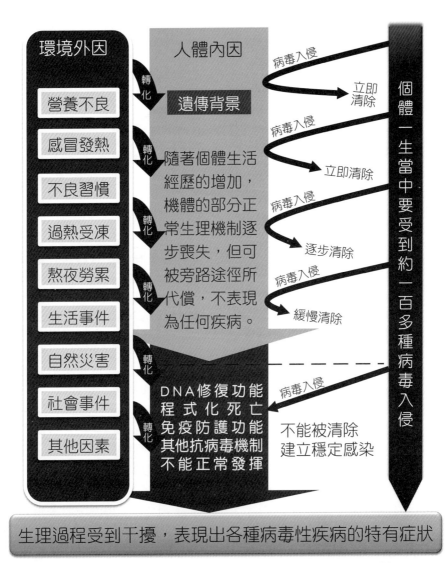

圖 III.19　中心法則指導下的各種病毒性疾病的發生機理

　　圖 III.19 中央 1/3 從上到下的大箭頭表示從個體出生到出現病毒感染症狀的全過程，主要強調在遺傳的基礎上各種環境外因不斷地轉化為人體內因。而左右兩側則分別表示有兩種不同性質的外因共同推動了病毒性疾病的發生發展。左側 1/3 方框中的部分表示的是個體的既往經歷，如營養不良、成長過程中逐步養成的不良習慣、氣候變化導致的過熱受凍、類似於感冒發燒這樣的一些微小疾病、緊張的工作、熬夜勞累，尤其是各種重大的社會和家庭事件、自然災害等各種環境外因，都可以逐步轉化成內因而對人體起作用，結果就是導致機體內各種正常抗病毒機制的逐步喪失，這個長期的慢性過程在各種病毒性疾病的發生發展過程中都具有基礎性的決定作用。右側 1/3 表示的是現代科學所強調的病毒因素：個體一生中要多次受到多種不同病毒的入侵，但通常情況下並不會發病。例如：在青壯年時期，機體內多種抗病毒機制完好無損，或雖然有部分機制的喪失卻可以被其旁路途徑（Alternative Pathway）所代償，因而仍然可以立即或緩慢地將病毒清除而不表現為任何疾病。右下側虛線以下的部分則表示隨著年齡的增長、個體經歷的日漸豐富，機體內正常抗病毒機制的喪失也愈來愈多、愈來愈嚴重；當起代償作用的旁路途徑也喪失時，通過機會侵入人體的病毒便不能被及時地清除，從而建立了穩定感染並干擾正常的生命活動過程，最終表現為各種病毒性疾病特有的症狀。

　　由此可見：中心法則首先說明了病毒性疾病的發生並不像現代科學想像的那樣單純是病毒感染引起的，而是與個體漫長的既往經歷密切相關。各種病毒都是在既往經歷嚴重削弱了人體抵抗力的情況下，才有機會建立穩定感染並最終表現為疾病的。其次，中心法則還表明了不同個體人生經歷的千差萬別造成的個體差異，使得病毒性疾病的發生總是表現為一定的「概率」，而不是所有被感染的個體都會發病；這就很好地解釋了年齡與發病率之間的關係。再次，現代醫學在探討各種病毒性疾病的發生機理時，就好像「**幽門螺旋桿菌與消化性潰瘍有因果關係**[2]」的論斷一樣，僅僅考慮了實際發病過程後期的機會感染過程，而完全忽略了環境外因向人體內因的逐步轉化在整個疾病發生發展過程中的決定性作用，充其量只能算得上是摸到了「病毒性疾病」這隻大象的尾巴而已；因而中心法則再次證明了「盲人摸象」一般的錯誤，的確是廣泛地存在於現代科學對各種人體疾病的探討之中的。實際上，現代科學的理論基礎和思維方式決定了它永遠也不可能充分地了解到高度複雜的人體內因，而從病毒的角度來觀察和處理問題相對比較容易，因而現代科學一直都是在不考慮人體內因的情況下來探討各種疾病的發生機理。上述這些認識都是探索病毒性疾病的關鍵，卻在現代醫學的理論體系中得不到任何形式的體現，要攻克包括愛滋病在內的各種病毒性疾病是根本就不可能的。這就再一次地強調了建立全新未來科學體系的重要性和必要性。

第四節：中心法則指導下的各種癌症的發生機理

　　癌症一直都是現代科學久攻不治的難題。反覆運用本章提出的中心法則，就可以推導出與現代科學完全不同的癌症的發病機制。事實上，在中心法則指導下的各種慢性病的發生機制大致上都與病毒性疾病相類似，都十分強調「環境外因轉化成人體內因」的基礎性作用，而現代科學所認識到的致癌因子都是條件致病的，如圖 III.20 所示。

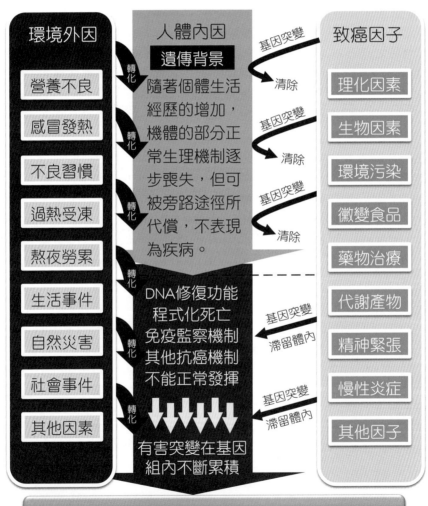

圖 III.20　中心法則指導下的各種癌症的發生機理

　　圖 III.20 中央 1/3 從上到下的大箭頭表示在個體遺傳背景的基礎上，各種環境外因不斷削弱人體內各種正常的抗癌機制的全過程。與病毒性疾病的發病機制相類似，左側 1/3 方框中的部分表示個體的既往經歷轉化為內因而對人體起作用，結果就是導致機體內各種正常抗癌機制的逐步喪失，並且這個過程在各種癌症發生發展的過程中是決定性的。右側 1/3 表示的則是現代科學所強調的各種致癌因子：個體的一生中會受到多種致癌因子如紫外線、環境毒物，多種病毒、黴變食品、自身新陳代謝產生的氧化自由基、長期的慢性炎症、激素不平衡等的侵襲，但由於通常情況下機體內的抗癌機制完好無損，或雖然有部分機制喪失卻可以被旁路途徑所代償，因而可以將體內發生了有害突變的細胞清除而不表現為任何疾病。右下側虛線以下的部分則表示隨著年齡的增長，機體內各種正常的抗癌機制日漸喪失，導致基因突變在人體內不斷地累積，也不能有效地清除各種癌變細胞，形成癌細胞集落並最終表現為各種癌症。

　　上述中心法則的應用表明：各種癌症實際上都與病毒性疾病一樣不是短期內就能發生的，而與個體漫長的既往經歷密切相關，並且現代醫學所認為的各種「致癌因子（Carcinogenic Factors）」，實際上都不能單獨對人體起作用，必須在機體自身固有的抗癌機制被削弱的情況下才能致癌。這說明現代科學所認識到的基因突變還遠不是癌症發生起始和決定性的步驟，更不是癌症發生的根本原因，而是各種環境外因逐步轉化成人體內因以後，各種致癌因子的作用不斷累積和疊加所導致的必然結果。而現代科學所採取的放化療、手術摘除、基因治療乃至幹細胞移植等手段，都不能從根本上恢復人體內各種正常的抗癌機制，因而都不能有效應對癌症的復發和轉移。這說明現代科學在忽略人體內因的情況下，將研究焦點集中在「基因突變（Gene Mutation）」上也僅僅是抓住了「癌症的發生機理」這隻大象的尾巴：僅僅依靠現代科學的手段和方法來解釋和攻克癌症是根本就不可能的。而中心法則提示了攻克癌症的關鍵是恢復人體自身內在的抗癌機制，而不在於阻斷外在的致癌因子或消滅體內的腫瘤細胞。而實現這一目標的唯一途徑，就是建立一套完全不同於現代科學的全新理論體系。

第五節：中心法則再次強調了現代科學是人類科學的初級階段

　　中心法則在前三節的具體應用，一目了然地揭示了以現代科學為基礎的人體和生命科學的確還存在著十分明顯的缺陷，至今現代科學實際上未曾踏入人體和生命科學的大門，不能圓滿地解釋任何一種人體疾病和生命現象的發生機理是不奇怪的。因此，當前被公認為「科學」的現代科學僅僅是人類科學的初級階段，人類科學還有著極其廣闊的未來發展空間。

中心法則首先揭示了現代科學提出的病因學都是不完整，甚至有可能是完全錯誤的。中心法則在前三節中的具體應用表明：在各種疾病發生的全過程中，具體的物質結構出現異常以前都存在一個環境外因向人體內因逐步轉化的漫長過程，或抽象的普遍聯繫導致各種正常的抗病機制逐步喪失的不斷累積和疊加。例如：當現代科學可以檢測到癌症發生過程中物質結構上的變化（如基因突變）時，人體自身固有的抗病機制早就已經變化了，這個很有可能發生在癌症之前幾個月、幾年、乃至幾十年。而現代科學的病因學認識僅僅停留在病程後期物質結構的異常上，或者說最終的現象發生的水平上，並且僅僅考慮了在疾病發生發展過程中居次要作用、相對簡單的物質外因，而具有決定性意義的人體內因卻從來都未曾涉足過。這也就是說：中心法則一針見血地指出了現代科學的病因學認識僅僅只涉及到了人體和生命科學的皮毛，甚至可以說連皮毛都還沒有觸及，因而在解釋各種人體疾病和生命現象的發生機理時，永遠只能得出一些似是而非的結論。而中心法則要求我們在探討各種人體疾病和生命現象的發生機理時，必須比現代科學考慮得更多更全面、更深入更細緻，才能找到各種疾病發生發展的真正原因。

其次，中心法則還直接說明了現代科學的疾病治療措施實際上都不能從根本上解決問題。中心法則在前三節中的具體應用還表明：人體自身抵抗能力的顯著降低才是各種疾病發生發展的基礎。因此，如果以增強人體自身的抵抗力為主，就可以收到「百病不侵」的良好效果。例如：如果人體內的程式化死亡機制和免疫監察功能都完好無損，發生基因突變的細胞就能夠被及時地清除，更不可能形成癌細胞集落進而發展為腫瘤了。但是現代科學的物質病因學決定了它的治療措施主要是外因治療、物質治療，如手術切除、放化療等等。雖然這些措施可以即時地清除絕大部分的癌細胞，但是人體內的抗癌機制並沒有恢復，殘留癌細胞的死灰復燃就只是個時間問題了。現代科學對消化性潰瘍、愛滋病等各種慢性病的治療實際上都是如此。而中心法則指導下的治療措施則完全不同，它要求個體通過主動的「調心（Mind Adjustment）」，或從促進整個社會的大和諧上來下功夫，這就從根本上消除了各種自然、社會或家庭事件等對人體的負面影響，能有效地保證人體自身各種抗病機制的發揮，也就足以對抗各種形式的基因突變和病毒變異，進而有效地預防各種疾病了。因此，中心法則指導下的疾病防治措施，並不是具體地針對某一種疾病，而是全方位地預防所有的疾病。相比之下，現代科學的疾病治療措施最多只能算得上是對症治療（Symptomatic Treatment）而遠非病因治療（Etiological Treatment）；它不能有效地治療多種「疑難雜症（Difficult and Complicated Diseases）」是必然的。

　　以上兩點再次充分地說明了現代科學對人體和生命的認識的確還是很初淺的，現代科學的理論和方法還遠遠未能反映出各種人體疾病和生命現象的真面目。因而我們完全可以將現代科學定義為「人類科學的初級階段」，人類科學的確還有著十分廣闊的未來發展空間。這些都凸顯了本書提出的「中心法則」在理論和實踐中重要的指導性意義。

本章小結

　　綜合以上全部的論述，通過對前面各章節部分內容的概括，本章提出了可以普遍適用於各種現象發生機理的「中心法則」。黏膜下結節論在解釋消化性潰瘍的發生機理時的有效性，以及現代科學在相對簡單的物理、化學領域所取得的成功，都說明了本書提出的中心法則的確是有一定真理性的。中心法則在理論和實踐上的應用，則再次強調了人體內因在各種疾病發生發展過程中的決定性作用，並認為現代醫學所認為的各種致病因子實際上都不能單獨對人體起作用，而只能在機體自身固有的抗病機制被削弱的基礎上才能發揮致病作用。這就清楚地揭示了以現代科學的理論和方法為基礎的病因學都是不完整，甚至是完全錯誤的，而現代科學的疾病治療措施實際上都不能從根本上解決問題；只有從提高人體自身的抵抗力著手，才能行之有效地預防和治療各種疾病，並順利實現健康長壽這個長久以來的美好願望。由此可見：中心法則一針見血地說明了現代科學實際上還沒有真正地踏入人體和生命科學的大門，最多只能算得上是人類科學的初級階段，同時也為人體和生命科學的未來發展指明了方向，進而凸顯了建立全新未來科學體系的重要性和必要性。

參考文獻

1　孫樹漢主編：基因工程原理與方法；北京，人民軍醫出版社，2001 年 7 月第 1 版：第 7~8 頁。

2　Barry J. Marshall, J. Robin Warren, Elizabeth D. Blincow, Michael Phillips, C. Stewart Goodwin, Raymond Murray, Stephen J. Blackbourn, Thomas E. Waters, Christopher R. Sanderson; Prospective Double-blind trial of duodenal ulcer relapse after eradication of *campylobacter pylori*; The Lancet, December 24/31 1988, pp 1437-1442.

第十五章：多維的思維方式是生命科學的必然要求

　　牛頓在解釋多種自然現象的發生機理時，只需要考慮「萬有引力」這個單一的因素就能夠取得巨大的成功。正是這個原因，現代科學後來在其各分支領域的探索中基本上都延續了與牛頓基本相同的思維方式來觀察和處理問題。然而，在高度複雜的人體和生命科學領域繼續採用這一相對簡單的思維方式，只能導致「盲人摸象」一般的錯誤廣泛地存在於現代科學對所有人體疾病與生命現象的研究之中。這就決定了只有採用一種更為高級的思維方式——多維的思維方式來觀察和處理問題，必須比現代科學考慮得更多更全面，才能成功地揭示各種人體疾病和生命現象的奧秘。這正是黏膜下結節論能夠圓滿地解釋消化性潰瘍的重要原因之一，同時也是人類科學未來發展的必然要求，十分值得科學界的高度重視。

第一節：人體和生命科學的進一步發展必須轉換思維方式

　　物理、化學等非生命科學領域所涉及到的因果關係往往比較簡單，某一現象通常僅僅由一兩個或幾個因素引起的。因而人們只需要從一兩個或幾個角度來觀察和處理問題就可以了。例如：牛頓在解釋「蘋果落地」現象時只需要考慮「萬有引力」這個單一的聯繫，就能取得成功。我們將這種僅僅從一兩個或幾個角度來觀察和處理問題的思維方式，稱為線性的思維方式，簡稱線性思維（Linear Way of Thinking）。現代科學採用這一思維方式，在物理、化學等非生命科學的物質領域的確收到了良好的效果。

　　有鑒於此，人們將線性思維繼續應用於人體和生命科學之中。例如：現代科學認為愛滋病是由愛滋病毒的感染引起的，在治療上也是以去除病毒為主；而「幽門螺旋桿菌與消化性潰瘍有因果關係[1]」的論斷實際上也是如此。這些認識都沒有考慮到在這些單一外因背後還隱藏著高度複雜、具有決定性作用的人體內因，具有多個不同的層次和方面並涉及到了高度複雜的因果關係。因而人體和生命科學領域所面臨的情況與物理、化學等非生命科學是完全不同的，某一疾病或現象的發生通常與成千上萬種不同性質的聯繫有關，相互之間還形成了高度複雜的網絡，在一個現象發生的同時往往還會伴隨著其他多個現象發生。這就決定了像牛頓那樣僅僅從一兩個角度來觀察和處理問題的思維方式，在人體和生命科學中是難以成功的。現代科學至今不能圓滿地解釋任何一種疾病和生命現象的發生機理，長期找不到有效的手段來治療多種疾病並控制其復發，就不難理解了。

　　而黏膜下結節論卻實現了人類歷史上第一次簡單、清楚而圓滿地解釋了消化性潰瘍的發病機理。本部分各章的分析表明：這是因為它不再像牛頓那樣僅僅從一兩個角度來觀察和處理問題，也不是僅僅使用了一條定律（即萬有引力定律），而是同時從 15 個不同的角度來觀察和處理問題，而這 15 個角度分別與本部分的 15 個哲學觀點相對應，也可以看成是 15 條定律。這也就是說：只有同時從同一性、普遍聯繫、變化發展、疊加機制、整體觀、歷史觀、因果關係、概率論、新二元論等多個不同的角度來觀察和處理問題，才能圓滿地解釋消化性潰瘍的發病機制，並且所有這些哲學觀點都是正確理解這一疾病必不可少的。我們將這種同時從很多個不同的角度來觀察和處理問題的思維方式，稱為多維的思維方式，簡稱多維思維（Multi-dimentional Way of Thinking）。這裡的「多維」是相對於「線性」而言的，主要是為了形象地描述多維思維與線性思維在複雜程度上的顯著差別：如果將線性的思維方式觀察問題的角度、所涉及的因果關係形象地描述為一條或幾條直線的話，那麼多維的思維方式觀察問題的角度、所涉及的因果關係則是由很多條直線組成的一個高度複雜的立體網絡，因而多維的思維方式也可以被稱為「網狀立體的思維方式（Network-like Solid Way of Thinking）」，如下圖 III.21 所示：

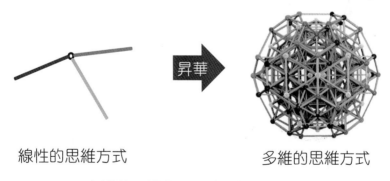

線性的思維方式　　　　　　　　　多維的思維方式

圖 III.21　多維的思維方式是將線性思維昇華以後得到的

　　圖 III.21 表示：線性的思維方式僅僅從一個或幾個不同的角度來觀察和處理問題；而多維的思維方式則同時從很多個不同的角度來觀察和處理問題。雖然二者的複雜程度存在著顯著的差異，但是多維的思維方式實際上是將線性的思維方式進一步擴展和昇華以後得到的。這就要求我們必須考慮得更多更全面、更深入更細緻，才能將人體與生命科學領域中的問題看清楚。而多維的思維方式實際上還非常適用於物理、化學等非生命科學領域，只不過後者相對要簡單得多罷了。

由此可見：在擁有多方面特徵、高度複雜的人體和生命科學領域繼續採用線性思維來觀察和處理問題，就好像是一個盲人僅僅摸到了大象的某一個部位一樣，所得到的信息要麼僅僅是大象的鼻子，要麼僅僅是大象的腿或尾巴，並且這些部分之間的內在聯繫是永遠也無法理清的。而多維的思維方式則不同，它要求我們同時從上下、左右、前後、裡外、遠近等多個不同的角度來觀察大象，甚至還要考慮這隻大象的來龍去脈，因而可以將大象的每一個部分以及各部分之間的相互關係都看得清清楚楚。這就形象地說明了多維的思維方式的確要比線性的思維方式考慮得更多更全面、更深入更細緻；而觀察和處理問題時涉及「角度」的多少，直接反映了生命科學和非生命科學在複雜程度上的巨大差異，並且多維的思維方式是與人體和生命現象高度複雜的基本特點完全相適應的。這就再一次地說明了一個合格的人體和生命科學家，必須擁有很高的哲學素養才能勝任其擔負的科研任務；同時也清楚地說明了所有與「**生物學最好能夠成為物理科學的一個分支，一個能夠通過運用物理科學的方法，特別是物理學和有機化學的方法發展的獨立分支。……生物學的其餘部分都應該像分子生物學一樣，主動地運用物理化學方法。……隨著生物學和物理學的發展，生命現象最終都可以用物理學和化學的理論來解釋** [2]」相類似的觀點，都是完全沒有考慮人體和生命現象高度複雜的基本特點所導致的錯誤認識。

實際上，佛教名詞「千手千眼觀音（Thousand-hand-thousand-eye Guanyin）」最能表達多維的思維方式的基本含義，因而多維的思維方式還可以被稱為「千手千眼觀音法」。中國古代常常用「千」來表示「很多」的意思，而並不代表一個具體的數目。例如孔子（名丘，字仲尼；前551～前479年；中國春秋時期魯國人）說「禮儀三千」，就是指禮儀很多很多的意思。千手千眼觀音的「千眼」是指同時從多個不同的角度來觀察問題，「千手」是指同時從多個不同的角度來處理問題；而一千隻眼睛分別長在一千隻手的手心裡，表達的是「在觀察到了多個問題的同時就對這些問題進行了處理」，是遠遠超出常規的智慧和手段。由此可見：「千手千眼觀音」雖然是個非常古老的佛教名詞，卻精確地表達了「多維的思維方式」的基本含義，其智慧遠遠不是當前的現代科學普遍採用的線性思維所能比擬的。佛教早在2500多年前就已經提出的這個概念，不僅是減少當前人體和生命科學研究工作中的盲目性所必須的，同時也是人類科學的未來發展最基本、最起碼的要求。這就再一次地強調了科學與宗教相統一的重要性與必要性，同時也說明了古人對某些問題的認識的確是遠遠超過了現代人的。如果將宗教完全排除在科學的殿堂之外，那我們就患上了「坐井觀天」、「故步自封」的毛病了，不僅是不科學的，而且還非常不利於整個人類文明的快速進步。

由此可見：當我們同時帶著本部分提出的 15 個哲學觀點來觀察和處理問題時，就好像是同時在使用不同方位上的 15 隻眼睛和不同功能的 15 隻手，因而有能力將高度複雜的人體和生命科學領域中多個方面的特徵都看得清清楚楚。而現代科學採用的線性思維就好像只用 1~2 隻眼睛和手來觀察和處理問題一樣，不能適應人體和生命科學領域高度複雜的基本特點。

第二節：黏膜下結節論看到的是「整隻大象」

牛頓在解釋「蘋果落地」時，只需要解釋一個現象、考慮一種聯繫就能取得成功。但黏膜下結節論在解釋消化性潰瘍的發病機制時，卻必須同時解釋全部 72 種不同的現象和所有 15 個主要的特徵，考慮多種不同性質的聯繫和千變萬化的因素才能取得成功。這說明了在新的歷史時期，生命科學的發展對人們的思維方式也提出了更高的要求；而黏膜下結節論正是多維的思維方式首次靈活應用於實踐並取得了圓滿成功的光輝範例。

現代科學在相對簡單的物理、化學等非生命科學領域中取得的成功，導致人們總是不可避免地要將線性的思維方式也延續到高度複雜的人體疾病和生命現象的探討之中。這一特點也體現在現代科學對消化性潰瘍發病機制的探討上：流行病學調查結果認為消化性潰瘍是精神壓力引起的；神經學家則認為與大腦神經遞質的異常有關；而胃腸道專家則提出了「無酸無潰瘍」的觀點；「幽門螺旋桿菌與消化性潰瘍有因果關係」就更為荒謬了，將消化性潰瘍發病過程中一個「可有可無」的次要因子當成了該疾病的主要病因。雖然所有這些學說都是以一定的臨床或實驗室事實為基礎的，卻都沒有看到同時擁有多方面特徵的消化性潰瘍病的全貌，因而都在擁有一定正確性的同時，卻又都是很片面、甚至是完全錯誤的認識。因此，僅僅從某個單一的角度來觀察和處理生命科學中的問題，不可避免地要犯大錯誤，想取得像物理、化學領域中那樣的成功是根本就不可能的。

而黏膜下結節論則不同，它首次靈活地應用了多維的思維方式來解釋消化性潰瘍的發病機制，也就是同時使用了 15 隻眼睛來觀察和處理該疾病的各種特徵和現象，所考慮到的內容的確要比歷史上以現代科學為基礎的任何學說都要更多、更全面。不僅如此，多維的思維方式在黏膜下結節論中的應用還清楚地看到了既往歷史上各主要學說的優點和不足之處，並實現了各個不同領域研究的有機統一，甚至還預見了現代科學至今未曾認識到的一些內容，如人生觀在消化性潰瘍病發生發展過程中的濾過作用、胃黏膜下組織中的病理性改變等等。這些都說明了多維的思維方式使黏膜下

結節論不再像歷史上那些以現代科學為基礎的相關學說那樣，僅僅看到了消化性潰瘍這頭「大象」的某個局部，而是看到了「整隻大象」，並且這隻大象全身的每一個細節都被看得清清楚楚。因而黏膜下結節論能同時圓滿地解釋消化性潰瘍病全部 72 種不同的現象和所有 15 個主要的特徵，就不奇怪了；而且這其中絕大多數的特徵和現象在現代科學的理論體系中是從來都未曾得到過圓滿解釋的。

由此可見：歷史上基於現代科學的所有相關學說之所以「**持之有故，言之成理，但都不是完整無缺的道理** [3]」，是因為它們都採用了線性的思維方式，僅僅用 1~2 隻眼睛來觀察和處理問題，不能同時看到消化性潰瘍多方面的特徵。而黏膜下結節論則採用了多維的思維方式，同時使用 15 隻眼睛來觀察和處理問題：歷史上的相關學說能看到的，黏膜下結節論都能看到，並且還看到了消化性潰瘍的全貌；而歷史上的相關學說看不到的，黏膜下結節論也能看得十分清楚。因而黏膜下結節論能取得理論上的突破是不奇怪的；這一全新理論的提出也直接標誌著全新思維方式的誕生。

第三節：多維的思維方式在理論和實踐上的重要意義

人體和生命現象高度複雜的基本特點，決定了只有應用多維的思維方式才能正確地觀察和處理這一領域中的各種問題，從而使人類的科學能夠真正邁入人體和生命科學的新時代。因此，多維的思維方式在理論和實踐上的應用實際上是無限的，本書只能根據當前科學發展的現狀簡單地羅列幾個例子，從而體現出多維的思維方式極其廣泛的應用前景。

3.1 多維的思維方式能有效地克服「盲人摸象」一般的錯誤

現代科學在物理、化學等無生命的物質領域取得的成功，導致人們總是從物質結構這個單一的角度來探索各種人體疾病和生命現象。例如：現代科學總是試著從基因和蛋白質結構的角度來闡釋癌症和愛滋病的發生機理，並企圖採取基因治療或蛋白質類藥物等物質手段來治療疾病。因此，闡明研究對象的物質結構，是現代人體和生命科學研究的核心。

然而，任何一種人體疾病和生命現象往往同時具有多個方面的基本特徵，而現代科學所了解到的物質結構僅僅是其中的一個方面而已；並且黏膜下結節論在解釋消化性潰瘍時的成功，揭示了現代科學不能闡明這一疾病的發生機理不是因為它不了解胃腸道的物質結構，而是因為它完全沒有看到人體自然、社會、整體、歷史和情感等多方面的屬性，也沒有注意到各種疾病都具有概率發生的基本特點，更沒有認真探討人體和生命科學領域中的因果

關係。因而僅僅從物質結構的角度來探索人體和生命現象的發生機理，使得現代科學的各項研究就好似「盲人摸象」一般，一定會將人體和生命絕大多數的特徵，特別是抽象方面的特徵都忽略掉了，因而是永遠也不可能取得成功的。即使現代科學認為已經全部或部分闡明了的現象，其認識仍然有可能是不完善甚至是完全錯誤的，就好像是摸到了象尾的那個盲人總是堅信「大象像根繩子」一樣。例如：當前的科學界就有人堅信「**幽門螺旋桿菌與消化性潰瘍有因果關係** [1]」的論斷一定是正確的。

由此可見：僅僅從物質結構的角度來觀察和處理問題的必然結果，就是導致「盲人摸象」一般的錯誤廣泛地存在於現代科學對所有人體疾病和生命現象的研究之中。而多維的思維方式同時從多個不同的角度來觀察和處理問題，也就看到了研究對象多方面的特徵，因而能有效地克服這一錯誤。這就要求我們要及時地轉換思維方式，必須比現代科學看得更多更全面、更深入更細緻，才能有效應對各種高度複雜的人體疾病和生命現象，進而清楚地闡明其發生機理。

3.2 多維的思維方式能有效解決「蛋白質結晶」這一科學難題

在現代科學的研究中，蛋白質結晶被認為是了解蛋白質的三維空間結構，進而預測其生物學功能的前提和關鍵。然而，多種重要蛋白質的結晶長期以來一直都是世界性的科學難題，並且影響這一過程的關鍵因素目前還不是很清楚，更沒有找到通用的理論和方法，因而實驗結果存在著很大的隨機性，雖然消耗了大量的人力和物力卻不能取得進展。而應用多維的思維方式則能圓滿地解決這一世界性的科學難題。

在生命科學領域裡繼續採用線性的思維方式的結果，就是導致現代科學家們總是期望能夠像牛頓的「萬有引力定律」和愛因斯坦的「質能方程式」那樣，利用某個通用的數學公式或者方法來指導蛋白質結晶的理論與實踐。然而，線性思維通常只能應對涉及一到幾個因素的簡單因果關係。雖然在生命科學領域中蛋白質結晶相對並不複雜，但是其影響因素卻有 100 多種以上，包括溫度、pH 值、離子強度、無機鹽種類、蛋白質的純度和飽和度、重力，乃至水溶液蒸發的快慢、容器的質量和震動等等；其次，蛋白質是由成千上萬個原子構成的生物大分子，其空間構象還會隨著局部微環境的改變而發生隨機的變化，多方面因素中任何微小的變化都會影響到蛋白質結晶是否能成功。再次，即使空間構象完全固定，蛋白分子也不像物理、化學領域中研究的水分子、各種簡單離子那樣僅僅在極其少數的幾個方向上有極性，而是在幾十上百個不同的方向上都有極性，也就是「各向異性（Anisotropy）」的；要使大批各向異性的分子都能按照一定的規則高度有序地排列在一

起形成結晶，僅僅通過改變實驗條件的常規手段通常是達不到目標的：在現代科學線性思維的指導下對實驗條件進行篩選，即使每次只改變一到兩個因素，研究人員面臨的仍將是天文數字般的實驗條件的組合。基本相同的情況實際上還出現在量子物理學中：氫原子只有一個核外電子，影響核外電子運動狀態的因素相對比較單一，因而人們完全可以用數學公式來表達其核外電子的運動規律；但是當核外電子的數量增加到兩個或者兩個以上時，物理學家們就已經束手無策了。這些都是實踐中線性思維不能解決複雜的因果關係的典型例子，更不用說有 100 多種影響因素的蛋白質結晶了。此外，企圖利用某個數學公式來描述蛋白質結晶或核外電子的運動規律，還是沒有認識到「複雜條件下各種現象都具有概率發生的特點」的表現，注定了是在走彎路並且不可能成功的。

　　而多維的思維方式非常適用於處理高度複雜的因果關係，因而能十分有效地解決「蛋白質結晶（Protein Crystalization）」這一世界性的科學難題。早在 1993 年，就已經有人將多維的思維方式具體地應用於免疫球蛋白（Immunoglobulin）Fab21/8 和 Fab26/9 片段的結晶試驗中 [4]，並且是一次性地取得了成功。這也是迄今為止唯一成功地結晶了這兩種天然蛋白片段的試驗。在線性思維的指導下，現代科學家們總是企圖通過改變溶液的溫度、離子強度、蛋白質的飽和度、無機鹽的種類等方法來實現結晶蛋白質的目的，實驗條件的設定通常都是不連續的，因而很容易就錯過了本來就很狹窄的最適結晶條件；並且研究人員通常很難從失敗的嘗試中累積有益的經驗。而應用多維的思維方式則可以隨機地結晶處於任何理化條件下的蛋白質。這也就是說：在任何給定的蛋白質濃度、離子強度和無機鹽種類等條件下，應用多維的思維方式都可以順利地實現蛋白質的結晶，完全避免了因實驗條件的改變而帶來的隨機性。已經公開發表了的相關文獻表明：多維的思維方式可以根據既定的理化條件合目的性地改變溶液的溫度 [5]、生物大分子的空間構象 [6] 和物理、化學性質 [7, 8] 等等，因而總是能夠創造出最佳的蛋白質結晶條件，一次性成功地得到免疫球蛋白 Fab 片斷的結晶，就不奇怪了。

　　上述兩個分論點都說明了多維的思維方式不僅能夠看到線性的思維方式看不到的問題，而且還能解決線性的思維方式不能解決的問題。因此，在現代科學看來高度複雜、束手無策的各種問題，往往只有通過多維的思維方式才能夠找到正確的解決方案，這與黏膜下結節論輕易地解釋了消化性潰瘍的年齡段分組等多種生命現象的機制在本質上是完全一致的。這些都體現了採用多維的思維方式在理論和實踐上的重要意義，尤其是對人體和生命科學的研究具有不可替代的意義。

3.3 多維的思維方式是實現多基因合目的性調控的唯一手段

基因調控（Gene Regulation）是當前科學研究的熱點之一，並被認為是治療包括癌症和愛滋病在內的多種慢性病的前沿技術，也是實現抗衰老、生物育種等研究的必備條件。但現代科學迄今未能找到任何行之有效的方法來實現生物體內多基因的合目的性調控，也就談不上在臨床醫療和生產實踐中的應用了。而多維的思維方式則能順利地實現生物體內多基因的合目的性調控。

自然狀態下生物體內基因調控的複雜性至少有三個方面的表現：首先，某一疾病或者生命現象的發生，常常與幾十個、幾百個乃至是幾千個基因的表達有關。其次，在生理條件下，即使是單基因的表達也要同時受到很多個因子的調控，並且這些因子可能同時還參與了其他多個基因表達的調控，單純向細胞中輸入調控因子的方法，不可避免地要影響到其他生理活動的正常進行而有一定的副作用，如圖 III.22 所示。不僅如此，某個基因的表達產物通常還會引起其他多個基因表達的連鎖反應；而直接向基因組內導入目的基因片斷通常會致畸、致癌。這就決定了即使是在體外單層細胞培養的條件下，現代科學也很難隨心所欲地實現單基因表達的合目的性調控，更不用說在體內複雜條件下多基因表達之間的協調統一了。這說明生物體內的基因調控也是一個典型的多因素導致的複雜問題，通過線性思維或其他常規手段要實現多基因的合目的性調控是不可能的。

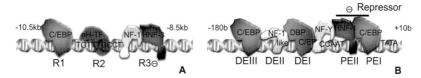

圖 III.22　鼠血清白蛋白基因表達過程中轉錄水平的調控

圖 III.22 表示鼠血清白蛋白基因的增強子（A）和啟動子（B）上蛋白調控因子的結合位點[9]。血清白蛋白的基因表達要受到轉錄、RNA 降解、翻譯等多個水平的調節。僅僅在轉錄這個水平上，血清白蛋白基因表達的調控就要受到開放性閱讀框上游的增強子和啟動子兩個功能區的影響：其中增強子要受到 4 個蛋白因子的調控，而啟動子要受到 6 個蛋白因子的調控。不僅如此，血清白蛋白基因的啟動子還與抗胰蛋白酶蛋白基因的啟動子同時都有 C/EBP 和 HNF-1 這兩個蛋白調控因子的結合位點[9]。這說明即使僅僅考察血清白蛋白的表達，其轉錄水平就要受到 10 個以上的蛋白因子的調控；並且還與其他蛋白質表達的調控之間形成了一個互相影響的網絡，反映了基因表達的調控具有高度複雜的基本特點。

　　而多維的思維方式則能行之有效地實現體內多基因的合目的性調控。已有的科研文獻顯示：有人將完全不同於現代科學實驗方法的非常規手段應用於「離體培養的大鼠視網膜神經細胞對抗 H_2O_2 的氧化損傷」這一實驗中。經基因晶片技術檢測後發現：在所檢測的 1176 個基因中有 72 個基因的表達同時被明顯地上調，而另外 77 個基因的表達同時被明顯地下調，從而使離體培養的大鼠視網膜神經細胞能有效地對抗 H_2O_2 的氧化損傷所導致的程式化死亡，實驗組與對照組的細胞存活率之間的差異有顯著性 [10]。這一實驗同時實現了對至少 159 個基因的上調或下調，從而使細胞有能力對抗周圍環境中的損害因素，是典型的多維的思維方式在多基因的合目的性調控方面的具體應用。這一開創性實驗的成功，再次表明了只有採用多維的思維方式，才能行之有效地解決人體和生命科學領域中的複雜問題；而基於多維的思維方式的各項技術不是現代科學的任何手段所能夠達到的，是比現代高科技中的最高科技還要高級得多的「未來科技（Future Sciences and Technologies）」。

　　由此可見：多維的思維方式能有效地應對人體和生命現象高度複雜的基本特點，是克服現代科學思維方式的不足之處的唯一出路，有助於實現現代科學長期以來都無法實現的目標。這就決定了在現代科學對許多複雜問題都束手無策的情況下，努力開拓新的思維方式的確是非常有必要的。

3.4　多維的思維方式是攻克各種人體疾病的必要前提

　　線性思維不足以應對複雜的情況，導致現代科學在探索各種疾病的發生機理時，往往避而不談高度複雜的人體內因。這就導致它所提供的病因學認識往往只涉及了皮毛，自始至終都找不到各種疾病發生發展的總根源。在治療上現代醫學的思維方式也是線性的，所採取的各種措施基本上都是圍繞著增加或減少某些物質的數量、糾正異常的物質結構而展開的。因此，現代科學至今仍然不能清楚地闡明任何一種疾病的發生機理，對於消化性潰瘍病、流行性感冒等常見多發病、幾乎所有的慢性病的復發和多發都「束手無策」是不難理解的。這說明除了理論根基上的缺陷以外，思維方式上的明顯不足是造成這一現狀的又一重要原因。

　　在已知的成千上萬種人體疾病當中，消化性潰瘍只能算得上是相對簡單的一種疾病。然而，即便是這樣相對簡單的疾病，黏膜下結節論證明了只有應用多維的思維方式才能找到其真正的病因，更不用說高度複雜的癌症、愛滋病及其他各種慢性病了。這些都是人體高度複雜的普遍聯繫所決定了的。而各種疾病的正確治療措施，都應該以恢復人體內各種正常的抗病機制為主；這就更需要多維的思維方式才能真正奏效。在現代科學看來是絕症、束手無策的各種人體疾病，如癌症、愛滋病等等，在多維的思維

方式的指導下實際上都是可以得到有效治療的。只不過其治療措施不再像現代科學那樣僅僅是物質治療，而是以個體內心的調整和促進整個社會的大和諧為主，並且還不存在任何像現代科學的治療措施那樣的毒副作用。其次，由於在多維的思維方式指導下的治療能夠有效地恢復人體自身固有的各種抗病機制，所以往往能夠同時有效地預防和治療所有的疾病，而不再像現代科學那樣僅僅是具體地針對某種特定的疾病。這也就是說：應用多維的思維方式來治療某一疾病時，個體所患有的其他疾病同時也會痊癒。這說明了由於多維的思維方式明確了真正的病因，所以其指導下的治療將是真正的病因學治療、整體治療，而不像現代科學那樣僅僅是對症治療；而個體健康的恢復也是全方位、徹底的，一般情況下不存在像現代科學那樣治療後反覆發作和多發的問題。

由此可見：在線性思維指導下的現代醫學的病因學認識都是不全面甚至是完全錯誤的，因而其治療往往是不徹底的，通常治不好病而容易復發。而多維的思維方式由於找到了各種疾病發生發展的總根源，因而其指導下的治療措施將是真正的病因學治療；這就決定了在現代科學看來很棘手的各種疾病，在多維的思維方式的指導下都能夠得到有效的治療，並且個體獲得的將是真正的健康。

3.5 多維的思維方式是人類涉足思維意識領域的先決條件

線性思維還導致了另外一個結果，就是使現代科學的認識自始至終都難以涉足抽象的思維意識領域。然而，正如前面多個章節的論述：思維意識是人體自身固有的兩個重要屬性之一，在各種人體疾病和生命現象發生發展的過程中發揮決定性的推動作用。因此，如果不能深入地認識思維意識多方面的基本特點，就無法正確地理解人體的各種行為和疾病發生發展的源動力。現代科學不能圓滿地解釋任何一種疾病的發生機理，進而不能派生出真正意義上的人體科學也就不奇怪了。

然而，如何才能深入地認識到思維意識多個方面的基本特點呢？本部分的各章實際上已經零星地回答了這個問題。我們首先必須注意到：思維意識的本質就是本部分第二章所討論的「普遍聯繫」，而普遍聯繫必須是建立在第一章的「同一性」的基礎之上的，其本質抽象而無形的特點就涉及到了第八章所討論的「透過現象看本質」。其次，第六章的「整體觀」是我們正確理解思維意識的必要前提；而第七章「歷史觀」明確地指出了「只有不斷追溯歷史，才能明確思維意識的本質」，第五章則指出了思維意識是通過「疊加機制」來推動萬事萬物的「變化發展」的。不僅如此，思維意識的一個重要表現就是人生觀，在人群中會隨著不同個體既往經歷

的千差萬別而千變萬化，並且每一個體的人生觀還會隨著自身經歷的日漸豐富而不斷地「變化發展」，因而要正確認識思維意識還必須帶著第三章「變化發展」的觀點。思維意識高度複雜的基本特點，決定了它所推動的各種疾病或現象一定會表現為「概率發生」，這正是本書第十章的基本內容。最後，物質和意識密不可分的性質，還決定了我們的認識必須上升到第十二章「新二元論」的高度，才能正確理解思維意識在宇宙萬物變化發展過程中決定性的推動作用；而推動萬事萬物不斷向前變化發展的性質，反映的正是第九章「因果關係」中「因」的特點和第十三章「陰陽學說」中「陽」的性質。

由此可見，只有同時帶著普遍聯繫、整體觀、歷史觀、本質與現象、疊加機制、變化發展、概率論、因果關係、新二元論和陰陽學說等多個不同的哲學觀點來觀察和處理問題，才能全面而正確地理解什麼是思維意識。例如：智力是思維意識的重要表現之一。Ken Richardson 認為：**不能把智力的概念簡單地分解成遺傳或環境等要素，而應該在個體通過與外部環境交互作用的成長過程中把它逐步建立起來** [11]。這一認識對思維意識的理解就同時帶有整體、歷史、普遍聯繫和變化發展等哲學思想的基本含義。如果我們僅僅從微觀或宏觀物質結構的角度，也就是將僅僅適用於物理、化學等非生命的物質領域的線性思維用來探索思維意識的本質，那麼人類科學將永遠也不可能邁進思維意識領域，要闡明各種人體疾病與生命現象的發生機理將是永遠也不可能的。因此，應用多維的思維方式來觀察和處理問題，是人類踏足思維意識領域的先決條件。

3.6 多維的思維方式是建立真正的人體和生命科學體系的必要前提

現代科學至今未曾圓滿地解釋過任何一種人體疾病和生命現象的發生機理，因而我們不能認為它已經建立了一個完整的人體和生命科學體系。前面多個章節的分析表明：除了理論根基和研究路線等方面的缺陷以外，線性的思維方式也是導致這一現狀的重要原因。而多維的思維方式是建立真正的人體和生命科學體系的先決條件，主要表現在如下兩個方面：

要建立一個真正完整的人體和生命科學體系，首先就必須找到以現代科學為基礎的人體和生命科學體系的不足之處，也就是必須先「破舊」爾後才能「立新」。當前的科研工作者採用線性的思維方式，也就很難看到現代科學多方面的缺陷，進而認為人體和生命科學的未來發展根本就無需建立新的理論、方法和思維方式了。只有帶著歷史的眼光，不斷地追溯現代科學既往發展的歷史，最終將現代科學不完善的哲學根基刨出來，才能拿出令人信服的理由並建立一個全新人體和生命科學體系了。其次，只有帶著整體的觀點

全方位地看待現代科學，既要看到它在物理、化學等非生命領域能夠取得成功的理由，又要看到它在人體和生命科學領域必然失敗的原因；既要看到還原論分割研究的優點與長處，又要看到其明顯的不足之處，並提出一個行之有效的解決辦法。不僅如此，我們還必須像物理學領域中的牛頓那樣，在人體和生命科學領域也建立起一個完整的因果關係，提出普遍聯繫的概念進而解決物質和意識的關係問題，透過現象看到人體和生命的抽象本質，對各種人體疾病和生命現象概率發生的特點作出圓滿的解釋，才能深刻地體現出建立全新的人體和生命科學理論體系的必要性。這些都只有在多維的思維方式的基礎上才能實現。

其次，人體和生命現象所涉及的普遍聯繫、因果關係高度複雜的基本特點，也決定了只有靈活應用多維的思維方式才能建立一個完整的人體和生命科學體系。牛頓建立經典力學體系時考慮的是「單因單果（Single Cause and Single Effect）」，也就是只需考慮一個原因、解釋一個現象就可以了。然而，任何一種人體疾病和生命現象的發生都涉及到了高度複雜的立體網絡狀因果（Solid Network-like Cause and Effect），必須考慮到千變萬化的原因、同時解釋相互之間密切關聯著的一個「現象群（Phenomenon Cluster）」才能成功；並且在各現象群當中，整體性、歷史性和因果性等都很突出。例如：即便是相對簡單的消化性潰瘍，就涉及 72 個現象和 15 個特徵。只有同時用 15 隻眼睛和手來觀察和處理問題，才能圓滿地解釋如此多的現象，並且所有的解釋都是相輔相成、不存在任何矛盾的；即使是這 72 個現象中的某個單一的現象，如年齡段分組現象，就要比一般的物理現象複雜得多，唯有應用多維的思維方式才能成功。而癌症、愛滋病則面臨更複雜的情況，需要從更多的角度來觀察和處理問題才能奏效。不僅如此，由於抽象的思維意識才是推動各種人體疾病和生命現象發生發展的決定性因素，因而未來全新的人體和生命科學的主要研究對象將不再像現代科學那樣是相對穩定的具體物質，而是非常微妙、奇妙甚至是玄妙的抽象意識，具有千變萬化的基本特點，並且還是通過反覆疊加的機制來對人體起作用的。這些都說明了多維的思維方式在建立全新的人體和生命科學體系時的決定性意義。

由此可見：相對於以現代科學為基礎的現代人體和生命科學，21 世紀的人體和生命科學不僅需要全新的哲學基礎、全新的研究路線，而且還必須採用全新的思維方式同時從多個角度來觀察和處理問題，才能將隱藏在各種人體疾病和生命現象背後的抽象本質看清楚，進而行之有效地應對人體和生命科學領域中高度複雜的問題。這就對人類的智慧提出了更高的要求，而多維的思維能力則是人類科學進一步發展的必要前提和重要保證。

3.7 本書所有的哲學觀點和分論點都是「渾然一體」的

本部分所有 15 個基本的哲學觀點和 200 多個分論點是為了解說黏膜下結節論，揭示現代人體和生命科學多方面的不足之處，進而為將來圓滿解釋各種人體疾病和生命現象而編寫的。這就要求這些哲學觀點和分論點必須比現代科學更真實、更全面地體現出人體和生命現象的基本特點。事實也的確是如此：這些哲學觀點和分論點在分別從多個不同的角度來觀察人體和生命現象的同時，相互之間又是一個渾然一體、不可分割的整體，這是由人體和生命多個不同方面之間相互關係的特點所決定的。

首先，任何生命有機體及其各個不同的部分、不同的方面的基本特點之間都是一個渾然一體、普遍聯繫著的整體，決定了本部分所有的 15 個哲學觀點和 200 多個分論點之間必然也是一個渾然一體、不可分割的整體。任何生命有機體就好像是一隻大象，不僅各個不同的部分之間在時間和空間上是渾然一體的，而且其多個方面的外在表現實際上也是被同一內在的本質緊緊地栓在一起，並且互為因果的。只有同時從多個不同的角度看到了「大象」多個不同方面的基本特點，才能找到它隨時間的推移而表現出來的各種動態形象背後的原因。本部分每一個哲學觀點都是為了實現這一目的而從某一方面進行的高度概括，並且都是圍繞著「客觀事物」這個核心提出來的。而從這 15 個基本的哲學觀點派生出來的 200 多個分論點則分別從一個更小的方面來描述客觀事物更細微的特點，綜合起來就形成了對客觀事物更詳盡、更深入的描述。如果我們將本部分的 15 個哲學觀點看作生命有機體的 15 個大系統，那麼這 200 多個分論點則分屬這些大系統中的器官、組織或細胞。因此，所有這些分論點之間也只能是「渾然一體」的。這說明了像現代科學那樣繼續採用線性的思維方式孤立地應用某一哲學觀點或分論點，通常是不能解決人體和生命科學領域中的任何問題的；只有採用多維的思維方式，才能實現對人體和生命現象的多方面特徵近似全面而準確的描述，並圓滿地解釋各種複雜現象的發生機制。

其次，生命體內各個器官系統之間的密切關係，還決定了本書所有 15 個哲學觀點和 200 多個分論點之間也是互為條件、相互交叉、相輔相成、互相支持的。機體內某個器官和系統的生理活動，通常是由其他器官和系統所引發的，而這些被引發的生理活動反過來又作用於更多的器官和系統。本書各哲學觀點和分論點之間的關係也是如此，例如：「疊加機制」必須是建立在同一性，也就是共同點的基礎之上的；而同一性的推導就必須帶著疊加的思想才能看到「普遍聯繫」。同一個體所有的細胞都擁有基本相同的基因組，既要表達維持各自生存所需的蛋白質，又

要表達組織或細胞特異性的蛋白質來實現各自獨特的生理學功能，因而不同的組織、細胞之間的關係既是相互交叉，又各有不同的。同理，本部分的 15 個哲學觀點和 200 多個分論點之間的關係也是這樣的，它們都是對「客觀事物」的概括，卻又分別是從不同角度進行的概括，相互之間也必然是相互交叉、各有側重點的。例如：萬事萬物是一個普遍聯繫著的整體，是普遍聯繫導致萬事萬物，或同一事物的各部分之間形成了一個不可分割的整體，但是如果不從整體上來看，就無所謂「普遍聯繫」，我們就很難理解事物變化發展的推動力了。再如：某一事物的「變化發展」一定要通過「歷史」的推移才能得到體現，但如果這個事物沒有任何的「變化發展」，探究其「歷史」也就失去了意義。本書各分論點之間的關係實際上也是如此。

不僅如此，本部分的結構也體現了各哲學觀點之間渾然一體的關係。當我們準備描述一隻大象時，既可以從前到後先描述其象鼻和象牙，也可以從後到前先描述其尾巴和四肢；雖然表達的形式與內容存在著很大的差別，但最終描述的結果卻是完全一樣的，都是一隻完整的大象。本書各哲學觀點之間的關係也是這樣的，我們可以選擇從同一性開始寫作，也可以把疊加機制當作開頭，還可以直接先討論新二元論，甚至最先論述多維的思維方式。然而，如果是從疊加機制或者二元論開始寫作，那麼在形式上必然與從同一性開始寫作有很大的區別；但綜合起來看，二者所要表達的意思卻是完全一樣的，都是對人體和生命現象多方面特徵的描述。因此，本書字面上的意思僅僅是表達上的一種形式，希望讀者要儘量讀出隱藏在文字背後、難以用文字表達出來的真意。

由此可見：本部分提出的 15 條哲學原理和 200 多個分論點雖然都很簡單，甚至可以用兒童故事來類比說明，但它們卻是一個渾然一體、不可分割的整體，彼此之間形成了一個高度複雜的立體網絡，這是與人體高度複雜的基本特點完全相對應的。只有採用多維的思維方式，這些哲學原理和分論點才能幫助我們有效地解決科研工作中的各種實際問題。

3.8 多維的思維能力是「脫凡入聖」的先決條件

歷史上已經出現過一些像老子、釋迦牟尼、耶穌、穆罕默德等這樣的一些大聖人。他們之所以為「聖」，是因為其思想和言行能夠成為全社會的楷模，並能歷經千年不朽從而可以造福萬世。這首先就要求他們不能像常人那樣容易被各種表象所迷惑，而總是能深入地看到隱藏在各種現象背後的抽象本質。其次，聖人通常都能夠「顧全大局」，也就是都能自覺地帶著「整體觀」來觀察和處理各種問題，才不至於像常人那樣因小失大並出現盲人摸象

一般的錯誤。再次，聖人都能做到因時因地因人而化，也就是能夠根據實際情況靈活地變通，因而總是能帶著變化發展的觀點來觀察和處理問題，而不至於像常人那樣易犯「刻板守舊」的錯誤。不僅如此，聖人不僅能看到研究對象目前的狀態，而且還會有目的地追查其既往史，所採取的措施也必然能夠兼顧到多方面的未來發展，也就是能夠自覺地帶著「歷史觀」來觀察和處理問題。此外，聖人都十分重視「因果關係」的論證，因而總是能夠看到各種原因的主次，在處理問題時才不至於「張冠李戴」或「牛頭不對馬嘴」。由此可見：只有獲得了多維的思維能力，比常人想得更多更全面、更深入更長遠，才能提出久經歷史考驗的思想，進而表現出聖人的語言和行動。

第四節：獲得多維的思維能力需要非常規的訓練方法

前三節的討論表明，高度複雜的人體和生命現象對人類的智慧提出了更高的要求：只有獲得了多維的思維能力，才能靈活地應用本部分的 15 個哲學觀點和 200 多個分論點來解決人體和生命科學領域中的具體問題。然而，如何才能獲得多維的思維能力呢？本部分第十二章「新二元論」所強調的「思維意識的長期鍛鍊」，正是我們獲得這種能力的有效途徑。

實際上，現代科學史上最偉大的牛頓和愛因斯坦，也不一定具備多維的思維能力；因而多維的思維能力並不是很容易就能獲得的。本書將超出牛頓和愛因斯坦的智慧，定義為「大智慧（Great Wisdom）」；具體地講，只有獲得了多維的思維能力，能同時從多個不同的角度來觀察和處理問題的智慧，才能算得上是大智慧。既往歷史上有很多獲得了多維的思維能力的先例，如佛教創始人釋迦牟尼、天主教基督教創始人耶穌（Jesus，西元前 4～西元 30 年）、伊斯蘭教創始人穆罕默德（Muhammad, 570~632），中國道家學說創始人老子等，實際上都具有多維的思維能力甚至更高的智慧，因而他們的學說都是非常完整的思想體系，有深刻的哲理性並且能歷經千年而不朽。不僅如此，這些大聖人的思想實際上還是「異出而同歸」的，都十分強調美化心靈的決定性作用，都對維繫人類社會的和平與穩定發揮了重要作用。這是因為他們都看到了現代科學至今尚未認識到的人類的抽象本質，由於時代和地域上的差別才表現為不同的形式，但反映的卻是完全相同的同一內在本質。從這一點上來說，現代科學的科學性的確是遠遠不如宗教的，並且宗教理論的整體性正是現代科學有欠缺和需要學習的地方。有很多現代科學家之所以認為宗教理論都是不科學的，是因為他們把存在著根本缺陷的現代科學認識當成了真理和科學的標準，那麼宗教學說中超出現代科學、非常科學的部分看起來就是完全錯誤的了。這就進一步地闡明了科學和宗教相統一的重要性。

事實上，多維的思維能力是人人都具有的潛在智慧。唐朝時期佛教禪宗六祖盧慧能（638~713，至今仍有不腐肉身舍利久存於世）所強調的「自性（Self Nature）[12]」就包含了這一層意思。現實生活中有些個體一生下來就具備了這種能力，但隨著年齡的增長卻逐漸消退而與常人無異了。為什麼呢？隨著經歷的日漸豐富，個體往往會受到不良社會風氣的影響，內心深處開始有了貪婪、自私、恐懼、憂傷和憤怒等不良情緒，難以高度地集中思想，也就談不上多維的思維能力了。而思維意識鍛鍊則可以將這些不良情緒從內心深處逐步清除出去；一旦我們雜亂無章的思緒能夠恢復到兒童那樣處於平靜、寧靜乃至靈靜的狀態，自然就有了敏銳的洞察力，也就獲得了多維的思維能力、開發出超出常人的大智慧了。而常規的書本學習或一般意義上的思維訓練（Thinking Training）[13, 14]，通常是不能達到淨化思想並開發智慧的目的。這就是說：只有通過長期非常規的特殊訓練，逐步清除了思想上的垃圾才能真正地開發出大智慧。如果內心的修為達到了一定的程度，那麼我們根本不需要本部分所有的哲學觀點和分論點，就能在科研工作和日常生活中自動應用 15 隻甚至更多的眼睛和手來觀察和處理問題，我們就自動地獲得了多維的思維能力，也就開發出異乎尋常的大智慧了。

然而，獲得多維的思維能力的關鍵，卻是由日常生活中「德（Virtue）」的培養所決定的。為什麼呢？一個品德高尚的人，永遠只會通過正當的手段去參與社會競爭，而不會有意挑起矛盾、製造矛盾；一個品德高尚的人，永遠只能通過傑出的貢獻去贏得社會的尊敬，而不是欺世盜名；一個品德高尚的人，一定會努力少犯錯誤甚至是不犯錯誤、只做好事不做壞事，其行為總是與大眾的願望相符合的。只有這樣，才能在任何時候都心安理得，很容易就能進入高度平靜、寧靜乃至靈靜的狀態，獲得多維的思維能力和大智慧就不難了。相反，一個不斷危害社會、刻意製造矛盾、嘗試過各種壞事的人，其內心深處永遠只能是「惶惶不可終日」而難以平靜的，雖然獲得了一時的小利卻不能開啟智慧之門，只能是「撿了芝麻丟了西瓜」，因小而失大了。這說明日常生活中「德心、德性、德行」的培養，是提高思維能力、開發智慧的前提和基礎；只有用一顆光明、和善、公平、友好的心來認真對待周圍的所有人和事，才能開發出異乎尋常的大智慧。

由此可見，常規的書本學習或一般意義上的思維訓練通常是不能獲得多維的思維能力的。只有通過非常規的思維意識鍛鍊，在日常生活中重視「德心、德性、德行」的培養，做到了內心的「光明無量（Boundless Brightness）」，才能開發出異乎尋常的大智慧，我們也就獲得了多維的思維能力了；這就為人類智慧的開發指明了方向並提供了一個具體的方法。

本章小結

　　綜合本章的論述，生命科學領域中因果關係高度複雜的基本特點，決定了必須採用多維的思維方式才能行之有效地觀察和處理這一領域中的各種問題。黏膜下結節論首次應用多維的思維方式來解釋消化性潰瘍的發生機理，結果第一次看到了消化性潰瘍這隻大象的全貌，並將它與歷史上以現代科學為基礎的所有相關學說都區別開來。而多維的思維方式在理論和實踐上的應用，首先就是能克服現代科學研究中廣泛存在的「盲人摸象」一般的錯誤；其次就是能行之有效地解決「蛋白質結晶」和「多基因的合目的性調控」等世界級難題；此外，多維的思維方式還是人類科學涉足思維意識領域、圓滿地解釋各種生命現象、治療各種人體疾病並建立真正的人體和生命科學體系的必備前提；最後，我們還指出了本書所有的哲學觀點和分論點都是渾然一體的，只有運用多維的思維方式才能靈活地應用它們來解決人體和生命科學領域中的各種問題。然而，多維的思維能力並不是通過常規的書本學習或通常意義上的思維訓練就能得到的，而有賴於日常生活中「德」的培養和非常規的「思維意識鍛鍊」。所有這些都說明了多維的思維方式無論在理論上，還是在實踐中都具有舉足輕重的意義。

參考文獻

1　Barry J. Marshall, J. Robin Warren, Elizabeth D. Blincow, Michael Phillips, C. Stewart Goodwin, Raymond Murray, Stephen J. Blackbourn, Thomas E. Waters, Christopher R. Sanderson; Prospective Double-blind trial of duodenal ulcer relapse after eradication of *campylobacter pylori*; The Lancet, December 24/31 1988, pp 1437-1442.

2　李建會著：生命科學哲學；北京，北京師範大學出版社，2006 年 4 月第 1 版；前言第 8 頁。

3　酈賀齡主編：消化性潰瘍病；北京，人民衛生出版社；1990 年 11 月第 1 版；第 71 頁。

4　Xin Yan, Hui Lin, Hongmei Li, Alexis Traynor-Kaplan, Zhen-Qin Xia, Feng Lu, Yi Fang, Ming Dao; Structure and property changes in certain materials influenced by the external qi of qigong; Materials Research Innovations; Volume 2, Number 6/ April 1999, pp 349-359.

5　Guirong Meng, Shengping Li, Yuanhao Cui, Qunying Zhu, and Xin Yan; Monitoring Temperature Changes of External Qi-Treated Solutions with the Infrared Camera System; Translated and excerpted from Proceedings of the Second National Academic Conference on Qigong Science, Qingdao, China, September, 1988.

6　Xin Yan, Changxue Zheng, Guangye Zhou and Zuyin Lu; Observations of the Effect of External Qi of Qigong on the Ultraviolet Absorption of Nucleic Acids; Translated and excerpted from Ziran Zazhi, the Nature Journal, Vol. 11, pp 647-649, 1988.

7　Xin Yan, Zuyin Lu, Sixian Yan and Shengping Li; Measurement of the Effects of External Qi on the Polarization Plane of a Laser Beam; Translated and excerpted from Ziran Zazhi, the Nature Journal, Vol. 11, pp. 563-566, 1988.

8　Nanming Zhao, Changcheng Yin, Zuyin Lu, Shengping Li and Xin Yan; The Influence of External Qi on Liposome and Liquid Crystal Phase Behavior; Translated and excerpted from Proceedings of the First National Academic Conference on Qigong Science, Qingcheng, Liaoning, China, August 1987.

9　M. Gabriela Kramer, Miguel Barajas, Nerea Razquin, Pedro Berraondo,Manuel Rodrigo, Catherine Wu, Cheng Qian, Puri Fortes, and Jesus Prieto. March 2003.In Vitro and in Vivo Comparative Study of Chimeric Liver-Specific Promoters. Molecular Therapy Vol. 7, No. 3, pp 375-384.

10　Xin Yan, Yuhay T. Fong, Delia Wolf, Hua Shen, Marian Zaharia, Jun Wang, Gerald Wolf, Feng Li, Garrick D. Lee, Wei Cao; YX99-5038 Promotes Long-term Survival of Cultured Retinal Neurons; International Journal of Neuroscience, Jan 2002, Vol. 112, No. 10, pp 1209–1227.

11　肯 · 理查森［英］著，趙菊峰譯；智力的形成；北京，生活 · 讀書 · 新知三聯書店，2004 年 4 月第 1 版；書封底。

12　魏道儒註譯；佛教文化精華叢書──白話壇經；西安，三秦出版社，2002 年 10 月第 2 版，第 16~18 頁。

13　梁良良、黃牧怡著；走進思維的新區：當代創意思維訓練指南；北京，中央編譯出版社，2006 年 6 月第 2 版。

14　薛俊良著；系統思維；香港，匯智出版有限公司，2006 年 12 月初版。

本部分小結

綜合本部分各章的論述，黏膜下結節論之所以能圓滿地解釋消化性潰瘍所有 15 個主要特徵和全部 72 種不同的現象，是因為它不再採用現代科學的基礎理論、研究方法和思維方式，而是基於 15 條哲學原理及其派生的 200 多個分論點。雖然這些哲學原理在過去 3000 多年來人類漫長的思想史上不同地域的文明中都能找到一絲痕跡，但是在現代科學的理論體系中卻基本上得不到體現，而本書在這些零碎的哲學概念之間建立了牢固的必然聯繫，並將它們靈活地應用於消化性潰瘍、癌症和愛滋病等疾病的解釋之中，同時還圓滿地回答了數以百計長期以來懸而未決的重要認識論問題。

為了深入地解說黏膜下結節論，本部分首先利用第一到第四章共計 4 章的篇幅探討了宇宙萬物變化發展的機制，認為任何兩個不同事物之間某些特徵方面的「同一性」是它們能夠發生相互作用、產生各種聯繫的基礎，而某一事物所有不同性質的聯繫綜合起來形成的「普遍聯繫」則推動了它的「變化發展」。變化發展的結果就是產生一些新的特徵，而這些新特徵又繼發新的同一性，進而產生新的聯繫並導致事物新一輪的變化發展。如此不斷循環往復，推動了宇宙萬物的產生、變化、發展和消亡，展現在我們眼前的就是各種現象與疾病的發生發展。「同一性」還使我們可以通過類比的方法來解決高度複雜的問題。這些都說明了「同一性」是具體的物質與抽象的聯繫之間相互轉化的紐帶，「普遍聯繫」是推動萬物不斷向前變化發展的決定性動力，而「變化發展」則是唯一可以直接被我們所感知的最終結果。因此，任何事物的變化發展並不像現代科學認為的那樣僅僅是物質結構的改變，而是還涉及到了抽象聯繫的決定性推動作用。這就決定了本書在解釋消化性潰瘍的發生機理時的理論根基與現代科學是完全不同的，涉及到了現代科學至今尚未觸及的許多內容。

普遍聯繫是一個綜合、整體的概念，其中每種單一的聯繫都可以推動事物某一方面的變化發展，多個不同方面的變化發展在時間和空間上的交替進行就表現為各種現象的發生，因而普遍聯繫是通過「疊加機制」來推動萬事萬物的變化發展的。由於這是現代科學的物質結構理論從來都未曾觸及的內容，因而本部分利用第五到第十一章共計 7 章的篇幅從不同的角度對這一機制進行了論述，要求我們必須同時帶著整體觀、歷史觀、透過現象看本質，因果觀、概率論以及由點到面、由一般到特殊等哲學觀點來觀察和處理各種問題。整體觀要求我們將人體、宇宙萬物或同一事物的不同部分都看成是一個不可分割的整體，這就走上了與現代科學的還原論分割研究完全相反的道路，足以導致當前的人體和生命科學乃至整個人類的科學發生一場偉大的

革新。歷史觀明確了現代科學的哲學基礎存在著明顯的缺陷，因而我們不能抱住現代科學的定理、定律、公式和法則不放，更不能將它們當成真理的標準來評判某項認識的科學性。「透過現象看本質」要求我們不能被表象所迷惑，而是要考慮到隱藏在各種現象背後的共同本質，這就為圓滿地解釋各種人體疾病與生命現象的機理奠定了基礎。因果觀強調了人體內因在各種疾病發生發展過程中的基礎性作用，並認為只有加強人體自身的抵抗力，才能有效應對包括癌症和愛滋病在內的各種高度複雜的疾病。而多因素共同作用的結果，就是導致各種人體疾病和生命現象都具有「概率發生」的特點，因而即使某些致病因素僅僅導致人群中很小比例的個體發病，仍然可以在它們與特定的疾病之間建立起確定的因果關係。「由點到面、由一般到特殊」有助於從個別現象中推導出一般規律，是昇華各項認識必不可少的方法論，可以使各項科研工作都收到事半功百倍的良好效果。由此可見：本書在解釋各種現象的機制時的方法論與現代科學也是完全不同甚至是相反的，要求我們必須比現代科學考慮得更多更全面，才能清楚地闡明各種人體疾病和生命現象的發生機理。

前十一章為本書重新討論物質和意識的關係問題奠定了基礎，因而第十二章提出了不同於歷史上任何相關思想的「新二元論」，認為物質和意識是一個相互依存、密不可分的有機統一體。這一全新的認識不僅一舉攻克了 2500 多年來一直都懸而未決的哲學基本問題的兩個方面，而且還第一次圓滿地實現了唯物論與唯心論、科學與宗教、科學與哲學、中西醫學、東西方文化、哲學探討與現實生活、科學研究與抽象思維等多對二元關係的高度統一，並明確地指出了現代科學唯物主義一元論的哲學根基是不完善的，進而清楚地揭示了人體與生命科學領域中完整的因果關係，為人類全新科學體系的誕生奠定了堅實的理論基礎。第十三章「陰陽學說」進一步支持了新二元論、更凸顯了現代科學理論根基上的不足。第十四章提出了各種現象發生機理的「中心法則」，進一步地說明了必須比現代科學考慮得更多更全面、更深入更細緻才能圓滿地解釋各種人體疾病和生命現象的發生機理。第十五章「多維的思維方式」要求我們必須同時從多個不同的角度來觀察和處理問題，才能克服當前人體和生命科學中普遍存在的「盲人摸象」一般的錯誤，進而行之有效地解決各種高度複雜的問題；不僅如此，多維的思維方式還是人類科學涉足思維意識領域、圓滿解釋和治療各種人體疾病並建立更完善的人體和生命科學體系的必備前提。這說明了人體疾病和生命現象高度複雜的基本特點要求我們必須轉換思維方式才能在這一領域取得圓滿的成功，並對人類的智慧提出了更高的要求。

這裡要重點強調的是：本部分各哲學觀點之間是渾然一體、相互滲透

的，有著複雜而微妙的內在聯繫，這是人體和生命現象高度複雜的基本特點決定的。本書採用了現代科學慣用的定理、定律的形式，利用不同的哲學觀點對這些方面分別進行了論述，因而不能孤立地看待這些哲學觀點及其分論點的關係，並且只有應用多維的思維方式、帶著變化發展的觀點才能行之有效地解決日常生活和科研實踐中的各種問題。如圖 III.23 所示：

圖 III.23　　第三部分各哲學觀點之間的相互關係簡圖

　　圖 III.23 勾劃了本部分各哲學觀點之間關係的基本輪廓：同一性是產生普遍聯繫的基礎，而普遍聯繫則通過疊加機制推動了萬事萬物的變化發展，具體地表現為包括人體疾病在內的各種現象的發生發展。疊加機制又派生出整體觀、歷史觀、因果觀、概率論等 6 個哲學觀點。所有這些哲學觀點綜合起來便形成了新二元論和中心法則，並且必須採用多維的思維方式才能有效利用這些哲學觀點。

　　由此可見：人體和生命科學中的因果關係遠比物理、化學等非生命科學複雜；而黏膜下結節論圓滿地解釋消化性潰瘍對人體和生命科學的未來發展，至少與 300 多年前牛頓圓滿地解釋「蘋果落地」對物理學的發展有著相同的意義。在新的歷史時期，人類科學新一輪的大發展必須在現代科學已有成果的基礎上構築全新的哲學根基、採用全新的研究方法和全新的思維方式，比現代科學考慮得更多更全面才能行之有效地解決人體和生命科學領域中各種高度複雜的問題。所有這些都凸顯了哲學思辨對人體和生命科學的重要意義以及建立全新的未來科學體系的重要性和必要性。

第四部分：思維科學是人類科學未來發展的必由之路

　　通過第三部分 15 條哲學原理的深入解說，我們已經十分清楚現代科學的理論和方法不能適應高度複雜的人體和生命科學的需要，很難圓滿地解釋各種人體疾病、生命現象和為數眾多的自然之謎。基於與現代科學完全不同的哲學基礎、研究方法、思維方式和基本路線，以及 200 多個與現代科學完全不同的新觀念，我們在本書第二部分提出的「黏膜下結節論」圓滿地解釋了消化性潰瘍的所有 15 個主要的特徵和我們所能收集到的全部 72 個現象（索引 1），並從大約 50 個不同的角度（索引 4）證明代表了現代科學最高水平、獲得 2005 年諾貝爾生理和醫學獎的「幽門螺旋桿菌與消化性潰瘍有因果關係」的論斷是不正確的。不僅如此，本書實際上還簡略地解釋了包括愛滋病在內的各種病毒性疾病、包括癌症在內的各種慢性病的發生機理，並認為現代科學對幾乎所有的疾病，對各種人體和生命、自然和社會現象的基本認識都有可能是不完整，甚至是完全錯誤的。因而人類科學未來的大發展，非常有必要捨棄現代科學對自然界、人體和生命現象的絕大部分認識，並從根本上改變思考問題的方式，比現代科學想得更多更全面，才能圓滿地解釋各種人體疾病和生命現象的發生機理。

　　有鑒於此，通過進一步總結本書前三個部分的內容，我們在這一部分提出了建立一個全新的科學理論和思想體系——思維科學的倡議，並明確地指出：人類未來全新的科學體系必須以物質和意識相統一的「新二元論」取代以現代科學「唯物主義一元論」的哲學基礎，以「多維的思維方式」取代現代科學「線性的思維方式」，並採用「還原論分割研究與整體觀綜合指導相結合」的研究方法，走哲學的道路，從而儘量減少研究工作中的盲目性，人類科學才能發生新的質的巨大飛躍，才能真正邁入人體和生命科學的新時代，並圓滿地解釋各種人體疾病、生命現象和自然之謎。我們還將在這一部分初步勾劃出思維科學的基本輪廓，並通過與現代科學多個方面的比較，進一步地描述了思維科學的一些主要特點，清楚地說明了思維科學不是現代科學理論體系的簡單繼承和直接延續，而是與現代科學有著完全不同的理論基礎與哲學內涵，並且在範圍上要比現代科學廣大千百萬倍，所考慮的內容也要比現代科學全面得多的全新思想體系，是人類科學的高級階段。無疑，思維科學理論體系的建立，將使人類對自身和周圍世界的認識上升到一個前所未有的高度，從根本上極大地加快人類文明前進的步伐，並且還十分有助於世界和平；人類科學也將因此而再次邁上一個新的臺階，人類的文明也將面臨一場前所未有的偉大變革。

第一節：現代科學尚未真正踏入人體和生命科學的大門

如果從哥白尼算起，人類科學已經走過了近 500 年的光輝歷程，所取得的非凡成就也的確是有目共睹的。然而，這是否就說明當前的科學已經讓人們完全掌握了客觀真理、並代表了人類認識的全部和最高水平呢？現代科學的理論和方法是否就非常適用於人體和生命科學領域的探索呢？通過本書前三個部分的分析，我們對這個問題的回答是否定的。

有人認為 21 世紀將是人體和生命科學的世紀；當前人類所面臨的主要挑戰也的確來自人體和生命科學領域。例如：現代科學至今仍然不能圓滿地解釋各種人體疾病的發生機理，還有許多諸如「生物進化」、「木乃伊之謎」這樣的生命現象有待闡明。本書第三部分的分析充分地表明了現代科學的成就主要集中在物理、化學等相對簡單、非生命的物質領域，給人類帶來的文明主要是物質文明；但在人體和生命科學領域，現代科學實際上還沒有明確各種疾病的真正病因，對多種疾病的反覆發作和多發的確可以說是「束手無策」。這些都說明了現代科學的理論和方法的確還存在著很大的局限性，不能有效應對高度複雜的人體疾病和生命現象。而黏膜下結節論在解釋消化性潰瘍的發生機理時的成功，深刻地表明了現代科學必須在基礎理論、研究方法、思維方式、對人體和生命的基本看法，以及科研路線等多個方面同時都取得新的突破，才能真正邁入人體和生命科學的新時代。這說明現代科學還必須走過一段漫長的路，才能真正踏入人體和生命科學的大門；其絕大部分的理論和方法實際上都是不能應用於高度複雜的人體和生命科學領域的。

僅僅從理論根基上來看，現代科學唯物主義一元論的哲學性質就已經決定了它不可能真正地踏入人體和生命科學的大門：現代科學在探討各種人體疾病和生命現象的發生機理時，完全不考慮人體和生命的抽象要素——在各種生命活動過程中起決定性作用的普遍聯繫。正如第二、三兩個部分的論述，忽略了人體「普遍聯繫」的屬性來探討疾病的發生機理，就好像是牛頓時代以前的人們在忽略了「萬有引力」的情況下來探討「蘋果落地」的發生機理，又好像忽略了男人的作用來探討人類社會的生存和發展，也與不考慮電腦軟體的驅動作用卻企圖探討硬體的工作原理一樣。其次，還原論分割研究的基本方法也導致現代科學的各項研究還沒有開始，就已經將不同事物及不同部分之間的抽象聯繫排除在人們的視野之外了，這就導致現代科學的各項研究普遍缺乏整體觀、歷史觀，也無法面對高度複雜的人體內因。不僅如此，人體和生命現象因果關係的高度複雜性，還決定了人體和生命科學

的探索必須帶著「概率論思維」，而像物理、化學等非生命領域中那樣的定理、定律、公式和法則是不適用於生命科學的；在生命科學領域繼續採用定理、定律、公式和法則，就好比是在「坐井觀天」、「劃地為牢」或「以管窺豹」，各項研究還沒有展開，人們就已經將自己的思維排除在客觀真理的大門之外了。因而在現代科學看來，生命現象的本來面目永遠都是可望而不可及的。相反，只有從那些固定的「定理、定律、公式和法則」這些「井」和「牢」裡完全解放出來，只有將阻擋我們視線的各種「現代科學觀念」等「管子」拿掉，才能真正看清人體和生命現象的本來面目。現代科學沒有真正地踏入人體和生命科學的大門實際上至少還有其他 120 個以上的原因（索引 5），這裡不一一贅述。

　　不僅如此，現代科學在人體和生命科學領域的探索實際上已經偏離了正確的方向。牛頓和愛因斯坦是人類歷史上最傑出的科學家，對人類科學發展的偉大貢獻至今還未能有出其右者。然而，他們同時又都是偉大的哲學家，都十分注重宗教對科學發展的積極影響，都是充分地利用了抽象思維才取得了偉大成就的。因而我們完全可以認為哲學、宗教和抽象思維對人類的文明進步的確是有積極作用的，可以給科學的未來發展指明方向。但是隨著現代科學的發展，尤其是在面對高度複雜的人體疾病和生命現象時，絕大部分的現代科學家已經不再將哲學和科學看成是一個不可分割的整體，而認為二者之間是相互否定的；現代科學還從根本上否定了已有幾千年歷史的宗教也帶有一定的科學性；而實證主義的盛行則完全淹沒了抽象思維在科學探索中的重要作用。其結果就是「盲人摸象」一般的錯誤，實際上是廣泛地存在於現代人體和生命科學各個領域的研究之中的，進而導致現代科學的絕大部分認識都鑽進了與「**幽門螺旋桿菌與消化性潰瘍有因果關係**[1]」一樣的死胡同，現代科學不能有效應對多種人體疾病和生命現象，也就不足為怪了。由此可見：人類科學未來的大發展，還必須從遭到現代科學排斥的哲學、宗教（索引 7）、中醫學（索引 8）中吸取營養，並重視抽象思維的靈活運用，才能真正地邁入人體和生命科學的大門。

　　因此，現代科學在物理、化學等非生命科學領域中的非凡成就，並不能說明其基礎理論、研究方法、思維方式、基本認識和路線就能滿足高度複雜的人體和生命科學領域的需要；現代科學從根本上忽略了在各種人體疾病和生命活動過程中起決定性作用的抽象要素，導致相當一部分的研究工作實際上都偏離了正確的大方向，所提供的多種認識和觀念都有可能是不全面或甚至是錯誤的。這些都說明了現代科學實際上還沒有真正地邁入人體和生命科學的大門，只有建立一個全新的未來科學體系，才能真正行之有效地應對當前的人體和生命科學所面臨的各項挑戰。

第二節：思維科學理論上的基本輪廓

然而，這一全新的未來科學體系將以什麼作為研究核心呢？既然忽略人體和生命的抽象要素——普遍聯繫，是現代科學最根本的缺陷，並且其理論和方法不再適應新時期人體和生命科學發展的需要，那麼這一全新的科學體系必然要以抽象的普遍聯繫為研究核心，並且主要是針對人體和生命現象高度複雜的基本特點而創立的。第三部分第七章「歷史觀」明確地指出了人體的思維意識是自然界中普遍聯繫最高級的形式，是推動各種人體疾病和生命現象發生發展的決定性動力，因而圍繞思維意識展開的研究最有意義。第十二章「新二元論」指出了廣義的思維意識泛指推動萬事萬物變化發展的普遍聯繫，涵蓋了推動一切生命和非生命現象發生的所有聯繫。因而「思維意識」一詞最能代表人類未來科學的核心內容，我們建議將人類未來的科學體系命名為「思維意識科學」，簡稱「思維科學」。

思維科學的概念在 20 世紀 90 年代早期就有人提出過，但 Antti Revonsuo 教授指出：**至今人們還不清楚究竟應該以什麼樣的哲學方法作為思維科學的基礎；迄今為止，人們還很難勾劃出思維科學的基本內容：一些相關的研究僅僅是零星地發表在一些雜誌上，並且還不能完全地被人們所理解，在這一領域的一些新發現也不十分明瞭** [2]。而本書提出的思維科學概念，則明確地指出了它是以「抽象的普遍聯繫」為基本內容的；我們還建議在思維科學的理論體系完全確立以前，暫時將本書第三部分提出的「新二元論」作為它最主要的哲學基礎。這麼一來，思維科學不僅涵蓋了現代科學的全部內容，而且作為其研究核心的「思維意識」還是現代科學至今尚未涉足的領域。為了便於當前科學界的理解和接受，我們還建議在現階段非常有必要模仿現代科學慣用的形式，將本書第三部分提出的 15 個哲學觀點作為思維科學的基本定理、定律和公式；這樣思維科學便初步擁有了一個完整而系統的理論體系。而黏膜下結節論則是思維科學的理論和方法在人體和生命科學領域中的首次應用，它在解釋消化性潰瘍的發生機理時的成功，直接體現了思維科學擁有現代科學無可比擬的巨大優勢。

因此，本書將以抽象的普遍聯繫、尤其是人體的思維意識作為主要研究對象的學術和思想體系，稱為思維意識科學，簡稱思維科學（Consciousness Science）。這一全新的科學以本書提出的「新二元論」為最主要的哲學基礎，採用多維的思維方式，重視整體觀綜合指導在研究工作中的重要作用，實行實驗研究與抽象思維二者相結合的研究路線，並十分強調哲學在科研探索中的指導性作用。這就初步地勾劃出了思維科學的基本輪廓。

第三節：思維科學有別於現代科學的十五個主要特點

與現代科學相比，思維科學被賦予了很多新的特點。由於現代科學僅僅是物質科學，而思維意識是現代科學至今尚未踏足的領域，因而這裡暫時將思維科學定義為未來科學。根據本書第三部分的論述，這裡羅列了思維科學有別於現代科學的 15 點主要區別，如表 IV.4 所示：

表 IV.4　思維科學與現代科學之間的主要區別

比較項目	現代科學	未來科學
1. 本質上是	物質科學	思維科學
2. 哲學基礎	唯物主義的一元論	唯物和唯心相統一的新二元論
3. 主要對象	具體的物質	抽象的思維
4. 因果關係	相對簡單的線性因果	高度複雜的立體網絡狀因果
5. 認識深度	現象科學、現象觀察	本質科學、深刻揭示抽象的本質
6. 研究方法	還原論分割研究	整體觀綜合指導
7. 思維方式	線性的思維方式	多維的思維方式
8. 研究手段	實驗研究	抽象思維＋實驗驗證
9. 基本路線 *	實證主義路線	哲學路線、理論先於實踐的路線
10. 理論表達	定理、定律、公式	無固定的定理、定律和公式
11. 體系特點	無數的分支學科	高度統一的綜合性大學科
12. 涵蓋範圍	相對狹窄的物質領域	無限廣大、普遍適用於所有領域
13. 對人體的基本看法	物質人體	強調人體自然、社會、整體、歷史和情感等抽象的屬性
14. 生命科學	不適用於生命科學	適用於非生命科學和生命科學及其他各種高度複雜的領域
15. 歷史地位 **	人類科學的初級階段	人類科學的高級階段

* 請參閱本部分第五節；** 請參閱本部分第四節。

3.1 思維科學與現代科學有著完全不同的哲學基礎

思維科學與現代科學最首要、最根本的區別，就是二者有著完全不同的哲學基礎，進而導致它們對自然界、人體和生命的基本看法等等都是完全不同的。結果就是：現代科學根本就無法解釋的許多人體疾病和生命現象，在思維科學的理論體系中卻能輕而易舉地找到圓滿的答案。

第三部分第七章「歷史觀」追溯了現代科學既往發展的歷史，發現其最重要的理論基礎是原子分子論，因而認為世界是物質的；自然界、人體和生命現象的發生發展都是物質世界，尤其是微觀物質世界裡的原子分子運動變化的結果。其次，唯物主義一元論的哲學基礎也決定了現代科學僅僅是「物質科學」；物質屬性還具有看得見、摸得著、測得到的基本特點，因而現代科學還是「具體科學（Concrete Science）」。在探討人體疾病和生命現象的發生機理時，現代科學家們也的確總是要從具體物質的角度去查找原因，例如：現代科學認為「**幽門螺旋桿菌與消化性潰瘍有因果關係** [1]」；癌症是分子病，其基本病因為染色體 DNA 上的基因突變；雖然早在 1962 年就已經有人發現了消化性潰瘍的流行病學特點——年齡段分組現象，但人體的社會屬性才是導致這一現象的根本原因，是不能用任何的物質結構加以描述的，因而在現代科學的理論體系中始終找不到任何合理的解釋。

而思維科學則是以「新二元論」為哲學基礎的，因而它對自然界、人體和生命的看法與現代科學完全不同：思維科學認為世界不僅僅是物質的，而且還是普遍聯繫的；抽象的普遍聯繫雖然沒有具體的物質形態，是無形的，卻在萬事萬物的產生、發展、變化和消亡的過程中起到決定性的推動作用。因而只有帶著「一分為二」的觀點來看問題，強調萬事萬物都固有的抽象的普遍聯繫的重要作用，才能真正明確一切現象發生發展的根本原因。正是基於這一認識，黏膜下結節論才首次簡單明瞭地解釋了消化性潰瘍病的年齡段分組現象，以及所有其他 15 個主要的特徵和全部 72 種不同的現象，並明確地指出：凡是具體的物質方面的因素，都不是人體疾病發生發展的根本原因，而是抽象的聯繫方面的所導致的必然結果。因而思維科學認為幽門螺旋桿菌與消化性潰瘍沒有因果關係；沒有幽門螺旋桿菌的感染，許多個體一樣會患上消化性潰瘍病；而染色體 DNA 上的基因突變，也不是癌症發生發展的根本原因，而是既往經歷的各種社會和生活事件對個體的負面影響長期累積和疊加的結果；基因突變不是癌症發生起始的和決定性的步驟，而是該類疾病發生發展的一個中間、後期過程；而真正推動癌症發生的抽象要素——人體自身內部及其與外界環境之間高度複雜的普遍聯繫，卻在現代科學的病因學中都沒有得到充分的體現。

由此可見，基於「唯物主義一元論」的現代科學對人體和生命現象的認識，就好像牛頓時代以前的人們忽略了「抽象的萬有引力」來探討「蘋果落地」的發生機制一樣。而基於「新二元論」的思維科學則要求生命科學的探索不能像現代科學那樣僅僅將目光聚焦在 DNA、蛋白質等的物質結構和功能上，而十分強調人體和生命的非物質屬性在各種生命活動過程中決定性的驅動作用。因而我們可以認為思維科學是「聯繫科學（Correlative Science）」、「抽象科學（Abstract Science）」，要求我們必須比現代科學考慮得更多、更深入，才能形成對自然界、人體和生命現象更全面的認識，才能真正實現科學探索的各種目標。

3.2 思維科學主要的研究對象是抽象的普遍聯繫

哲學基礎的不同，決定了思維科學與現代科學第二個最大的不同點，就是二者的研究對象也存在著很大的區別。現代科學主要涉及具體的物質領域，而思維科學則同時涉及了具體的物質和抽象的思維這兩個方面的內容，但是以抽象的思維作為最主要的研究對象。

唯物主義一元論的哲學性質決定了現代科學的研究範圍被局限在萬事萬物具體而有形的物質方面，說明了現代科學僅僅是物質科學，很多情況下都會割斷萬事萬物之間抽象的普遍聯繫，因而它還是「孤立的科學（Isolated Science）」，並決定了它對宇宙萬物的認識都是非常不全面的。黏膜下結節論在解釋消化性潰瘍的發生機理時的成功，深刻地反映了像現代科學這樣僅僅從物質的角度來解釋各種人體疾病和生命現象，就好像是牛頓時代以前的人們不考慮萬有引力的作用來解釋蘋果落地一樣，對周圍世界、人體和生命的認識必然是很膚淺的，對各種生命現象的解釋總是處於一種「似是而非、可望而不可及」的狀態；即使像消化性潰瘍這樣一種相對簡單的常見多發病，在現代科學的知識體系中「尚未最後闡明」，是一點也不奇怪的。

而思維科學以「新二元論」為哲學基礎，決定了它不僅會涵蓋現代科學物質結構方面的全部內容，而且必然還會以現代科學至今尚未踏足的普遍聯繫作為最主要的研究對象，因而是「聯繫的科學」。經過過去近 500 年的發展，現代科學的認識能力已經達到了原子分子水平，對各種生命和非生命的物質結構已經有了相當深入的認識。因而具體的物質結構將不再是思維科學的主要研究對象，而在思維意識領域的研究中起輔助作用。中國古人提出的「孤陰不長，獨陽不生 [3]」的哲理，說明了如果像現代科學那樣將研究的焦點僅僅集中在物質領域，那麼我們對物質領域的認識也會是不全面，或甚至是完全錯誤的。這就好像只考慮女人而不考慮男人，我們將永遠也難以理解女人的生理結構和社會行為一樣。思維科學既考慮了「物質」這個「陰」，

又考慮了「思維意識」這個「陽」，因而它在解釋各種疾病和現象時能夠「生」和「長」，也就是能夠取得成功就不奇怪了。雖然物質領域已經不再是思維意識科學研究的焦點，但在「新二元論」這一大的理論框架指導下，基於對思維意識的深入認識，未來的思維科學對物質世界的認識也會比現代科學要深入並且全面得多。

此外，思維科學尤其適合於解釋思維意識領域裡的各種現象。例如，睡眠是我們每人每天都要經歷的生理過程，並且幾乎每個人每天都會「做夢」。然而，個體為什麼會有獨特的夢境？為什麼有些個體還會說夢話，甚至是夢遊呢？這不是利用現代科學所了解的任何一種或幾種生物大分子、任何一個或幾個基因等物質因素所能解釋的。而思維科學則完全跳出了現代科學的物質理論對我們思想上的限制，明確地指出了「睡眠」與「夢境」都不能從物質結構的角度來尋找答案，而必須從個體的既往經歷、健康水平、大腦的整體狀態等非物質角度下手，才能找到令人滿意的解釋，並且還能在「夢境」與個體的日常行為、健康狀態、思想素質之間建立起必然的聯繫，因而「睡眠」和「做夢」實際上都是日常生活中最典型的思維意識現象。不僅如此，思維科學的原則和技術在日常生活中的靈活應用，甚至還可以使我們不需要睡眠，卻能比一般睡眠充足的人還有著更加充沛的精力，思維更加敏銳。更重要的是：思維科學原則和技術的靈活應用還可以極度地開發智慧，徹頭徹尾地改變人類的精神面貌。當然，要具體地實現這些目標，則有待於將來思維科學理論體系的完全確立。

3.3　思維科學是高度複雜的思想體系

思維科學與現代科學第三個最大的不同點，就是二者理論體系的複雜程度存在著十分顯著的差異。思維科學的哲學基礎和主要研究對象，都均決定了它必然是高度複雜的理論體系；其博大精深的思想和內容，也遠非現代科學的理論體系所能比。思維科學的複雜性有很多方面的表現，這裡主要討論三個方面的內容。

現代科學有著成千上萬的分支學科，因而在許多人看來其理論體系是高度複雜而完整的。然而，現代科學僅僅是物質科學的基本特點，卻又決定了它在探討各種人體疾病和生命現象的發生機理時，一定會忽略抽象的普遍聯繫對萬事萬物變化發展的決定性推動作用，導致其理論、技術和方法都有可能存在著一定的缺陷。本書「新二元論」的提出，深刻地反映了中國古人總結出的「一陰一陽謂之道」的哲理。這也就是說：必須既有女人，又有男

人，才能組成一個結構完整、可以隨著歷史的推移而不斷繁衍的人類社會。現代科學是物質科學的基本特點，決定了其理論體系貌似完整而高度複雜，但實際上就好像是一個只有女人而沒有男人的社會，根本就不可能長久地維持下去，也不可能圓滿地解釋任何一種人體疾病和生命現象的發生機理。而思維科學則完全不同，它以新二元論為基礎，既考慮了萬事萬物具體的物質屬性，又考慮了抽象的聯繫屬性，因而可以建立起一個真正意義上的複雜而完整的理論體系；它能夠圓滿地解釋包括消化性潰瘍在內的多種人體疾病和生命現象的發生機理，是不奇怪的。新二元論還決定了思維科學必然要將唯物論和唯心論、科學與哲學、科學與宗教、中西醫學和東西方文化等高度地統一起來，並將現代科學千千萬萬的分支學科也統一起來，才能形成其理論體系。從這一點上來說，思維科學遠非通常意義上的科學，而是同時涉及到了科學、哲學、宗教、藝術等人類行為的所有方面，因而它是一個「包羅萬象的超級大學科、大科學」；它甚至還要從不同地域、不同歷史時期的古代文明中吸取營養；並且只有採用多維的思維方式才能從容面對其複雜性。這些都說明了思維科學理論體系的複雜性遠不是現代科學所能比的。

其次，思維科學的研究對象抽象而無形的基本特點，也決定了要展開這一領域的研究的確有很大的難度。現代科學的研究對象——具體的物質都是看得見、摸得著、測得到的有形實體，因而研究起來相對比較容易，通過各種感覺器官或者儀器就能夠直接感知其存在。而思維科學的研究對象——普遍聯繫則完全不同，看不見、摸不著，也不能夠通過儀器直接檢測到，是無形、抽象卻又真實存在的，只有通過物質世界的變化發展才能間接地推知它的存在；而普遍聯繫最高級的形式——狹義上的、人類特有的思維意識，更是具有微妙、奇妙、玄妙、複雜多變的基本特點。從這一點上來講，思維科學的確要比現代科學複雜得多、研究起來也要難得多。在現代人看來，雖然牛頓在 300 多年前提出的「力」的概念十分簡單，並且無處不在，但由於它是抽象而無形的，所以雖然地球上有文字的文明已經歷經了幾千年，人們卻一直不能明確地指出它的存在。而這個抽象概念在牛頓這裡得到明確以後，就立即導致了現代科學理論體系的確立。而當今的時代，正是生命科學大發展的時期，人類文明的進步要求我們不能僅僅停留在「力」或「能量」等這些相對簡單的抽象概念上，不能僅僅停留在具體的物質水平上，而必須從整體上考慮千千萬萬種不同種類和性質、高度複雜的普遍聯繫，才能真正揭示世界的本來面目和生命現象的奧秘，這正是思維科學的基本內容和所要探求的目標。因而從表面上看，現代科學的理論體系好像很複雜，但與思維科學相比卻又是非常簡單的；思維科學的研究需要更高的智慧，並且必須是大智慧才能順利地開展。

再次，普遍聯繫是通過疊加機制來推動萬事萬物的變化發展的，不同性質和種類的聯繫之間彼此交叉起來起作用並且有著複雜的多個層次，因而思維科學面臨的是高度複雜的因果關係。如果我們認為一條「萬有引力定律」足以構成宏觀科學的理論基礎，「量子論」和「相對論」兩個理論足以構成微觀科學的理論基礎的話，那麼本書第三部分提出的 15 條哲學原理實際上還不足以構成思維科學的理論基礎：思維科學的理論基礎實際上是不能用言語表達的，本書這裡是為了便於現代科學家們理解，所以才採用 15 條哲學原理的形式，並且還僅僅只是表達了很少的一部分內容。實際上，「萬有引力定律」和「相對論」都是本書第一條哲學原理「同一性」中兩種最簡單的情況，而達爾文的「進化論」也僅僅是本書第三條哲學原理「變化發展」千千萬萬種不同表現中在生物學上的一種表現。因而我們完全可以將本書提出的部分哲學原理看成是牛頓、愛因斯坦、達爾文等人所提出現代科學基礎理論的母定律，所涉及的範圍要比這些現代科學理論更加廣大、認識深度也的確要比現代科學更加深入。這就決定了思維科學必須比現代科學多考慮千百萬倍的因素，才能實現其探索的目標，足見其理論體系的複雜性。例如：牛頓在解釋「蘋果落地」現象時只需要考慮「萬有引力」這個單一的因素、解釋單一的現象就可以了；而黏膜下結節論則必須考慮千變萬化的因素，必須同時解釋所有 72 種不同的現象和全部 15 個主要的特徵，彼此之間沒有任何矛盾，才能算得上圓滿地解釋了一種疾病的發生機理。這些都說明了黏膜下結節論在解釋消化性潰瘍的發生機理時的難度，至少是牛頓解釋「蘋果落地」現象時難度的千倍萬倍以上。

然而，思維科學的理論體系雖然高度複雜，但是它對許多現象的解釋、對各種疾病採取的治療措施卻是十分簡單的。例如：過去 50 年來現代科學一直都不能圓滿解釋的年齡段分組現象，以思維科學為基礎的黏膜下結節論只需要一張條形圖就足以將它解釋得一清二楚；即使沒有任何醫學背景的聽眾，也能立即明白這一現象的發生機理。本書對年齡段分組現象的解釋，實際上與牛頓對「蘋果落地」的解釋一樣簡單，關鍵是我們有沒有疊加機制、普遍聯繫等思維科學的基本觀念、有沒有應用全新的多維的思維方式來觀察和處理問題。其次，在現代科學理論和方法的指導下，各種疾病的治療措施都是很複雜的，吃藥、打針、放化療、手術等等一大堆，人們還必須採取各種措施來預防藥物的毒副作用和併發症等等。而思維科學則突出地強調了個體內心的調整對疾病的根本性防治作用，完全免去了現代醫學那樣繁瑣的措施，根本就無需吃藥、做手術，自然也就不存在藥物的毒副作用、手術併發症等問題了。這些都說明了思維科學的理論體系雖然高度複雜，但在應用上卻是非常簡單、非常適用的。

3.4 思維科學是本質科學

思維科學與現代科學第四個最大的不同點，就是二者對各種現象的認識深度存在著極其顯著的差異：現代科學對多數現象，尤其是人體和生命現象的認識僅僅停留在現象觀察的水平上，而思維科學則能夠深刻地揭示隱藏在各種人體疾病和生命現象背後的抽象本質。

現代科學是物質科學的基本特點，決定了它的研究對象主要是具體的物質結構，並且其絕大多數的研究還沒有開始就已經自動地放棄了對事物的抽象屬性的探討。然而，正如第三部分第八章「本質與現象」中指出的那樣，本質都是抽象的；只有看到了在各種現象的發生發展過程中起決定性作用的抽象聯繫，才能算得上是認識到了隱藏在各種現象背後的內在本質。而當前的現代科學雖然被稱為「科學」，卻被物質結構方面的成就所吸引，因此並沒有真正地將「揭示本質」作為其科研探索的目標。然而，現代科學在相對並不複雜的物理、化學等非生命領域則是一個例外，抓住了如萬有引力、電場力、能量等這樣一些推動物理、化學變化的抽象本質；這是因為這些本質在形式上都比較簡單，相對比較容易被人們覺察到的緣故。但是一旦涉及到高度複雜的人體和生命科學，其抽象本質具有高度複雜、微妙多變的特點，現代科學的理論體系和思維方式就很難應付了；其哲學根基決定了它只能通過觀察事物的變化發展來認識到各種現象的存在，因而我們完全可以將現代科學定義為「現象科學（Phenomenal Science）」。

而思維科學的哲學基礎是「新二元論」，決定了它必然要以現代科學尚未涉足的抽象屬性作為最主要的研究對象，充分地考慮到了在各種現象發生過程中發揮決定性推動作用的抽象聯繫，因而其探索一開始就是以深刻揭示隱藏在各種現象背後的抽象本質為目標的，是地地道道的「本質科學（Essential Science）」，對各種現象的認識必然要比現代科學深刻得多。思維科學的認識不僅能涵蓋現代科學已經揭示了的各種非生命現象的簡單本質，而且還能深入揭示隱藏在各種人體和生命現象背後的複雜本質。例如：現代科學將癌症歸因於物質方面的要素，而忽略了個體既往經歷的基礎性作用，因而總是將基因突變作為其研究的焦點。而思維科學在不否認癌症發生的過程中存在著基因突變的同時，卻認為基因突變並不是癌症發生起始和決定性的步驟，而是在各種抽象聯繫的推動下於發病過程的後期才出現的一個中間過程。因而現代科學還遠遠沒有認識到推動癌症發生的抽象本質；而發生在基因突變之前、帶有唯心色彩、被現代科學所排斥、高度複雜的抽象過程，才是癌症發生發展的決定性步驟。而思維科學正是為了克服這一缺陷而建立起來的全新理論體系，因而很容易就能找到令人滿意的答案。

3.5 整體觀綜合指導在思維科學的研究中占有突出的地位

思維科學與現代科學的第五個不同點，就是二者在研究方法上也存在著巨大的差異：現代科學主要採用還原論分割研究的方法；而思維科學則強調在人體和生命科學這樣高度複雜的領域，必須走整體觀綜合指導與還原論分割研究相結合的路線，並且整體觀綜合指導更具有決定性意義。

現代科學唯物主義一元論的哲學基礎，決定了它一定會割裂萬事萬物及其不同部分之間都固有的抽象聯繫，因而很容易就走上了將研究對象的各個不同部分和時期分割開來獨立研究的還原論路線。這一特點在現代科學中的表現是多方面的。例如：根據研究對象的不同，現代科學將其理論和知識體系分割成自然科學、社會科學、人體和生命科學，以及人文科學四大分支，每一分支又可以再分割成千上萬的小學科。不僅如此，現代科學還將人體分割成不同的系統、器官和組織分別進行研究，每一學科都將其研究對象局限在人體的某個局部，因而就有了內外科、心血管科、口腔科、眼耳鼻喉科、腎病科等分科；將人體的不同時期分割開來研究，因此就有了組織胚胎學、圍產期醫學、兒科學、老年醫學等形式的分科。此外，現代科學還將人體從其生存的自然、社會和家庭等大環境中割裂開來；在探討某一器官的生理活動機制時，也基本上不考慮其他器官或整體的狀態。還原論分割研究的方法雖然在一定程度上有助於對物質結構的深入了解，但各分支學科所能夠了解到的，通常是研究對象的某一局部或某一時期，而不是整體上的全面把握，因而我們完全可以將現代科學稱為「局部科學（**Local Science**）」。此外，忽略了普遍聯繫的屬性，也就忽略了推動萬事萬物變化發展的動力，因而很容易就將研究的目光集中在某個靜態的時間點或某個非常有限的階段，而不是事物變化發展的全部歷史過程，因而我們還可以將現代科學稱為「靜態科學（**Static Science**）」、「階段性科學（**Staged Science**）」。

而思維科學則完全不同，其新二元論的哲學基礎決定了它必然會認識到萬事萬物之間、同一事物的各個不同部分和時期之間是一個普遍聯繫的整體；必然會認識到抽象的普遍聯繫，才是推動萬事萬物變化發展的根本動力。因而，思維科學很容易地就能指出現代科學還原論分割研究的路線必然不能全面而真實地反映周圍世界的本來面目，現代科學不能圓滿地解釋各種疾病和現象的發生機理是必然的。思維科學認為：只有將個體放在其生存的自然界、社會和家庭等這樣一些整體性的大環境中去研究，只有將某一器官放在一個完整、活生生的人體中去研究，並且只有充分地考慮個體和器官變化發展的全部歷史過程，才能真正地了解到各種疾病和現象發生的根本原因，才能真正闡明各種器官的生理活動機制。因此，思維科學在展開各項研

究時，首先強調的就是必須從整體上把握研究對象，才能形成對事物全面而正確的認識；它也不再像現代科學那樣有著成千上萬的分支科學，而是一個包羅萬象的大學科；並認為一個合格的生命科學家，必須從整體上對方方面面的知識都有所了解，才能在展開其研究時能夠做到有的放矢；因而我們還可以將思維科學稱為「全面的科學（Comprehensive Science）」、「整體的科學（Integral Science）」。認識到了普遍聯繫的重要作用，就必須充分地考慮萬事萬物的變化發展的全部歷史，因而思維科學將不再像現代科學那樣，僅僅將目光集中在某個靜態的時間點或者某個有限的發展階段，而是必須仔細地考察和把握研究對象變化發展的動態歷史。如果我們將現代科學所觀察到的形象地比作一張靜態的黑白照片的話，那麼思維科學所觀察到的則是一個連續不斷的、動態、帶聲音的彩色錄影，所涉及到的信息量更大更廣泛，所提供的認識自然也就會更全面更深入。因而我們還可以將思維科學稱為「動態科學（Dynamic Science）」、「連續變化的科學（Continuously Changing Science）」。

　　由此可見，「新二元論」要求我們必須帶著整體觀、歷史觀才能展開人體和生命科學領域的研究。由於還原論分割研究的方法有助於了解局部的情況，並且了解局部對把握整體也是有很大幫助的，因而在未來的思維科學體系中還會繼續沿用還原論分割研究的基本方法，但必須是在整體觀綜合指導這一大的原則指導下展開的分割研究。

3.6　思維科學採用的是多維的思維方式

　　思維科學與現代科學第六個顯著的差別，就是二者的思維方式也是完全不同的。現代科學涉及的因果關係比較簡單，只須線性的思維方式就足夠了；而思維科學涉及到高度複雜的立體網絡狀因果，唯有應用多維的思維方式才能行之有效地解決人體和生命科學領域中的各種問題。

　　現代科學唯物主義一元論的哲學性質，決定了它通常只考慮萬事萬物變化發展過程後期物質結構方面的表現，並且一定會採用還原論分割研究的方法，這就導致它通常採用線性的思維方式來觀察和處理問題。例如：在探討各種疾病和現象的發生機理時，現代醫學無需考慮個體的整體狀態，無需考慮既往的自然、社會和家庭事件以及個體的精神面貌、人生觀等對健康的影響，也沒有條件去考慮高度複雜的人體內因在各種疾病發生發展過程中的決定性作用；有些現代科學家甚至還會認為這些因素都是唯心、不科學的。這種思維方式的必然結果在臨床治療上就表現為「頭痛醫頭，腳痛醫腳（Treat the head when the head aches and treat the foot when the foot hurts）」，也就是顧此失彼而通常導致了一些副作用或併發症。現代醫學認為基因突變和愛滋病病毒的感染分別是癌症和愛滋病發生的中心環節，而獲得 2005 年諾貝爾

生理和醫學獎的 Marshall 也認為「幽門螺旋桿菌與消化性潰瘍病有因果關係」。這些都表明線性思維的必然結果，就是導致現代科學在探討各種疾病的發生機理時都不太重視人體內因的探討，在治療上也找不到任何行之有效的辦法來主動地改善個體的整體狀態，而永遠只能在相對簡單的外因上下功夫，它不能深刻地揭示推動各種人體疾病和生命現象發生發展的根本原因，不能圓滿地解釋任何一種疾病的發生機理都是必然的。

而基於「新二元論」的思維科學則清楚地認識到了普遍聯繫才是推動萬事萬物變化發展的根本原因，並認為人體疾病和生命現象因果關係高度複雜的特點，決定了我們必須比現代科學考慮得更多更全面、更深入更細緻，也就是必須靈活地應用多維的思維方式，才能有效應對生命科學領域中各種高度複雜的問題。在普遍聯繫和變化發展等觀點的指導下，我們在探討各種人體疾病和生命現象的發生機理時，怎麼能夠像現代科學那樣不考慮個體的整體狀態，不考慮既往各種自然、社會和家庭事件以及個體的精神面貌、人生觀，不考慮高度複雜的人體內因在疾病發生發展過程中的決定性作用呢？唯心主義的某些認識怎麼就一定是不科學的呢？頭痛的病因為什麼就一定在頭部、腳痛為什麼就一定是腳部的結構異常引起的呢？現代醫學不是已經揭示了心臟肥大可以是肺部疾病引起的嗎？同理，基因突變和愛滋病病毒也不是推動癌症和愛滋病最深刻的原因，幽門螺旋桿菌與消化性潰瘍病也不存在因果關係；推動這些疾病發生最深刻的原因都是人體自身的抗病能力（內因）被削弱而導致的機會致病。在這種情況下，只有應用多維的思維方式才能深刻地領悟到人體自身內部各種複雜的生理和抗病機制，從而找到推動各種疾病發生發展的本質性原因，提出行之有效的抗病治病方案，並杜絕各種醫療副作用或併發症的發生。

由此可見：人體和生命科學領域中高度複雜的立體網絡狀因果，根本就不是現代科學的線性思維方式所能應對的；這就決定了我們在建立全新的思維科學的理論體系的同時，還必須靈活應用多維的思維方式，才能行之有效地應對當前所面臨的種種挑戰。

3.7 思維科學沒有現代科學那樣固定的定理、定律、公式和法則

思維科學與現代科學的第七個不同點，就是二者理論的表達方式也存在著差別。現代科學認為定理、定律、公式或法則才是表達客觀規律的科學方式，並企圖利用某個單一特定的致病因子或某個統一的病理機制來解釋疾病的發生機理。而思維科學則完全不同，不再採用定理、定律、公式和法則的形式來描述客觀規律，並認為各種疾病和現象的發生機制是因時因地因人而異的。這一認識在人類科學的未來發展過程中尤其值得科學界的重視。

現代科學習慣於利用某個特定的定理、定律、公式和法則來描述自然規律。牛頓用 F=G（Mm/R²）來描述萬有引力定律，愛因斯坦用 ΔE=ΔMC² 來描述質量和能量的轉換關係，都是科學史上這一思想獲得巨大成功的先例，從而使建立定理、定律、公式和法則成為現代科學家們夢寐以求的目標；人們還將這一觀念延續到了人體和生命科學領域，現代醫學家們也不斷地嘗試利用數學公式來描述生命活動的規律，並企圖用某個特定的致病因子或病理機制來解釋某種人體疾病的發生機理，結果卻收效甚微——現代科學至今仍然不能圓滿地解釋任何一種人體疾病和生命現象的發生機理。值得注意的是：物理、化學等非生命科學領域中的研究對象主要是具體的物質，在相當長的歷史時期內通常能保持相對的恒定，所涉及到的抽象聯繫往往也只有很少的一種或幾種。這就使得牛頓、愛因斯坦等人利用某個固定的定理、定律、公式或法則來描述自然規律成為了可能。然而，即便是非生命的物質領域，當人們利用薛定諤方程來描述核外電子的運動狀態時，卻只能較為精確地描述只有一個核外電子的氫原子；對於擁有多個核外電子的其他所有原子則只能採取近似的辦法，並且核外電子愈多，偏差就愈大。這說明當複雜的多因素同時起作用時，通常是不能採用固定的定理、定律、公式或法則來描述各種事物變化發展的規律的。

而思維科學以抽象的普遍聯繫為研究核心，並認為各種人體疾病和生命現象基本上都是由複雜的多因素共同決定的。因而利用特定的數學公式來描述生命現象，或千篇一律的病因學機制來解釋某種疾病通常是行不通的；正相反，只有帶著概率論的眼光，在堅持一定原則的條件下對人體和生命科學領域中的絕大部分問題進行模糊處理，才能找到正確地分析和處理問題的方法。東方文明要早於西方好幾千年，並且古代中國和印度的歷史上出現了很多聖人，但為什麼只是到了近代的西方才有人提出一些定理、定律、公式和法則來描述自然規律呢？這是因為古代東方文化以抽象的普遍聯繫作為其研究的根本出發點，早就認識到沒有恒定不變的定理、定律、公式和法則，而必須因時因地而化，要因人而異；用定理、定律和公式的形式來表達思想，很容易犯教條主義的錯誤，從而對認識能力的提高產生一定的負面影響。這一認識的正確性實際上早已被現代科學的實踐所證明（第三部分第四章2.1）。因此，源遠流長的東方文明史上一直都未曾有人提出過類似於現代科學的定理、定律、公式和法則。中醫學主張辨症論治，一個良好的中醫師能夠治癒西醫束手無策的多種疾病，實際上也是這一思想提供了正確指導的結果。在思維科學看來，千差萬別的人生經歷使得不同的個體有著不盡相同的抗病機制，即使受到完全相同的外來致病因子的攻擊，不同個體的發病機制也是千變萬化的。

由此可見，思維科學將儘量避免採用千篇一律的定理、定律、公式和法則來描述各種人體疾病和生命現象，也不會採用某一固定的病因學機制來解釋人體疾病的發生機理，而是要求我們必須帶著概率論的眼光來看待各種疾病和現象的發生發展。這一點在思維科學理論體系的建設中顯得尤其重要。

3.8 思維科學強調實驗研究與抽象思維的有機結合

思維科學與現代科學的第八個不同點，就是二者的研究路線也是完全不同的：現代科學走的是實證主義路線，強調實驗研究的作用；而思維科學則認為必須做到實驗研究與抽象思維的有機結合，才能真正實現人體和生命科學領域探索的目標。

唯物主義一元論的哲學性質決定了現代科學是物質科學、現象科學，因而實證主義在多個領域的研究中都很盛行，並且現代人體和生命科學家們普遍不重視抽象思維的重要作用：這集中地體現在獲得了 2005年諾貝爾生理和醫學獎的研究結論之中。在現代科學史上，自伽利略**首先把實驗引進到物理學並賦予重要的地位，革除了以往只靠思辨下結論的惡習** [4] 以來，實驗研究在物理、化學等非生命的物質領域無疑是取得了很大的成功。但實際上，雖然經典物理所涉及的抽象聯繫的種類少而且作用明顯，但伽利略、惠更斯、牛頓等這些現代科學啟蒙時期的代表人物，不僅重視實驗研究或現象觀察，而且還充分地運用了數學和邏輯推理，所以才能領悟到隱藏在那些非生命的物質現象背後的抽象本質，從而導致了經典物理學的飛速發展。生命有機體結構和層次的複雜性，所涉及的抽象聯繫種類的多樣性等等，都遠不是物理、化學等非生命科學領域中的研究對象所能比擬的，這就需要更高的智慧，在理論探索上比經典物理學做得更多更細緻，或者說在抽象思維上做得更好更深入，才能找到隱藏在各種人體疾病和生命現象背後的抽象本質，從而真正實現科研探索的目標。本書第三部分通過追溯既往消化性潰瘍研究的歷史，清楚地說明了現代人體和生命科學只重視實驗研究，而基本忽略了抽象思維方面的工作。

而基於新二元論的思維科學則認為我們在強調實驗研究的同時，還必須高度重視抽象思維的作用，才能把握正確的科研方向，實現科學探索的目標。由於新二元論認為普遍聯繫在萬事萬物變化發展的過程中發揮了決定性的推動作用，因而只有抓住了抽象的普遍聯繫，才算得上看清了隱藏在現象背後的抽象本質。這就決定了我們只有聯合應用抽象思維，才能深刻地揭示隱藏在各種人體和生命現象背後的抽象本質。其次，人體和生命結構的複雜性，及其抽象聯繫種類的多樣性等等，決定了針對同一疾病或現象的研究往

往存在著多個不同的方向。例如：流行病學調查結果、神經遞質、胃酸胃蛋白酶，以及微生物領域中的幽門螺旋桿菌等，說明了消化性潰瘍病存在著至少 4 個不同的研究方向。究竟哪一個方向才是正確的呢？在思維科學理論的指導下，黏膜下結節論除了充分利用現代科學實驗研究所觀察到的結果外，同時也十分重視抽象思維的作用，所以深刻地領悟到了人體抽象聯繫的屬性，才是導致各種人體疾病的本質性原因，並認識到只有將歷史上所有不同領域的研究有機地結合起來，才是唯一正確的研究方向，進而圓滿地解釋了消化性潰瘍所有 72 種不同的現象和 15 個主要的特徵。這充分地說明了只有利用抽象思維或哲學思辨，才能真正地把握好人體和生命科學探索的大方向。

由此可見，僅僅通過實驗研究，或像物理學那樣僅僅通過一兩條定理、定律、公式和法則，或相對簡單的抽象思維，都是難以解決人體和生命科學領域中的各種複雜問題的。人體疾病和生命現象高度複雜的基本特點，決定了我們必須比非生命的物理、化學領域更重視抽象思維的作用，也就是要充分地利用我們的大腦、努力地發揮人類智慧的能動作用，才能深刻地揭示隱藏在它們背後的抽象本質。

3.9 思維科學對人體的基本看法與現代科學有著很大的區別

思維科學與現代科學的第九個不同點，就是二者對人體的基本看法存在著很大的差別：現代科學認識到的主要是物質人體，不能在人體的抽象屬性與各種疾病之間建立起必然的聯繫；而思維科學則認為人體的抽象屬性在各種疾病的發生發展過程中起到了決定性的推動作用。

現代科學唯物主義一元論的哲學性質，決定了它必然要將一個活生生的人體，看成是一個與死人無異、簡簡單單地由原子分子構成的物質堆，而基本忽視只有活人才具有的多方面的抽象屬性。這也就是說：雖然死人與活人有著本質上的巨大差別，但是現代科學卻缺乏一個明確的概念將死人與活人嚴格地區分開來的：在現代科學看來，活人與死人一樣，是孤立於自然界、社會和家庭的，人體的各個不同部分也可以被分割開來獨立研究：既往經歷的各種自然、社會和家庭事件，乃至情感、人生觀、思想和行為等等，基本上都與人體疾病和生命現象的發生發展無關。而現代醫學對人體的基本認識，也的確是以解剖沒有思維意識、失去了一切社會屬性的死人為基礎的：現代醫學在探討各種疾病和現象的發生機理時，也的確從來都不考慮一個活生生的人體所具有的自然、社會、整體、歷史和情感等抽象的五大屬性，而總是企圖利用從解剖死人所了解到的物質結構，來解釋發生在活人身上的各種疾病和現象。

而思維科學對人體的看法與現代科學有著本質上的不同。基於新二元論的認識，思維科學認為任何一個活生生的人體絕對不像現代科學所認為的那樣，僅僅是一個簡簡單單由原子分子構成的物質堆，正相反，活人具有死人不可能具有的多種抽象屬性，並且這些屬性才是推動各項生理活動和各種疾病發生發展的真正動力。思維科學認為：一個活生生的人體必然是自然界的一部分，社會的一分子；其各個不同的部分之間還是一個普遍聯繫著的不可分割的整體；此外，它還是歷史發展的產物，繼承了祖祖輩輩的遺傳信息、有著不可忽視的既往經歷，並且一定會受到各種情感因素的影響。一句話，思維科學認為自然、社會、整體、歷史和情感等抽象的五大屬性，是區分活人與死人的重要標誌；既往人生經歷中的各種自然、社會和家庭事件，乃至情感、人生觀、思想和行為等，才是導致各種人體疾病和生命現象的根本原因；而消化性潰瘍的流行病學特點——年齡段分組現象，正是這些抽象的五大屬性，尤其是社會和情感屬性的集中體現。如果我們在探索各種人體疾病和生命現象的發生機理時缺乏這樣的認識，片面地追求原子分子水平等微觀物質結構的研究，就很容易犯大方向上的錯誤，從而導致現代科學近半個世紀以來一直都不能圓滿地解釋這一現象的形成機制。在思維科學看來，現代科學的理論和方法在人體和生命科學領域不能取得成功是必然的。

由於基本看法不同，思維科學對各種疾病的防治措施也與現代科學吃藥、打針、做手術等具體的治療方案完全不同。人類要追求真正的健康和幸福嗎？思維科學首先就要求我們要在內心的調整上下功夫，時刻都要保持高尚的思想和行為，做到不為世俗的名利、矛盾乃至生活中的種種挫折所動搖；其次，思維科學還要求全社會共同努力，打造和諧的家庭氛圍、社會關係和優美的自然環境，儘量減少心理上的惡性刺激等等，才能真正有助於全社會總體健康水平的提高。一句話：只有大家都健康與幸福了，個體才能獲得真正的健康與幸福。

3.10 思維科學是一門高度統一的大學科、大科學

思維科學與現代科學第十個方面的不同點，就是二者的理論體系在形式上存在著很大的差別：現代科學認為必須被分割成多個不同領域的小學科，科研探索才能深入；而思維科學則認為只有從整體上把握好各個不同領域的認識，科研工作才能保持在一個正確的大方向上，各項探索才能真正進一步地深入。這也就是說：思維科學認為只有在全域的基礎上才能獲得真正正確的認識。因而思維科學是一門高度統一的大科學、大學科。

　　基於唯物主義一元論的哲學基礎和還原論分割研究的基本方法，現代科學的理論體系被分割成自然科學、生命科學、社會科學以及人文科學四大分支，每一大的分支又被再次分割成無數的小學科；並且人們的心目中已經形成了這樣的一種觀念：分科愈多愈細緻，科學研究才能不斷地深入下去；似乎每多出現一些新的分支學科，我們就離真理更近了一步。因而每一個科學工作者都有自己的專業，都將自己的工作集中在某個特定的領域。這在醫學上具體地表現為某一專業的醫生，通常只負責治療某個局部的疾病；而對於那些與本專業無關的疾病，則只有放之任之，或求助於其他專業的醫生了。然而，分科研究的方法在生命科學領域似乎是很不成功的：現代科學至今仍然不能圓滿地解釋任何一種人體疾病的發生機理，未知的要比已知的多得多；對於像消化性潰瘍、癌症、愛滋病等這樣的常見多發病，現代科學實際上還並不十分了解其真正的病因，也就找不到特效的治療措施而容易反覆發作。而黏膜下結節論大膽地嘗試了與現代科學完全相反的道路卻取得了成功，說明了「分科研究（**Branch Based Study**）」的方法有可能是存在著重大缺陷的，導致每一個科研工作者的研究領域過於狹窄，容易犯大方向上的錯誤，進而使其認識更加不容易深入；或者說「分科研究」的方法有可能不符合人體和生命自身固有的特徵，因而不能適應人體和生命科學領域探索的需要；本書第二、三兩個部分的分析表明：分科研究的方法的確是存在著一定缺陷的：它預先否定了萬事萬物之間、同一研究對象的不同部分之間固有的抽象聯繫，也就自動地割裂了各學科之間的內在聯繫，因而是不可能成功地解釋任何疾病的。從一定程度上講，現代科學分科研究的方法並不是使我們離真理更近，而是漸行漸遠了。

　　基於新二元論的哲學基礎和整體觀綜合指導的研究方法，思維科學的理論體系將不再採用分科研究的方法，而是一門高度統一的大學科。為什麼呢？本書第二部分第十二章提到：新二元論要求我們必須將現代科學所有的分支學科高度地統一起來，才能形成對周圍世界和人體自身更加完整的認識。因而未來一個合格的思維科學家，將不再像一個典型的現代科學家那樣僅僅局限在一兩個狹窄的領域，而是在精通人體和生命科學各分支領域的知識同時，對自然科學也有很好的了解，並且還通人情、懂世故，有著極高的哲學素養，因而還是一個很好的社會學家以及人文學家。黏膜下結節論正是循著這樣的路徑，歷史上第一次將不同領域的研究成果有機地結合起來，從整體上來探討消化性潰瘍的發生機理，所以才圓滿地解釋了消化性潰瘍的發病機理。這些都說明了思維科學不僅能解釋各種疾病和現象的流行病學、形態學等某一個或幾個領域的特徵，而是自動涉及到了研究對象所有方面的特徵，涉及到了推動事物發生、發展、變化的所有方面。因而人體和生命現象

高度複雜的基本特點，決定了每一個科研工作者都必須有很寬的知識面，才能真正深入地展開人體和生命科學的研究。不僅如此，由於整體觀是思維科學必備的基本觀點，因而在應用思維科學的技術和方法來治療疾病時，將不再局限於治療患者某一特定部位或區域的某個特定的疾病，而首先是改善整體的健康狀況和機能，進而同時治癒多種疾病：不僅病人能明顯感覺到的疾病被治癒了，病人不能感覺到的其他多種潛在疾病同時也會被治癒。不僅如此，由於思維科學所提供的是根本性的病因治療，因此疾病被治癒以後往往不會復發。這一神奇的治療學特點說明了將不同學科領域的知識高度統一起來的方法，導致思維科學所提供的認識的確要比現代科學「分科研究」的方法更容易接近科學真理，是對自然界、人體和生命更加完善的認識。

由此可見：與現代科學相比，思維科學的確是一門高度統一的綜合性的大科學、大學問，或者說是一門多學科性的大科學、一個名副其實的「知識大雜燴」。有人會問：即使是現代科學的某一分支學科的分支，就已經足以讓人應接不暇了，而思維科學卻要求我們同時掌握如此多的思想和內容，一個人的大腦裝得下如此多的知識嗎？我們必須注意到：目前人類的智慧還沒有得到充分的利用，有研究表明最多只發揮了不到10％的功能，因而還有十分巨大的潛力可以挖掘。而一個合格的思維科學家除了要像一個優秀的現代科學家那樣刻苦學習和努力鑽研以外，還必須長期堅持思維意識的鍛鍊，所以能充分地挖掘這些潛力並開發出異乎尋常的大智慧；一個合格的思維科學家還必須擁有高尚的品德和忘我無私的精神，才能騰出足夠的大腦空間來容納如此龐大、複雜的知識體系。而人類科學的未來也只有彙集當前各分支學科、各不同時期和地域的優秀思想，才能真正踏入人體和生命科學的大門。這說明要成為一個真正的思維科學家，要在人體和生命科學領域取得一定的成就，的確是非常不容易的。

3.11 思維科學將極大地拓展人類的視野、涉及無比廣大的範圍

思維科學與現代科學還有一個非常顯著的不同點，就是二者所涉及的範圍也存在著巨大的差別。現代科學是具體的物質科學，通常不涉及哲學、宗教、藝術等多方面的內容，因而其研究範圍相對比較狹窄；思維科學不僅涵蓋了現代科學的一切內容，而且還涉及到了現代科學至今尚未踏足的多個領域，是科學、哲學、宗教、藝術等人類行為所有方面的綜合體。因而思維科學實際上還是一個包羅萬象、範圍無比廣大的「超級大科學（Super Mega-science）」。這裡將卵細胞與人體進行類比來形象地說明這個問題。

　　現代科學的研究表明：人體的生長發育都是從單個的受精卵開始的。如果精子和卵子未能合二為一，也就是如果一個成熟的卵子沒有被受精，那麼，無論是精子還是卵子，都不能長期單獨地生存，更不可能發育成為一個真正意義上的個體。只有精子和卵子的細胞核合二為一，二者的染色體發生了聯會和配對，也就是只有在完成受精的全過程以後，方能啟動細胞內的各項生理機制並煥發出勃勃的生機，最終發育成為真正意義上的人體——其強大的生命力、龐大的體積和複雜的結構都遠非最初的精子和卵子所能比擬的。而能夠進行受精作用的精子和卵子，是在漫長的生物進化過程中相互伴隨而發展、具有高度同一性的一對二元關係。

　　唯物主義一元論的哲學性質，決定了現代科學的認識論一定會將許多重要的二元關係對立起來，並且在二者之中僅取其一，進而否認其對立面的科學性或必要性。例如：本書第三部分第十二章中選擇性地討論的十多對二元關係，如唯物論和唯心論、科學與哲學、科學與宗教、實驗研究和抽象思維、中西醫學、東西方文化等，現代科學只堅持其中的唯物論，並認為唯心論的認識都是不科學的；現代科學否認哲學的指導作用，並認為哲學不是科學；現代科學否認宗教的科學性，並認為科學和宗教是對立的；在現階段，中西醫學和東西方文化之間的差異是顯而易見的；現代科學家們普遍只注重實驗研究卻忽略抽象思維的作用等等。新二元論在這些問題上的應用，則明確地指出了所有這些二元關係實際上都像精子和卵子一樣，都是在人類認識發展的漫長歷史進程中相互伴隨而發展、具有高度同一性的二元關係。因而像現代科學的許多觀念那樣，將所有這些二元關係對立起來看問題，就好像是人為地將精子和卵子阻隔開來不讓它們受精，卻企圖得到一個體魄健全、生機勃勃的人體一樣，是永遠也不可能取得成功的。這就導致現代科學對周圍世界、人體自身和生命現象多方面的認識自始至終都難以進一步地深入下去；而許多尚未得到圓滿解釋的人體疾病、生命現象和自然之謎，都說明了現代科學的確就像一個沒有被受精的卵細胞一樣，並不能使人類的科學得到真正意義上的大發展。現代科學的生命力也的確就像一個沒有受精的卵細胞一樣，並沒有我們想像中的那樣強大；它所認識到的範圍就好像一個未受精的卵細胞那樣渺小，而在當前現代科學的視野之外，完全有可能存在著一個有如龐大的人體結構一般、無比廣闊的新領域有待我們去認識和開發。

　　與現代科學完全不同的是，思維科學以物質和意識高度統一的「新二元論」為哲學基礎，認為這多對二元關係就好像多個不同領域中的精細胞和卵細胞一般，無論是得到了現代科學支持的一方，還是被現代科學否定了的一方，都是我們認識周圍世界不可缺少的兩個重要方面中的一個，都不能單獨地發揮作用而形成對周圍世界、人體和生命現象深入而完善的認識，都無

法使人類科學得到真正的大發展。只有將它們全部都合二為一，也就是高度地統一起來，才能形成對周圍世界、人體自身和生命現象更深入更完善的認識，人類科學才能得到真正意義上的新的大發展。因而在思維科學看來，現代科學所堅持的唯物論、科學觀、現代西方醫學、實驗研究和西方文化等等，就好像是一個「尚未受精的卵細胞」一樣，所缺乏的正是唯心論、哲學、宗教、抽象思維、中西醫學和東方文化等「精子」的基本認識。現代科學只有與唯心論的部分認識完全融合起來，只有接受哲學的指導，只有承認宗教學說中部分認識的科學性，現代人體與生命科學只有融入中醫學的部分思想和內容，現代西方文化只有從東方古代文化中吸取營養，才能像一顆受精卵那樣煥發出勃勃的生機，才能真正啟動人類科學大發展的步伐，並最終發展成為真正意義上的科學，進而有效解決當前擺在人們面前的一系列難題──這就是在新二元論這顆「受精卵」的基礎上建立起來的全新的思維科學。可以預計：假以時日，思維科學所擁有的強大生命力、龐大的思想體系和複雜的理論架構，就好像是一個體魄健全的人體一樣，遠不是現代科學這顆「未受精的卵細胞」所能比擬的。

由此可見，思維科學不僅是一門高度統一了現代科學各分支學科的綜合性的大科學、大學問，而且還涵蓋了宗教、哲學、中醫學、東方文化和古代文明中的部分思想、方法和內容，因而是一個包羅萬象、高度複雜的龐大知識體系。從這個角度上來講，思維科學還將是一個彙集了古今中外各個不同時期、不同地域的優秀思想、理論和方法的超級綜合體，擁有既抽象又具體，既古老又新奇等多個方面的重要特點。

第四節：思維科學是人類科學的高級階段

上一節通過多個方面的比較凸顯了現代科學與思維科學之間的區別。但思維科學與現代科學之間又存在著什麼樣的聯繫呢？思維科學是現代科學派生出來的一個分支，還是新一代的全新思想體系呢？本節首先回顧了過去幾百年來物理學發展的歷史，得出「人類科學分階段發展」的結論，接著通過類比的方法明確地指出了當前的現代科學不是人類科學的全部，而僅僅是人類科學的初級階段，而思維科學則是人類科學的高級階段，是對周圍世界、人體和生命更加全面而深入的認識；最後指出了現代科學是建立思維科學理論體系的必要前提和基礎。本書希望這樣的階段性劃分能簡單明瞭地勾劃出現代科學與思維科學之間的關係。

4.1 人類科學的分階段發展和跳躍式前進

過去幾百年來，物理學是推動自然科學產生和變革的主要動力，同時還極大地促進了該領域其他各分支學科的快速發展，從而帶動了人類科學其他三大分支的巨大進步。由此可見：物理學的進步是既往歷史上人類科學進步的主要標誌之一。這裡通過回顧物理學既往發展的歷史，我們可以了解到人類科學具有階段性發展的重要特點，如下頁圖 IV.24 所示：

波蘭天文學家哥白尼在 1543 年發表了《天體運行論》一書，所提出的「日心說（Heliocentric Theory）」不僅從根本上改變了自古以來關於宇宙結構的傳統觀念，而且還從根本上動搖了歐洲中世紀以來宗教神學關於上帝創始和人類中心說（Anthropocentricity）的理論支柱，被恩格斯譽為自然科學從神學中解放出來的獨立宣言，是近代自然科學誕生的標誌。愛因斯坦認為哥白尼的成就不僅鋪平了通向近代天文學的道路，而且還導致人們的宇宙觀發生了決定性的變革 [4]。因而日心說的提出，是人類自然科學史上第一次質的飛躍。

繼哥白尼之後，布魯諾、第谷、開普勒、伽利略和牛頓等人又為日心說的發展作出了重大的貢獻。丹麥天文學家第谷經過 20 多年的工作積累了大量的天文觀測資料。德國天文學家開普勒根據第谷遺留的觀測資料提出了關於行星運動的三大定律。義大利物理學家和天文學家伽利略於 1609 年發明了天文望遠鏡，開闢了人類天文觀測的新紀元，並在動力學等多個領域取得了很大的成就。英國物理學家牛頓結合自己在數學和力學上的創新於 1687 年發表了《自然哲學的數學原理》一書，將自哥白尼以來天文學和物理學上的主要成就概括成一個完美的經典力學（Classical Mechanics）體系，第一次統一地解釋了從天體運行到地面上的潮汐漲落、自由落體等廣泛的自然現象 [4]。牛頓經典力學體系的建立，是人類自然科學史上第二次質的飛躍，有力地促進了近代自然科學各學科的大發展，標誌著近代自然科學的完全確立。

隨著人類認識的日漸深入，科學開始步入微觀世界；人們普遍認為微觀物質的運動也要遵從牛頓的經典力學理論。1900 年，德國物理學家普朗克提出了革命性的「量子論（Quantum Theory）」；1905 年，德國物理學家愛因斯坦提出了「相對論（Theory of Relativity）」，並通過一系列的事實證明了時間和空間並不像牛頓認為的那樣絕對，而是相對的。量子論和相對論都衝破了經典物理學基本觀念的束縛，共同構成了現代物理學理論的兩大支柱 [4]，是人類自然科學史上第三次質的飛躍，並使得人類的認識實現了從經典物理學到現代物理學、從宏觀科學（Macroscience）到微觀科學（Microscience）的歷史性大跨越。

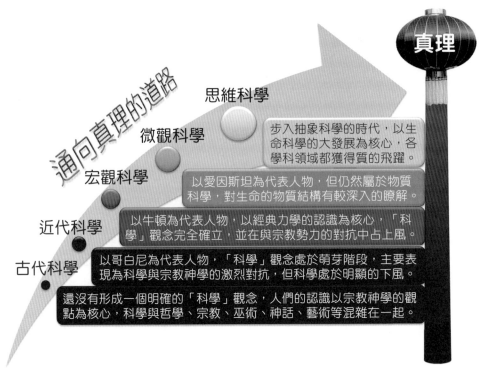

圖 IV.24　人類科學的分階段發展和跳躍式前進

　　圖 IV.24 表示人類科學已經走過的道路和必然的未來發展趨勢。在哥白尼時代以前，在人們的心目中還沒有形成一個明確的「科學」觀念，對自然界的認識以宗教神學的觀點為主，科學、宗教、哲學、巫術等等都是混雜在一起的。哥白尼於 1543 發表的《天體運行論》標誌著近代科學的誕生，科學在與宗教神學的鬥爭中付出了慘痛的代價，布魯諾被活活燒死，伽利略也曾被囚禁。牛頓在 1687 年發表的《自然哲學的數學原理》開啟了宏觀科學大發展的時代，科學開始在與宗教的鬥爭中占上風，並有力地促進了其他各學科領域的大發展。德國物理學家普朗克和愛因斯坦分別於 1900 年和 1905 年發表的「量子論」和「相對論」構成了微觀科學理論的兩大支柱；而微觀科學的發展又為人們較為深入地了解人體和生命的物質結構創造了條件。但無論是宏觀科學還是微觀科學，都沒有使人們的視野跳出物質科學的範疇，因而仍然不能圓滿地解釋任何一種人體疾病和生命現象的發生機理。21 世紀的人類科學將步入抽象科學、本質科學的新時代，首先就必須擺脫許多現代科學已有觀念的束縛，並圍繞著人體和生命科學展開、以抽象的思維意識為主要研究對象。由此可見：人類科學的發展可以根據一些劃時代理論的出現而被劃分為不同的階段，並且呈跳躍式不斷地向真理邁進。

上述既往科學發展的歷史表明：自然科學的發展可以被劃分為三個不同的階段，從而實現了從宗教神學到近代自然科學、從近代自然科學到經典物理學、從經典物理學到現代物理學這三次質的飛躍，並且所有這三次質的飛躍都是以重要的抽象理論出現為標誌的。如果我們繼續考察生命科學、社會科學乃至人文科學等各分支領域，就不難發現分階段發展和跳躍式前進的特點在人類科學的不同領域中實際上是廣泛存在的。不僅如此，現代科學作為一個整體也可以被分成宏觀科學和微觀科學等不同的歷史階段，也是跳躍式前進的（如圖 IV.24 所示）。由此可見：人類科學及其分支的發展就好像物種的進化一樣，也要遵從「從簡單到複雜，由低級到高級」的階段性發展規律；並且所有這些歷史性飛躍都是與理論上的重大突破或新的技術發明分不開的，人們對自然界的認識也隨之發生革命性的提升。這些都說明全新理論的出現在幫助人們擺脫舊思想舊觀念束縛的同時，還能促使人類科學迅速邁上一個新臺階，人類的眼界自然而然地也就豁然開朗了。由此可以推知：人類科學的未來發展也有賴於全新理論體系的建立，並且是與擺脫現代科學已有思想和觀念的束縛分不開的。

4.2 現代科學僅僅是人類科學的初級階段

既然人類科學是分階段發展的，那麼現代科學在人類科學史上處於什麼樣的地位呢？上述物理學發展史的回顧，實際上還十分有助於我們深刻地理解這個問題。自 20 世紀初普朗克與愛因斯坦相繼提出「量子論」和「相對論」以後，人們開始從量子力學的角度來回顧 17 世紀牛頓建立的經典力學體系，結果發現：經典力學理論並不像人們想像的那樣完美，沒有考慮到物體的質量會隨著運動速度的改變而變化，只能用來近似地描述宏觀、低速運動的物體。這說明了經典力學體系所提供的認識在具有一定真理性的同時，卻又是對自然界有限的認識，並不能代表物理學的全部，因而本書在這裡將它定義為物理學的初級階段。同理，如果我們站在未來的角度，就會發現現代科學也不像我們想像的那樣完美，所提供的認識在具有一定的真理性、有助於人們解決一些問題的同時，卻僅僅適用於相對簡單、非生命的物質領域。因而我們也可以認為現代科學僅僅是人類科學的初級階段，不能代表人類科學的全部。這具體地表現在如下幾個方面：

現代科學僅僅是人類科學的初級階段，首先表現在它的哲學根基是不完善的。現代科學唯物主義一元論的哲學基礎，決定了它僅僅適用於相對簡單的物理、化學等非生命領域，在所涉及的抽象聯繫得到充分考慮的情況下，仍然能夠取得成功並解決一些相對簡單的問題。但是現代科學在高度複雜的生命科學領域並不是很成功的：它至今仍然不能圓滿地解釋任何一種人體疾

病的發生機理；還有很多諸如生物進化、木乃伊千年不腐等這樣的科學之謎有待解決。其次，唯物主義一元論的哲學性質也決定了現代科學一定會忽略對人體和生命現象的發生發展起到決定性作用的普遍聯繫，就好像牛頓時代以前的人們在忽略了萬有引力的情況下來探討蘋果落地的發生機制一樣，還遠遠未能抓住隱藏在各種人體疾病和生命現象背後的抽象本質，因而現代科學在人體和生命科學領域是不可能取得成功的。雖然從原子分子水平上來認識各種人體和生命現象，使得現代科學看起來好像是高度發達的，但是它對人體和生命現象的認識實際上還僅僅是停留在表面現象的水平上。由此可見：現代科學是人類科學的初級階段，是很恰如其分的歷史定位。黏膜下結節論充分地認識到了現代科學的歷史局限性，並從實踐上通過第一次圓滿地解釋消化性潰瘍的發生機理，直接說明了只有先修正現代科學的哲學根基，才能真正實現生命科學的目標。

現代科學僅僅是人類科學的初級階段還表現在它的理論、方法和認識都有可能是不完善，有些甚至是完全錯誤的。唯物主義一元論的哲學性質決定了現代科學必然會將其研究焦點集中在具體的物質結構上，並且會排斥唯心論、哲學、宗教和中醫學中有一定科學性的部分認識和方法。其次，一些現代科學家忽視了抽象思維的重要作用，進而導致很多研究都帶有一定的盲目性；現代科學在應對高度複雜的人體和生命現象時採用的卻是相對簡單的線性思維方式，並割裂了事物不同部分之間的整體性；這些都導致它自始至終都不能深入地認識到隱藏在人體疾病和生命現象背後的抽象本質。此外，現代科學慣於採用定理、定律和公式的形式來描述自然規律，但既往的科學史卻說明了定理、定律和公式的真理性會受到人類眼界的限制，並在一定程度上限制人們的思維，在一定的歷史時期就會阻礙科學的正常發展。不僅如此，現代科學還將活生生的人體僅僅看成是一個簡簡單單的物質堆，卻對在各種疾病的發生發展過程中起決定性作用的社會、情感等抽象屬性視而不見。現代科學還基本上不考慮、也找不到有效的措施來加強人體自身內在的抗病機制，結果無數像癌症、愛滋病這樣的疾病都成了久攻不克的難題。即使是代表了現代科學最高水平、獲得了 2005 年諾貝爾生理和醫學獎的研究結論，也不能圓滿地解釋消化性潰瘍絕大部分的現象和特徵。這些都說明了現代科學的理論、方法和認識的確還有待進一步的完善，將它定位為「人類科學的初級階段」是非常合情合理的。

現代科學是人類科學的初級階段的第三個表現，就是它的視野還非常有限，遠遠不能窮盡自然界、人體和生命現象的奧秘。現代科學家們普遍堅持唯物主義的一元論，但實際上是在「劃地為牢」，主動地將人類科學的視野限制在一個狹小的物質領域而不考慮事物的抽象屬性。這

就好比是我們在探討人體的生長發育機制時，撇開精子的作用而緊緊盯住那顆沒有被受精、已經失去繼續發育能力的微小卵細胞一樣，就永遠也見不到更為精彩的受精過程、有著蓬勃生機的胚胎和胎兒未來的生長發育了。同理，盲目地排斥唯心論、宗教、中醫學乃至古代文明中的某些認識，頑固地堅持唯物主義的一元論，科學的視野就永遠也跳不出物質結構這個小小的圈子，就永遠也看不到人體和生命科學領域中浩瀚無邊的真理了。事實上，人們的思想一旦擺脫了唯物主義一元論的束縛，很容易就能發現現代科學已經了解到的內容，實際上還不到周圍世界本來面目的千萬分之一。事實也的確是如此：現代科學至今尚未真正地踏入人體和生命科學的大門，對人體思維意識的了解的確還是一片空白，更談不上找到開發智慧、對抗衰老和治療各種慢性病、遺傳病行之有效的方法了；當前科學上還有很多公認的未解之謎是一點也不奇怪的。這一切都說明了現代科學看到的範圍的確還很狹窄，遠遠不足以窮盡自然界、人體和生命的奧秘；它對我們賴以生存的外部環境、宇宙乃至自身都知之甚少，因而只能算得上是人類科學的初級階段，將來一定還會有進一步的大發展，還有大批的新思想、新領域有待我們去發掘和探索。

現代科學僅僅是人類科學的初級階段實際上還有多個方面的表現，在這裡不一一列舉。僅僅是上述的三個方面就足以說明：現代科學與經典力學在物理學史上的地位一樣，在擁有一定真理性的同時卻又在基礎理論、研究方法、思維方式等多個方面都存在著明顯的缺陷，有一定的時代局限性，還遠遠不足以窮盡自然界、人體和生命現象的奧秘，因而僅僅是人類科學的初級階段，有待新的進一步的大發展。

4.3 思維科學不是現代科學的簡單延續，而是人類科學的高級階段

但本書提出的思維科學在人類科學史上又處於什麼樣的地位呢？它是現代科學理論體系的簡單延續，還是徹頭徹尾的全新科學體系呢？物理學發展的既往史仍然十分有助於說明這個問題：量子力學不僅可以用來解釋宏觀世界裡的現象，而且還一針見血地指出了經典力學的明確不足之處，從而使人類科學邁入微觀科學的新時代。因而量子力學極大地擴展了人類的視野，是對自然界更全面更深入的認識，我們在這裡將它定義為物理學的高級階段。依此類推，思維科學也是這樣的：它在涵蓋了現代科學的全部認識的同時，還尤其適用於高度複雜的人體和生命科學領域，是比現代科學更加全面而深入的認識，涉及更加廣大的範圍；我們完全可以將思維科學定義為人類科學的高級階段。這主要有如下幾個方面的表現：

　　思維科學是人類科學的高級階段首先表現在它有著完備的哲學基礎。思維科學以統一了唯物論和唯心論的「新二元論」為哲學根基，決定了它不僅要了解研究對象的物質結構，而且還會將現代科學至今尚未踏足的抽象意識作為主要的研究對象，從而有效地克服了現代科學理論根基上的不足。其次，思維科學不僅涵蓋了物理、化學等非生命科學領域中相對簡單的抽象聯繫，而且還十分強調生命科學領域中被現代科學忽視的高度複雜的普遍聯繫；就好像是物理學史上牛頓強調抽象的萬有引力在多種自然現象發生過程中的作用一樣，首次牢牢地把握了隱藏在各種人體疾病和生命現象背後的抽象本質，因而它能圓滿地解釋包括消化性潰瘍在內的各種人體疾病的發生機理，並提出行之有效的方法來攻克包括癌症愛滋病在內、讓現代科學束手無策的多種疾病。這就好比是一個人，只有同時發揮兩條腿的作用才能長久地站立和行走。而現代科學的研究只發揮了「物質結構」這一條腿的作用，決定了其根本出發點是非常不穩固的，因而不能在科學探索中長久地發揮積極的作用，一旦面臨高度複雜的情況就開始無暇自顧了；而思維科學同時發揮了「物質結構」和「普遍聯繫」這兩條腿的作用，因而有著十分穩固的哲學根基，可以輕鬆、圓滿地解釋各種人體疾病的發生機理，並有效地解決現代科學所不能解決的絕大部分難題。

　　思維科學是人類科學的高級階段還表現在它對自然界、人體和生命的認識要比現代科學更深入、更全面。與現代科學完全不同的是：新二元論決定了思維科學一定會高度重視哲學的指導性作用，而且還會將唯心論、宗教、中醫學乃至古代文明中的許多認識和方法都有機地整合到未來科學的思想體系中去。這就決定了思維科學的各項研究都能做到有的放矢，在重視實驗研究的同時也十分強調抽象思維的作用，並採用與生命科學高度複雜的特點相適應的多維的思維方式，走還原論分割研究與整體觀綜合指導相結合的道路，並能深入地認識到隱藏在各種現象背後的深刻本質，避免了現代科學的研究中普遍存在的「盲人摸象」一般的錯誤。此外，思維科學不再採用定理、定律和公式的形式來描述自然規律，人們對真理的認識也不再受到它們的限制，根本就不存在阻礙科學發展的問題。不僅如此，思維科學認為人體自身內在的抗病機制被削弱才是各種疾病發生發展的內在原因，因而會通過加強人體自身的抵抗力來達到抗病防病的目的，從而能有效地克服腫瘤和病毒的變異。這些理論和方法在實踐中的首次應用，使得黏膜下結節論在解釋消化性潰瘍的發生機理時一舉超越了代表現代科學最高水平、獲得了2005年諾貝爾生理和醫學獎的認識，並明確地指出了既往以現代科學為基礎的所有學說的明顯不足之處。因而我們將思維科學定位為人類科學的高級階段，是有著極其充分的理由的。

　　思維科學涉及無比廣大的範圍再次說明了它是人類科學的高級階段。本部分第三節 **3.11** 表明了思維科學是針對人體疾病和生命現象高度複雜的基本特點而創立的一門包羅萬象、高度統一的大科學，在涵蓋了現代科學的全部內容的同時，還涉及到了現代科學至今尚未踏足的思維意識領域。此外，思維科學還是科學、哲學、宗教、藝術等人類行為所有方面的綜合體；從這一點上來說，思維科學遠非通常意義上的科學，而是一門全面的、綜合性的大科學、大學問。一切客觀存在的事物，宏觀的和微觀的、生命的和非生命的、具體的和抽象的、實踐中的和理論上的、既往的和現今的等等，都是思維科學所要了解的對象；一切反映周圍世界的客觀真理，已經認識到和還未認識到的、目前承認和未承認的，都是思維科學所要探求的目標。如果我們將現代科學的全部內容比作一潭水，那麼思維科學的內容就像整個太平洋的水那樣浩瀚而漫無邊際；這就形象地說明了與現代科學相比，思維科學的確是一個範圍無比廣大的「超級大科學」。而本書涉及的一些哲學觀念與真正的思維科學的「無極之大道」相比，實際上還僅僅是皮毛、甚至連皮毛都還沒有觸及；本書的內容最多只能算得上是思維科學的一個序言、一個開端，或者說僅僅是思維科學最初的起步而已，遠遠未曾觸及思維科學的真正內涵。考慮到當前科學界的接受程度，本書對很多問題的討論實際上都難以進一步地深入下去。

　　思維科學的誕生和確立，將促使人類科學再次發生多方面質的巨大飛躍，也說明了它是人類科學的高級階段。雖然牛頓的經典力學體系使人類邁入宏觀科學的世紀，普朗克的「量子論」和愛因斯坦的「相對論」使人類邁入微觀科學的世紀，但是這兩次飛躍都未能幫助人們跳出具體的物質科學的範疇，現代科學也只能是具體的物質科學。而思維科學的主要研究對象是思維意識，是現代科學至今尚未涉足的領域，說明了思維科學的誕生和確立將促使人類科學實現由現代科學向未來科學、物質科學向思維科學的偉大轉變。其次，現代科學忽略不同事物間抽象的聯繫，並將不同事物或部分進行分割研究，而思維科學則強調事物間抽象的普遍聯繫，具有看不見、摸不著等抽象的基本特點，又說明了思維科學的誕生和確立將促使人類科學實現從具體科學向抽象科學、孤立科學向聯繫科學的全面升級。再次，現代科學僅僅適用於相對比較簡單的領域，其研究的焦點也主要是集中在局部，並且通常只能用來觀察現象，而思維科學是針對人體和生命現象高度複雜的基本特點而創立的，強調整體觀綜合指導在研究工作中的重要作用，並能深入地認識到隱藏在各種現象背後的抽象本質，因而思維科學的誕生和確立，還將使人類科學實現由簡單科學到複雜科學（Complex Science）、局部科學到整體科學，現象科學到本質科學的歷史性飛躍。

由此可見：思維科學的誕生和確立不僅能有效地克服現代科學哲學根基上的不足之處，而且其理論、方法都要比現代科學更加完善，對自然界、人體和生命現象的認識更全面更深入，所涉及的範圍也更加廣大，並賦予了人類科學一系列嶄新的特點，進而導致人類的科學再次發生新的質的飛躍。所有這些轉變、升級和飛躍等等，體現的正是一個從簡單到複雜，從低級到高級的歷史過程，清楚地說明了思維科學的誕生和確立的確不是現代科學的簡單延續，而是人類科學發展的高級階段。

4.4 現代科學是思維科學誕生的必要前提與基礎

然而，人類科學能不能超越相對簡單的現代科學，直接進入高級的思維科學階段呢？這仍然可以通過回顧物理學既往發展的歷史來尋找答案。人類對自然界的認識能不能超越相對簡單的經典力學，而直接進入高級的量子力學階段呢？顯然不能。

如果沒有經典力學做好必要的物質和理論準備，人們就不可能逐步發現電子、質子和中子，也就談不上後來量子力學的大發展了；如果沒有以經典力學為基礎而發展起來的各種技術手段，要研究單憑肉眼看不見、摸不著的微觀粒子是根本就不可能的。這說明了物理學的發展是不能超越早期的經典力學，而直接進入高級的量子力學階段的，並且經典力學還是量子力學發展的前提與基礎。

同理，人類科學的發展也是這樣的，不能超越相對比較簡單的現代科學而直接進入高級的思維科學階段，並且現代科學也是思維科學發展的前提與基礎，具體地表現在：第一，思維科學的主要研究對象是普遍聯繫，看不見、摸不著，具有抽象的基本特點而很難直接進行研究，必須通過具體物質的變化發展才能得到反映，因而要實現思維科學的目標首先就必須對物質世界有充分的了解。現代科學是物質科學的基本特點，正好為思維科學做好了認識上的鋪墊。第二，要深入地認識抽象的思維意識，必須借助現代科學的部分理論、技術手段和研究方法。實際上，幾千年前的古中國和古印度人已經認識到了抽象聯繫的重要性 [5]，但是古中國和古印度科學技術的發展仍然十分緩慢，其中最重要的一個原因就是缺乏對物質世界的了解。這也就是說：抽象意識的決定性作用必須以具體物質現象的形式真實不虛地展現在人們面前，才能有助於思維科學理論的普及和推廣；對具體的物質結構缺乏了解，就難以獲得全社會的大力支持了。第三，現代科學的發展已使當前的人類社會進入了科學昌明的時代，實事求是和崇尚科學的風氣早已深入人心，這就導致人們接受那些與現代科學相抵觸的理論和認識成為了可能；這一點對思維科學的誕生和發展尤其重要。

此外，通過與「哥倫布發現新大陸」進行類比，也可以形象地說明現代科學與思維科學之間的關係。人類的文明在歐亞大陸上不知延續了多少萬年，但為什麼非要等到 1492 年才能由哥倫布（Christophe Columbus，約 1451~1506，義大利航海家）發現美洲新大陸呢？這與千百萬年來人類社會的長期發展，最終使造船術和航海術達到了較高的水平分不開的。沒有造船術和航海術的充分發展，人類將是永遠也不可能克服浩瀚無際的大西洋而踏足美洲新大陸的。同理，缺乏現代科學在理論和物質等多方面的準備，人類認識的腳步也是不可能克服普遍聯繫抽象而複雜的特點並踏足思維意識領域的。由此可見：現代科學與思維科學之間也有著歷史上的必然聯繫，人類科學不能超越相對簡單的現代科學而直接進入高級的思維科學階段，並且現代科學還是思維科學誕生的重要前提與必要基礎。這些都說明了人類科學的發展就像其他具體事物的進化一樣，也必須遵守從由簡單到複雜、從低級到高級、從具體到抽象的客觀規律。

4.5 思維科學是順應時代的需要而必然要誕生的全新思想體系

有人認為：當前現代科學的發展不是挺快挺好，正一步一步地朝著解決各種問題的方向努力嗎？現階段有建立全新思想體系的必要嗎？我們必須注意到：現代科學在人體和生命科學領域並不是很成功的；只有建立全新的思想體系，才能從根本上解決當前科學的困境。思維科學正是順應這一時代的需要而必然要誕生的全新思想體系，主要表現在如下幾個方面：

首先，思維科學的誕生的確有其必要性。從經典力學到量子力學的這段科學歷史還告訴我們：當已有的理論體系無法解決新出現的問題時，就有必要建立新的理論體系。當前的現代科學在人體和生命科學領域實際上正面臨著與當年的經典力學完全相同的情況：過去 100 多年來，人們以現代科學的理論和認識為基礎提出過十多個學說來解釋消化性潰瘍，**儘管每一學說都持之有故，言之成理，卻都不是完整無缺的道理** [6]。本書第三部分的深入分析說明了現代科學對消化性潰瘍病的認識雖然也在不斷深入，但是其哲學根基、理論和方法上的重大缺陷導致它的各項研究永遠只能在錯誤的方向上盤旋，要取得成功是根本就不可能的；相同的情況實際上還廣泛地存在於現代科學對所有人體疾病和生命現象的探索之中。由此可見：當前現代科學的快速發展掩蓋了其多方面的固有缺陷，實際上是不能有效地解決人體和生命科學領域中的各種問題的。只有仿效量子物理學成功的經驗，建立一個擁有完善的哲學根基、能真實地反映人體和生命現象基本特點的全新理論體系，才能擺脫當前科學上正面臨的各種困境。這一順應當前時代的需要而誕生的全新思想體系，就是本書倡導的思維科學。

其次，思維科學的誕生和確立還有其歷史的必然性。通過再次與「哥倫布發現新大陸」進行類比，可以很好地說明這個問題。只要人類的航海能力足以橫跨浩瀚的大西洋，就一定會有人發現美洲大陸，只不過第一個發現美洲大陸的人是哥倫布罷了。即使沒有哥倫布這個人，在遙感衛星已經上天，核潛艇可以長期在大洋底部巡遊的今天，美洲大陸是不可能獨立地存在於人類的視野之外的。因而哥倫布發現新大陸，是人類社會發展到一定歷史階段的必然結果；根本就不存在人類能不能發現美洲大陸的問題，什麼時候發現美洲大陸才是一個問題。思維科學的誕生也是這樣的：人類的科學和文明發展到了今天的地步，在人體和生命科學領域中的問題長期得不到有效解決的情況下，也必然會有人像本書一樣質疑現代科學理論體系的正確性，並刨出現代科學的哲學根基來看一看，也一定會從根本上找到解決問題的正確辦法，從而導致一個全新的、更加完善的科學體系的建立，只不過名稱可能會與本書略有差別罷了。這說明人類科學的發展也不存在思維科學能不能誕生的問題，什麼時候誕生才是一個問題。同理，在現代科學對物質世界的了解已經相當深入的情況下，即使本書不提出建立思維科學體系的倡議，在地球上的某個角落也一定會有人在適當的時機提出基本相同的主張。因而思維科學的誕生和確立，實際上與「哥倫布發現新大陸」完全一樣，是既往人類科學發展的必然結果。

再次，思維科學的誕生和確立還具有確定性。這也就是說：萬事萬物都固有的抽象屬性，還決定了思維科學是人類科學未來發展的必由之路。新二元論揭示了抽象的普遍聯繫是萬事萬物都固有的兩大屬性之一，並且在萬事萬物變化發展的過程中起到了決定性的推動作用。因而不考慮普遍聯繫的屬性，就好像不考慮萬有引力而企圖解釋「蘋果落地」的發生機理一樣，人類科學就不可能真正地把握自然界變化發展的基本規律，也就不可能真正實現科學探索的目標了。我們想要解釋各種人體疾病的發生機理和生命現象的奧妙嗎？我們想要攻克癌症、愛滋病並對抗衰老嗎？我們想要破解各種自然之謎嗎？我們想要人類社會真正長期和平、快速、穩定地發展嗎？這一切都只有在萬事萬物之間抽象的普遍聯繫得到充分的考慮——也就是思維科學得到完全確立以後才能實現。此外，思維科學是人類科學的高級階段，其誕生和確立將給人們提供一個更加完善的思想體系、更加高級的思維方式和更加全面的認識；思維科學的普及和推廣，將極大地拓展人類的視野並開發出更高的智慧，從而使人類有能力從容面對包括人體和生命科學在內的各種複雜領域中的問題。這些都說明了思維科學是人類科學未來發展的必經之地，是不會因任何人的意志而轉移的。

綜合上面的論述，現代科學理論根基上的固有缺陷，決定了只有將人類科學升級到更為高級的思維科學，才能從根本上擺脫當前的人體和生命科學所面臨的各種困境。而思維科學理論體系的誕生和確立，是現代科學發展到當前這一特定歷史階段的必然結果。也只有建立起全新的思維科學體系，才能真正圓滿地實現科學探索的各種目標。然而，在思維科學完全確立之前，現代科學仍將有一些新的發展，在某些領域甚至還會有比較大的發展；但長期而言，思維科學才是人類科學未來發展的主要方向。因此，在今後相當長的一段時期內，將會出現現代科學和思維科學兩種知識體系並存和交替發展的局面，但現代科學的理論、方法和認識逐步被思維科學替代，才是人類科學未來發展總的趨勢。

第五節：思維科學的未來發展要走哲學的道路

在現代科學的知識體系當中哲學與科學是分家的，在當前絕大部分領域的科研探索中也的確看不到哲學的影子；在高度複雜的人體和生命科學領域，更是很少有人注意到哲學思辨的實際價值。因而這裡將哲學在科研探索活動中的重要作用作為單獨的一節重點討論，希望能夠引起科學界的廣泛重視。然而，即使僅僅涉及「哲學是什麼」，就是一個「**非常複雜、非常艱難的問題，至今尚未有答案** [7]」。這裡只能結合本書的需要初淺地談一談我們對這個問題的理解。

5.1 哲學是「智慧之學」，強調「理論先於實踐」的重要性

日常生活中所講的「哲人（Philosopher）」，或一個有哲學頭腦的人，通常是指這個人善於運用智慧，在思考和處理問題時通常比一般人更全面更深入更細緻。而「智慧」又是開動腦筋，利用邏輯推理或數學運算等抽象的手段來解決問題的意思。因此，我們認為哲學首先就是「智慧之學（Knowledge on Wisdom）」，是一門如何系統化、理論化地運用和開發智慧的學問，並將所有像邏輯推理、數學運算等這樣運用智慧來解決問題的抽象手段，統稱為哲學手段或哲學思辨。早在 400 年前，青年伽利略就曾經開創了一個利用哲學思辨來推翻舊有觀念的光輝範例：

古希臘哲學家亞里斯多德認為物體下落的速度與重量有關：當兩個鐵球同時從高處自由落下時，大鐵球要比小鐵球先落地；這一傳統的觀念一直統治著人們的思想達 2000 年之久。直到 16 世紀，才由默默無聞的青年伽利略利用邏輯推理的方法對這個問題進行了分析：根據亞里斯多德的觀點，將大小兩個鐵球捆綁在一起的重量更大，因而應當比大鐵球單獨下落的速度快。

但另一個方面，下落快的大鐵球必然要受到下落慢的小鐵球的影響，從而使捆在一起的兩個鐵球下落的速度必然要比單獨下落的大鐵球慢。這樣，利用亞里斯多德的觀點卻得出了兩個明顯矛盾的結論。只有假定「物體下落的速度與重量無關」，才能圓滿地解決這一矛盾，因而兩個鐵球應當是同時落地的[8]。這一結論在 1590 年的「比薩斜塔試驗」中得到了證明，第一次動搖了統治人們思想達 2000 年之久的權威觀念。

本書將像伽利略這樣，先利用抽象的邏輯推理等智慧手段對問題進行論證分析，然後才付諸具體的行動來加以驗證的探索路線，稱為「理論先於實踐（Studying before Taking Actions）」的道路。事實上，既往科學史上還有無數這樣先動用智慧並獲得了偉大成功的先例：愛因斯坦的「相對論」早在 1905 年發表的時候也是純理論的東西，但是第一顆原子彈卻是在 1945 年才爆炸的；現代科學的理論根基「原子論」，首先是由 2400 多年前古希臘哲學家德謨克里特提出來的[9]，但其正確性卻是到了 17 世紀，乃至 1869 年俄國化學家門捷列夫提出元素週期表以後才逐步得到證實的。此外，電磁波[10]、海王星[11]和 C 型肝炎[12]的發現，衛星上天等等，實際上都是「理論先於實踐」獲得成功的典型例子，都是積極主動地運用智慧獲得的科學新發現。由此可見：科學成果並不像當前很多科學家認為的那樣單純是靠實驗研究獲得的；相反，如果我們能夠像伽利略、愛因斯坦等人那樣動用智慧，走理論先於實踐的道路，通常更容易獲得成功，而且還是非常偉大的成功。

上述科學史說明：理論先於實踐的道路要求我們要像伽利略、愛因斯坦那樣先多動動腦筋、多用點智慧以後再採取具體的行動，才能更加有效地解決問題。但是多數現代醫學家在工作中都忽略了這一點。例如，獲得了 2005 年諾貝爾生理和醫學獎的研究結論「**幽門螺旋桿菌與消化性潰瘍有因果關係**[1]」就與潰瘍病的形態學、流行病學、治療學等多方面的特點之間存在著明顯的矛盾。不僅如此，如果我們再多用一點點智慧，就會發現這一結論中存在的漏洞竟多達 50 處以上（索引 4）。由此可見：當前的權威觀點「幽門螺旋桿菌與消化性潰瘍有因果關係」所犯的錯誤與 2300 多年前亞里斯多德提出的「物體下落的速度與重量有關」在本質上是完全一致的，都患了考慮不周、結論下得過於輕率的毛病。然而，人體和生命現象高度複雜的基本特點，決定了僅僅依靠伽利略、愛因斯坦那樣的智慧，仍然是不足以動搖「幽門螺旋桿菌與消化性潰瘍有因果關係」這一權威觀點的，而必須像本書這樣同時動用 15 條哲學原理和數以百計的新觀念，才能達到與伽利略相同的證偽效果。類似的矛盾和錯誤，實際上還廣泛地存在於現代科學對所有人體疾病和生命現象的探討之中。

　　由此可見：由於現代科學僅僅是人類科學的初級階段，所涉及到的自然規律相對比較簡單，往往不需要太多的智慧就能取得一定的科研成果。但是我們想要在 21 世紀真正地邁入人體和生命科學的新時代嗎？我們想要圓滿地解釋各種人體疾病和生命現象的發生機理嗎？這就對我們的智慧提出了更高的要求，需要我們將智慧的運用上升到哲學的高度，隨時隨地都能注意到「理論先於實踐」這一原則、技術和方法的靈活運用，才有可能在人體和生命科學領域再現昔日物理學史上同樣的輝煌。

5.2　哲學是高度概括性的認識和思想，是對普遍性規律的揭示

　　我們還可以將哲學理解為對人類實踐所獲得的思想和認識的高度概括。因此，哲學不僅可以是先於實踐的，而且也可以是後於實踐的。牛頓的經典力學體系、達爾文的生物進化論等等，實際上都是既往科學史上高度地概括了前人的認識 [13] 並取得了偉大成就最典型的例子：

　　在牛頓之前 100 多年的時間裡，哥白尼提出了日心說，開普勒從第谷的遺留的天文觀測資料中總結出了行星運動的三大定律，而伽利略又給出了力、加速度等基本概念，並發現了慣性定律和自由落體定律。但是這些物理概念和規律在當時還是孤立的、邏輯上各自獨立的東西 [4]。牛頓結合自己在數學和力學上獨到的見解，將自哥白尼以來近 150 年的多種認識概括成一個完美的經典力學體系，並在《自然哲學的數學原理》中系統地闡述了物體運動的三大定律和萬有引力定律，從而第一次統一地解釋了從天體運行、潮汐漲落到物體墜地等廣泛的自然現象 [8]。牛頓的成功還迅速向其他學科和領域擴展，帶動了近代科學多個領域幾百年的大發展 [11]，被譽為人類科學史上最偉大的成就之一。由此可見：如果缺乏對前人思想和認識的概括，牛頓就不可能發現宏觀機械運動的普遍性規律。正是這個原因，牛頓總是將自己的成功歸因於「站在巨人肩膀上的緣故」。達爾文也是在總結了拉馬克、聖提雷爾（Geoffrog Saint-Hilaire，法國動物解剖學家、胚胎學家，1772~1844）等二十多位博物學者觀點的基礎上，並結合自己多年科學考察的結果才提出生物進化學說的 [4, 14]。

　　牛頓和達爾文成功的經驗均表明：歷史上的許多思想和認識雖然不能說是十全十美、沒有任何缺陷的，但是也必定有它們產生和存在的客觀依據，完全有可能從某個側面真實地反映了自然規律；因而對相關領域的高度概括完全有可能揭示比較全面的普遍性規律，進而極大地昇華我們的思想和認識。然而，以現代科學為基礎的消化性潰瘍研究卻沒有注意到科學史上這一成功的經驗，未能及時地對歷史上的相關學說進行認真的總結，導致這些學說之間自始至終一直都處於互不連屬、甚至是相互對立的狀態。而黏膜下結

節論則充分地吸取了牛頓和達爾文的成功經驗，並將這一方法上升到了哲學的高度，創造性地概括了過去 100 多年來多個不同領域的相關思想和認識，從而使這些學說都能有機地統一在一起（第二部分圖 II.6），並構成了迄今為止對消化性潰瘍病最完美的描述，實現了人類歷史上第一次圓滿地解釋了該疾病的發生機理。不僅如此，我們還在本書的第三部分高度地概括了既往人類歷史上 3000 多年來的哲學思想，同時結合科學、宗教、中醫學、東西方文化乃至古代文明等多個領域的思想和認識，從而提出了比現代科學唯物主義一元論的哲學根基更加完善的「新二元論」。這有可能也標誌著整個人類思想和認識的再一次昇華。

因此，不斷概括和總結前人的思想和認識將非常有助於我們揭示相關領域的普遍性規律；而哲學也的確是高度概括人類過去的實踐經驗所獲得的總體性認識。如果我們能將這一認識靈活地應用於人體和生命科學領域的研究之中，一定會有很多新的收穫。

5.3 哲學是人們在觀察和處理問題時的根本出發點

哲學不僅是對實踐經驗的高度概括，而且還是人們在觀察和處理問題時的根本出發點，是從事各項生產、生活和科研活動時總的理論依據和指導方針。因此，要真正實現科研探索的各項目標，就必須將哲學理論的建設放在一個突出而重要位置上。

儘管在現代科學的知識體系中科學和哲學是分家甚至是對立的，但這並不意味著現代科學的各項研究就不存在哲學根基，就沒有根本出發點。恩格斯在批評那些力圖否定哲學的自然科學家時說：自然科學家儘管可以採取他們所願意採取的態度，他們還是得受哲學的支配；一切有成就的科學家，都自覺或不自覺地遵循了唯物主義的哲學觀點[15]；多數科學家都不自覺地懷抱一種樸素的唯物主義[16]。這說明現代科學在展開各項工作時默認的根本出發點正是唯物主義的一元論。因而現代科學認為物質決定意識、結構決定功能；現代科學也的確總是以闡明研究對象的物質結構為宗旨，認為只要將物質結構弄清楚了，就能實現科研探索的最終目標。因此，**用解剖的、實驗的、分析的方法來尋找整體的部分組成及其組成方式，從實物粒子中尋找疾病的原因，就成為近代以來醫學研究的主要手段**[17]。在現代科學看來，像萬有引力、思想和情感等這樣的一些抽象存在，不過是具體物質的派生物罷了；人體和生命也不過是一些由原子分子構成的物質堆，生命有機體的不同部分自然也可以被分割開來獨立研究。

　　而思維科學是以「新二元論」為根本出發點的，因此它將萬事萬物以及同一事物的不同部分都看成是一個普遍聯繫著的整體。然而，一旦我們將抽象的普遍聯繫作為萬事萬物的兩個基本屬性之一來考慮，就必須帶著變化發展、整體、歷史、因果關係和概率論等一系列的哲學觀點來觀察和處理問題（見第三部分）。因此在新二元論的指導下，思維科學認為哲學和科學是不能分家的，只有高度地統一在一起才能形成對事物更全面、更深入的認識。其次，物質和意識是互為因果、相互依存、不能截然分開的；如果我們在探討各種現象的發生機理時只考慮事物具體的物質結構而忽略了抽象的普遍聯繫，就找不到推動萬事萬物變化發展的動力，因而像現代科學那樣用解剖、實驗、分析的方法來尋找整體的部分組成及其組成方式，從實物粒子中去尋找疾病原因的研究路線，在大方向上就是不正確的；人體也不僅僅是由原子分子簡簡單單地堆砌在一起構成的物質堆，而是有著豐富的既往經歷和情感、高度複雜化了的生命有機體；將組織、器官或系統從人體分割開來探討各項生理活動的機制，就好像將蘋果與地球分割開來探討「蘋果落地」的機制一樣，是永遠也不可能取得成功的。

　　上述比較說明：以不同的哲學認識為根本出發點，我們對各種問題的基本看法就會存在很大的差別，甚至是完全相反的，那麼我們處理問題的方式方法相應地也會發生很大的轉變。如果哲學根基是不完善或有缺陷的，那麼我們看待各種問題的根本出發點就是不完善或有缺陷的，由此派生出來的各種理論、技術和方法就會存在著一定程度上的偏差，甚至是完全錯誤的。事實的確是如此：現代科學以唯物主義一元論為哲學根基，決定了它一定會忽略驅動各種疾病和生命現象發生發展的普遍聯繫，導致歷史上所有的相關學說在解釋消化性潰瘍的發生機理時一定會犯「盲人摸象」般的錯誤；而相同的錯誤實際上還廣泛地存在於現代科學對所有人體疾病和生命現象的研究之中。為什麼會出現這種情況呢？現代科學在非生命科學領域的成功導致很少有人質疑其哲學根基的完整性；而科學與哲學分家的特點，又決定了人們很難意識到現代科學的根本出發點是有缺陷的；現代科學的諸多研究一直都在錯誤的方向上行進就不太容易被發現了。

　　由此可見，只有有了一個完備的哲學根基，各項科研工作才會擁有正確的理論依據和指導方針，人類科學才能圓滿地解釋和有效地治療各種疾病；而哲學根基上的缺陷，正是現代科學不能解釋生物進化、宇宙起源等高度複雜的現象，不能行之有效地解決當前人類所面臨的各項難題的根本原因。這說明科學研究不僅不能忽視哲學探討，而且還必須將哲學理論的建設放在首要而突出的位置上。

5.4 哲學對科學探索具有指導性意義

緊接上面的論述，哲學是人們觀察和處理各種問題時的根本出發點，還直接說明了哲學對科學探索具有重要的指導性意義。中國科學院院士、首席科學家錢學森認為：**哲學是現代科學技術的最高概括，也因此要指導一切科學技術的研究與探索** [18]。笛卡爾認為：**哲學在人類知識中具有基礎和核心的地位** [7]。

哲學對科學的指導性作用深刻地體現在既往各項重大的科學成就之中。**許多原創性的自然科學成就，是在哲學與自然科學的密切互動中取得的：如笛卡爾的解析幾何、牛頓的經典力學、熱力學、電磁學、生物進化論、普朗克的量子論和愛因斯坦的相對論等；文藝復興運動興起之後，人文科學和社會科學也逐漸成為在哲學與科學的互動關係中極為密切的領域** [13]。但在高度複雜的人體和生命科學中卻基本上找不到這樣的互動關係。例如：獲得了 2005 年諾貝爾生理和醫學獎的研究結論「**幽門螺旋桿菌與消化性潰瘍有因果關係** [1]」，便沒有任何的哲學性可言。這就導致現代人體和生命科學的各項研究就好像被矇上了雙眼，只能像瞎子一樣四處亂碰，碰到什麼就是什麼。事實也的確是如此：在過去 100 多年來消化性潰瘍的研究中，人們根據臨床經驗提出了無酸無潰瘍學說，根據實驗研究提出了神經學說，根據流行病學調查提出了精神壓力學說，現在又提出了幽門螺旋桿菌學說。不僅如此，現代人體和生命科學的各項探索實際上都看不到哲學的影子，是這一領域長期不能取得突破的重要原因之一。

而黏膜下結節論十分強調哲學對科研探索的指導性作用，因而在解釋消化性潰瘍的各種現象和特點時都能獲得突破性的成功。例如，因果關係和新二元論認為：人體自身內在的、抽象聯繫方面的要素，才是驅動各種人體疾病發生發展的真正原因，因而黏膜下結節論並沒有像現代科學那樣從物質結構的角度來查找消化性潰瘍的病因，而是從人體社會和情感的角度著手，結果竟圓滿地解釋了現代科學近 50 年來始終都無法解釋的年齡段分組現象，同時也圓滿地解釋了包括幽門螺旋桿菌在內的所有現象。再如，概率論和變化發展的觀點認為：複雜的多因素共同作用的結果，導致生命現象都具有概率發生的基本特點；致病因子的存在並不意味著疾病就一定會發生，疾病沒有發生也並不意味著致病因子是不存在的；各種人體疾病的病因實際上都是千變萬化的。因而黏膜下結節論認為像現代科學這樣，通過千篇一律的調查表來查找疾病的原因的方法，通常會得出錯誤的結論。不僅如此，黏膜下結節論對消化性潰瘍所有 72 種現象和全部 15 個主要特徵的解釋，實際上都是在 15 條哲學原理的協同指導下獲得成功的。

由此可見：忽視了哲學的指導性作用，導致既往的潰瘍病研究自始至終都在錯誤中兜圈子；而人體和生命科學高度複雜的特點，決定了我們不僅不能忽視哲學，而是必須比自然科學等非生命科學領域更加主動、靈活地發揮哲學的指導性作用，才能減少科研探索過程中的盲目性，進而在人體和生命科學領域取得新的突破。

5.5 思維科學的未來發展要走哲學的道路

綜合本節前面四個小主題的論述，科研探索的全過程實際上都是離不開哲學的。然而，在面對高度複雜的人體疾病和生命現象時，僅僅重視哲學理論的運用、強調哲學的指導性意義是遠遠不夠的，還必須大力加強哲學理論的建設，堅持「走哲學的道路（By Way of Philosophy）」，才能真正有助於人類科學未來新的大發展。

思維科學必須走哲學的道路，首先是由哲學的歷史屬性所決定的。哲學是概括人類既往的實踐經驗所獲得的總體性認識，必然還會隨著人類對自然界認識的日漸加深而不斷地向前發展。這說明了哲學也具有歷史的屬性，也要經歷一個從低級到高級，從不完善到逐步完善的一個歷史發展過程；這就決定了我們不能將「物質決定意識」、「結構決定功能」等以唯物主義的一元論為基礎的哲學觀念當成終極的真理來遵守；相反，當前的人體和生命科學所面臨的種種困境，正說明了現代科學的哲學根基還存在很多的問題，也必然要被更加完善、更加高級的思想理論所替代。因而只有不斷加強哲學理論的建設，才能使我們的認識站在更高的起點上，從而進一步地推動人類科學新一輪的大發展。事實上，雖然本書提出了 15 條哲學原理和 200 多個新觀念，但這也僅僅是涉及到了思維科學的皮毛而已；而思維科學理論體系的完全確立，可能還需要我們進一步地提出更多的哲學原理，更新成千上萬的現有觀念才能實現。由此可見：如果不主動加強哲學理論的建設，就談不上思維科學的未來發展。

其次，人體和生命高度複雜的基本特點，也決定了思維科學必須走哲學的道路。科學對真理的搜尋實際與我們到大海裡捕魚的原理是完全一樣的：如果僅僅依靠肉眼，我們最多只能找到淺水和近處的魚群；而海底深處和更大範圍內的魚群，則必須依賴雷達等高科技手段才能探查到。同理，自然科學等非生命科學領域裡的規律相對比較簡單，就好像是科學的海洋裡淺水和近處的魚群，過去幾百年來已經被牛頓、愛因斯坦等現代科學家們抓得差不多了；而 21 世紀是人體和生命科學的世紀，所涉及的現象和規律相對要複雜、深奧得多，就好像是科學的海洋裡深處和更大範圍內的魚群，對科研探

索的手段提出了更高的要求：只有主動地建造好一座座智慧含量更高、適用於科學探索的雷達——與人體和生命科學高度複雜的基本特點相適應的哲學原理，才能真正有助於發現和揭示人體和生命科學中的客觀真理。這一形象的比喻還生動地說明了現代人體和生命科學不重視哲學的指導性作用也是有其客觀原因的：現有的哲學在人體和生命科學領域不能有效地發揮指導性作用，所以現代科學家們只好完全拋棄哲學了。這就導致現代科學對人體和生命奧秘的探索，實際上就好像被矇上了雙眼到大海裡去捕魚一樣，迄今為止還抓不到一條完整的「魚」——不能圓滿地解釋任何一種人體疾病的發生機理，從反面說明了加強哲學理論的建設對人體和生命科學探索的重要性。

由此可見：與現代科學不同的是，思維科學不僅要求我們要重視哲學理論的運用、強調哲學的指導性作用，而且還要求我們必須主動地出擊，大力加強哲學理論的建設，才能在將來促進人類科學更加快速的發展。然而，這裡強調「走哲學的道路」，與伽利略時代以前單純的哲學思辨是不同的：它是建立在現代科學已經獲得了充分發展的基礎上的哲學，是建立在充分地尊重科學事實和客觀現象基礎上的哲學，同時也是建立在極大地開發了人類智慧基礎上的哲學。因此這裡所提倡的哲學理論的建設和運用，不是簡單的復古運動，而是在現代科學得到充分發展的基礎上向古人學習的結果。這一認識也深刻地體現了本書第三部分第十二章「新二元論」中所強調的古代文明與現代文明的統一。

5.6 哲學的部分含義小結

綜合本節全部的論述，哲學的基本含義首先強調了智慧或抽象思維在解決日常生活或科研工作中各種問題時的重要作用，要求我們在採取行動之前、之中、之後都要重視哲學的運用。其次，走理論先於實踐的道路，將十分有助於減少工作中的盲目性從而可以少走彎路；不斷總結不同歷史時期、不同地域的思想和認識，將十分有助於揭示普遍性規律並易於取得大的成就。再次，哲學還是人們觀察和處理各種問題時的根本出發點，對各項實踐活動都具有重要的指導性意義，因而科學探索的整個過程實際上都是離不開哲學的。人體和生命科學高度複雜的基本特點，決定了這一領域的研究必須比非生命領域動用更多的智慧、更加重視哲學的指導性作用、必須將哲學理論的建設放在一個突出的位置上，才能取得成功。而思維科學理論體系的確立，則有賴於提出更多的哲學原理、更新成千上萬的現有觀念；這些都說明了思維科學的未來發展必須「走哲學的道路」。

第六節：建立思維科學的重要意義

綜合前面各節的論述，思維科學對周圍世界的認識將比現代科學更加全面、更加深入，因而其誕生和確立必然會導致人類思想一次新的大解放，極大地拓展人類認識的視野，從而促進人類的文明在科學、哲學、宗教、文化等各個領域的全面進步。本節將從更加宏觀的角度來論述建立思維科學的重要意義，希望能引起科學界的廣泛共鳴。

6.1　思維科學將使人類科學實現從具體科學向抽象科學的飛躍

通過本部分三、四兩節的比較，建立思維科學的首要意義，就是使人類的思想突破了現代科學物質觀的局限，從而引領人類科學邁入抽象科學的新紀元。而下頁表 IV.5 通過與既往歷史上最主要成就之間的比較，來凸顯思維科學理論體系的建立的確有著無比重要的理論和現實意義。

正如第四節的論述，人類科學是分階段發展和跳躍式前進的。牛頓於 1687 年發表的《自然哲學的數學原理》開啟了宏觀科學的時代，並有力地促進了其他各學科領域的大發展；愛因斯坦於 1905 年發表的「相對論」則奠定了微觀科學的理論基礎，進一步地推動了人類科學在更大範圍內的大飛躍。這些歷史無不證明了人類科學總是在擺脫舊有觀念、建立全新理論的基礎上獲得大發展的。但無論是牛頓建立的宏觀科學，還是愛因斯坦提出的微觀理論，都沒有使人類的視野跳出物質科學的範疇，都不能滿足新的歷史時期人們對人體和生命、深空探測等多個複雜領域的需要。因而 21 世紀的人類科學要獲得新的大發展，也必須擺脫已有的現代科學觀念對人們思想的束縛，開拓新的思維並尋找新的出路，建立一個全新的理論體系。思維科學正是順應這一時代的需要而必然要誕生的全新科學體系。

事實的確是如此：思維科學的理論和方法在黏膜下結節論中的首次應用，就以極其簡單的道理揭示了現代科學的理論根基是不全面的，它的多種認識和方法也存在著明顯的缺陷，就好像當年的自然科學推翻了宗教神學的權威理論一般。其次，思維科學理論體系的建立將使人類的科學步入本質科學的新時代，科學研究將不再像現代科學那樣帶有很大的盲目性。這無疑會極大地加快人類的科學和文明前進的步伐：如果我們認為牛頓使人類科學進入宏觀科學的世紀，愛因斯坦使人類科學跨入微觀科學的時代的話，那麼思維科學理論體系的誕生則第一次使人類的視野跳出了具體的物質領域之外，進而使人類科學邁入抽象科學的新時代，人類科學將實現從現代科學向未來科學、從簡單科學向複雜科學、從物質科學向思維科學的偉大轉變，並行之有效地解決當前的人們正面臨的各項難題。

表 IV.5　思維科學的建立與歷史上主要成就之間的比較

歷史人物	牛頓	愛因斯坦	思維科學的建立
落 腳 點	蘋果落地	光速的絕對性	消化性潰瘍病
定律數量	1 條	1 條	15 條
歷史成就	宏觀科學	微觀科學	抽象科學
本質屬性	具體的物質科學		抽象的思維科學
涉及因素	單一因素		千變萬化的因素
現象關聯	單一現象、無內在的相互關聯		密切關聯的 72 種現象、15 個特徵
因果關係	單因單果		立體網絡狀因果
複雜程度	相對簡單		複雜 > 10,000 倍
思維方式	線性的思維方式		多維的思維方式
應用範圍	相對簡單的物理、化學等物質領域		無限廣大
生命科學	不適用於生命科學領域		針對性創立

　　由此可見：思維科學理論體系的建立直接標誌著人類新科學的誕生，完全有可能是 21 世紀初，也是迄今為止人類科學史上最重大的事件，從而引領人類科學再次邁入一個嶄新的發展階段！它對整個人類文明的未來發展將有著廣泛而深遠的影響，其意義之重大是不言而喻的。

6.2　思維科學的建立將使人類真正邁入人體和生命科學的新時代

　　思維科學主要是針對人體和生命高度複雜的特點而創立的全新思想體系，因而創建思維科學的另一個重要意義，就是建立了人體和生命科學領域中完整的因果關係，揭示了隱藏在各種人體疾病和生命現象背後共同的抽象本質，從而使人類的認識能夠真正邁入人體和生命科學的新時代。思維科學對人體和生命科學的積極影響是多方面的，這裡只能列舉最重要的幾個方面：

　　思維科學認識到人體抽象聯繫方面的固有屬性，才是推動各種人體疾病和生命現象發生發展的動力，從而彌補了現代科學哲學根基上的明顯不足之處；就好像是牛頓提出「萬有引力」才是導致「蘋果落地」的原因，從而彌補了近代自然科學確立以前人們在認識上的不足一樣。因此，如果我們認為牛頓的經典力學體系的誕生建立了物理學領域中相對簡單的因果關係[4]的話，那麼思維科學的誕生則建立了人體和生命科學領域中高度複雜的立體網絡狀的因果關係。後者不僅涵蓋了前者的全部內容，而且難度更大、意義也更加深遠。其次，思維科學還採用多維的思維方式，以應對人體和生命科學高度複雜的基本特點；思維科學十分重視哲學理論的運用和建設，採用整體觀綜合指導的研究方法，從而有力地糾正了廣泛地存在於現代人體和生命科學的各項研究中「盲人摸象」一般的錯誤；思維科學還在個體的日常行為與疾病的發生發展、生理活動之間建立了聯繫，從而糾正了現代人體和生命科學總是從物質的角度來查找病因的錯誤方向；思維科學還將人們的思想從現代科學的定理、定律、公式中完全解放出來，並能準確地把握隱藏在各種人體疾病和生命現象背後的深刻本質；……。事實上，除了本書明確提出的200多個觀念以外，我們還需要更新成千上萬個現代科學的舊有觀念，才能真正領悟到人體和生命科學的基本內涵。

　　正是基於這許多個方面的同時進步，思維科學的理論和方法才能在人體和生命科學領域取得成功，其首次應用就圓滿地解釋了消化性潰瘍所有15個主要的特徵和全部72種不同的現象；這也是人類歷史上首次圓滿地解釋了一種疾病的發生機理。但實際上，思維科學的理論和方法還可以廣泛地應用於包括癌症、愛滋病在內的所有人體疾病和生命現象的解釋之中，就好像是牛頓提出的萬有引力定律首先被用來解釋相對簡單的「蘋果落地」現象，然後再推廣應用於天體運行、自由落體等各種宏觀現象的解釋一樣。而本書在提出思維科學的理論和方法時，也照搬了基本相同的思路：它們首先被用來圓滿地解釋相對簡單的消化性潰瘍病的發生機理，然後才被推廣應用於癌症、愛滋病、生物進化等各種人體和生命現象機理的解釋。因此，思維科學的理論和方法在實踐中的具體應用，將可以使我們有效地預防和治療包括癌症和愛滋病在內的各種疾病，並完全克服各種疾病的反覆發作和多發。不僅如此，思維科學還能圓滿地解決現代人體和生命科學領域目前正面臨的絕大多數難題，修正現代科學對生命的起源、抗衰老等多個領域認識上的不足，從而圓滿地解釋「生物進化」、「木乃伊之謎」等現代科學不可能解釋的各種人體疾病和生命現象的發生機理。不僅如此，思維科學還能順利地實現生物體內多個基因的合目的性調控，進一步優化生物的遺傳性狀，從而有利於各種遺傳性疾病的治療，並極大地延長人類的壽命；……。

由此可見：思維科學能同時糾正現代科學在哲學基礎、研究方法、思維方式、對人體和生命的基本看法等多方面的明顯不足之處，從而使人類能夠真正地邁入人體和生命科學的新時代，並能有效地解釋和防治各種疾病。因此，21 世紀是人體和生命科學的世紀，必然是以思維科學理論體系的誕生和確立為首要標誌的。

6.3　思維科學有助於解決當前科學各領域面臨的絕大部分難題

思維科學主要是針對人體和生命科學高度複雜的基本特點而創立的思想體系，但是它所涉及的範圍是無比廣大、包羅萬象的，因而它的應用實際上並不局限於人體和生命科學，而是全方位、涉及所有不同性質的學科和領域的。當前現代科學所不能解決的絕大部分難題，在思維科學的理論體系中都有可能可以找到令人滿意的答案。

與現代科學的高科技相比，以思維科學的理論和方法為基礎的科學技術才是真正的高科技，或者說是比現代高科技還要高級得多的「最高科技（Highest Technology）」。為什麼呢？現代科學的哲學基礎是唯物主義的一元論，因而其科學技術總是聚焦在物質結構的水平上，對自然界和人體的影響也只能停留在表面現象上，很少能夠涉及根本上的改造。與此不同的是：思維科學的哲學基礎是新二元論，充分地認識到了抽象的普遍聯繫在萬事萬物變化發展過程中的決定性作用，因而其科學技術必然要在抽象聯繫或思維意識的水平上操作，對自然界和人體的改造自然也就上升到了本質的高度，對事物的影響是決定性的。佛教認為：常人重果，菩薩重因。意思是說：一般人總是停留在最終結果或表面現象的水平上來觀察和處理問題，而有大智慧的人則總是深入到內在本質或抽象原因的高度來觀察和處理問題。現代科學和思維科學的科技水平就好像是這兩個不同層次：現代科學就好像牛頓時代以前的科學技術，由於沒有認識到抽象的萬有引力，自然也就不知道如何運用萬有引力來為人類服務了，只能算得上科學的萌芽階段；而思維科學就好像是牛頓揭示了萬有引力以後的科學技術，深入地認識到了萬有引力的存在，並將其廣泛地應用於人造衛星等領域，因而具有更高的層次。這一類比形象地說明了思維科學的技術必然要比現代科學更加高級；認為它是高科技中的「最高科技」是有充足的理論依據的。

思維科學的技術在應用上的具體表現實際上也是不難見到的。由於沒有受到現代科學唯物主義一元論的限制，古人和少數現代人實際上更容易掌握思維科學的某些技術；因而古埃及金字塔中的木乃伊可以歷經 5000 年以上而不朽，中國河北省「香河老人」的遺體直接暴露在空氣中，並且無需任何形式的特殊處理，卻能歷經十八年酷暑和嚴冬的考驗而不腐 [19]；還有西藏的

「伏藏之謎 [20]」等等，實際上都是思維科學的技術在實踐中得以靈活應用的結果，卻是現代科學的任何高科技手段都不可能做到的。其次，思維科學的理論和技術在核子物理學上的應用，還可以在不接觸實驗樣品的溫和條件下，改變任何常規的物理、化學手段都不可能改變的原子核的半衰期；這就為進一步地加深人類對物質世界的認識、理想地開發和利用原子能帶來新的曙光。此外，深空探測是人類長久以來的願望；但僅僅依靠現代科學技術是無法克服遙遠的星際距離的，即便是訪問離我們最近的火星，就必須為宇航員預備一年以上的食品和空氣等等，其代價之高昂是可想而知的；但思維科學的理論和技術在這個問題上的應用，則可以使宇航員的新陳代謝率降低到幾乎為零，只是在必要時才完全恢復正常的生理活動，從而可以節省 99％以上的星際旅行費用。不僅如此，思維科學的技術還可以合目的性地改變生物體的性狀，並能穩定遺傳，同時還能有效地克服常規的物理、化學誘變方法對人體和環境所造成的危害：這就為生物誘變育種、大幅提高工農業的生產效率指明了方向；……。

　　由此可見，思維科學的誕生和確立，將促使人類在各個不同領域的科學技術再次進入一個全面進步的新時代，十分有助於實現當前的現代科學家夢寐以求的許多願望。因而我們的確非常有必要加快思維科學理論體系建設的步伐，從而為各項科學技術新一輪的大發展奠定堅實的基礎。

6.4　思維科學能極度地開發智慧，大大加快人類文明前進的步伐

　　思維科學以新二元論為哲學基礎，認為人體除了現代科學已經熟知的物質屬性以外，同時還具有現代科學目前尚屬未知的思維意識的屬性，並且後者還具有決定性意義。因而思維科學認為僅僅依靠通常意義上的體育鍛鍊是遠遠不夠的，還必須堅持思維意識的鍛鍊才能真正有助於人體的健康，同時還能開發出異乎尋常的大智慧。因而思維科學技術的普及和推廣，是合目的性地改造人類自身、加快文明前進步伐的必要前提。

　　在唯物主義的一元論指導下的現代科學，所認識到的僅僅是物質人體，而不重視人體的抽象屬性對健康的決定性影響。因此，在現代科學觀念的指導下，人們往往只注重體育鍛鍊，卻忽略了思維意識的鍛鍊，或者說在培養美好心靈方面做得很不夠，這就導致現代科學一直都找不到主動開發人類智慧的有效辦法；而通常意義上的智慧增長 [21]，不過是生理性的智力發育而已。另一方面，已有的科學研究表明：當前人類的大腦得到開發利用的比率不足 10％。這說明人類智慧的提升的確還有很大的潛力，如何充分利用剩下尚未開發的 90％，只有在思維科學的理論和方法中才能找到令人滿意的答案。在新二元論指導下的思維科學認為：智慧的開發不是通常意義上的

思維訓練或學習，更不是通過含有某種特定物質的營養補充就能實現的，而必須通過長期的思維意識鍛鍊，將各種干擾智慧發揮、不健康的情緒從我們的內心深處完全清除出去，也就是要避免中醫病因學提到的七情「喜怒憂思悲恐驚」或佛經所講的五毒「貪嗔癡疑慢」的干擾才能實現。每一個人可能都有這樣的生活體驗：當我們精神不集中或心不在焉的時候，就很難正常地發揮出應有的智力水平，也不太容易辦好一件事情。而通過長期的思維意識鍛鍊，則可以使我們雜亂無章的思緒隨時隨地都能平靜下來，從而騰出了足夠的大腦空間並有助於思緒或精神高度地集中在所要處理的問題上，自然就能比一般情況下想得更多、更全面，最終的結果自然而然地就表現為「大智慧」了。

思維科學的技術和方法在智慧開發方面的具體應用之一，就是可以極大地縮短學習的過程，從而使我們能在極短的時間內提高多方面的能力。一般情況下，人們要想掌握某項特殊的技能，往往需要經過很多年的努力學習和反覆訓練，如畫畫、彈鋼琴等等；而在人體和生命科學、機械工程學等多種複雜的領域，則需要十幾年乃至更長時間的刻苦攻讀，才能較好地掌握一定的專業知識；這些都是通過具體的措施將各種技能向人類的思維意識被動灌輸的過程，既耗時費力又花錢。但如果我們能很好地應用思維科學的技術，那麼一個從來都沒有學習過畫畫的人就可以直接從一個大畫家的腦海裡提取相關技能的信號，一拿起畫筆就可以立即畫出具有很高藝術價值的作品來；一個從來都沒有學習過彈鋼琴的人，也可以在一瞬間成為一個出色的鋼琴家，根本就無需經過長時間的學習和訓練；而一個從來都未曾學習過哲學的人，也可以在頃刻間就變成一個擁有超常智慧的大哲學家。我們還必須注意到：在現代科學引領人類文明的時代，即使牛頓和愛因斯坦這樣大名鼎鼎的科學家，也不一定掌握了思維意識的基本技術，他們的智慧最多只能算得上是「常人中的最高智慧」，但與思維意識的長期鍛鍊後所獲得的智慧相比，最多只能算得上是小智慧（Petty Trick），只能為相對簡單、非生命的物理、化學領域建立因果關係。而當前的人體和生命科學領域所面臨的是高度複雜的立體網絡狀因果，只有開發出遠遠超出牛頓和愛因斯坦的大智慧，才能在將來勝任這一領域的科研工作。

由此可見：思維科學的技術和方法在全社會的普及和推廣，將促使人類實現從「小智慧」向「大智慧」的時代性飛躍。然而，要實現人類智慧的全面開發卻是相當不容易的，必須同時具備很多方面的條件才能真正實現。可以預計，當思維科學的基本觀念深入人心的時候，社會上的每一個人都有可能開發出比牛頓、愛因斯坦還要高出千百萬倍的智慧。無疑，這將極大地加快人類文明前進的步伐。

6.5 思維科學能有效防治各種「社會疾病」，從而有助於世界和平

現代科學是物質科學的基本特點，決定了它給人類帶來的僅僅是物質文明，從而造成了精神空虛、道德淪喪等一系列嚴重的社會問題。而思維科學十分重視人們在精神方面的追求，能夠實現物質文明和精神文明的雙豐收，有效地治療各種「社會疾病（Social Diseases）」，並從根本上維護全世界的和平與穩定，從而有助於人類社會的長期、穩定、快速和健康地發展。

現代科學在給人類的生存和發展帶來莫大的物質利益的同時，卻又是一把名副其實的「雙刃劍」[22]。胡塞爾認為：**現代科學的發展促進了人們對物質的重視，從而陷入了精神危機，使人失去了價值和意義** [23]。因此，現代人普遍不重視美好心靈的培養，而習慣於用金錢和物質利益的多少來衡量個體能力的大小。結果就是：貪污腐敗之風在許多國家和地區十分盛行；人與人之間由於金錢、地位的爭奪而互相傾軋，從而極大地限制了個人能力的發揮；甚至不同利益集團、群體和國家之間由於物質利益的爭奪而頻頻爆發戰爭。2008~2009 年度為什麼會發生席捲全球、人人自危的國際經濟危機呢？與其說這是美國次貸危機所引發的金融海嘯，還不如說是資本主義對物質享受的無限追求，忽略了精神文明建設而導致的道德危機；只要當前社會片面追求物質利益的劣根還存在，經濟危機的週期性發作就有其必然性；我們稱它為「現代社會特有的疾病」，是很恰當很貼切的。不僅如此，現代科學技術的日益進步並不是讓人類更加安全，而是更加危險了：科學愈發達，人類對我們賴以生存的環境的破壞力就愈大；核能得到開發以後首先並不是被用來促進生產，而是製造核炸彈，使得整個人類長期以來一直都面臨著被滅絕的危險；……。

而思維科學在健康、智慧與日常行為之間建立了必然聯繫，順利地實現了科學與宗教的完美結合，因而必然會在物質文明建設的同時還十分強調「美好心靈」的培養，導致其發展與現代科學有著完全不同的表現。我們想要開發智慧嗎？我們想要身體健康嗎？我們想要延長壽命、人生圓滿嗎？思維科學認為這一切目標的實現，都有賴於日常生活中「德」的培養。因此，當思維科學的基本觀念深入人心的時候，人們都將深刻地認識到幸福美好的人生並不是片面地追求物質利益所能達到的，而是必須通過多做好事、做有利於他人、有利於全社會的大好事才能實現。在這樣的思想指導下，人與人之間將不再有太多的利益之爭，取而代之的則是彼此尊重、互相幫助和高度和諧的社會風氣。而貪污腐敗則完全失去了滋生的土壤；戰爭也不再成為人們解決問題的選項；不同國家、地域和文化的人們都能和睦相處，相互支持。基於相同的原因，人類將能很好地協調自身的生存和發展與自然環境之

間的關係，引發經濟危機的劣根也將被徹底地拔除，根本就不存在「核子武器滅絕全人類」的問題。由此可見：在思維科學獲得大發展的將來，科學技術將不再像現代科學那樣對人類自身的生存和發展構成威脅，當前人類所面臨的各種生存危機也將一一化解。

由此可見，思維科學的誕生不僅能促進各領域科學技術的全面進步，而且還能使整個人類社會的精神面貌發生翻天覆地的變化，從而為全社會長期、穩定、快速的發展奠定基礎。這說明思維科學基本觀念的普及和推廣，將從根本上彌補現代科學的不足，從而真正實現「**大道之行也，天下為公** [24]」這一人類長久以來的美好願望。

6.6 思維科學能優化遺傳性狀，從而大大加快人類進化的速度

當前科學上有一種消極的論調，就是認為促進人類進化的動力，如自然選擇和基因突變等不再在人類的生活中占有重要地位，因而人類的進化已經走到了盡頭或處於停頓的狀態，既不會進化、也不會退化了 [25]。這是沒有認識到「人類是具有高度智慧的生物，能主動地認識和改造自身」而導致的錯誤認識。

在現代科學看來，人類進化的動力是自然選擇和基因突變等等。然而，經過過去上百萬年的發展，人類已經在地球上處於絕對統治的地位，已經沒有任何一種生物能夠向人類發起挑戰；因而自然選擇已經不再是人類進化的根本動力。其次，現代人類的人口數量十分龐大，隨機突變幾乎不可能成為人類進化的因素，……。看來人類的進化只有依靠人類自己了。然而，人類有著極其龐大的基因組（大約 35 億個城基對），能夠表達出 10 萬種以上的蛋白質，相互之間有著複雜而微妙的關係；因而主動地採取人工基因突變的方法，卻通常首尾不能兼顧，也達不到促進人類進化的目的。這麼一來，人類的進化的確是已經停止了。不僅如此，目前人類的基因池中還存在著大量的致病基因，現代科學尚未找到切實可行的辦法隨心所欲地在人類龐大的基因組上「動手術」，從而有效地攻克各種遺傳病。這同時也說明了當前的人類還遠遠沒有進化到十分完美的狀態，還有著十分廣闊的優化空間。不僅如此，雖然人們早就已經觀察到了生物進化具有合目的性的基本特點 [26]，並且現存的生命體從總體上講總是處於近乎完美的狀態，也在現代科學的知識體系中一直都找不到合理的解釋。所有這些都說明了現代科學對生物進化的認識實際上是很膚淺的，還遠遠沒有領悟到隱藏在各種人體疾病和生命現象背後的奧妙。

　　我們還必須注意到：現代科學僅僅是人類科學的初級階段，它對生物進化的認識不見得就一定是正確的，基於現代科學對人類進化所做的預測也不見得就一定是全面而準確的；人類科學的未來發展完全有可能給我們帶來全新的認識、更高的技術水平，從而實現現代科學不可能實現的各種目標。事實也的確是如此：思維科學的誕生和確立，將為人類新一輪更加高級、更加快速的進化帶來新的曙光。它認為現代科學完全忽略了的人體抽象聯繫方面的屬性，才是推動各種人體疾病和生命現象發生發展的決定性原因，人類自身的進化顯然也能不例外；基因組上城基排列順序的改變也不是推動生物進化的根本原因，而是人體抽象的普遍聯繫所導致的中間結果。因而未來的思維科學對生物進化的認識一定會比現代科學更加全面而深入；不僅如此，思維科學採用多維的思維方式來觀察和處理問題，其技術和方法是比現代高科技還要高級得多的「最高科技」，因而完全有可能可以從抽象要素的高度上（新二元論認為抽象的要素是決定性要素）來掌控人類進化的速度，同時合目的性地改變成千上萬個基因上的城基序列。這就從根本上克服了現代科學首尾不能相顧的毛病，使人類的多種生物學性狀之間達到最佳配合的狀態，從而可以有效地糾正各種致病基因，盡最大可能地改造人類自身的基因組、優化各種遺傳性狀，進而達到主動地加快人類進化速度的目的。

　　由此可見：思維科學的誕生和確立，不僅能極大地增強人類認識和改造周圍世界的能力，而且還能賦予人類不再依賴於環境條件的改變，而根據需要主動、合目的性地改造自身的能力，這就為創建更加完美的新興人類奠定了理論和方法上的基礎，從而有助於真正地實現人類追求健康、幸福與快樂的目標。

6.7　思維科學的誕生標誌著一個全新文明時代的到來

　　雖然本節僅僅列舉了有限的幾個方面，卻足以體現出建立思維科學理論體系的重要意義。它第一次使人們的思想跳出了現代科學物質觀的限制，實現了從具體科學到抽象科學的巨大飛躍，從而使人類科學真正邁入人體和生命科學的新時代；思維科學的技術是比現代高科技還要高級得多的「最高科技」，不僅非常適用於解決人體和生命科學領域中高度複雜的問題，而且還能極大地促進人類科學其他各領域的全面進步；思維科學還能積極主動地開發人類的智慧，實現物質文明和精神文明的雙豐收，合目的性地優化生物體的遺傳性狀，從而大大地加快人類的進化速度。

不僅如此，思維科學還能順利地實現科學與宗教、科學與哲學、東西方醫學和文化等十多方面的有機統一，從而在涵蓋了現代科學的所有內容的同時，卻又克服了現代科學多方面的不足之處，是比現代科學範圍更加廣大、認識更加深入的全新思想體系。無疑，思維科學的誕生和確立將極大地促進科學、宗教、哲學、文化、藝術等人類文明的所有方面的全面進步，並合目的性地改造人類自身。因而，思維科學基本觀念的普及和推廣，將使整個人類社會的面貌再一次發生「脫胎換骨」一般的深刻變化，並十分有助於世界和平和環境保護，從而為人類社會長期、穩定和快速的發展奠定堅實的基礎。這一切無不表明了思維科學的誕生和確立，標誌著人類一個更高級的全新文明時代的到來。

第七節：思維科學的未來發展「任重而道遠」

綜合本部分前面各節的論述，思維科學的誕生和確立將使人類的科學再次邁入一個嶄新的階段，而整個人類的思想也將再次面臨著一場新的偉大變革。然而，就像既往人類歷史上任何一場偉大的科學革命一樣，思維科學的未來發展也不會是一帆風順的，必然要受到來自多個方面的挑戰，走過一段段艱難而曲折的歷程，才能得以完全的確立和在全社會的普及推廣，這主要是由如下幾個方面的因素決定的：

首先，思維科學高度複雜、抽象而無形、範圍廣大的基本特點，就已經決定了人類科學要順利進入這一領域有很大的難度。現代科學以具體的物質結構為主要研究對象，看得見、摸得著、測得到，因而相對比較容易理解；其次，現代科學涉及的因果關係是比較簡單的，通常是單因單果。例如：牛頓揭示萬有引力是蘋果落地的原因，僅僅涉及一個原因和一個結果，因而很容易就能被人們廣泛接受。雖然現代科學後續的研究相對要複雜得多，但仍然沒有超出簡單因果的範疇。而思維科學面對的是完全不同的情況：其主要的研究對象看不見、摸不著、測不到，必須通過事物具體方面的變化發展才能得到間接的體現，相互之間還會疊加起來起作用，因而要深刻地領悟到它們的作用機制的確有很大的難度；再次，即便是相對簡單的消化性潰瘍病，就已經涉及到了成百上千的原因，並且還會隨著時間、地域的變遷而不斷地發展變化；而這些原因導致的結果，就不下 72 種現象之多。再如，牛頓在解釋蘋果落地時只需要一條萬有引力定律、改變幾個觀念就夠了；而思維科學在解釋消化性潰瘍的發生機理時，就必須同時應用 15 條範圍更加廣泛的哲學原理、改變 200 多個觀念才能奏效。這說明思維科學涉及的都是高度複雜的問題，往往很難像現代科學那樣一下子將它論述清楚，一時難以被多數人所理解和接受就不奇怪了。

不僅如此，思維科學的誕生和確立，還要受到長久以來在人們心目中一直都占主導地位的許多現代科學觀念的頑強阻擊。現代科學過去幾百年來的成功，導致當前絕大多數人都認為只有符合現代科學理論的觀點才是唯一正確的觀點；凡是與現代科學的理論相矛盾、相違背的思想和方法等等，都是不正確、不科學的。更有甚者，在對新思想、新現象缺乏了解的情況下就冠之以「偽科學」的頭銜，這就盲目地將思維科學對人類認識的積極影響拒之門外了。退一步講，即使人們充分地認識到了現代科學的局限性，也不免要帶著舊的眼光來看待思維科學，從而給新科學的誕生造成很大的阻礙。例如：歷史上的人們曾經在微觀世界裡的許多問題都還是未知的情況下，總是利用只適用於宏觀世界的牛頓定律來解釋發生在微觀世界裡的現象，使得當時的科學思維鑽進了一個死胡同，導致人們的認識遲遲不能發生質的飛躍。同理，思維科學的未來發展有可能也會面臨基本相同的情況：人們將不可避免地要利用已有的現代科學觀念和思維方式來理解思維科學的理論和現象。這種思維慣性會不會像歷史上的牛頓定律一樣，使人們的思維再次鑽進一個個新的「死胡同」呢？這就難免對思維科學的未來發展帶來一些不利影響。有人認為：科學研究很難！然而，與改變人們心目中的固有觀念相比，科學研究又有何難呢？因此，我們提出：科研容易改變傳統觀念難！創建思維科學的難度由此可見一斑。

再次，思維科學與現代科學之間多方面的巨大差異，也決定了思維科學的未來發展將會有很大的難度。雖然本書提出了 15 條哲學原理和近 200 個新觀念，但這僅僅涉及了思維科學理論的皮毛，與思維科學博大精深的核心理論的確還相去之甚遠，可能還需要我們再同時改變成千上萬個已有的現代科學觀念，才能真正地認識到它的深刻內涵。正如前面的論述，要改變人們心目中的一兩個舊有觀念就已經非常的不容易了，更何況是要同時改變如此多的觀念呢？而要在日常生活和科研實踐中同時靈活地應用這麼多的觀念，就更是難上加難。這些對思維科學的未來發展都是非常不利的。但我們還必須注意到：地球上的人類是非常有智慧、非常靈活的高等生物，同時還有著非常遠大的理想，更有無窮的潛力等待著我們去挖掘，再曲折、再艱辛的道路也總是會有人去大膽地嘗試，再加上無數科技工作者前赴後繼的共同努力，人類踏足並完全掌握思維科學的理論、技術和方法的這一天，是遲早都要到來的。

最後，思維科學的未來發展必須面對的最大難點，還在於它對人類的智慧提出了很高的要求。通過對消化性潰瘍病發生機理的圓滿解釋，我們可以清楚地看到：要同時掌握並靈活地應用 15 條哲學原理和數以百計的新觀念，沒有超常的「大智慧」是根本就不可能辦到的；即使是現代科學家們公

認的具有最高智慧的牛頓和愛因斯坦，也不一定就具備思維科學的未來發展所必須的大智慧。然而，正如本書前面多個章節的論述，大智慧是可以通過後天主動的思維意識鍛鍊獲得的。但是思維意識的鍛鍊與體育鍛鍊卻又完全不同，它除了要求我們必須數年如一日的刻苦堅持以外，還必須具備良好的先天素質和極其高尚的品德，同時還需要受到一些不被現代科學所理解的外來因素的激發，才能真正有所成就。因此，思維意識的鍛鍊並不是一般意義上的思維訓練，而是涉及到了非常複雜而抽象的技術因素，當前能夠真正掌握其要領的人實際上是非常少見的，而這其中智慧能夠得到開發的就更少了；這無形中就已經給思維科學的未來發展帶來了很大的阻力。但隨著當今人類社會的快速進步，具備方方面面的條件、能夠開發出大智慧的人一定會愈來愈多，思維科學的未來發展就愈來愈有希望；當思維科學的基本觀念深入人心之日，也就是「**大道普行也，天下為公** [24]」之時。到那時，社會上的每一個個體都有可能獲得在現代人看來異乎尋常的大智慧。

總之，思維科學的固有特徵及其與現代科學之間的巨大差別，都決定了從現代科學到思維科學的歷史性飛躍不會是從經典力學到量子力學那樣的簡單重複，而是將走一條前人從未走過的路，有著全新的發展模式和超出想像的曲折歷程，需要長期、多方面的巨大投入才能最終實現科學變革的目標。可以預計：思維科學的未來發展將是任重而道遠的。好在過去幾百年來現代科學的大發展已經使我們處在一個科學昌明的時代。而作為新時期的科學工作者，我們一定要好好珍惜和利用這一新的歷史機遇，努力開拓，為推動思維科學理論體系的建立這一關係人類美好未來的大事業貢獻力量。

本部分小結

綜合本部分的論述，現代科學的哲學基礎、研究方法、思維方式等多方面的缺陷，都決定了它實際上尚未真正踏入人體和生命科學的大門。有鑒於此，我們提出了建立一個全新的思維科學理論體系的倡議，並初步地勾劃了它的理論輪廓：思維科學暫時將以本書提出的「新二元論」為最重要的哲學基礎，以抽象的思維意識為最主要的研究對象，並採用多維的思維方式來觀察和處理問題。其次，思維科學還是高度複雜的思想體系，重視整體觀在科學研究中的地位，強調實驗研究與抽象思維的有機結合，因而各種認識都能上升到本質的高度。不僅如此，思維科學還不像現代科學那樣有固定的定理、定律、公式和法則，對人體的基本看法也與現代科學有很大的區別，是一門包羅萬象、高度統一、範圍廣大、綜合性的大科學。其誕生和確立將極大地拓展人類的視野、加快人類文明前進的步伐。

　　本部分還通過回顧既往人類科學發展的歷史，充分地說明了現代科學不能代表人類科學的全部，而僅僅是人類科學的初級階段；而思維科學是順應時代的需要而必然要誕生的全新思想體系，是人類科學的高級階段。此外，我們還從科學史上許多成功的經驗中吸取了教訓，認為思維科學的未來發展必須走哲學的道路。可以預計：思維科學的誕生和確立將使人類真正邁入人體和生命科學的新時代，有助於解決當前各學科領域所面臨的絕大部分難題，還能極度地開發人類的智慧，並十分有助於世界和平，從而為人類社會長期、穩定、快速的發展奠定基礎；思維科學還能極大地促進科學、宗教、哲學、文化、藝術等人類文明所有方面的全面進步，並合目的性地改造人類自身。所有這些都說明了思維科學的誕生和確立，將標誌著人類一個更加高級的全新文明時代的到來。最後，我們對思維科學的未來發展可能面臨的不利因素進行了分析，認為人類思想觀念的慣性、與現代科學之間的巨大差別、思維意識複雜而抽象的特點、對人類的智慧提出了很高的要求等等，都決定了思維科學的未來發展將是任重而道遠的。

參考文獻

1　Barry J. Marshall, J. Robin Warren, Elizabeth D. Blincow, Michael Phillips, C. Stewart Goodwin, Raymond Murray, Stephen J. Blackbourn, Thomas E. Waters, Christopher R. Sanderson; Prospective Double-blind trial of duodenal ulcer relapse after eradication of *campylobacter pylori*; The Lancet, December 24/31 1988, pp 1437-1442.

2　Antti Revonsuo; Consciousness: the science of subjectivity; Psychology Press, 2010.

3　印會河主編，張伯訥副主編；中醫基礎理論；上海，上海世紀出版股份有限公司、上海科學技術出版社，1984 年 5 月第 1 版；第 11~13 頁。

4　孫方民、陳淩霞、孫繡華主編；科學發展史；鄭州，鄭州大學出版社，2006 年 9 月第 1 版；第 103-117、171、192~200 頁。

5　理查‧尼斯貝特 [美] 著，李秀霞譯；思維的版圖；北京，中信出版社，2006 年 2 月第 1 版；封面。

6　鄺賀齡主編；消化性潰瘍病；北京，人民衛生出版社；1990 年 11 月第 1 版；第 71 頁。

7　張志偉、馬麗主編；西方哲學導論；北京，首都經濟貿易大學出版社，2005 年 9 月第 1 版；第 2、139 頁。

8　鄒海林、徐建培編著；科學技術史概論；北京，科學出版社 2004 年 3 月第 1 版；第 120、124 頁。

9　朱月龍編著；自從有了哲學；北京，海潮出版社，2006 年 12 月第 1 版；第 28 頁。

10 錢長炎著；在物理學與哲學之間——赫茲的物理學成就及物理思想；廣州，中山大學出版社，2006 年 1 月第 1 版；第 5 頁。

11 那日蘇主編；科學技術哲學概論；北京，北京理工大學出版社，2006 年 10 月第 1 版，第 2、26 頁。

12 金奇主編；醫學分子病毒學；北京，科學出版社；2001 年 2 月第 1 版；第 348~349 頁。

13 童鷹著；哲學概論；北京，人民出版社，2005 年 9 月第 1 版；第 205 頁。

14 達爾文〔英〕著，周建人、葉篤莊、方宗熙譯，葉篤莊修訂；物種起源；北京，商務印書館，1995 年 6 月第 1 版，2005 年 6 月第 5 次印刷；第 1~14 頁。

15 陳遠霞、馬桂芬主編；馬克思主義哲學原理；北京，化學工業出版社，2003 年 7 月第 1 版；第 3~4 頁。

16 W.C. 丹皮爾〔英〕著，李珩譯，張今校；科學史及其與哲學和宗教的關係；桂林，廣西師範大學出版社，2001 年 6 月第 1 版；第 429 頁。

17 張宗明著；奇蹟、問題與反思——中醫方法論研究；上海，上海中醫藥大學出版社，2004 年 9 月第 1 版；第 116 頁。

18 任恢忠著；物質·意識·場：非生命世界、生命世界、人類世界存在的哲學沉思；上海，學林出版社，1999 年 1 月修訂版，2003 年 11 月第 3 次印刷；錢學森於 1995 年 11 月 26 日署名之信件。

19 柴樹冬編著；神秘的世界：中國版；北京，中央編譯出版社，2006 年 10 月第 1 版；第 62~64 頁。

20 王堯、陳慶英主編；西藏歷史文化辭典；杭州，西藏人民出版社、浙江人民出版社，1998 年 6 月第 1 版；第 87 頁。

21 肯·理查森〔英〕著，趙菊峰譯；智力的形成；北京，生活·讀書·新知三聯書店，2004 年 4 月第 1 版。

22 吳光遠著；聽大師講哲學；插圖版；北京，中國民航出版社，2006 年 2 月第 1 版；第 2~4 頁。

23 夏基松著；現代西方哲學；上海，上海人民出版社，2006 年 9 月第 1 版；第 255 頁。

24 據中國西漢時期的禮學家戴聖選編的《禮記》之「禮運大同篇」記載，「大道之行也，天下為公」出自 2500 多年前春秋時期的儒家學派創始人孔子（西元前 551 年～西元前 479 年）。

25 新浪網，科技時代，科學探索：英國遺傳學家稱人類進化已停滯：http://tech.sina.com.cn/d/2008-10-08/08132495161.shtml；發表於 2008 年 10 月 8 日。

26 H·賴欣巴哈〔德〕著，伯尼譯；科學哲學的興起；北京，商務印書館，1983 年 4 月第 2 版，2004 年 8 月北京第 4 次印刷；第 148~155 頁。

第五部分：常見問題回答

1. 第三部分的 15 條哲學原理有什麼實用價值呢？

這 15 條哲學原理建立了人體與生命科學領域中完整的因果關係，從而為將來圓滿地解釋各種人體疾病和生命現象的發生機理奠定了理論和方法上的基礎；將來這些科研成果在現實生活中的應用，可以極大地減輕人們的病痛，大幅提高人類的生活質量。這些哲學原理還能極大地擴展和加深人們對自然界和人體自身的認識，推動各個不同領域的全面進步。如果與法拉第發現的電磁感應現象進行類比，也可以輕鬆地回答這個問題：

有一天，當法拉第在英國皇家學會表演電磁感應現象時，一位貴婦人冷冷地問道：「你這玩意兒又有什麼用呢？」法拉第回答道：「夫人，你該不會問一個初生的嬰兒有什麼出息吧！誰能預計一個嬰兒長大成人之後會怎麼樣呢？」

在法拉第剛剛提出電磁理論的時候，人們普遍看不到這些理論的應用前景。可是在 200 年後的今天，人們卻一刻也離不開「電」：電燈、電腦、電話、電視等等。在牛頓提出萬有引力定律以後，人們也普遍看不出圓滿解釋「蘋果落地」的實際意義，對蘋果的速度達到 7.9kM/S 就可以變成地球的衛星也不感興趣。但在 270 年以後，第一顆人造地球衛星終於上天了：全球定位系統、電視電話、長程通訊、天氣預報、資源探查等多方面的應用，導致當前的人們實際上是一刻也離不開衛星的。愛因斯坦提出的質能方程，也是在很多年以後從原子能的開發利用中才體現出其實際價值的。既往科學史上這樣的例子是多不勝數的。思維科學的實用價值也是這樣的：它目前還處於初始發展階段，具體應用所需要的多方面條件目前還不具備。但只要我們站在未來的角度看問題，帶著變化發展的觀點看問題，就可以清楚地看到這 15 條哲學原理的應用前景實際上還要更加地廣闊而無邊，並將推動整個人類的科學和文明新一輪的大發展。

2. 第三部分的每一個哲學觀點基本上都在不同時期、不同地域的思想史上出現過，那麼它們在本書中又有什麼新意呢？

本書提出的 15 條哲學原理與歷史上的相關思想是沒有歷史淵源的，但是可以將它們看成是對過去 3000 多年來人類思想一個很好的總結，我們也想通過歷史上的這些優秀思想來證明本書哲學觀點的正確性。但本書提出的哲學觀點與歷史上的相關思想並不完全相同，首要的表現就是本書對它們進行了加工和完善，有些概念還進行了很大擴充，如新二元論。其次，歷史上的這些哲學思想都是非常零碎的，相互之間沒有關聯，更不能用來解決科研

工作和日常生活中的實際問題；而本書則在這些哲學觀點之間建立了牢固的必然聯繫，第一次使它們能夠行之有效地解決各種具體的問題。此外，歷史上的這些哲學觀點在現代科學的理論體系中基本上得不到體現，因而在現代科學看來，這些哲學原理實際上都還是「全新的」。如果古人的思想能夠促進人類科學新一輪的大發展，把它們重新提煉出來靈活地應用於科研實際，又何樂而不為呢？事實上，這些看似古老的優秀思想在將來必然會成為人類新的科學理論體系中必不可少的重要組成部分。

3. 可不可以對思維科學的未來發展作一些預測呢？

　　思維科學在當前是全新的思想體系，並要求我們要同時改變數以百計的現代科學觀念才能把握得比較好，因而思維科學的未來發展就好像歷史上任何時期的新科學、新思想一樣，最初只能得到少數人的認同，慢慢地認識到它的重要性的人會愈來愈多，最後必然會取代現代科學的位置成為人類科學的主流。但我們必須充分地認識到思維科學的未來發展，必然會與現代科學的理論和方法發生衝突，受到一大批已有現代科學觀念的頑強阻擊，就好像當年哥白尼、布魯諾、伽利略等人的思想受到了宗教觀念的頑強阻擊一樣。因此，思維科學要得到一小部分人的認同，或許要等到 2020 年以後；而得到全社會的普遍認同和大面積推廣，可能要等到 2050 年以後；至於說全社會的人都應用它來解決科研工作和日常生活中的具體問題，恐怕還要等上百年的時間；這種情況在科學史上是屢見不鮮的。例如：牛頓在 1687 年就預言了「衛星上天」，卻是在 270 年以後，也就是 1957 年 10 月 4 日才變成現實的。思維科學的未來發展也是如此，各項目標的實現還有待歷史來見證。

4. 為什麼在這本書裡只解釋一個而不是多個疾病呢？

　　由於深刻地揭示了人體自身固有的抽象本質，並且這個本質是所有人體疾病和生命現象所共有的，因而本書的理論實際上還可以廣泛地應用於所有人體疾病與生命現象的解釋之中。然而，人體和生命科學高度複雜的基本特點，決定了我們要解釋任何一種疾病都是非常不容易的，需要付出無比艱辛的勞動、動用很多的智慧才能成功。而本書的目標重在暴露現代科學理論和方法上的局限性，體現出建立一個全新科學體系的重要性和必要性，即使僅僅選擇相對比較簡單的消化性潰瘍病來證明其有效性，就已經是很大篇幅的一本書了。因此，其他各種疾病發生機理的解釋，還有賴於科學界廣大同仁的共同努力。我們真誠地希望在不久的將來，各學科領域的專家學者們能夠將本書提出的基本原理靈活地應用到他們的科研工作中去，這樣我們在寫作本書時「拋磚引玉」的目的就算是達到了。

5. **應用這本書提出的哲學原理對人類的智慧有什麼要求呢？**

要靈活應用這本書提出的哲學觀點，首先就必須擁有多維的思維能力。而多維的思維能力則要求我們必須有很高的德性、德心和德行才行。為什麼呢？只有這樣，我們的內心深處才能處於一個平靜、寧靜乃至是靈靜的狀態，再加上一些外來因素的激發，獲得這種能力就非常有可能了。事實上，目前就已經有了這樣的一種大趨勢——人類的智商正變得愈來愈高。我們相信隨著時間的推移，隨著人類文明程度的日益提高，尤其是在思維科學的理論和方法日益得到普及和推廣以後，也有可能是在 50 到 100 年之後，社會上的每一個人都有可能獲得多維的思維能力。然而，一旦我們有了多維的思維能力，就不需要去閱讀或理解本書提出的這些哲學觀點，就能夠在實踐中自動地應用這 15 條甚至是更多的哲學原理，來解決日常生活和科研工作中各種高度複雜的問題了。

6. **圖 IV.23 是否完整地勾劃了本書 15 條哲學原理之間的關係呢？**

絕對不是。本書 15 條哲學原理之間的關係是高度複雜，無法用語言和圖表等形式來完整地加以描述的。而圖 IV.23 描述的僅僅是本書寫作時的基本思路，但是這 15 條哲學原理之間實際上是相互穿插、互為貫通、渾然一體的。就好像是大象的鼻子和尾巴雖然處於完全不同的空間位置，但是二者之間卻存在著緊密的內在聯繫、有高度的相關性——都是由完全相同的基因組決定的一樣。同理，雖然本書採用了 15 條哲學原理的形式，但這些哲學原理都是圍繞著各種人體疾病和生命現象的共同本質而展開論述的。然而，它們還不是對本質的全面描述。這就決定了將來還需要科學界的共同努力，在實踐中不斷地補充和完善這些哲學原理的基本內涵。

7. **這裡的 15 條哲學原理是不是無論什麼現象都能解釋呢？**

不是。這些哲學原理只能在一定的歷史時期內回答數量有限的問題。本書提出的基本觀點雖然非常有助於成千上萬個不同問題的回答，但是我們只能根據當前科學發展的現狀和需要、圍繞本書的核心思想選擇性地回答其中的幾百個問題。然而，當前和將來科學上面臨的問題何止千千萬萬？對於很多問題，如癌症和愛滋病的部分特徵的解釋，恐怕還需要提出更多的哲學觀點才能奏效。因此，本書提出的 15 條哲學原理也是有歷史局限性的，尤其是因為它們都是在思維科學的初始階段提出來的，還有著十分廣闊的未來發展空間。這就需要很多代人長期的共同努力，才能將這一全新的理論體系建

設好，盡最大可能地破解各種自然、人體疾病和生命現象之謎，從而為全人類的長遠福祉作出應有的貢獻。

8. 這本書將來還會有進一步修改的可能嗎？

一定有。牛頓就傾注了最多的心血來修改他一生中最重要的著作《自然哲學的數學原理》。我們的這本書也是這樣的，有些論述可能還不夠確切，將來可能還需要一些結構上的調整，有些地方可能還必須增加或刪減部分觀點。因此希望科學界的各位同仁都能不吝賜教，我們也的確是以小學生的心態來面對諸位的批評和指正的。但本書各哲學原理之間渾然一體、不可分割的基本特點，決定了貿然行動就有可能出現「牽一髮而動全身」的窘境。為了避免這種情況，只有兩位作者才能作出修改的最終決定。然而，如果有人能夠在本書的基礎上派生出全新的觀點、相反的觀點、更全面更深入透徹、更能揭示人體本質的觀點，就可以以新書或新文章的形式公開發表，那正是我們的期望之所在，也必然是科學界喜聞樂見的。

9. 思維意識是否能夠獨立於物質之外而單獨存在呢？

思維意識的確是可以獨立存在的，但必須通過具體物質的變化發展才能體現出它的決定性推動作用，就好像是我們可以將電腦軟體獨立地存放在光碟上，卻不能體現出它對硬體的驅動作用一樣。而掌握了思維意識技術的人（往往都是像釋迦牟尼、耶穌、老子那樣的大智慧者），就可以利用它來實現當前現代科學的任何技術手段都不可能達到的多種目標。例如：「伏藏」實際上就是獨立存在的思維意識，是一些高僧大德靈活運用思維意識技術的表現，可以將具有特定信息的思維意識存放好幾百年，在條件成熟的時候才通過一些人將它背誦出來而重新對社會發揮積極作用；這與佛教界熟知的「以心傳心」的技術在原理上是完全相同的。世界三大宗教中的上帝、神、燃燈古佛等等，實際上都是很久以前就掌握了思維意識技術的人。而牛頓、愛因斯坦都表達了對宗教的支持，就有可能與他們神奇的思維意識經歷有關。

10. 在思維科學的理論體系中還存在唯物論和唯心論的劃分嗎？

在思維科學獲得大發展以後將不再存在這個問題。唯物論和唯心論是歷史上的人們根據研究對象具體和抽象的不同特點而進行的人為劃分。雖然這種劃分有其歷史的必然性，但既然任何事物都是抽象和具體的統一體、物質和意識的統一體，二者是相輔相成、缺一不可的，那麼這種劃分實際上是沒有任何意義的，並且其負面影響已經被當前現代科學的發展所證明。所以將來在思維科學獲得大發展以後，就不存在唯物論與唯心論的劃分了；就連我

們這裡提出的「新二元論」也沒有存在的必要了。因此，雖然本書也大談特談唯物論和唯心論，並將它們統一起來發展成為新二元論，但這些都是因應當今時代的需要、迫不得已而採取的權宜之計，並且二者關係的討論也的確非常有助於目前很多重大的認識論問題的解決。

11. 現代科學強調的物質結構在思維科學的探索中處於什麼樣的地位呢？

新二元論明確地指出：正如蘋果的物質結構對「蘋果落地」這一現象的發生不具有決定性一樣，物質結構的變化發展（如癌症發生時 DNA 上的基因突變）是人體的抽象屬性推動的一個中間過程，在各種人體疾病和生命現象發生發展的過程中也不具有決定性意義。然而，物質結構雖然不具有決定性，但是它對思維意識功能的發揮卻具有「絕對」的意義，所以了解物質結構仍然是很有必要的，可以讓各種抽象的聯繫以物質結構的變化發展而得到具體的體現。這就決定了物質結構雖然不再是思維科學的主要研究對象，但是在思維科學的探索中仍然能夠起到重要的輔助和驗證作用，因而仍然是不可忽視的。不僅如此，由於思維科學的理論基礎得到了極大的完善，雖然物質結構不再是它研究的核心，但是它對物質結構的了解將比現代科學要深入且全面得多（請參閱第四部分 3.2），說明了了解物質結構在思維科學的理論體系中仍然是有必要的。

12. 黏膜下結節論沒有微觀結構的解釋，憑為什麼就可以宣稱它圓滿地解釋了消化性潰瘍的發病機理呢？

這裡首先要提出這樣一個問題：人們研究微觀物質結構的最終目的是什麼呢？是為了解釋各種宏觀的現象。這也就是說：任何微觀機制的探討最後還是要回歸到宏觀現象的解釋這個層面上來，從分子水平上來回答「為什麼臨床上和實驗室能夠觀察到這些現象」這樣一些宏觀的問題。因此，為了解釋各種宏觀現象我們去了解微觀的物質結構，現在卻為了去了解微觀的物質結構卻丟掉宏觀現象的解釋這個終極的目標了。黏膜下結節論圓滿地解釋了消化性潰瘍所有 72 種現象和 15 個主要特徵，當然可以認為它圓滿地解釋了這一疾病的發生機理了。

當前一部分人認為只有微觀物質結構弄清楚了，宏觀現象才有可能得到圓滿的解釋。這是基於唯物主義的一元論或物質觀而產生的一個錯誤觀念。黏膜下結節論沒有任何微觀物質結構的探討，卻圓滿地解釋了消化性潰瘍所有的特徵和現象，直接說明了闡明疾病的發生機理不見得一定要有分子機制才行得通；正相反，只有首先從宏觀方面把握好各項研究，才不至於犯大方向上的錯誤。如果「宏觀方面」或「大方向」搞錯了，微觀物質結構的研

究就都將是錯誤、甚至是極其荒謬的，我們就鑽了牛角尖、死胡同，或者說「捨本求末，緣木求魚」了；我們做研究時就掉進了微觀物質的太平洋，只見洪流而不見岸了。實際上，「消化性潰瘍是傳染病」的論斷正是科研大方向發生錯誤的表現，是不可能研究出什麼好結果的；而研製抗幽門螺旋桿菌的疫苗來預防潰瘍病，更是「瞎子點燈白費蠟」。

當然，如果大家認為消化性潰瘍的微觀機制的確很重要，不妨順著黏膜下結節論的核心思想「消化性潰瘍是身心疾病」這個大的原則來展開微觀物質結構的研究，對社會－心理因素如何通過病理性的神經反射導致潰瘍形成的微觀機制作一番深入的探討，那倒是有一些意義的，並且有可能對其他多種疾病的探討也會起到一定的提示作用。然而，對微觀物質結構更全面更深入的了解卻有非常有賴於未來思維科學的大發展，並且只有有了多維的思維方式，才能有效應對人體的物質結構高度複雜的基本特點。將來思維科學的基本觀念深入人心的時候，不僅消化性潰瘍的發生機理，而且當前科學上正面臨的絕大多數難題都將迎刃而解，人們對各種疾病的微觀機制的了解也將比當前的現代科學要全面並且深入得多。

13. 黏膜下結節論中的「結節竈」有存在的證據嗎？

「結節竈」是黏膜下結節論在充分考慮了人體內因的決定性作用、局部損害因素在後期發揮次要作用的前提下提出的在活體內發生的一個病理學模型。目前已有的證據一是胃潰瘍發生後形成「邊緣整齊、狀如刀割」的局部組織缺損，二是現代科學通過屍體解剖已經發現「20~29% 的男性和 11~18% 的女性目前或者既往有消化性潰瘍病」。「既往有消化性潰瘍病」可能是基於胃局部軟組織內的疤痕而作出的推斷，但這些都是解剖死人得出的結論，與活體的表現存在著很大的差別，因為個體死亡後就會出現組織崩解，很難將它們與「黏膜下的結節樣壞死組織」進行區分。其次，有些個體在重大的自然、社會和家庭事件發生以後，就立即出現了胃內局部組織的壞死脫落進而發展成為急性潰瘍，也說明了如何及時在活體內發現胃潰瘍發生早期的病理變化，是當前科學上有待解決的一個難點。但這個難點將來在以活人為研究對象的思維科學中應當是不難解決的。

14. 為什麼說「幽門螺旋桿菌與消化性潰瘍有因果關係」一定是錯誤的呢？

本書第二、三兩個部分實際上已經從 50 多個不同的角度（索引 4）分別說明了這個問題，而圖 II.6 更是一目了然地說明了幽門螺旋桿菌僅僅在消化性潰瘍發生的後期才有可能起到一定程度上的次要作用，可以看成是消化性潰瘍這隻「大象」的尾巴，其作用實際上與胃酸胃蛋白酶無異，在該疾病

的發生發展過程中是一個可有可無的因素。其次，只有假定「幽門螺旋桿菌與消化性潰瘍沒有因果關係」，才能圓滿地解釋與幽門螺旋桿菌相關的全部 32 個現象，並且還可以清楚地看到支持「幽門螺旋桿菌與消化性潰瘍有因果關係」的三個臨床和實驗室依據實際上都是假象而已（第二部分 5.2）。這些都足以說明「幽門螺旋桿菌與消化性潰瘍有因果關係」的說法一定是錯誤的，不僅誤導了當前消化性潰瘍病研究的大方向，而且還造成了大量人力物力的浪費，應立即予以糾正。

15. **既然「幽門螺旋桿菌與消化性潰瘍有因果關係」的說法是錯誤的，為什麼這個研究結論還能拿諾貝爾獎呢？**

「幽門螺旋桿菌與消化性潰瘍有因果關係」的錯誤結論能夠拿諾貝爾獎，是現代科學在人體和生命科學領域已經迷失了大方向的突出表現之一。這在很大程度上是因為現代科學在物質結構的研究上取得了很大的成功，而完全沒有看到人體實際上也存在著類似「萬有引力」那樣的抽象本質，因而很容易被生命領域中的各種表象所迷惑，並且還是多數的生命科學家都被「幽門螺旋桿菌與消化性潰瘍有因果關係」這一表象所迷惑，一個錯誤的結論能夠拿諾貝爾獎就不奇怪了。這不僅說明了現代科學的理論和方法存在著很大的歷史局限性，而且還凸顯了建立全新的思維科學理論體系的緊迫性、重要性和必要性；而黏膜下結節論的提出則標誌著人類科學一個舊時代的結束和一個嶄新時代的開始，將有力地推動人類科學再次邁上新臺階，是發生在 21 世紀早期人類科學史上一個重大的、革命性的事件。

16. **第二部分提到只要將黏膜下結節論的核心思想略作修改，就可以成功地解釋其他多種疾病的發病機理。那麼這個發病機理還可以解釋哪些疾病呢？**

黏膜下結節論看到了人體和生命的抽象本質，並且這個本質是推動所有人體疾病和生命現象發生的共同原因，因而它的核心思想還可以廣泛地應用於所有人體疾病和生命現象的解釋之中。實際上，第三部分第十四章的內容已經充分地說明了這一點：圖 II.6, 圖 III.18 實際上是同一張圖，只不過前者更加具體一些而已；而將圖 III.18 進一步昇華，就得到了可以廣泛地應用於所有人體疾病和生命現象的「中心法則」圖 III.17 了。

如果大家有興趣，可以嘗試利用圖 II.6、III.17~20 去解釋您所在領域的疾病或者生命現象的發生機理，這也正是我們寫作本書的目的之所在。這就要求我們要重視複雜的人體內因的深入探討，強調人體抽象本質的決定性推動作用，了解人生觀和既往生活經歷的基礎性意義。無疑，這些對於現代科

學的物質結構理論和思維方式而言，都將是一個很大的挑戰，所以我們才提出了建立全新的思維科學理論體系的構想。我們希望通過消化性潰瘍這樣一個相對簡單的疾病，能夠在全社會、在科學界引起廣泛的討論，看看現代科學的基本理論、認識和方法，是不是的確與人體疾病和生命現象的基本特點不符？如果是，那麼掀起一場全新的科學革命、建立一個全新的科學理論體系就的確非常有必要了。

17. 缺乏相關的實驗研究，憑什麼說黏膜下結節論就一定是正確的呢？

幾乎所有的現代科學的實驗研究結果都支持了黏膜下結節論。與愛因斯坦的相對論一樣，黏膜下結節論也是建立在抽象思維的基礎之上的。但二者仍然有很大的不同：1905 年愛因斯坦提出相對論的時候，還沒有實驗結果能夠證明其正確性，後來才出現了高能加速器、原子彈爆炸等等。而我們提出黏膜下結節論時，現代科學幾乎已經完成了消化性潰瘍各個方面的實驗研究，有著完備的流行病學調查資料和臨床觀察資料。但十分可惜的是：哲學與科學分家、不重視抽象思維在科研探索過程中的重要作用、不強調研究結果的綜合和歸納，都導致現代科學未能將這些臨床和實驗研究資料統一成一個完整的發病機理。而黏膜下結節論走上了與現代科學完全相反的道路，十分重視哲學的指導性意義，明確地指出並輕鬆地克服了現代科學多方面的不足之處，歷史上第一次完成了該疾病所有不同方面研究結果的大歸納、大綜合，因而能夠圓滿地解釋該疾病的發生機理。黏膜下結節論的成功，是哲學的成功，是方法論上的成功，是抽象思維的再次成功！

18. 為什麼說本書不僅僅是對人類既往思想史的一次大歸納和大總結呢？

本書的思想既不是從書本上學來的，也不是來源於「冥思苦想」，而是源自於類似佛教所講的「頓悟法門」。這也就是說：本書的思想是「學不到、想不出」的，而是來自現代科學一時還難以理解、比現代科學所定義的高科技還要高級得多的最高科技，也就是思維科學的基本方法在實踐中靈活應用的結果。也只有這樣，我們才能夠將歷史上如此多的優秀思想和觀念都有機地組織在一起，並且在各種零碎的哲學觀念之間建立起一個牢固的必然聯繫，而且還能在實踐中靈活地應用它們來解決科研工作中的各種具體問題。這就要求我們要立志、吃苦、修德等等，才能逐步提高悟性。有關這個問題，我們還將在第二本書中進一步大篇幅地仔細介紹。

19. 站在思維科學的角度怎麼看當前熱門的基因療法和幹細胞療法呢？

從思維科學的角度來講，幹細胞療法和基因療法都未能觸及人體的抽象

本質，因而仍然是現代科學物質治療措施的延續。從表面上看，目前現代科學的治療措施已經深入到原子分子水平，似乎很先進，但是這些措施實際上就好像消化性潰瘍的病因學探討中的「盲人摸象」一樣：人們先是認為「無酸無潰瘍」很有道理，然後寄希望於神經遞質來調節消化性潰瘍病，接著又認為是精神壓力引起的，最後又一口咬定與幽門螺旋桿菌有因果關係。歷史上以現代科學為基礎的各種治療方案實際上也是如此：起初認為手術和放化療等很有效，後來發展了免疫療法，接著認為基因治療很先進，最後幹細胞療法又成為當前最熱門話題。但實際上，所有這些治療方案都是沒有任何哲學性可言的「盲人摸象」，都沒有跳出現代科學的物質觀對我們思維上的限制，因而最終的命運也必然是一樣的，都不可能取得實質性的進展，都將隨著時間的推移而逐步被淘汰。只有十分注重人體抽象本質的防治措施，也就是思維科學提供的方法，才能從根本上實現防治各種疾病的具體目標。

20. 思維科學認為基因療法和幹細胞療法將面臨哪些困難、怎麼解決呢？

從思維科學的角度來講，當前熱門的幹細胞療法和基因療法都將面臨一個共同的課題，就是如何讓新導入的細胞和基因能夠適應個體器官和組織結構和功能上的需要，也就是如何實現體內多基因合目的性調控的問題。這仍然是人體和生命現象高度複雜的基本特點決定的。正如第三部分第十五章的描述，繼續採用現代科學線性的思維方式，將是永遠也無法有效面對這一基本特點的；只有從根本上對現代科學的理論基礎、研究方法和思維方式等多個方面都進行一次徹頭徹尾的改革，才能真正解決幹細胞療法和基因療法所面臨的問題。然而，這一改革的結果，就是導致人類科學將不再是以物質結構為主要研究對象的現代科學，而是有著全新理論基礎的思維科學。不僅如此，這一改革還導致了另外的一個結果，就是人們不再認為基因療法和幹細胞療法是疾病治療學的選項，而是現代科學的理論基礎和線性思維所導致的一個錯誤方向，無助於臨床上各種實際問題的解決。

21. 黏膜下結節論將歷史上不同領域的潰瘍病研究拼湊起來，構成了消化性潰瘍完整的發病機制。如果我們也照本宣科，將現代科學不同領域的研究拼湊起來，是否也能得到其他各種疾病完整的發病機制呢？

不能。黏膜下結節論將歷史上不同領域的學說都有機地組織在一起，看起來好像是很簡單的拼湊，但這是在普遍聯繫和新二元論等多條哲學原理的基礎上才實現的有機整合。就好像沒有萬有引力定律為依據，牛頓就不可能將蘋果落地、潮汐漲落、天體運行等現象都有機地統一在一起一樣。因此，第三部分的 15 條哲學原理的靈活運用，才是黏膜下結節論能夠看到消化性

潰瘍這隻完整的大象的根本原因，黏膜下結節論才能畫出「消化性潰瘍」這隻完整的大象來。其次，這隻大象的某些部分，如「胃黏膜下軟組織中的結節」，是現代科學從來都未曾提出過的病理模型，僅僅依靠現代科學進行簡單的拼湊將是無法得到一隻完整大象的。基本相同的情況實際上還廣泛地存在於現代科學對所有疾病的研究之中，缺乏普遍聯繫觀點的研究總是會存在著這樣那樣的不足之處。我們希望科學界的全體同仁都能靈活地應用這 15 條哲學原理，甚至在本書的基礎上提出更多的原理，進而像本書這樣將各種人體疾病都描述成一隻隻完整的大象。

22. 臨床上，很多醫護人員都要求病人要注意休息放鬆、飲食調節、生活有規律，並保持一個愉悅的心情才能有助於疾病痊癒，怎麼就能夠認為現代科學的病因學沒有考慮到人體的抽象要素呢？

　　這正是當前在現代科學居主導地位的情況下，人們的主觀感受與科研結論脫節的一個重要表現。日常生活中的人們，包括一些醫護人員，尤其是受到中國傳統醫學影響很大的亞洲地區的醫護人員，實際上都知道休息放鬆、飲食調節、生活有規律等等對疾病痊癒是有很大幫助的，但是現代科學的物質結構理論並沒有在這些抽象因素與疾病的發生發展和預後之間建立起一個必然的聯繫。例如，有人認為消化性潰瘍是幽門螺旋桿菌引起來的，消化性潰瘍是傳染病，那麼生活是否有規律、心情是否愉快對清除幽門螺旋桿菌又有什麼樣的幫助呢？醫護人員自覺採取了很多措施，並不代表這些措施就得到了現代科學的物質結構理論的支持，而現代科學的病因學也很少認為人體的抽象要素能夠左右各種疾病的發生發展和預後。

23. 既然現代科學的哲學根基、研究方法、思維方式等等都是不全面的，那麼我們還有繼續學習它的必要嗎？

　　非常有必要繼續學習，但是要帶著批判的眼光來學習。現代科學存在著多方面的缺陷，並不代表它就沒有可取之處、就沒有值得我們學習的地方。例如：現代科學對物質結構的認識，各種統計分析方法，實事求是的態度和精神等等，都是將來一個合格的思維科學家必須充分把握的。不僅如此，現代科學已經具體地應用於當前人類生活的各個方面，而思維科學理論和方法的普及和推廣還需要相當長的一段時間；在這段時間內我們還必須依靠現代科學的技術和方法從事工農業生產、醫療保健等等。這就決定了繼續學習現代科學的理論和知識仍然是非常有必要的。如果我們能夠在學習的同時就能了解到現代科學的不足之處，並自覺地帶著思維科學的思想和方法來觀察和處理現代科學所面臨的各項難題，那麼現代科學的諸多缺陷就轉化成促進思維科學未來發展的積極因素了。

24. **既然這本書從宗教學說中吸取了很多的思想，那麼當前的在校大學生、新科學新理論的愛好者能不能自己找一些宗教書籍來讀一讀呢？**

當然可以。但是我們必須注意到當前市面上流行的宗教書籍在幾千年的傳承中基本上都被後人篡改過，所以有很多由於歷史原因而帶有濃厚的迷信色彩。如果沒有很強的鑒別能力，我們就建議您不要去閱讀。如果興趣濃厚非讀不可，那麼就請你儘量去讀釋迦牟尼、耶穌等人最初演說的內容，那將會對個人思想素質的提高、為人處世態度的昇華帶來莫大的幫助。其次，如果能夠與現代科學的認識結合起來對比閱讀，在二者之間取長補短，要領悟本書的部分原理和觀點就不難了。此外，我們還應該注意到目前已經與釋迦牟尼、耶穌等人宣講的時代存在很大的差別，因而在閱讀時要儘量去把握思想上的主旨，而不是執著於字面上的理解。

25. **Barry Marshall 為了證實他的論點（幽門螺旋桿菌與消化性潰瘍有因果關係），喝下了帶有幽門螺旋桿菌的培養液，讓自身感染並進行胃鏡檢查等研究工作。黏膜下結節論又怎麼解釋這一現象呢？**

黏膜下結節論明確地指出：凡是能夠引起心理緊張的因素，都有可能在胃黏膜下形成結節樣無菌性壞死組織，或顯著地升高胃酸的分泌，從而導致消化性潰瘍的發生。當 Barry Marshall 服下一定濃度的幽門螺旋桿菌菌液以後，其內心完全有可能是很恐懼的——服下的可是對身體有害的細菌啊！如果他服下其他的細菌或病毒，或者僅僅服下「安慰劑」但被告知服下的是愛滋病毒，一樣會因為心理恐懼而患上消化性潰瘍病。但是我們能不能說其他細菌、病毒和安慰劑也與消化性潰瘍有因果關係呢？不能。因而從表面上來看，Barry Marshall 的親身體驗好像可以證明幽門螺旋桿菌與消化性潰瘍有因果關係，但實際上卻是因為「心理恐懼」才發病的，其真正病因在性質上與其他自然、社會和家庭事件引起的心理緊張完全相同。這就再一次地說明了「幽門螺旋桿菌與消化性潰瘍有因果關係」的確僅僅是一種假象，並且支持了黏膜下結節論提出的「消化性潰瘍是一種典型的社會—心理疾病」的論點，而幽門螺旋桿菌則是該疾病發生過程中「可有可無」的次要因素。

26. **黏膜下結節論對胃潰瘍的年齡段分組現象、形態學特點、十二指腸潰瘍的發生機理等的解釋都很簡單，可是現代科學為什麼半個世紀乃至上百年來都不能解釋它們呢？**

黏膜下結節論對消化性潰瘍全部 72 種現象的解釋的確都是很簡單的，實際上只需要高中學歷而無需任何醫學背景就能完全聽懂。現代科學半個世

紀乃至上百年來都不能圓滿地解釋這些現象，深刻地反映了其理論根基、研究方法、思維方式和探索的大方向等多方面的缺陷。如果能夠充分地認識到人體抽象聯繫方面的基本屬性，及其作用於人體的疊加機制（包括派生出來的整體觀和歷史觀等等），要解釋人體和生命科學領域中的多種現象實際上都是不難的。因此，能否圓滿地解釋這些現象主要是一個認識上的問題，一個基礎理論是否完善的問題，點破了就不難了。現代科學將其目光局限在人體的具體的物質結構上，自然就長期找不到圓滿解釋這些現象的答案了。事實上，採用思維科學的理論和方法來解決各種問題時都是這樣的，從結果上來看都是很簡單而理想的。例如：它在治療疾病時就可以省去吃藥、打針、做手術和副反應等現代科學必須面對的許多麻煩，並在一瞬間就能使粉碎性骨折的病人立即康復而沒有任何的副作用。然而，通過黏膜下結節論對消化性潰瘍發生機理的解釋就可以看出，雖然思維科學在解釋現象、解決問題時看起來都很簡單，但是隱藏在其背後的理論基礎和思維方式卻是高度複雜的，並且遠不是現代科學所能比的。

27. 為什麼說本書提出的發病機理和哲學原理具有很強的真理性呢？

這裡談的真理都是相對的，都有一定的歷史局限性。我們為什麼會認為牛頓建立的經典力學體系有很強的真理性呢？是因為它看到了隱藏在多種宏觀現象背後共同的抽象本質，所以當人們利用它來解釋多種自然現象時都很有效，同時還做到了多個領域多種（從天上到地面）不同現象的統一。同理，本書提出的發病機理和哲學原理也是這樣的，它們清楚地看到了隱藏在各種人體疾病和生命現象背後共同的抽象本質，當它們被用來解釋消化性潰瘍和其他多種人體疾病和生命現象時也非常有效，不僅實現了消化性潰瘍所有現象和特徵的統一（都是人體普遍聯繫這一共同的屬性決定的），而且還實現了所有疾病發生機制的大統一（第十四章「中心法則」）。不僅如此，本書提出的新二元論還成功地建立了人體和生命科學領域中的因果關係，首次實現了非生命科學和生命科學領域的大統一（第十二章圖 III.16），首次實現了過去 3000 多年來人類不同地域和時期哲學思想的大統一，首次實現了科學與哲學、宗教等多個方面的大統一（索引 6）。基於這多方面的表現，本書提出的發生機理和哲學原理實際上比牛頓的經典力學還具有更大的普遍性、更廣闊的範圍，提供了更深入更細緻的認識。圖 III.24 則清楚地指出了本書建立的思想體系使人類的認識離真理更接近了。可以預計：隨著時間的推移，現代科學和以之為基礎的現代文明將逐步退出歷史的舞臺，而被全新的思維科學和嶄新的文明形式所取代。

第六部分：重要議題索引

索引 1：第二部分黏膜下結節論解釋的 72 種現象或假設

A. 胃潰瘍（共 15 種現象）

序號	臨床或實驗室觀察到的現象或假設	書中主要位置
1	與十二指腸潰瘍相比，大部分的胃潰瘍病人的胃酸分泌正常，甚至是低分泌。	圖 II.2；第 23、25 頁。
2	病人體內胃酸消化活性降低說明胃黏膜的保護能力受到了損害。	圖 II.2；第 23、25 頁。
3	無酸無潰瘍。	錯誤假設；圖 II.2；第 25 頁。
4	胃潰瘍通常穿越黏膜下層，甚至深達肌層內，邊緣整齊，狀如刀割。	圖 II.2；第 23、26 頁。
5	胃潰瘍從黏膜層開始，並逐步擴展到胃十二指腸壁。	錯誤假設；圖 II.2；第 26 頁。
6	胃潰瘍的出血和穿孔。	圖 II.2；第 26 頁。
7	胃潰瘍的自癒、藥物治療與治療效果。	第 26、27 頁。
8	有證據十分支持某些精神緊張所導致的胃損傷是大腦驅動的，這種通過中樞神經系統的致潰瘍機制可能比改變胃內的局部因素更加有效；刺激或損壞中樞神經系統的杏仁核分別能導致或避免胃潰瘍的發生。	圖 II.6；第 28、30 頁。
9	那些長期沒有受到致潰瘍的緊張因子影響的病人通常在無症狀的間歇期受到情緒上的傷害和無安全感的影響。	圖 II.6；第 28、30 頁。
10	胃潰瘍的復發與多發：一旦有了潰瘍，便一直有潰瘍。	第 29~30 頁。
11	胃潰瘍好發於幽門竇、胃小彎。	第 30 頁。
12	年齡段分組現象（Birth-cohort Phenomenon）。	圖 II.3；圖 II.4；第 31~35 頁。
13	胃潰瘍的發生率會隨著季節的變換而波動。	第 33 頁。

14	胃潰瘍的易感性受到了心理上的重要經歷的影響；一般而言，反覆經歷同型的緊張因素，能在一定程度上但也不是絕對地使第二次和第三次的經歷免遭潰瘍之苦。	第 38 頁。
15	可感覺到的緊張因素對生理參數的影響方面的調查研究並不是很多，並且結果通常是互相矛盾的。	第 38 頁。

B. 十二指腸潰瘍（共 5 種現象）

序號	臨床或實驗室觀察到的現象或假設	書中主要位置
16	無酸無潰瘍。很多研究仍然證明了十二指腸潰瘍的病人的基礎和最大胃酸分泌量、胃蛋白酶的產量均有升高。	正確假設；圖 II.5；第 47 頁。
17	胃酸在十二指腸潰瘍發病機理中的重要作用集中地體現在鹼性藥物、食物中和或得到胃內容物緩衝以後可以觀察到疼痛減輕。	圖 II.5；第 49 頁。
18	令人精神緊張的職業與十二指腸潰瘍有正相關關係，在農業工人中潰瘍的發生率較低，但在經濟條件較差的人群中發生率較高。	圖 II.6；第 50 頁。
19	看起來極有可能是嚴重的焦慮導致了胃酸的高分泌，從而引起潰瘍病並導致潰瘍症狀的發生。精神壓力的緩和導致胃酸分泌減少和潰瘍症狀減輕支持了這一假設。	圖 II.6；第 51 頁。
20	在抗酸藥物的治療結束以後，十二指腸潰瘍病通常有很高的復發率。	圖 II.5、圖 II.6；第 52 頁。

C. 胃潰瘍與十二指腸潰瘍共有的現象（共 20 種現象）

序號	臨床或實驗室觀察到的現象或假設	書中主要位置
21	與其說潰瘍病的後期是感染性的，倒不如說是腐蝕性的。	圖 II.2；第 24 頁；
22	雖然十二指腸潰瘍病人的胃酸分泌遠高於正常值，但是只有 7% 的十二指腸潰瘍病人同時罹患胃潰瘍。	第 25，49 頁。
23	嚴重的精神壓力在某些病人體內可能會導致穿孔和大出血。	圖 II.2；第 26 頁；

24	所有的潰瘍，無論是胃潰瘍還是十二指腸潰瘍，是急性還是慢性的，都能自然地趨向於自癒。如果受損傷的部位能夠受到保護，從而免遭酸性胃液的攻擊，消化性潰瘍的癒合就會快得多。	圖 II.2；第 27 頁。
25	所有人都受到了精神壓力的影響，但只有20%~29%的男性和 11%~18%的女性目前或既往有消化性潰瘍病。	第 26~27 頁；第 29、33頁。
26	消化性潰瘍病的預後評價和治療都需要精神和心理方面的評價；不僅如此，缺乏心理調整的治療方案也是不完整的。	第 27~28 頁；第 36~39頁。
27	消化性潰瘍與社會—心理因素和個性有直接聯繫。	圖 II.6；第 30~39 頁。
28	在好幾個歐洲國家，消化性潰瘍所導致的死亡率存在著「年齡段分組現象」；有人認為這一現象與第一次世界大戰、經濟危機和城市化高度相關。	圖 II.3; 圖 II.4；第 31~35 頁
29	Hesse 對 Pima 地區印第安人一項為期兩年的研究中沒有發現消化性潰瘍病。	第 35 頁。
30	直到今天，還沒有哪一種因素，無論是人體方面的，還是生物方面的，能夠被確定為消化性潰瘍病的病因，從而不能成功地預測受影響者是否一定會患上潰瘍病。	第 36 頁。
31	生活事件構成的壓力、精神因素與潰瘍病之間的關係目前還不能確切地建立起來，而需要進一步的研究。	第 37 頁。
32	雖然胃潰瘍和十二指腸潰瘍有很多的共同點，但臨床上卻認為它們是兩種不同的疾病。	圖 II.5; 圖 II.6；第 46~51 頁
33	胃潰瘍和十二指腸潰瘍的病因學是不同的；胃潰瘍和十二指腸潰瘍病人在流行病學、行為上和遺傳上均有所不同。	圖 II.6；第 49 頁。
34	1900 年以前，胃潰瘍的發病率比十二指腸潰瘍高，並且女人多於男人。自那以後，這兩個比例發生了逆轉：潰瘍病的性別比例由 3 女 :1 男逆轉為胃潰瘍的 4 男 :1 女和十二指腸潰瘍的 10 男 :1 女；而胃潰瘍與十二指腸潰瘍的比例，從 1900 年的 4:1 逆轉為目前的 1:10。	第 50 頁。
35	在大鼠動物試驗中，精神緊張因素所致的潰瘍主要是胃潰瘍而不是十二指腸潰瘍，後者需要添加額外的人工化學增強劑。	第 50 頁。

36	消化性潰瘍的症狀通常發生在令人精神緊張的生活事件的同時或之後。	圖 II.6； 第 50 頁。
37	消化性潰瘍通常伴隨一些精神症狀。	圖 II.6； 第 54 頁。
38	消化性潰瘍的自發緩解和反覆發作，從來都未曾能夠被圓滿地解釋過。	第 30、57 頁。
39	消化性潰瘍病的發生是上消化道的保護因素和損害因素之間失衡的結果。	錯誤假設； 第 58 頁。
40	人們曾經提出過十多種學說來解釋消化性潰瘍的發生機理。儘管每一學說都持之有故，言之成理，但都不是完整無缺的道理。	圖 II.6、圖 II.7；第 55~60 頁。

D. 幽門螺旋桿菌與消化性潰瘍（共 32 種現象）

序號	臨床或實驗室研究觀察到的現象或假設	書中主要位置
41	幽門螺旋桿菌在消化性潰瘍發病過程中的作用是有爭議的。	圖 II.7； 第 39~56 頁。
42	幽門螺旋桿菌與消化性潰瘍有因果關係；幽門螺旋桿菌是迄今為止所發現的十二指腸潰瘍最重要的病因學因子。	**錯誤假設**；圖 II.5、圖 II.6；第 39~56 頁。
43	該細菌如何導致消化性潰瘍的機制目前尚未闡明。	**錯誤假設**；圖 II.7；第 55 頁。
44	沒有幽門螺旋桿菌，就沒有消化性潰瘍；因而消化性潰瘍屬於傳染病。	**錯誤假設**；圖 II.5、圖 II.6；第 39~56 頁。
45	儘管幽門螺旋桿菌的感染在世界範圍內廣泛流行，但無論是成人，還是兒童，十二指腸潰瘍的發病率都很低。	圖 II.5、圖 II.6； 第 49 頁。
46	很多十二指腸和胃潰瘍的發生與幽門螺旋桿菌無關；儘管幽門螺旋桿菌看起來好像是胃潰瘍的一個危險因素，但是大多數病人的潰瘍病可能是其他原因引起的；只有 56%~96% 的病人是幽門螺旋桿菌陽性，所以一定有其他的因素促成了潰瘍病的發生。	圖 II.5、圖 II.6。 第 40~42 頁。
47	消化性潰瘍有「幽門螺旋桿菌引起的潰瘍病、NSAIDs 相關的潰瘍病、與幽門螺旋桿菌和 NSAIDs 都無關的潰瘍病」三種類型。	**無意義分類**；第 41~42 頁、第 45 頁。

48	在一個與外界聯繫相對較少的澳大利亞土著人部落中，確實沒有幽門螺旋桿菌的感染，因而很少見到消化性潰瘍病。	歸因錯誤 第 41 頁。
49	儘管成功地消除了幽門螺旋桿菌的感染，超過 20％ 的潰瘍病人還是會復發。	第 42 頁。
50	幽門螺旋桿菌不同株（如 cag- 和 cag+）毒力的差異導致只有一小部分感染者患消化性潰瘍。	錯誤假設： 第 42 頁。
51	在醋酸處理漿膜面以後，無論是感染、還是沒有感染幽門螺旋桿菌的老鼠都可以在分泌胃酸的黏膜面誘導出潰瘍。	第 42 頁。
52	胃潰瘍患者幽門螺旋桿菌感染率可以低於 50％。	第 44 頁。
53	超過 95％的十二指腸潰瘍病人和 80％的胃潰瘍病人感染了幽門螺旋桿菌（高於所在人群的感染率）。	**假象**；表 II.3; 第 44 頁。
54	在有幽門螺旋桿菌感染的大鼠體內相應的潰瘍竈比沒有感染的潰瘍竈要大得多；殺滅幽門螺旋桿菌能夠加速潰瘍的癒合。	假象； 第 45 頁。
55	殺滅胃潰瘍病人體內的幽門螺旋桿菌能大大降低潰瘍病的復發率。	假象； 第 45 頁。
56	臨床資料顯示：幽門螺旋桿菌陽性組十二指腸潰瘍病人在癒合以後，高達 74~80％的病人會復發，而陰性組病人的復發率僅僅為 0~28％，兩組有極顯著的差異。	假象； 第 45 頁。
57	幽門螺旋桿菌、服用 NSAIDs 與年齡因素在消化性潰瘍的發病機理中起著重要的作用。	假象； 第 45 頁。
58	在十二指腸潰瘍中，幽門螺旋桿菌的感染與 NSAIDs 的作用可以互相抵消，意味著幽門螺旋桿菌可以減少 NSAIDs 使用者潰瘍病的發生率。	第 45 頁。
59	波蘭人群中大約有 20％的消化性潰瘍與幽門螺旋桿菌的感染和 NSAIDs 的使用無關。	圖 II.5，圖 II.6; 第 45 頁。
60	幽門螺旋桿菌在出血性潰瘍病人中的感染率甚至可以比沒有出血的病人低 15~20％。	圖 II.5; 第 46 頁。
61	殺滅幽門螺旋桿菌可以減少病人的再出血率。	圖 II.5；第 46 頁。
62	幽門螺旋桿菌是如何影響胃酸分泌的。	**錯誤假設**；第 46 頁。
63	幽門螺旋桿菌陽性組十二指腸潰瘍的發生率要比陰性組高。	圖 II.5; 第 49 頁。

64	義大利北部和丹麥的研究證明了幽門螺旋桿菌陰性的十二指腸潰瘍病人預後通常比較差，因為他們的潰瘍病發生率和症狀復發率比較高。	圖 II.5： 第 49 頁。
65	高濃度的幽門螺旋桿菌與十二指腸潰瘍的發生相關。	圖 II.5；第 49 頁。
66	十二指腸的酸載量決定了幽門螺旋桿菌是否能夠導致十二指腸潰瘍。	圖 II.5： 第 52 頁。
67	當幽門螺旋桿菌持續存在時，有 61％的病人潰瘍癒合，但是當幽門螺旋桿菌被殺滅時，有 92％的病人潰瘍癒合。	圖 II.5： 第 52 頁。
68	在傳統的抗酸治療中，原發性潰瘍再復發的比例為每年 60~100％，但是利用抗生素殺滅幽門螺旋桿菌以後潰瘍病的復發率低於每年 15％。	圖 II.5： 第 52 頁。
69	幽門螺旋桿菌導致在潰瘍局部留下受損傷的黏膜，因而在消除了主要的病因以後，仍然能夠使損傷的部位出現復發。	牽強的解釋： 第 53 頁。
70	Parsonnet 對所能獲得的研究報告的進一步分析表明：十二指腸潰瘍病人幽門螺旋桿菌的陰性率為 40％。	圖 II.5： 第 56 頁。
71	迄今為止，所有資料均與幽門螺旋桿菌在精神壓力所致的潰瘍病中的因果關係相吻合。	**無關聯假設**；第 61 頁。
72	Barry Marshall 在服下有幽門螺旋桿菌的培養液以後，也患上了消化性潰瘍病。	假象： 第五部分問題 25

索引 2：第三部分關於消化性潰瘍的病因學探討的 40 個方面

序號	消化性潰瘍的病因學探討	書中主要位置
1	胃潰瘍與體表特徵性的丘疹和皮下結節之間諸多的共同特點，提示了胃潰瘍也有可能是由精神壓力、焦慮等因素引起的。	第一章第四節； 第 85~86 頁。
2	普遍聯繫的觀點明確了人體抽象的五大屬性才是消化性潰瘍的病因，並為其治療學提供了充足的理論依據。	第二章第四節 4.1；第 101~104 頁。
3	消化性潰瘍的直接病因是因時因地因人而異、千變萬化的，因而不能用某個共同的病因或發病機制來解釋消化性潰瘍病。	第三章第四節 4.1；第 122~123 頁。

4	突發的自然、社會和家庭事件僅僅是消化性潰瘍發生的直接誘因，還必須在「負面人生觀」的基礎上才能導致該疾病的發生。而負面人生觀的形成是一個長期、慢性、非物質的心理過程。	第三章第四節 4.2；第123~124 頁。
5	消化性潰瘍的發生與預後，在於個體心理上的矛盾是否得到了徹底的解決，而物質上的治療則是非常次要的。	第三章第五節 5.3；第128~129 頁。
6	傳統的病因學觀念「消化性潰瘍的發生是上消化道的保護因素和損害因素失去平衡的結果」使消化性潰瘍的病因學研究鑽進了一個新的「死胡同」。	第四章第二節 2.1；第140~141 頁。
7	忽略人體抽象的「普遍聯繫」來解釋消化性潰瘍的發生機理，就好像是忽略了抽象的「萬有引力」來解釋「蘋果落地」的發生機理一樣，將是永遠也無法取得成功的。	第四章第二節 2.2；第141~142 頁。
8	應用類比的方法，胃潰瘍也應該是精神壓力所導致、在胃黏膜下的組織中形成的「球形、無菌性的壞死竈」。	第四章第二節 2.3；第142 頁。
9	要圓滿地解釋消化性潰瘍發生的年齡段分組現象，首先就必須認識到消化性潰瘍是一種社會病。	第五章第五節 5.1；第158~159 頁。
10	胃酸胃蛋白酶與機械磨損、幽門螺旋桿菌、部分藥物（如 NSAIDs）等多種局部損害因素疊加起來共同作用，最終才導致了十二指腸潰瘍的發生。	第五章第五節 5.2；第159~160 頁。
11	如果不追溯患者既往的生活史，黏膜下結節論就不可能找到消化性潰瘍的真正病因。	第五章第六節 6.4；第168~169 頁。
12	包括人在內的任何生命有機體，都不是孤立存在的，而是自然界不可分割的一部分；任何個體，都是某個社會和家庭的一份子，都要受到各種社會性、區域性、群體性乃至家庭事件的影響。	第六章第四節 4.1；第180 頁。
13	胃十二指腸發生了消化性潰瘍，我們不一定非要在胃十二指腸局部查找病因；相反，它完全有可能是人體其他部位的器官、系統功能障礙繼發的結果。	第六章第四節 4.1；第180~181 頁。
14	黏膜下結節論充分地認識到了人體的各個不同部分之間是一個不可分割的整體，因而跳出了現代科學的理論體系和病因學觀念對我們思想上的束縛，創造性地運用了多條哲學原理作為觀察和處理問題時的眼睛，同時從多個不同的角度來觀察消化性潰瘍病這頭「大象」。	第六章第四節 4.3；第182~185 頁。

15	黏膜下結節論將消化性潰瘍所有 15 個主要的特徵和全部 72 種不同的現象都當成一個不可分割的整體來看待，這就導致它對該疾病各種特徵和現象的解釋，完全不像以現代科學為基礎的各種學說那樣存在著難以克服的矛盾，而是形成了一個相輔相成的完美集合。	第六章第四節 4.4；第 185 頁。
16	社會科學和自然科學的各項認識對了解消化性潰瘍病的確是有莫大幫助的；割裂了生命科學與社會科學、自然科學和人文科學之間的密切聯繫，正是現代科學無法闡明該疾病的發生機理的重要原因之一。	第六章第四節 5.3；第 189 頁。
17	消化性潰瘍的發生歸根到柢是由個體思想上的原因所決定的；而這個思想上的原因早在胃十二指腸局部的結構發生病變之前很多年就已經形成了。因而消化性潰瘍的發生實際上是一個長期、慢性的過程，而即時的自然、社會和生活事件則在這一疾病的發生發展過程中發揮了「扳機」的作用。	第七章第四節 4.1；第 203 頁。
18	現代科學的理論基礎——原子分子論是形成「消化性潰瘍的發生是上消化道的保護因素和損害因素失去平衡的結果」這一錯誤的傳統病因學觀念觀念最深刻的歷史根源；而缺乏歷史觀，則是人們長期不能走出誤區的方法論原因之一。	第七章第四節 4.2；第 204~206 頁。
19	消化性潰瘍之所以會復發，是因為病人心理上的原因自始至終沒有得到解決所導致的必然結果，而與幽門螺旋桿菌的感染等物質因素無關。	第七章第五節 5.1；第 210~211 頁。
20	黏膜下結節論將臨床誤診和一般社會事件引起的發病率從總的臨床發病率中獨立出來。這樣各種重大社會事件如戰爭、經濟危機、自然災害等對胃潰瘍發病率曲線的決定性影響就被完全凸顯出來了；重大社會事件與潰瘍發病率之間的因果關係也就不言自明了。	第八章第五節 5.1；第 238 頁。
21	黏膜下結節論充分地認識到在年齡段分組現象背後一定隱藏著人體固有的抽象本質，並進一步將重大的社會和自然事件以及一般的社會事件抽象化、提煉成人體與周圍環境之間抽象的普遍聯繫，認為人體固有而抽象的五大屬性才是消化性潰瘍發生的真正原因。	第八章第五節 5.1；第 239 頁。
22	黏膜下結節論透過消化性潰瘍這一簡單的疾病看到了人體的本質——普遍聯繫，具體地表現為抽象的五大屬性；並且該疾病所有的 15 個主要特徵和全部 72 種不同的現象反映的都是這一共同的本質。	第八章第五節 5.3；第 241 頁。

23	上消化道局部保護因素被削弱遠不是導致潰瘍發作的真正內因，而使人體的整體機能遭到破壞的因素，才是引起消化性潰瘍的真正內因；上消化道「局部保護因素被削弱」是這個真正內因所導致的結果。	第九章第五節 5.1；第262 頁。
24	只有在特殊情況下，當胃腸道黏膜的完整性遭到了破壞時，胃酸胃蛋白酶、機械磨損、幽門螺旋桿菌等局部「損害因素」才有可能發揮作用而導致消化性潰瘍的發生。	第九章第五節 5.1；第262 頁。
25	只要充分地考慮到了人體自身內在的因素在疾病發生發展過程中的基礎性作用，並認識到它們對人體不同部位的差別性影響，解釋消化性潰瘍的好發部位和形態學是不難的。	第九章第五節 5.2；第263~264 頁。
26	消化性潰瘍的發生是兩種不同性質的外因通過不同的途徑「內外夾攻」的結果，而局部損害因素必須在負面人生觀和即時的環境因素存在的條件下才能導致潰瘍症狀。	第九章第五節 5.3；第264~265 頁。圖 III.15，第 266 頁。
27	現代科學不能在自然、社會和家庭事件與人體疾病的發生發展之間建立起必然的聯繫；現代科學的病因學和治療學通常會忽略個體差異性而導致了一系列的錯誤觀念。	第九章第六節 6.4；第273 頁。
28	現代醫學的病因學通常只強調導致疾病的外因，而基本忽略了人體內因在疾病發生發展過程中的基礎性作用。	第九章第六節 6.4；第274 頁。
29	人體因果關係的複雜性決定了現代科學不足以解釋包括消化性潰瘍在內的任何疾病。	第九章第六節 6.4；第275 頁。
30	如果不能充分地認識到消化性潰瘍具有「概率發生」的基本特點，就容易得出「生活事件通常不能導致潰瘍病」這樣的錯誤結論。	第十章第四節 4.1；第283 頁。
31	通過千篇一律的調查表來研究消化性潰瘍的病因學往往是掛一漏萬，導致絕大部分的致病因子，尤其是既往經歷中的許多因素，在消化性潰瘍的病因學研究中都沒有被考慮。	第十章第四節 4.1；第283 頁。
32	概率論認為：致病因子不一定非要導致每一個個體都發病，才能確定因果關係的存在；而是只要有一定比例的個體發病，有時候甚至是很小比例的個體發病，就可以在致病因子與疾病之間建立起確定的因果關係。	第十章第四節 4.1；第284 頁。

33	黏膜下結節論不再採用現代科學的唯物主義一元論作為其理論上的根本出發點，而是充分地認識到了抽象的思維意識在消化性潰瘍發生發展過程中的決定性推動作用。	第十一章第一節 1.1；第 296 頁。
34	「盲人摸象」的小故事形象地說明了將人體進行分割研究的基本方法，必然會導致現代科學的許多認識都帶有一定的片面性，因而也就不可能找到消化性潰瘍的真正病因。	第十一章第一節 1.2；第 297 頁。
35	在新二元論的指導下，黏膜下結節論並沒有受到現代醫學的傳統思路的束縛，不是從物質的角度去查找消化性潰瘍的病因，而是從抽象聯繫的角度來尋找突破口，總結出人體抽象的五大屬性才是推動各種疾病發生發展的總根源。	第十二章第六節 6.1；第 338~339 頁。
36	黏膜下結節論不僅充分地利用了現代科學已有的科研成果和唯物論的某些認識，而且還從唯心論、宗教、哲學、中醫，甚至是古人的某些認識中吸取了營養，從而形成了獨特的基礎理論以及觀察和處理問題的方法。	第十二章第六節 6.1；第 339 頁。
37	黏膜下結節論以新二元論提供的認識為其理論上的根本出發點，直接從人體固有的抽象聯繫中去查找疾病的原因，結果圓滿地解釋了消化性潰瘍的發生機理。	第十二章第七節 7.3；第 346 頁。
38	黏膜下結節論是一個陰陽並重的新思想新學說：它在探討消化性潰瘍的發病機制時，就好像我們在探討人類社會的生存和發展機制時既考慮到了男人又考慮到了女人的作用一樣，與陰陽學說的基本內容完全相吻合。	第十三章第三節；第 366~367 頁。
39	從表面上看，消化性潰瘍是即時的自然、社會或家庭事件導致的一個短暫、急性的疾病，但實際上卻是一個長期、慢性的過程，涉及到了既往人生經歷中千變萬化的因素，是現代科學至今未曾踏足的未知領域。	第十四章第二節；第 375 頁。
40	黏膜下結節論採用了多維的思維方式，同時使用 15 隻眼睛來觀察和處理涉及消化性潰瘍的各種問題：歷史上以現代科學為基礎的相關學說能看到的，黏膜下結節論都能看到，並且還看到了消化性潰瘍的全貌；而歷史上以現代科學為基礎的相關學說看不到的，黏膜下結節論也能看得十分清楚。	第十五章第二節；第 385~386 頁。

索引 3：黏膜下結節論在理論和方法上的 50 個突破

序號	理論和方法上的重要突破	書中主要位置
1	黏膜下結節論很好地填補了以現代科學為基礎的所有相關學說都未能揭示的（胃黏膜下組織壞死這樣的）一個中間過程，並將歷史上所有主要的相關學說都完美地統一起來。	第一章第四節；第 85 頁。
2	黏膜下結節論充分地認識到了消化性潰瘍的發生是個體整體功能的失調導致的局部結構異常；其成功充分地說明了「結構決定功能」的觀念是有缺陷的，並沒有全面地反映出二者之間的關係。	第一章第五節 5.3；第 91 頁。
3	黏膜下結節論之所以首次圓滿地解釋了「消化性潰瘍的發生機理」，是因為「普遍聯繫的觀點」清楚地揭示了「抽象的普遍聯繫推動了各種人體疾病的發生發展」。	第二章第四節；第 101 頁。
4	黏膜下結節論認為個體的健康需要和諧的家庭和社會環境來維持；而更少的社會競爭和利益追求則可以顯著地降低潰瘍病的發生率。	第二章第四節 4.1；第 102 頁。
5	黏膜下結節論明確地指出：如果能逐步培養出「不以物喜、不以己悲，心中能容萬物的豁達胸懷，凡事不急不躁」這樣情緒穩定的個性，那麼各種自然災害、社會和家庭矛盾等負面因素就無法侵擾人體，也就不存在消化性潰瘍的反覆發作和多發了。	第二章第四節 4.1；第 104 頁。
6	黏膜下結節論在普遍聯繫的觀點指導下，充分地認識到了人體固有的五大屬性在各種疾病發生發展過程中的決定性作用，在當前的人類社會中尤其以社會屬性和情感屬性對消化性潰瘍的流行病學特點的影響最大。	第二章第四節 4.2；第 104~105 頁。
7	黏膜下結節論中認為消化性潰瘍的直接病因遠遠不像現代科學所認為的那樣是某一個或幾個因素引起的，而是因時因地因人而異、千變萬化和高度複雜的。	第三章第四節 4.1；第 123 頁。
8	黏膜下結節論充分地吸取了從經典力學到量子力學這段科學歷史的教訓，大膽地擺脫了傳統的病因學觀念的束縛，而將消化性潰瘍的病因學轉換到現代科學認為不可能引起病變的「社會 - 心理因素」，並有機地結合了大量的新思想、新觀念，終於圓滿地解釋了消化性潰瘍病所有 15 個主要的特徵和全部 72 種不同的現象。	第四章第二節 2.1；第 141 頁。

9	黏膜下結節論通過類比的方法說明了如果沒有胃酸胃蛋白酶等的基礎性作用，單獨由幽門螺旋桿菌是不可能導致消化性潰瘍的。	第四章第二節 2.4；第143 頁。
10	黏膜下結節論之所以能圓滿地解釋消化性潰瘍病，是因為它認為生命和非生命之間有著本質上的差別：生命雖然是從無生命的物質世界進化而來的，但長期進化的結果就是使生命有機體的各個不同部分之間形成了一個不可分割、普遍聯繫的整體。	第四章第三節 3.3；第148 頁。
11	黏膜下結節論認為在消化性潰瘍後期，胃酸胃蛋白酶、幽門螺旋桿菌和機械磨損等局部損害因子也是依靠疊加機制來促成潰瘍的。	第五章第二節 2.1；第153 頁。
12	不能將黏膜下結節論看成是歷史上相關學說的簡單疊加，而是在充分地吸取了它們的合理成分和優點，在聯合運用了一大批哲學原理和全新觀念的基礎上發展出來的對該疾病更深入、更全面的認識。	第五章第五節 5.4；第162 頁。
13	如果不追溯患者既往的生活史，黏膜下結節論就不可能找到消化性潰瘍的真正病因；而包括癌症、愛滋病在內的其他各種慢性病實際上都是如此。	第五章第六節 6.4；第169 頁。
14	在整體觀的指導下，黏膜下結節論果斷地拋棄了「消化性潰瘍病的發生是上消化道的保護因素和損害因素之間失衡的結果」這一限於局部器官和組織的傳統的病因學認識，大膽地否決了「幽門螺旋桿菌與消化性潰瘍有因果關係」這一權威論點，而從胃十二指腸以外的其他部位去尋找消化性潰瘍的病因。	第六章第四節 4.2；第181 頁。
15	黏膜下結節論跳出了現代科學理論和病因學觀念對我們思想上的束縛，創造性地運用了多條哲學原理作為觀察和處理問題時的眼睛，同時從多個不同的角度來觀察消化性潰瘍病這頭「大象」，所考慮到的因素要比以現代科學的理論和方法為基礎的任何學說都豐富得多，在擁有歷史上所有相關學說優點的同時，還能輕鬆地克服它們的不足之處。	第六章第四節 4.3；第185 頁。
16	黏膜下結節論將消化性潰瘍病所有 15 個主要的特徵和全部 72 種不同的現象都當成一個不可分割的整體來看待，這就導致它對該疾病各種特徵和現象的解釋，完全不像以現代科學為基礎的各種學說那樣存在著難以克服的矛盾，而是形成了一個相輔相成的完美集合。	第六章第四節 4.4；第185 頁。

17	當消化性潰瘍這頭「大象」的各種特徵都被看清楚以後，「幽門螺旋桿菌與消化性潰瘍有因果關係」的觀點與該疾病的流行病學、形態學、反覆發作和多發、分類等特徵之間的矛盾就已經暴露無遺了。	第六章第四節 4.4；第 185 頁。
18	黏膜下結節論認為胃十二指腸的局部病變是腦源性的病理性神經衝動導致的，而這個病理性神經衝動又是自然和社會環境中某些惡性刺激引起的。	第六章第五節 5.1；第 186 頁。
19	黏膜下結節論認為消化性潰瘍的發生實際上是一個長期、慢性的過程，即時的自然、社會和生活事件則在這一疾病的發生發展過程中發揮了「扳機」的作用。	第七章第四節 4.1；第 203 頁。
20	黏膜下結節論認為即使是有著完全相同遺傳背景的同卵雙生兄弟，即使受到完全相同的致潰瘍事件的影響，也會由於既往生活經歷的不同而對該事件的基本看法迥異，進而導致他們對潰瘍病的敏感性也存在著巨大的差異。	第七章第四節 4.1；第 204 頁。
21	黏膜下結節論發現傳統的病因學觀念是現代醫學家們將其目光僅僅聚焦在上消化道局部的根本原因，從而導致歷史上以現代科學的理論和方法為基礎的所有相關學說都不能圓滿地解釋消化性潰瘍病的發生機理。	第七章第四節 4.2；第 204~205 頁。
22	黏膜下結節論提出的相反結論「幽門螺旋桿菌僅在消化性潰瘍發病過程的後期才起到一定的次要作用」圓滿地解釋了消化性潰瘍所有 15 個主要的特徵和全部 72 種不同的現象。	第七章第四節 4.3；第 207 頁。
23	「黏膜下結節論」與「幽門螺旋桿菌與消化性潰瘍有因果關係」之間優缺點的對比，首次實現了現代科學與未來科學的對話，充分體現了人類未來科學體系的有效性和先進性，反映了建立全新科學體系這一不可阻擋的趨勢。	第七章第四節 4.3；第 208 頁。
24	黏膜下結節論之所以第一次成功地解釋了消化性潰瘍的發生機理，具有獲得了 2005 年諾貝爾生理與醫學獎——代表現代科學最高水平的研究結論不可能擁有的諸多的優點，是因為它從根本上認為唯物論和唯心論必須是統一的，從而形成了對疾病更加完善的認識。	第七章第五節 5.5；第 219 頁。

25	黏膜下結節論的成功證明了普遍聯繫、整體性和變化發展等都是宇宙萬物固有的屬性，但這些認識在現代科學的理論體系中基本上都沒有得到體現，導致人們至今仍然不能圓滿地解釋包括消化性潰瘍在內的任何一種疾病的發生機理：不僅它所提供的消化性潰瘍的病因學認識是完全錯誤的，而且它對包括癌症、愛滋病在內的幾乎所有疾病的病因學認識都有可能是不完善甚至是完全錯誤的。	第七章第五節 5.5；第220頁。
26	黏膜下結節論之所以圓滿地解釋了胃潰瘍發生的年齡段分組現象，是因為它將臨床誤診和一般社會事件引起的發病率從總的臨床發病率中獨立出來。	第八章第五節 5.1；第238頁。
27	黏膜下結節論充分地認識到在年齡段分組現象背後一定隱藏著人體固有的抽象本質，並進一步地將重大的社會和自然事件，以及一般的社會事件抽象化、提煉成人體與周圍環境之間抽象的普遍聯繫，認為人體抽象的五大屬性才是消化性潰瘍發生的真正原因。	第八章第五節 5.1；第239頁。
28	黏膜下結節論充分地認識到了現象與本質的關係，圓滿地解釋了幽門螺旋桿菌在消化性潰瘍的發病過程中表現出來的全部 32 個現象。	第八章第五節 5.2；第240頁。
29	黏膜下結節論透過消化性潰瘍這一相對簡單的疾病看到了人體普遍聯繫的抽象本質，而這一抽象本質還可以廣泛地用來解釋千千萬萬種不同人體疾病和生命現象的發生機理。	第八章第五節 5.3；第242頁。
30	黏膜下結節論探討「消化性潰瘍」這一相對簡單疾病對生命科學的意義，是不亞於牛頓探討「蘋果落地」這一簡單自然現象的機理對物理學的意義的。	第八章第五節 5.3；第242頁。
31	黏膜下結節論充分地認識到了人體的本質是抽象的普遍聯繫，清楚地指出了「幽門螺旋桿菌與消化性潰瘍有因果關係」僅僅是一種假象，並明確地指出了歷史上所有的相關學說都不能取得成功的根本原因。	第八章第五節 5.4；第243頁。
32	黏膜下結節論充分地考慮了人體的內因，認為情感等抽象的五大屬性所造成的負面影響並不是平均地分布在人體的各個不同部位，而是選擇性地造成局部胃黏膜下組織缺血缺氧，從而使胃內無選擇性的損害因素有機可乘，最終導致「邊緣整齊，狀如刀割」這樣的組織缺損。	第九章第五節 5.2；第263頁。

33	黏膜下結節論認為消化性潰瘍的發生是在遺傳的基礎上，由自然和社會等環境外因轉化成人生觀這個「內因」，以及胃腸道的局部損害因素這個「外因」內外夾攻的結果。	第九章第五節 5.3；第264 頁。
34	黏膜下結節論明確地指出了支持「幽門螺旋桿菌與消化性潰瘍有因果關係」的所有三個依據都是站不住腳的。	第九章第五節 5.4；第265 頁。
35	黏膜下結節論所闡明的病因學表明：如果我們能夠真正地做到臨危不亂、處變不驚，那麼各種負面的自然、社會和家庭事件就不會給我們的健康帶來任何的危害，杜絕各種疾病的發生就是必然的。	第十章第五節 5.3；第289 頁。
36	黏膜下結節論揭示了現代科學唯物主義一元論的哲學根基決定了它隻適用於物理、化學等相對簡單而具體的物質領域，而不能用來解決人體和生命科學領域中各種高度複雜的問題。	第十一章第一節 1.1；第295 頁。
37	黏膜下結節論則走上了與現代科學完全相反的道路，十分重視哲學思辨的指導性作用，結果竟取得了圓滿的成功，輕而易舉地解釋了消化性潰瘍發生的年齡段分組現象，及其好發部位、形態學、反覆發作和多發、年齡段分組現象等多方面的特徵和現象等等。	第十一章第一節 1.3；第299 頁。
38	黏膜下結節論必須聯合應用本書全部 15 條哲學原理，以及基於這些哲學原理派生出的上百個全新認識，才能圓滿地解釋消化性潰瘍病的發生機理。	第十一章第二節；第301 頁。
39	黏膜下結節論之所以圓滿地解釋了消化性潰瘍的發生機理，是因為它在不知不覺中靈活地運用了宗教的某些認識和方法。	第十二章第五節 5.2；第318 頁。
40	黏膜下結節論成功地整合了多個分支學科的研究成果，第一次圓滿地解釋了消化性潰瘍的發生機理，充分地說明了統一現代科學各分支學科認識的重要性。	第十二章第五節 5.5；第318 頁。
41	黏膜下結節論不僅充分地利用了現代科學已有的科研成果和唯物論的某些認識，而且還從唯心論、宗教、哲學、中醫，甚至是古人的某些認識中吸取了營養，從而形成了獨特的基礎理論以及觀察和處理問題的方法。	第十二章第六節 6.1；第339 頁。
42	黏膜下結節論明確地指出了忽略人體抽象的社會和情感屬性在疾病發生發展過程中的決定性作用，是現代醫學的任何物質治療手段都對該疾病的復發束手無策的根本原因。	第十二章第六節 6.2；第340 頁。

43	歷史上以現代科學為基礎的所有學說擁有的缺陷在黏膜下結節論中是一目了然，而黏膜下結節論所擁有的優點則是基於現代科學的任何學說都無法比擬的。	第十二章第六節 6.2；第 346 頁。
44	黏膜下結節論的成功說明了人體和生命科學領域中的確存在著物理學那樣的因果關係，只不過尚未被現代科學所認知而已；現代科學的基礎理論和思維方式的確還有進一步發展和完善的空間。	第十二章第七節 7.8；第 356 頁。
45	黏膜下結節論還將歷史上以現代科學為基礎的所有相關學說都有機地統一起來，從而實現了人體和生命科學領域中多種理論的第一次大綜合。	第十二章第七節 7.8；第 357 頁。
46	黏膜下結節論認為消化性潰瘍所有的特徵和現象都是社會 - 心理因素，也就是人體抽象的普遍聯繫推動的，所有這些現象和特徵都在黏膜下結節論中實現了空前的大統一。	第十二章第七節 7.8；第 357 頁。
47	黏膜下結節論認為消化性潰瘍是一種典型的「身心疾病」，在探討其發病機制時既要考慮人體的物質屬性，涵蓋了現代科學關於這一疾病的物質方面研究的全部內容，又必須考慮人體意識的屬性，是當前的現代科學未曾真正觸及的未知領域。	第十三章第三節；第 367 頁。
48	黏膜下結節論正是循著還原論分割研究與整體觀綜合指導相結合的路徑，所以才第一次圓滿地解釋了消化性潰瘍的發病機理的。	第十三章第四節 4.2；第 369 頁。
49	在新的歷史時期，生命科學的發展對人們的思維方式也提出了更高的要求；而黏膜下結節論正是多維的思維方式首次靈活應用於實踐並取得了圓滿成功的光輝範例。	第十五章第二節；第 385 頁。
50	黏膜下結節論不再像歷史上那些以現代科學為基礎的相關學說那樣，僅僅看到了消化性潰瘍這頭「大象」的某個局部，而是看到了「整隻大象」，並且這隻大象全身的每一個細節都被看得清清楚楚。	第十五章第二節；第 386 頁。

索引 4：幽門螺旋桿菌與消化性潰瘍無因果關係 50 個角度的論證

序號	無因果關係的論證與論述	書中主要位置
1	歷史上以現代科學理論為基礎的所有學說，包括無酸無潰瘍、神經學說、精神壓力學說和幽門螺旋桿菌學說在內，都企圖利用某個共同的病因或發生機制來解釋消化性潰瘍病。這是缺乏「變化發展的觀點」所導致的錯誤認識。	第三章第四節 4.1：第 122 頁。
2	消化性潰瘍最根本的治療措施遠不是抗酸或者殺滅幽門螺旋桿菌等物質措施，而是從個體內心深處的調整著手，使其人生觀向積極和正面的方向轉變，才能從根本上消除潰瘍病發生發展的基礎。	第三章第四節 4.2：第 124 頁。
3	幽門螺旋桿菌不是人體抽象方面的要素，而是可以通過顯微鏡直接觀察到，或者可以通過其他的化學或生物學手段檢測到的具體的物質因素，因而不可能是推動消化性潰瘍發生發展的根本原因，任何將幽門螺旋桿菌作為主要病因來解釋消化性潰瘍的企圖注定了是要失敗的。	第三章第四節 4.3：第 125 頁。
4	變化發展的觀點從兩個方面指出了幽門螺旋桿菌不可能是消化性潰瘍的病因，而是該疾病發生發展過程中「可有可無」的次要因素。	第三章第四節 4.3：第 125 頁。
5	當前科學上的研究熱點「幽門螺旋桿菌與消化性潰瘍有因果關係」，與物理學發展史上「在原子分子世界裡應用牛頓定律」一樣，使消化性潰瘍的病因學研究鑽進了一個新的「死胡同」，從而導致這一疾病的發生機理長期不能被清楚地闡明。	第四章第二節 2.1：第 140~141 頁。
6	幽門螺旋桿菌學說完全沒有考慮「量變和質變」的關係，因而犯了哲學上的基本錯誤，並將當前的消化性潰瘍研究引導到了一個錯誤的方向上。	第四章第二節 2.3：第 143 頁。
7	即使幽門螺旋桿菌的作用只有小小的 3%，卻足以使損害因素的總強度達到臨界值並引起明顯的臨床症狀，顯著地升高發病率和死亡率，但這並不能說明它是消化性潰瘍的發生過程中最重要的病因學因子。	第四章第二節 2.4：第 144 頁。
8	胃酸高分泌對十二指腸黏膜損傷的影響最大，是十二指腸潰瘍發生的基礎，在其強度足夠的時候可以單獨導致潰瘍病的發生；沒有幽門螺旋桿菌的感染，也可以發生十二指腸潰瘍。	第五章第五節 5.2：第 159~160 頁。

9	如果沒有幽門螺旋桿菌的感染，局部缺血缺氧、胃酸胃蛋白酶，機械磨損等，就足以導致多數消化性潰瘍的發生。因而不能將所有的有幽門螺旋桿菌感染病人的消化性潰瘍病，都歸因於幽門螺旋桿菌的作用。	第五章第五節 5.3；第 160~162 頁。
10	如果沒有胃黏膜局部的缺血缺氧、胃酸胃蛋白酶的異常高分泌，機械磨損等多種因素的基礎性作用，僅僅只有幽門螺旋桿菌的感染是不可能導致消化性潰瘍的。	第五章第五節 5.3；第 160~162 頁。
11	怎麼能因為部分病人有幽門螺旋桿菌的感染，或者幽門螺旋桿菌的感染導致發病率和復發率有了一定程度上的升高，就可以忽略胃腸道局部其他因素的重要影響，而認為「幽門螺旋桿菌與十二指腸潰瘍有因果關係」呢？	第五章第五節 5.3；第 160~162 頁。
12	缺乏「疊加機制」的基本思想和觀念，完全不考慮自然界裡各種現象和人體疾病的發生都是多因素的作用疊加起來的綜合結果，是得出「幽門螺旋桿菌與十二指腸潰瘍有因果關係」這樣荒謬結論的又一重要原因。	第五章第五節 5.3；第 160~162 頁。
13	「幽門螺旋桿菌與消化性潰瘍有因果關係」的說法，就好像是第四個盲人將大象的樣子說成「像一根繩子」一樣，是歷史上所有的相關學說中最不著邊際、最荒謬的認識。	圖 III.13; 第六章第四節 4.3；第 182~185 頁。
14	與「無酸無潰瘍」一樣，幽門螺旋桿菌學說也是現代科學的「物質觀」所導致的必然結果之一。	第六章第四節 4.3；第 182~185 頁。
15	「幽門螺旋桿菌與消化性潰瘍有因果關係」的論斷沒有意識到人體的不同部分之間是一個不可分割的整體，因而也是完全錯誤的認識。	第六章第四節 4.3；第 182~185 頁。
16	當消化性潰瘍這頭「大象」的各種特徵都被看清楚以後，「幽門螺旋桿菌與消化性潰瘍有因果關係」的觀點與該疾病的流行病學、形態學、反覆發作和多發、分類等特徵之間的矛盾就已經暴露無遺了。	第六章第四節 4.4；第 185 頁。
17	無酸無潰瘍學說、幽門螺旋桿菌學說等的提出，都是「消化性潰瘍的發生是上消化道的保護因素和損害因素失去平衡的結果」這一錯誤的傳統病因學認識所導致的必然結果。	第七章第四節 4.2；第 204~205 頁。

18	「幽門螺旋桿菌與消化性潰瘍有因果關係」的觀點與歷史上所有其他的相關學說一樣，反映了現代科學基礎理論的局限性，也必然會隨著人類認識的加深而被淘汰。	第七章第四節 4.3；第 206~208 頁。
19	當「幽門螺旋桿菌與消化性潰瘍有因果關係」被用來解釋消化性潰瘍的各種特徵和現象時，並沒有解決歷史上其他的相關學說所不能解決的問題，而是面臨著更多難以克服的矛盾。	第七章第四節 4.3；第 206~208 頁。
20	歷史上以現代科學為基礎的主要相關學說過去都像「幽門螺旋桿菌與消化性潰瘍有因果關係」一樣被認為是正確的，現在卻被淘汰了。隨著對人體認識的日漸深入，當未來的人們追溯當前消化性潰瘍的病因學探索這段歷史時，完全有可能認為「幽門螺旋桿菌與消化性潰瘍有因果關係」的看法也是完全錯誤的。	第七章第四節 4.3；第 206~208 頁。
21	科學工作者們在從事潰瘍病的病因學研究時，不能死死地抱住「幽門螺旋桿菌」不放，而必須要有歷史的眼光、變化發展的眼光，即時地轉換思維方式，必要時還要敢於向所謂的權威和主流發起挑戰。	第七章第四節 4.3；第 206~208 頁。
22	「幽門螺旋桿菌與消化性潰瘍有因果關係」是獲得了諾貝爾獎的權威觀點，也必然會像過去歷史上所有的那些權威觀點一樣，對新的、更加完善的消化性潰瘍的病因學的推廣和應用帶來極大的阻礙。	第七章第四節 4.3；第 206~208 頁。
23	歷史的觀點認為「幽門螺旋桿菌與消化性潰瘍有因果關係」的結論也是歷史的，它在不久的將來被科學界所淘汰也是必然的，它的出現最多只能是「曇花一現」。	第七章第四節 4.3；第 206~208 頁。
24	消化性潰瘍之所以復發，是因為病人心理上的原因自始至終沒有得到解決導致的必然結果，而與幽門螺旋桿菌的感染等物質因素無關。	第七章第五節 5.1；第 210~211 頁。
25	「幽門螺旋桿菌與消化性潰瘍有因果關係」的觀點沒有反映出人體疾病和現象的一般規律性，只能應用於某種單一的疾病，因而不是本質性的認識，還有進一步深入探討的必要。	第八章第三節；第 234~236 頁。
26	「幽門螺旋桿菌與消化性潰瘍有因果關係」正是生命科學領域中非常典型的一種假象，是部分科學家未能認識到「現象掩蓋本質」的必然結果之一。	第八章第五節 5.2；第 239~240 頁。

27	「幽門螺旋桿菌與消化性潰瘍有因果關係」的論斷沒有反映出隱藏在相關現象背後、人體內在的抽象本質，導致它永遠也不可能成功地解釋與幽門螺旋桿菌相關的所有現象，更談不上圓滿地解釋消化性潰瘍病的發生機理了。	第八章第五節 5.2；第 239~240 頁。
28	「幽門螺旋桿菌與消化性潰瘍有因果關係」的論斷，就等於聲稱搖曳的樹枝與「蘋果落地」有因果關係，二者都沒有反映出多因素作用下隱藏在現象背後的抽象本質，而是將掩蓋本質的次要因素當成了造成現象發生的主要原因。	第八章第五節 5.2；第 239~240 頁。
29	雖然早就有很多學者都認識到了「幽門螺旋桿菌與消化性潰瘍有因果關係」的說法是錯誤的，但他們的證偽過程仍然僅僅是從現象上著手，都沒有清楚地指出隱藏在該疾病背後人體的抽象本質，因而都不能從根本上解決問題。	第八章第五節 5.2；第 238~239 頁。
30	在人體和生命科學領域，多數科學家已經習慣了用「幽門螺旋桿菌和消化性潰瘍的因果關係目前還不清楚」以及「該細菌如何導致潰瘍的機制目前尚未闡明」等等諸如此類的結論，來簡簡單單地回應他們所面臨的矛盾和困難，探索的腳步自然也就嘎然而止。	第八章第六節 6.2；第 245~246 頁。
31	只有在特殊情況下，當胃腸道黏膜的完整性遭到了破壞時，胃酸胃蛋白酶、機械磨損、幽門螺旋桿菌等局部「損害因素」才有可能發揮作用而導致消化性潰瘍的發生。	第九章第五節 5.1；第 261~262 頁。
32	消化性潰瘍是兩種不同性質的外因「內外夾攻」的結果：一種是人體以外的自然和社會環境，在消化性潰瘍的發生發展過程中起決定性的作用；另一種是消化道局部的損害因素，包括胃酸胃蛋白酶、幽門螺旋桿菌等等，只能在消化性潰瘍發生的後期、在環境外因導致了病理性改變的條件下才能發揮一定的次要作用。	圖 III.15；第九章第五節 5.3；第 264~265 頁。
33	「幽門螺旋桿菌與消化性潰瘍有因果關係」的論斷完全沒有考慮到人體內外因之間的相互轉化，因而不能在消化性潰瘍的發生與各種自然和社會因素之間建立起必然的聯繫，並與「年齡段分組現象」之間存在著難以調和的矛盾。	圖 III.15；第九章第五節 5.4；第 265~268 頁。
34	只有胃腸道黏膜局部抵抗力大大降低的個體，才有可能發生胃潰瘍，因而「雖然幽門螺旋桿菌在人群中的感染率很高，但是潰瘍病的發生率卻很低」。	圖 III.15；第九章第五節 5.4；第 265~268 頁。

35	幽門螺旋桿菌在胃黏膜的確是無處不在的，所以它對胃黏膜的攻擊缺乏選擇性，這就導致幽門螺旋桿菌學說永遠也無法圓滿地解釋胃潰瘍的好發部位和形態學特點。	第九章第五節 5.4；第265~268 頁。
36	幽門螺旋桿菌學說在解釋消化性潰瘍的某些現象時還犯了「基本歸因錯誤」。	第九章第五節 5.4；第268 頁。
37	「幽門螺旋桿菌與消化性潰瘍有因果關係」的論斷完全沒有考慮人體內因在疾病發生發展過程中的重要作用，而將一些次要因子當成了主要的病因來研究，導致當前消化性潰瘍的病因學研究處在一個完全錯誤的方向上。	圖 III.15；第九章第五節 5.4；第265~268 頁。
38	「幽門螺旋桿菌與消化性潰瘍有因果關係」的論斷認為消化性潰瘍是傳染病，與許多人的生活經驗相矛盾。	第九章第六節 6.4；第273 頁。
39	而現代科學的許多研究結果實際上都已經證明了幽門螺旋桿菌既不是消化性潰瘍發生的必要條件，又不是充分條件。	第十章第四節 4.2；第283~285 頁。
40	幽門螺旋桿菌學說是現代科學對人體和疾病的認識不足導致的必然結果，實際上與「天狗噬月」和「天狗噬日」一樣，是部分學者根據一些表面現象虛構出來的因果關係，必然要隨著對消化性潰瘍病認識的日漸深入而遭到淘汰。	第十章第四節 4.2；第284~285 頁。
41	將人體進行分割研究的基本方法，必然會導致現代科學的許多認識（包括幽門螺旋桿菌學說在內）都帶有一定的片面性，因而也就不可能找到消化性潰瘍的真正病因。	第十一章第一節 1.2；第297~298 頁。
42	只要我們帶著因果關係的觀點，很容易就能證明幽門螺旋桿菌的感染不是消化性潰瘍發生的必要條件，並且支持「幽門螺旋桿菌與消化性潰瘍有因果關係」的三個證據都是不成立的。	第十一章第一節 1.3；第299 頁。
43	新二元論認為：幽門螺旋桿菌不是消化性潰瘍的基本病因，而是在胃黏膜抵抗力顯著降低的情況下才對消化性潰瘍的臨床發病率造成一定程度上的影響。	第十二章第五節 5.3；第320~322 頁。
44	現代醫學總是從物質的角度來查找病因，從前認為是胃酸胃蛋白酶導致了潰瘍，後來又認為是神經遞質在作祟，現在又認為幽門螺旋桿菌才是罪魁禍首。	第十二章第五節 5.8；第331 頁。

45	各種尖銳的社會矛盾導致的戰爭，重大的家庭事件和經濟危機等，都可以導致消化性潰瘍的發生，而與胃酸胃蛋白酶、幽門螺旋桿菌等這些物質因素沒有直接的聯繫。	第十二章第五節 5.8；第331 頁。
46	新二元論在黏膜下結節論中的應用，首先就是簡單清楚地闡明了推動消化性潰瘍發生的真正病因並不是現代科學認為的各種具體物質（如胃酸胃蛋白酶、神經遞質、幽門螺旋桿菌等），而是人體固有的抽象聯繫。	第十二章第六節 6.1；第338 頁。
47	代表了現代醫學的最高水平、獲得 2005 年諾貝爾生理和醫學獎的結論「幽門螺旋桿菌與消化性潰瘍有因果關係」，根本就沒有考慮到人體抽象聯繫的屬性。	第十二章第七節 7.2；第344 頁。
48	「幽門螺旋桿菌學說」不能解釋消化性潰瘍的形態學、反覆發作和多發、年齡段分組現象等多方面的基本特點，甚至還不能解釋與幽門螺旋桿菌相關的絕大部分現象，我們又如何能聲稱它成功地建立了「因果關係」呢？	第十二章第七節 7.8；第354~358 頁。
49	基於現代科學理論的無酸無潰瘍、神經學說、幽門螺旋桿菌學說都只考慮了人體的物質屬性，卻忽略了人體的意識屬性；而精神壓力學說雖然考慮到了人體的意識屬性，卻沒有兼顧人體的物質屬性。因而歷史上以現代科學為基礎的所有學說都不符合陰陽學說的基本內容。	第十三章第三節；第366 頁。
50	採用線性的思維方式，「幽門螺旋桿菌與消化性潰瘍有因果關係」將消化性潰瘍發病過程中一個「可有可無」的次要因子當成了該疾病的主要病因。	第十五章第二節；第385 頁。

索引 5：現代科學在人體和生命科學領域不能成功的 128 個原因

序號	現代科學不能取得成功的原因	書中主要位置
1	缺乏同一性觀念，導致歷史上以現代科學為基礎的（關於消化性潰瘍的）各種學說之間出現了一個明顯的斷層；現代科學至今仍然不能有機地統一這些學說就不奇怪了。	第 一 章 第四節 ；第85~86 頁。
2	「結構決定功能」的觀念是對結構與功能這對二元關係的片面理解，導致現代科學對各種人體疾病和生命現象的認識都存在著一定程度上的偏差。	第一章第五節 5.3；第91~92 頁。

3	現代科學並沒有及時地將（物理學領域）的成功經驗昇華到哲學的高度，也就不能像牛頓那樣將它們歸納成一個普遍適用的理論，從而無助於解決更為廣泛的科學問題。	第一章第五節 5.4；第 92~93 頁。
4	普遍聯繫是萬事萬物都固有的兩個基本屬性之一，並且還是推動萬事萬物變化發展的根本原因，卻在現代科學，尤其是現代人體和生命科學的理論體系中得不到體現。	第二章；第 96 頁。
5	忽略了人體抽象的五大屬性，就等於忽略了各種人體疾病和生命現象發生的原始推動力。這正是現代科學至今仍然不能圓滿地闡明任何一種疾病的發生機理的一個重要原因。	第二章第二節；第 98~100 頁。
6	而缺乏「普遍聯繫」的基本觀念，正是現代科學自始至終都找不到消化性潰瘍的真正病因，至今仍然不能圓滿地解釋這一疾病的發生機理的根本原因。	第二章第四節 4.1；第 101~104 頁。
7	雖然年齡段分組現象的發生也有其多方面的物質基礎，但它是在普遍聯繫的基礎上形成的一個整體的表現，因而並不是現代科學單純的物質結構理論所能解釋的。	第二章第四節 4.2；第 104~105 頁。
8	基因突變僅僅是癌症發生的一個中間環節，在這個中間環節之前還有一個複雜而漫長的抽象過程，才是癌症發生的關鍵，但是現代科學至今卻未曾涉及到。	第二章第五節 5.1；第 105~108 頁。
9	現代科學在忽略了普遍聯繫的情況下來探討各種人體疾病和生命現象的發生機理，就好像是牛頓時代以前的人們在忽略萬有引力的情況下來探討多種自然現象的發生機理一樣，是永遠也不可能取得成功的。	第二章第五節 5.2；第 109~110 頁。
10	而現代科學已經認識到的物質結構上的改變（如基因突變、病毒感染等等），都不是相應疾病的真正病因，而是在人體抽象的普遍聯繫屬性推動下發生的一個中間過程。	第二章第五節 5.3；第 110~111 頁。
11	雖然歷史上有很多的哲人都已經提出過「普遍聯繫」的基本概念，但是科學與哲學分家的基本特點，就已經決定了歷史上的這些偉大的思想必然不能被現代科學所用。	第二章第六節 6.2；第 112~113 頁。
12	普遍聯繫還是一個整體的概念，而還原論分割研究的方法直接導致現代科學缺乏整體觀，因而也就難以自覺地形成普遍聯繫的基本概念了。	第二章第六節 6.3；第 113 頁。

13	歷史上以現代科學理論為基礎的所有學說，包括無酸無潰瘍、神經學說、精神壓力學說和幽門螺旋桿菌學說在內，都企圖利用某個共同的病因或發生機制來解釋消化性潰瘍病。這是缺乏「變化發展的觀點」所導致的錯誤認識。	第三章第四節 4.1；第 122~123 頁。
14	各種突發的自然、社會和家庭事件僅僅是消化性潰瘍發生的直接誘因，還必須在「負面人生觀」的基礎上才能導致消化性潰瘍的發生。這說明人體在出現明顯的潰瘍病變之前，還有一個長期、慢性、非物質的心理過程，而現代科學卻根本就未曾涉及到。	第三章第四節 4.2；第 123~124 頁。
15	現代科學至今未能建立起生命科學領域中的因果關係，通過部分觀察結果就得出「幽門螺旋桿菌與消化性潰瘍病有因果關係」的結論未免有些草率，只能使相關的研究工作都發生大方向上的錯誤。	第三章第四節 4.4；第 125 頁。
16	現代科學不考慮推動萬事萬物變化發展的抽象聯繫，也就談不上「變化發展」觀念的形成和應用了，導致以現代科學為基礎的許多理論和認識都存在著一定程度上的缺陷。	第三章第五節；第 126 頁。
17	現代醫學在解釋各種疾病的發生機理時，總是將人體看成一個由原子分子簡簡單單堆砌而成的物質堆，而將非生命的物理、化學領域未曾涉及的情感和社會屬性完全忽略掉了。	第三章第五節 5.4；第 130~131 頁。
18	將現代科學不能解釋的現象一律冠以「偽科學」的頭銜來予以打擊和排斥，甚至聲稱「中醫是不科學的」，都是缺乏變化發展的觀點、未能正確認識現代科學的表現，必然會與歷史上那些所謂的權威一樣，極大地阻礙人類新科學的問世，並延緩整個人類文明前進的腳步。	第三章第五節 5.6；第 134 頁。
19	當前科學上的研究熱點「幽門螺旋桿菌與消化性潰瘍有因果關係」，與物理學發展史上「在原子分子世界裡應用牛頓定律」一樣，使消化性潰瘍的病因學研究鑽進了一個新的「死胡同」，從而導致這一疾病的發生機理長期不能被清楚地闡明。	第四章第二節 2.1；第 140~141 頁。
20	類比的方法要求我們要敢於打破以現代科學為基礎的舊觀念對我們思想上的束縛，勇於開拓新的思維。	第四章第三節；第 144 頁。
21	無論是程式化死亡、癌變，還是病毒感染等生命活動過程，都不像現代科學認為的那樣，僅僅通過幾個基因或蛋白質的研究就能夠深入其理的，而是複雜的多因素綜合作用的結果。	第四章第三節 3.1；第 146 頁。

22	現代科學在忽略了人體普遍聯繫屬性的情況下來探討各種疾病和生命現象的發生機理，與牛頓時代以前的人們在忽略了「萬有引力」的情況下來探討「蘋果落地」的發生機理，又有什麼兩樣呢？這說明像現代科學這樣僅僅弄清人體和生命的物質結構是遠遠不夠的，而現代科學的理論根基也的確不是完美無缺的。	第四章第三節 3.1：第 146 頁。
23	只要繼續以現代科學的理論和方法為基礎，無論人們提出多少種學說來解釋消化性潰瘍的發生機理，將永遠只能得到一些似是而非、甚至是十分荒謬的解釋。	第四章第三節 3.2：第 147 頁。
24	正是現代科學的思維方式和基本觀念在人們的心目中長期占據著主導的地位，導致各種人體疾病和生命現象的發生機理一直都不能被清楚地闡明。	第四章第三節 3.3：第 147~149 頁。
25	現代科學不能明確地指出生命有別於非生命的本質特徵，將只適用於無生命的物理、化學方法應用於生命科學領域是不奇怪的。	第四章第三節 3.3：第 147~149 頁。
26	現代科學在缺乏「疊加機制」這一基本觀念的情況下來探討各種人體疾病和生命現象的發生機理，是永遠也不可能取得成功的：現代科學近 50 年不能解釋胃潰瘍的年齡段分組現象、上百年不能解釋十二指腸潰瘍的發生機理，都是缺乏「疊加機制」的必然結果。	第五章第二節 2.2：第 154~155 頁。
27	還原論分割研究在物理、化學等非生命科學領域中所取得的成功，導致它在現代科學的理論和方法中占據了主導的地位。這就導致現代科學總是將研究對象在空間上的不同部分、時間上的不同歷史時期分割成各自獨立的部分和時間段分別進行研究。	第五章第二節 2.3：第 155~156 頁。
28	「疊加機制」的提出，使得新時期的科學研究必須比「還原論」主導下的現代科學考慮得更多、更複雜。	第五章第二節 2.3：第 155~156 頁。
29	現代科學缺乏普遍聯繫、變化發展和疊加機制的基本觀念，所認識到的遺傳因素等都僅僅是表象，並沒有指出加速人體衰老的真正原因，因而與普通大眾日常生活中觀察到的衰老現象和主觀感受是完全脫節的。	第五章第六節 6.2：第 166 頁。
30	現代科學缺乏疊加機制、整體觀、歷史觀和變化發展等一系列重要的哲學概念，要理解什麼是人生觀並充分地認識到它對人體的重要作用是根本就不可能的。	第五章第六節 6.3：第 166~168 頁。

31	還原論分割研究是現代科學自始至終未能建立起人體和生命科學領域中因果關係的根本原因；依靠還原論分割研究來揭示各種人體疾病與生命現象的奧秘是根本就不可能的。	第五章第六節 6.4；第 168~169 頁。
32	現代科學已有的各項認識都表明還原論分割研究在自動地割裂了構成整體的不同部分之間抽象的普遍聯繫的基礎上，不能認識到普遍聯繫派生出來的只有整體才具有的多項重要特性。	第六章第二節 6.4；第 175~177 頁。
33	科學和哲學分家的基本特點決定了現代科學至今仍然未能將這些整體性認識昇華成一個普遍性的概念，即「整體觀」的高度，從而不足以揭示人體和生命科學領域中多種不同性質的聯繫反覆疊加而成、因果關係不甚明顯、高度複雜的整體性。	第六章第二節 6.4；第 175~177 頁。
34	缺乏整體觀，導致歷史上以現代科學為基礎的所有相關學說都有如「盲人摸象」一般，在摸到了消化性潰瘍這隻「大象」一部分的同時，卻都犯了「以偏概全」的錯誤；它們之間的爭論也是沒有意義的。	第六章第四節 4.3；第 182~185 頁。
35	現代科學在觀察和處理各種人體疾病和生命現象時都缺乏整體觀，導致「盲人摸象」一般的錯誤，實際上還廣泛地存在於現代科學對所有人體疾病和生命現象的探討之中；	第六章第五節 5.1；第 185~186 頁。
36	現代醫學的病因學幾乎都集中在患病局部的系統、器官和組織上；這正是現代科學找不到多種疾病發生的真正病因、不能清楚地闡明任何一種疾病的發生機理的重要原因之一。	第六章第五節 5.1；第 185~186 頁。
37	但缺乏整體觀的現代科學所認識到的多數病因，通常都不是對應疾病發生發展的真正原因，而是人體其他部位的結構和功能異常或自然和社會環境的惡性刺激繼發的結果。	第六章第五節 5.1；第 185~186 頁。
38	現代科學的病因學並沒有找到引起各種疾病的真正原因，因而針對局部病變的現代技術手段通常都不能從根本上移除病因，其治療效果是可想而知的。	第六章第五節 5.2；第 187~188 頁。
39	割裂了生命科學與社會科學和自然科學之間的密切聯繫，正是現代科學無法闡明消化性潰瘍發病機理的重要原因之一。	第六章第五節 5.3；第 189 頁。
40	思維意識的各種表現形式，如人生觀、智力和情緒等等，實際上都是整體的概念，都是不能用原子分子等任何現代科學的物質詞彙來進行描繪的抽象存在。	第六章第五節 5.5；第 190~191 頁。

41	缺乏整體觀，導致現代科學對各種生命現象的認識都存在著一定的缺陷，在解釋各種人體疾病的發生機理時也必然面臨著一系列難以克服的困難，並使當前的許多研究工作都處在一個錯誤的方向上。	第六章第六節；第192~193頁。
42	人體不應當像現代科學認為的那樣僅僅是一個簡簡單單的、由原子分子構成的物質堆，而是在生命長期進化的基礎上形成的複雜有機體。	第七章第二節；第199頁。
43	現代科學沒有明確地提出「歷史觀」的概念，自然不能意識到既往經歷對當前人體生理的決定性影響，更談不上在歷史事件與個體的健康狀況和生理行為之間建立起必然的聯繫了。	第七章第二節；第200頁。
44	像現代科學那樣僅僅了解一部分的遺傳特性和既往病史對於明確病因仍然是很不夠的，只有形成一個明確的「歷史觀」概念，同時從個體抽象的人生觀和具體的物質結構、乃至既往千百萬代祖先不斷變遷的歷史等多方面著手，才能更全面地了解到各種人體疾病和生命現象發生發展的歷史背景。	第七章第三節；第202頁。
45	現代科學沒有認識到人體的歷史屬性，僅僅考慮即時的生活事件而不考慮基於既往經歷的人生觀在消化性潰瘍發生發展過程中的背景作用，是難以確定生活事件與消化性潰瘍病之間的因果關係的。	第七章第四節4.1；第203~204頁。
46	傳統的病因學觀念是現代醫學家們將其目光僅僅聚焦在上消化道局部的根本原因，從而導致歷史上以現代科學的理論和方法為基礎的所有相關學說都不能圓滿地解釋消化性潰瘍病的發生機理。	第七章第四節4.2；第204~205頁。
47	缺乏歷史觀，導致人們在文獻綜述時總是片面地追求最新的科學成果，而這些「最新的科學成果」之前的研究往往被看作是過時的東西，因而很少有人去追溯那些隱藏在最新成果和權威觀點的歷史背景，向它們發起挑戰的可能性更是微乎其微。	第七章第四節4.2；第206頁。
48	諾貝爾獎代表了現代科學的最高水平，以現代科學的理論為基礎、獲得了2005年諾貝爾獎的研究結論卻根本不能闡明一個簡單疾病的發生機理，也不能解釋該疾病的絕大部分現象，充分地說明了現代科學還遠遠沒有窮盡人體的奧秘。	第七章第四節4.3；第208頁。
49	現代科學至今尚未在個體經歷的重大社會事件與各種疾病的發生發展之間建立起一個明確的因果關係，要找到各種疾病的真實病因並圓滿地解釋它們的發生機制是根本就不可能的。	第七章第五節5.1；第210~211頁。

50	定理、定律、公式和法則是現代科學在描述自然規律時慣用的形式，並且人們通常以建立定理、定律、公式和法則作為科研探索的目標，以及判斷某種認識真理性的標準。	第七章第五節 5.2；第211~213 頁。
51	在人體和生命科學中應用現代科學的定理、定律、公式和法則，就好像是在微觀世界裡應用牛頓定律一樣，將極大地延緩人類的認識邁入真正的人體和生命科學世紀的步伐。	第七章第五節 5.3；第213~215 頁。
52	沒有認識到現代科學定理、定律、公式和法則的局限性，而將它們作為科學性的標準來看待即將誕生的新科學，就好像是在「坐井觀天、劃地為牢、以管窺豹」。	第七章第五節 5.3；第213~215 頁。
53	在探討各種人體疾病和生命現象的發生機理時，現代科學也總是要從物質結構上去查找原因，而將思維意識或精神、心理和社會等抽象因素排除在外。	第七章第五節 5.4；第216 頁。
54	現代科學總是將人體當成是一個沒有意識、沒有情感、沒有社會屬性的非生命體來研究；而現代科學對人體意識的認識幾乎是一片空白，根本就不可能認識到人體的思維意識具有千變萬化的特點。	第七章第五節 5.4；第217 頁。
55	「現代科學是物質科學」，僅僅考慮到了自然界、人體和生命物質性的一面，只能用來解釋物質世界裡發生的現象。	第七章第五節 5.4；第218 頁。
56	現代科學僅僅是人類科學的初級階段，而不是全部；它只能用來解釋具體的物質領域中的部分現象，而對抽象的思維意識的了解則基本上還是一片空白。	第七章第五節 5.5；第219 頁。
57	當未來的人們回過頭來返觀今天的科學成就時，完全有可能發現被現代科學當成真理的定律、定理、公式和法則等是不全面、不完善，或甚至是完全錯誤的。	第七章第五節 5.5；第219 頁。
58	現代科學的哲學基礎是唯物論，並不代表人類未來科學的哲學基礎也一定是唯物論。將現代科學作為評判中醫科學性的標準，與「於網內求網外之魚」無異。	第七章第五節 5.5；第219 頁。
59	黏膜下結節論的成功證明了普遍聯繫、整體性和變化發展等都是宇宙萬物固有的屬性，但這些認識在現代科學的理論體系中基本上都沒有得到體現。	第七章第五節 5.5；第220 頁。

60	現代科學在物質領域的成功，導致人們普遍認為它也非常適合高度複雜的人體和生命科學領域。但是迄今為止，現代科學的確還不能圓滿地解釋過任何一種疾病的發生機理。	第七章第五節 5.5；第 221 頁。
61	社會－心理因素在各種疾病發生發展過程中的決定性作用完全被忽略了，導致現代科學在解釋各種疾病的發生機理時一直都面臨著很大的困難。	第七章第五節 5.6；第 222 頁。
62	現代科學將人體最重要的抽象方面的特徵、推動各項生理活動和疾病發生發展最原始的動力——思維意識完全忽略了，導致它至今仍然不能圓滿地解釋任何一種人體疾病和生命現象的發生機理。	第七章第五節 5.6；第 225 頁。
63	科學和哲學的對立導致當前生命科學領域的探索就好像是兩個瞎子同時去摸象一般：科學家摸到了象尾巴就說大象像根繩子，哲學家摸到了象肚就說大象像一堵牆；二者都是對大象不全面的認識，自然要爭論不休了。	第七章第五節 5.7；第 227 頁。
64	現代科學片面強調實驗研究的作用，並否認抽象思維在科學探索過程中的作用，使得現代科學對周圍世界，尤其是對人體和生命現象的認識始終不能上升到本質的高度，導致現代科學對絕大多數人體和生命現象的解釋自始至終都是似是而非的。	第八章第三節；第 235 頁。
65	「幽門螺旋桿菌與消化性潰瘍有因果關係」正是生命科學領域中非常典型的一種假象，是部分（現代）科學家未能認識到「現象掩蓋本質」的必然結果之一。這就導致它永遠也不可能成功地解釋與幽門螺旋桿菌相關的所有現象，更談不上圓滿地解釋消化性潰瘍病的發生機理了。	第八章第五節 5.2；第 239 頁。
66	現代科學認識到的基因突變，以及愛滋病毒的感染都沒有深入地認識到隱藏在這兩種疾病背後的抽象本質，而是人體的抽象本質導致的必然結果，最終表現為癌症和愛滋病。	第八章第五節 5.3；第 242 頁。
67	忽略人體的抽象本質來探討各種疾病的發生機理，就好像牛頓以前的人們忽略了「萬有引力」來探討「蘋果落地」的發生機理一樣，是永遠也不可能取得成功的。	第八章第五節 5.4；第 243 頁。
68	現代科學的認識還遠遠沒有看到人體和生命現象的抽象本質，它對各種疾病的認識的確有可能是不全面的。	第八章第五節 5.4；第 243 頁。

69	現代科學唯物主義一元論的哲學性質，決定了它總是要從原子分子或具體的物質方面來查找各種現象發生的根本原因，而不重視抽象的聯繫在事物變化發展過程中的驅動作用，這就導致它理論上的根本出發點就已經將推動現象發生的內在本質拒之於門外。	第八章第六節 6.2；第245 頁。
70	現代科學家們普遍只重視實驗研究，而輕視理論上的探討和歸納，導致現代科學對人體疾病和生命現象的認識僅僅停留在現象觀察的水平上。	第八章第六節 6.2；第245 頁。
71	現代科學的哲學基礎和方法論，都決定了現代醫學和生命科學僅僅是現象科學，它對人體疾病和生命現象的認識至今仍然只是停留在現象觀察的水平上。	第八章第六節 6.2；第246 頁。
72	不重視人體內因對疾病發生發展的決定性作用，不僅是現代科學不能解釋消化性潰瘍發生機理的根本原因，而且還是現代科學在探索其他所有人體疾病與生命現象時的通病。	第九章第五節；第 261 頁。
73	而忽略人體內因對疾病發生發展的關鍵性作用，現代科學們在面對胃潰瘍的（好發部位和形態學）這兩個基本特點時表現得「束手無策」就不難理解了。	第九章第五節 5.2；第263~264 頁。
74	現代科學不重視因果關係的論證，因而歷史上所有的相關學說都忽略了環境外因在轉化成人體內因以後對疾病的發生發展的決定性作用，而僅僅考慮了發揮次要作用的局部外因。	第九章第五節 5.3；第264~265 頁。
75	不重視因果關係的探討，導致現代科學在研究消化性潰瘍的發病機理時所具有的缺陷，還廣泛地存在於所有其他人體疾病與生命現象發生機制的探討之中。	第九章第六節；第 268 頁。
76	必須將研究的焦點集中在人體自身的抗病機制上，而不是外來病毒的變異；像現代科學那樣通過注射疫苗的手段，往往是不能從根本上解決問題的。	第九章第六節 6.1；第270 頁。
77	不重視人體內因的基礎性作用導致的第一個缺陷，就是現代科學的病因學不能在自然、社會和家庭事件與人體疾病的發生發展之間建立起必然的聯繫。	第九章第六節 6.4；第272~275 頁。
78	不重視人體內因的基礎性作用導致的第二個缺陷，就是導致現代科學的病因學和治療學通常會忽略個體差異性而導致了一系列的錯誤觀念。	第九章第六節 6.4；第272~275 頁。

79	不重視人體內因的基礎性作用導致的第三個缺陷，就是導致現代醫學的治療措施基本上都僅僅停留在現象的水平上，也就是「治標不治本」。	第九章第六節 6.4；第 272~275 頁。
80	人體因果關係高度複雜的基本特點，決定了僅僅運用物理和化學的方法是永遠也不可能闡明各種人體疾病和生命現象的內在機制的，現代科學在研究各種疾病時只好不考慮人體的內因了。	第九章第六節 6.5；第 275~276 頁。
81	以現代科學為基礎的病因學都不可能深入地認識到抽象的人生觀、即時的自然、社會和家庭事件以及生活習慣等在疾病發生發展過程中的重要作用，也就不可能認識到概率論在解釋消化性潰瘍時的重要意義。	第十章第四節 4.1；第 282~284 頁。
82	所有這些學說都是現代科學對人體的認識不足導致的必然結果，都與「天狗噬月」和「天狗噬日」一樣，是根據一些表面現象虛構出來的因果關係，也必然要隨著人們對消化性潰瘍病認識的日漸深入而遭到淘汰。	第十章第四節 4.2；第 284~285 頁。
83	現代科學已經逐步認識到病毒受體是由宿主基因組所編碼、控制和表達的細胞膜蛋白質，但是仍然未能清楚地指出它就是細胞膜表面的結構和功能蛋白質。	第十章第四節 5.1；第 286~287 頁。
84	在現代科學還遠遠未能窮盡人體和生命現象的奧秘的情況下，概率論認為現代科學正面臨著難以克服的困境是必然的。	第十章第四節 5.2；第 287~288 頁。
84	現代科學在研究消化性潰瘍病時的種種缺陷，實際上還廣泛地存在於現代科學對所有人體疾病和生命現象的探索之中。	第十一章第一節；第 295 頁。
86	「盲人摸象」一般的錯誤，實際上還廣泛地存在於現代科學對所有人體疾病的病因學探討之中。這是現代科學不能圓滿地解釋任何一種人體疾病和生命現象的重要原因之一。	第十一章第一節 1.2；第 295 頁。
87	不重視哲學思辨的指導性作用廣泛地存在於現代科學對所有的人體疾病和生命現象的探索之中。	第十一章第一節 1.3；第 298~299 頁。
88	人體非物質方面的屬性，如情感、社會和歷史的屬性等等，在現代科學探討各種人體疾病和生命現象的發生機制時則很少被考慮。	第十二章第二節；第 306 頁。

89	現代科學唯物主義一元論的哲學性質，決定了它必然要忽略抽象的思維意識在人體的各種生理活動和疾病發生發展過程中的決定性作用，因而至今仍然無法圓滿地解釋任何一種人體疾病的發生機理。	第十二章第二節；第308頁。
90	無論是建立在唯物主義基礎上的現代科學理論，還是建立在唯心主義基礎上的某些學說，都只是看到了事物本來面目的一個方面；這種人為的分割導致它們在解釋現實生活和科研工作中的許多具體問題時都面臨著難以克服的困難。	第十二章第五節 5.1；第316頁。
91	雖然許多極具科學性的宗教理論已經存在了好幾千年，但現代科學家竟然對它們完全不理不睬，結果就是現代科學在很多重要的方面自始至終都不能取得進展，迄今為止仍然不能真正圓滿地解釋任何一種疾病的發生機理。	第十二章第五節 5.2；第319頁。
92	現代西方醫學採取的物質治療措施，就好像是通過不斷地撈取河水中的污染物來治理環境污染一樣，雖然可以及時地見到清澈的河水，但是污染源自始至終都在不斷地排污。	第十二章第五節 5.3；第321頁。
93	當前科學與哲學分家和對立的現狀，決定了現代科學的許多研究結果和方法的正確性都是值得懷疑的，而當前的一些哲學理論也必然存在著一定程度上的謬誤。	第十二章第五節 5.4；第324頁。
94	像現代科學那樣將社會科學與人體和生命科學進行分科研究的基本特點，決定了社會科學的研究成果往往不能夠被人體和生命科學家們有效地整合和利用；現代醫學家們也基本上不從人體的社會屬性、精神和心理的角度來探討人體疾病的發生機理。	第十二章第五節 5.5；第325頁。
95	東西方文化之間實際上是優勢互補、缺一不可的；二者之間也的確可以取長補短而形成一個更加全面的文化體系。	第十二章第五節 5.6；第328頁。
96	現代科學是物質科學的基本特點，決定了現代文明主要是物質文明。當前的人們也的確總是將視線聚焦在物質建設上，而在很大程度上忽略了精神文明的建設。	第十二章第五節 5.7；第329頁。
97	現代科學提供的主觀認識與客觀真理之間存在著較大的差距，其病因學也看不到隱藏在各種生命現象和人體疾病背後的抽象本質。	第十二章第五節 5.8；第331頁。
98	既往和當前的哲學與現實生活是脫節的，很多時候都無助於實際問題的解決。	第十二章第五節 5.9；第332頁。

99	現代科學並未將（牛頓和愛因斯坦）的成功經驗進行昇華並推廣應用於其他學科的研究之中，更沒有延續到更為複雜的人體和生命科學領域，導致許多優秀的科研成果都得不到及時的昇華。	第十二章第五節 5.10；第 334 頁。
100	相對於古代科學而言，唯物主義的一元論導致現代科學把自己科研探索的活動限制在狹窄的物質領域，而思維意識領域中的各種現象自然就只能是一個又一個的「謎」了。	第十二章第五節 5.11；第 337 頁。
101	只有從現代科學的根基上著手進行一番徹底的改革，充分吸取哲學、宗教、中醫，乃至古代文明中科學合理的成分，才能滿足新時期人類科學發展的需要，並使 21 世紀真正成為人體和生命科學的世紀。	第十二章第六節 6.1；第 339 頁。
102	牛頓和愛因斯坦的理論反映的是自然界裡最簡單、最典型的兩對二元關係；而現代科學在人體和生命科學領域的表現卻與此完全相反，根本不考慮抽象的普遍聯繫在人體疾病和生命現象發生發展過程中的決定性作用。	第十二章第七節 7.1；第 342 頁。
103	現代科學未能將物理、化學領域中的基本認識進一步昇華到新二元論的高度，是它不能在人體和生命科學領域取得成功的重要原因之一。	第十二章第七節 7.2；第 343 頁。
104	新二元論一針見血地指出了現代科學的哲學根基是有缺陷的，導致它所提供的病因學認識都是不全面或甚至是完全錯誤的，所採取的措施也遠非病因學治療。	第十二章第七節 7.3；第 346 頁。
105	新二元論明確地指出了現代科學哲學根基上的缺陷決定了它對周圍世界的認識的確還是很膚淺的，現代科學實際上還並沒有真正地邁入人體和生命科學的大門。	第十二章第七節 7.3；第 346 頁。
106	現代科學的哲學基礎是唯物主義的一元論，決定了在現代病因學中個體的日常行為和思想素質等因素都與疾病的發生發展無關，現代醫學也很少從個體的日常行為和道德品質上去查找病因。	第十二章第七節 7.4；第 347 頁。
107	現代科學是物質科學的基本特點決定了它對健康的理解僅僅聚焦在體魄的健全上，因而現代人普遍只崇尚體育鍛鍊。而思維意識的鍛鍊在防治疾病時的有效性是包括體育鍛鍊在內的任何現代科學技術和方法都不可能達到的。	第十二章第七節 7.5；第 348 頁。

108	現代科學是物質科學的基本特點，決定了它總是要將智慧的高低歸因於個體大腦的物質結構或化學成分，因而是永遠也不可能真正地把握其本質的。	第十二章第七節 7.6；第 350 頁。
109	而現代科學唯物主義一元論的哲學性質，決定了它一定會在忽略了抽象的普遍聯繫的情況下來探討生物進化的機制。	第十二章第七節 7.7；第 352 頁。
110	現代科學在人體和生命科學領域並沒有像物理學那樣建立起完整的因果關係。現代科學的基礎理論和思維方式的確還有進一步發展和完善的空間。	第十二章第七節 7.8；第 356 頁。
111	歷史上以現代科學為基礎的所有學說，實際上都不符合陰陽學說的基本內容，至今沒有一個學說能圓滿地解釋消化性潰瘍的發病機理，就一點也不奇怪了。	第十三章第三節；第 366 頁。
112	只重視還原論分割研究，卻忽略了整體觀綜合指導，是現代科學至今仍然不能解釋任何一種人體疾病的重要原因之一。	第十三章第四節 4.2；第 369 頁。
113	陰陽學說不僅可以說明現代科學的研究方法上的缺陷，而且還能同時直接、清楚地揭示現代科學在其他多個方面的不足之處。這說明我們只有大膽地拋棄現代科學已有的絕大部分認識，並建立起一個全新的思想體系，才能使人類的科學再次邁上一個新的臺階。	第十三章第四節 4.3；第 370 頁。
114	現代科學的各項研究充其量只能算得上是完成了必要工作的一半，而完全忽略了必不可少的另一半，最終的結果就是這兩個「一半」都不能得到充分的發展。	第十三章第四節 4.3；第 370 頁。
115	由於對人體抽象的思維意識缺乏了解，現代科學對人體具體的物質結構的認識也就不能進一步地深入下去；現代科學要實現人體和生命科學領域中的目標是根本就不可能的。	第十三章第四節 4.3；第 371 頁。
116	在缺乏整體觀和歷史觀的情況下，現代科學沒有連續性地考察事物多個不同歷史階段的變化發展，進而未能認識到「具體的物質」與「抽象的聯繫」之間的「互生關係」，也就不可能將物理、化學領域中的認識進一步昇華到「新二元論」的高度了。	第十四章第一節；第 374 頁。

117	從表面上看，消化性潰瘍是即時的自然、社會或家庭事件導致的一個短暫、急性的疾病，但實際上卻是一個長期、慢性的過程，涉及到了既往人生經歷中千變萬化的因素，是現代科學至今未曾踏足的未知領域。	第十四章第二節；第375頁。
118	現代科學的理論基礎和思維方式決定了它永遠也不可能充分地了解到高度複雜的人體內因，而從病毒的角度來觀察和處理問題相對比較容易，因而現代科學一直都是在不考慮人體內因的情況下來探討各種疾病的機理。	第十四章第三節；第377頁。
119	現代科學所採取的放化療、手術摘除、基因治療乃至幹細胞移植等手段，都不能從根本上恢復人體內各種正常的抗癌機制，因而都不能有效應對癌症的復發和轉移。	第十四章第四節；第379頁。
120	現代科學的病因學認識僅僅只涉及到了人體和生命科學的皮毛，甚至可以說連皮毛都還沒有觸及，因而在解釋各種人體疾病和生命現象的發生機理時，永遠只能得出一些似是而非的結論。	第十四章第五節；第380頁。
121	而現代科學採用的線性思維方式就好像只用 1~2 隻眼睛和手來觀察和處理問題一樣，不能適應人體和生命科學領域高度複雜的基本特點。	第十五章第一節；第385頁。
122	即使現代科學認為已經全部或部分闡明了的現象，其認識仍然有可能是不完善甚至是完全錯誤的，就好像是摸到了象尾的那個盲人總是堅信「大象像根繩子」一樣。	第十五章第三節 3.1；第387頁。
123	現代科學家們總是期望能夠像牛頓的「萬有引力定律」和愛因斯坦的「質能方程式」那樣，利用某個通用的數學公式或者方法來指導蛋白質結晶的理論與實踐。	第十五章第三節 3.2；第387頁。
124	即使是在體外單層細胞培養的條件下，現代科學也很難隨心所欲地實現單基因表達的合目的性調控，更不用說在體內複雜條件下多基因表達之間的協調統一了。	第十五章第三節 3.3；第389頁。
125	線性思維還導致了另外一個結果，就是使現代科學的認識自始至終都難以涉足抽象的思維意識領域。	第十五章第三節 3.5；第391頁。
126	當前的科研工作者採用線性的思維方式，也就很難看到現代科學多方面的缺陷，進而認為人體和生命科學的未來發展根本就無需建立新的理論、方法和思維方式了。	第十五章第三節 3.6；第392頁。

127	像現代科學那樣繼續採用線性的思維方式孤立地應用某一哲學觀點或分論點，通常不能解決人體和生命科學領域中的任何問題。	第十五章第三節 3.7；第 394 頁。
128	有很多現代科學家之所以認為宗教理論都是不科學的，是因為他們把存在著根本缺陷的現代科學認識當成了真理和科學的標準，那麼宗教學說中超出現代科學、非常科學的部分看起來就是完全錯誤的了。	第十五章第四節；第 396 頁。

索引 6：在本書的理論和方法基礎上實現的 26 個統一

序號	有重要認識論意義的統一	書中主要位置
1	雖然胃潰瘍和十二指腸潰瘍有很多的共同點，卻被認為是兩種不同的疾病。但是只要將這裡提出的胃潰瘍的發病機理略作修改，十二指腸潰瘍所有的特徵和現象也能得到圓滿的解釋。	圖 II.6、III.18；第二部分第一節；第 22 頁。
2	黏膜下結節論很好地填補了以現代科學為基礎的所有相關學說都未能揭示的一個中間過程，因而能夠將歷史上所有主要的相關學說都完美地統一起來，也就不奇怪了。	圖 II.6；第一章第四節；第 86、87 頁。
3	同一性法則提示了結構與功能之間實際上是相互決定、彼此依賴的，二者之間就好像是「質量與萬有引力」、「男人與女人」、「雞與蛋」的關係一樣，是一個不可分割的統一體。	第一章第五節 5.3；第 92 頁。
4	「普遍聯繫」正是將「萬有引力」這種單一的聯繫進一步昇華而得到的一個綜合概念，在種類和數量上都要比「萬有引力」複雜而廣大得多，並將現代科學看來毫無關聯的多對二元關係高度統一起來。	第二章第五節 5.2；第 111 頁。第十二章第五節。
5	本質與現象的關係實際上是密不可分的：本質是推動現象發生的內在動力，而現象的發生則是本質存在的外在表現；任何事物都是內在本質與外在現象的統一體。	第八章第二節；第 233 頁。
6	本書提出的「新二元論」可以圓滿地回答哲學基本問題的兩個方面，從而使物質和意識的關係實現了前所未有的統一。	第十二章第二節第 305 頁。
7	任何有生命的個體必須同時具有肉體（也就是現代科學的物質人體）和精神（也就是抽象的思維意識）這兩個方面的基本屬性，是肉體與精神的統一體、身心的統一體。	第十二章第二節第 308 頁。第十三章第三節 366 頁。

8	新二元論有機地統一了唯物論和唯心論，並圓滿地克服了二者的明顯不足之處，是對自然界、生命和人體自身更加全面的認識。	第十二章第五節 5.1 第316頁。
9	新二元論認為科學只有充分運用宗教學說的某些認識和方法，做到二者的有機統一，才能使當前的科學成為真正意義上的科學。	第十二章第五節 5.2 第320頁。
10	中西醫學的合二為一，就好像是在治理污染時既從源頭上進行了控制，又直接對河水進行了清潔處理一樣，可以形成對人體更加清晰的認識。可以預計：中西醫學的有機統一將是人體科學未來發展的必然趨勢。	第十二章第五節 5.3 第322頁。
11	新二元論認為哲學是科學的眼睛，科學是哲學的雙腿；只有實現了二者的高度統一，才能真正達到有效認識周圍世界的目的，並形成真正意義上的科學。	第十二章第五節 5.4 第324頁。
12	新二元論認為只有將現代科學的四大分支及細小分支有機地統一起來形成一個綜合性的整體認識，才算得上對自然界和人體一個更加全面的認識，才有清楚地闡明生物進化、各種生命活動和人體疾病發生機制的可能。	第十二章第五節 5.5 第326頁。
13	新二元論十分有助於我們找到東西方文化之間產生巨大差別的根本原因，並認為二者之間的差異雖然巨大，但在將來卻必然要有機地統一起來成為人類新文化的基礎。	第十二章第五節 5.6 第327頁。
14	西方的還原論分割研究的基本方法有助於將研究焦點集中在局部，而東方的整體性思維則有助於從總體上把握科學研究的大方向，這兩種研究方法的有機結合無疑會使各項科研工作都能收到「取長補短、珠聯璧合、事半功倍」的良好效果。因而新二元論實際上還非常有助於「還原論與整體觀的統一」。	第十二章第五節 5.6 第329頁。第十三章第四節 4.2 第370頁。
15	基於新二元論的認識對圓滿解決當前人類社會的生存和發展方面所面臨的巨大挑戰是十分重要的。只有做到物質文明和精神文明建設的同步進行，才能真正有效地消除當前面臨的種種危機，從而為全社會的長期、穩定和快速發展提供必要的保障。	第十二章第五節 5.7 第330頁。
16	而新二元論指導下的各種認識要比現代科學全面和深入得多，並在各種疾病與個體的既往經歷之間建立了必然的聯繫，進而能夠做到主觀認識與客觀現象的統一。	第十二章第五節 5.8 第332頁。

17	縱觀人類哲學的全部歷史，只有新二元論才是簡單易懂的，能很好地實現哲學探討與現實生活的統一；其問世的確有可能是人類思想史上一個新的分水嶺。	第十二章第五節 5.9 第 333 頁。
18	新二元論明確地指出了人體和生命科學的研究不能僅僅停留在實驗研究和現象觀察的水平上，而必須做好理論化、抽象化方面的工作。一句話：只有做到實驗研究與抽象思維的統一，人體和生命科學領域的研究才能獲得真正圓滿的成功。	第十二章第五節 5.10 第 335 頁。
19	新二元論要求我們要多向古人學習，取其精髓而去其糟粕；而實現古代文明和現代文明的統一，無疑是當前的人類科學加速前進的一大捷徑和必要手段，從而使人類的文明能夠迅速邁入一個嶄新的階段。	第十二章第五節 5.11 第 338 頁。
20	新二元論可以看成是將牛頓提出的萬有引力定律進一步擴大、深化和昇華以後得到的一條具有更大普遍性的「萬萬有定律」，不僅涵蓋了物理、化學等非生命領域中的基本認識，而且還可以廣泛地應用於人體疾病和生命現象的解釋之中，因而還實現了當前科學的大統一。	第十二章第七節 7.2 第 345 頁。
21	新二元論通過人生觀和心理活動兩種途徑在個體的日常行為與健康狀況之間建立了必然的聯繫，這就為闡明各種疾病的發生機理，進而找到有效的抗病防病策略奠定了基礎。	第十二章第七節 7.4 第 348 頁。
22	新二元論認為體育鍛鍊固然可以使人肌肉發達、體格健壯，對增進健康、預防疾病有一定的幫助，但只有思維意識的鍛鍊才能從根本上實現抗病防病、健康長壽的目標。	第十二章第七節 7.5 第 348 頁。
23	消化性潰瘍所有的特徵和現象的發生都是社會 - 心理因素，也就是人體抽象的普遍聯繫推動的，所有這些（72 種）現象和（15 個）特徵都在黏膜下結節論中實現了空前的大統一。	第十二章第七節 7.8 第 357 頁。
24	新二元論實際上還清楚地指出了所有的人體疾病和生命現象的發生發展都是人體抽象的普遍聯繫推動的，因而能夠解釋更大範圍內的現象，實現更高層次上的大統一。	第十二章第七節 7.8 第 357 頁。

| 25 | 如果我們認為牛頓總結了自哥白尼到他自己近 150 年的科學成就的話，那麼新二元論則總結了 3000 多年來人類漫長的歷史長河中不同時期、不同地域、不同文化中的優秀思想，將人類在科學、哲學、醫學、宗教和藝術等多個方面的重要認識都有機地統一起來。 | 第十二章第七節 7.8 第 358 頁。 |
| 26 | 新二元論在歷史上許多零碎的哲學概念之間建立了牢固的必然聯繫。 | 圖 III.23；第十二章第七節 7.8 第 358 頁。 |

索引 7：宗教的科學性 30 個方面的表現

序號	宗教的科學性表現	書中主要位置
1	變化發展的觀點認為僅僅認識到突發的自然、社會和家庭事件在消化性潰瘍病因學中的作用是遠遠不夠的，還必須充分借鑒唯心論或宗教對人體的部分認識，才能深刻地了解到消化性潰瘍的病因學特點。	第三章第四節 4.2；第 124 頁。
2	在東方（特別是在印度），整體的觀念仍然存在，哲學和宗教都強調整體性，認為把世界分割成部分是無益的。	第六章第三節；第 178 頁。
3	中國道家學說創始人老子和印度佛教創始人釋迦牟尼早在 2500 多年前就同時提出了與現代科學相反的同一看法：真正的真理是無法用言語表達的，只要用言語表達出來了的就必定有其局限性。事實上，將這一認識應用於今天的科學也是絲毫不過時的。	第七章第五節 5.2；第 211 頁。
4	只有將科學和宗教完美地結合在一起，才能行之有效地解決現代科學當前正面臨著的絕大部分難題。	第十二章第五節 5.2；第 319 頁。
5	宗教彌補了現代科學在精神領域的不足，在一定程度上講，我們完全可以將它看成是關於人類精神方面的科學，其豐富的內涵也絕非現代科學可比擬的。	第十二章第五節 5.2；第 317 頁。
6	在人類社會發展的各個時期，尤其是在古代的物質條件十分惡劣的情況下，宗教能對人類的精神起到關鍵性的支撐作用；宗教可以通過美化人的心靈而起到增進健康的作用。	第十二章第五節 5.2；第 317 頁。
7	宗教在一定程度上對建立良好的道德觀念、維持社會秩序、抑制戰爭起到了關鍵性的作用；正是這些原因，宗教的確在歷史上的不少時期都為人類社會的繁榮昌盛作出了獨特的貢獻。	第十二章第五節 5.2；第 318 頁。

8	不僅如此，宗教本身就帶有極大的科學成分：無論是佛教、基督教還是伊斯蘭教，都有著極其豐富而廣博的內涵。	第十二章第五節 5.2；第318頁。
9	黏膜下結節論之所以圓滿地解釋了消化性潰瘍的發生機理，是因為它在不知不覺中靈活地運用了宗教的某些認識和方法。	第十二章第五節 5.2；第318頁。
10	「盲人摸象」的故事是佛祖釋迦牟尼為了引導人們正確地觀察和處理問題而宣講的。而代表現代科學最高水平、獲得了 2005 年諾貝爾醫學獎的研究結論偏偏犯了「盲人摸象」一般的錯誤，並且相同的錯誤實際上還是廣泛地存在於現代科學對所有人體疾病和生命現象的研究之中的。	第十二章第五節 5.2；第318頁。
11	宗教思想中的若干內容所具有的科學性遠不是現代科學所能夠比擬的，宗教學說中的許多思想和方法的確值得現代科學家們學習和借鑒。	第十二章第五節 5.2；第318頁。
12	缺乏宗教思想的科學是對自然界和人類自身不完善的認識，因而還算不上是真正的科學；而缺乏科學思想的宗教則有可能偏離正確的發展方向而誤入歧途。	第十二章第五節 5.2；第318頁。
13	缺乏宗教道德觀念的現代科學是一柄雙刃劍，在極大地豐富了人們的物質需求、有利於人類社會的生存與發展的同時，卻又使得人類完全有能力徹底地毀滅自己。	第十二章第五節 5.2；第318頁。
14	在禁止宗教信仰的國家和地區往往腐敗盛行、戰火連綿，人民生活塗炭，甚至被恐怖主義所籠罩。這些都是宗教對人類心靈的積極影響受到限制，盲目迷信得到現代科學支持的唯物主義一元論的必然結果。	第十二章第五節 5.2；第318頁。
15	雖然許多極具科學性的宗教理論已經存在了好幾千年，但現代科學家竟然對它們完全不理不睬，結果就是現代科學在很多重要的方面自始至終都不能取得進展，迄今為止仍然不能真正圓滿地解釋任何一種疾病的發生機理。	第十二章第五節 5.2；第319頁。
16	當前世界上流行的三大宗教早就提示了導致各種人類疾病發生發展的總根源，而黏膜下結節論正是從各種宗教經典中受到了很多啟發，所以才圓滿地解釋了消化性潰瘍的發病機理。	第十二章第五節 5.2；第319頁。
17	中國科學院院士朱清時就認為：當科學家千辛萬苦爬到山頂時，佛學大師已經在此等候多時了！	第十二章第五節 5.2；第319頁。

18	只有充分地利用源自宗教的多種思想和方法，人類的科學才會有新的大發展；而宗教理論中已有的諸多思想和方法，將來也必然會成為人類未來新科學的重要組成部分。	第十二章第五節 5.2；第319 頁。
19	新二元論認為科學與宗教是不能完全分開各自獨立發展的。人體是肉體與精神兩個屬性的統一體，決定了通常意義上所講的科學與宗教之間實際上是優勢互補，缺一不可的；	第十二章第五節 5.2；第320 頁。
20	只有充分運用宗教學說中的某些認識和方法，做到二者的有機統一，才能使當前的科學成為真正意義上的科學。	第十二章第五節 5.2；第320 頁。
21	有人認為良好的宗教信仰有治療和預防疾病的作用，在二元論看來的確是真實不虛的。	第十二章第六節 6.2；第341 頁。
22	牛頓是一位虔誠的宗教信徒；特別是在他的後半生，居然花了 25 年的時間研究神學，寫了 150 萬字的有關宗教和神學的手稿；愛因斯坦也認為宗教對科學的發展有積極和正面意義。	第十二章第七節 7.1；第341 頁。
23	牛頓和愛因斯坦的工作還有一個共同的特點，就是都自覺地採用了唯心主義、宗教乃至中醫學在觀察和處理問題時的基本方法——抽象思維，而不單純是現代科學片面強調的實驗研究和現象觀察，可能也是這兩位科學巨匠意識到宗教部分內容科學性的重要原因之一。	第十二章第七節 7.1；第343 頁。
24	新二元論認為心理上健康了，人體內的各種抗病機制就容易保持和恢復，體魄也就自動地健全了。事實上，各主要宗教派別的創始人都清楚地看到了這一點，從而利用美化心靈的機制來發揮宗教對人類社會的積極影響。	第十二章第七節 7.4；第348 頁。
25	「千手千眼觀音」雖然是個非常古老的佛教名詞，卻精確地表達了「多維的思維方式」的基本含義，其智慧遠遠不是當前的現代科學普遍採用的線性思維所能比擬的。	第十五章第一節；第384 頁。
26	如果將宗教完全排除在科學的殿堂之外，那我們就患上了「坐井觀天」、「故步自封」的毛病了，不僅是不科學的，而且還非常不利於整個人類文明的快速進步。	第十五章第一節；第384 頁。

27	佛教創始人釋迦牟尼、天主教基督教創始人耶穌、伊斯蘭教創始人穆罕默德，中國道家學說創始人老子等等，實際上都具有多維的思維能力甚至更高的智慧，因而他們的學說都是非常完整的思想體系，有深刻的哲理性並且能歷經千年而不朽。	第十五章第四節；第396頁。
28	這些大聖人都看到了現代科學至今尚未認識到的人類的抽象本質（美化心靈的重要性），由於時代和地域的差別才表現為不同的形式，但反映的卻是完全相同的同一內在本質。從這一點上來說，現代科學的科學性的確是遠不如宗教的，並且宗教理論的整體性正是現代科學有欠缺和需要學習的地方。	第十五章第四節；第396頁。
29	有很多現代科學家之所以認為宗教理論都是不科學的，是因為他們把存在著根本缺陷的現代科學認識當成了真理和科學的標準，那麼宗教學說中超出現代科學、非常科學的部分看起來就是完全錯誤的了。	第十五章第四節；第396頁。
30	人類科學未來的大發展，還必須從遭到現代科學排斥的哲學、宗教、中醫學中吸取營養，重視抽象思維的靈活運用，才能真正邁入人體和生命科學的大門。	第四部分第一節；第405頁。

索引 8：中醫的科學性 30 個方面的表現

序號	中醫的科學性表現	書中主要位置
1	中醫病因學則認為「七情六淫」是各種人體疾病的主要原因，與本書應用普遍聯繫的觀點得到的情感屬性和自然屬性相吻合；中醫學的整體觀與本書提出的「整體的屬性」不謀而合。	第二章第三節；第100頁。
2	中國古代的科技通常被稱為「玄學」，在人體疾病方面的應用就發展成了我們今天所看到的中醫學。	第二章第六節6.1；第112頁。
3	「因時因地因人而化」是中醫診斷和治療的一個基本原則，也是中醫學的一個重要的基本特色。	第三章第三節；第120頁。
4	人體正常的生長發育實際上還要經歷多次不被現代醫學所了解的質變，其中最典型的例子就是中醫學所描述的「變蒸」。	第三章第五節5.1；第126頁。
5	一個良好的中醫，會根據病人的陰陽虛實、寒熱表裡等情況而適當地調整藥方，即使是完全相同的疾病，但治療方案卻是因人而異的。	第三章第五節5.2；第128頁。

6	由於中醫的治療方案沒有一個固定的標準，有人認為「中醫學是不科學的」，是缺乏變化發展的觀點而作出的錯誤論斷，必須予以糾正。	第三章第五節 5.2；第128 頁。
7	聲稱「中醫是不科學的」，是缺乏變化發展的觀點、未能正確認識現代科學的表現，必然會與歷史上那些所謂的權威一樣阻礙人類新科學的問世，延緩人類文明前進的腳步。	第三章第五節 5.6；第134 頁。
8	中醫提出的「經絡」是人體整體性的重要表現。但是現代科學缺乏「整體觀」，也就不可能認識到經絡的存在了；任何從原子分子或物質結構的角度來闡明經絡生理功能的嘗試，注定了都是不可能取得成功的。	第六章第二節；第 177 頁。
9	有人甚至將中國傳統醫學翻譯成 Holistic Medicine（整體醫學），充分地說明了「整體觀」是中國傳統醫學的重要特色之一。	第六章第三節；第 178 頁。
10	如果不能充分地認識到現代科學的局限性，從而片面地將現代科學的認識當成科學的標準來評判中醫，這樣做反而是非常不科學的，也必然會得出「中醫沒有西醫科學，中醫陰陽五行理論是偽科學」的荒謬結論。	第七章第五節 5.5；第219 頁。
11	中醫學提供的病因學認識有可能比現代醫學更全面、更準確。正是這個原因，中醫在治療學上才具有「標本兼治」的優勢；現代醫學很棘手的癌症、愛滋病等，都有可能通過中醫得到很好的治療。	第七章第五節 5.5；第220 頁。
12	中醫學的許多內容實際上都大大地超出了現代科學的認識範圍，說明了我們不能迷信現代科學，並將它作為科學的標準來評判中醫學。	第七章第五節 5.5；第221 頁。
13	如果中醫學能借鑒現代科學的部分內容，繼續保持已有的優勢並充分地發揮潛力，其思想和方法完全有可能在未來科學的理論體系中大放異彩，從而逐步發展成為人體科學的主流。	第七章第五節 5.5；第222 頁。
14	通過與現代醫學多個方面的對比，清楚地反映了中醫學具有本質科學的基本特點，從而進一步地說明了中醫學是未來科學，其理論體系和思維方式都值得現代人體和生命科學的借鑒。	第八章第六節 6.3；第246 頁。
15	中醫藏象學說還通過外在器官的變化來反映內臟的病理狀況，更是「透過現象看本質」這一原則和技術的直接應用。	第八章第六節 6.3；第246 頁。

16	中醫所需要的知識通常難以從書本上學習到，而需要長期的經驗積累，很多方面甚至還需要「口傳心授」才能真正地體會到。正因為如此，中醫界有所謂「良醫難求」的說法。像現代醫學那樣成批地培養醫學生，並不是培養良好中醫師的正確方法。	第八章第六節 6.3；第 247 頁。
17	中醫學具有本質科學的基本特點，因而十分清楚各種疾病的本質性原因，通常情況下不需要往人體內添加或減少任何物質，如針灸、推拿和按摩等中醫特有的手段，通過恢復機體的平衡來實現其治療的目標。	第八章第六節 6.3；第 247 頁。
18	正因為中醫學是本質上的治療，一個良好的治療方案往往可以徹底地治癒疾病、並且在治療後不再復發。因而中國民間有「西醫治標，中醫治本」的說法。	第八章第六節 6.3；第 248 頁。
19	如果中醫學在已有優勢的基礎上能夠充分地借鑒現代科學的某些方法和手段，它的理論體系和思維方式就一定能夠在新的歷史時期為人類全新科學體系的建立作出巨大的貢獻，從而成為真正意義上的科學。	第八章第六節 6.3；第 248 頁。
20	中醫學採取「扶正固本」的基本措施，是通過充分地調動人體自身的抵抗力來實現治療的，也就是「中醫治本」，能有效地克服現代醫學治療學上的明顯不足之處。這再次說明了中國傳統醫學具有很強的科學性，其理論基礎的確具備了未來科學的一些重要特點。	第九章第六節 6.4；第 275 頁。
21	只有充分地認識到了推動人體疾病發生發展的抽象本質，並大膽借鑒中醫學的整體療法，才能在疾病治療學上取得圓滿的成功。	第十一章第一節 1.2；第 298 頁。
22	雖然目前現代西方醫學居主導地位，但中醫在治療諸如頭痛、心肌梗塞等多種急慢性病時的有效性卻遠不是現代西方醫學所能比的。	第十二章第五節 5.3；第 320 頁。
23	理論根基上的巨大差別，決定了利用現代科學的方法來解釋中醫學是行不通的，因為現代西方醫學還基本未曾涉及到人體的抽象方面。	第十二章第五節 5.3；第 320 頁。
24	中醫學的治療措施才是真正的病因學治療，雖然在多數情況下的效果要比西醫學緩慢，但卻是根本性的、徹底的治療，病情往往不容易反覆。	第十二章第五節 5.3；第 321 頁。

25	整個中國歷史上像扁鵲、華佗這樣的神醫在現實生活中通常很難碰到，而打著中醫的旗號謀取錢財的人卻很多。這就導致人們普遍對中醫學的有效性產生了懷疑，甚至認為它是「偽科學」並主張將其完全廢除，從而極大地阻礙了中醫學的普及和推廣。	第十二章第五節 5.3；第 321~322 頁。
26	中醫的許多內容並非都來源於實踐經驗，而是與一些被近代自然科學排斥在外的思維方式有著密切的關係。	第十二章第五節 5.11；第 337 頁。
27	中醫學的許多內容看起來充滿了唯心的色彩，但實際上卻是充分地利用了唯心論中科學合理的部分。	第十二章第五節 5.11；第 337 頁。
28	黏膜下結節論不僅充分地利用了現代科學已有的科研成果和唯物論的某些認識，而且還從唯心論、宗教、哲學、中醫，甚至是古人的某些認識中吸取了營養，從而形成了獨特的基礎理論以及觀察和處理問題的方法。	第十二章第六節 6.1；第 339 頁。
29	只有從現代科學的根基上著手進行一番徹底的改革，充分吸取哲學、宗教、中醫，乃至古代文明中科學合理的成分，才能滿足新時期人類科學發展的需要，並使 21 世紀真正成為人體和生命科學的世紀。	第十二章第六節 6.1；第 339 頁。
30	陰陽學說在強調人體具體的物質屬性的同時，也十分強調人體非物質方面的屬性，同時兼具了唯物論與唯心論二者的基本特徵，做到了唯物論與唯心論的高度統一。這就決定了中醫學也具有既唯物又唯心的基本特點。	第十三章第二節；第 366 頁。

索引 9：重要名詞術語

索引 10：重要歷史人物

結束語與致謝

　　從 2006 年 5 月開始醞釀算起，到 2011 年 4 月底完成全部的文字和繪畫工作，本書的寫作已歷時近五載，現在終於接近尾聲了。如果能夠在全社會尤其是科學界激起一場關於「人類的科學將何去何從」的大討論，那麼我們寫作本書的目的就算是達到了；如果能夠像既往歷史上許多偉大人物的思想一樣，在數十年乃至上百年以後出現「在各學科領域都遍地開花並結出纍纍碩果」的局面，那更是我們的期盼。

　　值此行將殺青之際，首先要感謝我的家人長久以來持續不斷的支持。我的父母的確是天下最偉大的父母之一，他們賜給我的遠遠不只是生養之恩，更重要的是還樹立了一個勤儉樸實、任勞任怨、艱苦奮鬥和無私奉獻的好榜樣。我還有一個非常偉大的姐姐，在我的人生道路上向前邁進的每一步，都有她無微不至的關懷、傾心盡力的幫助。所有這些都成為我今天能夠排除萬難的強大動力，是順利完成本書必不可少的先決條件。

　　從 1990 年到 1998 年是本書思想形成的初始階段，也就是我在武漢大學醫學院學習期間，非常有幸能夠結識兩位良師益友：一位是趙曉輝先生（現武漢大學人民醫院眼科中心副教授），與他的交往首次開啟了我的心靈之窗，使我能夠從較為狹隘的家庭教育之中走出來。另一位是杜天竹女士（現深圳市第四人民醫院婦產科副主任醫師），激發我第一次睜開眼睛看社會，開始明白了一些人情世故和應對之道。他們積極向上的言行都是我思想成長的重要階梯。不僅如此，無論何時何地二位總是毫不猶豫、盡其所能地提供給我大筆的經濟援助，幫我度過了一個又一個的難關。

　　從 1998 年 9 月到 2002 年 3 月，我在廣州（廣東省疾病預防與控制中心）工作了三年半，期間重新寫作了「黏膜下結節論──消化性潰瘍的發生機理」一文。這是本書思想發展承前啟後的重要階段，得到了羅會明（原廣東省疾病預防與控制中心流行病防治研究所所長、現中國國家疾病預防與控制中心免疫規劃中心主任醫師）、鄭夔（現廣東出入境檢驗檢疫局衛生檢疫實驗室主任醫師）的大力支持和鼓勵。原中山醫科大學醫學統計學教研室博士研究生高桂明先生、原中山醫科大學微生物學碩士研究生邵燕女士則為該論文的資料查尋提供了很多必要的幫助。

　　從 2004 年 9 月到 2006 年 12 月底，我在渥太華從事了兩年多的基礎研究。這的確是我一生中遭遇最大困難、同時又是悟出最多科學哲理的時期；而這期間最大的奇遇莫過於碰到張清源女士了。我耳聞目睹了她同時遭受的

來自多個方面的挫折和困難，但展現在我眼前的她卻一直都在苦苦地支撐著，並且自始至終都是毫無怨言、持續不斷、忘我無私、全心全意地為社會和他人服務。她所擁有的這一切優秀品質，正是人類新科學的未來發展所必須的；也正是因為她擁有一顆造福社會、造福他人和滿腔熱忱的心，所以當她得知這本書將能極大地加快人類科學的進程時，便極力鼓動我儘快將它寫出來並儘早地公之於世，而且她還十分樂意承擔相當大的一部分工作。自2007年4月正式開始寫作以後，我們之間的配合的確可以說是天衣無縫、優勢互補的；悠悠五載所需要的投入、耐心和毅力都是可想而知的，我們也一起經歷了很多的風風雨雨，而她卻總是能夠展示出「烏蒙磅礴走泥丸」般大無畏的英雄氣概，用「巾幗不讓鬚眉」來形容她是一點也不為過的。可以這麼認為：如果沒有她的大力支持和參與，就沒有今天思維科學問世的任何機會。

在寫作期間，武漢大學醫學院病毒學國家重點實驗室分子病毒與癌症研究室主任董長垣教授曾為本書思想的未來發展出謀劃策。加拿大農業與農業食品部國際科技合作局科學關係資深官員何山先生在我們成立公司、文獻查尋等多個方面都提供了無私的幫助。渥太華大學總醫院腫瘤治療中心副研究員馬維女士也不厭其煩地為我們提供了多篇參考文獻。武漢大學人民醫院消化內科副教授盧筱洪博士則提供了大筆的經濟援助，並將本書早期的思想介紹給相關的專家教授。上海交通大學醫學院附屬第三人民醫院神經內科主任吳丹紅副教授、中國協和醫科大學衛生部心血管疾病防治中心阜外心血管病醫院心血管內科副教授郭遠林博士、我們在溫哥華的好朋友吳緒清、周虹夫婦等等，都在本書資料收集的過程中提供過一些必要的協助。原加拿大英屬哥倫比亞大學（UBC）科學院、現臺灣中國醫藥大學醫學系學生陳彥孜也為本書文獻的查尋提供了極大的方便。

最後要重點指出的是：還有一些不願意在這裡透露姓名的熱心人士，上到老人下至小朋友，都曾經向我們提供過大筆的經濟援助、貢獻了很多的參考書籍、提出過非常寶貴的意見，或給予了其他方面的支持、鼓勵和協作，使我們能在較短的時間內就完成了本書的寫作。這些都使我們由衷地感覺到人類科學的未來發展充滿了無限的希望。

在此一併向上述所有這些人士致以最誠摯的謝意！！同時我們還希望在不久的將來，能有更多的有志之士加入到新科學新思想的建設中來，攜手為人類的文明進步添磚加瓦。

2011 年 10 月

版權與法律聲明

董新民　張清源

2011 年 10 月

國家圖書館出版品預行編目資料

生命科學的哲學原理 / 董新民、張清源著.
-- 初版 . -- 臺北市：五南，2012.05
面； 公分

ISBN 978-957-11-6598-1（平裝）

1. 生命科學　2. 科學哲學

360.1　　　　　　　　　101003397

5P16

生命科學的哲學原理

作　　　者─董新民、張清源（323.5）

發　行　人─楊榮川

總　編　輯─王翠華

主　　　編─王俐文

責 任 編 輯─黃馨華、劉好殊

封 面 設 計─斐類設計工作室

出　版　者─五南圖書出版股份有限公司

地　　　址─106 臺北市和平東路二段 339 號 4 樓

電　　　話─(02)2705-5066

傳　　　真─(02)2706-6100

網　　　址─http://www.wunan.com.tw

電 子 郵 件─wunan@wunan.com.tw

郵 件 劃 撥─01068953

戶　　　名─五南圖書出版股份有限公司

台中市駐區辦公室 / 台中市中區中山路 6 號

電　　　話：(04)2223-0891

傳　　　真：(04)2223-3549

高雄市駐區辦公室 / 高雄市新興區中山一路 290 號

電　　　話：(07)2358-702

傳　　　真：(07)2350-236

法 律 顧 問：元貞聯合法律事務所　張澤平律師

出 版 日 期：2012 年 5 月初版一刷

定　　　價：新臺幣 680 元